Rüdiger Reinhardt (Hrsg.)

Neuroleadership

Rüdiger Reinhardt (Hrsg.)

Neuroleadership

Empirische Überprüfung und Nutzenpotenziale für die Praxis

DE GRUYTER
OLDENBOURG

ISBN 978-3-11-036269-5
eISBN 978-3-11-037421-6

Library of Congress Cataloging-in-Publication Data
A CIP catalog record for this book has been applied for at the Library of Congress.

Bibliografische Information der Deutschen Nationalbibliothek
Die Deutsche Nationalbibliothek verzeichnet diese Publikation in der Deutschen Nationalbibliografie; detaillierte bibliografische Daten sind im Internet über http://dnb.dnb.de abrufbar.

Rosenheimer Straße 143, 81671 München, Deutschland
www.degruyter.com
Ein Unternehmen von De Gruyter

Lektorat: Thomas Ammon
Herstellung: Tina Bonertz
Grafik: Sibille Reinhardt
Druck und Bindung: CPI books GmbH, Leck

Gedruckt in Deutschland
Dieses Papier ist alterungsbeständig nach DIN/ISO 9706.

Vorwort

Mit folgendem Satz lässt sich der Ausgangspunkt der vorliegenden Publikation sehr treffend beschreiben: „Wer Leistung fordert und Gesundheit fördert, tut gut daran zu verstehen, wie das menschliche Gehirn funktioniert“. Die bildgebenden Verfahren der Neurowissenschaften ermöglichen es uns, einen tieferen Einblick in die Determinanten von Motivation, Leistung und Gesundheit zu erlangen. Um Führungskräften die Grundlagen „gehirngerechter Führung“ vermitteln zu können, benötigt es allerdings weit mehr als Einblicke in das Gebiet der „Social Neuroscience“: Für Führungskräfte, aber auch Berater, Trainer und Coaches ist es beispielsweise irrelevant zu wissen, dass die Amygdala bei Angstreaktionen beteiligt ist oder Dopamin ein wichtiger Neurotransmitter ist, der zu motiviertem Handeln beiträgt. Vielmehr ist der Blick über den Tellerrand gefragt: Erst die Verzahnung zwischen Neurowissenschaften, Psychologie und Managementtheorie ergeben das Gerüst für die Ableitung praxisorientierter Handlungsempfehlungen. Allerdings darf es bei solchen Empfehlungen nicht bleiben, vielmehr ist es notwendig, diese empirisch zu überprüfen – und somit dem aktuellen „Neuro-Hype“ zu widerstehen.

Diesen Anforderungen hat sich Herr Professor Reinhardt mit seinem Forschungsprojekt „Neuroleadership“ gestellt. Ich freue mich, dass es uns an der SRH FernHochschule Riedlingen gelungen ist, die erste Studie vorzulegen, deren Ziel es ist, zentrale Annahmen des Neuroleadership empirisch zu prüfen und somit entsprechend begründete Handlungsempfehlungen abzuleiten. Eine Stichprobengröße von nahezu 1000 Berufstätigen war hierzu die Grundlage. Zudem freut es mich, dass es Herrn Professor Reinhardt gelungen ist, im Rahmen dieses Forschungsprojekts elf akademische Abschlussarbeiten zu integrieren; die jeweiligen AutorInnen kommen in der vorliegenden Arbeit entsprechend zu Wort.

Neben dem Anspruch auf empirische Fundierung eines Neuroleadership möchte ich auf zwei weitere wichtige Aspekte dieser Arbeit verweisen: Einerseits widersteht Herr Professor Reinhardt der Versuchung, Neuroleadership lediglich als Weiterentwicklung eines Situativen Führungsverständnisses zu verstehen, das sich in der Praxis meist rezeptbuchartig wie folgt darstellt: „Wenn Ihr Mitarbeiter das Merkmal A aufweist, dann ist es am effektivsten, dass Sie als Führungskraft Verhalten B zeigen“. Vielmehr ergänzt er die Einseitigkeit der bisherigen Argumentation mit einer selbstreflexiven Perspektive: Was bedeutet es für eine Führungskraft, wenn sie neurowissenschaftliche Erkenntnisse auf sich selbst anwendet? Deutlich wird, dass die Veränderbarkeit der eigenen Wahrnehmungsgewohnheiten und Verhaltensweisen im Allgemeinen weit schwieriger ist, als uns dies übliche Personalentwicklungskonzepte glauben machen wollen. Andererseits wird verdeutlicht, dass sich die abgeleiteten Prinzipien eines Neuroleadership mit einer Vielzahl von Praktiken verknüpfen lassen, die wirtschaftlich erfolgreich sind. Herr Professor Reinhardt nimmt hier insbesondere Bezug zum breiten Fundus der umfassenden Forschungsergebnisse von Gary Hamel und sorgt somit für eine entsprechende Praxisorientierung seiner Argumentation.

Ich wünsche den Leserinnen und Lesern dieses Buches den erhofften Erkenntnisgewinn.

Prof. Dr. Julia Sander (Rektorin SRH FernHochschule Riedlingen) Riedlingen, April 2014

Inhaltsübersicht

Inhaltsverzeichnis

Tabellenverzeichnis

Abbildungsverzeichnis

Teil A Warum sich mit Neuroleadership beschäftigen?

Neuroleadership ist ein Ansatz, mit dessen Hilfe es sowohl gelingt, Leistungsprobleme zu lösen, wie auch die Gesundheit der Führungskräfte und Mitarbeiter zu fördern, was sich – zusammengenommen – wiederum nachhaltig positiv auf die Leistungserstellung und somit auf den Unternehmenserfolg auswirkt.

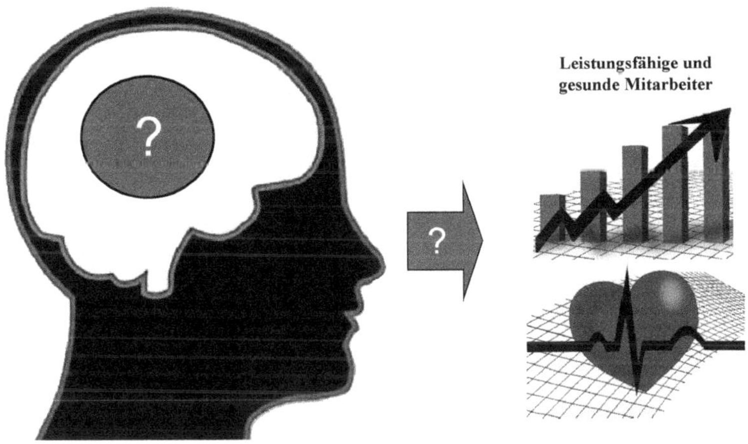

1 Einleitung

Rüdiger Reinhardt

Sie halten nun dieses Buch über „Neuroleadership“ in Händen – warum? Vielleicht weil alles, was mit „Neuro“ zu tun hat, „in“ ist – weil ein neuer Hype zu erwarten ist – weil der Begriff „sexy“ klingt“? Oder weil Sie immer noch nicht die Hoffnung aufgegeben haben, dass es „bessere“ bzw. „effektivere“ Schlüssel zum Mitarbeiterengagement und somit zum Unternehmenserfolg gibt? Oder ganz einfach, weil Sie wegen des – vielleicht ungewöhnlichen Titels – neugierig geworden sind?

Nun, worum geht es in diesem Buch? Vereinfacht ausgedrückt möchte ich Neuroleadership wie folgt definieren: **Neuroleadership ist ein Ansatz, mit dessen Hilfe es sowohl gelingt, Leistungsprobleme zu lösen, wie auch die Gesundheit der Führungskräfte und Mitarbeiter zu fördern, was sich – zusammengenommen – wiederum nachhaltig positiv auf die Leistungserstellung und somit auf den Unternehmenserfolg auswirkt.**

Oder noch kürzer – und noch pragmatischer: **Bei dem Ansatz des Neuroleadership geht es schlicht und einfach um die Beantwortung der folgenden Frage: Was können Führungskräfte aus den Erkenntnissen der Neurowissenschaften lernen, um ihren Job noch besser als bislang zu machen?**

Als Fachbuchautor stellt man sich natürlich die Frage, wie man seine LeserInnen so begeistern kann, dass sie möglichst viel von dem Buch lesen – und auch in die Praxis umsetzen. Da Sie einerseits in der überwiegenden Mehrheit alle keine Hirnforscher, Mediziner oder Psychologen sind, ist das insofern schwierig, als dass das Gebiet der Neurowissenschaften sicherlich als anspruchsvoll und als abstrakt zu gelten hat. Andererseits sind die meisten von Ihnen ExpertInnen in Sachen „Führung“ – Sie haben Personalverantwortung und darüber hinaus haben Sie sicherlich schon das eine oder andere Buch zum Thema „Personalführung“ gelesen – zwei Umstände, die mir signalisieren, dass meine Aufgabe doch sehr anspruchsvoll ist – unabhängig des aktuellen Hypes zum Thema.

Sie gestatten mir daher, dass ich an einigen Stellen zu eher ungewöhnlichen Stilmitteln greife, um Ihre Aufmerksamkeit stärker zu fesseln oder ein höheres Maß an Betroffenheit auszulösen, wie dies üblicherweise von Fachbüchern geleistet wird. Dazu gehört auch, Ihnen anhand etlicher Beispiele zu verdeutlichen, was es mit dem Attribut „gehirngerecht“ auf sich hat, wenn wir einmal „Neuroleadership“ etwas salopp im Deutschen als „Gehirngerechte Führung“ verstehen. Dazu gehört jetzt auch die Idee, Sie mit auf die Reise durch vier verschiedene Einleitungsperspektiven zu nehmen.

1.1 Einleitung I – ein „traditioneller“ Versuch

Umschreibt man die Zielsetzung eines Neuroleadership pragmatisch mit der Antwort auf die Frage, was Führungskräfte von den Neurowissenschaften lernen können, um effektiver führen zu können, so ergeben sich hierfür zwei Zugänge:

- Zum einen lässt sich herausarbeiten, auf welche sozialen – und somit führungsbezogenen – Reize unser Gehirn in welcher Art und Weise reagiert. Daraus lassen sich – auf Basis entsprechender Analogieschlüsse – Empfehlungen für das Führungshandeln ableiten.
- Zum anderen lässt sich darstellen, welche menschlichen Bedürfnisse sich anhand entsprechender neuronaler, oftmals angeborener, Strukturen bzw. Prozesse identifizieren lassen. Auch hieraus lassen sich – allerdings stärker auf kausalen Analysen beruhend – Empfehlungen für das Führungshandeln ableiten.

Beide Zugänge unterscheiden sich nicht nur in theoretischer und in Teilen auch in praktischer Hinsicht, sondern insbesondere auch in Hinblick auf folgende, zugrundeliegende Annahmen:

Der erste Ansatz folgt einer US-amerikanischen Tradition pragmatischer Managementtheorie, die ich als „optimistisch“ bezeichnen möchte und in dessen Mittelpunkt das Primat der „Veränderungsmöglichkeiten“ steht. Es lässt sich wie folgt skizzieren:

- Lernen/Veränderung/Entwicklung hört auch im höheren Alter nicht auf.
- Das lässt sich mittels geeigneter Methoden – also bildgebender Verfahren nachweisen – Stichwort: neuronale Plastizität.
- Also können wir grundsätzlich Verhaltensänderungen erwarten – es bedarf hierzu nur noch „geeigneter“ Methoden und Instrumente.
- Diese Änderungen sind grundsätzlich innerhalb der vorhandenen Organisationen und Kulturen möglich.

Der zweite Ansatz folgt einer neurobiologischen Entwicklungspsychologie und Psychotherapieforschung, die ich in Abgrenzung zu oben als „realistisch“ bezeichnen möchte. Diese lässt sich wie folgt skizzieren:

- Lernen, Veränderung und Entwicklung hören auch im höheren Alter nicht auf – das ist richtig – aber: Die Tatsache, dass „immer“ gelernt wird, bedeutet ja noch lange nicht, dass auch das „Richtige“ – oder das aus Unternehmenssicht „Gewünschte“ gelernt wird.
- Das lässt sich mittels geeigneter Methoden, also bildgebender Verfahren nachweisen – Stichwort: neuronale Plastizität – richtig – aber: Zum momentanen Zeitpunkt ist einerseits unklar, in welchem Umfang solche Befunde „Methodenartefakte“ darstellen und sich andererseits aus artifiziellen Korrelationsstudien bei der funktionellen Magnetresonanztomographie (fMRT) generalisierbare Schlussfolgerungen für das Alltagshandeln ableiten lassen.
- Also können wir grundsätzlich Änderungen erwarten – es bedarf hierzu nur noch „geeigneter“ Methoden und Instrumente – falsch: Da es in vielen Fällen um die Veränderung von „Gewohnheiten“ (weiter unten werde ich von „Schemata“ sprechen“) geht, müssen diese Methoden und Instrumente in den meisten Fällen auf einem ganz anderen Niveau ansetzen, wie die bislang verwendeten Methoden.

- Diese Änderungen sind grundsätzlich innerhalb der vorhandenen Organisationen und Kulturen möglich – nein, im allgemeinen sind vorhandene Strukturen, Kulturen und Persönlichkeiten zentrale Hindernisse auf dem Weg zur „gehirngerechten Führung“.

Es ist zum momentanen Zeitpunkt nicht möglich zu sagen, welche der beiden „Philosophien“ die problemangemessenere ist. Konsequenterweise resultiert hieraus ein entsprechender Forschungsbedarf.

Reflexion

Wie „gefällt“ Ihnen diese Einleitung? Fühlen Sie sich zum Weiterlesen motiviert? Falls „ja“ – warum? – und vor allem: Falls „nein“ – warum nicht?

Hintergrund

Diese (kurze) Einleitung enthält alles, was aus – rationaler – Sicht zu einem Buch über „Neuroleadership“ gesagt werden kann:

- Es dient dazu, die Führungspraxis zu verbessern („Effektivität“)
- Es gibt zwei verschiedene Zugänge zum Thema („Annahmen“)
- Wir wissen momentan nicht, welche Konzeption „besser“ ist („zwei Zugänge“)
- Deswegen haben wir das untersucht uns stellen Ihnen die relevanten Befunde für die Praxis vor.

Reflexion

- Warum ist diese Einleitung für Sie so „langweilig“ – so wenig „interessant“?
- Was hat dieser Stil mit Ihrer Kultur, Ihrem Kommunikationsstil zu tun?
- Was können Sie daraus lernen?

Die Standardantworten lauten u.a.:

- Das ist so abstrakt – so akademisch.
- Das hat nichts mit meinem Alltag zu tun.
- Ich kann den Nutzen nicht erkennen.
- ...

Dann lassen Sie es mich mit einer zweiten Version einer Einleitung versuchen.

1.2 Einleitung II – ein „problemorientierter“ Versuch

1.2.1 Perspektive I: Motivation – Bindung – Leistung

Betrachtet man die praxisbezogene wie auch die wissenschaftliche Diskussion zu dem Problemfeld „Mitarbeiterleistung – Mitarbeitermotivation – emotionale Bindung – Engagement – Loyalität – Commitment – Involvement“, so zeigt sich folgendes Spannungsfeld:

- „Motivation“ ist einerseits seit Jahrzehnten einer der „Renner“ in der Managementliteratur – andererseits scheint sich trotz der Zunahme solcher Literatur und entsprechender Weiterbildungen nicht wirklich etwas in Richtung „Besserung“ getan zu haben. Die seit ca. zehn Jahren entwickelten Ansätze im Kontext „Arbeitgeberattraktivität“ und

„Employer Branding“ helfen, wenn überhaupt, nur den Unternehmen weiter, die solche Konzepte tatsächlich – und nicht nur aus Marketinggesichtspunkten heraus – implementiert haben.

- Arbeitsbelastung und Arbeitsdichte – und damit Stress, Burn Out, Arbeitsplatzunsicherheit, Mobbing wie auch Anforderungen an die Veränderungsbereitschaft und -fähigkeit der Belegschaft – nehmen einerseits zu. Andererseits wird in der Praxis meist nach wie vor so getan, als ob die menschliche Anpassungs- bzw. Belastungsfähigkeit grenzenlos ausgedehnt werden kann. Hierbei helfen auch die Vielzahl von Gesundheitsprogrammen in den Unternehmen nicht wirklich – zumindest nicht in einem präventiven Sinne.

In der Summe werden entsprechende Befunde (incl. Ursachen und Auswirkungen) anhand von Studien wie der – mittlerweile fast legendären – Gallup-Studie in der Öffentlichkeit diskutiert. Praxiskonsequenzen werden im Allgemeinen nur im Einzelfall gezogen – im Extremfall findet man dann höchstens noch Einwände in Richtung mangelnder Repräsentativität. Wie sehen die Ergebnisse aus? 15% der Mitarbeiter fühlen sich emotional stark an ihren Arbeitgeber gebunden (des entspricht ca. 5,23 Millionen Beschäftiger), 61% fühlen sich emotional nur gering an ihren Arbeitgeber gebunden (des entspricht ca. 21,3 Millionen Beschäftiger) und 24% der Mitarbeiter weisen keinerlei emotionale Bindung mehr an ihren Arbeitgeber auf (des entspricht ca. 8,37 Millionen Beschäftiger).[1] In der Konsequenz belaufen sich die volkswirtschaftlichen Kosten aufgrund von innerer Kündigung auf eine Summe zwischen 112 und 138 Milliarden Euro jährlich – in Deutschland. Aus betrieblicher Sicht bedeutet die Differenz bez. der emotionalen Bindung zwischen den oberen und den unteren 25% folgendes[2]:

- 37% weniger Absentismus
- 25% weniger Fluktuation
- 48% weniger Arbeitsunfälle
- 41% weniger Qualitätsmängel
- eine um 21% höhere Produktivität, und
- eine um 22% höhere Rentabilität

Versucht man die Frage zu beantworten, was die Unternehmen bzw. die Führungskräfte daraus gelernt haben, muss die Antwort ernüchternd lauten: Nichts! Betrachtet man nämlich die Veränderungen in den drei Kategorien seit 2001, so wird deutlich, dass sich der Anteil nicht gebundener Mitarbeiter erhöht und der Anteil stark gebundener Mitarbeiter reduziert hat[3].

1.2.2 Perspektive II: Riskante Arbeitswelt

Rolf Haubl und Günter Voß publizieren im Jahr 2011 die Studie „Arbeiten und Leben in Organisationen – Psychosoziale Kosten entgrenzter Arbeit“, in der erhebliche psycho-soziale Probleme in der Realität deutscher Betriebe in der Wirtschaft und im Non-Profit-Bereich dargestellt werden. Im Mittelpunkt stehen hier Einschätzungen und Reflexionen von Super-

---

1 Quelle: vgl. http://www.gallup.com/strategicconsulting/160904/praesentation-gallup-engagement-index-2012.aspx – auf Grundlage von: 34,88 Millionen Erwerbstätige ab 18 Jahre (ohne Selbständige, mithelfende Familienangehörige) im Jahr 2012; Quelle: Statistisches Bundesamt, Wiesbaden; Basis: Arbeitnehmer/-innen ab 18 Jahre (n = 2.198)

2 http://www.gallup.com/strategicconsulting/160907/zeitverlauf-gallup-engagement-index.aspx

3 http://www.gallup.com/strategicconsulting/160907/zeitverlauf-gallup-engagement-index.aspx

visorInnen, die als ExpertInnen tiefe Einblicke in die Organisationswirklichkeit haben. Sie verfügen über eine doppelte Expertise, die sie zu besonders attraktiven Ansprechpartnern macht, wenn es um die Frage der Arbeitswirklichkeit in Organisationen geht. Denn sie sind zugleich BeraterInnen von ArbeitnehmerInnen und Führungskräften und begleiten darüber hinaus organisationsübergreifende Prozesse der Organisationsentwicklung. Sie kennen Organisationen aus dem Blickwinkel verschiedener Organisationsmitglieder und verfügen über einen privilegierten Zugang zu den „Hinterbühnen" von Organisationen. Dieser Zugang ermöglicht es ihnen, sowohl die Rolle von institutionellen Akteuren zu reflektieren, als auch die spezifische Situation am Arbeitsplatz Beschäftigter und deren jeweiligen Bedürfnisse in den Blick zu nehmen.

Gefragt wurden die SupervisorInnen in dieser Studie nach markanten Veränderungsprozessen in Organisationen sowie nach dem Status quo von spezifischen arbeitsrelevanten Themen (z.B. Führung, Anerkennung, Motivation). Im Zentrum der Untersuchung steht die psychosoziale Situation von ArbeitnehmerInnen auf verschiedenen Hierarchiestufen.[4]

Im Folgenden werden zentrale Befunde über strukturelle Entwicklungen in Organisationen wie über psychosoziale Auswirkungen auf die Beschäftigten präsentiert, die sich sowohl aus der qualitativen als auch aus der quantitativen Erhebung ergeben. Im Mittelpunkt stehen hierbei folgende Aspekte:

- Das Innovations- und Veränderungstempo nimmt zu und droht Beschäftigte zu überfordern.
- Beschäftigte sorgen sich zunehmend um ihre berufliche Zukunft.
- Führungskräfte sind der Komplexität ihrer Aufgabe immer weniger gewachsen.
- Die Arbeitsbelastung nimmt zu und führt vermehrt zu psychophysischen Erkrankungen.
- Immer mehr Beschäftigte sind Veränderungen gegenüber gleichgültig oder resignieren.
- Konkurrenz wird ruinös.

Nun, wir wissen jetzt, dass Ergebnisse wie die der Gallup-Studie von ExpertInnen wie den SupervisiorInnen bestätigt werden. Betrachtet man die nach wie vor wachsende Anzahl von Publikationen in diesem Bereich, so kann die bislang unzureichende Lösung der oben skizzierten Motivationsprobleme nicht mit mangelndem Wissen begründet werden.

---

[4] Die Befragung der SupervisorInnen als ExpertInnen erfolgte in zwei Schritten: Zunächst wurden im Frühjahr und Sommer 2008 14 ausführliche halbstrukturierte Einzelinterviews und zwei Gruppendiskussionen mit je 5 Supervisor/innen durchgeführt. Die anschließende vergleichende Analyse konkreter fallbezogener Darstellungen erbrachte eine Vielzahl von detailreichen Befunden zu unterschiedlichen Aspekten der Arbeits- und Organisationswirklichkeit. Um die Verallgemeinerbarkeit bzw. Validität der Aussagen aus den Interviews zu überprüfen, wurde in einem zweiten Schritt zu Beginn des Jahres 2009 eine standardisierte Befragung aller 3.550 DGSv-Mitglieder durchgeführt. Insgesamt beteiligten sich 989 DGSv-Mitglieder an der Befragung – im Vergleich mit anderen repräsentativen Befragungen eine mit 27,9% ausgesprochen hohe Teilnahmequote. Bemerkenswert ist, dass die Ergebnisse der qualitativen Befragung durchgängig durch die quantitative Erhebung bestätigt wurden. Wie sich die Arbeitsbedingungen in den nächsten Jahren entwickeln werden, soll durch Folgebefragungen erhoben werden (vgl. Haubl & Voss, 2011).

1.2.3 Perspektive III: Zur Schwierigkeit des Umdenkens

Unproduktive Annahmen und Überzeugungen

Vielleicht müssen wir tiefer graben und in Erwägung ziehen, dass die Art und Weise, mit der viele Führungskräfte ihre Arbeit, ihre Organisation und ihre Mitarbeiter möglicherweise betrachten, irgendwie „verzerrt" ist. Erste Hinweise lassen sich durch entsprechende Annahmen und Überzeugungen von vielen Führungskräften ableiten (vgl. Lukas, 2013, S. 46):

- Über Stress zu reden wird mit produktiver Arbeit verwechselt.
- Unter Zeitdruck stehen wird als „Wichtig sein" aufgefasst.
- Der Umfang investierter Zeit wird mit als gutes Ergebnis interpretiert.
- Unhöflichkeit wird mit Zeitdruck legitimiert.
- Desinteresse am Mitarbeiter wird mit der Priorisierung von Aufgaben begründet.

Letztlich viel bedeutsamer sind die nicht hinterfragten Überzeugungen im Zusammenhang mit Geld bzw. Kosten (vgl. Lukas, 2013, 75f.). Geht es um Produktivitätssteigerung, dann steht das Nennermanagement – also Kostensenkungen – quasi reflexhaft im Mittelpunkt der Betrachtung und der Handlungen.

Dabei bleibt verborgen, dass Kostensenkungen

- keine Zukunft sichern.
- die Produktivität nicht erhöhen.
- keine Innovationen ermöglichen.
- nicht dafür sorgen, dass Kompetenz vorhanden ist (oder bleibt), die notwendig ist, um zukünftige Herausforderungen begegnen zu können.
- nicht motivieren.
- Angst machen.

Einem besonderen Vorurteil, nämlich Geld als wichtigsten Motivator aufzufassen, soll nun etwas ausführlicher nachgespürt werden.

Geld motiviert (nicht wirklich)

Die Hay Group publiziert 2013 die Ergebnisse einer groß angelegte Studie (n = 18.000 deutsche Arbeitnehmer), die der Frage nachgeht: „Lassen sich Mitarbeiter tatsächlich mit Geld locken und zu Höchstleistungen motivieren?" Es wird folgendes deutlich – und das nicht zum ersten Mal: Weiche Faktoren wie ein „kollegiales Arbeitsumfeld" (80%) und „ein erfüllender Job" (66%) sind wichtiger als ein angemessenes Gehalt (56%). Darauf folgen weitere weiche Faktoren wie „eine gute Führungskraft" (53%) und „genügend Entscheidungsfreiräume im Job" (49%)[5].

Diese Befunde sind insofern bedeutsam, als dass ein schlechtes Arbeitsklima (86%), ein unbefriedigender Job (80%) und eine schlechte Führungskraft (71%) mit Abstand als häufigste Gründe für einen Jobwechsel genannt wurden.

Zudem ist der Zusammenhang zwischen Gehaltserhöhung und Arbeitsplatzwechsel interessant: Bei 20 Prozent mehr Gehalt sind über ein Drittel der Befragten (34%) zum Arbeitgeberwechsel bereit, ein weiteres Drittel (34%) gar für weniger. Eine Gehaltserhöhung würde sich nur bei der Hälfte aller Mitarbeiter (53%) überhaupt leistungssteigernd auswirken. Für

---

5 http://www.haygroup.com/de/press/details.aspx?id = 32964

47 Prozent der Befragten müssten dann schon mehr als 20 Prozent zusätzlich bezahlt werden, um als Leistungsansporn zu wirken.

Von der Schwierigkeit der Selbsterkenntnis

Eine aktuelle, vom Handelsblatt in Auftrag gegebene Forsa-Studie verdeutlicht, dass eine große Anzahl von Führungskräften über einen nicht unerheblichen blinden Fleck verfügen, nämlich dann, wenn es darum geht, die eigene Führungskompetenz einzuschätzen[6]:

- 99 Prozent halten das Verhältnis zu ihren Mitarbeitern für gut oder sehr gut. 95 Prozent der Manager für eine gute und von ihren Mitarbeitern akzeptierte Führungskraft.
- Die Mitarbeiter teilen die Sicht ihrer Vorgesetzten **nicht**: 61 Prozent machen nur noch Dienst nach Vorschrift, knapp ein Viertel hat gar innerlich gekündigt.

Das Institut der deutschen Wirtschaft (IW) in Köln veröffentlichte im 2013 zwei Studien mit dem Ergebnis[7]: „Ein guter Chef wirkt Wunder.“ Es wurde deutlich, dass es den Arbeitnehmern in Europa wichtig ist, von ihrem Vorgesetzten unterstützt zu werden. 81 Prozent der EU-Bürger haben im Schnitt einen solchen Vorgesetzten – in Deutschland sind es nur 69 Prozent der Befragten. Die Wünsche der Mitarbeiter sind (seit langem) bekannt: Sie wollen gelobt und wertgeschätzt werden, außerdem eine Aufgabe haben, die ihnen sinnvoll erscheint.

Sind diese Befunde neu oder gar überraschend?

Mangelndes Engagement wird schon seit langer Zeit mit Führungsfehlern in Verbindung gebracht. Es kommt zu einer Störung der sozialen Reziprozität zwischen MitarbeiterInnen und Führungspersonen. Die Störung geht, zumindest in der Wahrnehmung der MitarbeiterInnen, von den leitenden Personen aus: Die Mitarbeiter haben den Eindruck, dass sie mehr investieren als dass sie vom Arbeitgeber zurückerhalten. Eine Systematik der Führungsfehler haben, im Anschluss an Höhn (1989), Brinkmann und Stapf (2005) vorgelegt. Die fünf häufigsten sind hier:

- geringe Gesprächsbereitschaft
- Eingriffe in den Kompetenzbereich des Mitarbeiters
- schlechtes Informationsverhalten
- mangelnde/fehlerhafte Kommunikation und
- unzureichende Partizipation der Mitarbeiter

Wenn die wenigen „verordneten“ Gespräche „in rigider und herablassender oder herabsetzender Weise geführt“ werden, steigt die Wahrscheinlichkeit für eine Leistungsminderung (Krystek et al., 1995). Ähnlich wirkt das Gefühl, einer unberechenbaren Willkür von oben ausgesetzt zu sein. Entscheidungen des Vorgesetzten über den Kopf des Mitarbeiters hinweg, halten 88% von 651 der von Brinkmann und Stapf (2005, S. 89) befragten Personalmanager für die wichtigste im Führungsverhalten begründete Ursache für eine Innere Kündigung. Unzureichende Information und mangelnde Bereitschaft zur offenen Diskussion fanden bei 80% Zustimmung. Demotivierende Kontrollen werden als gravierende Führungsfehler empfunden.

[6] https://www.deutschland-made-by-mittelstand.de/news/handelsblatt/9419

[7] http://www.iwkoeln.de/de/presse/pressemitteilungen/beitrag/arbeitszufriedenheit-ein-guter-chef-wirkt-wunder-117769

1.2.4 Zusammenfassung

Fasst man diese Befunde zusammen, so bedeutet dies, dass das Reservoir an intrinsischer Motivation bei den Beschäftigten notwendigerweise schrumpfen muss – dass das Engagement unterm Strich auf der Strecke bleibt, ist wenig verwunderlich.

Die zusammengetragenen Befunde weisen insbesondere in der Veränderungsperspektive der befragten ExpertInnen in der Tendenz eine eindeutige Verlaufskurve zu einer die Einzelnen stärker fordernden und – in der Konsequenz ausbleibender Unterstützung – regelmäßig überfordernden Arbeitswelt aus. Das erscheint in einigen Bereichen als Raubbau an den eigenen Ressourcen (sowohl der Beschäftigten wie des Managements) und entbehrt damit jeden Gedankens an Nachhaltigkeit. Sich diese nicht leisten zu können, scheint eine durchgängige Ansicht zu sein, verkennt aber die generell nur schwer bezifferbaren Kosten einer solchen Arbeitspolitik.

Wie weiter unten noch deutlich werden wird, haben die oben skizzierten Auswirkungen weitere Konsequenzen:

- **Reduktion des eigenen Status** (u.a. wegen geringer werdender Möglichkeiten, die eigene Expertise in den Tätigkeiten einbringen zu können)
- **Bedrohung des Sicherheitsgefühls** (u.a. wegen zunehmender Arbeitsplatzunsicherheit, mangelnder Möglichkeit zur Karriereplanung)
- **Bedrohung der Autonomie** (u.a. wegen zunehmender Belastung und Überstunden)
- **Bedrohung des Zugehörigkeitsgefühls** (u.a. wegen Verschlechterung der Beziehung zum Vorgesetzten bzw. zu den Kollegen)
- **Erleben von mangelnder Fairness** (u.a. aufgrund mangelnder Anerkennung, Respekt

Dies sind alles Aspekte, die unser Gehirn als Bedrohung wahrnimmt und auf Dauer zu einer Rücknahme von Leistungsbereitschaft bzw. -fähigkeit führt: Auf Dauer lassen sich per Willensanstrengung die Ausschüttung entsprechender „motivationsfeindlicher" Neurotransmitter nicht verhindern. Allerdings sei auch schon an dieser Stelle darauf hingewiesen, dass gerade Führungskräften eine besondere Verantwortung zukommt, wenn es um eine Änderung dieser Rahmenbedingungen – und somit des Motivations- und Leistungsniveaus der Mitarbeiter geht.

Versucht man, die obigen Ausführungen auf einen gemeinsamen Nenner zu bringen, so wird folgendes deutlich:

- Führungskräfte spielen eine zentrale Rolle, wenn es um das Engagement und die Motivation ihrer Mitarbeiter geht.
- Das Verständnis vieler Führungskräfte für diese Verantwortung ist (immer noch nicht) ausgeprägt genug.
- An diesem mangelnden Verständnis konnte eine „verbesserte" Personalauswahl und/oder -entwicklung nichts Grundsätzliches ändern.

Daher stellt sich die Frage, ob das Problemfeld „Motivation – Leistung – Führung" in der Praxis hinreichend angemessen verstanden wurde.

Dazu ist es aber notwendig zu verstehen, warum die eigenen Welt- und Menschenbilder so stabil sind, dass sie Änderungen nicht bzw. nur schlecht zulassen – auch hierbei werden neurowissenschaftliche Erkenntnisse weiterhelfen.

Diese kurze Skizze verdeutlicht, dass Führung dann ineffektiv wird, wenn die Bedürfnisse der Mitarbeiter nicht angemessen berücksichtigt werden – unabhängig von den Gründen, warum dies passiert.

Reflexion

Wie „gefällt“ Ihnen jetzt diese Einleitung? Fühlen Sie sich zum Weiterlesen motiviert? Falls „ja“ – warum? – und vor allem: Falls „nein“ – warum nicht?

Hintergrund

Diese (zweite) Einleitung enthält alles, was aus – traditioneller Managementsicht zu einem Buch über „Neuroleadership“ gesagt werden kann:

- Es zeigt die Probleme auf, die es zu lösen gilt.
- Es ist für Führungskräfte einerseits attraktiv, diese Probleme zu lösen, da hierdurch Effektivität und Effizienz positiv beeinflusst werden können. Andererseits wird nahegelegt, dass Führungskräfte möglicherweise selbst Teil dieses Problems sein könnten, was möglicherweise zu einer ambivalenten Haltung führt.
- Für diese Probleme scheint es bislang keine adäquate Methoden zu geben (sonst wären sie bereits flächendeckend eingeführt) – oder aber die Methoden sind für einen flächendeckenden Einsatz „nicht attraktiv“ genug – macht das neugierig?

Reflexion

- Warum ist diese Art von Einleitung so „wenig ansprechend“?
- Was hat dieser Stil mit Ihrer Kultur, Ihrem Kommunikationsstil zu tun?
- Was können Sie daraus lernen?

Die Standardantworten lauten u.a.:

- Das ist zwar alles relevant – aber das kennen wir doch schon.
- Das ist alles so negativ!!!
- Hierfür gibt es keine Lösung – damit muss man leben.
- Das hat nichts mit meinem Alltag zu tun.
- Am Ende des Tages zählt der Cash Flow – der Umgang mit Menschen ist überbewertet.
- …

O.K. – das war in Summe jetzt schon „eher negativ“ – also lassen Sie es mich jetzt bitte mit einer dritten Version einer Einleitung – einer „nutzenorientierten Einleitung“ versuchen.

1.3 Einleitung III – ein „zielorientierter“ Versuch

Die unter „Einleitung II“ skizzierten Problemfelder lassen sich auch anders darstellen, nämlich im Sinne von zielorientierten Hinweisen, die letztlich verdeutlichen sollen, dass sich die o.g. Problemfelder beseitigen – oder doch zumindest reduzieren – lassen. Lassen Sie mich Ihnen daher im Folgenden zwei Checklisten präsentieren – Checklisten, die sich einmal auf das Leistungs- und das andere Mal auf das Gesundheitsniveau Ihrer Mitarbeiter beziehen. Arbeiten Sie diese bitte durch – wenn Sie häufig bei „trifft überhaupt nicht zu“ oder „trifft eher nicht zu" angekreuzt haben, können Sie die jeweiligen Aussagen direkt als entsprechende Veränderungshinweise interpretieren.

Tab. 1.1: Checkliste „Leistungsfähigkeit und -bereitschaft der eigenen Mitarbeiter"

Bitte beurteilen Sie die folgenden Aussagen anhand der beigefügten Skala:	*nicht beurteilbar*	trifft überhaupt nicht zu	trifft eher nicht zu	unentschieden	trifft eher zu	trifft völlig zu
Meine Mitarbeiter erfüllen ihre Arbeitsvorgaben mit hohem Engagement und fachlichem Know-how.	□					
Meine Mitarbeiter betrachten ihre Arbeit auch unter hohem Zeitdruck und damit verbundenem Stress als hochwertig.	□					
Die Arbeitsbeziehungen mit den Kollegen werden so gestaltet, dass sie Belastungen standhalten.	□					
Meine Mitarbeiter bearbeiten ihre Aufgaben sehr zügig.	□					
Meine Mitarbeiter überprüfen ihre Arbeitsergebnisse sorgfältig.	□					
Meine Mitarbeiter treiben Teamarbeit voran.	□					
Meine Mitarbeiter arbeiten bei hohem Arbeitsaufkommen und bei Bedarf freiwillig länger, um ihrem Arbeitspensum gerecht zu werden.	□					
Meine Mitarbeiter verbessern Arbeitsabläufe und -prozesse selbstständig.	□					
Das Leistungsniveau meiner Mitarbeiter ist sehr hoch.	□					
Meine Mitarbeiter verbessern sich fortwährend.	□					
Meine Mitarbeiter haben den Eindruck, dass ihre beruflichen Leistungen den stellentypischen Anforderungen ihrer Position voll gerecht werden.	□					
Meine Mitarbeiter denken oft darüber nach, wie sie ihre beruflichen Aufgaben noch besser erfüllen können.	□					
Meine Mitarbeiter bemühen sich, ihre beruflichen Aufgaben besonders gut zu erfüllen.	□					
Im Vergleich zu Mitarbeitern in ähnlichen Positionen sind die Leistungen meiner Mitarbeiter besser.	□					

Tab. 1.2: Checkliste „Gesundheitsniveau der eigenen Mitarbeiter"

Bitte beurteilen Sie die folgenden Aussagen anhand der beigefügten Skala:	*nicht beurteilbar*	trifft überhaupt nicht zu	trifft eher nicht zu	unentschieden	trifft eher zu	trifft völlig zu
Der allgemeine Gesundheitszustand meiner Mitarbeiter ist gut.	□					
Die körperliche Gesundheit meiner Mitarbeiter beeinträchtigt ihre privaten Kontakte, z.B. zu Familienangehörigen, Freunden, Nachbarn oder zum Bekanntenkreis.	□					
Meine Mitarbeiter fühlen sich ziemlich fit und vital.	□					
Meine Mitarbeiter sind des Öfteren erschöpft.	□					
Meine Mitarbeiter sind nervös und schlecht gelaunt.	□					
Meine Mitarbeiter verfügen über einen überbordenden Elan.	□					
Meine Mitarbeiter fühlen sich bei ihren beruflichen Aufgaben ständig überlastet	□					
Meine Mitarbeiter sind voller Energie und Zuversicht.	□					
Meine Mitarbeiter haben manchmal Probleme, tagsüber wach zu bleiben.	□					
Meine Mitarbeiter freuen sich auf jeden neuen Tag.	□					
Meine Mitarbeiter fühlen sich fast immer aufnahmefähig und hellwach.	□					
Meine Mitarbeiter machen sich sehr viele Gedanken über ihre beruflichen Aufgaben, sodass sie manchmal nur schlecht schlafen können.	□					
Meine Mitarbeiter haben wiederholt ohne berechtigten Grund Beklemmungsgefühle.	□					
Meine Mitarbeiter haben oft das Gefühl, als ob ihnen alles über den Kopf wachsen würde.	□					
Meine Mitarbeiter fühlen sich oft nervös und unausgeglichen.	□					

Reflexion

Wie „gefällt" Ihnen jetzt diese Einleitung? Fühlen Sie sich zum Weiterlesen motiviert? Falls „ja" – warum? – und vor allem: Falls „nein" – warum nicht?

Hintergrund

Diese (dritte) Einleitung enthält alles, was aus einer zielorientierten Managementsicht zu einem Buch über „Neuroleadership" gesagt werden kann:

- Es zeigt Zielzustände auf, anhand derer das Leistungs- und Gesundheitsniveau der eigenen Mitarbeiter umfassend beschrieben werden kann.
- Es ist für Führungskräfte attraktiv, diesen Hinweisen nachzuspüren, da sie gleichermaßen als Indikatoren für eine erhöhte Effektivität und Effizienz aufgefasst werden können.

- Allerdings stellt sich die Frage nach dem Neuigkeitsgrad dieser Hinweise – das klingt doch altbekannt, oder nicht? Und somit stellt sich die Frage nach den Einflussfaktoren, mit deren Hilfe es gelingen könnte, diese beiden – leistungs- und gesundheitsbezogenen – Zielkorridore effektiver als bislang gestalten zu können. Macht das neugierig?

Reflexion
- Warum ist diese Art von Einleitung so „wenig ansprechend“?
- Was hat dieser Stil mit Ihrer Kultur, Ihrem Kommunikationsstil zu tun?
- Was können Sie daraus lernen?

Die Standardantworten lauten u.a.:

- Das ist zwar alles nachvollziehbar – aber das kennen wir doch schon.
- Das ist zwar alles richtig, ich weiß aber immer noch nicht, was genau ich tun muss, um dorthin zu gelangen.
- Das hat nichts mit meinem Alltag zu tun.
- Man muss auch lernen, kleine Brötchen zu backen.
- …

Nun, das war in Summe zwar jetzt schon etwas „positiver“, aber vielleicht immer noch nicht so wirklich überzeugend. Lassen Sie es mich daher mit einer weiteren, vierten und letzten Version einer Einleitung – einer „gehirngerechten Einleitung“ versuchen.

1.4 Einleitung IV – ein „gehirngerechter“ Versuch

Was könnte denn nun „gehirngerecht“ bedeuten? Ich vermute, dass Sie das aufgrund der bisherigen Ausführungen schon in Teilen verstanden haben: „Gehirngerecht“ bedeutet u.a. „interessant“, neugierig machend“ – hat also etwas mit einem selbst zu tun. Es bedeutet aber auch „Lösungsorientierung“ – die Aufzählung von Problemen (so relevant sie auch sein mögen) vernebelt eher unser Gehirn und verändert unsere Stimmung in eine negative – und somit demotivierende – Richtung. Und es bedeutet insbesondere „konkret“: Es muss nachvollziehbar sein – nicht nur vom Kopf her, sondern mit allen Sinnen: Es muss im wahrsten Sinne des Wortes „erfühlbar“ bzw. „erlebbar“ sein.

Vor dem Hintergrund dieser Merkmale möchte ich Sie mit auf eine kleine Reise – quer durch einige Gedankenexperimente – nehmen.

Gedankenexperiment 1: Der flexible Mitarbeiter

Betrachtet man die gängige Literatur zum Thema Führung, Change Management und Performance, dann findet man einen immer wiederkehrenden Allgemeinplatz: Von Seiten der Führungskräfte wird immer wieder eingefordert, dass die Mitarbeiter flexibler werden müssen.
Problematisch ist nun, dass diese Forderung im allgemeinen nicht mit der eigenen Erfahrung übereinstimmt: Die Mitarbeiter sind im Allgemeinen nicht so flexibel, wie sich dies die Mehrheit der Führungskräfte wünscht – unabhängig davon, ob die das nun nicht „wollen“ (so die Standarderklärung), oder (möglicherweise nur) nicht können.

Was würden Sie sagen, wenn ich Ihnen belegen würde, dass es solche „flexiblen“ Menschen schon gibt – aber dass sie mit an Sicherheit grenzender Wahrscheinlichkeit nicht für Sie – für Ihr Unternehmen – in ihrem aktuellen Job – arbeiten würden? Ausführlicher werde ich dies in Kapitel 22.3.4 erläutern – an dieser Stelle genügt es darauf hinzuweisen, dass die Befriedigung des (neurobiologisch nachweisbaren) Bedürfnisses nach Konsistenz bzw. Kongruenz, das eine solche Flexibilität ermöglicht, unter anderem recht spezifische Rahmenbedingungen und Wertschätzung voraussetzt.

Und damit sind wir beim zweiten Gedankenexperiment angelangt:

Gedankenexperiment 2: Der interessante Job

Halten Sie bitte einen Moment inne und denken kurz darüber nach, wie viel Prozent Ihres Jobs Sie wirklich begeistert – Sie wirklich, wirklich[8] interessiert: Bis zu 25%? – zwischen 26 und 50% – zwischen 51 und 75%? – oder gar zwischen 76 und 100%?
Und jetzt bitte ich Sie, die Perspektive zu wechseln und sich in den Arbeitsablauf Ihrer Mitarbeiter einzufühlen – und wiederum die Frage zu beantworten: Von wie viel Prozent ihrer beruflichen Tätigkeit sind Ihre Mitarbeiter im Allgemeinen begeistert? Bis zu 25%? – zwischen 26 und 50% – zwischen 51 und 75%? – oder gar zwischen 76 und 100%?
Falls Sie bei der zweiten Frage „zwischen 76 und 100%“ geantwortet haben – und Ihre Mitarbeiter das auch so bestätigen würden – dann haben Sie gute Chancen, Teil einer „gehirngerechten Organisation“ zu sein. Bei mittleren und vor allem kleinen Werten sollten Sie sich fragen: **Warum glaube ich, sollten meine Mitarbeiter über alle Maßen engagiert sein – bei der Langeweile, die sie ertragen müssen?**
Ausführlicher werde ich in Kapitel 22.3.1 darauf eingehen, und herausarbeiten, dass Autonomie und Interesse der Hauptmotor für intrinsische Motivation und nachhaltiger Leistung ist – und dass dies sehr gut anhand neurobiologisch nachweisbarer Mechanismen unseres Gehirns erklärt werden kann.

Haben wir uns jetzt kurz mit dem Thema „Arbeitstätigkeit“ auseinandergesetzt, wollen wir jetzt einen kleinen Perspektivenwechsel vornehmen – weg von der Arbeitstätigkeit hin zu der Beziehung zwischen Ihren Mitarbeitern und Ihnen als ihrem Vorgesetzten.

Gedankenexperiment 3: Die wertschätzende Beziehung

Halten Sie wiederum einen Moment inne und denken bitte darüber nach, welche Antwort Ihre Mitarbeiter auf folgende Fragen geben würden – auf einer Skala zwischen „stimme voll und ganz zu“ (100%) über „stimme eher zu“ (75%) , „teils/teils“ (50%), „stimme eher nicht zu“ (25%) bis hin zu „stimme gar nicht zu“ (0%):

[8] Diese Doppelung von „wirklich wirklich“ ist kein Schreibfehler, sondern wurde vom Philosophen und Unternehmensberater Frithjof Bergmann übernommen, der folgendes feststellt: „Menschen, die das machen, was sie wirklich, wirklich wollen brauchen keine Work-Life-Balance. (…) Viele Menschen begreifen ihre (Lohn-) Arbeit als „milde Krankheit“, sie ertragen sie, leben vor allem für die Wochenenden, warten auf den Urlaub oder den Ruhestand. Einige sterben sogar daran. Noch schneller stirbt jedoch die Seele“.

- Ich kann meinem direkten Vorgesetzten voll und ganz vertrauen. (0% – 100%)
- Ich spreche Freunden und Familie gegenüber nur positiv von meinem Vorgesetzten. (0% – 100%)
- Die Zusammenarbeit mit meinem Vorgesetzten empfinde ich als sehr harmonisch. (0% – 100%)
- Ich erlebe meinen direkten Vorgesetzten in sehr vielen Situationen als authentisch. (0% – 100%)

Wie viel Prozent haben Sie in Summe erreicht? Zwischen 300 und 400 Prozent? Dann dürfen Sie schon einmal festhalten, dass Sie auf dem besten Weg sind, „gehirngerechte Führung" zu praktizieren. Diejenigen unter Ihnen, bei denen der Summenwert 300% und kleiner ist, sollten sich mit folgenden Fragen auseinandersetzen: **Warum glauben Sie, sollten Ihre Mitarbeiter über alle Maßen engagiert sein – bei dem doch eher geringen Maß an Respekt und Vertrauen, das sie erleben?**
In Kapitel 22.3.2 werde ich ausführlicher zeigen, dass wertschätzende Beziehungen, das Erleben von Unterstützung und Vertrauen nicht nur weitere Motoren, sondern geradezu Turbolader für intrinsische Motivation und nachhaltiger Leistung sind – und dass dies wiederum sehr gut anhand neurobiologisch nachweisbarer Mechanismen unseres Gehirns erklärt werden kann.

Wie Ihnen bereits anhand der bisherigen drei Beispiele vermutlich deutlich geworden sein dürfte, steht im Mittelpunkt von Neuroleadership der Mensch als Ganzes – und zwar nicht nur der „rationale" Teil, sondern insbesondere der „emotionale" Teil – und somit das Welt- bzw. das Menschenbild der Führungskräfte bzw. die gelebten[9] Werte der Führungsphilosophie. Von daher darf ich Sie zu einem letzten – dem kürzesten – Gedankenexperiment einladen.

Gedankenexperiment 4: Ihr Weltbild – als Dreh- und Angelpunkt

Bitte denken Sie einen Moment an Ihre Mitarbeiter – und wählen denjenigen aus, den Sie nicht unbedingt als „High Performer" (oder ähnliches) bezeichnen würden, sondern jemanden, der regelmäßig mehr als eine Erklärung benötigt, oder der eher zurückhaltend oder gar ängstlich ist – oder der sich oft und stetig bemüht – aber eher scheitert als wirklich erfolgreich zu sein. Sie haben so jemanden im Auge?
Gut, dann beantworten Sie bitte folgende Fragen in Hinblick auf diesen Mitarbeiter (100%) über „stimme eher zu" (75%), „teils/teils" (50%), „stimme eher nicht zu" (25%) bis hin zu „stimme gar nicht zu" (0%):

- Dieser Mitarbeiter ist nicht leistungsfähig, weil er sich nicht ändern **kann**. (0% – 100%)
- Dieser Mitarbeiter ist nicht leistungsfähig, weil er sich nicht ändern **will**. (0% – 100%)
- Dieser Mitarbeiter ist nicht leistungsfähig, weil er nicht **weiß**, wie das geht. (0% – 100%)

[9] Mit „gelebt" meine ich nicht die Aussagen, die man üblicherweise auf Hochglanzbroschüren bzw. in den Internetauftritten der Firmen findet, sondern das, was die Mitarbeiter tagtäglich erleben.

- Ich bin im tiefsten Herzen davon überzeugt, dass sich jeder Mensch ändern kann, wenn man ihm einen sicheren Rahmen zur Verfügung stellt und ihm wertschätzend begegnet. (0%–100%)

Ich weiß, die letzte Antwort erscheint auf den ersten Blick etwas ungewöhnlich – doch kommt es gerade hier auf Ihre Antwort an: Haben Sie dort 50 Prozent oder mehr erreicht? Nein, es geht hier auch nicht um Idealismus, sondern um Ihre Überzeugung, dass die „Natur unseres Gehirns" aus neurobiologischer Sicht von vornherein „richtig funktioniert" – und dass Probleme wie Minderleistung (aber auch viele andere, vor allem im gesundheitlichen Bereich) letztlich auf eine mangelnde Berücksichtigung „unserer Natur" (und somit der unseres Gehirns) zurückzuführen sind. Unser Gehirn, unser Verhalten, unsere Motivation, unsere Emotionen – und unsere Gedanken sind weitestgehend **nicht** so frei wählbar, wie wir uns dies üblicherweise vorstellen: Sie sind abhängig von Lernprozessen, die sehr schnell stabilisierend wirken – und dann eben die Flexibilität verhindern, die wir für uns selbst, aber auch unsere Organisationen von uns – erwarten. Ich werde in Kapitel 22.3.3 ausführlich auf die Rolle von – neurobiologisch begründbaren – Schemata und ihre Relevanz für Verhalten und Leistung eingehen.

Reflexion

Wie „gefällt" Ihnen jetzt diese dritte Einleitung? Fühlen Sie sich jetzt zum Weiterlesen motiviert? Falls „ja" – warum? – und vor allem: Falls „nein" – warum nicht?

Hintergrund

Diese (vierte) Einleitung enthält vieles, was aus „gehirngerechter Perspektive" zu einem Buch über „Neuroleadership" gesagt werden kann:

- Es macht neugierig – es werden interessante oder gar ungewöhnliche Aspekte zu einem Problembereich dargestellt.
- Die Probleme sind relevant und werden relativ konkret geschildert.
- Zu den Problemen gibt es auch Lösungshinweise, die einerseits herausfordernd, andererseits positiv formuliert sind.

Reflexion

- Warum ist diese Art von Einleitung so „ansprechend"?
- Was hat dieser Stil mit Ihrer Kultur, Ihrem Kommunikationsstil zu tun?
- Was können Sie daraus lernen?

Antworten könnten hier sein:

- Das ist ungewöhnlich, spannend und herausfordernd.
- Die emotionale Balance bleibt gewahrt: Es werden nicht nur (negative) Probleme skizziert, sondern auch (positive) Lösungshinweise gegeben.
- Lösungen sind möglich – wenn auch nicht im „Alltagsmodus" erreichbar.
- Möglicherweise hat Cash Flow doch etwas mit der Qualität des Umgangs mit Menschen zu tun.
- …

1.5 Erste inhaltliche Schlussfolgerungen

Lassen Sie uns die ersten Überlegungen wie folgt zusammenfassen: Wenn sich Neuroleadership mit der Beantwortung der Frage beschäftigt „**Was können Führungskräfte aus den Erkenntnissen der Neurobiologie lernen, um ihren Job noch besser als bislang zu machen?**“, dann ist es zwingend notwendig, sich mit folgenden Fragen zu befassen:

- Wie sollten „gehirngerechte“ Strukturen, Arbeitstätigkeiten und Beziehungen aussehen, um eine optimale Stimulation des Gehirns in Richtung Motivation, Leistung und Gesundheit zu ermöglichen?
- Welches Menschenbild ist notwendig, das es erlaubt, solche „gehirngerechten“ Strukturen, Arbeitstätigkeiten und Beziehungen zu formulieren und in die Praxis umsetzen zu können?

Wie Sie vielleicht erkennen können, scheint die erste Frage noch vergleichsweise einfach zu beantworten zu sein – die zweite Frage könnte möglicherweise Irritationen – oder aber auch Neugier oder Ablehnung – auslösen. Ich möchte diesen Punkt mit dem Menschenbild anhand von zwei Beispielen nahebringen und anschließend anhand einer Metapher näher erläutern:

1. Gehen wir ins frühe Mittelalter zurück: Seefahrer beschäftigten sich mit der Frage, was sie tun könnten, wenn sie am Ende der Welt angekommen seien und von der Scheibe „runterkippen“ würden. Könnten sie das überleben? Jemals in den Heimathafen zurückgelangen? Was, wenn deutlich würde, dass die Frage „Mit welchen Anreizsystemen können wir sicherstellen, dass unsere Mitarbeiter leistungsfähiger werden?“ aus Gehirnsicht ähnlich falsch gestellt ist? Im Gegensatz zu den Seefahrern, die letztlich herausgefunden haben, dass es kein „Ende der Welt“ gibt – unabhängig davon, ob sie den Astronomen geglaubt haben oder nicht – sind die Beispiele von Unternehmen, die explizit auf finanzielle Anreizsysteme verzichten, eher selten. Wie aber will man herausfinden, was „das Gehirn als Anreiz, als Stimulation“ wirklich benötigt, wenn man es hauptsächlich mit einem Typus von Anreizen „füttert“?
2. Im 17. Jahrhundert wollte man verstehen, warum Stoffe verbrennen – man machte hierfür eine Substanz namens „Phlogiston“ verantwortlich. Leider war die Suche danach erfolglos – später hatte man erkannt, dass Sauerstoff zentraler Bestandteil von Verbrennungsprozessen ist. Was, wenn deutlich würde, dass die Frage nach dem „optimalen Anreizsystem (innerhalb der gegebenen Kultur und Struktur eines Unternehmens)“ ebenso wenig zielführend ist? Die Suche nach dem Phlogiston war nicht nur nicht erfolgreich, sondern letztlich sinnlos, weil man davon ausgegangen ist, dass es materielle Gründe für eine Verbrennung geben muss. Warum sind wir denn davon so stark überzeugt, dass auch im menschlichen Zusammenleben materielle Gründe ausschlaggebend sind? Weil wir sie besser beobachten können – kontrollieren können? Unser Gehirn wird in sehr vielen Fällen von „immateriellen Gründen“ aktiviert und motiviert – ob das der ökonomischen Theoriebildung und der betriebswirtschaftlichen Praxis nun einmal passt oder nicht: Auch Gravitation wirkt – egal, ob ich daran glaube oder nicht.
3. In der industriellen Welt sind Normen und Standards wichtig – für Prozesse, für Anforderungen – und für individuelle Qualifikationen in Bezug auf bestimmte Tätigkeiten. Normen wie die DIN EN ISO 9000ff. und andere Vorschriften wollen das Leben vorhersagbar und kontrollierbar machen. Auch im Privatbereich ist man von der Regulations- und Zertifizierungswut kaum sicher: Um ein Auto fahren zu können, benötigt es einen

Führerschein, um ein Flugzeug fliegen zu können, einen Pilotenschein. Um mit einem Gewehr – legal – hantieren zu können, benötigen Sie einen Jagdschein oder einen Waffenschein (oder zumindest eine Waffenbesitzkarte). Selbst wenn Sie – als Frau – abtreiben lassen wollen, benötigen Sie vorher den Nachweis eines Beratungsgesprächs – wiederum mit Menschen, die hierfür Ihre Qualifikation haben nachweisen müssen. Besonders bedeutsam erscheint mir, dass es zwei – für das Fortbestehen unserer Gesellschaft – existentielle Lebensbereiche gibt, für die man nicht nur nicht qualifiziert oder gar zertifiziert sein muss, sondern für die entsprechende Anstrengungen noch nicht einmal in Sicht sind: (1) Jeder kann die Elternrolle einnehmen – ohne hierfür Qualifikationsnachweise erbringen zu können – genauso wenig, dass (2) jemand nachweisen muss, für eine Führungstätigkeit qualifiziert zu sein. Jeder kann ein Geschäft eröffnen, jeder kann Chef werden – und das ohne jeglichen Qualifikationsnachweis.

Ich hoffe doch, dass diese kurzen Erörterungen zeigen konnten, welche Rolle das Menschenbild bei Entscheidungen und bei der Interpretation von Handlungen einnimmt. Daher kann ich jetzt dazu überleiten, anhand einer metaphorischen Geschichte zu erläutern, worum es beim Thema Neuroleadership letztlich geht (nach Faix et al., 2009).

Stellen Sie sich vor, dass Sie ein Puzzle in einer Schachtel in der Hand halten, bei dem aber jemand den falschen Deckel auf die Schachtel gesetzt hat (was Sie aber nicht wissen). Was passiert während des Puzzelns??

- Wir versuchen, das Bild von dem falschen Deckel als Hilfe zu benutzen, um die Puzzleteile zusammenzusetzen. Mit dem falschen Bild im Kopf scheinen uns einige der Farben nicht zu passen, manche Formen sind nicht richtig. Wir nehmen vielleicht an, diese Teile seien versehentlich in die Schachtel geraten und schieben sie beiseite, oder wir lassen sie unter den Tisch fallen.
- Und dann suchen wir weiter nach anderen Farben und Formen, die wir auf dem Bild auf dem Deckel gesehen haben, die aber aus irgendeinem Grund nicht in der Schachtel zu finden sind. Was tun wir also?
- Wir schieben immer mehr unpassende Puzzleteile zur Seite. Vielleicht nehmen wir auch eine Schere und farbige Stifte zur Hand, um die übrigen Teile „anzupassen“: Wir tun alles, um die Puzzleteile in der Schachtel mit dem Bild in Übereinstimmung zu bringen.
- Manche Menschen sind daraufhin so frustriert und desillusioniert, dass sie das ganze Puzzle fortwerfen – die Teile und die Schachtel. Sie geben das Puzzeln ganz auf.
- Andere beschließen, den Deckel und nicht die Teile zu dem zu erklären, was „Rechtgläubigkeit“ ausmacht und in ihrem Eifer, den Deckel zu verteidigen, verpassen sie allen, die ihn hinterfragen, das Etikett „Abtrünniger“.
- Anderen macht es zu schaffen, dass sie sich mehr nach dem Bild auf der Schachtel richten als nach dem Puzzle selbst.
- Sie fragen sich, was passieren würde, wenn sie ihre Loyalität umkehren und sich weigern, einen Deckel zu akzeptieren, der nicht allen Teilen in der Schachtel gerecht wird.
- Sie weigern sich, Ecken abzuschneiden oder Farben zu ändern. Irgendwann schlussfolgern sie, dass der Fehler nicht bei den Puzzleteilen liegt – die passen nämlich zusammen.

Das Problem ist das Bild auf dem Deckel – und der unausgesprochene Konsens, dass das Bild das „richtige" Bild ist.

Ich hoffe, dass diese kleine Geschichte hat erahnen lassen, worum es beim Thema Neuroleadership wirklich geht – nämlich um die Rolle des Menschenbilds bei Entscheidungen und bei der Interpretation von Handlungen. Kurz: Neuroleadership eignet sich nicht dafür, in Führungsangelegenheiten so „weiterzumachen" wie bislang, sondern ernsthaft zu versuchen, das Gehirn des Menschen und seine Funktionen in den Mittelpunkt der Betrachtungen zu stellen. Konkret: Die Potenziale eines Neuroleadership werden nicht ausgeschöpft, wenn wir nur solche Befunde akzeptieren bzw. „aussuchen", die es uns erlauben, mit dem, wie wir Führung bislang verstehen, so weiterzumachen wie bisher. Vielmehr muss bei einer seriösen Diskussion um ein „funktionsfähiges" Neuroleadership das menschliche Gehirn in den Mittelpunkt der Betrachtung gestellt werden: Wie noch zu zeigen sein wird, lassen sich unsere herkömmlichen Prozesse, Strukturen, Führungsphilosophien nicht in ein Bild hineinzwängen, in dem neurobiologische Prozesse im Mittelpunkt stehen. Oder umgekehrt: Die Bereitschaft, betriebliches Geschehen aus neurobiologischer Perspektive zu betrachten, gleicht der Bereitschaft des Puzzlespielers in obigem Bild anzuerkennen, dass das aufgedruckte Bild falsch ist.

Damit ist das Spannungsfeld dieser Publikation skizziert – und jetzt kann ich etwas ausführlicher auf den Aufbau des Buches eingehen.

1.6 Übersicht über den Aufbau des Buches

Ein innovatives Buch über Neuroleadership sollte zum momentanen Zeitpunkt – neben der Darstellung der jeweils relevanten konzeptionellen Grundlagen – vor allem folgende Hauptziele verfolgen:

1. **Überwindung des Empiriedefizits**: Wie noch deutlich werden wird, besitzen die bisherigen Ausführungen zu dem Thema Neuroleadership rein konzeptionellen Charakter. Daher dient diese Publikation insbesondere dazu, das vorhandene Empiriedefizit zu überwinden: Anhand von zwei Forschungsarbeiten werden die Vorhersagen von zwei „prominenteren" Ansätzen des Neuroleadership, nämlich das SCARF-Modell von David Rock wie auch die Konsistenztheorie von Klaus Grawe in Bezug auf die Frage geprüft, ob Neuroleadership ein Ansatz ist, mit dem Leistung und Gesundheit gefördert werden kann.
2. **Aufhebung der einseitigen Führer-Geführten-Perspektive**: Andererseits zeichnet sich die bisherige Neuroleadership-Argumentation in weiten Teilen dadurch aus, dass eine große Nähe zu situativen, aber auch zu charismatischen Ansätzen der Personalführung steht. Die Führungskraft steht im Mittelpunkt des Geschehens und optimiert – im Kontext eines solchen Führungsverständnisses – das Leistungsverhalten ihrer Mitarbeiter dadurch, dass sie die unterschiedlichen, jetzt neurobiologisch begründeten Bedürfnisse ihrer Mitarbeiter berücksichtigt und darüber hinaus als positives Vorbild wirkt. Dies ist m.E. „viel zu kurz gesprungen" – durch eine solche Betrachtung bleibt den Führungskräften verborgen, was die neue Hirnforschung in Bezug auf die eigenen Interpretationsvorlieben ihrer Welt (Organisation, Mitarbeiter usw.) lehrt. Aus neurowissenschaftlicher Perspektive wird herausgearbeitet, dass es gerade die eigenen Schemata

sind, die starke Barrieren in Richtung „Veränderbarkeit" darstellen. Dies führt in der Praxis oft genug dazu, dass das Mitarbeiterverhalten aufgrund der eigenen Verhaltensstabilität reproduziert wird – letztlich stehen selbsterfüllenden Prophezeiungen an der Tagesordnung.

3. **Verzicht auf einen neurobiologischen Reduktionismus**: Darüber hinaus müssen – um bereits zu Beginn mögliche Missverständnisse erst gar nicht aufkommen zu lassen – einige für das weitere Verständnis bedeutsame Abgrenzungen vorgenommen werden:
   a. Zunächst ist es mir wichtig darauf hinzuweisen, dass mit der Fragestellung, was Führungskräfte von den modernen Neurowissenschaften lernen können, um die Effektivität ihres Führungsverhaltens erhöhen zu können, mitnichten einem „naiven Biologismus" gefolgt werden darf: Zunächst ist es nämlich unerheblich, ob jemand versteht, dass die Aktivierung der Amygdala mit zu einer Angst- bzw. Vermeidungsreaktion führt, genauso wenig wie es zunächst hilfreich ist zu wissen, dass der Nucleus Accubens bei Belohnungsreaktionen aktiviert ist. Die Kenntnis neurophysiologischer Mechanismen bzw. cerebraler Strukturen wird erst dann relevant, wenn diese mit konkretem Verhalten verknüpft werden kann. Kurz: Neuroleadership basiert zwingendermaßen nicht nur auf neurowissenschaftlichen und führungsbezogenen, sondern notwendigerweise auch auf psychologischen Erkenntnissen. **Hier geht es also um die Frage, wie entsprechende neuronale Mechanismen aktiviert werden können, um motivierende, leistungs- und gesundheitsfördernde Wirkungen nach sich ziehen zu können.**
   b. Von der neuronalen Organisation unseres Gehirns dringend abgegrenzt werden muss der menschliche Geist: Dessen Existenz setzt (beim Individuum) zwingenderweise ein funktionsfähiges Gehirn voraus – allerdings lässt sich der menschliche Geist nicht aus diesen neuronalen Strukturen und Prozessen ableiten. Der menschliche Geist ist Resultat seiner Kultur – der Fähigkeit des Gehirns, sich mittels Symbolen, also Sprache mit anderen Menschen zu verständigen – und somit eine Welt „aufzubauen", die letztlich unabhängig vom inidividuellen Gehirn ist. Entsprechende „Speichermedien" für den menschlichen Geist sind, Sprache, Schrift oder Kunst. Allerdings kann die Art und Weise, wie wir Sprache verwenden, also Realität „definieren", wiederum auf die Art und Weise zurückwirken, wie unser neuronales System auf bestimmte Äußerungen reagiert. Es macht bspw. einen Unterschied, ob ich meinem Mitarbeiter eine mehrdeutige Situation so erkläre, dass er Hoffnung schöpft und gestärkt aus dem Gespräch mit mir hervorgeht, oder aber, ob ich ihm die vielen Möglichkeiten des Scheiterns ausmale, und somit verunsichere und – in aller Regel – eine geringere Leistung erhalte. Dieses kleine Beispiel verdeutlicht nicht nur die Notwendigkeit, psychologische Erkenntnisse mit in entsprechende Erklärungsansätzen eines Neuroleadership zu integrieren, sondern verändert die zugrundeliegende Frage eines Neuroleadership in Richtung „Nutzung des menschlichen Geistes": **Wie sollten wir miteinander kommunizieren, uns organisieren, uns über unsere Aufgaben, unsere Ziele, über die für uns „relevante Welt" austauschen, dass unser Gehirn dadurch so stimuliert wird, dass hieraus Motivation, Leistung und Gesundheit resultieren?**
   c. Hängen die neuronalen Mechanismen und ihre Wirkungen auf Motivation usw. von der evolutionären Entwicklung des Menschen ab, so könnte daraus eine Differenz zwischen der „evolutionären Blaupause" unseres Gehirns und dem, was der

menschliche Geist an kulturell tradierten Werten als für bewahrens- und durchsetzungswert entschieden hat, bestehen. Ein kleines Beispiel soll dies illustrieren: Westliche Industriegesellschaften stellt Hierarchie und die Autorität von Führungskräften nahezu unhinterfragt in den Mittelpunkt ihres Funktionierens: „Menschen brauchen Führungskräfte, weil sie geführt werden wollen (oder sogar müssen)" – so diese Überzeugung. Die Entwicklungsgeschichte des Menschen zeigt allerdings, dass die Bereitschaft von Menschen, sich Führern (= Häuptlingen o.ä.) unterzuordnen, von dem Nutzen abhing, den diese Führer den Individuen geliefert hatten. Wurden diese „Nutzenerwartungen" nicht erfüllt, wurden diese „Führer" verjagt, den Feinden ausgeliefert – oder mussten zu (militärischer) Macht greifen, um ihre Position halten zu können. Was, wenn in unserem Gehirn diese Erwartung immer noch „eingebrannt" ist, dass wir unbewusst nach Führungskräften Ausschau halten, die glaubwürdig, vertrauenswürdig und authentisch sind – bei denen wir uns „gut aufgehoben fühlen"? Was, wenn die nach wie vor in starkem Ausmaß geschilderten Probleme in Sachen mangelnder Bindung, mangelndem Commitment und Leistungszurückhaltung in der evolutionär bedingten Struktur unseres Gehirns zu finden sind? Diese Überlegungen führen zu einer dritten Perspektive von Neuroleadership – nämlich dem Spannungsfeld zwischen Gehirn und Geist: **Welche Konsequenzen sollten wir aus den Konflikten zwischen Gehirn und Geist – Neurobiologie oder Gesellschaft – ableiten? Wer von beiden „Instanzen" behält die Oberhand? – Und: Was bedeutet das für unser Führungsverständnis?**

Auf der Basis dieser Anmerkungen kann nun eine Übersicht über die zu erwartenden Schwerpunkte der vorliegenden Publikation gegeben werden (vgl. Tab. 1.3).

Tab. 1.3: Kapitelübersicht

Teil A	Warum sich mit Neuroleadership beschäftigen?
	1. Einleitung
	2. Übersicht über bisherige Ansätze des Neuroleadership
Teil B	Neurowissenschaftliche Grundlagen
	3. Neuroanatomische Grundlagen
	4. Neurowissenschaftliche Anwendungsfelder
Teil C	Zentrale Zugänge zu einem Neuroleadership I: Das SCARF-Modell
	5. Das SCARF-Modell: Einführung für Führungskräfte
	6. Vertiefung: (Relativer) Status (engl. „Status")
	7. Vertiefung: Sicherheit (engl. „Certainty")
	8. Vertiefung: Autonomie (engl. Autonomy)
	9. Vertiefung: Zugehörigkeit (engl. Relatedness)
	10. Vertiefung: Fairness (engl. Fairness)
Teil D	Zentrale Zugänge zu einem Neuroleadership II: Die Konsistenztheorie
	11. Die Konsistenztheorie: Einführung für Führungskräfte (Reinhardt, Roosen)
	12. Vertiefung: Das Bedürfnis nach Bindung
	13. Vertiefung: Das Bedürfnis nach Kontrolle
	14. Vertiefung: Das Bedürfnis nach Lustgewinn und Unlustvermeidung
	15. Vertiefung: Das Bedürfnis nach Selbstwerterhöhung bzw. nach Selbstwertschutz
Teil E	Neuroleadership: Empirische Studien
	16. Nutzenpotenziale von Neuroleadership: Leistung und Gesundheit
	17. Fragebogenstudie
	18. Validierungsstudie

Teil F	Neuroleadership für die Zukunft
	19. Vertiefung I: Schemata, Gehirn und Führung
	20. Vertiefung II: Metaphern, Gehirn und Führung
	21. Vertiefung III: „Evolutionsgerechte Führung“
	22. Ausblick I: Wissenschaftliche Reflexionen
	23. Ausblick II: Neuroleadership für die Praxis

Vielleicht fragen Sie sich nach dieser Übersicht, warum es kein eigenes Kapitel zum Thema „Führungstheorien“ gibt. Nun, die Standardbegründung wäre „aus Platzmangel“ – was ja insofern auch nicht der Unwahrheit entspräche: So benötigt Neuberger für eine profunde Übersicht über Führungstheorien in seinem Werk „Führen und führen lassen aus dem Jahr 2002 899 Seiten oder Lang und Rybnikova in ihrem Übersichtsbuch über Aktuelle (!!) Führungstheorien und -konzepte aus dem Jahr 2014 immerhin noch 450 Seiten.

Die „eigentliche“ Antwort auf die obige Frage möchte ich gerne anhand der Überlegungen von Gary Hamel zum Thema „Managementideologie“ aus dessen letztem Buch „Worauf es jetzt ankommt“ (2012, S. 209ff.) verdeutlichen: „Die Führung Ihres Unternehmens liegt weitgehend in den Händen einer kleinen Gruppe lang verstorbener Theoretiker und Praktiker, die zu Beginn des 20. Jahrhunderts die Regeln und Konventionen des ‚modernen‘ Managements erfanden. Diese Vordenker sind die Poltergeister, die in der mittlerweile veralteten Maschinerie des Managements herumspuken“.

Meines Erachtens sollte es daher genügen, an den Stellen auf Unterschiede zwischen „traditioneller Führung“ und „gehirngerechter Führung“ einzugehen, wo es für ein vertieftes Verständnis notwendig ist.

Dies – last not least – auch aus dem Grund, zu vermeiden, einer weiteren „romantischen Verklärung“[10] von Leadership Vorschub zu leisten: Entgegen des Gros der US-amerikanischen Praktikerliteratur verfügt die Führungskraft nicht – auch nicht der Vorstand – über so viel Einfluss, die Organisation „so einfach zu verändern“.

Als **Arbeitsdefinition** sollte daher – in Anlehnung an Steyrer (2002) – folgendes genügen: „Unter dem Begriff ‚Führung‘ wird Im Allgemeinen ein sozialer Beeinflussungsprozess verstanden, bei dem eine Person (der Führende) versucht, andere Personen (die Geführten) zur Erfüllung gemeinsamer Aufgaben und Erreichung gemeinsamer Ziele zu veranlassen.“ (Steyrer, 2002, S. 159).

Neuroleadership versucht vor dem Hintergrund der obigen Definition einen Beitrag dadurch zu leisten, als dass behauptet wird, dass Kenntnisse über neurowissenschaftliche Grundlagen und die Fähigkeit sowie Bereitschaft, diese Kenntnisse im konkreten Führungsverhalten umzusetzen, dazu beitragen können, Führung in doppelter Hinsicht effektiver zu machen – nämlich einmal in Bezug auf das Thema „Leistungserfüllung“ und einmal in Bezug auf das Thema Gesundheit.

Wie noch herausgearbeitet werden wird, genügt es allerdings nicht, solche neurowissenschaftlichen Erkenntnisse nur auf das Mitarbeiterverhalten anzuwenden – es ist genauso notwendig, sich selbst aus der Perspektive dieser „Neuro-Brille“ zu betrachten. Kurz: **Effektives Neuroleadership ist zwingendermaßen selbstreflexives Neuroleader-ship**.

10 Unter „romance of leadership“ versteht man die Überhöhung des Einflusses von Führungskräften auf betriebliche Entscheidungen und deren Umsetzung. Sie stellt somit einen kognitiven, die Wirklichkeit verzerrenden Stil dar (vgl. Hermann & Felfe, 2009).

2 Übersicht über bisherige Ansätze des Neuroleadership

Rüdiger Reinhardt, Gregor Roosen

2.1 Einleitung

Führungskräfte und organisationale Rahmenbedingungen haben bekanntermaßen maßgeblichen Einfluss auf das Engagement ihrer Mitarbeiter. Elger (2009, S. 18) greift neurowissenschaftliche Erkenntnisse auf und überträgt sie auf den Bereich der Personalführung: „Neuroleadership ist die Verbindung von neurowissenschaftlichen Erkenntnissen mit zum Teil bekannten Managementtheorien, mit dem Ziel gehirngerechter zu führen und bessere Ergebnisse zu erzielen."

Im Jahr 2006 erschien in den USA erstmals ein Artikel zum Thema Neuroleadership. Im Artikel „The Neuroscience of Leadership" vertraten von David Rock und Jeffrey Schwartz den Standpunkt, dass neurowissenschaftliche Erkenntnisse hilfreich sein können, um Führungskräften neue Sicht- und Denkweisen zu vermitteln (vgl. Rock & Ringleb, 2009, S. 2). Führungskräfte sollen demnach mithilfe der neuesten Erkenntnisse der Hirnforschung das Verhalten ihrer Mitarbeiter besser verstehen und dadurch Veränderungsprozesse optimaler gestalten und umsetzen können (vgl. Rock & Schwartz, 2006, S. 3f).

Wie bei jedem neuen wissenschaftlichen Forschungsgebiet stehen auch dem Neuroleadership einige Kritiker mit gewisser Skepsis entgegen. Die einen sehen in dem Begriff Neuroleadership lediglich eine neue Bezeichnung für bereits vorhandene Erkenntnisse. Andere kritisieren die bisher unzureichende empirische Belegbarkeit der Erkenntnisse. Befürworter gehen hingegen davon aus, dass dieses neue Forschungsfeld, gerade weil es noch nicht allzu lange erforscht wird, in der Zukunft noch viele weitere hilfreiche Erkenntnisse für das Führen von Menschen in verschiedensten Situationen hervorbringen kann (vgl. Rock & Ringleb, 2009, S. 2ff.; Elger, 2009, S. 16f.).

2.2 Neuroleadership als interdisziplinäre Forschungsdisziplin

Durch die Verknüpfung der neurobiologischen Sichtweise mit der wirtschaftswissenschaftlichen Perspektive kann der Begriff Neuroleadership als interdisziplinäre Forschungsdisziplin aufgefasst werden. Sie beschäftigt sich mit der Frage, wie eine effektivere Führung von Menschen durch das Einbeziehen der Physiologie des menschlichen Gehirns möglich ist (vgl. Ringleb & Rock, 2008, S.1). Zielsetzung in der Praxis ist demnach eine Verbesserung der Mitarbeiterführung im Unternehmen. Dieses Ziel soll durch die Anwendung von neurowissenschaftlichen Erkenntnissen auf den Prozess der Mitarbeiterführung erreicht werden und somit eine gesteigerte Effektivität der Mitarbeiterführung zur Folge haben (vgl. Elger, 2009, S.18; Rock, 2009, S.3).

Das Feld des Neuroleadership ist also ein junges dynamisches Forschungsfeld, welches sich in einer ständigen Weiterentwicklung befindet und noch keine in sich geschlossene Theorie darstellt. Erst durch die verstärkte Nutzung der funktionellen Magnetresonanztomographie (fMRT) als bildgebendes Verfahren der Neurowissenschaften konnten aktivierte Hirnareale mit einer guten räumlichen Auflösung dargestellt werden. Seither nehmen die Forschungsbeiträge zur sozial-kognitiven Neurowissenschaft, die sich mit Themen wie Empathie, ökonomischer Entscheidungsfindung oder gesellschaftlicher Zurückweisung beschäftigen, verstärkt zu. Diese Themen sind auch für die Vertreter der klassischen Führungstheorien interessant (vgl. Ringleb & Rock, 2008, S.2). Durch die daraus resultierenden Erkenntnisse über die Beeinflussung von menschlichen Entscheidungen, Handlungen und Interaktionen konnten Fortschritte für diese junge Forschungsdisziplin erzielt werden. Das Kernelement des Forschungsgebietes Neuroleadership ist die Fokussierung auf das Führungsverhalten von Individuen in einem sozialen Umfeld. Ringleb und Rock (2008, S.3ff) definieren die folgenden Elemente, die im Rahmen des Neuroleadership verstärkt untersucht werden:

- Entscheidungsfindung und Problemlösung
- Regulierung von Emotionen
- Zusammenarbeit mit und Beeinflussung anderer Individuen
- Erleichterung von Veränderungsprozessen

Die Identifikation jener neuronaler Strukturen, die an den für die Mitarbeiterführung relevanten Prozessen beteiligt sind, soll zur Weiterentwicklung der bekannten Theorien und Modelle führen (vgl. Rock & Ringleb, 2009, S.2).

Somit ist die Entwicklung des Neuroleadership eng an den Fortschritt der Neurowissenschaften und deren Integration in die Sozialpsychologie gekoppelt. Es wird in Zukunft darum gehen, das grundsätzliche Verständnis von alltäglichen Abläufen auf Basis der Mechanismen und Funktionsweise des menschlichen Gehirns weiterzuentwickeln. Diese Erkenntnisse sind wichtig, um die Bedingungen, unter denen das Gehirn in der Lage ist, effektiv zu arbeiten, zu kennen und beeinflussen zu können (vgl. Ringleb & Rock, 2008, S.10).

2.3 Bisherige Ansätze: Übersicht

Es existieren bereits einige Ansätze von Neuro- und Wirtschaftswissenschaftlern, die beabsichtigen, die neurowissenschaftlichen Erkenntnisse für Unternehmen zu nutzen, indem eine „gehirngerechte" Umwelt geschaffen wird. Dabei soll die Führung von Mitarbeitern an bestimmte Handlungsempfehlungen, die sich aus den Erkenntnissen der aktuellen Hirnforschung ableiten, ausgerichtet werden.

2.3.1 Gehirngerechte Führung nach Hüther

Innerhalb seiner Veröffentlichungen prägt Hüther (2009) den Begriff des „Supportive Leadership". Dabei geht er auf die organisationalen Rahmenbedingungen ein, die gehirngerechte

Führung unterstützen. Hüther (2009) definiert Regeln, die innerhalb der erfolgreichen Gestaltung des Mitarbeiterumfeldes in Unternehmen beachtet werden sollten, um auf die neurologischen Bedürfnisse des Gehirns einzugehen. Diese Regeln lauten (vgl. Hüther, 2009, S. 30ff.):

- **Neue Herausforderungen schaffen**: Das Gehirn gewöhnt sich an Routineabläufe und verliert mit der Zeit die Fähigkeit zum kreativen Denken. Die Folge ist die Abnahme kreativer Leistung im Unternehmen. Durch das stetige Schaffen neuer Herausforderungen, so z.B. durch „job rotation", soll die Fähigkeit des kreativen Denkens trainiert werden.
- **Wissen im Unternehmen vernetzen**: Mitarbeiter müssen vom Know-how ihrer Kollegen profitieren können und entsprechende Infrastrukturen zum Wissensaustausch bereit gestellt bekommen. Kreative Lösungen bilden sich auch durch die Kombination von Wissen der Mitarbeiter. Interdisziplinäre Teams sowie abteilungsübergreifende Meetings gewährleisten unterschiedliche Reize und Wahrnehmungen, die weit entfernte neuronale Netzwerke im Gehirn gleichzeitig aktivieren.
- **Positive Fehlerkultur schaffen**: Empfindet der Mitarbeiter Angst am Arbeitsplatz sind Angriff, Flucht oder Erstarrung die Folge. Daher sollte eine Fehlerkultur gelebt werden, die den Mitarbeitern die Chance gibt, aus ihren Fehlern zu lernen und sie in ähnlichen Situationen durch kreative Lösungen zu umgehen.
- **Für positive Erfahrungen sorgen**: Durch Lob, Anerkennung und Interesse für den Mitarbeiter soll das Zugehörigkeitsgefühl gestärkt werden. Dies bewirkt eine höhere Leistungsbereitschaft des Mitarbeiters.

Weiter leitet Hüther (2009, S. 33ff.) bestimmte Eigenschaften ab, die eine unterstützende Führungskraft haben sollte, um damit Potenziale der Mitarbeiter zu entwickeln, statt sie durch einen autoritären, unterdrückenden Führungsstil zu verunsichern. Aufgabe der Führungskraft ist es, den Mitarbeiter zu ermutigen, sich auf neue Aufgaben einzulassen, auf der Gefühlsebene zu motivieren und Begeisterung auszulösen. Grundvoraussetzung ist der gegenseitige Respekt innerhalb der Führer-Geführten-Beziehung. Eine wesentliche Voraussetzung ist es auch, dass die Führungskraft selbst Mut hat, an sich glaubt, sowie die Fähigkeit besitzt, zu begeistern und die eigene Begeisterungsfähigkeit aufrecht zu erhalten.

Hüthers Bestreben ist es somit, weniger ein konkretes Verhaltensmodell für einen neuen Führungsstil darzustellen, sondern vielmehr eine Denkweise für die betriebliche Praxis zu etablieren. Seine vier Regeln zur gehirngerechten Führung stellen demnach Handlungsempfehlungen für den Umgang mit Mitarbeitern dar.

2.3.2 Neuroleadership nach Elger

Im deutschsprachigen Raum hat Christian E. Elger, Direktor der Klinik für Epileptologie am Universitätsklinikum Bonn, das erste Buch zum Thema „Neuroleadership" im Jahr 2009 publiziert. Elger kennzeichnet vier wesentliche Systeme des Gehirns, die im Rahmen von Neuroleadership interessant sind: Das Belohnungssystem, das emotionale System, das Gedächtnissystem und das Entscheidungssystem. Im Rahmen seiner Forschung untersucht Elger deren Zusammenspiel und überträgt die Erkenntnisse in den betrieblichen Alltag. Daraus entwickelt Elger sieben Grundregeln des Neuroleadership (vgl. Elger, 2009, S.158 ff.):

- **Das Belohnungssystem**: Die Aktivierung des Belohnungssystems bewirkt starkes Wohlbefinden, welches auch bei steter Stimulation nicht zu einer Gewöhnung führt. Ausschlaggebende Einflussfaktoren sind gutes Arbeitsklima, harmonisches Miteinander zwischen Mitarbeitern und Vorgesetzten, Art und Qualität der Aufgaben sowie die Arbeitsplatzgestaltung.
- **Fairness und Feedback**: Das Gehirn als soziales Organ strebt nach Fairness und versucht, diese durch aktives Handels zu gewährleisten. Positives Feedback kann das Belohnungssystem aktivieren und die empfundene Ungerechtigkeit minimieren.
- **Beeinflussung durch Vorinformationen**: Das Gehirn trifft ständig Vorhersagen in Form von Einschätzungen und Bewertungen von Situationen. So werden stetig Informationen in der Umwelt gesucht, die sich je nach Art der Information positiv oder negativ auf die Vorhersage auswirken. Führungskräfte sollten sich der Tragweite von Informationen bewusst sein und für Transparenz im alltäglichen Handeln sorgen.
- **Individualität des Gehirns**: Beruhend auf individuellen Erfahrungen, die von Mensch zu Mensch anders wahrgenommen und erinnert werden, verfügt jedes Gehirn über andere neuronale Strukturen. Eine gute Menschenkenntnis und soziale Kompetenz sind demnach wichtig, um diese neuronale Strukturen seiner Mitarbeiter zu erkennen und zu verstehen, wie der Mitarbeiter fühlt und denkt.
- **Fakten sind an Emotionen gebunden**: Das Gehirn verarbeitet rationale und emotionale Komponenten aus der Umwelt getrennt voneinander und formt daraus das menschliche Verhalten. Informationen werden dabei durch implizite Bewertungen als Emotionen abgespeichert. Führungskräfte sollten demnach auf den emotionalen Aspekt der Führung achten, um das Verhalten der Mitarbeiter positiv zu fördern.
- **Eigendynamik von Situationen:** Das Gehirn bevorzugt spontanes Verhalten vor geplantem Verhalten, da es auf einer emotionalen Bewertung beruht. So verhalten sich Menschen je nach Situation unterschiedlich. Führungskräfte sollten in diesem Zusammenhang Situationen planen und nur wenig dem Zufall überlassen

Elger versteht unter Neuroleadership die Verbindung von neurowissenschaftlichen Erkenntnissen mit betriebswirtschaftlichen Theorien, um Hinweise für eine gehirngerechte Führung abzuleiten. Seine Grundregeln des Neuroleadership stellen neurowissenschaftliche begründete Empfehlungen dar, die Führungskräften helfen sollen, den Führungsalltag effektiver zu gestalten.

2.3.3 Neuroleadership nach David Rock: Das SCARF-Modell

Der Begriff SCARF stellt ein Akronym der englischen Begriffe „Status“, „Certainty“, „Autonomy“, „Relatedness“ und „Fairness“ dar. David Rock ist der Begründer dieses Modells, das Erkenntnisse der Hirnforschung für die Mitarbeiterführung nutzt, um Führungskräften die Möglichkeit zu geben, das Verhalten ihrer Mitarbeiter zu verstehen und sie dadurch gezielter zu steuern. Im Mittelpunkt des SCARF-Modells steht das Belohnungs- und das Bestrafungssystem des Gehirns – und somit der „approach (reward) – avoid (threat)“-Mechanismus. Menschen nähern sich Reizen, die als positiv oder als Belohnung wahrgenommen werden, bevorzugt an („approach“), um die damit einhergehenden Empfindungen zu steigern, wohingegen er jene Reize, die als negativ oder als Bedrohung wahrgenommen werden, zu vermeiden versucht bzw. hierauf mit entsprechenden Abwehrmechanismen reagiert (vgl. Rock, 2008, S. 1f.).

Positive oder negative Empfindungen und daraus resultierende Reaktionen, wie eine Annäherungs- oder Abwehrhaltung, können sowohl durch physische Reize als auch durch Reize oder Situationen innerhalb des sozialen Umfelds ausgelöst werden. Mittels funktioneller Magnetresonanztomographie (fMRT) wurde in diversen Studien untersucht, wie unser Gehirn diese unterschiedlichen Auslöser verarbeitet und darauf reagiert.

Eine Vielzahl von Studien zeigte, dass die „approach" Reaktion sowohl durch materielle positive Reize bzw. Belohnungen wie Geld, Nahrung, Sex sowie alle weiteren, das Überleben betreffenden Güter aktiviert wird, als auch durch soziale bzw. intangible Faktoren oder Situationen wie freudige Erlebnisse, Zufriedenheit sowie auch ein als hoch empfundener Status, Sicherheit, Selbstständigkeit, intakte soziale Netzwerke und das Erleben von Gerechtigkeit. Im Kontrast dazu wird die „avoid"-Reaktion sowohl durch Hunger, Durst, den effektiven Entzug von Geld oder anderen materiellen Gütern sowie die Bedrohung, diese Güter zu verlieren, ausgelöst, als auch durch intangible Faktoren, z.B. aufgrund von niedrig erlebten Werten wie Status, Sicherheit und Selbstständigkeit, ein nicht intaktes Beziehungsgefüge sowie fehlende Gerechtigkeit oder auch allein durch die Bedrohung, dass sich die eben genannten Faktoren verringern (vgl. Rock, 2008, S. 2).

Den Effekt des „threat response", der in Abwehrreaktionen resultiert, beschreibt Rock als deutlich intensiver und andauernder als den Effekt, der durch den „reward response" Reaktionen auslöst, da er in besonders hohem Maße Kapazitäten des Gehirns beansprucht. Diese stehen dann nicht mehr für reflexive Denkprozesse und zur Problemlösung zur Verfügung. Die Auswirkungen zeigen sich in einer eingeschränkten Effizienz der Gehirnleistung und damit geringerer Produktivität der betreffenden Person. Durch die andauernde Wirkung hat diese Resonanz eine Art lähmenden Effekt. Wenn Mitarbeiter sich dagegen durch entsprechende Rahmenbedingungen und Führungsverhalten in beruflicher und sozialer Hinsicht wertgeschätzt, sicher, sozial integriert, selbstbestimmt und fair behandelt fühlen, sodass der reward response aktiviert wird, führt dies zu höherer Leistungsfähigkeit (vgl. Rock, 2008, S. 3f.).

2.3.4 Neuroleadership nach Peters und Ghadiri

Das AKTIV-Modell nach Peters und Ghadiri ist ein Konzept, um Ergebnisse der neurowissenschaftlichen Forschung auf die Mitarbeiterführung zu übertragen. Bei diesem Vorgehen ist es das Ziel, dass Führungskräfte etablierte Modelle der Organisationslehre und Personalwirtschaft einsetzen und damit das Konsistenzerleben von Mitarbeitern beeinflussen. Dies soll erfolgen, indem die entsprechenden Grundbedürfnisse erfüllt werden[11]. Mithilfe von fünf Schritten zeigt das AKTIV-Modell auf, wie die Umsetzung der neurowissenschaftlichen Ergebnisse in Unternehmen durch Führungskräfte erfolgen soll (vgl. Peters & Ghadiri, 2011, S. 123ff.). Die folgende Tabelle stellt diese fünf Schritte dar. Der Name des Modells setzt sich durch die Anfangsbuchstaben der einzelnen Schritte zusammen.

[11] Die Konsistenztheorie von Grawe wird ausführlich in Kapitel 11dargestellt.

Tab. 2.1: Die fünf Schritte des AKTIV-Modells (nach Peters & Ghadiri, 2011, S. 123ff.)

Die fünf Schritte des AKTIV-Modells
Analyse: Gegenüberstellung von IST-Zustand und SOLL-Zustand der Grundbedürfnisse des Mitarbeiters.
Konsistenzprofil: Grafische Darstellung der Ergebnisse aus der Analyse in einem Konsistenzprofil.
Transformation: Einteilung der Mitarbeiter in GO- und NO-Typen mithilfe des Konsistenzprofils und der Verhaltensschemata.
Inkonsistenzvermeidung: Aufzeigen von Instrumenten und Führungskonzeptionen zur Vermeidung der Inkonsistenz des Mitarbeiters bzw. zur Stimulierung der neurowissenschaftlichen Grundbedürfnisse des Mitarbeiters.
Vereinbarung: Vereinbarung zwischen Mitarbeiter und Führungskraft bez. der Besprechung von Veränderungen und der Festlegung von Zielvereinbarungen.

Diese fünf Schritte des AKTIV-Modells beziehen sich vor allem auf die Führung von Mitarbeitern in Form einer „technischen“ Herangehensweise. Jedoch soll auch die zwischenmenschliche Beziehung zwischen Mitarbeitern und Führungskräften berücksichtigt werden. Folglich existieren weitere Anforderungen an den „Neuroleader“, die sich an den vier Grundbedürfnissen orientieren und von verschiedenen Neurowissenschaftlern aufgestellt wurden. Diese Anforderungen werden im sogenannten PERFEKT[12]-Schema festgehalten (vgl. Peters & Ghadiri, 2011, S. 137ff.):

- Potentialentfaltung des Mitarbeiters unterstützen und fördern
- Ermutigung der Mitarbeiter für neue Lösungen und Wege
- Rückmeldungen geben
- Freiheiten einräumen
- Emotionales Führen
- Kommunikation auf Augenhöhe
- Transparentes Handeln

Obwohl das AKTIV-Modell recht anschaulich ist, liegt diesem Modell keine empirische Überprüfung zugrunde. Es handelt sich um ein normativ-konzeptionelles Modell, das Peters und Ghadiri nach Betrachtung anderer Modelle, wie bspw. der Modelle von Hüther, Elger und Grawe entwickelten (vgl. Peters & Ghadiri, 2011, S. 123).

2.3.5 Zusammenfassung

Vom Grundsatz her basieren die bisherigen Konzepte des Neuroleadership auf folgendem Analogieschluss: Identifiziere diejenigen neuronalen Strukturen, die durch soziale Reize ausgelöst werden und vergleiche diese mit schon bekannten Mustern und ihrer Funktion.

Folgendes Beispiel mag zur Veranschaulichung dienen: Durch eine Vielzahl von Studien ist bekannt, welche Gehirnregionen durch das Erleben von physischem Schmerz aktiviert werden – und in welchem Zusammenhang diese wiederum mit Motivation stehen. Lieberman und Eisenberger (2004) konnten anhand von fMRT-Studien zeigen, dass eben diese Gehirnregionen ebenfalls durch Ausgrenzung, Zurückweisung, also einer Art „sozialem Schmerz“ aktiviert werden. Der Analogieschluss lautet somit: Da durch negative soziale Reize dieselben Gehirnregionen stimuliert werden wir bei physischem Schmerz, lassen sich dieselben

[12] Die Anfangsbuchstaben der einzelnen Anforderungen ergeben den Begriff „Perfekt“.

Verhaltenskonsequenzen ableiten, wie in diesem Fall Rückzug, mangelnde Motivation und schließlich Leistungszurückhaltung.

Eine mögliche Erklärung hierfür leiten Lieberman und Eisenberger aus der evolutionären Entwicklung des Menschen ab. Die Grundbedürfnisse wie Nahrung, Wasser, Schutz usw. sind die entscheidenden Voraussetzungen für das Überleben. Da diese Bedürfnisse jedoch von jungen Lebewesen noch nicht selbstständig erfüllt werden können, bedürfen sie der Hilfe anderer, was durch ein intaktes soziales Gefüge, in dem sich die Älteren oder Stärkeren um die Jüngeren oder Schwächeren kümmern, erreicht wird. In diesem Zusammenhang stellen soziale Bindungen also ebenfalls ein überlebensnotwendiges Bedürfnis dar (vgl. Lieberman & Eisenberger, 2009).

Zusammenfassend betrachtet geht es bei der Konzeption eines Neuroleadership um die **Befolgung des folgenden Fahrplans**:

- Identifiziere die neurobiologischen Mechanismen, die die Motivation, Leistung und auch Gesundheit der Mitarbeiter beeinflussen!
- Leite daraus Hinweise für das Führungshandeln und für die Organisationsgestaltung ab!
- Beobachte, wie diese – neurowissenschaftlich begründeten – Maßnahmen wirken!

Dieser Fahrplan führt zur Frage, woher man denn eigentlich weiß, welche Gehirnareale bzw. neuronale Prozesse für die jeweiligen Handlungsaspekte eines Neuroleadership relevant sind. Um diese Frage beantworten zu können, sollen einige Hinweise über entsprechende neurowissenschaftliche Forschungsmethoden gegeben werden.

2.4 Übersicht: Neurowissenschaftliche Forschungsmethoden

Durch die Kombination mehrerer neurowissenschaftlicher Verfahren kann das Zusammenspiel verschiedener Hirnareale dargestellt werden, das uns kognitive Funktionen wie Sprachverstehen, Bilder erkennen, Tonwahrnehmung, Musikverarbeitung, Handlungsplanung, Gedächtnisprozesse sowie das Erleben von Emotionen ermöglicht. Damit wird eine thematische Aufteilung der obersten Organisationsebene des Gehirns nach Funktionskomplexen gewonnen.

2.4.1 Elektrophysiologische Verfahren

Elektroenzephalographie (EEG)
Die Elektroenzephalographie stellt das älteste ZNS-Messverfahren dar, welches bereits 1924 entwickelt wurde. Hierbei werden die Aktivitäten der Neuronen im Gehirn gemessen und mithilfe des Elektroenzephalogramm (EEG) graphisch wiedergegeben. Zu diesem Zweck werden der jeweiligen Versuchsperson Elektroden am Kopf angelegt. Die Ergebnisse zeigen, dass die Aktivitäten größerer Hirnregionen, wie bspw. Frontallappen etc. gut gemessen werden können, jedoch ist es nicht möglich eine zeitliche Reihenfolge wiederzugeben (vgl. Brandstätter et al., 2013, S.155). Die zeitliche Auflösung dieses Verfahrens liegt im Millisekundenbereich (vgl. Koschnik, 2007, S. 20).

Mittels dieser Methode konnte z.B. nachgewiesen werden, dass negative Emotionen mit mehr Aktivität im rechten präfrontalen Kortex verbunden sind und positive Emotionen mit verstärkter Aktivität im linken präfrontalen Kortex. Möglicherweise hat das seine Ursache darin, dass im linken Frontallappen eine höhere Anzahl an Dopaminrezeptoren vorhanden ist (vgl. Sokolowski, 2002, S. 41).

Die Magnetenzephalographie (MEG)
Die Magnetenzephalographie (MEG) wurde aus dem EEG weiterentwickelt. Mit dieser Methode ist die Messung magnetischer Signale, die durch neuronale Aktivität erzeugt wurden, möglich. Auch können Aktivierungen in tiefer gelegenen Regionen des Gehirns erfasst werden. Die Magnetfelder werden mithilfe spezieller Detektoren in einem Raum, der gegen magnetische Störung isoliert ist, gemessen. Sehr schnell wechselnde Reize können mit dieser hohen zeitlichen Auflösung festgehalten werden und die Gehirnaktivität kann ohne große Zeitverzögerung abgebildet werden (vgl. Koschnik, 2007, S. 20ff).

2.4.2 Bildgebende Verfahren

Im Mittelpunkt der Forschung zum Thema Neuroleadership stehen sog. bildgebende Verfahren, also Abbildungsverfahren, mit denen normale Funktionen oder Aktivitäten des Körpers sowie krankhafte Veränderungen bildlich dargestellt werden. In den Neurowissenschaften werden sie in erster Linie verwendet, um Struktur und Funktion des lebenden Gehirns sichtbar zu machen. Bei den bildgebenden Verfahren können Röntgenstrahlen, Wärmestrahlung, Ultraschall oder Magnetfelder eingesetzt werden.

Die Positronen-Emissions-Tomographie (PET)
Bei der Positronen-Emissions-Tomographie (PET) wird dem Probanden ein radioaktives Kontrastmittel intravenös oder mit Inhalation verabreicht. Damit kann ein veränderter Blutfluss im Gehirn veranschaulicht werden. Denn wo der Sauerstoff- und Glucoseverbrauch höher ist, kann eine vermehrte Radioaktivität gemessen werden. Diese deutet auf eine erhöhte neuronale Aktivität hin (vgl. Koschnik, 2007, S. 21).

Funktionelle Magnetresonanztomografie (fMRT)
Von besonderer Bedeutung ist die funktionelle Magnetresonanztomografie (fMRT) – auch Kernspinresonanztomografie oder Kernspintomografie genannt – wobei der zu untersuchende Körper in ein starkes, gepulstes Magnetfeld gebracht wird. Die fMRT betrachtet den Stoffwechsel im Gehirn und erstellt durch Überlagerung mit den Bildern eines MRT-Geräts eine Karte der erhöhten Aktivität. Feuernde Neuronen brauchen mehr Sauerstoff, deshalb fließt in aktive Areale mehr Blut. Hier erhöht sich die Konzentration von sauerstoffreichem gegenüber sauerstoffarmem Blut, was sich im MRT als Signaländerung bemerkbar macht. Die eigentliche Messgröße ist das Eisen im Hämoglobin der roten Blutkörperchen. Die Bilder werden also nicht „fotografiert", sondern aus den schwachen elektromagnetischen Feldern, die die angeregten Atomkerne aussenden, errechnet. Für den Untersuchten entsteht keine Strahlenbelastung.

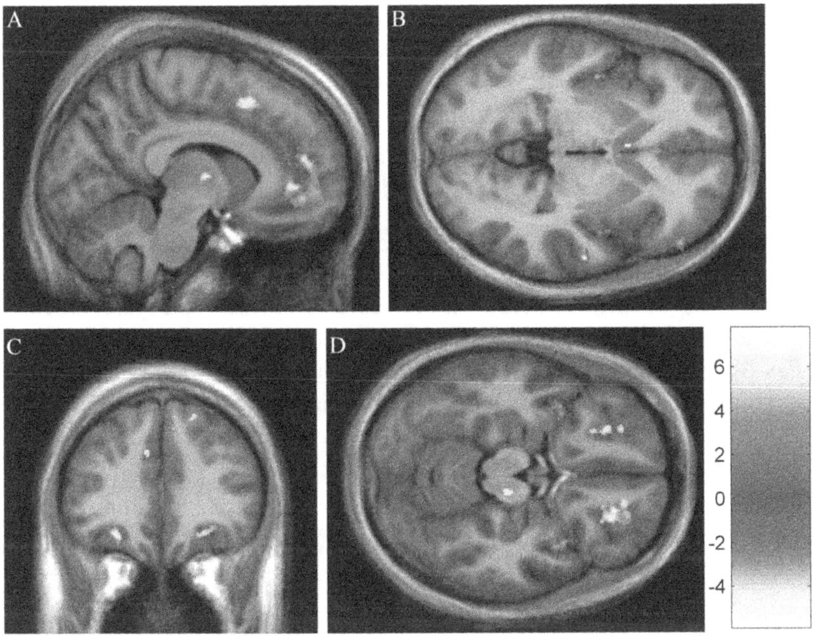

Abb. 2.1: Beispiel fMRI-Scan: Das Anschauen eines Fotos eines geliebten Menschen reduziert das Schmerzempfinden (Analyse aufgrund der Veränderungen der Aktivität des medialen orbitofrontalen Cortex, der anterioren Cingula, der Amygdala und des Precuneus
(Abbildung entnommen aus Younger, Aron, Parke, Chatterjee & Mackey, 2010[13])

Schlussfolgerungen

Im vorliegenden Zusammenhang geht es um den Nachweis, dass bestimmte Klassen (sozialer) Reize bestimmte Regionen im Gehirn stimulieren, von denen man weiß, dass sie für bestimmte motivational-emotionale Effekte stehen. Im Manifest der elf führenden Neurowissenschaftler über Gegenwart und Zukunft der Hirnforschung aus dem Jahre 2004 heißt es hierzu:

> „Wir haben herausgefunden, dass im menschlichen Gehirn neuronale Prozesse und bewusst erlebte geistig-psychische Zustände aufs Engste miteinander zusammenhängen und unbewusste Prozesse bewussten in bestimmter Weise vorausgehen. Die Daten, die mit modernen bildgebenden Verfahren gewonnen wurden, weisen darauf hin, dass sämtliche innerpsychischen Prozesse mit neuronalen Vorgängen in bestimmten Hirnarealen einhergehen – zum Beispiel Imagination, Empathie, das Erleben von Empfindungen und das Treffen von Entscheidungen beziehungsweise die absichtsvolle Planung von Handlungen. Auch wenn wir die genauen Details noch nicht kennen, können wir davon ausgehen, dass all diese Prozesse grundsätzlich durch physikochemische Vorgänge beschreibbar sind. Diese näher zu erforschen, ist die Aufgabe der Hirnforschung in den kommenden Jahren und Jahrzehnten. Geist und Bewusstsein – wie einzigartig sie von uns auch empfunden werden – fügen sich also in das Naturgeschehen ein und übersteigen es nicht. Und: Geist und Bewusstsein sind nicht vom Himmel gefallen, sondern haben sich in der Evolution der Nervensysteme allmählich herausgebildet. Das ist vielleicht die wichtigste Erkenntnis der modernen Neurowissenschaften“.[14]

---

13 http://www.plosone.org/article/info%3Adoi%2F10.1371%2Fjournal.pone.0013309 (Download vom 02.04.2014)

14 http://www.gehirn-und-geist.de/alias/dachzeile/das-manifest/852357

Die aktuelle Diskussion über solche Erkenntnisse bleibt allerdings nicht bei den – durch andere Wissenschaften bestätigten – Nachweisen von Zusammenhängen zwischen neuronaler Aktivität und Kognition, Emotion und/oder Verhalten stehen, sondern führt in Regionen, die möglicherweise ethische Probleme nach sich ziehen. Exemplarisch seien hierzu die EEG-Studien von Libet[15] zur Freiheit des Willens genannt, die von John-Dylan Haynes unter anspruchsvolleren Bedingungen (fMRT) verifiziert werden konnten: „In Haynes' Studie förderte die Mustererkennung zunächst zwei Hirnbereiche zutage, in denen die Entscheidung vorbereitet wurde (das Brodmann-Areal 10 im frontopolaren Kortex und eine Region im parietalen Kortex). Aus den Aktivitätsmustern dieser Areale ließ sich mit einer 60-prozentigen Wahrscheinlichkeit ableiten, welchen der beiden Knöpfe eine Versuchsperson später drücken wird – und zwar bereits sieben Sekunden bevor die Versuchsperson eine bewusste Entscheidung traf! Hinkt das Bewusstsein also um sieben Sekunden hinterher? Nein, um noch viel mehr. „Der Kernspintomograf zeigt die Hirnaktivitäten mit einer Verzögerung von drei bis vier Sekunden", erklärt Haynes, „tatsächlich also sind diese Areale bereits etwa zehn Sekunden aktiv, bevor die Entscheidung als bewusst erlebt wird."[16]

Mittlerweile konnten Neurowissenschaftler sogar anhand der Hirnaktivität rekonstruieren, welche Bilder Menschen vorher gesehen hatten – ein weiterer Schritt in Richtung „Sichtbarmachung des menschlichen Geistes".[17]

Konsequenzen

Aus neurowissenschaftlicher Sicht ist die Interpretation der auf den Einsatz bildgebender Verfahren resultierenden Befunde nicht unumstritten[18]. Für den Zweck der vorliegenden Publikation genügt es festzuhalten, dass die bildgebenden Verfahren der Neurowissenschaften dazu beitragen können, präzisere Hinweise zur Informations- und Emotionsverarbeitung als mit den traditionellen Verfahren identifizieren zu können. Allerdings scheint auch klar zu sein, dass die bildgebenden Verfahren nicht das „letzte Wort haben" dürfen, vielmehr gilt es, auf Übereinstimmungen bzw. auch Widersprüche zu bisherigen wissenschaftlichen Erkenntnissen, also geprüften Theorien zu achten.

15 Hier wurde deutlich, dass der Entschluss zu handeln von unbewussten Gehirnprozessen gefällt wird, bevor er als Absicht ins Bewusstsein dringt; die bewusste Entscheidung sei somit nicht ursächlich für die Handlung. Dadurch sah er die Willensfreiheit und Verantwortlichkeit des Menschen in Frage gestellt. Vgl. hierzu Benjamin Libet: Haben wir einen freien Willen? In: Geyer (Hrsg.), 2004, S. 268ff.

16 http://www.zeit.de/2008/17/Freier-Wille

17 http://www.spiegel.de/wissenschaft/mensch/0,1518,787867,00.html

18 http://www.fmri-world.de/zukunft.html

Teil B Neurowissenschaftliche Grundlagen

Mittels neurowissenschaftlicher Forschung wurde herausgearbeitet, dass man zwischen verschiedenen neuronalen Systemen unterscheiden kann, die für Prozesse der Emotion, Motivation und für das Lernen verantwortlich sind.

3 Neuroanatomische Grundlagen

Rüdiger Reinhardt

3.1 Das menschliche Gehirn: Ein kurzer Steckbrief

Das menschliche Gehirn lässt sich in Kürze anhand folgender Merkmale darstellen (vgl. Baer et al., 2009; Singer, 2002):

- Das Gehirn ist ca. 1.4 kg schwer. Ein menschliches Gehirn wiegt somit etwa **2%** des Körpergewichtes – es verbraucht aber **20%** des gesamten Körpersauerstoffs und **20%** der gesamten Stoffwechselenergie!
- Das Gehirn besteht aus ca. 100 Milliarden Nervenzellen. Jede Nervenzelle steht ihrerseits mit bis zu etwa 8 bis 10 tausend weiteren Neuronen in Verbindung
- Das Ich-Bewusstsein, Wahrnehmung, Denken, Fühlen hängt von diesen 100 Milliarden Nervenzellen und ihren Verbindungen ab. Ohne Gehirnaktivität existieren wir als Person nicht – der Tod wird durch Hirntod festgestellt.
- Das Gehirn beschäftigt sich hauptsächlich mit sich selbst – nur etwa 10 bis 20% der Eingänge stammen unmittelbar aus den Sinneszellen. 80 bis 90 % der Verbindungen sind dem inneren Monolog gewidmet.

Aus dem letzten Aspekt lässt sich – an dieser Stelle etwas verkürzt formuliert – noch ein weiteres zentrales Merkmal des menschlichen Gehirns ableiten: Das menschliche Gehirn ist sehr eitel: Es besteht nicht nur darauf, dass es zu einer „objektiven" Wahrnehmung sowie „rationalen Schlussfolgerung" fähig ist, dass Emotionen bei Entscheidungen stören – und vor allem auch, dass der bewusste, der für Sprache bzw. Reflexion verantwortlichen Gehirnareal die ca. 90 Prozent unbewussten Areal kontrollieren bzw. steuern können.

3.1.1 Nervenzellen (Neuronen)

Nervenzellen bzw. Neuronen bilden die Grundeinheiten des Nervensystems. Jedes Neuron besteht im Wesentlichen aus drei Teilen (Becker-Carus, 2011, S. 39), nämlich (1) einem afferenten Teil (Dendriten), der Informationen zum Nervensystem überträgt; (2) einem Zellkörper (Soma), der alle eingehenden Informationen verarbeitet und (3) einem efferenten Teil (Axon), der Informationen zum Erfolgsorgan überträgt

Jedes Axon endet mit einer Verdickung, den synaptischen Endknöpfchen, die die Impulse auf die darauf folgende Zelle übertragen. Nervenzellen, die von einer Myelin-Schicht umgeben sind, weisen eine besonders hohe Nervenleitgeschwindigkeit auf. Es gibt folgende, sich voneinander unterscheidende Neuronen:

- Sensorische Neurone: Diese Neurone leiten die Impulse der Rezeptoren der Sinnesorgane an das zentrale Nervensystem weiter (afferent)
- Motorische Neurone: Durch diese Neurone werden Impulse vom Gehirn oder Rückenmark an die Erfolgsorgane übertragen (efferent)
- Interneurone: Diese Neuronen befinden sich ausschließlich im Gehirn, dem Rückenmark und den Augen. Sie empfangen Impulse von den sensorischen Nerven und leiten diese weiter an andere Interneurone oder direkt an motorische Neuronen.

Zudem befindet sich im Nervensystem eine große Anzahl von Gliazellen, die sich zwischen den Nervenzellen befinden oder diese umwickeln. Sie besitzen eine stützende, isolierende und nährende Funktion.

3.1.2 Signalübertragung

Die Signalübertragung zwischen Neuronen entsteht aufgrund einer ungleichen Verteilung unterschiedlich geladener Ionen auf den beiden Seiten der Zellmembran. Hierdurch entstehen an der Zellmembran elektrische Impulse (Spannungsunterschiede). Diese Spannungsunterschiede bilden die Grundlage der Erregungsleitung im Nervensystem.

Damit verschiedene Neuronen miteinander kommunizieren können, muss die Information über den sogenannten synaptischen Spalt gelangen. Die Impulse des Neurons überspringen den Spalt nicht einfach, sondern lösen am nachfolgenden Neuron die Ausschüttung diverser chemischer Überträgerstoffe, Neurotransmitter, aus. Diese bewirken dann eine Spannungsänderung im nachfolgenden Neuron.

Es wurden bisher über 50 verschiedene Neurotransmitter identifiziert (Becker-Carus, 2011, S. 49). Neurotransmitter können erregend, aber auch hemmend auf die nachfolgende Nervenzelle wirken. Nervenzellen agieren aber nicht eigenständig, sondern in Netzwerken. Erst durch netzwerkartige Verschaltungen ergeben sich komplexere Prozesse der Informationsverarbeitung. Einfachere Verknüpfungen mehrerer Neurone sind die sogenannten Reflexbögen (Becker-Carus, 2011, S. 52). Diese Netzwerke bestehen aus einer geringen Anzahl sensorischer, motorischer und Interneuronen und reagieren auf einen Stimulus automatisch. Diese automatisch ablaufenden Reflexe funktionieren ohne willentliche Kontrolle. Als Beispiel ist hier die automatische Reaktion auf Hitze zu nennen, die ohne bewusstes Reflektieren geschieht. Kein gesunder Mensch analysiert erst, welche Schäden die Herdplatte seiner Hand zufügen wird, wenn er sie nicht weg zieht. Hier ist üblicher Weise das Gehirn nicht beteiligt. Der Reflex ließe sich aber unter Umständen verzögern, wenn Sie in Form einer Mutprobe Ihre Hand möglichst lang über einer brennenden Kerze halten wollen.

3.2 Die Struktur des Gehirns: Übersicht

Unser Gehirn ähnelt in der Basis denen anderer Wirbeltiere. Insbesondere ist allen Wirbeltieren gemeinsam, dass sich das ZNS aus einer lang gestreckten Einfaltung der ganz frühen Embryo-Rückenoberfläche zum „Neuralrohr“ (später Rückenmark) entwickelt. Dieses staucht sich zunehmend und bildet drei primitive Gehirnbläschen, aus denen die Grundanteile des Gehirns gebildet werden: Vorder-, Mittel- und Rautenhirn (Hinter- und Endhirn) (Becker-Carus, 2011, S. 52)[19].

- Der Hirnstamm ist ein Steuerzentrum für die grundlegenden lebenserhaltenden Aktivitäten wie Atmung und Herzschlag. Die Strukturen schließen sich ohne besondere Abgrenzung an die des Rückenmarks an. Im Hirnstamm liegt eine Verdickung, die sogenannte Medulla oblangata. Sie enthält Zentren für eine Reihe lebenserhaltender vegetativer Abläufe.
- Das Brückenhirn beinhaltet zwei neuronale Kerne, die die Schlaf-Wach-Funktion steuern und für die Schlafphasen verantwortlich sind. Hier befinden sich auch die Ursprungskerne der meisten Hirnnerven.
- Das Kleinhirn beherbergt insbesondere Kerne, die für die feinere Koordination präziser Muskel- und Körperbewegungen zuständig sind. Verletzungen führen zu unkoordinierten Bewegungen.
- Das Mittelhirn beinhaltet Kerne, die auf die Koordination akustischer Informationen und optischer Reflexe zuständig sind.
- Das Tegmentum gehört mit zu den wesentlichen Triebzentren und steuert Hunger, Durst und das Sexualverhalten.
- Das Formatio reticularis kontrolliert im Wesentlichen unseren allgemeinen Erregungszustand und unsere Wachheit.
- Das Zwischenhirn ist eine zentrale Schaltstelle des Nervensystems und beinhaltet den Thalamus und den Hypothalamus mit der anhängenden Hypophyse.
- Der Thalamus ist die Schaltstelle zwischen den Sinnesorganen und der Hirnrinde. Alle sensorischen Bahnen (außer Geruch) laufen zum Thalamus und enden in dessen Kernen.
- Der Hypothalamus ist das zentrale Steuerungssystem für das vegetative Nervensystem. Er spielt eine große Rolle bei der Motivation, den emotionalen Zuständen und dem Hormonhaushalt. Mittels elektrischer Stimuli einzelner Regionen des Hypothalamus ließen sich in der Vergangenheit bewusst Gefühle wie Freude, aber auch Motivationen wie Hunger oder Durst auslösen. Der Hypothalamus hat eine enge Verbindung zur Hypophyse, die die zentrale Kontrolle über das hormonelle System hat.
- Das Limbische System ist eng mit dem Hypothalamus verbunden und übt unter anderem die Kontrolle über instinktive Verhaltensweisen aus.
- Die Mandelkerne werden mit zum Limbischen System gerechnet und sind an der Übertragung von Inhalten in das Langzeitgedächtnis beteiligt. Sie steuern aber auch Aggressionen und aggressives Verhalten.
- Der Gyrus cinguli gehört ebenfalls zum Limbischen System und ist insbesondere an der emotionalen Reaktion auf Schmerz und aversiver Reize beteiligt zu sein.
- Der Hippocampus hat eine wichtige Rolle beim Lernen und Behalten neuer Ereignisse.
- Das Großhirn, auch Neocortex genannt, vereint komplexere Prozesse, wie das vage Konzept des Bewusstseins, aber auch Wahrnehmung, Denken und Verstehen. Die Oberfläche der Großhirnrinde weist wie eine Landkarte Areale, Lappen, Erhebungen und Furchen auf.

---

19 Ausführlichere Informationen zum Thema „Neuroanatomie & Gehrinfunktionen" finden sich hier: http://www.gehirn-atlas.de/

Wichtige Areale des Neocortexes sind die Rindenfelder. Man unterscheidet den Frontallappen, den Scheitel- oder Parietallappen, den Schläfen- oder Temporallappen und den Hinterhauptlappen. Alle afferenten sensorischen Fasern führen direkt zu bestimmten Arealen des Cortexes. Sie werden als Projektionsareale bezeichnet. Ein Bestandteil ist der motorische Cortex. In einer groß angelegten Studie wurde der motorische Cortex näher untersucht und das Ergebnis ist die bekannte Karte der Körperfeldprojektionen. Die Bewegungen, die eine besonders präzise Kontrolle bedürfen, nehmen den größten Raum auf dem motorischen Cortex ein.

3.3 Grundlagen der Gehirnentwicklung

Die Hirnentwicklung beginnt spätestens mit der Entstehung der Neuralplatte ungefähr drei Wochen nach der Befruchtung der Eizelle (Braus, 2004). Nach etwa 40 Tagen sieht man am Neuralrohr drei Auftreibungen, aus denen sich die Hirnteile differenzieren. Das Gewicht des Gehirns eines Neugeborenen beträgt ca. 10% des Körpergewichtes, beansprucht aber ca. 60 % des gesamten Energieverbrauchs (zum Vergleich: Das Gehirn eines Erwachsenen beträgt ca. 2 % des Körpergewichtes und verbraucht nur 20–25 % der Körperenergie.).

Obwohl bei der Geburt fast alle Neuronen vorhanden sind, ist der Kopf eines Neugeborenen (und sein Gehirn) nur halb so groß wie der eines Erwachsenen. Das Wachstum des Gehirns hält also auch nach der Geburt noch an, bis zum Alter von etwa 20 Jahren, dann hat es ein Gewicht von ca. 1350 g erreicht. Ungefähr ab dem 21. Lebensjahr bei Frauen und dem 23. Lebensjahr bei Männern ist von einem relativ stabilen, ausgereiften Gehirn auszugehen. Die Größen- und Gewichtszunahme des Gehirns ist nicht auf die Zunahme von Nervenzellen, sondern primär auf eine Zunahme der Verbindungen zwischen den Neuronen, der Isolierung ihrer Axonen (die eine schnellere Leitungsgeschwindigkeit ermöglicht) sowie das Wachstum der Synapsen zurückzuführen[20]. Dieses rasante Wachstum ist abhängig von äußeren Reizen, verläuft im Großen und Ganzen aber nach einem festgelegten Schema, einer beeindruckenden Eigendynamik. Die Dichte der für Lernprozesse und Plastizität zuständigen Synapsen nimmt ab der Geburt exponentiell zu und fällt dann in der Pubertät wieder ab. Der Grad der Vernetzung ist im Alter von etwa drei Jahren am höchsten. Ein etwa Dreijähriger hat dreimal mehr Synapsen als ein Erwachsener, bei dem die Synapsenzahl langsam, pro Dekade etwa um 2%, abnimmt (Braus, 2004, S 12). Auch die metabolische Rate steigt im ersten Lebensjahr enorm an und fällt erst in der Pubertät langsam wieder ab. Dabei läuft die Entwicklung nicht in allen Gehirnregionen gleich ab. Die Entwicklung des visuellen Cortexes ist mit etwa 11 Jahren abgeschlossen, die des Frontalhirnes erst später, mit ca. 16 Jahren. Die kindliche Hirnreifung besteht also in großem Maße darin, dass anfangs sehr viele Synapsen gebildet werden und diese anschließend, je nachdem, ob sie gebraucht wurden oder nicht, wieder eliminiert werden.

---

[20] Die Myeliniesierung der Axone erhöht hauptsächlich die Geschwindigkeit der Informationsverarbeitung; durch die Zunahme der Synapsen steigt die Möglichkeit, Signale auf verschiedene Weise weiterzuleiten.

Zunächst wird also ein Überschuss an Synapsen gebildet und anschließend wieder abgebaut. Die Reichhaltigkeit und Art der (emotionalen und kognitiven) Erfahrung bestimmen also in hohem Maße die Verknüpfung der Nervenzellen. Aus dem anfänglich übergroßen Angebot an neuronalen Verschaltungen werden die Synapsen, die durch frühe Lernprozesse und Erfahrungen häufig und stark aktiviert wurden, selektiv erhalten, während die wenig gebrauchten Verschaltungen eliminiert werden. Dadurch werden die Hirnstrukturen der jeweiligen Umwelt angepasst.

Die Zunahme und die darauf folgende Abnahme der Verschaltung von Synapsen vollzieht sich jedoch unabhängig von äußeren Einflüssen: Nur „das, was verschaltet wird“, ist umweltabhängig; es werden also immer Synapsen eliminiert, nur je nach Umwelterfahrungen unterschiedliche. Die frühen Lernprozesse, Sinneseindrücke und Erfahrungen werden also dafür eingesetzt, die noch unfertigen Schaltkreise im Gehirn zu optimieren. Die Zunahme der Synapsenbildung wurde lange Zeit irrtümlicherweise mit einer gesteigerten Lernfähigkeit gleichgesetzt und in dem später einsetzenden Synapsenabbau sah man den Beginn geistiger Trägheit. Es zeigte sich auch im Vergleich von drei Leistungsgruppen (geistig Behinderte, durchschnittlich Begabte, Hochbegabte), dass bei den Hochbegabten während der Pubertät die Synapsendichte besonders stark abnahm (Braus, 2004, S. 14). Die Eliminierung von nicht benötigten Synapsen scheint für die Entwicklung des Gehirns von entscheidender Bedeutung zu sein.

3.4 Neuroleadership: Relevante Gehirnareale und ihre Funktionen

3.4.1 Übersicht

Die neurowissenschaftliche Forschung hat einiges an Belegen zusammengetragen, die die Vermutung stützen, dass vor allem fünf unterschiedliche neuronale Systeme an den verschiedenen Abschnitten und Ebenen der Emotionsverarbeitung beteiligt sind. Die folgende Tabelle gibt hierzu eine entsprechende Orientierung:

Tab. 3.1: Wichtige neuronale Strukturen der Emotionsverarbeitung (in Anlehnung an Ochsner & Feldman-Barrett, 2001)

	(1) Amygdala	(2) Basalganglien	(3) Lateraler präfrontaler Kortex (LPFC)	(4) Anteriorer cingulärer Kortex (ACC)	(5) Orbitaler & ventromedialer Frontalkortex (OVMC)
Funktion	Erkennen von potentiellen Gefahren/Erlernen von Gefahrenhinweisen	Registrierung von Belohnung & Erwerb von Gewohnheiten	Abruf und Speicherung von semantischem Emotionswissen	Konflikt-Überwachung	Kontextabhängige Handlungsplanung
Anwendung	Erkennt erregende, potentiell bedrohliche Reize und assoziiert sie mit entsprechenden physiologischen und Handlungsreaktionen	Automatische Sequenz von Handlungen/ Gedanken, die sich als konsistent verstärkend erwiesen haben	Identifizierung und Differenzierung von Reizen und Gefühlen; Attribuierung emotionaler Qualitäten auf Reize; Anwendung von Regulationsstrategien und Emotionswissen	Überwachung des ablaufenden Verhaltens und Entscheidung, ob Veränderung nötig ist	Kontextabhängige Regulierung & Hemmung von Emotionsreaktionen basierend auf Bedeutungsanalysen
Prozesstyp	automatisch	automatisch, benötigt aber Aufmerksamkeit	Abruf kann automatisch oder kontrolliert erfolgen	Konfliktentdeckung automatisch, Veränderungsinitiierung kontrolliert	Kontrolliert

Die fünf Gehirnstrukturen werden mit fünf essentiellen Funktionen in Verbindung gebracht, die in der Informationsverarbeitung erfüllt werden müssen, wobei die ersten drei unbewusst und automatisch arbeiten können (Ochsner & Feldman-Barrett, 2001, S. 40):

1. Mit der Amygdala werden Gefahr und Belohnung erkannt.
2. Die Basalganglien lösen die zu Gefahr und Belohnung gehörenden Handlungsweisen aus.
3. Der LPFC dient dem Abruf von semantischem Emotionswissen, um den Reiz genauer zu bewerten und ihm eine differenzierte emotionale Qualität zu verleihen. Dies kann auch bewusst geschehen, indem man kontrolliert Wissen über die Natur und die Regulationsmöglichkeiten der jeweiligen Emotion im semantischen Gedächtnis abruft.
4. Wie nun mit dieser initialen Reaktion weiter verfahren wird, liegt in der Hand der entsprechenden Hirnstruktur und deren Funktionen, auf die ein bewusster, kontrollierter Zugriff möglich ist: Das ACC evaluiert und legt fest, inwiefern der Emotionsprozess tiefer verstanden oder besser kontrolliert werden muss, im Falle eines detektierten Werte- oder Zielkonflikts, oder bei Diskrepanzen zwischen bewussten Plänen und gebahnten Verhaltenstendenzen.

5. Schließlich analysiert der OVMC die Bedeutung eines Reizes, des Verhaltens und des Kontextes, um daraus die Entscheidung für eine Handlungsplanung oder Verhaltensauswahl zu treffen, die wiederum auf (3) bis (5) zurückwirkt.

3.4.2 Amygdala

Die Amygdala ist die Gehirnstruktur, deren Bedeutung für die Emotionsverarbeitung bisher am detailliertesten erforscht ist (Lane & Nadel, 1999). Ihre Aufgabe ist vor allem die Enkodierung von Stimulus-Affekt-Assoziationen, vor allem für Stimuli, die eine potentielle Gefahr darstellen. Nach LeDoux (1996) kann die Information über die Identität des Stimulus über zwei verschiedene Leitungsbahnen gelangen („high road vs. low road"): Zum einen über die kortexbasierte Verbindung, die in der Lage ist, in komplexen Analysen perzeptuelle Eigenschaften des Stimulus aufzulösen und ihn zu erkennen. Der zweite Weg führt direkt von den sensorischen Organen über den Thalamus in die Amygdala und reicht aus für ein grobes aber schnelles („quick and dirty") Bestimmen der affektiven Signifikanz, für das Lernen von Stimulus-Response-Konditionierungen und für die dementsprechenden Reaktionen bei bedrohlichen Reizen. Experimente unter Zuhilfenahme des „backwardmasking" Paradigmas konnten Amygdala-Aktivität messen, ohne dass die (unterhalb der Reizschwelle) gezeigten negativen Bilder bewusst erfasst wurden.

Eine weitere Funktion ist nach Davidson und Irwin (1999, S. 11–21) der Einfluss auf die Konsolidierung von episodischen Erinnerungen an emotionale Ereignisse, wobei die Amygdala für den Erinnerungsvorteil von negativen vor positiven Ereignissen verantwortlich ist. Einige Experimente erwecken den Anschein, als spiele die Amygdala ebenfalls beim Kontakt mit unbekannten, neutralen Stimuli eine Rolle, indem sie feuert, bis sichergestellt ist, dass die ambivalenten (da unbekannten) Reize keine Gefahr darstellen. Insgesamt scheint die Aktivität in dem Maße nachzulassen, wie sie die Umgebung als sicher und unbedrohlich einstuft (zur Lage vgl. folgende Abbildung). Schwerpunktmäßig geht es hier also um die Erfassung, Verarbeitung und Reaktionsplanung bei potentiell bedrohlichen Reizen.

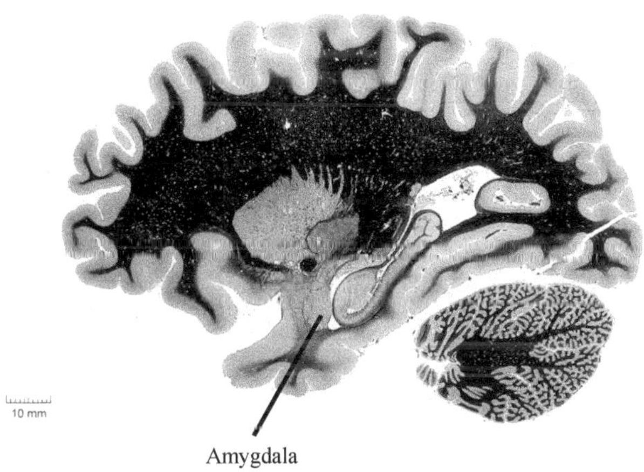

Abb. 3.1: Die Lage der Amygdala[21]

[21] Quelle: https://www.msu.edu/~brains/brains/human/sagittal/0722_fiber.html (Download vom 22.02.2014)

3.4.3 Basalganglien

Die Basalganglien spielen für das effiziente Erlangen von Belohnungen eine wichtige Rolle. Die Basalganglien bestehen aus zwei Hauptabschnitten, dem Putamen und dem Nucleus Caudatus. Sie sind dafür zuständig, Verhalten oder Gedanken, die sich als zuverlässig zur Erreichung von Belohnungen, zur Erlangung eines erwünschten Ergebnisses, erwiesen haben, zu enkodieren[22], zu konditionieren und auszulösen, wenn es ertragreich erscheint (vgl. Panksepp, 1998). Sie erhalten Input von den parietalen und temporalen Cortices und schicken ihre Befehle an diverse motorische Zentren. Nach Davidson (2003a, S. 655–665) sind die Basalganglien vor allem für das mit positiven Emotionen assoziierte Annäherungsverhalten wichtig (zur Lage vgl. die folgende Abbildung).

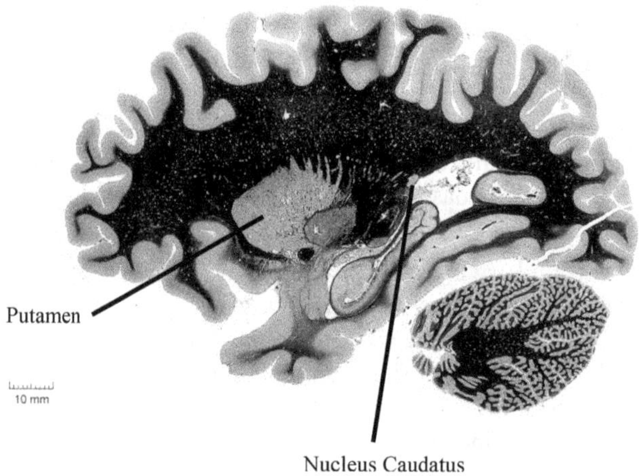

Abb. 3.2: Die Lage der Basalganglien: Putamen und Nucleus caudatus[23]

3.4.4 Lateraler präfrontaler Kortex

Bedeutsam ist hier die Verarbeitung und Nutzung komplexen emotionalen Wissens. Komplexere emotionale Informationen, die in Form von organisierten Strukturen bezüglich bedeutsamer Beziehungen zwischen Reizen angeordnet sind, werden „emotionale Konzepte“ oder „**Schemata**“ genannt[24]. Dieses semantische Wissen kann folgende Bereiche umfassen:

- Abstraktes Wissen über die Verursachung einer Erfahrung
- Die individuelle Bedeutung einer Situation, auch im Hinblick auf Ziele und Werte
- Körperwahrnehmungen
- Regeln für die Expression der Emotionen
- Interpersonellen Funktionen und Auswirkungen von Emotionen

---

22 „Enkodierung“ meint hier den Vorgang, bei dem neue Information mit der bestehenden kognitiven Struktur verbunden wird und somit einer dauerhaften Speicherung zugeführt wird.

23 Quelle: https://www.msu.edu/~brains/brains/human/sagittal/0722_fiber.html (Download vom 22.02.2014)

24 zur Vertiefung des Schema-Konzepts vgl. Kapitel 1.

- Wissen über die Regulation, also die Intensivierung oder Abschwächung emotionaler Reaktionen

Der laterale präfrontale Kortex (LPFC) hat die Fähigkeit, dieses durch Erfahrung erworbene, im semantischen Gedächtnis abgelegte Wissen abzufragen (Davidson, 2004b, S. 219–233). Wird dieses semantische Wissen nach einer initialen Amygdala- oder Basalganglienerregung automatisch oder kontrolliert aktiviert, so wird es Teil der emotionalen Reaktion. Diese Art der Evaluation emotionaler Stimuli durch Zugriff auf komplexere semantische Wissensstrukturen funktioniert somit unabhängig von den schnellen, automatischen und einfachen Assoziationen und Bewertungen der Amygdala bezüglich potentieller Bedrohung (Davidson, 2004b, S. 219–233).

3.4.5 Anteriorer cingulärer Cortex (ACC)

Hier wird geprüft, ob eine kontrollierte Informationsverarbeitung notwendig ist. Der ACC ist eine Art Überwachungssystem, welches meldet, sobald sich der aktuelle Zustand des Organismus (oder der Umwelt) zu weit von erwünschten Zielen und Bedürfnissen entfernt hat. Diese Funktion scheint der ACC mit wachsender Größe besser auszuführen. Die Signale des ACC sind in diesem Sinne das erste Glied in der Kette einer Kaskade weiterer evtl. einzuleitender Prozesse der Emotionsregulation, um das Verhalten und Erleben wieder mit den Erwartungen in Einklang zu bringen (Davidson & Irwin, 1999, S. 11–21). Hinweise, auf die der ACC dementsprechend reagiert, beinhalten: Unsicherheit, Konflikte, Schmerz, Verletzung von Erwartungen. Der ACC bewertet ebenfalls kontinuierlich die zukünftig von einem Stimulus zu erwartenden Auswirkungen (Bestrafung/Belohnung). Auch in der Emotionstheorie von Damasio (2000) wird der ACC als bedeutsam für das bewusste Emotionserleben herausgestellt.

3.4.6 Orbitaler (OFC) und ventromedialer (VMFC) Frontalkortex

Diese Bereiche sind vorrangig für die Auswahl und Implementierung von Regulationsstrategien zuständig. Unsere bottom-up gesteuerten emotionalen Reaktionen sind nicht in jeder Situation angemessen oder folgerichtig. Die effektive und genaue Analyse der Relevanz und affektiven Bedeutung eines gegebenen emotionalen Kontextes und die Implementierung der daraufhin ausgewählten Regulationsmechanismen ist Aufgabe und Fähigkeit des OFC und VMFC (Davidson & Irwin, 1999, S. 11–21).

Dabei erlaubt es die Verarbeitung der beiden Strukturen, eine fortwährend aktualisierte Einschätzung der affektiven Qualität zu repräsentieren. Eine weitere wichtige Stufe in diesem Prozess ist den beiden Autoren zufolge die Feststellung der motivationalen Relevanz eines Objektes. Nachdem diese beiden Aspekte festgelegt wurden, richten die OFC und VMFC sowohl Handlungstendenzen als auch nachfolgende kognitive Prozesse danach aus. Damit ermöglichen es uns diese neuronalen Strukturen, basierend auf ihren Analysen, sowohl bereits in Gang gesetzte emotionale Reaktionen top-down zu modulieren, als auch neue emotionale Prozesse anzustoßen.

3.4.7 Der Hippocampus

Davidson, Jackson und Kalin (2000, S. 890–909) demonstrieren in ihrem Artikel ausführlich den Einfluss des Hippocampus, der seit langem mit Gedächtnisleistungen in Verbindung gebracht wurde, auf das Erlernen und Anwenden von kontextbezogenem Emotionswissen. Dabei vermuten sie, dass dem Hippocampus vor allem bei der Bereitstellung von Wissen über kontextangemessenen emotionalen Ausdruck und die Auswahl entsprechenden emotionalen Verhaltens eine Schlüsselrolle zukommt. Sie referieren Befunde über Hippocampus-Dysfunktionen bzw. -läsionen, die in der Folge zu emotionalem Verhalten führten, das zwar durchaus normal, jedoch der jeweiligen Situation absolut unangemessen war (Davidson, 2004, S. 1395–1411). Der Hippocampus steht somit in seiner Funktion den Strukturen (5) (OFC und VMFC) aus Tabelle 3.1 nahe, die ebenfalls für die kontextbezogene Analyse zuständig sind.

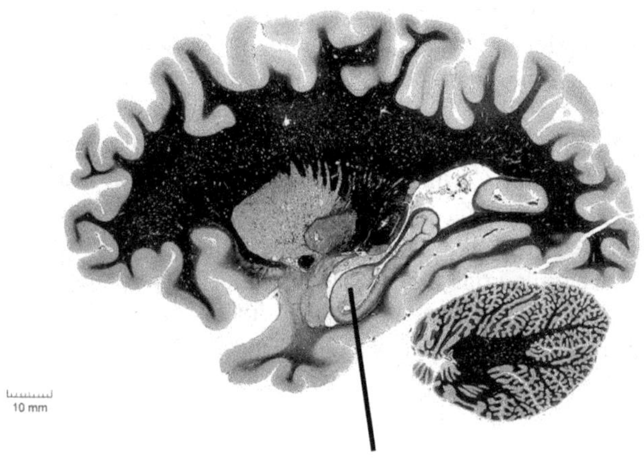

Abb. 3.3: Die Lage des Hippocampus[25]

3.4.8 Nucleus Accumbens und mesolimbisches Dopaminsystem

Das mesolimbische Belohnungssystem ist seit langem an Tieren erforscht. Auch beim Menschen zeigen einige neuere Bildgebungsstudien (Berridge, 2003, S. 106–128) die Bedeutsamkeit für positive Affekte, Lust, aber auch Substanzabhängigkeit. Es ist im Wesentlichen ein dopaminerges System, das seinen Ausgang im Mittelhirn im ventralen Tegmentum nimmt, und sich zum Nucleus Accumbens erstreckt. So wie die Amygdala den Angelpunkt der Verarbeitung von negativen Emotionen darstellt, lässt sich das mesolimbische Dopaminsystem durchaus als Lustzentrum bezeichnen. So berichtet Berridge (2003, S. 106–128) von erhöhter Aktivität der dopaminergen Neuronen bei zahlreichen als positiv erlebten Tätigkeiten und Stimulationen (Sex, Drogen, genussvolle Mahlzeiten etc.).

[25] Quelle: https://www.msu.edu/~brains/brains/human/sagittal/0722_fiber.html (Download vom 22.02.2014)

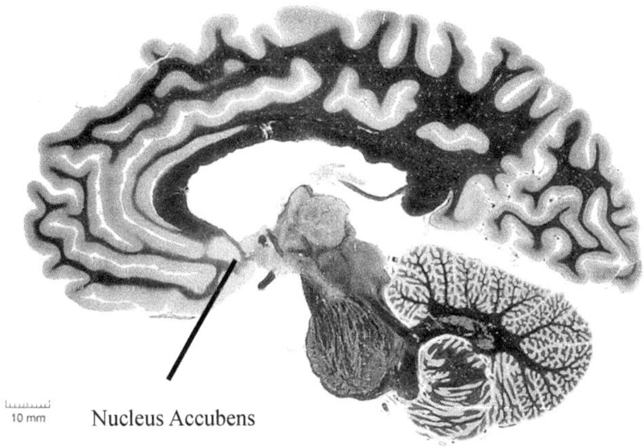

Abb. 3.4: Die Lage des Nucleus Accubens[26]

3.4.9 Insulärer und somatosensorischer Kortex

Die Insula und der somatosensorische Kortex spielen bei der emotionalen Verarbeitung ebenfalls eine Rolle, speziell bei der Wahrnehmung von Körperempfindungen und Signalen des inneren Milieus, der so genannten Interozeption (Cameron, 2001, S. 697–710). Vor allem der bekannte Neurologe Antonio Damasio hat sich mit seiner umfassenden Theorie der „somatischen Marker“ und deren Bedeutung für Gefühle, Bewusstsein und Entscheidungsprozesse auf diesem Gebiet einen Namen gemacht (Damasio, 2000). Besonders bemerkenswert scheint seine These, die somatischen Marker trügen zu rationalen Entscheidungen in komplexen Situationen bei, die affektiven Prozesse seien folglich für die rationalen kognitiven Vorgänge von eminenter Wichtigkeit. Diese Theorie wäre damit der deutlichste Versuch einer Integration der oben beschriebenen gespaltenen Sichtweisen über das Verhältnis von Emotion und Rationalität. Diese Verschränkung von Interozeptionsfähigkeit und intensiverer Gefühlswahrnehmung korreliert wiederum mit dem Konstrukt der „Emotionalen Intelligenz“ (Goleman, 1998). Der insuläre Cortex ist weiterhin von Bedeutung für die Regulation der autonomen emotionalen Reaktionen wie z.B. die peripher physiologische elektrodermale Aktivität.

26 Quelle: https://www.msu.edu/~brains/brains/human/sagittal/0272_fiber.html (Download vom 22.02.2014)

4 Neurowissenschaftliche Anwendungsfelder

Rüdiger Reinhardt

Nachdem in den vorherigen Kapiteln die neurowissenschaftlichen Grundlagen erläutert wurden, soll es im vorliegenden Kapitel darum gehen, für das Themenfeld „Neuroleadership“ wichtige Anwendungsfelder herauszuarbeiten. Dazu gehören insbesondere folgende Elemente:

- **Emotionen** sind zentral für das Verständnis des Belohnungs- und Bedrohungssystems wie auch für die Erklärung des Entstehens von Gesundheit und Krankheit.
- Das Thema **Motivation** ist zentral für das Verständnis von Annäherungs- und Vermeidungsverhalten sowie für die Erklärung der Einflussfaktoren berufsbezogener Leistung.
- Last not least ist das Thema **Lernen** für ein vertieftes Verständnis von individuellen und betrieblichen Lern- und Veränderungsprozessen von Bedeutung.

4.1 Neurowissenschaften & Emotion

4.1.1 Einleitung

Emotionen lassen sich nicht einfach definieren. Allerdings besteht Konsens darüber, dass Emotionen immer eine Erlebenskomponente, aber auch eine kognitive, eine physiologische, eine Ausdrucks- und eine motivationale Komponente aufweisen (Rothermund & Eder 2011, S. 167).

- Die **kognitive Komponente** umfasst alle Bewertungen von Ereignissen hinsichtlich ihrer Implikation für die eigene Person (Rothermund & Eder 2011, S. 170). Ein Ereignis kann positiv oder negativ bewertet werden, ist jedoch auch geprägt durch Ursachenzuschreibungen, also ob eine Person ein Ereignis als internal oder external, stabil oder variabel einschätzt, aber auch, ob das Ereignis durch den Handelnden steuerbar ist (Heckhausen & Heckhausen 2010, S. 417). Während kognitiv orientierte Emotionstheorien postulieren, dass keine Emotion ohne Kognition entsteht, deuten neuere Forschungsergebnisse darauf hin, dass einfache Sympathien, Ängste und Befürchtungen vermutlich ohne kognitive Bewertung ablaufen, wohingegen komplexere Gefühle wie Schuld, Hass, Glück oder Liebe nur im Kontext unserer Kognitionen entstehen. So hat LeDoux Bahnen für Gefühle aufgedeckt, die den Neocortex umgehen und ohne Umweg direkt von den Sinnesorganen zum Mandelkern verlaufen, während man bisher immer angenommen hatte, dass der Mandelkern auf Signale vom Neocortex angewiesen ist, um seine emotionalen Reaktionen zu formulieren (Franken, 2004, S. 96).

- Die **physiologische Komponente** einer Emotion bezieht sich auf Prozesse wie bspw. die Veränderung der Herzfrequenz, der Atmung, der Muskelaktivität, aber auch des Nervensystems und des Gehirns oder des Hormon- und Immunsystems (Rothermund & Eder 2011, S. 170f). All diese Reaktionen dienen dazu, den Organismus zu aktivieren und ihn in Handlungsbereitschaft zu versetzen.
- Die **Ausdruckskomponente** umfasst Mimik, Gestik, bestimmte Teile der Stimme sowie Körperhaltung und -bewegung. Durch die Ausdruckskomponente werden Emotionen und dazugehörige Handlungsbereitschaften an die Umwelt kommuniziert, um diese zu beeinflussen (Franken, 2004, S. 67). So wird Lächeln bspw. gezielt bei Begegnungen mit Fremden, aus Verlegenheit, aber auch als Ausdruck positiver Befindlichkeit, zur Begrüßung, Auflockerung und Beschwichtigung eingesetzt (Rothermund & Eder 2011, S. 180). Die Ausdruckskomponente dient der sozialen Interaktion und hat eine sozialkommunikative Funktion (Rothermund & Eder 2011, S. 177). Manche Autoren gehen sogar so weit, dass sie eine bestimmte Handlung miteinbeziehen, also bspw. das Fluchtverhalten bei Furcht (Franken, 2004, S. 67). Andere bezeichnen diesen Aspekt der Emotion als motivationale Komponente. Hier geht es um bestimmte Handlungsbereitschaften zur Bewältigung einer Situation (Rothermund & Eder 2011, S. 174f). So haben Emotionen über die „Gut-Schlecht"-Bewertung auch eine handlungsleitende Funktion, das heißt, sie führen zu den motivationalen Schemata Annäherung und Vermeidung (Rothermund & Eder, 2011, S. 176). Es stellt sich die Frage, welche Emotion zu einer „Gut- oder Schlecht"-Bewertung beziehungsweise welche Emotion zu welcher Reaktion führt.

4.1.2 Neuropsychologie und Neurochemie von Emotionen

Insgesamt betrachtet ist eine Emotion ein komplexer Ablauf chemischer und neuronaler Reaktionen, die auf einen vorhandenen Stimulus oder eine Erinnerung ein unverwechselbares Muster bilden (Damasio, 2006, S. 67). Dabei geht man davon aus, dass Emotionen als Verhaltenstendenzen, also zur Vorbereitung motorischer Aktionen, zu verstehen sind und so vor allem verschiedene Organsysteme aktivieren sollen (Brandstätter, 2009, S. 474).

Im Hypothalamus werden bspw. die vegetativen und die endokrinen Systeme koordiniert: Er ist einerseits das Befehlszentrum des vegetativen Nervensystems, das bspw. Herzschlag, Atmung oder Darmtätigkeit steuert. Andererseits ist er durch Nervenbahnen und Blutgefäße eng mit der Hypophyse, der wichtigsten Drüse des endokrinen Systems verbunden (Franken, 2004, S. 84). Das heißt, der Hypothalamus reguliert sowohl den Hormonhaushalt als auch das vegetative Nervensystem, beides wichtige Vermittler zwischen Gehirn und Körper.

Sensorische Inputs gelangen über den sensorischen Thalamus, der bereits einfache Reize unterscheiden kann (wie z.B. Schlangen, die Furcht auslösen), in verschiedene Bereiche des Gehirns. Zum einen in die Insula, die mit der Amygdala und dem sensorischen Cortex verbunden ist. Die Insula wird durch ekelerregende und schmerzverursachende Reize aktiviert und ist außerdem für das Ausmaß emotionaler Empfindungen zuständig (Brandstätter, 2009, S. 475ff.).

Reize gelangen aber nicht nur über die Insula, sondern auch direkt in die Amygdala. Sie ist insbesondere für das Ingangsetzen und Erlernen affektiver Reaktionen, von Vermeidung und damit zusammenhängend von Furcht zuständig, Weitere Informationen erhält die Amygdala vom bewegungs- und objekterkennenden Temporalcortex und zusammen mit dem Hypothalamus steuert sie Annäherung und Vermeidung. Um Überreaktionen zu vermeiden, zum Beispiel durch Mimik oder Gestik ausgelöst und durch zu starke Lerngeneralisierungen überbewertet, kann durch Amygdala und Hippocampus eine hemmende Reaktion über GABA-Rezeptoren (GABA = Gamma-Aminobuttersäure) ausgelöst werden – durch Stress kann diese Funktion jedoch beeinträchtigt werden. Die Amygdala erhält weitere Inputs vom Gyruscinguli, der wiederum Informationen aus dem Neocortex sammelt, also voraktivierte Gedächtnisteile mit Erwartungen bezüglich der folgenden Handlungen. Hier besteht eine Verbindung zum Arbeitsgedächtnis, denn es findet ein Abgleich zwischen Handlung und Erwartung statt, Abweichungen werden registriert. Der Gyruscinguli ist wiederum direkt mit dem Hippocampus und damit mit dem deklarativen Gedächtnis verbunden (vgl. Brandstätter, 2009, S. 475).

Die Amygdala gibt eingehende Informationen an den Hypothalamus als zentrale Region für die Steuerung vegetativer Funktionen weiter, sodass Handlungen vorbereitet werden. Außerdem ist der Hypothalamus mit den motorischen Hirnstammkernen verbunden, sodass eine Reaktion auf den Reiz erfolgen kann. Efferenzen zum unteren Hirnstamm führen zu Furcht oder Trauer, zum Pons zu einer Aktivierung, also einer Erhöhung des Blutdrucks und der Herzrate, zum motorischen Striatium und dem Claustrum, wenn es sich um bedeutende Informationen handelt. Hier werden motorische Reaktionen reguliert und ACTH (= Adrenocorticotropes Hormon) zur Stressregulation freigesetzt (Brandstätter, 2009, S. 474ff.).

Biochemische Botenstoffe wirken an Rezeptoren des Nervensystems und lösen Reaktionen aus. So spielt der bereits erwähnte GABA-Benzodiazepin-Rezeptorkomplex eine wichtige Rolle bei der Regulation von Angst und Stress, Opioide lassen Glücksgefühle entstehen und Testosteron erhöht das Selbstwertgefühl (Brandstätter, 2009, S. 482). Dabei passt aber immer nur ein Botenstoff zu einem Rezeptortyp und wirkt entweder aktivierend oder hemmend (Brandstätter, 2009, S. 483). Grundsätzlich kann man drei Arten von Botenstoffen unterscheiden: Neurotransmitter, Neuropeptide und neuroaktive Steroide.

Neurotransmitter wie Noradrenalin oder Dopamin wirken schnell und direkt auf die Informationsübertragung zwischen Neuronen zum Beispiel in der zentralnervösen Generierung von Gefühlen. **Neuropeptide** wie Opioide übertragen Informationen wesentlich langsamer, dafür aber zentralnervös und peripher. Neuropeptide sind vor allem im limbischen System, also Hirnregionen, die für Gefühlsreaktionen zuständig sind, zu finden. Sie werden häufig zusammen mit einem Neurotransmitter freigesetzt, führen aber zu längerfristigen Erregungsveränderungen des Neurons. **Neuroaktive Steroide** wie Cortisol oder Testosteron entstehen vor allem in peripheren Drüsen und wandern über den Blutweg ins Gehirn. Rezeptoren für Steroide befinden sich, anders als bei Neurotransmittern oder Neuropeptiden, hauptsächlich im Zellplasma, nach der Bindung wandert der entstandene Hormon-Rezeptor-Komplex in den Zellkern und aktiviert dort spezifische Gene (vgl. Brandstätter, 2009, S. 483ff.).

So spekulieren einige Forscher etwas unorthodox über die Verbindung von Emotionen mit verschiedenen Peptiden oder Botenstoffen: Bspw. könnte Endorphin mit Glück und menschlicher Bindung, das vasoaktive, intestinale Peptid (= VIP) mit Eigenliebe, CRF (= Corticotropin-Releasing Factor) mit negativen Erwartungen bzw. Depressionen oder GABA mit unterdrückter Angst zusammenhängen (Franken, 2004, S. 95). Aber selbst wenn nicht einzelne Botenstoffe für bestimmte Gefühle stehen, so ist das Gesamtsystem aus Nervensystem und, im Speziellen das Gehirn, im Zusammenspiel mit den verschiedenen Hormonen insgesamt betrachtet bei der Entstehung von Gefühlen beteiligt.

4.1.3 Vertiefung: Basisemotionssysteme

Panksepp (1998) sieht die Evolution als treibende Kraft hinter der Entwicklung von Emotionen (ausführlich zum Thema „Evolution & Führung“ vgl. Abschnitt 21.5). Der Einfluss der Evolution erstreckte sich seiner Ansicht nach nicht lediglich auf die Herausbildung bestimmter genetisch prädisponierter Verhaltensziele, sondern auch auf die entsprechende neuroanatomische Entwicklung des Gehirns. Ähnlich wie Reflexe sind grundlegende Emotionssysteme neuronal vororganisiert, also angeboren. Da es sich hierbei um entwicklungsgeschichtlich alte Systeme handelt, die insbesondere im Hirnstamm lokalisiert sind, lässt sich ihre Funktionsweise sehr gut an Versuchstieren untersuchen, denn auf subcortikalem Niveau sind sich alle Säugetiere erstaunlich ähnlich.

Panksepp (1998) nennt einige Merkmale, die ihm zentral erscheinen, um Affekte und ihr Erleben als grundsätzlich verschieden von Kognitionen zu verstehen:

- Für Affekte sind langsam feuernde neuronale Systeme und Neuropeptide entscheidend. Diese Neuromodulatoren bzw. Neurotransmitter beeinflussen die Aktivität von Nervenzellen nicht nur lokal, sondern von wenigen Zellen ausgeschüttet, erstreckt sich ihr Wirkungsgrad auf viele andere, indem sie dort die Sensibilität gegenüber Transmittern beeinflussen. Über den Blutweg können sie in der Körperperipherie zudem hormonelle Funktionen haben. Sinneswahrnehmungen und Kognitionen hingegen beruhen überwiegend auf schnell feuernden Neuronen und der Ausschüttung von Neurotransmittern.
- Affekte sind aufgrund der zugrunde liegenden neurohumoralen Veränderungen untrennbar an einen Körper gebunden (engl: ‚embodied‘), sie sind organisch und analog, Kognitionen sind eher digitalen Berechnungen ähnlich und können daher auch auf einem Computer simuliert werden.
- Affekte sind weitaus stärker mit einem Handlungsdrang verbunden als Kognitionen. Kurz: **Das Erleben von Gefühlen hat meist einen motivierenderen Effekt als Gedanken.**

Dass Panksepp in diesem Zusammenhang meist von Affekten als von Emotionen spricht, dürfte seinen Grund darin haben, dass der erste Begriff weiter gefasst ist und auch Tieren zugestanden wird.

Zur Funktion von Emotionen macht Panksepp (1998) eine Fülle von Angaben: **Basisemotionen** sind Reaktions- und Verhaltensprogramme, um zentralen Überlebenszwängen zu begegnen und so dem Organismus helfen, seine Gene an zukünftige Generationen weiterzugeben. Aus einem evolutionären Blickwinkel ist letztendlich alles Verhalten auf Überleben und Verbreiten des eigenen Gensatzes ausgerichtet. Während generelle Lernmechanismen dem Organismus helfen, zukünftige Situationen aufgrund eigener Erfahrung zu meistern, helfen emotionale Schaltkreise, sich aufgrund der Haupt-Herausforderungen, die sich seinen Vorfahren stellten, adaptiv zu verhalten. Emotionen sind demnach das Ergebnis einer Art ‚evolutionären Lernens‘, dessen Resultat, nämlich vorgeprägte Verhaltenspotentiale, sich im Laufe der Entwicklungsgeschichte in bestimmten Gehirnstrukturen verfestigt hat (Panksepp, 1998).

Weil Emotionen nicht auf einem allgemeinen Bewertungsmechanismus im Sinne von ‚gut oder schlecht für das Wohlergehen‘ beruhen, sondern auf spezifischen Schaltkreisen mit jeweils typischen affektiven Zuständen, lassen sich diese näher beschreiben. Panksepp (1998) nimmt bisher folgende sieben Basisemotionen als angeboren an, bei deren Benennung er sich an den jeweils typischen Verhaltensreaktionen bzw. dem zugehörigen affektiven Zustand orientiert. Die Großschreibung des jeweiligen Namens soll dabei deutlich machen, dass es sich um ein Emotionssystem mit spezifischen Schaltkreisen und Neuromodulatoren handelt:

- SEEKING – generelles motiviertes Suchen/Erwarten: Dieses System wird insbesondere mit dem Nucleus accumbens und dessen mesolimbischen dopaminergen Verbindungen assoziiert. Ein Organismus zeigt aktives Such-Verhalten, wenn es stimuliert wird bzw. hat Verlangen nach weiterer Stimulation. Der Neurotransmitter Dopamin scheint allerdings vor allem bei der Antizipation einer Belohnung, weniger beim Erhalten derselben ausgeschüttet zu werden. Welcher Art die Belohnung ist (Nahrung, Wärme, Sexualkontakt etc.) ist dabei nicht wichtig, die Aktivität ist diesbezüglich unspezifisch. Panksepp betont, dass dieses System seiner Meinung nach nicht als reiner ‚Belohnungs-Vorhersage-Mechanismus' zu verstehen ist, sondern über die (passive) Bestimmung eines Stimulusanreizes hinaus der Organismus grundsätzlich motiviert, sich mit seiner Umwelt auseinanderzusetzen und exploratives Verhalten begründet. Gleichzeitig weist er auf die hedonische Qualität der Aktivität dieses Schaltkreises hin.
- FEAR – Angst/Furcht: Als zentrale neuronale Struktur ist hier die Amygdala zu nennen. Zu den beiden Verbindungen vom Thalamus bzw. Cortex zur Amygdala merkt Panksepp an, dass seiner Meinung nach die absteigenden Afferenzen der Amygdala zum Hirnstamm hauptsächlich Informationen über die Bedrohlichkeit von Reizen übermitteln, während die angsttypischen Verhaltensweisen (Flucht/Sich-Totstellen) und Affekte selbst erst im Hirnstamm erzeugt werden.
- RAGE – Zorn/Wut: Dieses System ähnelt in seinen Verbindungen den FEAR-Schaltkreisen, allerdings sind es andere Bereiche der Amygdala, die das Periaquäduktale Grau aktivieren und es wirken andere Neuromodulatoren. Auslöser für den Affekt kann alles sein, was (vermeintlich) das Wohlbefinden und die Handlungsfreiheit eines Organismus beeinträchtigt oder ihn um eine erwartete Belohnung bringt.
- PANIC – Trennungsstress/-schmerz: Der aversive Zustand, den ein Kind erfährt, wenn es von einem Elternteil, insbesondere der Mutter getrennt wird, ist für Panksepp keine Sonderform der Angstreaktion, sondern beruht auf einem eigenständigen Emotionssystem, das auch die weitere Entwicklung über bestehen bleibt. Ein Beleg für diese Annahme liefern neben neuroanatomischen Unterschieden pharmakologische Studien, dass nämlich Opiate Trennungsstress, aber nicht Angst vermindern, wohingegen Benzodiazepine in erster Linie bei Angstzuständen und weniger bei Trennungsstress wirksam sind.
- CARE – Fürsorge und soziale Bindung: Neben Opiaten wirkt auch Oxytozin Trennungsstress entgegen. Oxytozin spielt zusammen mit Prolaktin über seine Funktion als Neuromodulator im Gehirn hinaus eine wichtige Rolle als Hormon bei der Entwicklung von Kindern: Während Prolaktin für die Milchproduktion verantwortlich ist, regt Oxytozin den Milchausstoß in der Brust der Mutter an. Auf Seiten der Kinder ist Oxytozin für das Bindungsverhalten verantwortlich, bei Männern reduziert es Aggressionen und fördert fürsorgliches Verhalten.
- PLAY – Miteinander Spielen bzw. ‚Raufen' (engl.: rough-and-tumble play): Neben dem SEEKING-System ist der angeborene Drang zu spielen der zentrale Impuls, um sowohl sensorische und motorische als auch soziale Fähigkeiten zu entwickeln. Da selbst isoliert aufgewachsene Rattenjungen sofort anfangen, sich mit Artgenossen zu balgen, sobald sie die Möglichkeit dazu haben, hält Panksepp dieses System ebenfalls für angeboren.

Darüber hinaus scheint beim Menschen vor allem der Emotionsausdruck des Lachens auf das PLAY-System zurückzuführen zu sein.

- LUST – Sexualität: Bei diesem Emotionssystem gibt es klare Geschlechtsunterschiede: Während bei männlichen Säugetieren das größere mediale präoptische Areal entscheidend zu sein scheint, ist es bei den Weibchen der ventromediale Kern des Hypothalamus. Panksepp betont einerseits den Unterschied zum Emotionssystem für soziale Bindungen (CARE, s.o.), weist aber darauf hin, dass beim männlichen Orgasmus vermehrt Oxytozin ausgeschüttet wird, das wiederum fürsorgliches Verhalten fördert.

Die für das jeweilige Emotionssystem zentralen Gehirnregionen, Neurotransmitter sowie die jeweilig zugeordneten emotionalen Qualitäten sind in der folgenden Tabelle zusammenfassend aufgelistet.

Tab. 4.1: Zentrale ZNS-Regionen und Neuromodulatoren der Basisemotionssysteme[27] (Quelle: Panksepp, 2001)

	Schlüsselregion	**Zentrale Neurotransmitter (+ = erregend; – = hemmend)**	**Emotionale Qualitäten**
SEEKING	Nucleus Accubens – VTA Mesolimbische und mesocorticale Outputs Lateraler Hypothalamus – Periaquäduktales Grau (PAG)	Dopamin + Glutamat + Opiode + Neurotensin +	Interesse Frustration Verlangen (craving)
FEAR	Zentrale und laterale Amygdala zum medialen Hypothalamus und dorsalen PAG	Glutamat + DBI, CRF, CCK, Alpha-MSH Neuropeptid Y	Angst Sorge Psychisches Trauma
RAGE	Mediale Amygdala bis BNST Medialer und perifornicaler Hypothalamus zum PAG	ACh + Glutamat + Substanz P +	Wut Reizbarkeit Verachtung Hass
PANIC	Anteriores Cingulum BNST & präoptisches Areal Dorsomedialer Thalamus Dorsales PAG	Glutamat + Opiode – CRF + Oxytozin – Prolactin –	Trennungsstress Trauer Schuld, Scham, Scheu, Peinlichkeit
CARE	Anteriores Cingulum BNST & präoptisches Areal PAG	Dopamin + Opiode +/– Oxytozin + Prolactin +	Fürsorge Liebe Anziehung (attraction)

[27] Legende: ACh: Acetylcholin; BNST: Bed. Nucleus der Stria Terminalis; CCK: Choleocystokinin; CRF: Corticotrophin Releasing Factor; DBI: Diazepam Binding Inhibitor; LH-RH: Luetinising Hormon Releasing Hormon; MSH: Melanocyte Stimulating Hormone; PAG: Periaquäduktales Grau; VTA: Ventrales Tegmentales Areal.

Tab. 4.1 Zentrale ZNS-Regionen und Neuromodulatoren der Basisemotionssysteme ((Fortsetzung; Quelle: Panksepp, 2001)

	Schlüsselregion	Zentrale Neurotransmitter (+ = erregend; – = hemmend)	Emotionale Qualitäten
PLAY	Dorsomediales Diencephalon	Glutamat +	Verspieltsein
	Parafasciculäres Areal	ACh +	Freude
	Dorsales PAG	Opiode +/–	Fröhlichkeit
	Tectum	Jeder Stoff, der negative Emotionen fördert, reduziert das Spielverhalten	
LUST	Cortico-mediale Amygdala	Steroide +	Erotische Gefühle
	BNST; präoptischer und ventromedialer Hypothalamus	Vasopressin	Eifersucht
		Oxytozin	
	Laterales und ventrales PAG	LH-RH	
		CCK	

Es lässt sich also festhalten, dass als Basisemotion alle Emotionen gelten, für die sich ein separater neuronaler Schaltkreis mit spezifischen Neuromodulatoren identifizieren lässt. Komplexe Emotionen ergeben sich aus den Wechselwirkungen mehrerer Basisemotionen und/oder der Modifikation durch kognitive Anteile. Die Aktivität der Hirnstamm-Affektsysteme wiederum führt zu den entsprechenden körperlichen Veränderungen wie Anstieg des allgemeinen Erregungsniveaus sowie spezifischer Verhaltenstendenzen. Dabei ist festzuhalten, dass nach Panksepps Meinung die im Hirnstamm, insb. dem Periaquäduktalem Grau angesiedelten Schaltkreise nicht lediglich die für eine Emotion charakteristischen motorischen Kommandos vermitteln, sondern auch das zugehörige Gefühl, weshalb er sie als ‚action-feeling systems' bezeichnet (Panksepp, 1998).

4.2 Neurowissenschaften & Motivation

4.2.1 Einleitung: Emotion, Motivation und Ziele

Carver, Sutton und Scheier (2000, S. 741–751) haben die Selbstregulation von Menschen in Bezug auf ihre Ziele herausgearbeitet und dabei mit dem Postulat zweier motivationaler Verhaltenssysteme, Annäherung und Vermeidung, die emotionalen Konsequenzen unterschiedlich gut gelungener Zielerreichung beschrieben. Menschen sind danach bestrebt, eine möglichst hohe Übereinstimmung mit ihren selbst gesetzten Zielen herzustellen bzw. beizubehalten. Hierzu dienen zwei Rückmeldesysteme, die entweder darauf ausgerichtet sind, den Abstand zu dem gewünschten Ziel zu verringern (Annäherung) oder den Abstand zu einem „Antiziel" zu vergrößern (Vermeidung).

Ziele können aktuelle Aktionstendenzen oder komplexe und entfernte Lebensziele sein, z.B. etwas greifen wollen bzw. eine erfolgreiche Berufskarriere anstreben. Antiziele sind befürchtete Konsequenzen, wie eine schlechte Schulnote oder ein Partnerverlust. Die Annäherung an ein Ziel bzw. die Vermeidung eines Antiziels kann nun gut oder schlecht gelingen. Wenn die Annäherung gut gelingt, entsteht das Gefühl der Freude. Gelingt sie nicht gut, sind

Traurigkeit und Depression die Folge. Wenn die Vermeidung gut gelingt, resultiert das Gefühl der Erleichterung. Gelingt sie nicht gut, ist die Folge Angst (vgl. die folgende Abbildung).

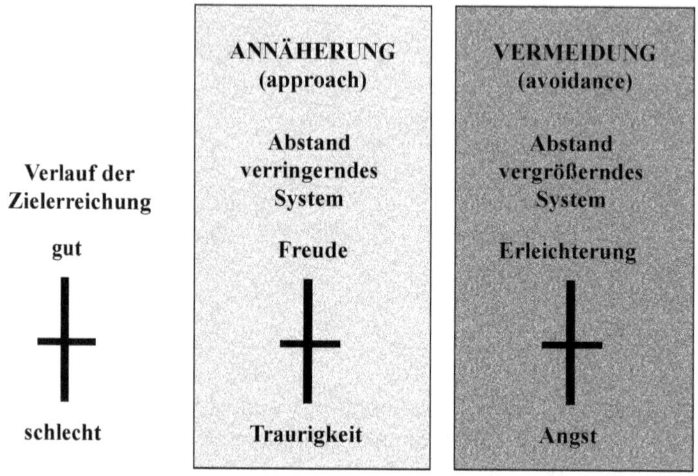

Abb. 4.1: Affektmodel der Verhaltensregulation durch ein Annäherungssystem und ein Vermeidungssystem (in Anlehnung an: Carver, Sutton & Scheier, 2000, 745–751)

Aus obiger Abbildung geht Folgendes hervor: Wenn eine Annäherung erfolgreich verläuft, resultieren Gefühle der Freude bis hin zur Hochstimmung; verläuft sie nicht erfolgreich, resultieren Traurigkeit und Depression. Wenn eine Vermeidung erfolgreich verläuft, stellt sich Erleichterung ein; verläuft sie nicht erfolgreich, stellt sich Angst ein.

Emotionssysteme sind also auf Ziele ausgerichtet, die als Motive für die Zielerreichung dienen. Emotionen kodieren also den angestrebten Zielzustand, während Motivation die Stärke und Persistenz bei der Zielverfolgung repräsentiert.

Gängige Motivationstheorien gehen von folgenden Annahmen aus (z.B. Rheinberg & Vollmeyer, 2011):

- Motivation ist ein prozesshaftes Geschehen, in dem Handlungsziele herausgebildet und das Verhalten und Erleben auf diese Ziele ausgerichtet werden.
- Eine solche Motivation entsteht durch das Zusammenwirken von situativen Anreizen und Motiven.
- Umweltgegebenheiten, die eine motivationale Bedeutung haben, werden durch die Motive bewertet; sie gewinnen dadurch einen Aufforderungscharakter, der zum Handeln motiviert.
- Die motivationale Bedeutung dieses Prozesses teilt sich dem Organismus durch einen Affektwechsel mit. Es wird ein bei Zielerreichung (oder -verfehlung) zu erwartender Affektwechsel antizipiert, der gegenüber der momentanen Affektlage eine relative Positivierung oder Negativierung der Lust-Unlust-Bilanz verspricht oder befürchten lässt.
- Diese Antizipation eines Affektwechsels stellt den Kern einer Motivierung vom Typ des Aufsuchens oder Meidens dar.

- Gleichzeitig werden durch diese Motivanregung andere Funktionen – wie Wahrnehmung, Kognition und Gedächtnis – zur Erleichterung der Zielerreichung selektiv auf solche Sachverhalte eingestellt, die zu der momentanen Motivation „passen" (Motivkongruenz).
- Die Herausbildung von Motivationstendenzen wird durch ein – zunächst nicht näher spezifiziertes – Zusammenwirken von Wert (das ist ein durch das Motiv bewerteter Anreiz) und Erwartung der Zielerreichung modelliert. Beide Größen werden als theoretische Konstrukte, nicht als Bewusstseinsinhalte, verstanden.

4.2.2 Vertiefung: Aufsuchen vs. Vermeidung

Die Vorstellung zweier antagonistischer Regulationssysteme – das eine appetitiver, aufsuchender, das andere aversiver, meidender Art – ist ein Grundbestandteil vieler zeitgenössischer Motivationstheorien. Sie unterscheiden aufsuchende und meidende Motive (Hoffnung und Furcht; einschließlich der neurophysiologischen Substrate), aufsuchende und meidende Ziele, positive und negative Anreize (Affekte) sowie auch die zugeordneten Verhaltensweisen des Aufsuchens und Meidens.

Die Anregung oder Aktivierung dieser Regulationssysteme geschieht „normalerweise" über Anreize; aber auch über Affekte können Ziele und Verhaltensweisen aktiviert werden. Neuere Untersuchungen zeigen, dass dies auch umgekehrt gelingen kann: Über die Ausführung rudimentärer Verhaltensweisen wie bspw. etwas von sich Wegdrücken oder Fernhalten im Gegensatz zu Etwas auf sich zuziehen oder Herbeiholen, lassen sich aufsuchende oder meidende Motivationstendenzen herstellen.

Offenbar sind die Komponenten dieser Regulationssysteme auf mehreren Ebenen angeordnet und können von verschiedenen Seiten „angestoßen" und angeregt werden. Die Verteilung der Informationsverarbeitung auf mehrere Ebenen ist auch dafür verantwortlich, dass sich Disharmonien und Inkongruenzen im Gesamtsystem einstellen können: Wenn jemand bspw. bewusst ganz bestimmte aufsuchende Ziele verfolgt, die nun so gar nicht seinen zugrunde liegenden Motiven (z.B. einer starken Furcht) entsprechen. Dies reduziert das Wohlbefinden und erhöht die Anfälligkeit für psychosomatische Erkrankungen.

Es ist in der Motivationspsychologie seit langem üblich, zu unterscheiden, ob die Verschiebung auf der Lust-Unlust-Dimension dadurch erreicht wird, dass man ein positives Ziel anstrebt oder dadurch, dass man ein negatives Ziel vermeidet. Auf der Ebene motivationspsychologischer Theoriebildung wird man diesem Sachverhalt gerecht, indem man zwei voneinander unabhängige motivationale Tendenzen, eine „Aufsuchen"- und eine „Meiden"-Tendenz, in Rechnung stellt und hierbei auch wieder persönlichkeitsbezogene Unterschiede in der Motivausstattung, etwa durch die Unterscheidung von „Hoffnung"- und „Furcht"-Motiven, berücksichtigt.

Die neuere Motivationsforschung hat diese Differenzierung aufgegriffen und postuliert unterschiedliche Formen der Handlungsregulation für Fälle, in denen es primär um die Erlangung eines positiven Ziels oder Vermeidung eines negativen Ziels geht. Für die Motivations- und Lernpsychologie wurde dieser Lust-Unlust-Mechanismus insbesondere auch deshalb interessant, weil es gelang, im zentralen Nervensystem Strukturen und Übertragersubstanzen (Neurotransmitter) nachzuweisen, die an der Vermittlung von Affekten beteiligt sind. In der folgenden Abbildung werden die jeweiligen Beziehungen (Korrelationen: r) des appetitiven und aversiven Motivationssystems und seiner jeweiligen Komponenten zusammenfassend dargestellt.

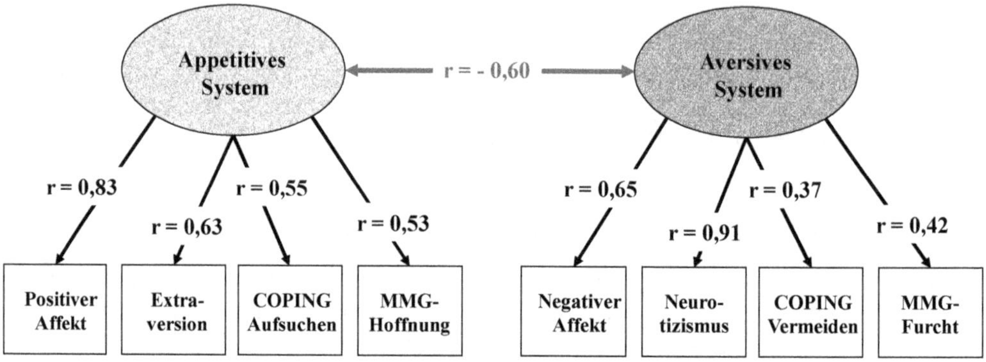

Abb. 4.2: Appetitives vs. aversives System (Quelle: Stemmler, 2002)

4.2.3 Motivationssysteme – der Ansatz von Esch

Neurobiologisch sind die Erscheinungsformen von Motivation und Belohnung eng miteinander verzahnt. Topographisch lassen sie sich allerdings durchaus voneinander abgrenzen und im Gehirn verorten – trotz aller funktionellen Überschneidungen und unter Inkaufnahme einer gewissen Vereinfachung. Esch (2011) differenziert zwischen drei, neurobiologisch begründbaren Motivationstypen – deren gelungenes Zusammenspiel von Esch (2011, S. 85ff.) zudem als Flow[28] bezeichnet wird:

- **Typ A-Motivation**: Funktionell geht es bei diesem Motivationstyp um das Suchen (und zum geringen Maße um das Finden), um Erfolg, um die schnelle Belohnung – nach dem Motto „Getting where and what you want". Dafür ist u.a. der Nucleus Accubens zuständig bzw. der limbische Bogen und die mesolimbischen Bahnen. Typ A-Motivation entsteht also durch das Erreichen von dem, was man sich vorgenommen hat, wie z.B. das Verbessern von Fähigkeiten, eigenen Voraussetzungen und Kompetenzen. Wichtig sind hier Wachstum, Wohlstand und Entwicklung – begleitet von Spaß und Erfolg. Zudem wird Typ A-Motivation durch das Lösen von Problemen und Aufgaben, auch intellektueller Art, z.B. durch das Verstehen und Erkennen von Mustern und Regeln, also auch durch Erkenntnis und Wissenserwerb ausgelöst, wenn es mit dem Gefühl „ich habe es gemacht" verknüpft ist.
- **Typ B- Motivation**: Hierbei geht es um das Bestehen, um den Wettbewerb – sowie um Druck, Druckabbau und Erleichterung. Wichtig sind hier Erfahrungen des „kein Stress mehr" durch erfolgreiches Entkommen und die Belohnung dafür nach dem Motto „Avoiding what you don't want". Hierfür sind die Stress- und Alarmsysteme zusammen mit der Amygdala zuständig. Entwicklungsgeschichtlich ist hier die Grundlage für Per-

[28] Flow nennt der Psychologe Csikszentmihalyi den Prozess des Einswerdens mit einer Tätigkeit. Wenn wir etwas mit Liebe und Hingabe tun, erfasst uns manchmal ein Gefühl tiefster Freude, ein Hochgefühl. Wir sind mit uns selbst im Einklang. Dieses Fließerlebnis ist von positiv emotionalen Zuständen begleitet (vgl. Abschnitt 8.1.2; vgl. Csikszentmihalyi, 1995).

fektion nahegelegt: Zwanghafte Genauigkeit ist angesagt, da der kleinste Fehler mit dem Leben bezahlt werden musste. Wir haben es hier also mit einer eher minimalen und eher indirekten Form von Belohnung zu tun: Das Nichteintreten des Sterbefalls. Typ B-Motivation entsteht also durch das Erleben von Sicherheit, die Vermeidung oder Beendigung von Angst und Stress – und damit von Erleichterung. Dazu gehört auch die Aktivierung der Stressphysiologie mit den endogenen Stressreaktionen und einer anschließenden, möglichst effektiven Deaktivierung und Begrenzung nach getaner Arbeit. Hier werden Stressbewältigungskompetenzen geschult und deren Verbesserung belohnt – „das Überleben wird gesichert". Das erfolgreiche Lösen und Bewältigen von Herausforderungen, insbesondere körperlicher Natur, wird erspürt, erfahrbar und trainiert. Das Finden neuer Zugänge und Lösungswege zu Problemen, effektivere Kampf- und Überlebensstrategien und das Bestärken positiver Verhaltensmuster sind hier hilfreich – wie auch den Druck mindern durch kontrolliertes „Dampf ablassen". Bei Erfolg stellt sich ein „Glücksgefühl" ein, eher eine Entlastung oder Entspannung. Stress fällt ab – Glückshormone werden ausgeschüttet. Eine enge Beziehung zwischen Typ A- und Typ B-Motivation wird deutlich – beide sind gewissermaßen Voraussetzung für Typ C.

- **Typ C- Motivation**: Hier stehen Vertrauen und Kooperation im Vordergrund. Belohnung entsteht durch das Sein und das Finden nach dem Motto „Just Be!" Belohnungen stellen sich ein, ohne diese aktiv zu suchen – sie werden gefunden – im Hier und Jetzt („der Weg ist das Ziel"). Dafür sind u.a. die Affiliationsareale im Mittelhirn und im Hirnstamm verantwortlich. Für das Erleben der inneren Einkehr sind hier die „Leerlauf-Areale" des Gehirns, nämlich die Osziulationen zwischen Hippocampus, der Parahippocampus, der cinguläre Cortex und das hintere Aufmerksamkeitssystem verantwortlich. Typ C-Motivation entsteht also durch Verbundenheit und Affiliation, d.h. Kooperation und Gemeinschaft, die Bildung sozialer Netzwerke. Dadurch entsteht ein Zusammenhalt im Hier und Jetzt, die Neigung zu altruistischer Fürsorge, zu Mitgefühl und Empathie. Voraussetzung hierfür ist oftmals eine Haltung, nicht mehr gegen den Strom schwimmen zu müssen – dies findet meist erst später im Leben statt. Damit ist aber nicht Selbstlosigkeit gemeint, sondern eine höhere Stufe der inneren Reife, eine Akzeptanz gegenüber Allem. Dies gipfelt dann mitunter in einer Zufriedenheit mit sich und der Welt. Diese Stufe findet sich eher im höheren Lebensalter, weil sie u.a. von der Lebenserfahrung abhängt.

Von zentraler Bedeutung für den Motivations-Belohnungs-Kreislauf ist das Erleben von Kontrolle: Je mehr man selbst für die belohnende Handlung verantwortlich ist, desto größer wird – bei Erfolg – die (neuromodulatorische) Belohnung ausfallen. Sie basiert auf dem „ich habe es selbstgemacht"-Gefühl. Voraussetzung für das Erleben einer solchen intrinsischen Kontrolle ist ein entsprechendes Bewusstsein über diesen Ursache-Wirkungs-Mechanismus. Von daher sind hier Gewahrsam oder Achtsamkeit zentrale Voraussetzungen hiefür. Im Gegensatz hierzu geht extrinsische Kontrolle mit dem Erleben von Ohnmacht bzw. Außenbestimmtheit einher. Konsequenterweise helfen hier auch nur Eingriffe von Außen durch das Bereitstellen entsprechender Anreize. Allerdings ist der Weg von der extrinsischen zur intrinsischen Kontrollüberzeugung (incl. des Erreichens entsprechender Motivationsniveaus) der Weg, der seit langem zum Credo der Organisationsentwicklung gehört: „Betroffene zu Beteiligten zu machen". Durch das Treffen von Vereinbarungen, durch Verhandeln gewinnen wir Kontrolle und somit Zugriff auf die intrinsischen Motivationserfahrungen zurück. In der folgenden Tabelle wird eine zusammenfassende Übersicht über diese drei Motivationstypen gegeben.

Tab. 4.2: Funktionen der menschlichen Motivations- und Belohnungssysteme (Quelle: nach Esch, 2011, S. 69–82)

	Typ A	**Typ B**	**Typ C**
Kurzbezeichnungen	Wanting-System Leistungssystem Mesolimbisches Belohnungssystem	Threat-Avoidance-System Stresssystem Kampf-Flucht-Furcht-System	Non-Wanting-System Affiliationssystem Fürsorgesystem
Funktion	Appetitive Motivation Wollen Bewegung: hin	Aversive Motivation Vermeiden Bewegung: weg	Assertive Motivation Haben Bewegung: bleiben
Schwerpunkte	Herausforderungen positiv empfinden Sich stimulieren lassen Vorfreude empfinden Sich erfolgreich ein- und anpassen	An die Grenzen stoßen Neue Wege finden Gefahren abwenden Überleben, sich selbst behaupten	Sich (ab-/zu-)sichern Sein Sicherheit fühlen Sich verbinden, berühren Positive Beziehungen
Bezug zur intrinsischen Motivation	Peak Moments („kurz und heftig“) Befriedigung Glück erstreben Glück erwarten Glück suchen	Angstbeherrschung Innere Stärke fühlen Glück (gehabt) haben Unglück abwenden Trauma bewältigen	Zufriedenheit (tief und anhaltend) Gewissheit Liebe, Affiliation Glücklich sein Zufrieden sein happiness, satisfaction
Wichtige Botenstoffe	Dopamin Orexin Opiodpeptide (Endorphine) (Nor-)Adrenalin Ggf. Endocannabinoide	Kortisol, (Nor-)Adrenalin Opiodpeptide Ggf. Orexin Ggf. Vasopressin	Oxytozin Serotonin Endogenes Morphium Acetylcholin NO Ggf. Endocannabinoide
Hirnstrukturen	Limbischer Bogen Mesolimbisches Belohnungssystem Mittelhirn Nucleus Accumbens (mesokortikale Bahnen)	Amygdala Hypothalamus (Hypophyse) (Caeruleus) (Hirnstamm)	Mittelhirn, Vagusareale (Cingulum, Hippocampus, ventrales Striatum) (Hypothalamus, Hypophyse)

Tab. 4.2.: Funktionen der menschlichen Motivations- und Belohnungssysteme (Fortsetzung; Quelle: nach Esch, 2011, S. 69–82)

	Typ A	Typ B	Typ C
verhaltensbezogene Aspekte	Expression, Kreativität Gespanntheit, Abenteuer, Neugierde Körperliche, erobernde Liebe (Erotik) Lust, Begierde, Erregung (Sucht) Leichtsinn, Waghalsigkeit, Expansion Neues wagen Zielgerichtete Aufmerksamkeit Leistungsorientierung, Zielerreichung Verminderte Skepsis Positive Erwartungen Hoffnung (unbewusst) Zusammenspiel mit Typ B	Bedrohung, Angst Verdrängung Stress(vemeidung) Anspannung Sicherheits-/Schutzsuche Zutrauen (in Stärke) Alarm (fight or flight) Schmerz(modulation) Fokussierte Wachheit Aggressivität, Wut Kraft, Energie Aufmerksamkeitstunnel („Tunnelblick") Bei Überforderung: Zunahme der Angst (Burn-/Black-Out, freeze) Zusammenspiel mit Typ A	Aufmerksamkeit im Moment Einstimmung Bewusstheit, Präsenz Ruhe, Entspannung Vertrauen, Gelassenheit Internale Kontrolle Verbundenheit, verbinden Dankbarkeit (internal) Wertschätzung („liebevoll") Mitgefühl, Empathie Angenommensein Stimmungsaufhellung Schmerzreduktion Stress-/Angstlösung Aggressionshemmung Regeneration Hoffnung (bewusst)
Implikationen für Leadership	Unternehmen sind leistungs- und wettbewerbsorientiert Zentraler expliziter Schwerpunkt bei Führungsphilosophien und beim Führungsverhalten von Managern (!)	Ebenfalls zentraler expliziter Schwerpunkt bei Führungsphilosophien und beim Führungsverhalten von Managern (!) – aber nur im Sinne des Missverständnisses „Bedrohung erhöht die Motivation" Implizites Verständnis von Führung bei sozial inkompetenten Managern Bewusste Ausnutzung dieser Aspekte bei Veränderungen durch „Führer"	Zentraler expliziter Schwerpunkt bei Führungsphilosophien und beim Führungsverhalten von (sozial-kompetenten) Führern (!)

4.3 Neurowissenschaften & Lernen

4.3.1 Neugier und Lernen

Die Entwicklung der Nervenstruktur des Gehirns wird von einem intensiven Austausch mit der Umwelt gefördert. Menschen lernen also immer und ihre neuronalen Strukturen passen sich dabei der jeweiligen Umgebung an. Auch der Schlaf scheint wichtig zu sein für die Konsolidierung von Gedächtnisinhalten (Wagner, Gais, & Haider, 2004, S. 352ff.). Dabei reagieren Kinder besonders intensiv auf neue Umweltreize (Spitzer, 2002, S. 71). Auch viele Tierarten (insbesondere Säugetiere) sind in ihrer Kindheit „Neugierwesen", die aktiv immer neue Situationen und Objekte aufsuchen und erkunden; das Neugierverhalten ähnelt dabei dem Spiel (Sachser, 2004). Es wird in der neueren Forschung versucht, diesen „Lerntrieb" auch neurobiologisch zu erklären: „Das Gehirn sucht sich seine Anregungen, es sucht nach Abwechslung, und es versucht, Denk- und Erklärungskonzepte zu erstellen. Der Grund für diese Rastlosigkeit, insbesondere des noch ganz jungen, unerfahrenen Gehirns: Jeder Lernerfolg führt zu einem Glücksgefühl, welches – wie im Tierexperiment gezeigt werden konnte –

über die Ausschüttung körpereigener „Glücksdrogen“ vermittelt wird“ (Stark, Bischof & Scheich, 2000). Für ein ungestörtes Neugierverhalten bedarf es jedoch eines „entspannten Feldes“, das sowohl Anregung als auch Sicherheit gewährleistet (Sachser, 2004, S. 475).

4.3.2 Neuroplastizität

Früher wurde angenommen, dass sich das Gehirn nach der Geburt kaum noch verändert. Man bezeichnet die Anpassungsvorgänge des Gehirns an die Lebensumwelt im Allgemeinen als Neuroplastizität. Dabei werden einfache und komplexere Lern- und Anpassungsprozesse beschrieben. Auf der Ebene der Nervenzellen findet dieser Prozess durch Verstärkung der synaptischen Verbindung statt und vollzieht sich in Sekunden oder Stunden (Birbaumer & Schmidt, 2003, S. 594ff.). Das Wachstum von Neuronen erfolgt langsamer, über Tage bis Wochen und ist beim erwachsenen Menschen nicht überall möglich. Ähnliche und häufige neuronale Reize werden in der Großhirnrinde in so genannten kortikalen Landkarten verarbeitet. Diese Karten entstehen dadurch, dass neuronale Netzwerke bestimmten Typs Muster verarbeiten. Vorraussetzung dafür ist (Birbaumer & Schmidt, 2003, S. 102): (1) Die Synapsen sind plastisch. (2) Im Gehirn herrscht hohe Konnektivität. (3) Neuronen sind so verbunden, dass bei Erregung an einer Stelle nahe gelegene Zellen auch erregt werden, weiter entfernte aber aktiv gehemmt werden. Die Zahl der kortikalen Karten, die unterschiedliche Inputmuster kodieren, liegt vermutlich in der Größenordnung von einigen Hundert (Birbaumer & Schmidt, 2003, S. 105). Auch bei Kleinkindern konnte man solche Plastizität nachweisen. Sprache ist beim normalen Rechtshänder eher in der linken Hemisphäre repräsentiert. Bei Kindern, deren linke Hemisphäre entfernt wurde, bildeten sich Sprachregionen im verbliebenen rechten Kortex (Birbaumer & Schmidt, 2003, S. 66).

Kortikale Landkarten entstehen nicht nur erfahrungsabhängig, sondern werden auch ständig umorganisiert bzw. können noch im Erwachsenenalter verändert werden. Nach Amputation einer Hand wird wegen fehlender Reize das kortikale Areal, das für die Hand zuständig ist, kleiner (Spitzer, 2002, S. 106). Wenn ein Mensch Blindenschrift lernt, vergrößert sich das kortikale Areal, das für den rechten Zeigefinger zuständig ist (Pascual-Leone & Torres, 1993). Es konnte auch gezeigt werden, dass der visuelle Kortex von blinden Menschen bei Tastaufgaben, z.B. dem Lesen von Blindenschrift, aktiviert wird (Spitzer, 2002, S. 115).

Bei Gitarren- und Geigenspielern ändert sich das für die linke Hand zuständige kortikale Areal – allerdings nur, wenn vom frühen Kindesalter an viel geübt wurde (Elbert, 1995). Es zeigte sich auch, dass die akustische Landkarte bei Musikern um ca. 25 % größer ist als bei Nicht-Musikern; Trompeter haben mehr Platz für Trompetentöne, Geiger für Geigentöne (Pantev et al., 2001, zit. nach Spitzer, 2002, S. 106.). Je nach dem Zeitpunkt ihres Auftretens können jedoch Umweltreize unterschiedlichen Einfluss auf die neuronalen Strukturen nehmen.

Elsbeth Stern unterscheidet zur Erklärung dieser Phänomene zwei Typen neuronaler Plastizität (Stern et al. 2005, S. 66). Einmal die **erfahrungserwartende** Plastizität, die auf die anfängliche (intern gesteuerte) Überproduktion und anschließende Eliminierung von Synapsen zurückgeht. Da dieser Zeitraum entwicklungsabhängig und begrenzt ist, wird hierin die Grundlage für die Annahme von besonders prägenden Lernphasen bzw. „kritischen Perioden“ gesehen. Individuelle Unterschiede gibt es jedoch bei der **erwartungsabhängigen** Plastizität, die individuelle Lernerfahrungen abbildet. Dabei werden neue synaptische Verbindungen geknüpft bzw. es findet eine Neuorganisation statt, dies ist während des ganzen

Lebens (wenn auch in absteigendem Maße) möglich (Shors et al., 2001). Zwar sind die Neubildung und das Wachstum von Dendriten in der embryonalen und postnatalen Phase am stärksten, viele synaptische Neuverbindungen sind aber durch Lernen das ganze Leben lang möglich (Birbaumer & Schmidt, 2003, S. 580f.).

Für das Lernen Erwachsener bedeutet dies: Es gibt neurowissenschaftliche Belege dafür, dass Lern- und Gedächtnisprozesse ein Leben lang möglich sind. Die Lernfähigkeit nimmt aber auch, was die neurologischen Korrelate des Lernens angeht, mit dem Alter ab. Es gibt Phasen im frühen Leben, in denen besonders intensiv gelernt wird.

4.3.3 Implikationen für Lernen und Veränderung

Aus den skizzierten Befunden werden in den bisherigen Neuroleadership-Ansätzen recht optimistische Einschätzungen zum Thema Lernen, Weiterbildung und Veränderung formuliert – nach dem Motto: „Wir wissen jetzt, dass auch Erwachsene bis ins hohe Alter lernen können – ja, dass deren Gehirne entsprechend „umgebaut" werden. Daher können wir (als Personalentwickler bzw. Führungskräfte) davon ausgehen, dass diese Fähigkeit auch im betrieblichen Kontext Anwendung findet".

Nun – neben der Vielzahl von kritischen Befunden zum Thema „Lerntransfer" (vgl. die Übersicht bei z.B. Gnefkow, 2008), die dadurch ja nicht aufgehoben werden, ist aus neurowissenschaftlicher – wie auch aus psychologisch-systemischer – Sicht auf eine Reihe zentraler Voraussetzungen bzw. Rahmenbedingungen zu achten. Arnold (2002, S. 109ff.) fasst diese in zwölf „Lernprinzipien" zusammen, denen Forschungsergebnisse der Neurowissenschaften zugrunde liegen:

- Das Gehirn ist ein lebendiges System; es kann beeinflusst, aber von Dritten (Trainern, Führungskräften, Lehrern usw.) nicht gesteuert werden.
- Das Gehirn ist auf Sozialverhalten hin ausgerichtet. Sozialbeziehungen beeinflussen den Lernprozess in hohem Maße.
- Die Suche nach Sinn ist angeboren, d.h. je mehr der Lernstoff für den Lernenden sinnvoll erscheint, umso effektiver ist der Lernprozess.
- Die Suche nach Sinn geschieht durch die Bildung von (neuronalen) Mustern.
- Bei der Musterbildung spielen Emotionen eine entscheidende Rolle.
- Jedes Gehirn nimmt das Ganze und die Einzelteile parallel wahr und erschafft gleichzeitig beides neu.
- Zum Lernen gehören die gerichtete Aufmerksamkeit sowie die periphere Wahrnehmung. Das Zusammenspiel von Aufmerksamkeit und Wahrnehmung hat eine große Bedeutung für Lernen und Bildung.
- Am Lernvorgang sind stets bewusste und unbewusste Prozesse beteiligt.
- Jeder Mensch besitzt mindestens zwei verschiedene Arten, Gedächtnisinhalte zu ordnen.
- Lernen ist entwicklungsbedingt.
- Komplexe Lernprozesse werden durch Herausforderung gefördert und durch Angst und Bedrohung verhindert, was mit einem Gefühl der Hilflosigkeit oder Erschöpfung verbunden ist.
- Jedes Gehirn ist einzigartig.

Arnold (2002, S. 140) stellt zusammenfassend fest, dass es auf die Verzahnung von drei bedeutsamen Elementen ankommt, gilt es, förderliche Voraussetzungen für Lernprozesse zu schaffen:

- **Entspannte Aufmerksamkeit**: Damit ist eine Atmosphäre gemeint, in der sich der Lernende sicher, zuversichtlich und intrinsisch motiviert und einer Herausforderung gewachsen fühlt. Besonders ein Gefühl der Hilflosigkeit sollte vermieden werden.
- **Geordnete Vertiefung**: Die Lerneinheiten sollten in die aktuelle Lebenswelt des Lernenden eingebettet werden.
- **Aktive Verarbeitung**: Damit ist die Konsolidierung und Internalisierung von Informationen und Handlungsweisen gemeint, die für den Lernenden persönlich bedeutsam und vom Konzept her folgerichtig ist. In diesem Konzept soll vor allem sinnvolles Lernen ermöglicht und Wissen als dynamisches Wissen vermittelt werden.

Fassen wir diese Hinweise zusammen, so finden wir einerseits eine Bestätigung dafür, dass Menschen aufgrund der neuronalen Plastizität des Gehirns bis ins hohe Alter lernen können. Andererseits finden wir Hinweise dafür zu prüfen, ob es nicht notwendig ist, die Art und Weise, wie üblicherweise Weiterbildung und Personalentwicklung abläuft, kritisch zu hinterfragen: Vielleicht haben wir ja deshalb so massive Transferprobleme, weil unser Trainings „nicht gehirngerecht“ ablaufen.

4.3.4 Zusammenfassung

Es ist deutlich geworden, dass das Gehirn eingehende Informationen nicht einfach abbildet wie ein Computer, sondern seine Struktur nach den eingehenden Informationen verändert: Die Hardware ändert sich entsprechend der Software. Dies geschieht in ganz besonders starkem Maß in den ersten Lebensjahren, in denen sich durch den biologisch gesteuerten Prozess des schnellen Wachstums und anschließenden Absterbens von neuronalen Verschaltungen eine Anpassung an die jeweilige Umwelt vollzieht. Die körperliche Ausreifung von neuronalen Strukturen geht mit dem Auftreten der jeweiligen kognitiven Funktion parallel.

In der Pubertät ist die körperliche Reifung des Gehirns (Frontalhirn) noch nicht abgeschlossen (der Zeitpunkt der Reife des Gehirns wird immer mehr nach hinten verschoben; momentan wird von einem Alter von 20–30 Jahren ausgegangen). Das menschliche Gehirn kann ein Leben lang lernen, sich verändern. Nervenzellwachstum ist auch im höheren Alter möglich. Alle neuronalen Strukturen sind sehr stark vernetzt, insbesondere auch die Strukturen, die emotionale Inhalte verarbeiten. Es gibt keine gefühlsunabhängige Informationsaufnahme und -verarbeitung.

Das Gehirn „weiß“ mehr als das Bewusstsein: Es zeigt bspw. neuronale Reaktionen auf Veränderungen eines visuellen oder akustischen Informationen, ohne dass es den Betroffenen bewusst ist. Auch bei Gedächtnisaufgaben sind die unbewussten neuronalen Reaktionen exakter als die bewussten. Des Weiteren zeigt sich bei Gedächtnisfunktionen, dass bewusste und unbewusste Inhalte unterschiedlich eingespeichert und abgerufen werden. Unbewusste, besonders emotionale Inhalte werden schneller und besser gemerkt, werden aber weniger gut verlernt. Interessant ist auch die Tatsache, dass Gedächtnisinhalte nicht verloren gehen, auch wenn große Teile einer Hirnhälfte entfernt werden. Es ist bis heute unklar, wie genau, wo und in welcher Weise Gedächtnisinhalte abgespeichert werden. Der Hippocampus ist eine Art „Gedächtnisfilter“, in dem die Informationen nach ihrer Bedeutung und ihrer Neuigkeit bewertet werden. Seine Kapazität ist begrenzt: Schlaf ist wichtig für die Konsolidierung der Inhalte. Es gibt auch keine spezielle Zeiten für das Lernen: Das Gehirn lernt immer, auch in der Freizeit. Es gibt ein körpereigenes Belohnungszentrum (Nucleus Accumbens), das durch Ausschüttung von körpereigenen Opiaten motivierend wirkt.

Oben wurde bereits darauf hingewiesen, dass das menschliche Gehirn sehr eitel ist. Als Beispiele wurden hierfür folgende Aspekte genannt: Anspruch auf objektive Wahrnehmungsfähigkeit, Fähigkeit zur rationalen Schlussfolgerung, Fähigkeit, Emotionen ohne Entscheidungen fällen zu können – und vor allem auch, dass der bewusste Teil unseres Gehirn in der Lage ist, den unbewussten Teil zu steuern oder gar zu kontrollieren. Schon die bisherigen Ausführungen sollten verdeutlicht haben, dass diese Annahmen neurowissenschaftlichen Befunden widersprechen.

Teil C Zentrale Zugänge zu einem Neuroleadership I: Das SCARF-Modell

Die fünf Dimensionen des SCARF-Modells (Status, Certainty, Autonomy, Relatedness, Fairness) stellen aus Neuroleadership-Perspektive die organisationalen Einflussgrößen auf Gesundheit und Leistung dar.

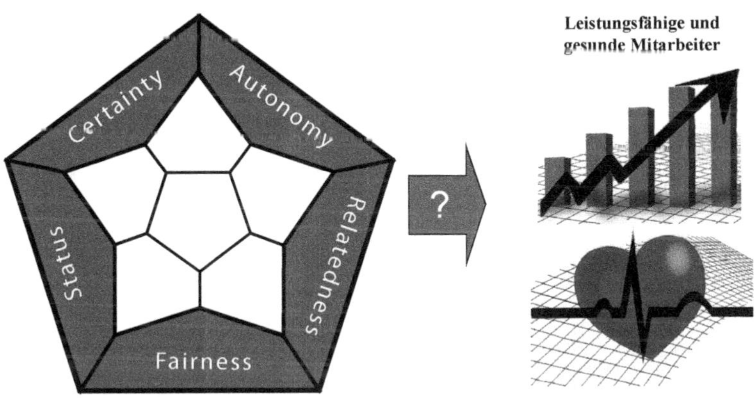

5 Das SCARF-Modell: Einführung für Führungskräfte

Rüdiger Reinhardt, Gregor Roosen, Kathrin Schweizer

5.1 Einleitung

5.1.1 Hintergrund

Der Begriff „Neuroleadership" wurde von David Rock und Jeffrey Schwartz im Jahr 2006 eingeführt (vgl. Rock, 2006, S.32–42). Aufbauend auf bekannten Managementtheorien wurde Neuroleadership als ein neuer Führungsansatz präsentiert. Das SCARF-Modell stellt eine Weiterentwicklung der ursprünglichen Überlegungen von Rock dar und ist demnach als Präzisierung des Begriffs Neuroleadership zu verstehen. Der Begriff SCARF ist ein Akronym der Begriffe „Status", „Certainty", „Autonomy", „Relatedness" und „Fairness". Das SCARF-Modell nutzt Erkenntnisse der Hirnforschung für die Mitarbeiterführung, um Führungskräfte zu befähigen, **das Verhalten ihrer Mitarbeiter besser zu verstehen, um sie dadurch gezielter zu beeinflussen**. Nach Rock (2008, S.1) ist dieses Modell auf alle Orte sozialer Interaktion, wie das Berufsleben, Bildungseinrichtungen oder das Familienleben übertragbar.

Das Gehirn wird als „soziales Organ" verstanden, dessen neurologische und physiologische Reaktionen von sozialer Interaktion bestimmt wird (vgl. Rock, 2009, S.2). Vor diesem Hintergrund wird es immer wichtiger, die „wahren" Treiber hinter sozialem Verhalten von Menschen zu verstehen. Einer dieser Treiber ist das Prinzip der Minimierung von Bedrohungen und Maximierung von Belohnungen (vgl. Rock/Page, 2009, S.443). Dieses Prinzip der Maximierung von Belohnungen und Minimierung von Bedrohungen („approach [reward] – avoid [threat] response") bildet die wissenschaftliche Grundlage für das SCARF Modell. Es kann als „fundamentales Ordnungsprinzip" des Gehirns aufgefasst werden. Gegenstand dieses Gedankens ist die Bewertung von zukünftigem Verhalten durch ein Individuum: Menschen suchen einerseits Situationen auf, in denen sie eine Belohnung und/oder positive Emotionen erwarten oder versuchen andererseits Situationen zu vermeiden, die bedrohlich wirken und/oder mit einer negativen Emotion verknüpft sind. Daher kann man auch hier von einem neuronalen Belohnungs- bzw. Bedrohungssystem sprechen, das dazu dient, Situationen schnell einzuschätzen, schnell zu reagieren und das eigene Überleben zu sichern.

Eine zentrale Rolle spielt in diesem Zusammenhang die Amygdala als Teil des limbischen Systems. Durch die teilweise unbewusste Verarbeitung von Stimuli durch das limbische System wird deutlich, dass die Vermeidung von Bedrohungsreaktionen auf unbewussten, automatischen und schnellen Prozessen beruht (vgl. Rock, 2009, S. 3ff.). Diese automatischen

Reaktionen beeinflussen die Wahrnehmung, die Problemlösefähigkeit, die Entscheidungsprozesse, die Fähigkeit zur Zusammenarbeit sowie die Motivation eines Menschen negativ (vgl. Rock, 2008, S. 2ff.). Die Bedeutung für die Praxis ist demnach als weitreichend zu bezeichnen, da die kognitive Leistungsfähigkeit des Individuums beeinträchtigt wird. Die reduzierte kognitive Leistung wird nach Rock und Page (2009, S. 443) auf folgende Fakten zurückgeführt:

- Verringerung der allgemein verfügbaren ausführenden Ressourcen im präfrontalen Cortex.
- Hemmung der Wahrnehmung von eher hintergründigen Signalen, die jedoch wichtig für die Qualität der Problemlösung sind.
- Steigerung der Aktivität der Amygdala und Verallgemeinerung von Sachverhalten, wodurch nicht immer kausale Zusammenhänge gesehen werden können.

Weiterhin basiert das SCARF-Modell auf der Annahme, dass soziale Bedürfnisse die Aktivierung der gleichen Hirnregionen hervorrufen wie überlebensnotwendige Bedürfnisse nach Nahrung oder Wasser. Dieser Annahme folgend wird soziale Zurückweisung genauso schmerzhaft erlebt wie physischer Schmerz, da dieselben Hirnareale aktiviert sind (vgl. Rock, 2008, S.1). Eine Folge daraus ist die Verminderung der Mitarbeiterleistung.

Die Führungskraft sollte in diesem Zusammenhang darauf bedacht sein, eher das Belohnungs- als das Bedrohungssystem anzusprechen. Durch das Aktivieren des Belohnungssystems aufgrund positiv wahrgenommener Reize lassen sich Motivation und Leistung der Mitarbeiter nachhaltig steigern. Hingegen führen durch die Führungskraft hervorgerufene Bedrohungsreaktionen zu Stressreaktionen, die den Mitarbeiter daran hindern, bestmögliche Leistung abzurufen. Dabei ist zu beachten, dass Bedrohungsreaktionen grundsätzlich schneller hervorgerufen werden als Belohnungsreaktionen (vgl. Rock, 2008, S. 2ff. Elger, 2009, S.102).

Rock geht davon aus, dass Führungskräfte ihre Mitarbeiter durch gehirngerechte Führung nicht nur zu besseren Leistungen motivieren können, sondern auch Veränderungsprozesse effektiver durchzusetzen sind. Die Annahme, dass Mitarbeiter, die in ihren Verhaltensweisen scheinbar festgefahren sind, resistent gegenüber Veränderungen sind, konnte durch die Erkenntnisse der Neurowissenschaften entkräftet werden. Unabhängig vom Alter des Mitarbeiters ist es möglich, neuronale Verbindungen neu zu formen, fest eingefahrene Verhaltensweisen zu durchbrechen und neue Abläufe zu implementieren (vgl. Rock, 2009, S.7f.). Demnach bildet das SCARF-Modell von Rock einen Rahmen, um Hinweise für eine gehirngerechte Mitarbeiterführung, zur nachhaltigen Mitarbeitermotivation und zur Umsetzung von Veränderungsprozessen ableiten zu können.

5.1.2 Aufbau und Funktionsweise des SCARF-Modells

Im Rahmen der Entwicklung des SCARF-Modells hat Rock fünf relevante Dimensionen identifiziert. Die Berücksichtigung dieser Dimensionen im Verhalten der Führungskraft erhöht die Wahrscheinlichkeit von neuronalen Belohnungsreaktionen und reduziert die der neuronalen Bedrohungsreaktionen (vgl. Rock, 2008, S.3). Dieser Grundgedanke wird in der folgenden Abbildung dargestellt.

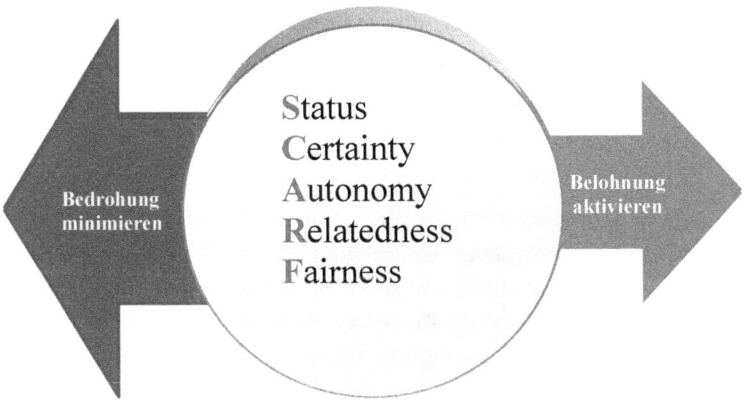

Abb. 5.1: Die fünf Dimensionen und Ziele des SCARF-Modells (Quelle: Rock, 2009, S. 3)

5.1.3 Weiteres Vorgehen

Für jede der fünf Dimensionen des SCARF-Modells wird im Folgenden eine Reihe von praxisbezogenen Informationen bereitgestellt:

- Zunächst erfolgt eine kurze Definition der jeweiligen Dimension, an die sich eine Darstellung der wesentlichen Inhalte und Gestaltungshinweise für die Praxis anschließt.
- Darauf aufbauend erfolgt ein Selbstreflexionsteil mit folgenden Elementen: (1) Einschätzung der eigenen Verhaltensweisen, um die Beeinflussung der jeweiligen Dimension der eigenen Mitarbeiter durch Sie als Führungskraft besser kennenzulernen. (2) Einschätzung der Bedeutung der jeweiligen Dimension für Sie selbst als Führungskraft. (3) Ableitung von Konsequenzen aus der Übereinstimmung oder den Diskrepanzen aus (2) und (3).
- Abschließend erfolgt eine überblicksartige Zusammenfassung über die jeweils relevanten Einflussfaktoren der jeweiligen Dimension.

In den Kapiteln 0 bis 1 finden Sie ergänzend hierzu vertiefende Informationen zur jeweiligen Dimension.

5.2 (Relativer) Status/„Status“

5.2.1 Worum geht es?

Die Dimension „Status“ handelt von der Stellung zwischen Menschen. Menschen sind hinsichtlich ihres sozialen Status sensibel. Ein hoher Status im Vergleich zu Mitmenschen kann ein Überlegenheitsgefühl hervorrufen, wobei das Belohnungssystem aktiviert wird (Rock & Cox, 2012, S. 4). Vor allem wird bei diesem Prozess das Striatum innerhalb des Großhirns aktiviert und das Glückshormon Dopamin ausgeschüttet. Eine Statuserhöhung kann sich Studien zufolge gleich stark oder bedeutender auswirken als ein überraschender finanzieller Gewinn (Bosman, 2012, S. 2). Im Gegensatz dazu kann es bedrohlich wirken, wenn der eigene Status geringer als der der Mitmenschen erlebt wird bzw. wenn befürchtet wird, dass durch den Vergleich mit anderen Menschen potentiell eine Reduzierung des eigenen Status erfolgt. Hierbei erfolgt eine Aktivierung der Gehirnregionen wie bei körperlichen Schmerzen (Eisenberger, Lieberman, & Williams, 2003, S. 290ff. Rock & Cox, 2012, S. 4). Status ist bedeutend für Gesundheit und Langlebigkeit und beeinflusst Menschen stärker als Einkommen oder Bildung.

In beruflichen wie auch in anderen sozialen Umfeldern kann der Status eines Menschen durch diverse Ereignisse bedroht werden. Sowohl ein überlegener Kollege als auch negatives Feedback können Auslöser für eine empfundene Statusbedrohung sein. Zudem sind Fehler, durch die sich ein Mitarbeiter als Untergebener fühlt, Bevormundungen, Demütigungen und negative Kritiken weitere Beispiele dafür. Allerdings ist es auch möglich, den Status von Mitarbeitern zu erhöhen und ihnen ein Belohnungsgefühl zu vermitteln. Dies geschieht bspw. mithilfe von positivem Feedback, Lob, einer Beförderung, öffentlicher Anerkennung von Tätigkeiten oder Leistung, der Ermöglichung von Weiterbildungen und respektvollem Umgang mit den Mitarbeitern (Marmot, 2004, S. 1ff.).

An dieser Stelle ist es wichtig zu erwähnen, dass Mitarbeiter ihren eigenen Status verschieden wahrnehmen und empfinden. Feedback bzw. ein positiv gemeinter Ratschlag löst bei manchen Menschen eine Abwehrhaltung aus, andere hingegen nehmen dies positiv auf, als Möglichkeit sich weiterzuentwickeln und zu verbessern. Menschen, die sich leicht angegriffen fühlen und ihren Status rasch in Gefahr sehen, stehen oft hinter unrealistischen Positionen und verteidigen diese, da sie die Befürchtung haben, dass sich ihr Status reduzieren könnte. Ziel dessen ist es, den Schmerz, der durch die Verringerung des Status verursacht wird, zu vermeiden (Rock, 2008, S. 4).

Informationen, die den Status betreffen, werden von Menschen meist unbewusst verarbeitet. Die Bedeutung des Status für einen Menschen ist im Allgemeinen sehr stabil und beeinflusst soziale Interaktionen unbewusst. Folglich fühlt sich ein Mensch, für den Status von großer Relevanz ist, leichter bedroht und angreifbar hinsichtlich seines Status als eine Person, für die Status von nicht so großer Wertigkeit ist (Rock, & Cox, 2012, S. 5).

Da Status für die meisten Menschen von großer Bedeutung ist, ist es wichtig zu wissen, wie Mitarbeitern ein hoher persönlicher Status gewährt werden kann. Hierbei ist es bedeutsam, das Belohnungssystem zu aktivieren und so eine Statuserhöhung herbeizuführen. Es besteht z.B. die Möglichkeit, den Mitarbeiter einem Team, das über eine höhere Reputation verfügt, zuzuordnen, um eine Statuserhöhung zu erlangen. Auch besteht die Option, die Empfindung des Status zu kompensieren. Bspw. gleicht eine angesehene Position im privaten Umfeld, im Ehrenamt oder im sozialen Bereich einen niedrigen Status im Unternehmen aus (Rock, 2008, S. 4). Zudem ist es möglich, durch Selbstreflexion den Status zu erhöhen. Die Optimierung der individuellen Bestleistung aktiviert nämlich ebenso das Belohnungssystem und führt zu einer Statuserhöhung (Mitchell, 2006, S. 655ff.). Nicht zu vernachlässigen ist, dass sowohl Lob und positives Feedback als auch öffentliche Anerkennung dem Mitarbeiter ein Gefühl der Wertschätzung vermitteln und das Statusempfinden erhöhen. Dies steht entgegen der Meinung vieler Organisationen, dass ausschließlich eine Beförderung eine Statuserhöhung hervorruft. Wird Menschen das Gefühl vermittelt, sie lernen, verbessern und entwickeln sich weiter und werden ihnen diese Fortschritte bewusst gemacht, fühlen sie einen Anstieg ihres Status (Rock, 2008, S. 4). Folglich gilt es, Mitarbeiter mit Lob, Anerkennung, Respekt und positiven Rückmeldungen zu führen, um gesunde und motivierte Mitarbeiter mit einem hohen Statusempfinden im Unternehmen vorzufinden.

5.2.2 Ihr Verhalten – und der relative Status Ihrer Mitarbeiter

Die in der folgenden Tabelle dargestellten und aus den obigen Überlegungen abgeleiteten Aussagen sollen Ihnen einschätzen helfen, wie es um Ihre Fähigkeit bestellt ist, den relativen Status Ihrer Mitarbeiter zu erhöhen.

Tab. 5.1: Aussagen zum relativen Status der eigenen Mitarbeiter

Aussagen in Richtung Mitarbeiter	**An welchen spezifischen Verhaltensweisen von Ihnen können Ihre Mitarbeiter Ihre Einstellung zu den Aussagen in der linken Spalte festmachen?**
Ich erkenne die Leistung meiner Mitarbeiter an.	
Meine Mitarbeiter erhalten in angemessenem Umfang Lob und Anerkennung von mir.	
Ich äußere Kritik nur im Vier-Augen-Gespräch, nicht in Gegenwart anderer.	
Ich gebe meinen Mitarbeitern die Möglichkeit, bei Feedbackgesprächen ihre Leistung selbständig einzuschätzen	
Ich unterstütze meine Mitarbeiter bei der beruflichen Weiterentwicklung.	
Ich behandle meine Mitarbeiter höflich und respektvoll.	
Unser Unternehmen sorgt für Bedingungen, unter denen Menschen gute Leistungen erbringen können.	
Ich sorge dafür, dass meine Mitarbeiter über die Weiterbildungsmöglichkeiten meiner Organisation umfassend informiert werden.	
In meiner Organisation werden die Arbeitnehmer nach ihren Fähigkeiten eingesetzt.	
Meine Mitarbeiter erhalten Aufgaben, die ihre persönliche Weiterentwicklung unterstützen.	
Die Tätigkeiten meiner Mitarbeiter entsprechen ihren Fähigkeiten, d.h. sie überfordern bzw. unterfordern sie nicht.	
Die Mitarbeiter zollen Anerkennung gegenüber der Arbeit ihrer KollegInnen.	

5.2.3 Ihr Verhalten – und Ihr eigenes Statusbedürfnis

In einem nächsten Schritt können Sie herausfinden, wie es um **das eigene Bedürfnis nach Statuserhöhung** bestellt ist (vgl. Tab. 5.2):

Tab. 5.2: Fragen zur Einschätzung des eigenen Statusbedürfnisses

Fragen für Sie selbst	**An welchen spezifischen Verhaltensweisen von Ihnen können Ihre Mitarbeiter Ihre Antworten auf die Fragen in der linken Spalte festmachen?**
Wie wichtig ist Ihnen die Aufrechterhaltung oder gar Steigerung Ihres organisationsinternen Status? – Ihres gesellschaftlichen Status?	
Wie viel Wert legen Sie auf den Erwerb kostspieliger Statussymbole – an denen Sie vielleicht noch nicht einmal Freude haben?	
Wie gehen Sie damit um, wenn jemand versucht, Ihren Status anzugreifen? – Werden Sie aggressiv? Ziehen Sie sich zurück? Holen Sie zum Gegenschlag aus?	
Wie systematisch gehen Sie vor, um Ihren Status zu erhöhen? – Networking? Bündnisse mit Mächtigen? Machen Sie sich unentbehrlich?	
Wie offen sind Sie für kritisches Feedback – auch von den eigenen Mitarbeitern?	
Haben Sie einen „Freund", eine „wichtige" Person (Coach o.ä.), der Ihnen unverblümt die Meinung sagen darf?	

5.2.4 Relativer Status: Schlussfolgerungen

Bitte vergleichen Sie Ihre Antworten zu den beiden obigen Tabellen:

- Wie wichtig ist es Ihnen, das Belohnungssystem Ihrer Mitarbeiter dadurch anzusprechen, dass Sie deren relativen Status erhöhen?
- Wie wichtig ist Ihnen Ihr eigener relativer Status?
- Welche Konsequenzen haben die Gemeinsamkeiten bzw. Unterschiede in Ihrem Führungshandeln?
- Was genau können Ihre Mitarbeiter an Ihnen beobachten? Wirkt das eher konsistent – oder eher inkonsistent?

5.2.5 Zusammenfassung

Die hier skizzierten Elemente geben Hinweise für Führungskräfte, den relativen Status ihrer Mitarbeiter entweder direkt oder aber indirekt – über die Gestaltung entsprechender Rahmenbedingungen oder die der Arbeitstätigkeit – zu beeinflussen. In der folgenden Tabelle wird eine entsprechende Übersicht gegeben. Allen diesen Merkmalen ist gemein, dass sie entweder das neuronale Belohnungs- oder das Bedrohungssystem aktivieren können.

Tab. 5.3: Einflussfaktoren auf das Statuserleben

Vorgesetzter/Klima	Rahmenbedingungen/ Unternehmen	Tätigkeit/Aufgabe
• Anerkennung der Leistung • Spenden von Lob & Anerkennung • Kritik nur unter vier Augen • Feedbackgespräch • Unterstützung beruflicher Weiterentwicklung • kollegialer Umgang (Höflichkeit, Respekt)	• Leistungsförderliche Rahmenbedingungen • Bekanntheit: Entwicklungsmöglichkeiten	• Berücksichtigung von Fähigkeiten bei Aufgabenzuweisung • Persönlichkeitsförderlichkeit der Tätigkeit • Stärkenorientierung der Tätigkeit

5.3 Sicherheit/Vorhersehbarkeit/„Certainty“

5.3.1 Worum geht es?

Die Dimension „Sicherheit/Vorhersehbarkeit“ bezieht sich auf das Bedürfnis eines Menschen, zukünftige Entwicklungen vorherzusehen. Das menschliche Gehirn versucht Umweltreize zu systematisieren, zu bewerten und mit schon vorhandenen Erfahrungen, also neuronalen Mustern, zu vergleichen. Hierbei werden bekannte Muster als sicherer und weniger komplex eingestuft und bevorzugt. Bei unbekannten Reizen wird das Gehirn in eine Art Alarmbereitschaft versetzt. Dies benötigt mehr Ressourcen und ein größerer Bereich innerhalb der Großhirnrinde, vor allem im präfrontalen Kortex, muss aktiv sein (Bosman, 2012, S. 3). Unsicherheit und Unvorhersehbarkeit registriert der präfrontale Kortex als „Fehler“. Bereits eine geringe Unsicherheit löst meist Unwohlsein aus und muss beseitigt werden. Demzufolge rücken die eigentlichen Ziele in den Hintergrund, die Aufmerksamkeit fokussiert auf Fehler und die Leistungsfähigkeit des Menschen verringert sich. Als Folge dessen kann eine eingeschränkte Entscheidungs- und Problemlösungsfähigkeit entstehen (Rock, 2008, S. 4ff.).

Dennoch ist ein gewisses Maß an Unsicherheit förderlich. Neue Situationen können auch Interesse und Aufmerksamkeit wecken und das Engagement der Mitarbeiter kann durch Neugierde gefördert werden. Dabei schüttet der Körper Adrenalin und Dopamin aus und eine Erhöhung des Leistungspotentials kann die Folge sein. Dies geschieht jedoch nur bei einer Forderung des Mitarbeiters in einem mittleren Bereich, nicht aber bei einer Überforderung (Rock, 2009, S. 6f.). Obwohl Menschen ein „Mehr“ an Sicherheit als Erfolg wahrnehmen, belegen Studien, dass unerwartete Erfolge belohnungsbezogene Gehirnregionen stärker aktivieren als erwartete Erfolge (Rock & Cox, 2012, S. 5).

Ist es einem Vorgesetzten bzw. einem Unternehmen möglich, für Mitarbeiter Aufgaben und Geschäftsprozesse verständlich darzustellen, so steigert dies das Wohlbefinden der Mitarbeiter. Sind den Mitarbeitern Aufgaben und Ziele klar, so empfinden sie Sicherheit, da sie wissen „woran sie sind“. Es besteht die Möglichkeit, den Mitarbeitern anhand der Gliederung komplexer Projekte in einzelne Teilprojekte und kleine Aufgabenpakete Unsicherheit zu nehmen. Auch fördert die Transparenz in der Kommunikation das Sicherheitsgefühl der

Mitarbeiter. Businesspläne stellen ein effektives Werkzeug dar, um Mitarbeitern einen klaren Rahmen, bspw. hinsichtlich Struktur und Ablauf eines Vorhabens zu geben (Rock, 2008, S. 1ff.).

Bei allen Erläuterungen bezüglich Sicherheit und Unsicherheit bzw. Vorhersehbarkeit und Ungewissheit darf nicht vernachlässigt werden, dass sich Menschen in ihrem Bedürfnis nach Sicherheit unterscheiden. Für Menschen mit hohem Selbstwertgefühl stellen unsichere und doppeldeutige Situationen weniger Stress dar als für Menschen, die mit geringem Selbstwertgefühl ausgestattet sind (Rock & Cox, 2012, S. 5). So favorisieren manche Menschen weit mehr an Autorität und sozialen Normen im beruflichen Umfeld als andere. Dies geschieht oft unbewusst und ist ein Versuch der Mitarbeiter, mit dem eigenen Angstgefühl umzugehen, zum Beispiel in Bezug auf Veränderungen, sei es im persönlichen oder beruflichen Umfeld. Wichtig ist es, vor allem solchen Mitarbeitern ein umfassendes Maß an Informationen zur Verfügung zu stellen und ihnen mit Unterstützung von Vorgesetztenseite Sicherheit und Orientierung zu geben (Ringleb, Rock & Ancona, 2012, S. 18).

5.3.2 Ihr Verhalten – und das Sicherheitsgefühl Ihrer Mitarbeiter

Die in der folgenden Tabelle dargestellten und aus den obigen Überlegungen abgeleiteten Aussagen sollen Ihnen einschätzen helfen, wie es um Ihre Fähigkeit bestellt ist, den relativen Status Ihrer Mitarbeiter zu erhöhen.

Tab. 5.4: Aussagen zum Sicherheitsempfinden der eigenen Mitarbeiter

Aussagen in Richtung Mitarbeiter	**An welchen spezifischen Verhaltensweisen von Ihnen können Ihre Mitarbeiter Ihre Einstellung zu den Aussagen in der linken Spalte festmachen?**
Meine Mitarbeiter kennen meine Erwartungen hinsichtlich ihrer Aufgabenfelder genau.	
Mein Verhalten spiegelt die Werte und Normen meiner Organisation wider.	
Bei der Umsetzung von Veränderungsprozessen stehe ich meinen Mitarbeitern stets unterstützend zur Seite.	
Ich gebe meinen Mitarbeitern das Gefühl, dass ihr Arbeitsplatz innerhalb unseres Unternehmens sicher ist.	
Ich informiere meine Mitarbeiter stets rechtzeitig und umfassend.	
Meine Mitarbeiter sind mit der Unternehmenskultur (Werte, Normen usw.) unserer Organisation vertraut.	
Meine Mitarbeiter kennen die langfristigen Ziele unserer Organisation.	
Unsere Organisation hält die Vorschriften zur Arbeitssicherheit ein.	
Unsere Organisation kommuniziert anstehende Veränderungen offen und transparent für alle Mitarbeiter.	
Die wesentlichen Geschäftsprozesse in unserer Organisation sind für meine Mitarbeiter nachvollziehbar.	

Tab. 5.4: Aussagen zum Sicherheitsempfinden der eigenen Mitarbeiter (Fortsetzung)

Aussagen in Richtung Mitarbeiter	An welchen spezifischen Verhaltensweisen von Ihnen können Ihre Mitarbeiter Ihre Einstellung zu den Aussagen in der linken Spalte festmachen?
Meine Mitarbeiter wissen, wie sie ihre Ziele erreichen können.	
Die definierten Ziele geben meinen Mitarbeitern Sicherheit und Orientierung bei ihrer Arbeit.	
Die Arbeitsplätze sind gut und funktionsgerecht mit allen notwendigen Hilfsmitteln ausgestattet.	
Zielvereinbarungsgespräche helfen meinen Mitarbeitern und mir bei der Erreichung ihrer Ziele.	

5.3.3 Ihr Verhalten – und Ihr eigenes Bedürfnis nach Sicherheit bzw. Vorhersagbarkeit

In einem nächsten Schritt können Sie herausfinden, wie es um **das eigene Sicherheitsbedürfnis** bestellt ist (vgl. die folgende Tabelle):

Tab. 5.5: Fragen zur Einschätzung des eigenen Sicherheitsbedürfnisses

Fragen für Sie selbst	An welchen spezifischen Verhaltensweisen von Ihnen können Ihre Mitarbeiter Ihre Antworten auf die Fragen in der linken Spalte festmachen?
Wie wichtig ist Ihnen eine umfassende Übersicht über Ihre Aufgaben – über Ihren Verantwortungsbereich?	
Wie viel Wert legen Sie auf ein umfassendes Reporting Ihrer Mitarbeiter – auch wenn Sie hierdurch in Gefahr laufen, die Befugnisse Ihrer Mitarbeiter zu unterminieren?	
Wie gehen Sie damit um, wenn Ihnen jemand unvorhergesehenen Stress bereitet? – Werden Sie aggressiv? Ziehen Sie sich zurück? Suchen Sie sich Unterstützung von anderen? – von wem genau?	
Wie systematisch gehen Sie vor, um Ihr Sicherheitsbedürfnis zu befriedigen? – Kontrollsysteme? Regelmäßige, eng getaktete Besprechungen? Halten Sie in allen Angelegenheiten die Zügel in der Hand?	
Wie offen sind Sie für Innovationen bzw. Improvisationen? – bei Ihnen selbst? – bei Ihren eigenen Mitarbeitern?	
Haben Sie einen „Freund“, eine „wichtige“ Person (Coach o.ä.), der Ihr Kontrollbedürfnis kritisch hinterfragt?	

5.3.4 Bedürfnis nach Sicherheit und Vorhersagbarkeit: Schlussfolgerungen

Bitte vergleichen Sie Ihre Antworten zu den beiden obigen Tabellen:

- Wie wichtig ist es Ihnen, das Belohnungssystem Ihrer Mitarbeiter dadurch anzusprechen, dass Sie deren Sicherheitsbedürfnis befriedigen?
- Wie wichtig ist Ihnen Ihr eigenes Sicherheitsbedürfnis?
- Welche Konsequenzen haben die Gemeinsamkeiten bzw. Unterschiede in Ihrem Führungshandeln?
- Was genau können Ihre Mitarbeiter an Ihnen beobachten? Wirkt das eher konsistent – oder eher inkonsistent?

5.3.5 Zusammenfassung

Die hier skizzierten Elemente geben Hinweise für Führungskräfte, das Sicherheitsgefühl ihrer Mitarbeiter entweder direkt oder aber indirekt – über die Gestaltung entsprechender Rahmenbedingungen oder die der Arbeitstätigkeit – zu beeinflussen. In der folgenden Tabelle wird eine entsprechende Übersicht gegeben. Allen diesen Merkmalen ist gemein, dass sie entweder das neuronale Belohnungs- oder das Bedrohungssystem aktivieren können.

Tab. 5.6: Einflussfaktoren auf das Bedürfnis nach Sicherheit

Vorgesetzter/Klima	**Rahmenbedingungen/ Unternehmen**	**Tätigkeit/Aufgabe**
Informationsverhalten des Vorgesetzten/eigener Informationsgrad: Informationen bez. • Normen/Werte • Langfristige Ziele • Geschäftsprozesse • Wege zur Zielerreichung • anstehende Veränderungen	Unterstützung bei Veränderungsprozessen Veränderungen werden transparent kommuniziert	Sicherheit durch klare Ziele Ziele als Orientierungsrahmen Erwartungen bez. Aufgaben Glaubwürdigkeit: Umsetzung Normen/Werte Zielvereinbarungsgespräche

5.4 Autonomie/„Autonomy“

5.4.1 Worum geht es?

Autonomie beschreibt das Gefühl der Kontrolle, Beeinflussung und Selbstgestaltung der Ereignisse (Rock, 2008, S. 1ff.). Das Ausmaß, in welchem kontrolliert und entschieden werden kann, beeinflusst die Auswirkungen eines Stressors auf den Organismus. Nicht kontrollierbare oder unausweichliche Stressfaktoren wirken destruktiver als Stress, der vermeidbar erscheint (Donny, Bigelow, & Walsh, 2006, S. 544ff.). Das Autonomiegefühl löst bei Menschen mehr Wohlbefinden und stärkere kognitive Funktionen aus. Ebenso werden damit gesundheitliche Vorteile erreicht (Rock & Cox, 2012, S. 6).

Menschen haben ein fundamentales Bedürfnis nach persönlicher Kontrolle. Die Wahrnehmung von Autonomie führt zu einer Aktivität des Belohnungssystems, vor allem im ventralen Striatum. So fühlt sich diese empfundene Autonomie bei Menschen belohnend an (Rock & Cox, 2012, S. 6). Motivation und Engagement steigen bei Mitarbeitern, wenn sie Entscheidungen selbst treffen und mit Selbstverantwortung handeln dürfen (Bosman, 2012, S. 3).

Wird das Bedürfnis nach Autonomie nicht ausreichend gewürdigt, so kann ein starkes Bedrohungsverhalten bei Menschen ausgelöst werden. Folglich können Gefühle der Unfähigkeit und Kraftlosigkeit bei Menschen auftreten. In äußerster Instanz kann dies sogar zu einem Wechsel des Arbeitgebers führen, wobei auch eine finanzielle Schlechterstellung in Kauf genommen wird. Dieses Verhalten kann durch die Unternehmensleitung, das Arbeiten im Team mit sehr strikten und unflexiblen Regeln und Vorgaben wie auch durch einen autoritären Führungsstil, welcher von Kontrolle und Druck geprägt ist, verursacht werden (Bosman, 2012, S. 3).

Die Einschränkung der Autonomie, welche bei einzelnen Mitarbeitern in der Teamarbeit entsteht, wird in funktionierenden Teams durch einen Anstieg der Dimensionen „Status“ und „Sicherheit/Vorhersehbarkeit“ kompensiert. Zudem kann, falls es sich als schwierig erweist, das Autonomieniveau von Mitarbeitern zu erhöhen, mithilfe von auch geringen Änderungen der Eindruck einer erhöhten Autonomie vermittelt werden. Beispiele hierfür sind die flexible Gestaltung der Arbeitszeiten und die Eigengestaltung der Büromöbel. Nicht zu vernachlässigen ist der Umstand, dass eine empfundene Bedrohung der eigenen Autonomie in kleinen Mengen nützlich sein kann und gegebenenfalls zu einer Steigerung der Leistungsbereitschaft führt. Für ein Unternehmen ist es von Bedeutung, dass die Autonomie stark in organisatorische Prozesse eingebunden wird und Mitarbeiter innerhalb gewisser Grenzen in der Lage sind, Autonomie und Kreativität, bspw. in Bezug auf eigene Entscheidungen und Handlungsbereiche, auszuüben (Rock, 2008, S. 5).

5.4.2 Ihr Verhalten – und das Autonomiebedürfnis Ihrer Mitarbeiter

Die in der folgenden Tabelle dargestellten und aus den obigen Überlegungen abgeleiteten Aussagen sollen Ihnen einschätzen helfen, wie es um Ihre Fähigkeit bestellt ist, das Autonomieniveau Ihrer Mitarbeiter zu erhöhen.

Tab. 5.7: Aussagen zum Autonomiebedürfnis der eigenen Mitarbeiter

Aussagen in Richtung Mitarbeiter	**An welchen spezifischen Verhaltensweisen von Ihnen können Ihre Mitarbeiter Ihre Einstellung zu den Aussagen in der linken Spalte festmachen?**
Ich lasse meine Mitarbeiter ihre Arbeitsweise selbst bestimmen.	
Ich lasse meine Mitarbeiter die Prioritäten ihrer Aufgaben selbst setzen.	
Ich ermögliche meinen Mitarbeiter flexible Arbeitszeiten innerhalb ihres Entscheidungsrahmens (z.B.: Auf-/Abbau von Überstunden, Sabbatical, Verteilung der Pausenzeiten oder der vertraglich geregelten Arbeitsstunden).	

Tab.5.7: Aussagen zum Autonomiebedürfnis der eigenen Mitarbeiter (Fortsetzung)

Aussagen in Richtung Mitarbeiter	**An welchen spezifischen Verhaltensweisen von Ihnen können Ihre Mitarbeiter Ihre Einstellung zu den Aussagen in der linken Spalte festmachen?**
In unserer Organisation werden die Unternehmensziele so mitgeteilt, dass individuelle Ziele daran ausgerichtet werden können.	
In unserer Organisationen wird Wert darauf gelegt, dass meine Mitarbeiter ihre Rolle individuell an die (wechselnden) Bedarfe des Unternehmens anpassen können.	
Innerhalb meines Arbeitskontextes können meine Mitarbeiter selbst entscheiden, was und wie sie etwas tun, statt durch Vorgaben unter Druck gesetzt zu werden.	
In unserer Organisation fördert die Kultur eine gesunde Work-Life-Balance.	
In unserer Organisation herrscht eine offene Feedback-Kultur, sodass meine Mitarbeiter jederzeit Vorschläge anregen können.	
Meine Mitarbeiter haben im Rahmen ihrer Rolle das Gefühl, dass sie jederzeit frei wählen können, was sie tun.	
Für die Ausübung der Arbeitstätigkeiten ist ein hohes Maß an Eigenverantwortung nötig.	

5.4.3 Ihr Verhalten – und Ihr eigenes Autonomiebedürfnis

In einem nächsten Schritt können Sie herausfinden, wie es um **das eigene Bedürfnis nach Autonomie** bestellt ist (vgl. die folgende Tabelle):

Tab. 5.8: Fragen zur Einschätzung des eigenen Statusbewusstseins

Fragen für Sie selbst	**An welchen spezifischen Verhaltensweisen von Ihnen können Ihre Mitarbeiter Ihre Antworten auf die Fragen in der linken Spalte festmachen?**
Wie wichtig ist Ihnen selbständiges Arbeiten oder gar die Steigerung Ihres Autonomieniveaus?	
Wie viel Wert legen Sie darauf, dass Ihnen niemand in „Ihre Arbeit reinquatscht“ – auch wenn Sie vielleicht dadurch das Risikoniveau und somit die Fehlerwahrscheinlichkeit Ihrer Entscheidungen erhöhen?	
Wie gehen Sie damit um, wenn jemand versucht, Ihre Kompetenzen einzuschränken? – Werden Sie aggressiv? Ziehen Sie sich zurück?	
Wie systematisch gehen Sie vor, um Ihren Autonomieanspruch zu befriedigen? – Karriereplanung? Einsatz von Machtmitteln? Machen Sie sich unentbehrlich?	

Tab.5.8: Fragen zur Einschätzung des eigenen Statusbewusstseins (Fortsetzung)

Fragen für Sie selbst	**An welchen spezifischen Verhaltensweisen von Ihnen können Ihre Mitarbeiter Ihre Antworten auf die Fragen in der linken Spalte festmachen?**
Wie offen sind Sie für kritisches Feedback – auch von den eigenen Mitarbeitern?	
Haben Sie einen „Freund“, eine „wichtige“ Person (Coach o.ä.), der Ihnen verdeutlichen kann, dass das Suchen nach Rat anderer nichts mit mangelnder Kompetenz zu tun hat?	

5.4.4 Bedürfnis nach Autonomie: Schlussfolgerungen

Bitte vergleichen Sie Ihre Antworten zu den beiden obigen Tabellen:

- Wie wichtig ist es Ihnen, das Belohnungssystem Ihrer Mitarbeiter dadurch anzusprechen, dass Sie deren Kompetenzbereich erweitern?
- Wie wichtig ist Ihnen Ihr eigenes Autonomieniveau?
- Welche Konsequenzen haben die Gemeinsamkeiten bzw. Unterschiede in Ihrem Führungshandeln?
- Was genau können Ihre Mitarbeiter an Ihnen beobachten? Wirkt das eher konsistent – oder eher inkonsistent?

5.4.5 Zusammenfassung

Die hier skizzierten Elemente geben Hinweise für Führungskräfte, die Autonomie ihrer Mitarbeiter entweder direkt oder aber indirekt – über die Gestaltung entsprechender Rahmenbedingungen oder die der Arbeitstätigkeit – zu beeinflussen. In folgender Tabelle wird eine entsprechende Übersicht gegeben. Allen diesen Merkmalen ist gemein, dass sie entweder das neuronale Belohnungs- oder das Bedrohungssystem aktivieren können.

Tab. 5.9: Einflussfaktoren auf das Bedürfnis nach Autonomie

Vorgesetzter/Klima	**Rahmenbedingungen/ Unternehmen**	**Tätigkeit/Aufgabe**
Autonomie: Arbeitsweise/-methodik	Unternehmensziele als Bezugsrahmen für autonome Entscheidungen	Autonomie: Aufgaben mit hohem Maß an Eigenverantwortung/Handlungsspielräumen
Autonomie: Prioritäten bez. Aufgabenabarbeitung.	Überlastungsschutz: Work-Life-Balance	
Zeitautonomie: flexible Arbeitszeiten	Rollenflexibilität als Anforderung an die Mitarbeiter	
Autonomie: Aufgabenauswahl und weise		
Autonomie: Feedback-Kultur erweitert Handlungsspielräume		
Autonomie: Aufgabenauswahl		

5.5 Zugehörigkeit/„Relatedness“

5.5.1 Worum geht es?

Der Begriff „Relatedness“ beschreibt im Deutschen „soziale Beziehungen“ und „Zugehörigkeit“. Die Zugehörigkeit zu einer Gruppe ist für Menschen ein zentrales Bedürfnis, ähnlich wie das Bedürfnis nach Nahrung (Cacioppo & Patrick, 2008, S 247ff.). Tragfähige soziale Beziehungen erfordern Empathie und Vertrauen. Trifft ein Mensch spontan auf einen Unbekannten, macht das Gehirn automatisch eine Unterscheidung, ob es sich um einen Freund oder einen Feind handelt. Dies wirkt sich auf die weiteren neuronalen Verarbeitungsprozesse aus (Carter & Pelphrey, 2008, S. 151 ff.; Rock, 2009, S. 7). Bei eigenen Gedanken und bei Informationen von Menschen, die uns positiv gesinnt sind, erfolgt die Verarbeitung über dieselben Nervenbahnen. Informationen, welche wir von Menschen erhalten, dir wir als feindlich wahrnehmen, laufen über andere Nervenbahnen und schränken unsere Fähigkeit, für diese Empathie zu empfinden, ein (Mitchell, Macrae & Banaji, 2006, S. 655ff. Singer, Seymour, O`Doherty, Stephan, Dolan & Frith, 2006, S. 466ff.).

Der Körper entwickelt ein Bedrohungsverhalten, wenn soziale Interaktionen fehlen. Dies zeigt sich meist in einem Gefühl von Einsamkeit. Das Hormon Oxytocin wird durch das Zugehörigkeitsgefühl vermehrt ausgeschüttet. Dieser Botenstoff führt zu kooperativem Verhalten, zu stabileren Beziehungen und dazu, dass Menschen als freundlich gesinnt empfunden werden (Domes, Heinrichs, Gläscher, Büchel, Braus & Herpertz, 2007, S. 1187ff.). Aus diesem Grund gilt es, ein besonderes Augenmerk auf die Förderung des Vertrauens zwischen Mitarbeitern zu legen, was direkt mit sozialer Bindung verbunden ist. Unter anderem tragen digitale soziale Netzwerke, Videokonferenzen, Maßnahmen zur Teambildung sowie Mentoring- und Coachingprogramme dazu bei, auch bei global tätigen Unternehmen die soziale Bindung unter den Organisationsmitgliedern auszubauen. Das Vertrauen unter Mitarbeitern hat einen hohen Stellenwert, da bei hohem gegenseitigem Vertrauen und intensiver Zusammenarbeit in größerem Maße Informationen geteilt werden (Rock, 2008, S. 5ff.). Jedoch fördert Oxytocin nicht nur Vertrauen und Kooperationsbereitschaft innerhalb einer Gruppe, sondern auch Aggressionen in Richtung anderer Gruppen. Meist finden sich Menschen in Teams zusammen, die einen ähnlichen sozialen Hintergrund haben. Folglich reduziert dies die Empathiefähigkeit zu anderen sozialen Gruppen und deren Mitgliedern (Rock & Cox, 2012, S. 6f.).

Zugehörigkeit meint das Gefühl, sich in einer Gruppe sicher zu fühlen und sich als Teil einer Gruppe zu fühlen. Dies drückt vor allem das „Wir-Gefühl“ einer Gruppe aus. Jeder Mitarbeiter ist dann froh, Mitglied dieses Teams zu sein und fühlt sich emotional mit dem Team verbunden. Die starke Emotionalität zeigt sich auch mit dem Vergleich eines „gebrochenen Herzens“ oder einem körperlichen Schmerz, wenn man sich von einer Gruppe ausgeschlossen oder von Kollegen ignoriert fühlt (Bosman, 2012, S. 3). Besonders der Vorgesetzte des Teams sollte eine Vorbildfunktion hinsichtlich Teamgeist und Vertrauen sein. So hat er gute Chancen, von seinen Teammitgliedern in schwierigen Situationen verteidigt zu werden. Diese Veranschaulichung mithilfe der Gleichstellung von körperlichen und sozialen Schmerzen ist bereits aus der Dimension Status bekannt (vgl. Abschnitt 5.2).

Soziale Beziehungen und Unterstützung sowie Zugehörigkeit am Arbeitsplatz verbessern aber nicht nur das Wohlbefinden, sondern fördern ein längeres Leben und verringern das Sterberisiko (Shirom, Toker, Alkaly, Jacobson & Balicer, 2011, S. 268).

5.5.2 Ihr Verhalten – und das Zugehörigkeitsgefühl Ihrer Mitarbeiter

Die in der folgenden Tabelle dargestellten und aus den obigen Überlegungen abgeleiteten Aussagen sollen Ihnen einschätzen helfen, wie es um Ihre Fähigkeit bestellt ist, das Zugehörigkeitsgefühl Ihrer Mitarbeiter zu erhöhen:

Tab. 5.10: Aussagen zum Zugehörigkeitsgefühl der eigenen Mitarbeiter

Aussagen in Richtung Mitarbeiter	**An welchen spezifischen Verhaltensweisen von Ihnen können Ihre Mitarbeiter Ihre Einstellung zu den Aussagen in der linken Spalte festmachen?**
Meine Mitarbeiter können mir vertrauen.	
Meine Mitarbeiter verteidigen mich, wenn andere schlecht über mich reden.	
Meine Mitarbeiter möchten so lange wie möglich für mich arbeiten.	
Ich fördere die Zusammenarbeit im Team.	
Ich fördere das „Wir-Gefühl“ in der Abteilung.	
Ich sorge dafür, dass jeder Mitarbeiter einen guten Platz im Team hat.	
Meine Mitarbeiter loben ihren Arbeitgeber.	
Meine Mitarbeiter ziehen es vor, eher bei mir als in einem anderen Team zu arbeiten.	
Meine Mitarbeiter fühlen sich ihrer Organisation emotional verbunden.	
Die Aufgaben ermöglichen meinen Mitarbeitern die Kooperation/Zusammenarbeit mit anderen.	
Bei uns gibt es regelmäßige gemeinsame Aktivitäten und Veranstaltungen außerhalb der Arbeitszeit.	
Es fällt bei uns leicht, während der Tätigkeit soziale Beziehungen zu Kollegen aufzubauen oder zu pflegen.	
Um die Aufgaben zu erledigen, ist es notwendig, mit anderen Organisationsmitgliedern/Teammitgliedern zusammenzuarbeiten.	

5.5.3 Ihr Verhalten – und Ihr eigenes Bedürfnis nach Zugehörigkeit

In einem nächsten Schritt können Sie herausfinden, wie es um das eigene Bedürfnis nach Zugehörigkeit bestellt ist (vgl. die folgende Tabelle):

Tab. 5.11: Fragen zur Einschätzung des eigenen Bedürfnisses nach Zugehörigkeit

Fragen für Sie selbst	**An welchen spezifischen Verhaltensweisen von Ihnen können Ihre Mitarbeiter Ihre Antworten auf die Fragen in der linken Spalte festmachen?**
Wie wichtig ist Ihnen die enge und vertrauensvolle Zusammenarbeit mit Ihren Mitarbeitern? – mit Ihren Kollegen?	
Wie viel Wert legen Sie auf die Entwicklung eines Teamgeistes in Ihrem Verantwortungsbereich – auch wenn Sie dadurch Gefahr laufen, Entscheidungsprozesse zu verlangsamen?	
Wie gehen Sie damit um, wenn jemand versucht, das Vertrauensniveau in Ihrem Team zu beschädigen? – Werden Sie aggressiv? Ziehen Sie sich zurück?	
Wie systematisch gehen Sie vor, um Ihr Bedürfnis nach Zugehörigkeit zu befriedigen? – Networking? Sprechen Sie selbst über Privatangelegenheiten? Haben Sie ein offenes Ohr für die Privatangelegenheiten Ihrer Mitarbeiter?	
Wie offen sind Sie für kritisches Feedback in Bezug auf Ihre Rolle in Ihrem Team?	
Haben Sie einen „Freund", eine „wichtige" Person (Coach o.ä.), der mit Ihnen Gespräche über das Spannungsfeld „Bedürfnis nach Zugehörigkeit" und „Fällen unattraktiver Entscheidungen" führen darf?	

5.5.4 Bedürfnis nach Zugehörigkeit: Schlussfolgerungen

Bitte vergleichen Sie Ihre Antworten zu den beiden obigen Tabellen:

- Wie wichtig ist es Ihnen, das Belohnungssystem Ihrer Mitarbeiter dadurch anzusprechen, dass Sie deren Bedürfnis nach Zugehörigkeit befriedigen?
- Wie wichtig ist Ihnen Ihr eigenes Bedürfnis nach Zugehörigkeit?
- Welche Konsequenzen haben die Gemeinsamkeiten bzw. Unterschiede in Ihrem Führungshandeln?
- Was genau können Ihre Mitarbeiter an Ihnen beobachten? Wirkt das eher konsistent – oder eher inkonsistent?

5.5.5 Zusammenfassung

Die hier skizzierten Elemente geben Hinweise für Führungskräfte, das Zugehörigkeitsgefühl ihrer Mitarbeiter entweder direkt oder aber indirekt – über die Gestaltung entsprechender Rahmenbedingungen oder die der Arbeitstätigkeit – zu beeinflussen. In der folgenden Tabelle wird eine entsprechende Übersicht gegeben. Allen diesen Merkmalen ist gemein, dass sie entweder das neuronale Belohnungs- oder das Bedrohungssystem aktivieren können.

Tab. 5.12: Einflussfaktoren auf das Bedürfnis nach Zugehörigkeit

Vorgesetzter/Klima	Rahmenbedingungen/ Unternehmen	Tätigkeit/Aufgabe
• Vorgesetzter: Vertrauen • Vorgesetzter: Identifikation • Vorgesetzter: Loyalität • Vorgesetzter: Förderung von Teamarbeit • Vorgesetzter: Förderung des „Wir-Gefühls“	• Identifikation: Firma • Tätigkeit & Unterstützung sozialer Beziehungen • Teamzugehörigkeit • Organisationszugehörigkeit	• Aufgaben, die im Team erledigt werden müssen

5.6 Gerechtigkeit/„Fairness“

5.6.1 Worum geht es?

Unter „Fairness“ sind der faire Umgang untereinander sowie der wahrgenommene faire Austausch zwischen Menschen zu verstehen. Dies ruft bei Menschen ein intrinsisches Empfinden von Belohnung hervor (Rock, 2008, S. 1ff.). Unfairer Austausch und Umgang sowie Ungerechtigkeit erzeugen bei Menschen Feindlichkeit, Untergrabung von Vertrauen und somit eine starke Bedrohungsreaktion (Tabibnia & Lieberman, 2007, S. 90ff.). Ein Beispiel hierfür ist, wenn Mitarbeiter von einem Vorgesetzten bevorzugt werden bzw. Mitarbeiter einen Kollegen als bevorzugt wahrnehmen.

Dies führt dazu, dass das limbische System aktiviert wird und negative Gefühle ausgelöst werden. Auch eine Empfindung von Ekel kann bei einer starken Ausprägung der feindlichen Umgangsart auftreten. Die „Abwehrreaktion“ bei erlebter Ungerechtigkeit erfährt erst dann eine Veränderung, wenn die wahrgenommene Ungerechtigkeit bestraft wird und so ein Gefühl von Gerechtigkeit – und somit Belohnung – entsteht (Rock, 2008, S. 6f.). Auch bei dieser Dimension werden durch Fairness und körperliche Freude sowie durch Ungerechtigkeit und körperlichen Schmerz die gleichen Gehirnregionen aktiviert (Bosman, 2012, S. 4).

Insbesondere die Transparenz spielt bei der Wahrnehmung von Fairness eine entscheidende Rolle. Werden Informationen von Vorgesetzten rechtzeitig weitergeleitet, können Motivation und Engagement von Mitarbeitern auch in schwierigen Zeiten aufrechterhalten werden. Bspw. kann der Mangel an Gerechtigkeit durch die Gleichbehandlung aller Mitarbeiter, durch klare Spielregeln sowie durch eindeutige und klare Kommunikation und Ziele abgewehrt werden. Ungerechtigkeit wird bei Mitarbeitern oft ausgelöst, wenn sie sehen, dass Kollegen oder Vorgesetzte, die ein ähnliches Arbeitspensum leisten als sie selbst, ein höheres Gehalt bekommen. Treten jedoch Vorgesetzte in schwierigen Zeiten des Unternehmens von Gehaltsbestandteilen, bspw. von Boni, zurück, reduziert dies das Ungerechtigkeitsgefühl bei Mitarbeitern (Rock, 2008, S. 6f.).

Wird das Fairnessniveau im Unternehmen erhöht und das Erleben von Ungerechtigkeit verringert, werden Zufriedenheit und Wohlbefinden der Mitarbeiter die Folge sein. Dies gilt vor allem in sozialen Situationen, in welchen die Sensibilität bezüglich zwischenmenschlicher Gleichheit und Ungleichheit verstärkt ist. Ungerechtigkeit am Arbeitsplatz hingegen kann negative Auswirkungen auf die körperliche und psychische Gesundheit der Mitarbeiter verursachen (Rock & Cox, 2012, S. 8).

5.6.2 Ihr Verhalten – und das Fairnessbedürfnis Ihrer Mitarbeiter

Die in der folgenden Tabelle dargestellten und aus den obigen Überlegungen abgeleiteten Aussagen sollen Ihnen einschätzen helfen, wie es um Ihre Fähigkeit bestellt ist, den relativen Status Ihrer Mitarbeiter zu erhöhen.

Tab. 5.13: Fragen zum Fairnessempfinden der eigenen Mitarbeiter

Aussagen in Richtung Mitarbeiter	**An welchen spezifischen Verhaltensweisen von Ihnen können Ihre Mitarbeiter Ihre Einstellung zu den Aussagen in der linken Spalte festmachen?**
Bei der Kommunikation mit meinen Mitarbeitern achte ich auf deren persönliche Bedürfnisse.	
In Krisenzeiten bin ich bereit, auf Boni und Sonderzahlungen zu verzichten.	
Mir gelingt es gut, ein Arbeitsumfeld frei von Einschüchterungen, Anfeindungen, Erniedrigungen, Entwürdigungen oder Beleidigungen zu schaffen.	
Ich ermögliche meinen Mitarbeitern in gleichem Umfang den Zugang zu beruflicher Weiterbildung (unabhängig von Alter, Geschlecht, Behinderung o.ä.).	
Ich fördere ehrliches und transparentes Verhalten innerhalb meiner Abteilung.	
In unserem Unternehmen kann jeder seine persönlichen Sichtweisen und Argumente in Entscheidungsprozessen einbringen.	
In unserem Unternehmen ist es möglich, gegen getroffene Entscheidungen (z.B. Beförderung, Entlassung) Widerspruch einzulegen.	
In unserem Unternehmen können die Mitarbeiter durch variable Vergütungskonzepte die Möglichkeit, durch Übererfüllung der individuellen Ziele die Entlohnung zu steigern, erhöhen.	
In unserem Unternehmen werden Mitarbeiter mit unterschiedlichen personenbezogenen Merkmalen (ethnische Herkunft, Geschlecht, Religion, Behinderung, Alter, sexuelle Neigung) vom Grundsatz her gleich behandelt.	
Die Lohnstrukturen unseres Unternehmens sind für die Mitarbeiter nachvollziehbar.	
Die Entlohnung spiegelt den Aufwand wider, den die Mitarbeiter in die Arbeit investiert haben.	
Den Mitarbeitern werden nur solche Aufgaben zugeteilt, die für sie erledigbar sind.	
Die Verteilung von Arbeitsaufgaben ist für alle Teammitglieder nachvollziehbar.	

5.6.3 Ihr Verhalten – und Ihr eigenes Bedürfnis nach Fairness

In einem nächsten Schritt können Sie herausfinden, wie es um **das eigene Bedürfnis nach Fairness** bestellt ist (vgl. die folgende Tabelle):

Tab. 5.14: Fragen zur Einschätzung des eigenen Bedürfnisses nach Fairness

Fragen für Sie selbst	**An welchen spezifischen Verhaltensweisen von Ihnen können Ihre Mitarbeiter Ihre Antworten auf die Fragen in der linken Spalte festmachen?**
Wie wichtig sind Ihnen faire Verhaltensweisen an Ihrem Arbeitsplatz? Inwiefern schätzen Sie sich als gerechten Vorgesetzten ein?	
Wie viel Wert legen Sie auf die Durchsetzung von Fairnessregeln – auch wenn Sie sich hierdurch selbst – kurzfristig gesehen – benachteiligen?	
Wie gehen Sie damit um, wenn jemand versucht, die Fairnessprinzipien in Ihrem Team anzugreifen? – Werden Sie aggressiv? Werden Sie unfair? Ziehen Sie sich zurück?	
Wie systematisch gehen Sie vor, um Fairness als Leitprinzipien bzw. Werte in Ihrem Team zu etablieren? – Transparenz und Offenheit? Gleiche Regeln für alle? – Sie eingeschlossen? Bestrafung von Personen, die Fairnessregeln verletzen?	
Wie offen sind Sie für kritisches Feedback – auch von den eigenen Mitarbeitern?	
Haben Sie einen „Freund“, eine „wichtige“ Person (Coach o.ä.), der Ihnen unverblümt auf Ihre mangelnde Fairness ansprechen darf?	

5.6.4 Bedürfnis nach Fairness: Schlussfolgerungen

Bitte vergleichen Sie Ihre Antworten zu den beiden obigen Tabellen:

- Wie wichtig ist es Ihnen, das Belohnungssystem Ihrer Mitarbeiter dadurch anzusprechen, dass Sie deren Gerechtigkeitsempfinden befriedigen?
- Wie wichtig ist Ihnen faires bzw. gerechtes Handeln?
- Welche Konsequenzen haben die Gemeinsamkeiten bzw. Unterschiede in Ihrem Führungshandeln?
- Was genau können Ihre Mitarbeiter an Ihnen beobachten? Wirkt das eher konsistent – oder eher inkonsistent?

5.6.5 Zusammenfassung

Die hier skizzierten Elemente geben Hinweise für Führungskräfte, das Fairnessempfinden ihrer Mitarbeiter entweder direkt – oder aber indirekt über die Gestaltung entsprechender Rahmenbedingungen oder die der Arbeitstätigkeit – zu beeinflussen. In der folgenden Tabelle wird eine entsprechende Übersicht gegeben. Allen diesen Merkmalen ist gemein, dass sie entweder das neuronale Belohnungs- oder das Bedrohungssystem aktivieren können.

Tab. 5.15: Einflussfaktoren auf das Bedürfnis nach Fairness

Vorgesetzter/Klima	**Rahmenbedingungen/ Unternehmen**	**Tätigkeit/Aufgabe**
• Vorgesetzter: Bedürfnisgerechte Kommunikation • Vorgesetzter: Vorbild • Vorgesetzter: Persönlichkeitsförderliches Arbeitsumfeld • Vorgesetzter: Fairness/Gleichbehandlung • Vorgesetzter: Ehrlichkeit und Transparenz	• Unternehmen: Transparenz/Ermutigung • Unternehmen: Ermutigung • Unternehmen: Transparenz bez. Lohnstrukturen • Unternehmen: Entlohnungsgerechtigkeit • Unternehmen Transparenz Verteilung von Arbeitsaufgaben	Verteilung von Aufgaben: transparente Kriterien

6 Vertiefung: Relativer Status/„Status“

Sabine Könnecke

6.1 Grundlagen

Unter dem Begriff „**Status**“ wird im Allgemeinen der soziale Status einer Person verstanden. Linton hat den Begriff Status eingeführt, um ein Modell des Individuums in seiner Kultur zu entwickeln. Linton ist der Ansicht, dass eine Person nicht zufällig an seiner Kultur teilhat oder teilnimmt, vielmehr vermutet er, dass die gesellschaftlichen Anforderungen an die Person den Platz dieser Person bestimmen und sie nach verschiedenen Ordnungsgesichtspunkten kategorisieren und organisieren, zum Beispiel nach Prestige, Alter und Arbeitsteilung. Dabei ordnet jedes System der Person, oder Mitglied, wie Linton dies bezeichnet, einen Platz zu, „den ein Individuum zu einer bestimmten Zeit in einem bestimmten System einnimmt, als seinen Status in diesem System“ (Linton, 1936).[29]

Der soziale Status ist eine Bewertung dieser Position im Sinne einer Wertschätzung des Inhabers einer Position oder ein mit einer sozialen Position verbundenes Wertbewusstsein. Dabei kommt es häufig vor, dass zwischen Position und Status Unterschiede bestehen (Böker, Nikisch, Keßler & Heidemann, 1996). Der soziale Status weist einem Individuum eine Rolle oder Position in der Sozialstruktur einer Gruppe oder Organisation zu (Joas, 2007). Betrachtet werden kann das Individuum aus verschiedenen Perspektiven, deshalb können der Dimension Status der persönliche, der finanzielle (sozioökonomische) und der fachliche Status des Individuums zugeordnet werden.

Mit dem Status verbunden ist die **Rolle** oder **Position**, in der sich die Person befindet oder die diese innehat. Nach Dahrendorfs Rollentheorie ist dem Individuum durch die Gesellschaft eine Rolle vorgegeben, die bestimmte Verhaltensregeln erfordert und die die spezifische Art der Beziehungen zwischen Trägern von Positionen innerhalb eines Bezugs- oder Positionsfeldes bestimmt. Mit der sozialen Rolle werden verbindliche Erwartungen an den Rolleninhaber verknüpft, die bei Erfüllung bzw. mangelnder Erfüllung belohnt oder sanktioniert werden. Die Messbarkeit der Erwartungen bestimmt den Grad der Sanktionierung. Das Rollenverhalten wird internalisiert und sozialisiert durch die Gesellschaft. Personen können aufgrund der unterschiedlichen Erwartungen ihrer Bezugsgruppe mit widersprüchlichen Erwartungen konfrontiert werden (Dahrendorf, 2006). Somit kann zusammenfassend festgestellt werden, dass der Status einer Person ein wichtiger Faktor ist, um das Verhalten der Menschen untereinander erklären zu können.

---

[29] Im Original: Linton (1936, S. 113) definiert Status wie folgt: „A status, in the abstract, is a position in a particular pattern. It represents his position with relation to the total society.“

Um nachvollziehen zu können, was man unter dem **„relativen“ Status** einer Person verstehen kann, ist es notwendig, die ursprüngliche soziologische Perspektive zu verlassen und sich Ansätzen zuzuwenden, mit dessen Hilfe es gelingt, die emotionale bzw. motivationale Bedeutung eines – im Vergleich zu anderen Personen – hohen Status nachvollziehen zu können. Hierzu werden zwei Perspektiven – nämlich eine motivations- und eine machtpsychologische – gewählt.

6.1.1 Maslows Motivationstheorie

Maslow entwickelt seine – auch in Managementkreisen bekannte, dort aber meist verkürzt rezipierte – Motivationstheorie bereits im Jahr 1954. Er entwickelt ein hierarchisches System der menschlichen Bedürfnisse, die als sogenannte „Bedürfnispyramide“ bekannt geworden ist. Die fünf Bedürfnisebenen setzen sich wie folgt zusammen (vgl. Maslow, 1954, S. 80–92):

- **Grundbedürfnisse** umfassen unter anderem das Bedürfnis nach Luft, Wasser, Nahrung und Sexualität.
- **Sicherheitsbedürfnisse** haben den künftigen Schutz der Grundbedürfnisse zum Ziel, also bspw. der Schutz vor Unfall, Bedrohung oder Krankheit.
- **Soziale Bedürfnisse** beinhalten die Interaktion mit anderen Personen oder die Mitgliedschaft in Gruppen und die Bedürfnisse nach Liebe, Gemeinschaft und Zusammengehörigkeit.
- **Ich-Bedürfnisse** spiegeln den Wunsch nach Anerkennung wider und beziehen sich dabei sowohl auf die Einschätzung anderer Personen als auch auf die Selbsteinschätzung. Hier werden unter anderem das Streben nach Status, Prestige und Einfluss verortet.
- **Selbstverwirklichungsbedürfnisse** befinden sich in der höchsten Bedürfnisebene und spiegeln die Entfaltung der eigenen Persönlichkeit wider. Hierzu zählt auch das Streben nach Unabhängigkeit.

Die Grundidee von Maslow ist dabei folgende: Ist ein in der Pyramide niedriger angesiedeltes Bedürfnis befriedigt, wirkt es nicht weiter als Motivator. Diese Funktion wird dann von den Bedürfnissen der nächsthöheren Ebene innerhalb der Hierarchie eingenommen. Somit wirken nur unbefriedigte Bedürfnisse als Motivatoren (Mullins, 2007, S. 258).

Für unseren Zusammenhang sind die Ich-Bedürfnisse von besonderer Bedeutung: Die Ich-Bedürfnis-Ebene wird im englischen Original von Maslow (1954, S. 90) als „Esteem Needs“ bezeichnet. Die Übersetzung als „Ich-Bedürfnisse“ erscheint bei näherer Betrachtung somit als unzureichend. Eine wörtliche Übersetzung würde eher „Achtungs- oder Anerkennungs-Bedürfnis“ nahelegen, was darüber hinaus die Beschreibung dieser Bedürfnisse durch Maslow deutlich präziser trifft als die deutsche Adaption, die durch den Ich-Bezug nur eine Facette von Maslows Beschreibung wiedergibt. Der Ich-Bezug macht bei allen Menschen unserer Gesellschaft ein Bedürfnis nach Selbstachtung und Selbstbestätigung aus, daneben aber auch nach der Anerkennung bzw. Achtung durch andere (Maslow, 1954, S. 90). Explizit unterteilt er diese beiden Facetten in zwei separate, sich ergänzende Teile:

- Auf der einen Seite streben die Menschen nach persönlicher Stärke, Können und Fähigkeiten, um dadurch Freiheit und Unabhängigkeit zu erlangen.
- Auf der anderen Seite besitzen sie ein Bedürfnis nach Status, Reputation und Prestige, was ihnen durch andere Menschen zuteil wird.

Eine Befriedigung der „esteem needs“ führt zu Selbstbewusstsein und Stärke sowie einem Gefühl der Nützlichkeit und Bedeutung für die Welt. Liegt allerdings keine Befriedigung vor, kann dies zu Gefühlen der Schwäche und Hilflosigkeit führen (Maltby et al. 2011, S. 248–249).

6.1.2 Machttheoretische Perspektive

Ein höherer – relativer – Status ist meist eng mit einer entsprechenden Machtposition verbunden: Status ist eine wichtige Machtquelle. In diesem Zusammenhang gilt, dass für die persönliche Befriedigung häufig das Gefühl, Macht zu besitzen, entscheidender ist als die konkrete Beeinflussung anderer, also das Ausüben einer Machthandlung (McClelland, 1975). Hierzu gehört insbesondere die Verfügung über Machtquellen wie Besitz, Prestige, Status, Führungsposition, Informationskontrolle etc. McClelland (1975) geht der Frage nach, was Menschen veranlasst, eine Führungsfunktion übernehmen zu wollen. In diesem Zusammenhang identifiziert er die folgenden drei Basismotive:

- **Leistungsstreben** (need for achievement) – hierzu gehören: Besser zu sein als seine Konkurrenten, Erreichung von Zielen; Lösen von Aufgaben; Konzentration auf die Aufgabe; gewisse Delegationsunfähigkeit. Solche Personen gehen gut kalkulierte Risiken ein, bevorzugen mittelschwere Aufgaben, steigen zu Beginn ihrer Karriere rascher auf.
- **Machtstreben** (need for power) – hierzu gehören: Beeinflussung anderer, um deren Einstellungen und Verhalten zu ändern.
  - **Personalisiertes** Machtstreben: Persönliches Ausüben von Macht, eigene Interessen stehen im Vordergrund
  - **Sozialisiertes** Machtstreben: Macht zur Erreichung gemeinsam gesetzter Ziele
- **Soziales** Streben (need for affiliation): Von anderen Leuten gemocht werden, akzeptiert werden.

Diese Skizze zeigt, dass ein hoher relativer Status die Befriedigung des Leistungsmotivs wie auch die des Machtmotivs befriedigen kann, wobei Statuserhöhung als zentraler Antrieb des personalisierten Machtstrebens gelten kann.

6.1.3 Zusammenfassung

Die obigen Ausführungen zeigen, dass ein hoher Status grundsätzlich erstrebenswert ist: Er erhöht das eigene Selbstwertgefühl, verbessert die Durchsetzung eigener Ziele und sichert die eigene Ressourcenausstattung.

Da in den heutigen Organisationen die Anzahl der formalen Machtpositionen grundsätzlich beschränkt ist, lässt sich daraus schlussfolgern, dass die kontinuierliche, meist unbewusste Suche nach der Verbesserung des eigenen relativen Status – der sog. „Platz auf der Hühnerleiter“ – als zentrales Motiv menschlichen Handelns in Organisationen gelten kann. Konsequenterweise kommt Führungskräften wiederum eine besondere Rolle dabei zu, den relativen Status eines Mitarbeiters zu erhöhen – oder aber zu reduzieren.

Im Folgenden wird eine Übersicht von relevanten Befunden aus der Managementtheorie und Organisationspsychologie gegeben, die verdeutlichen sollen, welche Rolle dem relativen Status des Individuums in der Organisation zukommt und wie dieser beeinflusst werden kann.

6.1.4 Beeinflussung des Statuserlebens

Lob und Anerkennung

Anerkennung schafft Erfolgserlebnisse: Diese sind wesentliche Voraussetzungen für eine dauerhafte positive Einstellung zur erbringenden Leistung und für das Erzielen optimaler Arbeitsergebnisse. Die Anerkennung selbst kleiner Fortschritte spornt zu weiteren Bemühungen an, die den Mitarbeitern wiederum Anerkennung einbringen sollen. Anerkennung stellt die Erlaubnis einer Person oder einer Gruppe gegenüber einer anderen Person, Gruppe oder Institution dar, sich mit ihren derzeitigen spezifischen Merkmalen an der Kommunikation, an Entscheidungsprozessen oder an anderen Prozessen zu beteiligen: „Wenn ich meinen Interaktionspartner nicht als eine bestimmte Art von Person anerkenne, dann kann ich mich in seinen Reaktionen auch nicht als dieselbe Art von Person anerkannt sehen“ (Honneth, 1992).

Anerkennung geht über die Wertschätzung hinaus und ist die Vorstufe von Lob. Die Anerkennung von Leistung und Verhalten ist ein wesentliches Element in der Führung der Mitarbeiter. Anerkennung sollte allen Mitarbeiter zuteil werden, auch wenn diese „nur“ gute Arbeit sind aber keine herausragenden Leistungen erbringen, denn diese Mitarbeiter bewältigen den Großteil der alltäglichen Routinearbeit und gewährleisten den Normalbetrieb. Mit Anerkennung der „normalen“ Leistung wird die ausgeführte Tätigkeit gewürdigt. Das Lob hingegen erfolgt aufgrund außergewöhnlicher Leistung. Die Grenzen hierbei sind schwimmend und je nach Autor wird Anerkennung als Synonym für Lob verwendet.

Lob und Selbstbild

Jedes Lob – ob schriftlich, sprachlich oder nonverbal vermittelt – löst positive Gefühle aus; das entsprechende neuronale Belohnungszentrum wird aktiviert. Lob verändert das Selbstwertgefühl und das Selbstbild des Einzelnen. Das Selbstbild kennzeichnet die Vorstellung, die wir von uns haben und die aus unseren Glaubenssätzen entstanden ist und es beinhaltet die Erfahrungen, Erlebnisse, auch Fehler, Verletzungen und Misserfolge, die wir in den ersten Lebensjahren gemacht haben und mit denen wir uns stark identifizieren (vgl. Abschnitt 15.1). An dieser Stelle ist folgende Unterscheidung bez. zweier Formen des Selbstbildes wichtig (Dweck, 2009):

- Das **statische Selbstbild** bezieht sich auf die Fähigkeiten, die Intelligenz und die Kenntnisse, die wir im Laufe unserer Entwicklung erlangt haben. Erfolge und Misserfolge sind statisch, also nicht veränderbar. Menschen mit statischem Selbstbild weichen eher Herausforderungen aus, um ihr Selbstbild nicht zu gefährden.
- Menschen mit **dynamischem Selbstbild** gehen davon aus, dass sie die Grundeigenschaften ihrer Persönlichkeit durch eigene Anstrengungen und Einsatz verändern und weiterentwickeln können.

Nahezu alle Menschen haben ein ausgesprochenes Bedürfnis nach anerkennenden Worten, Lob und Komplimenten. Diese Rückmeldungen sollten möglichst positiv ausfallen und dem Bedürfnis nach Wertschätzung der eigenen Person gerecht werden. Lob soll helfen, ein gutes Selbstwertgefühl aufzubauen und aufrecht zu erhalten und eine positive Verstärkung bewirken, die Mitarbeiter motiviert. Lob muss als solches erkennbar sein, sich deutlich von Anerkennung absetzen und für die Mitarbeiter zu unterscheiden sein. Konstruktives Lob schafft Freiraum und positive Atmosphäre, motiviert Vorgesetzte und Mitarbeiter. Anerkennung,

Lob und Wertschätzung sind eine der stärksten Einflussfaktoren auf Leistung und Motivation, weil sie direkt unseren persönlichen Status ansprechen und ihn bei Anerkennung und Lob erhöhen, sodass Freude, Stolz und Wohlbefinden empfunden werden.

Respekt und Wertschätzung

Respekt beschreibt eine Beziehung zwischen zwei Subjekten oder zwischen einem Subjekt und einem Objekt und ist eine Form der Wertschätzung, Aufmerksamkeit und Ehrerbietung gegenüber einem anderen Lebewesen oder einer Institution. Respekt bezieht sich üblicherweise auf zwischenmenschliche Beziehungen, kann jedoch auch auf Gruppen, Institutionen, Länder oder Moralansichten bzw. fremden gesellschaftlichen Ansichten Anwendung finden. Eine respektvolle Haltung schließt bedenkenloses egoistisches Verhalten aus. Die Respektvorstellung ist etwas Vorausgehendes und leitet sich nicht aus einer Rechtsvorstellung ab. Es gibt vielfältige Aspekte von Respekt, die sich in unterschiedlichen Gesellschaften durch ihre kulturell bedingte Verschiedenheiten im Verhalten und in der Selbst- und Außenwahrnehmung äußern. Respekt impliziert nicht unbedingt Wertschätzung, wird aber für diese Arbeit synonym verwendet.

Wertschätzung sollte jedem Mitarbeiter zustehen, sie stellt eine Würdigung der Mitarbeit und dessen Anwesenheit im Unternehmen dar. Jeder Mensch braucht ein Mindestmaß an Wertschätzung, um Motivation und Tatendrang zu entwickeln. Zur Wertschätzung gehört eine faire Behandlung: Jedem Mitarbeiter werden die gleichen Chancen eingeräumt und auf Vorurteile wird verzichtet. Ein höflicher und freundlicher Umgangston untereinander, gepflegte Umgangsformen, zeigen Wertschätzung, wie die morgendliche Begrüßung, die authentisch an die Personen gerichtet wird oder Handlungsanweisungen, die mit einem „Bitte“ oder „Danke“ versehen sind, führen dazu, dass der Betreffende sich ge- und beachtet und wertgeschätzt fühlt. Jeder Mitarbeiter sollte so behandelt werden, wie Vorgesetzte und Mitarbeiter selbst behandelt werden möchten.

Anderson konnte in seinem Forschungsschwerpunkt zum sozialen Status von Mitarbeitern und Teams nachweisen, dass subjektives Wohlbefinden, Lebenszufriedenheit, und positive Gefühle davon abhängen, wie stark die anderen der Gruppe wertgeschätzt und respektiert werden und in welchem Maß es für die Personen selbst zutrifft[30].

Wertschätzende Führung

Unter wertschätzender Führung wird die Schaffung von Bedingungen verstanden, unter denen „ganz normale“ unterschiedliche Menschen gute bzw. hervorragende Leistungen erbringen können, wollen und dürfen“ (Sackmann, 2010). Für die Zufriedenheit und Motivation der Mitarbeiter ist die im anwendungsorientierten Führungskontext erlebte und gelebte Wertschätzung wichtig (Bartscher, 2004). Wertschätzende Führung setzt auf Fairness und Vertrauen, die die Mitarbeiter in die Organisation, den Vorgesetzten und die Kollegen setzen können. Zudem ist eine „Fehler-Kultur“, die nicht auf Sanktionen beruht, die Panik und Angst verursachen, sondern die auf Lernen und Problemlösung abzielt, bedeutsam. Sie setzt auf soziale Unterstützung, die sich in der Verlässlichkeit der Organisationsstruktur, der Aufgabenstellung und der Kollegen bei auftauchenden Schwierigkeiten manifestiert. Soziale Unterstützung erfolgt in Form von problembezogener und emotionaler Unterstützung.

30 Quelle: http://www.wirtschaftspsychologie-aktuell.de/lernen/lernen-20120629-cameron-anderson-sozialer-status-und-wohlbefinden.html

Problembezogene Unterstützung erfolgt durch tatkräftige Hilfe, hält Informationen bereit und bietet Tipps zur Lösung an. Die emotionale Unterstützung erfolgt durch Zuhören, Verständnis und Wertschätzung. Die Kombination aus emotionaler und problembezogener Unterstützung, individuell auf den Einzelnen angewendet, führt zu einer wertschätzenden Führung. Voraussetzungen dafür ist eine Unternehmenskultur, die Standards für Verhalten, eindeutige und sichtbare Manifestationen, Leitbilder und gezeigte Werte nach außen postuliert. Die grundlegenden Überzeugungen der Unternehmenskultur spiegeln sich in der Wahrnehmung, dem Denken und Fühlen und Handeln aller Mitarbeiter wider (Leitl & Sackmann, 2010). Sackmann hat u.a. folgende Merkmale wertschätzender Führung herausgearbeitet (Sackmann, 2008): Individuelle Mitarbeiterorientierung, berufliche und persönliche Entfaltung, angstfreies Arbeiten, Arbeitszufriedenheit, Wohlbefinden, Anerkennung und respektvoller Umgang. Diese Merkmale setzen eine wertschätzende Unternehmens- und Führungskultur voraus.

Vergütung und Anreizsysteme

Das Arbeitsentgelt oder die Vergütung wird für die erbrachte Leistung von Organisationsmitgliedern in einem Unternehmen gewährt. Dabei kann die Leistung aus nichtselbstständiger Arbeit eines Arbeits- oder Dienstverhältnis stammen oder aus einer Beschäftigung, die unabhängig eines Rechtsanspruch auf die Einnahmen besteht, unter welcher Bezeichnung oder in welcher Form die Einnahmen erbracht werden und ob sie unmittelbar aus der Beschäftigung oder im Zusammenhang mit ihr erzielt werden

Anreizsysteme werden von Unternehmen zur Motivationsförderung eingesetzt, um die Leistung der Mitarbeiter zu steigern. Dies basiert auf der Annahme, Mitarbeiter beeinflussen zu können, indem man ihnen Anreize in Aussicht stellt. Die Anreize können sowohl einen materiellen als auch einen immateriellen Wert besitzen, individuell oder kollektiv gestaltet sein und stellen für den Mitarbeiter einen subjektiven Anreizwert dar. Anreizsysteme können verschiedene Funktionen haben (Berthel & Becker, 2008), nämlich eine

- **Aktivierungsfunktion**, um die Leistungsbereitschaft zu erhöhen, indem die Mitarbeiter motiviert werden
- **Steuerungsfunktion**, um die Prioritätsschwerpunkte der Aufgabenstellung zu setzen
- **Informationsfunktion**, die Mitarbeiter über die aktuellen Ziele des Unternehmens informiert.
- **Veränderungsfunktion**, bei der Anreizsysteme genutzt werden können um im Rahmen der Organisationsentwicklung Veränderungen zu implementieren.
- **Bindungsfunktion**, die durch Anreize geschaffen wird, weil der Mitarbeiter das Gefühl hat für seine Anstrengungen angemessen und gerecht belohnt worden zu sein.

Die Wirksamkeit der Entgeltstruktur und von Anreizsystemen hängt zum einen von der Ausgestaltung der Anreize und zum anderen von der empfunden Gerechtigkeit ab. Dabei spielen folgende Merkmale für die Praxis eine wichtige Rolle:

- **Marktgerechtigkeit** bedeutet, dem Mitarbeiter eine auf dem Arbeitsmarkt übliche Vergütung zu gewähren. Bei begehrten Mitarbeitern erhöhen Unternehmen die Vergütung, um attraktiver zu sein, bei unliebsamen Mitarbeitern wird eine geringere Vergütung gewährt, um den Mitarbeiter loszuwerden.
- **Anforderungs-Qualifikationsgerechtigkeit** meint, dass die benötigte Ausbildung den geforderten Leistungen entspricht und damit den Anspruch der Gerechtigkeit erfüllt.

- **Leistungsgerechtigkeit** geht davon aus, dass die Mitarbeiter, die ähnlich erfolgreich sind, dieselbe Vergütung erhalten. Die Anforderungs-Qualifikationsgerechtigkeit genügt hier nicht, wenn Mitarbeiter bei der derselben Tätigkeit unterschiedliche Ergebnisse erzielen.
- **Mitarbeitergerechtigkeit** betrifft den Vergleich zwischen Kollegen, die unterschiedliche Vergütung bei gleicher Tätigkeit erhalten. Es ist in vielen Unternehmen durchaus üblich, langjährigen Mitarbeitern eine höhere Vergütung zu gewähren als Neuanfängern.

Mit diesen Überlegungen wird deutlich, dass der empfundene Status mit der Einordnung in das vorhandene Entgeltsystem einhergeht.

6.2 Neurowissenschaftliche Perspektiven

Neurowissenschaftliche Forschung ergab, dass schon beim Gedanken an schlechtes Abschneiden innerhalb eines zwischenmenschlichen Vergleichs mit Stress verbundene Hormone ausgeschüttet werden, die wiederum die Lebensdauer sowie Gesundheit maßgeblich beeinflussen (vgl. Rock, 2008, S.3).

Mittels fMRT-Studien wurden auch die Wahrnehmung sozialer Hierarchien und ihr Einfluss auf das menschliche Verhalten untersucht. Bei der Analyse stabiler und instabiler sozialer Hierarchien wurde deutlich, dass nur „sozial höherstehende" Mitspieler neuronal repräsentiert werden, Personen mit niedrigerem sozialen Status werden quasi vom Gehirn „ignoriert". Nur bei instabilen sozialen Hierarchien zeigte sich zudem, dass die emotionalen Areale aktiviert werden, wenn eine Auseinandersetzung mit „sozial höherstehende" Mitspielern erfolgt (Zink, Tong, Chen, Bassett, Stein & Meyer-Lindenberg, 2008, S. 273–283).

- Im ersten Durchlauf ließen die Forscher die Versuchsteilnehmer Reaktionstests an einem Computer machen. Jeder Person wurde gesagt, dass er nacheinander gegen zwei andere Spieler antreten würde, von denen einer über-, der andere unterlegen sei. In Wahrheit existierten diese anderen Spieler nicht, der Ausgang der Spielrunden war im Vorfeld von den Forschern festgelegt worden. Während des Versuchs wurden die Teilnehmer mittels fMRT gescannt. Es wurde deutlich, dass nur der sozial höher Stehende im Gehirn abgebildet wurde.
- Im zweiten Durchlauf war die Hierarchie nicht wie im ersten Versuch stabil, sondern hing von den vorherigen Erfolge und Misserfolgen der Versuchsteilnehmer ab. In einer stabilen Situation geht es demjenigen am besten, der sich an der Spitze befindet. In einer instabilen Umgebung allerdings befindet er sich in der bedrohlichsten Situation von allen: Während Unterlegene theoretisch die Möglichkeit zum Aufstieg haben, droht der Person mit dem höchsten Status der Abstieg. Wer einmal einen bestimmten Status erreicht hat, möchte aber nicht schlechter gestellt werden. Hier wurde folgendes deutlich: Wer befürchten muss, in der Rangordnung abzusinken, zeigt neuronale Muster wie beim Empfinden von Schmerz. Umgekehrt wurden die Hirnareale für Handlungsplanung aktiv, wenn die Probanden die Chance des Aufstiegs witterten. Allein die Aussicht auf verbesserte Handlungsoptionen hat offenbar ausgereicht, um diese Hirnareale zu aktivieren.

In beiden Versuchen spielten die Teilnehmer jeweils um geringe Geldbeträge. Waren sie erfolgreich und bekamen Geld, wurden teilweise dieselben Hirnareale aktiv wie beim sozialen Aufstieg. Wiederum waren die Ergebnisse eindeutiger als erwartet: Das Geld, das die Probanden gewinnen konnten, war real. Dagegen war die soziale Hierarchie rein künstlich hergestellt – in einer Laborsitutation. Es wurde deutlich, dass beides gleich wichtig war.

Eine weitere fMRT-Studie bez. der Rolle des sozialen Status wurde von Ly et al. (2011) durchgeführt: Sie bestätigen mithilfe moderner bildgebender Verfahren ein altes Sprichwort: Gleich und Gleich gesellt sich gern: Für die Studie mussten die Versuchsteilnehmer jeweils zwei Fotografien von Menschen mit höherem oder niedrigerem sozialen Status bestimmten Fragen zuordnen, etwa: „Welche Person wurde mehrmals entlassen?“ oder „Welche Person hat eine Eliteuniversität besucht?“ Zugleich beobachteten die Forscher mithilfe der fMRT das ventrale Striatum im Bewertungssystem des Gehirns.

Von dieser Hirnstruktur weiß man, dass sie aktiviert wird, wenn einer anderen Person stärkere soziale Beachtung gegeben wird. Bei der Auswertung der Daten ergab sich, dass entgegen naheliegender Vermutung nicht automatisch der sozial höher Gestellte für wichtiger gehalten wird. Vielmehr unterschied sich das Interesse der Probanden je nachdem, wie sie selber ihren Status einschätzten: Nur bei denen, die sich in einer gehobenen sozialen Position wähnten, war das ventrale Striatum besonders aktiv, wenn sie mit der Fotografie einer sozial höher gestellten Person konfrontiert wurden. Bei Probanden mit subjektiv niedrigem Status war das Interesse eher auf Personen mit niedrigerem Status ausgerichtet.

7 Vertiefung: Sicherheit/„Certainty“

Katja Clement

7.1 Grundlagen

Viele Bereiche unserer Umwelt widmen sich unserem Bedürfnis nach Sicherheit. Angefangen beim täglichen Horoskop, dem Wetterbericht, der Dynamischen Fahrgastinformation an Haltestellen, wo wir erkennen können, wann unsere Bahn eintrifft über alle Arten von Versicherungen bis hin zu Unternehmensberatern, die Führungskräften im Umgang mit ihren Mitarbeitern und Unternehmen durch strategische Planung und „Prognosen“ Sicherheit vermitteln möchten.

Der Begriff „Sicherheit“ entzieht sich einer schnellen Definition, denn er hat vielfältige Bedeutungen und umfasst verschiedene Aspekte[31]. Bei einer ersten Kategorisierung des Sicherheitsbegriffs lassen sich zwei Aspekte unterscheiden (Ruhne, 2003, S. 36f.):

- Sicherheit im Sinne von sich geborgen Fühlen, als Sorglosigkeit bzw. „Urvertrauen“
- Sicherheit im Sinne von Schutz vor Gefahren.

Diese Unterteilung weist nach Ruhne (2003) auf einen grundsätzlichen Unterschied zwischen dem „Geschützt-Sein vor objektiven Gefahren“ und dem „Gefühl der Sicherheit“ hin. Diese Einteilung deckt sich indessen nicht mit der Einteilung in objektive und subjektive Sicherheit. Denn das Geschütztsein vor objektiven Gefahren kann nicht mit objektiver Sicherheit gleichgesetzt werden, weil es auch die Wahrnehmung des Geschütztseins umfasst.

Subjektive Sicherheit erstreckt sich demzufolge auf die Einschätzung, vor möglichen Gefahren geschützt zu sein (= Sicherheitserleben), und auf das Gefühl der Geborgenheit (= Sicherheitsgefühl), d. h. es umfasst eine kognitive und eine emotionale Komponente. Ein weiterer Aspekt ist die Ausprägung des Sicherheitsgefühls. Eine Person kann sich vollkommen sicher oder nur einigermaßen sicher fühlen, sie kann aber auch verunsichert sein oder sich sogar sehr unsicher fühlen.

Vor diesem Hintergrund lässt sich zunächst festhalten, dass eine Vielzahl gesellschaftlicher Mechanismen existiert, die der Unsicherheitsreduktion bzw. der besseren Vorhersagbarkeit des Verhaltens Dritter dienen; eine entsprechende Übersicht wird jetzt gegeben.

---

31 Kaufmann versucht, Sicherheit positiv wie folgt zu definieren: „(…) das Wort „Sicherheit“ ist ein gesellschaftliches Wertesymbol geworden, (…) Sicherheit verspricht heute weit mehr als bloßen Schutz, nämlich Gewissheit, Verlässlichkeit und vor allem Beruhigung und Geborgenheit“ (Kaufmann, 1970, S. 1).

7.1.1 Gesellschaftliche Aspekte von Sicherheit

Politische Sicherheit
Politische Sicherheit umfasst sowohl die öffentliche Sicherheit, die sich auf das Innere eines Staates bezieht, als auch die nationale und internationale Sicherheit, die sich nach außen orientiert. Nach Krollmann (1972, S. 17) umfasst die öffentliche Sicherheit die „Unversehrtheit von Leben, Gesundheit, Ehre, Freiheit und Vermögen der Bürger, sowie der Rechtsordnung und der Einrichtungen des Staates“. Im Mittelpunkt stehen hier sowohl der einzelne Bürger als auch der Staat mit seiner Rechtsordnung und wichtigen politischen Institutionen. Auch die Unversehrtheit der Freiheit gehört nach dieser Definition zu den zu Gütern, die – eingebettet in den Kontext der rechtlichen und institutionellen Strukturen – abzusichern sind.

Technische Sicherheit
Unter technischer Sicherheit versteht man nach Murck (1980, S. 78) die „Harmlosigkeit der Verwendung an sich gefährlicher Mittel“. Zuverlässigkeit und Kontrolle und damit verbundene Gefahrlosigkeit kennzeichnen diesen Bereich der technischen Sicherheit. Der Betrieb eines Atomkraftwerkes mit seinen Notfallkühlsystemen und Abschaltautomatismen ist ein typisches Beispiel für diesen Aspekt der technischen Sicherheit, die allerdings, wie man aus der Erfahrung des GAUs von Tschernobyl weiß, sehr schnell in Unsicherheit und Kontrollverlust mit gravierenden Folgen umschlagen kann. Zudem bezeichnet technische Sicherheit auch die „Zuverlässigkeit des technischen Mittels“ und somit auch die „Voraussehbarkeit“ seiner Leistung (Murck. 1970, S. 78). Durch die immer komplexer werdende Technik wird es immer wichtiger, dass die Überwachung der Sicherheit in den einzelnen technischen Abläufen automatisiert abläuft, was aber wiederum neue Probleme bei der letztendlichen Verantwortung und Supervision durch den Menschen aufwerfen kann. Technische Sicherheit wird unterstützt durch diverse Formen der Sicherheitstechnik, die bei der Gefahrenentstehung (z. B. Ersatzkühlsysteme in Atomkraftwerken) als unmittelbarer Schutz vor möglichen Gefährdungen (z. B. Airbags) oder bei der Gefahrenprävention (Hinweisschilder, Schutzkleidungspflicht) wirksam sind.

Wirtschaftliche und soziale Sicherheit
Wirtschaftliche Sicherheit bezeichnet einen Zustand, in dem finanzielle und materielle Ressourcen zeit- und anlassabhängig in adäquater Menge zur Verfügung stehen. Dies gilt sowohl für Individuen als auch für Organisationen. In engem Zusammenhang dazu steht die soziale Sicherheit, die auf der individuellen Ebene weitgehend der wirtschaftlichen Sicherheit entspricht, da auch hier finanzielle Faktoren bestimmend sind. Bestimmten Unsicherheiten, wie bspw. der Verlust des Einkommens durch Krankheit, Elternschaft oder Unfall, wird durch Versicherungen begegnet. Dabei wird das finanzielle Risiko auf die beteiligten Versicherungsnehmer verteilt, die gemeinsam in einen Topf einzahlen. Bei Eintritt des Versicherungsfalles erhält der einzelne Betroffene aus diesem eine zuvor vertraglich geregelte finanzielle Kompensation, wobei wichtig ist, dass der Versicherungsfall nur bei einem geringen Teil der Versicherungsnehmer zeitgleich eintritt, da nur so das Versicherungssystem stabil und die individuellen Beiträge bezahlbar bleiben. Der Zustand der Sicherheit durch die Versicherung wirkt somit auf zwei Arten. Einerseits wird der von einem Versicherungsfall Betroffene unmittelbar finanziell entschädigt und andererseits gibt die Versicherung allen Ver-

sicherungsnehmern auf der Basis der Versicherungspolice ein Gefühl der Sicherheit, was zukünftige Ereignisse angeht. Die Intensität dieses subjektiven Sicherheitsgefühls durch eine Versicherung hängt auch davon ab, ob die Versicherungsnehmer sich freiwillig daran beteiligen.

Statussicherheit
Wirtschaftliche und soziale Sicherheit sind auch im Kontext von „Statussicherheit" (Glaessner, 2002, S. 4) – bezogen auf Dimensionen sozialer Ungleichheit wie materieller Wohlstand, Macht, Prestige, Bildung, Arbeits-, Wohn-, Umwelt- und Freizeitbedingungen (vgl. Hradil, 1999, S. 27) – zu sehen. Wenn nämlich von wirtschaftlicher und sozialer Sicherheit die Rede ist, dann ist für die Menschen in der Regel auch der Erhalt, die Stabilisierung oder gar die Erhöhung des Status in Bezug auf die genannten Dimensionen ein wichtiger Aspekt.

Rechtssicherheit
Rechtssicherheit beruht in der Bundesrepublik Deutschland auf Artikel 20 des Grundgesetzes, der in Zusammenspiel mit anderen Artikeln die verfassungsrechtliche Grundlage für den Rechtsstaat darstellt. Drei zentrale Merkmale von Rechtssicherheit lassen sich festhalten (vgl. Sachs, 2007, S. 806ff.): Der Grundsatz der Rechtsklarheit ist dabei ein wesentliches Merkmal. Jedes Gesetz muss sprachlich so eindeutig formuliert sein, dass kein Raum für unterschiedliche Interpretationen verbleibt. Diese Forderung nach Eindeutigkeit und die Komplexität der Gegenstände führen dazu, dass ein Großteil der Gesetze aus umfangreichen und ausführlichen Formulierungen besteht.

Fasst man diese Ausführungen zusammen, so wird deutlich, dass moderne Gesellschaften umfassende Sicherheitssysteme geschaffen haben, um ihren Mitgliedern Sicherheit zu gewähren – oder dies zumindest zu suggerieren. In jedem Fall wird deutlich, dass das Sicherheitsbedürfnis ein zentrales menschliches Bedürfnis darstellt. Dieser Tatbestand soll aus psychologischer Perspektive vertieft werden.

7.1.2 Arbeitsplatzunsicherheit

Im Organisationskontext kommt der Arbeitsplatzunsicherheit sicherlich eine herausgehobene Bedeutung zu – daher sollen diesbezüglich einige wichtige Überlegungen skizziert werden. In der Konzeption von Greenhalgh und Rosenblatt (1984) wird Arbeitsplatzunsicherheit als ein Druck der Umwelt aufgefasst, der von einem Individuum wahrgenommen wird. Die Autoren schließen in ihre Definition von Arbeitsplatzunsicherheit nicht nur die Vorwegnahme des Verlustes des gesamten Arbeitsplatzes, sondern auch den vorweggenommen Verlust wertgeschätzter Jobmerkmale („job features") ein. Hierbei führen sie drei Informationsquellen an, die zwischen der objektiven und der subjektiv wahrgenommenen Bedrohung vermitteln:

- die offiziellen Bekanntmachungen der Organisation
- die Anzeichen, die unbeabsichtigt zu den Beschäftigten „durchsickern" (wie z.B. die Kürzung des Etats für einen Unternehmensstandort) und
- die aufkommenden Gerüchte, die unternehmensintern die Runde machen.

Gemäß der Autoren setzt sich die subjektiv empfundene Bedrohung aus zwei Komponenten zusammen, die multiplikativ miteinander verknüpft sind, nämlich aus der Stärke der Bedrohung einerseits und der wahrgenommenen Machtlosigkeit andererseits. Beschäftigte, die entweder die Bedrohung durch den Verlust ihres Arbeitsplatzes als gering einstufen oder aber sich imstande fühlen, der Bedrohung effektiv entgegen zu wirken, sollten keinerlei oder zumindest weniger Arbeitsplatzunsicherheit verspüren.

Die Beschäftigten haben folgende Möglichkeiten, auf die erlebte Arbeitsplatzunsicherheit zu reagieren: **Reduzierte Arbeitsanstrengung**, eine **höhere Kündigungsbereitschaft** oder aber auch eine stärker **ausgeprägte Veränderungsresistenz**. Greenhalgh und Rosenblatt (1984) verdeutlichen des Weiteren, dass individuelle Unterschiede die Beziehung zwischen der erlebten Arbeitsplatzunsicherheit und den Reaktionen mit beeinflussen, wie z.B. die Kontrollüberzeugung (vgl. Abschnitt 13.1), Konservatismus oder Optimismus, Arbeitsorientierung oder Freizeitorientierung.

Des Weiteren spielt die Abhängigkeit einer Person von ihrem gegenwärtigen Job eine wichtige Rolle. Diese Abhängigkeit hängt wiederum von der Beschäftigungsmobilität und ökonomischer Unsicherheit ab: Personen, die eine Beschäftigung ausüben, die ihnen zahlreiche Alternativen auf dem Arbeitsmarkt ermöglicht, sind weniger belastet als Personen, die bedingt durch ihre weniger nachgefragten Qualifikationen in wesentlich eingeschränkterem Maße einsetzbar sind. Ökonomische Unsicherheit wird als das Unvermögen aufgefasst, die für den eigenen Lebensunterhalt notwendigen Kosten aus dem Einkommen des aktuellen Jobs decken zu können. Als letzter Einflussfaktor führen Greenhalgh und Rosenblatt (1984) die soziale Unterstützung an: Ein hohes Maß an sozialer Unterstützung fördert die Fähigkeit eines Individuums, die stressvolle organisationale Gesamtsituation zu bewältigen.

Arbeitsplatzunsicherheit hat aber auch Konsequenzen für die Gesamtorganisation. Dazu gehören: Eine reduzierte Produktivität, eine höhere Fluktuationsrate und eine verringerte organisationale Anpassungsfähigkeit. Diese reduzierte organisationale Effektivität erhöht wiederum das Niveau der objektiven Arbeitsplatzunsicherheit der Gesamtorganisation. Daraus resultiert ein sich selbst verstärkender Regelkreis aus wahrgenommener – und schlechtestenfalls nur vermuteter – Arbeitsplatzunsicherheit, organisationaler Leistungsfähigkeit und objektiver Arbeitsplatzunsicherheit. Führungskräfte haben allerdings die Möglichkeit, dem Erleben dieser subjektiven Arbeitsplatzunsicherheit mittels angemessener Kommunikation vorzubauen.

7.1.3 Reaktionen auf Unsicherheit: Stress

Unter Stress versteht man im Allgemeinen einen subjektiv intensiv unangenehmen Spannungszustand, der aus der Befürchtung entsteht, dass eine aversive, subjektiv zeitlich nahe (oder bereits eingetretene), subjektiv lang andauernde Situation, sehr wahrscheinlich nicht vollständig kontrollierbar ist, deren Vermeidung aber subjektiv wichtig erscheint (vgl. Zapf & Semmer, 2004, S. 1011). Stressoren sind dabei Faktoren, die mit erhöhter Wahrscheinlichkeit Stress oder Stressempfindungen auslösen (Nerdinger et al., 2011, S. 515.). Das Erleben von Unsicherheit ist somit ein Stressor.

Definition von Stress

Was versteht man unter „Stress"? Hacker und Richter (1980) sehen Stress als Zustand angstbedingt erregter Gespanntheit, der durch erlebte Bedrohung infolge Arbeitsbeanspruchung entsteht. Dieser Erregungszustand äußert sich im Bereich des Erlebens als Ängstigung und Gespanntheit. „Im Verhaltensbereich finden sich Übersteuerung mit hastigem Tempo, überzogener Kraftaufwand, Desorganisationstendenzen in der Informationsaufnahme und erhöhter Genussmittelverbrauch. Außerdem sind spezifische neuroendokrine Reaktionen vom Typ der unspezifischen Aktivierung beobachtbar" (Hacker, 1980, S. 94f.). Monotonie, Vigilanz, Langeweile und Unterforderung führen demnach nur in Ausnahmefällen zu Stress; eine Überforderung allerdings schon. Ulich (2005) verdeutlicht, dass Stress, insbesondere verbunden mit tatsächlichem oder vermeintlichem Kontrollverlust einhergehend, ein Gefühl der Bedrohung sei, bei der sich das Individuum der Arbeitssituation ‚ausgeliefert' fühlt – somit ist die Vorstellung eines ‚positiven Stress' ausgeschlossen. Ob Stress entsteht, hängt entscheidend davon ab, wie gut eine Person in der Lage ist, mit einer Belastung, also einem potenziellen Stressor umzugehen (vgl. Ulich, 2005, S. 477ff.).

Das Stressmodell von Lazarus

Diese Perspektive wird in dem kognitiven bzw. transaktionalen Stressmodell von Lazarus und Folkman (1984) eingenommen: Dieses Stressmodell geht nicht von einem einfachen Wirkungsschema eines Reizes aus, der eine Reaktion hervorruft, sondern betrachtet Prozesse der kognitiven und emotionalen Bewertung einer Situation und die für die Person verfügbaren Bewältigungsmöglichkeiten (vgl. Richter & Hacker, 1998, S. 98ff.) Stresssituationen werden dabei als komplexe und dynamische Interaktions- und Transaktionsprozesse zwischen den Anforderungen der Situation und dem handelnden Individuum beschrieben. Ob letztendlich bei einem Individuum Stress entsteht oder nicht, hängt von den vorausgehenden Bewertungsprozessen ab. Eine Situation erweist sich für eine Person nur dann als stresshaft, wenn diese subjektiv der Überzeugung ist, einer Situation nicht oder nur unzureichend gewachsen zu sein. Die subjektive Bedrohlichkeitseinschätzung ist hierbei Resultat eines zweistufigen, kognitiven Bewertungsprozesses. So nimmt die Person in einem ersten Schritt, dem „primary appraisal" eine Bewertung dahingehend vor, inwieweit ein Ereignis positiv oder aversiv ist und welche Bedrohlichkeit es für das eigene Wohlergehen besitzt. In einem zweiten Schritt, dem „secondary appraisal" findet bei der Person eine Reflexion darüber statt, ob ihr ausreichend Ressourcen zur Verfügung stehen, um die stresshafte Situation bewältigen zu können.

Theorie der Ressourcenerhaltung

Die Theorie der Ressourcenerhaltung stützt sich ähnlich wie die transaktionale Stresstheorie auf die Bewertung einer Situation durch das Individuum, berücksichtigt hierbei allerdings stärker als die transaktionale Stresstheorie die Bedeutung, die den Ressourcen eines Individuums zukommt. Unter Ressourcen versteht Hobfoll (1989) Objekte, persönliche Eigenschaften, Bedingungen oder Energien, die von einem Individuum eine hohe Wertschätzung erfahren. Gemäß seiner Theorie erlebt ein Beschäftigter Stress, wenn er Ressourcen zu verlieren droht. So kann bspw. der antizipierte Verlust des Arbeitsplatzes wertgeschätzte Bedingungen (wie z.B. die sozialen Kontakte am Arbeitsplatz) und Energien (wie z.B. das Gehalt oder die eigenen Ersparnisse) gefährden (vgl. Abschnitt 16.3 mit ausführlicheren Überlegungen zum Thema „Ressourcen").

Wir können also festhalten, dass das Erleben von Unsicherheit Stress und somit Leistungsprobleme erzeugen kann. Daher ist es wichtig, einige Einflussfaktoren auf das Unsicherheitserleben herauszuarbeiten.

7.1.4 Beeinflussung des Sicherheitserlebens

Kommunikation

Kommunikation ist ein entscheidender Faktor bei der Zusammenarbeit und bei der Vermittlung von Sicherheit. Dabei ist die Art und Weise der Kommunikation, die Beteiligung durch Informationsaustausch bzw. -weitergabe und die Klarheit bei der Formulierung von Erwartungen entscheidend. Ein Vorgesetzter muss Informationen an seine Mitarbeiter weitergeben bzw. sich mit ihnen austauschen und die Erwartungen, die er im Umgang mit diesen Informationen an den Mitarbeiter hat, klar kommunizieren, damit sie in der Lage sind und sich sicher genug fühlen, eine gute Leistung zu erbringen. Weitere Punkte, die eine Führungskraft bei der Kommunikation beachten sollte, sind:

- **Die richtigen Fragen stellen** – um Unklarheiten zu vermeiden bzw. keine Vermutungen aufzustellen, die evtl. falsch sind und Konflikte auslösen können (vgl. Simon, 2004).
- **Aktives Zuhören** – um die Bereitschaft, den Gesprächspartner verstehen zu wollen, die Fähigkeit, den Gesprächspartner zu verstehen und dem Gesprächspartner zu zeigen, dass man zuhört, zu signalisieren (Weisbach & Sonne-Neubacher, 2008).
- **Informationsaustausch** – um Orientierung zu geben bzw. Orientierungslosigkeit und somit Unsicherheit zu vermeiden.

Authentizität

Unternehmen und ihre Führungskräfte sehen sich einer wachsenden Komplexität und Ungewissheit ausgesetzt. Globalisierung, ein zunehmender Innovations- und Wettbewerbsdruck sowie dynamische technologische Entwicklungen, diskontinuierliche Veränderungsprozesse, Herausforderungen wie „downsizing“, Hierarchieabbau und „outsourcing“ sowie unterschiedliche Restrukturierungsvorhaben sorgen für Unsicherheit (vgl. Marion & Uhl-Bien, 2001). Aus diesen Zuständen heraus entsteht unter anderem das Bedürfnis nach einer authentischen Führung. So werden insbesondere im angloamerikanischen Bereich in der akademischen Forschung Fragen eines „authentic leadership“ diskutiert (vgl. z. B. Avolio & Luthans, 2005; Gardner, Avolio, Luthans, May & Walumba, 2005). Authentische Führungskräfte sind sich demnach ihrer Werte und Glaubensvorstellungen voll und ganz bewusst; außerdem sind sie selbstbewusst, verlässlich und vertrauenswürdig, fokussieren sich auf die Stärken ihrer Mitarbeiter, erweitern ihr eigenes Denken und das der Mitarbeiter und schaffen einen positiven und engagementförderlichen Organisationskontext (vgl. Avolio et al., 2005; Gardner et al., 2005).

Nach Avolio et al. (2005) führen Personen dann authentisch, wenn sie ihre Werte, Überzeugungen und Glaubensvorstellungen „offen“ leben. Sie streben eher danach, anderen zu dienen (vgl. Georg, 2003). Gemäß Malik (2006) schafft Authentizität Vertrauen dadurch, dass eine Führungskraft in der Lage ist, auch eigene Fehler einzugestehen, die Werte und Normen einer Unternehmenskultur glaubwürdig zu leben und Veränderungsprozesse zu unterstützen und mit Konflikten offen umzugehen und daraus zu lernen. Auf diese Weise wird ein Vorgesetzter für die Mitarbeiter nachvollziehbar und einschätzbar und diese fühlen sich auch in unsicheren Zeiten unter seiner Führung sicher.

Authentizität ist in dieser Zeit der schnellen Veränderungen und Ungewissheit ein wichtiger Faktor bei der Vorgesetzten-Mitarbeiter-Interaktion. Neben einer klaren und verständlichen Kommunikation kann eine authentische Führungskraft durch o. g. Möglichkeiten Sicherheit vermitteln und die Mitarbeiter fühlen sich dem Vorgesetzten verpflichtet und arbeiten gerne für ihn, weil man sich in unsicheren Situationen bzw. Zeiten auf ihn verlassen kann. Das Belohnungssystem wird aktiviert, das Erleben von Bedrohung wird reduziert.

Strukturen

Strukturen geben Sicherheit und Orientierung. Die Organisationen von heute agieren in einem zunehmend instabilen Umfeld, beinahe täglich stehen sie vor neuen, vollkommen unvorhergesehenen Überraschungen. Der ständige Wandel ist zur Konstanten geworden. Somit ist die Komplexität enorm gestiegen. Aus diesem Grund ist ein strukturiertes Grundgerüst wichtiger geworden, das es der Organisation möglich macht, trotz Veränderung Ziele und den Handlungsrahmen nicht aus den Augen zu verlieren. Dieser Rahmen mit seinen Strukturen vermittelt in diesem relativ unsicheren Umfeld eine gewisse Sicherheit und Orientierung. Wichtig ist für den Mitarbeiter, dass er diese Strukturen verstanden hat, seine Rolle darin gefunden und angenommen hat und sich mit diesen Bedingungen identifizieren kann. Das gibt ihm eine gute und sichere Grundlage, um sich „wohl" zu fühlen und Leistung zu erbringen.

Unternehmens- und Sicherheitskultur

Grote und Künzler definieren Sicherheitskultur als „Gesamtheit der von der Mehrheit der Mitglieder einer Organisation geteilten sicherheitsbezogenen Grundannahmen und Normen, die ihren Ausdruck im konkreten Umgang mit Sicherheit in allen Bereichen der Organisation finden" (Nerdinger et al., 2011, S. 468). Sie unterscheiden zwischen materiellen Merkmalen, also die gemeinsame Optimierung von Technikeinsatz und Arbeitsorganisation sowie die Verankerung der Sicherheit in der Aufbau- und Ablauforganisation und den immateriellen Merkmalen, also die geteilten Normen und Werte, die die Integration von Sicherheit in den Arbeitsprozess fördern. Zur Entwicklung und Umsetzung einer Sicherheitskultur weist Reason (1997) auf vier Aspekte hin, die für eine gestaltbare Kultur wichtig sind:

- **Berichtskultur** – für ein funktionierendes Berichtssystem für sicherheitsrelevante Vorfälle – auch Beinahunfälle, um auf latente Risikofaktoren aufmerksam zu machen. Dabei ist wichtig, dass keine Sanktionierungen berichteter Fehlhandlungen vorgenommen werden, sondern die Berichte als Grundlage für eine konstruktive Analyse genutzt werden.
- Des Weiteren ist eine gerechte **Vertrauenskultur** nötig. Natürlich kann nicht jedes sicherheitskritische Verhalten ohne Konsequenzen bleiben. Es ist wichtig, dass für alle Mitarbeiter transparent und nachvollziehbar ist, welches Verhalten im Umgang mit Sicherheitsfragen akzeptabel und welches inakzeptabel ist. Eingestandene Fehlhandlungen, die nicht vorsätzlich und leichtfertig begangen wurden und nicht gegen geltendes Recht verstoßen, werden nicht sanktioniert.
- Eine **flexible Kultur** hilft beim Umgang mit Gefahrensituationen. Sie lässt zu, dass in solchen Situationen flexibel mit den Anforderungen umgegangen wird, z. B. werden in Gefahrensituationen Entscheidungen vom Experten vor Ort und nicht hierarchisch getroffen.
- Als viertes Merkmal ist die **Lernkultur** zu nennen. Das heißt, dass die Fähigkeit und die Bereitschaft bestehen, aus sicherheitsrelevanten Informationen die richtigen Schlussfolgerungen zu ziehen und entsprechende Maßnahmen umzusetzen bzw. zu implementieren und das auf allen Ebenen der Organisation.

Ziele & Zielvereinbarungen
Versteht man unter einem Ziel eine exakte Beschreibung eines in die Zukunft angestrebten Zustands (Simon, 2006, S. 64), so lässt sich daraus schlussfolgern, dass Ziele als wichtige Voraussetzung für die Befriedigung unseres Sicherheitsbedürfnisses aufgefasst werden können.

In einem Zielvereinbarungsgespräch erarbeitet der Vorgesetzte gemeinsam mit dem Mitarbeiter, was dieser zum übergeordneten Ziel beitragen kann, auf welche Weise, in welchem Umfang. Die Schaffung der nötigen Voraussetzungen werden präzisiert und die Möglichkeiten der Unterstützung seitens des Vorgesetzten werden identifiziert. Für die Zielverfolgung ist es wichtig, dass unterjährig liegende Messgrößen vereinbart werden, um bei möglichen Anzeichen für das Verfehlen des Zieles gegensteuern zu können.

Eine Bewertung der Zielerreichung ergibt sich fast von selbst, wenn die vorherigen Schritte erfolgreich durchlaufen wurden. Wenn eine klare Formulierung vorliegt und die Zielverfolgung konsequent durchgeführt wurde, ist die Bewertung meist nur noch eine Formsache.

Arbeitsgestaltung und Sicherheit
Die Tätigkeit stellt die Grundlage für die Ausübung der Arbeitsaufgabe. Um diese ausüben zu können, muss diese entsprechend gestaltet sein. Kriterien für humane Arbeitsgestaltung wurden bereits vor vielen Jahren von Hacker und Richter (1984) entwickelt:

- **Ausführbarkeit**: Die Arbeit sollte in Bezug auf die Arbeitsbedingungen und Arbeitsmittel so gestaltet sein, dass sie ausführbar ist (z. B. klare Anweisungen, geeignete Arbeitsmittel).
- **Schädigungslosigkeit**: Arbeit darf keine gesundheitlichen Schäden verursachen (z. B. Vermeidung von Lärm, Strahlung etc. im Rahmen des Arbeitsschutzes).
- **Beeinträchtigungsfreiheit**: Die Belastungen und Beanspruchungen dürfen langfristig zu keinen psychischen Beeinträchtigungen führen.
- **Persönlichkeitsförderlichkeit**: Die Arbeit sollte einen ausreichenden Spielraum für Lernen und Weiterentwicklung sowie Bedürfnisbefriedigung (im Sinne von Wohlbefinden und Zufriedenheit) enthalten.

Diese vier Kriterien von Hacker und Richter verdeutlichen bereits die Verbindung zur Dimension „Sicherheit“. Wenn diese Kriterien berücksichtigt werden, kann sich der Mitarbeiter an seinem Arbeitsplatz wohl und sicher fühlen. Ulich (2004) hat Merkmale zusammengestellt, die weitere Hinweise für die Aktivierung des neuronalen Belohnungssystems und für das Schaffen von hoher Leistung geben:

- **Ganzheitlichkeit**: Der Mitarbeiter hat seine Aufgabe, deren Stellenwert und Bedeutung im Zusammenhang mit anderen Aufgaben verstanden.
- **Anforderungsvielfalt**: Die Kompetenzen werden nicht einseitig beansprucht, es sind unterschiedliche Fähigkeiten gefragt.
- **Möglichkeiten der sozialen Interaktion**: Aufgaben werden gemeinsam bewältigt, der Mitarbeiter hat Zugriff auf die Unterstützung von Kollegen.
- **Autonomie**: Selbstwertgefühl und die Bereitschaft zur Übernahme von Verantwortung werden durch die Aufgabe gefördert.
- **Lern- und Entwicklungsmöglichkeiten**: Die Lernbereitschaft und geistige Flexibilität werden gefördert.
- Zeitelastizität und stressfreie Regulierbarkeit und Sinnhaftigkeit

In engem Zusammenhang mit diesen Überlegungen zur Tätigkeitsgestaltung steht ein neuerer Ansatz aus den Gesundheitswissenschaften, nämlich das Konzept „sense of coherence" (Kohärenzgefühl), das jetzt skizziert werden soll.

Sense of Coherence

Nach Antonovsky und Franke (1997) hängt die Gesundheit – und somit Leistungsfähigkeit – eines Menschen maßgeblich von seinem Kohärenzgefühl („sense of coherence – SOC) ab. Dieses beschreibt die Grundhaltung eines Menschen gegenüber der Welt und dem eigenen Leben; mit Kohärenz ist hier Zusammenhang – Stimmigkeit – gemeint. Ein Gefühl von Kohärenz stellt sich dann ein, wenn ein Individuum die „alles durchdringende" Zuversicht hat, dass sowohl innere als auch äußere Faktoren vorhersagbar sind und dass sich die Dinge so gut entwickeln werden, wie man „vernünftiger Weise" annehmen kann.

Die genaue Definition des SOC lautet (Antonovsky & Franke, 1997) „eine globale Orientierung, die zum Ausdruck bringt, in welchem Umfang man ein generalisiertes, überdauerndes und dynamisches Gefühl des Vertrauens besitzt, dass die eigene innere und äußere Umwelt vorhersagbar ist und dass mit großer Wahrscheinlichkeit die Dinge sich so entwickeln, wie man es vernünftigerweise erwarten kann." Später ergänzen sie (Antonovsky & Franke, 1997): „Eine globale Orientierung, die zum Ausdruck bringt, in welchem Umfang man ein [...] Gefühl des Vertrauens besitzt, dass (a) die Stimuli aus der internen und externen Umgebung im Laufe des Lebens strukturiert, vorhersagbar und erklärbar sind; (b) die Ressourcen, die er oder sie zur Bewältigung der Anforderungen eben jener Stimuli benötigt, verfügbar sind; und (c) diese Anforderungen Herausforderungen sind, des Engagements und der Mühe wert." Antonovsky hat drei Komponenten des SOC definiert. Er unterscheidet hierbei zwischen:

- **Comprehensibility (Verstehbarkeit)** bezieht sich auf das Ausmaß, in welchem man interne und externe Stimuli als sinnhaft wahrnimmt, als geordnete, konsistente, strukturierte und klare Information, und nicht als Rauschen – chaotisch, ungeordnet, willkürlich, zufällig und unerklärlich.
- **Manageability (Handhabbarkeit bzw. Bewältigbarkeit)** ist das Ausmaß, in dem man wahrnimmt, dass man geeignete Ressourcen zur Verfügung hat, um den Anforderungen zu begegnen, die von den Stimuli, mit denen man konfrontiert wird, ausgehen.
- **Meaningfulness (Sinnhaftigkeit bzw. Bedeutsamkeit)** ist das Ausmaß, in dem eine Person ihr Leben als sinnvoll empfindet und zumindest einige der vom Leben gestellten Anforderungen als Herausforderungen betrachtet, die Engagement und Investition wert sind.

Zusammenfassend lässt sich verdeutlichen, dass das Kohärenzgefühl mit dem Erleben von Sicherheit einhergeht.

7.2 Neurowissenschaftliche Perspektiven

Die Dimension „Certainty" spiegelt den Wunsch eines Individuums wieder, Gewissheit über die Geschehnisse und Situationen der nahen Zukunft zu haben. Das Gehirn versucht durch das Erkennen von Mustern Gewissheit über zukünftige Handlungen und Situationen zu erhalten und für vorhersehbare Situationen Automatismen zu entwickeln. Mithilfe dieser Automatismen und gespeicherten Abläufe ist es dem Gehirn möglich, Ressourcen einzusparen, effizienter zu arbeiten und somit die Vorrausetzung für das oftmals geforderte Multitasking zu leisten (vgl. Elger, 2009, S. 69). Liegen keine eindeutigen Muster zur Erkennung vor, stellt das Gehirn erheblich mehr Ressourcen bereit, um situationsspezifische Erfahrungen zu machen. Es entsteht zudem eine gewisse Unsicherheit über die Geschehnisse in der nahen Zukunft. Schon die Störung des automatischen Ablaufs einer einfachen Aufgabe durch Ungewissheit verlangt eine Ressourcenverlagerung des Gehirns zum „Fehler“ hin (vgl. Rock, 2008, S. 4). Andauernde Ungewissheiten können sogar lähmend wirken. Durch das Erreichen von Gewissheit kann für ein Individuum eine Belohnungsreaktion erzeugt werden. Dabei wird der Dopamin-Spiegel im Körper erhöht, z.B. durch die Rückkehr an einen wohlbekannten Ort, da die bereits existierenden mentalen Pläne der Umgebung vom Gehirn leicht abgerufen werden können.

Aus neurobiologischer Sicht ist unser Gehirn eine Mustererkennungsmaschine, die ständig versucht, die nahe Zukunft vorherzusagen. Unsere umfassenden neuronalen Ressourcen widmen sich der Frage, was als nächstes passieren wird. Hawkins erklärt die Vorlieben des Gehirns für Prognosen auf folgende Weise: „Unser Gehirn benutzt gespeicherte Erinnerungen, um Vorhersagen über alles zu machen, was wir sehen, ertasten und hören (…). Was wir wahrnehmen, ist eine Verknüpfung der Informationen, die uns unsere Sinnesorgane zuleiten, mit den auf Erinnerungen basierenden Vorhersagen unseres Gehirns (…). Vorhersage ist nicht nur eine der Leistungen, die ihr Gehirn erbringt, sondern die primäre Funktion des Neokortex und die Grundlage der Intelligenz“ (Hawkins & Blakeslee, 2005).

Unser Gehirn als „Mustererkennungsmaschine“ versucht also ständig irgendwelche Muster zu erkennen und schafft uns damit Sicherheit. Im Mittelpunkt steht hier eine Art „kontinuierlicher SOLL-IST-Abgleich“, also zwischen Erwartung und tatsächlich eingetretenem Ereignis, wenn z. B. die Erwartung erfüllt wird, dass unser Fuß beim Gehen wie „erwartet“ auf dem Weg landet. Unsicherheit würde ausgelöst werden, wenn wir auf eine Kante treten, mit der wir nicht gerechnet hatten (Rock, 2008). Wenn das Verlangen nach Sicherheit gestillt ist, folgt das Gefühl der Belohnung. Dieses Gefühl entsteht auf einer meist unbewussten, kaum wahrnehmbaren Ebene.

Eine Studie aus dem Jahr 2005 hat ergeben, dass schon leise Zweifel die Amygdala aktivieren können. Als Beispiel sei hier das häufige Telefonieren mit einem Gesprächspartner genannt, den wir jedoch noch nie vorher persönlich gesehen haben. Wir empfinden diesem gegenüber eine gewisse Unsicherheit, die jedoch verfliegt, sobald wir wissen, wie derjenige aussieht (vgl. Rock, 2008, S. 164ff.).

Gemäß Rock können Führungskräfte diese Erkenntnisse nutzen, um die Grundlage für „Sicherheit“ in ihrem Unternehmen zu schaffen, indem sie Änderungen und Umstrukturierungen begründen und die Mitarbeiter einbeziehen, verständliche organisationale Strukturen kommunizieren und zugänglich machen, Strategien, Ziele und Visionen transparent machen und die Entscheidungsfindung darlegen. All diese transparenten Praktiken können als Fundament für die Wahrnehmung von „Sicherheit“ gesehen werden. Genauso ist es mit komplexen Projekten. Wenn diese in kleine erreichbare Schritte eingeteilt werden, kann damit ebenfalls das Gefühl der Sicherheit vermittelt werden. Von der anderen Seite betrachtet, verhindert es, von dem Gefühl der Bedrohung aufgrund der komplexen Aufgabenstellung überwältigt zu werden (Rock, 2009, S. 7).

Weber (2012)[32] hat einen Zusammenhang zwischen Risikopräferenzen und Gehirnregionen, die diese Informationen verarbeiten, nachgewiesen. Sie zeigen, dass die Insula, ein Bereich der Großhirnrinde, als auch ein Kernbereich des Großhirns, das ventrale Striatium, bei eher risikoscheuen Probanden deutlich mehr Aktivitäten aufweisen. Menschen, die über eine stärkere Aktivierung dieser Gehirnregionen verfügen, nehmen Risiken deutlicher wahr und belegen diese negativer als die Risikofreudigen. Allerdings kommt es dabei auch zu einer Überschätzung der Folgen der Risiken. Zudem können die vorsichtigeren Teilnehmer häufig nicht unterscheiden, ob eine Situation nun tatsächlich mehr oder weniger riskant ist.

32 http://www.curado.de/Neurologie-Risiko-Sicherheit-24717/

8 Vertiefung: Autonomie/„Autonomy“

Annett Swartz

8.1 Grundlagen

Ein bedeutsamer Zugang zu dem Thema „Autonomie“ ist bereits in denjenigen Motivationstheorien vorgezeichnet, in deren Mittelpunkt die Rolle intrinsischer Motivation bei der Leistungserstellung steht – diese hängt auch vom Umfang erlebter Autonomie ab. Nach Comelli und Rosenstiel (2003, S. 1) ist „Motivation wesentlich dafür verantwortlich, dass wir auf dem Weg zum Ziel und bei einem Erreichen des Ziels dranghafte Anspannung, Unsicherheit, Vorfreude, Erfüllung, aber auch Angst und Enttäuschung erleben können. Motivation bestimmt über die Richtung, die Intensität und Dauer unseres Handelns“.

Wunderer bezeichnet die Motivation als Zustand des inneren „Angetriebenseins“, wobei diese ebenso durch externe Anreize beeinflussbar ist. Basis der aktuellen Motivationsinhalte bilden unter anderem die individuellen Lebens- bzw. Arbeitswerte (vgl. Wunderer, 2006, S. 104). Rheinberg definiert Motivation als „aktivierende Ausrichtung des momentanen Lebensvollzugs auf einen positiv bewerteten Zielzustand“ (Rheinberg, 2004, S. 17). Zur Motivation gehören zwei Dinge, welche untrennbar miteinander verbunden sind: Eine motivierte bzw. zu motivierende Person und eine motivierende Situation.

In der Literatur findet sich die Unterscheidung zwischen intrinsischer und extrinsischer Motivation.

- **Intrinsische Motivation**: Die Aktivität bzw. Tätigkeit oder ihr Ziel stellt bei der intrinsischen Motivation eine unmittelbare Bedürfnisbefriedung her (vgl. Frey & Osterloh, 2002, S. 24). Deci und Ryan (2000) führen intrinsische Motivation auf die Befriedigung angeborener Bedürfnisse zurück.
- **Extrinsische Motivation:** Die extrinsische Motivation dient einer mittelbaren Bedürfnisbefriedigung – Geld ist hier meist Mittel zum Zweck. Im Berufsleben spricht man dann von extrinsischer Motivation, sofern die unmittelbare Bedürfnisbefriedigung außerhalb der Arbeitstätigkeit gesucht wird (vgl. Frey & Osterloh, 2002, S. 24). Nicht die Tätigkeit am Arbeitsplatz, sondern die damit verbundenen Folgen (z.B. Lohnzahlung) befriedigen die Betroffenen (vgl. Comelli & Rosenstiel, 2009, S. 11). Die Versuche, Mitarbeiter extrinsisch zu motivieren, stoßen an Grenzen und werden in der Literatur kritisch diskutiert. Dieser Art der Motivierung liegt ein einseitiges Menschenbild zugrunde: Menschen arbeiten nur ungern freiwillig und müssen aus diesem Grund mittels Bestrafungen oder Belohnungen angereizt werden. Dies führt zu folgenden Problematiken (vgl. Wunderer, 2006, S. 122):
  - Die motivierende Wirkung von Belohnung ist kurzfristig und wird als selbstverständlich hingenommen

- Belohnungen belasten das Arbeitsklima, wenn deshalb Beziehungen zu Kollegen leiden.
- Das Interesse an der Tätigkeit wird durch Belohnungen vermindert. Belohnungen können sogar die intrinsische Motivation komplett verdrängen.

Empirisch ist es nicht immer eindeutig möglich, intrinsische von extrinsischer Motivation zu unterscheiden, meistens treten diese gemeinsam auf. Dient jedoch ein Ziel nur als Mittel zur Erreichung eines anderen Zieles, so mindert sich der Wert des zweiten Zieles – es entsteht der sog. „Verdrängungseffekt“: Ein von außen kommender – extrinsisch wirksamer – Eingriff bewirkt, dass eine Tätigkeit, die ihrer selbst willen – also intrinsisch – unternommen wird, unterhöhlt oder aber verdrängt wird (vgl. Frey & Osterloh, 2002, S. 25). Zudem treten Verdrängungseffekte auf, wenn Mitarbeiter hoch intrinsisch motiviert sind, durch extrinsische Motivation die Selbstachtung bzw. soziale Akzeptanz verletzt wird und bspw. eine Missachtung von Engagement erfolgt (vgl. Wunderer, 2006, S. 122).

Zahlreiche sozialpsychologische Studien zeigen auf, dass zwischen intrinsischer und extrinsischer Motivation unter bestimmten Voraussetzungen ein negativer Zusammenhang feststellbar ist. Die beiden Motivationstypen sind nicht unabhängig voneinander, was lange Zeit in der Forschung vermutet wurde (vgl. Frey & Osterloh, 2002, S. 26).

In einer Metaanalyse von 128 Studien kamen Deci, Koestner und Ryan (1999) zu dem Ergebnis, dass durch Belohnungen interessante Tätigkeiten ihre Attraktivität verlieren. Materielle Belohnungen wirken jedoch stärker als verbale oder symbolische (Kirchler & Walenta, 2010, S. 16). Intrinsische Motivation kann durch Belohnungen, Kritik, Kontrolle bzw. Terminvorgabe und Tadel sinken bzw. komplett verschwinden. Hingegen fördert Information ohne Einschränkung der Selbstbestimmung intrinsische Motivation (vgl. Kirchler & Walenta, 2010, S. 16).

8.1.1 Selbstbestimmungstheorie

Deci und Ryan (2000) haben mit ihrer Selbstbestimmungstheorie ein Modell vorgelegt, deren zentrales Thema zum einen die Selbstbestimmung, also das selbst gesteuerte Handeln und zum anderen das Phänomen der Motivation ist – vor allem in Hinblick auf die von den Autoren postulierten menschlichen Grundbedürfnisse Autonomie, Kompetenz und Zugehörigkeitsgefühl. In der Selbstbestimmungstheorie wird davon ausgegangen, dass Menschen aktive, wachstumsorientierte Organismen sind, die von Natur aus dazu neigen, sich in soziale Strukturen einzuordnen, sich interessanten Aktivitäten zu widmen, ihre Fähigkeiten auszuweiten, Beziehungen zu knüpfen und intrapsychische und interpersonelle Erfahrungen zu einer Einheit zu integrieren (Deci & Ryan, 2000, S. 229).

Für die Gesundheit des Menschen sind einerseits die Befriedigung biologisch-physiologischer Bedürfnisse und andererseits die Befriedigung psychologischer Bedürfnisse notwendig. Zum Unterschied zu biologisch-physiologischen Bedürfnissen, wie z.B. Hunger oder Durst, sind psychologische Bedürfnisse ständig wirksam. Deci und Ryan sind der Überzeugung, dass durch das System der psychologischen Bedürfnisse individuelles Wachstum und soziale Integration möglich sind (vgl. Deci & Ryan, 2000, S. 64f.). Deci und Ryan stellen drei Grundbedürfnisse in den Mittelpunkt ihrer Theorie (vgl. Baard, Deci & Ryan, 2004, S. 2046):

- **Bedürfnis nach Autonomie (Selbstbestimmung):** Die Kontrolle über das eigene Handeln in Bezug auf Ziele steht beim Autonomiebedürfnis im Vordergrund. Es hat allerdings nicht die vollkommene Unabhängigkeit von anderen Personen zum Ziel.
- **Bedürfnis nach Kompetenz**: Der Mensch möchte sich als handlungsfähig erleben, Schwierigkeiten und Herausforderungen ohne fremde Hilfe erledigen.
- **Bedürfnis nach sozialer Eingebundenheit:** Der Wunsch nach Geborgenheit, Kontakten mit Menschen und soziale Zugehörigkeiten bilden das Fundament. Das Bedürfnis nach sozialer Eingebundenheit begleitet Menschen von Kindesbeinen an und ist verantwortlich, dass sich Menschen neue Ziele und Herausforderungen suchen. Voraussetzung dafür ist die Identifikation mit Werthaltungen von anderen Personen bzw. Personengruppen.

Eine Studie von Baard, Deci und Ryan (2004) in einer Investmentbank bestätigt, dass eine höhere Befriedigung der Grundbedürfnisse zu einem nachhaltig höheren Leistungsverhalten der Mitarbeiter führt. Des Weiteren nehmen die Grundbedürfnisse eine vermittelnde Rolle zwischen dem Arbeitsumfeld und dem Leistungsverhalten ein. Sheldon, Ryan und Reiss (1996) bringen in ihrer Studie den Nachweis, dass ein positiver Zusammenhang zwischen der Befriedigung der Grundbedürfnisse und psychischem Wohlbefinden besteht. Besonders das Erleben von Kompetenz und Autonomie hat einen großen Einfluss auf die allgemeine Vitalität von Menschen. Motivation wird in der Selbstbestimmungstheorie auf einem Kontinuum zwischen „fehlender Autonomie“ und „vollständiger Autonomie“ bzw. Amotivation und intrinsischer Motivation dargestellt. Zwischen diesen Extrema finden sich vier Stufen extrinsischer Motivation. In der folgenden Tabelle wird ein Überblick über die Motivationsarten und ihre Abstufungen gegeben.

Tab. 8.1: Motivationsarten lt. Selbstbestimmungstheorie (Quelle: in Anlehnung an Ryan & Deci, 2000, S. 57)

Qualität des Verhaltens	**Nicht autonom**	⟵		⟶		**autonom**
Art der Motivation	Amotivation		Extrinsische Motivation			Intrinsische Motivation
Art der Regulation	Nicht-Regulation	Externe Regulation	Introjektion	Identifikation	Integration	Intrinsische Regulation
Kontrollüberzeugung	Unpersönlich	External	Eher external	Eher internal	Internal	Internal
Regulative Prozesse	Nicht intentional, nicht wertend, Inkompetenz, mangelnde Kontrolle	Compliance, externale Belohnungen und Bestrafungen	Selbstkontrolle, Ich-Beteiligung, internale Belohnungen und Bestrafungen	Persönliche Wichtigkeit, bewusste Wertschätzung	Selbstkongruenz, bewusste Synthese mit dem Selbst	Interessen, Vergnügen, inhärente Befriedigung

In diesem Stufenmodell werden verschieden Formen von Motivation in Bezug auf den Selbstbestimmungsgrad identifiziert.

- **Intrinsisch motiviertes Verhalten** stellt den Prototyp von selbst bestimmten Aktivitäten dar. Es handelt sich dabei um Aktivitäten, die Menschen natürlich und spontan ausführen, wenn sie sich frei fühlen, ihren inneren Interessen zu folgen. D.h. Menschen müssen autonom sein, um intrinsisch handeln zu können. Werden aber Belohnungen angeboten, handelt es sich um kein rein intrinsisches Verhalten mehr. Sobald Belohnungen oder sonstige von außen auferlegte Motive ins Spiel kommen, haben Individuen das Gefühl, dass der Ursprung ihres Verhaltens nicht in ihnen selbst liegt und legen deshalb weniger intrinsische Motivation an den Tag. Insgesamt kann somit festgehalten werden, dass intrinsische Motivation nur dann zum Tragen kommen kann, wenn alle drei Grundbedürfnisse, nämlich das Bedürfnis nach Autonomie, nach Zugehörigkeitsgefühl und nach Kompetenz erfüllt sind.

- Die Bezeichnung **„extrinsische Motivation"** bezieht sich auf das Ausführen einer Tätigkeit, „in order to attain some separable outcome which refers to doing an activity for the inherent satisfaction of the activity itself" (Deci & Ryan, 2000, S. 71). Während andere Forscher und Autoren nur zwischen intrinsischer und extrinsischer Motivation unterscheiden, wird innerhalb der Selbstbestimmungstheorie ein Kontinuum von relativer Autonomie je nach Art der extrinsischen Motivation postuliert. Diese Arten der extrinsischen Motivation sollen nun folgend näher beschrieben werden:
  - **Externe Regulation:** In dieser Stufe werden Handlungen lediglich von äußeren Faktoren determiniert (z.B. für Belohnungen). Dieses Verhalten bleibt nur erhalten, solange äußere Anreize oder Druck bestehen und enthält kein selbstbestimmtes Verhalten.
  - **Introjektion:** Es wird bereits ein bestimmtes Maß an Selbstbestimmung in dieser Phase erlebt, zudem wird das Verhalten der Person durch selbstwertbezogene Komponenten gesteuert. Wichtig dabei ist die soziale Erwünschtheit, welche das Verhalten ebenfalls steuert.
  - **Identifikation:** Der Grad der Selbstbestimmung nimmt in dieser Stufe merklich zu, die soziale Erwünschtheit spielt im Verhalten keine Rolle mehr. Vielmehr wird ein bestimmter persönlicher Wert in der Verhaltensweise gesehen, es erfolgt eine persönliche Identifizierung mit den Zielen einer Handlung und den Ergebnissen daraus. So kann bspw. ein ursprünglich extrinsisches Ziel in das Wertesystem des Individuums übernommen werden.
  - **Integration:** Diese Stufe stellt die höchste im Prozess dar, der Grad der erlebten Selbstbestimmung ist sehr hoch. Es bestehen Ähnlichkeiten mit intrinsischer Motivation, da extrinsische Werte und Ziele in das eigene Selbstsystem des Individuums integriert werden.
- **Amotivation**: Bei der Amotivation handelt es sich um einen Mangel an Intentionen, zu handeln. Wenn Individuen amotivert sind, handeln sie gar nicht oder ohne Absicht. Zur Amotivation kommt es, wenn man eine Aktivität als nicht interessant genug erachtet, sie auszuüben (Ryan et al., 1995), wenn man sich nicht kompetent genug fühlt, diese Aktivität auszuführen (Bandura, 1986) oder wenn man erwartet, dass das Ergebnis nicht so ist, wie man es sich wünschen würde (Seligman, 1975) .

8.1.2 Autonomie und Tätigkeit: Flow-Erleben und Leistung

„Flow" nennt der Psychologe Csikszentmihalyi (1995) den Prozess des Einswerdens mit einer Tätigkeit: Wenn wir etwas mit Liebe und Hingabe tun, erfasst uns manchmal ein Gefühl tiefster Freude, ein Hochgefühl. Wir sind mit uns selbst im Einklang. Dieses Fließerlebnis ist von positiv emotionalen Zuständen begleitet. Viele Tätigkeiten können somit Flow erzeugen.

Die Aktivität im „Flow" bietet laufend Herausforderungen und ist geprägt von Kreativität, Engagement und aktiver Beteiligung. Im Flow-Zustand übertreffen wir unsere bisherigen Grenzen als Meister unseres Handelns, wir fließen außerhalb von Raum und Zeit von einem Augenblick zum nächsten (vgl. Csikszentmihalyi, 2008, S. 56f.). Menschen im Flow-Zustand benötigen weniger mentale Energie weil ihnen die Konzentration leicht fällt und sie weder ängstlich noch gelangweilt sind. **Flow ist der Schlüssel für Spitzenleistung in der alltäglichen Arbeit** (vgl. Huhn, 2007 S. 99ff.).

Die Tätigkeit im Flow vermittelt Freude und Befriedigung und wird als intrinsisch belohnende Erfahrung wahrgenommen (vgl. Csikszentmihalyi, 2008, S. 23f.). Glaubt eine Person allerdings, dass die gestellte Anforderung ihre Fähigkeiten übersteigt, entsteht aus dieser Spannung Angst. Übersteigen aber die Fähigkeiten die Anforderungen, entsteht Langeweile. **Flow entsteht dann, wenn Handlungsanforderungen und Handlungsfähigkeiten im Gleichgewicht stehen** (vgl. Csikszentmihalyi, 2008, S. 75).

Merkmale von Tätigkeiten wie Selbstbestimmung, Abwechslung und Feedback fördern Flow-Erfahrungen und somit Aufnahmefähigkeit, Freude und intrinsische Motivation. Das führt zu einer signifikanten Steigerung sowohl der individuellen Arbeitsleistung als auch der organisationalen Leistung (vgl. Demerouti, 2006, S. 275). Die intrinsische Motivation durch Freude an der Tätigkeit kann eine mächtige Motivationsquelle sein (vgl. Csikszentmihalyi 2008, S. 43). Die bedeutendsten „Flow" – förderlichen Maßnahmen in einer Organisation sind (vgl. Csikszentmihalyi, 2006, S. 166f.):

- **Klarheit der Ziele**: Mitarbeiter müssen verstehen, was sie tun und warum sie es tun.
- **Eindeutige Rückmeldungen**: Sofortige und angemessene Rückmeldungen gehören zu den wirksamsten Mitteln für eine Steigerung der Arbeitsleistung.
- **Zuwachs an Anforderungen**: Die Möglichkeit, über die Grenzen des Bekannten hinauszugehen, führt zu Wachstum.

Mitarbeiter müssen für steigende Anforderungen motiviert werden, was am besten gelingt, indem man die Angst vor Fehlern reduziert. Wege, Mitarbeitern die Angst vor Fehlern zu nehmen, sind vor allem Unterstützung durch Kooperation am Arbeitsplatz, Selbstverbesserung und die Förderung eines Verständnisses, wo Fehler als Quelle für Lernen gesehen werden (vgl. Martin, 2005, S. 124). Das Gefühl der Kontrolle und Autonomie ist ein wichtiges Element für das Entstehen von Flow. Selbstbestimmung bei der Arbeitsplanung und bei der Festlegung von Arbeitsmethoden steigern die positiven Effekte (vgl. Demerouti, 2006, S. 268).

Flow-Erfahrungen werden während der Arbeit signifikant häufiger erlebt als in der Freizeit. Flow bewirkt eine hohe positive Aktivierung und in diesem Zustand wird Arbeit auch positiver erlebt als Freizeit (vgl. Schallberger & Pfister, 2001, S. 176f). Bei einer genaueren Analyse fand Csikszentmihalyi folgende Merkmale, die Flow erzeugenden Aktivitäten gemeinsam sind – dabei müssen nicht alle Merkmale gleichzeitig vorhanden sein:

- **Wir sind der Aktivität gewachsen**: Wir spüren eine Herausforderung, es bedarf entsprechender Fähigkeiten, die Herausforderung und die Fähigkeit passen zusammen.
- **Wir sind fähig, uns auf unser Tun zu konzentrieren**: Wir konzentrieren uns vollständig, sind nicht abgelenkt, lassen uns nicht ablenken. Wir hinterfragen die Aktivität nicht. Die Sorgen des Alltags sind aus dem Bewusstsein verdrängt.

- **Die Aktivität hat deutliche Ziele**: Wir wissen, was wir tun müssen, um unser Ziel zu erreichen.
- **Die Aktivität hat unmittelbare Rückmeldung**: Wir wissen oder erfahren, wann wir etwas richtig oder falsch gemacht haben.
- **Wir haben das Gefühl von Kontrolle über unsere Aktivität**: Dabei ist es nicht wichtig, ob wir tatsächlich die Kontrolle haben – unser Gefühl für Kontrolle ist entscheidend.
- **Unsere Sorgen um uns selbst verschwinden**: Die Bewusstheit von uns selbst geht verloren. Manchmal erleben wir die Ausweitung des Selbst über die Körpergrenzen hinweg. Es ist keine Zeit zur Selbsterforschung – wir sind einfach.
- **Unser Gefühl für Zeitabläufe ist verändert**: Wir haben das Gefühl, dass die Zeit schneller vergeht.
- **Unser Bedürfnis nach hedonischem Erleben existiert nicht mehr**: Die Beschreibungen von Flow-Erlebnissen weisen das Merkmal auf, dass die Betroffenen übereinstimmend davon berichten, nicht (!) in einem emotionalen Ausnahmezustand gewesen zu sein.

Diese Merkmale haben für alle Tätigkeiten im Leben eines Menschen Bedeutung: Für die Arbeit, das Lernen, die Hobbys, die zwischenmenschlichen Beziehungen. Für ein positives Lebensgefühl spielen Wachstum und Weiterentwicklung eine entscheidende Rolle. Eine Mahlzeit mag exzellent sein – wenn wir sie oft zu uns nehmen, verliert sie ihren Reiz. Auch wenn uns die Arbeit gefällt – wenn sie tagein tagaus immer gleich bleibt wird sie langweilig. Unser Partner mag uns faszinieren – wenn wir uns nicht gemeinsam weiterentwickeln, kommt es wahrscheinlich zur Krise.

8.2 Neurowissenschaftliche Perspektiven

Die Dimension „Autonomy“ wird nach Rock als die empfundene Kontrolle über das eigene Umfeld definiert sowie das Gefühl, über Entscheidungsspielräume zu verfügen. Dies bedeutet, dass das Individuum in einer spezifischen Situation das Gefühl hat, eine Wahl zwischen mehreren Optionen zu haben. Eine Erhöhung der Wahrnehmung von Kontrolle auf die Umwelt führt zu einer Belohnungsreaktion des Individuums. Eine Reduzierung der Wahrnehmung der eigenen Kontrolle kann eine starke Bedrohungsreaktion hervorrufen. Rock geht davon aus, dass ein wahrgenommener Stressor weniger schädlich für einen Organismus ist, wenn eine gefühlte Beeinflussbarkeit seitens des Organismus vorliegt. So kann das gleiche Maß an Stress abhängig von der Einstufung des Organismus schädlicher bzw. weniger schädlich sein (vgl. Rock, 2008, S. 5).

In der Praxis kann eine Bedrohungsreaktion schon durch zu strenge und zu genaue Vorgaben des Vorgesetzten ausgelöst werden. Die damit einhergehende Wahrnehmung von Kontrollverlust kann bis zur Erfahrung von Handlungsunfähigkeit und dem Gefühl von eigenem Unvermögen führen (vgl. Rock, 2008, S.5). Diese Reaktion kann z.B. durch die Zusammenlegung von Teams hervorgerufen werden, wenn dadurch bei einzelnen Teammitgliedern ein Verlust der eigenen Entscheidungskompetenz hervorgerufen wird. Menschen benötigen demnach ein gewisses Maß an Entscheidungsfreiheit, also einen Spielraum für gewisse Entscheidungen. Führungskräfte sollten bei der Vergabe von Arbeitsaufträgen den Mitarbeitern immer eine Wahl zur Lösung der Aufgabe lassen und nicht den eigenen Lösungsweg als den einzig richtigen ansehen (vgl. Rock, 2009a, S.7).

Bezogen auf die Dimension „Autonomie“, empfiehlt Rock Führungskräften die folgenden Punkte in der täglichen Arbeit mit Mitarbeitern zu beherzigen:

- Verzicht auf Mikromanagement
- Gewähren von Handlungsspielräumen zur Erarbeitung eigener Ideen
- Aufzeigen verschiedener Auswahlmöglichkeiten
- Erlaubnis eigener Arbeitszeit- und Arbeitsplatzgestaltung
- Spielraum geben in der Priorisierung von Arbeitsaufgaben

Das Maß an Autonomie bestimmt über die Fähigkeit, Stresssituationen bewältigen zu können. Reduzierte Autonomie und sehr hoher Stress können einen Menschen geradezu lähmen und entscheidungsunfähig machen. Der Hintergrund ist, dass die hier wahrgenommene reduzierte Autonomie eine Bedrohungsreaktion auslöst. Goleman (1996, S. 149) formuliert es so: „**Stress makes people stupid**.“

Zur Vermeidung einer Bedrohungsreaktion kann es für eine Führungskraft bereits ausreichen, Aufgaben anderes zu formulieren, bspw. ‚Haben Sie die Möglichkeit, etwas zu übernehmen?‘ statt ‚Ich möchte, dass Sie folgendes tun.‘ Eine Umformulierung dieser Art berücksichtigt die Bedeutung der Autonomie und gibt Mitarbeitern das Gefühl von Freiräumen.

Werden die oben genannten Punkte auf die Organisationsebene übertragen, so finden sich hier sehr ähnliche Umsetzungsempfehlungen bei Rock. Bezogen auf die individuell wahrgenommene Autonomie unter hohem Stress, erläutert er, dass der Stress solange für das Individuum kontrollierbar bleibt, wie das Gefühl besteht, dass eigene Entscheidungen exekutiert werden können, ohne unter besonderer Aufsicht zu stehen. Es gilt daher nicht nur auf Ebene der direkten Führungskraft anzusetzen, sondern die gesamte Unternehmenskultur so auszurichten, dass Selbstbestimmung und autonomes Arbeiten nicht nur möglich, sondern explizit gewünscht ist und gelebt wird.

9 Vertiefung: Zugehörigkeit/„Relatedness“

Cindy Uilderks

9.1 Grundlagen

Nachdem epidemiologische Studien bereits in den 1960er Jahren zeigen konnten, dass die Lebensqualität von Menschen höher ist, wenn sie mindestens einen engen Vertrauten haben (Lowenthal & Haven, 1968) und Verwitwete eine höhere Sterberate aufweisen (Parkes, Benjamin & Fitzgerald, 1969), wurden großangelegte Befragungsstudien in den USA und Skandinavien durchgeführt. Die Hauptbefunde dieser Studien lassen sich folgendermaßen zusammenfassen: Personen, die sich als sozial eingebunden und unterstützt wahrnehmen, leben gesünder, zufriedener und länger – wogegen einsame Personen mit einem deutlich erhöhten Gesundheitsrisiko konfrontiert sind (Ditzen & Heinrichs, 2007).

Dabei ist es nicht unbedingt die effektiv erhaltene soziale Unterstützung, die einen Bezug zur Gesundheit hat, sondern vielmehr der wahrgenommene Beistand und die Akzeptanz (Sarason, Pierce & Sarason, 1990). In einer Meta-Analyse, in die 80 Studien mit insgesamt mehr als 60.000 Personen eingegangen sind, zeigen sich die höchsten Zusammenhänge zwischen Gesundheits- bzw. Krankheitsvariablen und der Zufriedenheit mit der Unterstützung (Schwarzer & Leppin, 1989): Alltägliche Belastungen und kritische Lebensereignisse werden umso besser bewältigt, je mehr die betroffenen Individuen ihre soziale Umgebung als zufriedenstellend beschreiben. Studien aus den Forschungsgebieten der Psychoimmunologie und Psychiatrie ergänzen dieses Bild: Die Immunkompetenz des menschlichen Körpers wird besonders durch psychosoziale Belastungssituationen nachhaltig negativ beeinflusst (Kaluza, 2004; Sanders, Kin & Pongratz, 2007) und das Vorhandensein einer vertrauensvollen persönlichen Beziehung gilt als gesicherter Protektionsfaktor gegen unipolare Depressionen (Hautzinger, 1998).

Die moderne naturwissenschaftliche Forschung identifiziert die Konzepte Vertrauen und Gegenseitigkeit (Reziprozität) somit als diejenigen Merkmale einer sozialen Beziehung, die am effektivsten Sicherheit vermitteln und Stress reduzieren (Abbott & Freeth, 2008; Chandola, Marmot & Siegrist, 2007).

Interessanterweise scheint sich der stressmindernde Effekt angenehmer sozialer Kontakte nicht nur bei denjenigen Personen einzustellen, die die soziale Unterstützung empfangen, sondern auch bei denjenigen, die unterstützend tätig werden: Wie Piferi und Lawler (2006) nachweisen, reduziert sich auch die kardiale Stressreaktivität der Personen, die anderen Personen beistehen. Dieser Effekt erinnert daran, dass zu gelungenen sozialen Interaktionen beide Partner beitragen – und dass beide von ihnen profitieren.

Warum ist das so? Der Faktor Zugehörigkeit beschreibt das natürliche Streben des Menschen, sich in sozialen Gruppen zusammenzuschließen. Ausschlaggebend dafür ist die Entscheidung, ob andere Menschen der eigenen Gruppe angehören oder nicht. Die Entscheidung ob jemand „Freund“ oder „Feind“ ist, beeinflusst unser Vertrauen und somit auch das Verhalten diesen Menschen gegenüber. Wird ein Mensch in diesem Zusammenhang als „andersartig“ eingestuft, werden neuronale Aktivitäten erzeugt, die mit unangenehmen Gefühlen verbunden sind, während die Begegnung mit einem Menschen, der als „gleichartig“ betrachtet wird, in der Regel positive Gefühle in uns anregt (Rock, 2009, S. 6 f.). Es lässt sich weiterhin feststellen, dass die Begegnung mit einem Fremden, Bedrohungsreaktionen in uns hervorruft, die vergleichbar mit dem Gefühl von Einsamkeit sind. Erst durch den Aufbau von Vertrauen, zum Beispiel durch das Feststellen von Gemeinsamkeiten, wird eine Beziehung zu diesem Menschen aufgebaut. Vertrauen spielt innerhalb dieses Faktors eine entscheidende Rolle. Je größer das Vertrauen zu einer Person ist, weil sie bspw. der gleichen Gruppe angehört, desto intensiver sind Zusammenarbeit und Informationsaustausch (vgl. Rock, 2008, S.5f.).

Nach Singer et al. (2006) sinkt das Einfühlungsvermögen für Menschen, die wir als Feind oder Konkurrenten einstufen, signifikant (vgl. Rock, 2008, S.5). Weniger Mitgefühl oder Empathie kommt einem geringeren Maß an Oxytozin gleich, wodurch auch die Zusammenarbeit erschwert wird. Mit einem als feindlich wahrgenommenen Menschen zusammenzuarbeiten gestaltet sich als schwierig, da das Gehirn versucht zwei verschiedene Probleme gleichzeitig zu lösen: Zum einen den Umgang mit dem Feind und zum anderen, wie man die Arbeitsaufgabe löst oder das Geschäft abwickelt. Für keines der beiden Ziele stehen dabei ausreichend Ressourcen zur Verfügung, sodass Fehler quasi vorprogrammiert sind, die wiederum neue Bedrohungsreaktionen hervorrufen (vgl. Rock, 2011, S. 216f.). Umso wichtiger ist es im Team, eine positive Stimmung zu schaffen, bevor schwierige Probleme und kognitiv anspruchsvolle Aufgaben gelöst werden können.

9.1.1 Vertrauen

Bei der Wirkung des Interpersonalen Vertrauens sind nach Gilbert (2003) insbesondere die Bereiche Wahrnehmung, Einstellung, Verhalten und ökonomischer Erfolg abgrenzbar (Gilbert, 2003, S. 81–82): Vertrauen zwischen Akteuren kann dazu führen, dass

- deren **Wahrnehmung** beeinflusst bzw. verändert wird,
- deren (innere) **Einstellung** positiv beeinflusst bzw. verändert wird,
- diese ihre (sichtbaren) **Verhaltens**weisen verändern und
- diese im Rahmen der organisatorischen Zusammenarbeit ihre ökonomischen Ziele besser erreichen (**ökonomischer Erfolg**).

Vertrauen unterstützt auch in unsicheren Situationen die Vertrauensakteure und macht sie handlungsfähig. Vertrauen schaltet dabei die Unsicherheit gegenüber Dritten nicht aus, sondern gibt ihr lediglich eine tolerierbare Form. In Hinblick auf Organisationen ermöglicht Vertrauen Flexibilität bzw. Veränderbarkeit. Durch Vertrauen werden Kunden gebunden. Vertrauen unterstützt reibungslose Prozessabläufe in Unternehmen, reduziert die Kosten, ermöglicht den Wissenstransfer und die Kreativität. Vertrauen bildet die Grundlage für Innovationen. Auf Ebene der Mitarbeiter ermöglicht Vertrauen die Identifikation über intrinsische Motivation. Dadurch werden Mitarbeiter gebunden, sind zufriedener, bleiben gesund und die Führung von Unternehmen erfolgreich (vgl. auch Sprenger, 1995; Kastner, 2005; Kastner, 2006; Fuchs, 2006, S. 56).

Sailer (2006) zeigt im Zusammenhang mit der „High Trust Organisation" die positiven Auswirkungen einer entsprechenden Organisation für den Erfolg beziehungsweise den Gewinn des Unternehmens. Die interpersonalen Beziehungen sind von langer Dauer und durch große gegenseitige Hilfsbereitschaft gekennzeichnet. Der gemeinsamen Arbeit in der Organisation liegt eine positive Zukunftserwartung zu Grunde (vgl. Sailer, 2006, S. 263; Meifert, 2003, S. 308).

Meifert (2003) hat in seiner empirischen Studie die Wirkung von Vertrauen auf die Mitarbeiter im betrieblichen Kontext untersucht. Er arbeitet heraus, dass sich die Organisation sowohl kognitiv, emotional und verhaltensbezogen auf das Vertrauen der Mitarbeiter auswirkt (vgl. die folgende Tabelle).

Tab. 9.1: Die Wirkung von Vertrauen im betrieblichen Kontext (Meifert, 2003, S. 308f.).

	Kognitiv	**emotional**	**verhaltensbezogen**
Individuum	• Reduziert soziale Komplexität • Äquivalent für Informationen • Stiftet Ordnung • Erhöhte Lernfähigkeit	• Gefühl der Unsicherheit • Verbessertes persönliches Wohlbefinden	• Erhöhte Handlungs-, Anpassungs- und Stressbewältigungsfähigkeit • Erhöhte Arbeitsmotivation (Innovationstätigkeit)
Team	• Erhöhte Akzeptanz von Einflussnahmen (Feedbacks) und Abhängigkeit	• Emotionales Band zwischen den Teammitgliedern	• Erhöhte Hilfs- und Kooperationsbereitschaft • Verbesserte Problemlösefähigkeit • Erhöhte Bereitschaft zur Selbstöffnung
Organisation	• Erhöhte Akzeptanz von Vorgesetzten-Entscheidungen und deren Autorität	• Emotionale und soziale Unterstützung	• Erhöhte organisationale Handlungsfähigkeit (Experimentier- und Innovationsfähigkeit)

9.1.2 Unternehmenskultur – Vertrauenskultur

Die Wirkung von Vertrauen in der Unternehmenskultur zeigt sich auch in der Zusammenarbeit der Mitarbeiter im Team. Bspw. werden durch die vertrauensvolle Zusammenarbeit im Team ein verbesserter Informationsfluss und eine erhöhte Akzeptanz von Vorgesetztenentscheidungen erreicht. Im Zusammenhang mit einer Vertrauenskultur arbeiten die Mitarbeiter kooperativ, effizient und effektiv zusammen. Dies wirkt sich nicht nur auf die Effektivität, sondern auch insbesondere auf die Gesundheit der Mitarbeiter aus, da sie Fehler angstfrei äußern und ehrlich mit Kollegen besprechen können. Eine Vertrauenskultur ermöglicht demnach auch neue Ideen offen zu äußern. Dadurch ist die Vertrauenskultur gleichzeitig auch Basis für eine Innovationskultur (vgl. Kastner, 2005, S. 14). Nach Kastner ist daher eine Vertrauenskultur aus vielen Gründen wünschenswert und aus zwei wesentlichen Gründen unverzichtbar (Kastner, 2004, S. 118f.).

- Sie ist zum einen gesünder als eine Misstrauenskultur. Ein Zuviel an Arbeit macht weniger krank als die „menschelnden" Prozesse. Die vielen kleinen Gehässigkeiten, Unge-

rechtigkeiten, Neid und Tratschereien bis hin zum Mobbing stellen psychische Belastungen dar, die langfristig äußerst ungesund sind.
- Zum anderen sind Vertrauenskulturen schneller als Misstrauenskulturen. Deren Absicherungsprozeduren, etwa das Erstellen von „Beweismaterial“ in Form von Listen, sicherheitshalber ausgedruckten und aufbewahrten Mails, kosten Zeit. In einer Vertrauenskultur muss gelten: „Ich rufe dir etwas zu, du wiederholst es kurz zum Zeichen des (Ein-) Verständnisses, und ich kann mich hundertprozentig darauf verlassen, dass das Gewünschte nachhaltig umgesetzt wird.

Des Weiteren gibt es einen Zusammenhang zwischen der Mitarbeiterzufriedenheit und der Kundenzufriedenheit. So sind u.a. nach Kotler „Spitzendienstleister (...) der Meinung, dass [sich] die Beziehungen zu den eigenen Mitarbeitern auch auf die Beziehungen zum Kunden auswirken“ (Kotler et al., 2007, S. 571; Böhler, Weber & Winter, 2001).

Die Bedeutung der Wirkung von Vertrauen wird insbesondere bei Betrachtung der Wirkung von „fehlendem“ Vertrauen beziehungsweise von Misstrauen deutlich: So erzeugt mangelndes Vertrauen in Organisationen nach Geyer (2006) hohe Aufwendungen in Kontrollmechanismen im Sinne von: „Vertrauen ist gut, Kontrolle ist teuer!“. Nach Baecker ist nichts komplizierter, „also teurer, als die Substitution des menschlichen Einfallsreichtums durch formale Verfahren der Organisation; und nichts ist einfacher, also günstiger, als eine Struktur, die alles Weitere diesem Einfallsreichtum überlässt“ (Baecker, 2001, S. 65).

Zusammenfassend lässt sich die Wirkung von interpersonalem Vertrauen im betrieblichen Kontext als bedeutsam darstellen. Im Einzelnen bedeutet dies, dass Vertrauen sowohl situativ, organisational, kulturell und personenbedingt ist und in allen Bereichen sowohl in der Innen- als auch in der Außenwirkung für das Unternehmen positive Effekte hervorruft. Insbesondere für die Wirtschaftlichkeit eines Unternehmens hat Vertrauen durch die reibungslosere Zusammenarbeit, durch Vermeidung bürokratischer und damit künstlicher Organisationshürden, eine höhere Motivation der Akteure und damit eine positive Wirkung zur Folge.

9.1.3 Organisationales Commitment

Als (organisationales) Commitment bezeichnet man die Selbstbindung des Arbeitnehmers an das Unternehmen. Der Begriff beschreibt also, inwieweit sich Menschen ihrer Organisation oder Teilen der Organisation, z.B. einer Abteilung oder Arbeitsgruppe, zugehörig und verbunden fühlen. Anhand des momentan wohl bekanntesten Commitment-Konzeptes von Meyer und Allen (1990, 1991, 1997) lassen sich drei Komponenten von Commitment voneinander unterscheiden, nämlich eine affektive, eine normative und eine „fortsetzungsbezogene“ Komponente (Van Dick, 2004, S. 3 f.):

- Die **affektive Komponente** betont die emotionale Bindung an die Organisation, die Unternehmung, also den Grad, in dem die Zugehörigkeit zur Organisation für die Person eine persönliche Bedeutung hat, sich ihr zugehörig fühlt und ihre gerne weiter angehören will.
- Mit dem **normativen Aspekt** von Commitment ist gemeint, dass Personen sich – auch – aus moralisch-ethischen Gefühlen heraus einer Organisation verbunden fühlen können, etwa aus einem Gefühl der Dankbarkeit, da der Arbeitgeber die Person z.B. mit erheblichem finanziellem Aufwand ausgebildet und gefördert hat. Hier zeigt sich der Gedanke

einer Reziprozität (Gegenseitigkeit) der sozialen Beziehungen, in dem sich „Commitment“ mit dem Konzept der Loyalität überschneidet.

- **„Fortsetzungsbezogenes“ Commitment** schließlich bedeutet die Bindung an die Organisation aufgrund von Kosten, die mit dem Verlassen der Organisation verbunden wären (durch Standortwechsel, Verlust der erreichten Position oder der entstandenen sozialen Beziehungen etc.). Die Zugehörigkeit zur Organisation wird instrumentell, Mittel zur Zielerreichung und Gegenstand eines mehr oder weniger rationalen Kalküls. Es besteht eine ausgeprägte Interdependenz zwischen dem Engagement des Organisationsmitglieds (z.B. dem Mitarbeiter) und den Gegenleistungen der Organisation (des Unternehmens).

Commitment ist das aktive Element, mit dem eine Person sich in ihre Arbeit und die Organisation einbringt. Es wird von vier Faktoren beeinflusst: von der Person und ihren Merkmalen selbst, von der eigentlichen Arbeit, von der Arbeitssituation und von der Arbeitsumwelt.

Petersen (1999) fasst die drei Formen des Commitments in der Weise zusammen, dass Mitarbeiter mit affektivem Commitment in einer Unternehmung verbleiben, weil sie es wollen, Mitarbeiter mit normativem Commitment, weil sie denken, dass sie es sollten und Mitarbeiter mit fortsetzungsbezogenem Commitment, weil sie denken, dass sie es müssten.

Welche Auswirkungen hat Commitment im Arbeitskontext? Es konnten einerseits recht hohe Beziehungen zwischen hohem Commitment und geringen Fehlzeiten, bei der Arbeit aufgewendeter Anstrengung, dem Willen, Entscheidungen mitzutragen und andererseits bez. der Intention, in der Organisation zu verbleiben, festgestellt werden. Commitment ist daher ein besserer Indikator für Kündigungsneigungen (Mitarbeiterfluktuation) als die Arbeitszufriedenheit. Es ist durchaus möglich, dass ein Mitarbeiter mit seiner täglichen Arbeit eher unzufrieden ist, nicht aber mit der Organisation insgesamt; er wird daher nicht unbedingt den Wunsch haben, die Organisation zu verlassen (Van Dick, 2004, S. 4).

9.1.4 Identifikation

Organisationale Identifikation entwickelt sich auf der Grundlage von Ähnlichkeit und geteilten Überzeugungen zwischen den Mitgliedern der Organisation und deren Repräsentanten (Van Dick, 2004, S. 5). Sie vollzieht sich, bewusst oder unbewusst, auf zwei Ebenen. Zum einen identifiziert sich ein Subjekt „als“ jemand – in einer gelernten Rolle im Privatleben, als Ausübender eines bestimmten Berufs, als Inhaber einer bestimmten Position, als Vater oder Mutter, als Rheinländer oder Schwäbin, als Installateur oder IT-Spezialistin, Sachbearbeiter oder leitende Angestellte, also als Mitglied einer sozialen Kategorie. Dieses Selbstkonzept erweitert sich zum anderen um die Orientierung, sich „mit“ etwas zu identifizieren: mit „dieser“ bestimmten Familie, mit dieser Nachbarschaft, diesem Unternehmen, diesem Team. Identifikation hat also verschiedene Ebenen und verschiedene Dimensionen. Rolf van Dick unterscheidet vier Dimensionen der Identifikation (Van Dick, 2004, S. 15f.):

- die **kognitive Dimension** – d.h. die Wahrnehmung und Feststellung der Person, dass sie Mitglied einer sozialen Kategorie ist. Diese Wahrnehmung hängt vom sozialen Kontext und der Situation ab. Bei einem Familienfest wird eine Person (im positiven Falle) ihre Identifizierung mit Familie und Verwandtschaft und ihre Rolle innerhalb dieser Gruppe(n) hervorheben, während sie in der Arbeitssituation ihre Zugehörigkeit zu ‚ihrer‘ Abteilung, zu ‚ihrem‘ Team in den Mittelpunkt stellt;

- die **affektive Dimension**, d.h. die Identifikation mit der Gruppe hat eine emotionale Komponente (die sie mit den Kategorien des Commitment und des Vertrauens teilt);
- die **evaluative Dimension**: das Individuum bewertet kognitiv und affektiv die Attribute, die der Gruppe, zu der es sich zugehörig fühlt, von außen zugeschrieben werden;
- die **konative Dimension**. Diese Aspekte beschreiben, wie sehr man sich auch im Verhalten für die Werte und Ziele der Gruppe einsetzt.

Metze und Schroeckh (2004) heben hervor, dass Identifikation immer unter Berücksichtigung des Kontextes, sozialen Umfeldes zu sehen ist: „Es sind ursächlich die sozialen Strukturen der Einbettung, welche die Kooperation und deren Gestaltung erklären.“ Und solche Strukturen sind im Wesentlichen geprägt durch gegenseitige Erfahrungen und Erwartungen; es ergeben sich also auch hier „Reziprozitätseffekte“ (Metze & Schroeckh, 2004, S. 20). Diese rechtfertigen das Vertrauen in die Einhaltung von Vereinbarungen und erhöhen so den zu erwartenden Nutzen des Kooperierens wie z.B. Zufriedenheit, Motivation, Produktivität oder geringe Fehlzeiten und geringe Fluktuation.

9.1.5 Loyalität

Zugehörigkeit zu und emotionale Identifizierung mit der Organisation rufen ein Gefühl von Mitverantwortung hervor. Dieser Aspekt der Bindung wird als Loyalität bezeichnet, ein Phänomen, das sich nicht allein auf Arbeitgeber-Arbeitnehmer-Beziehungen beschränkt, sondern für das soziale Miteinander insgesamt von Bedeutung ist.

Der deutsch-amerikanische Wirtschafts- und Sozialwissenschaftler Albert O. Hirschman hat dem Loyalitätsproblem einen großen Teil seines Werkes gewidmet. Er geht davon aus, dass Akteure fähig sind, Loyalität gegenüber einer Organisation zu entwickeln, und das bedeutet: Loyalität schließt eine Bindung der Akteure an die Organisation ein. Hieraus ergeben sich wichtige Folgen (Metze & Schroeckh, 2004, S. 21):

- Loyalität verhindert ein vollständig opportunistisches Verhalten von Akteuren, z.B. Mitarbeitern, gegenüber der Organisation.
- Mitarbeiter oder Kunden, die Loyalität empfinden, sind geneigt, bei Verschlechterung der Bedingungen der Organisation eine zweite Chance zu geben.
- Loyalität führt zu einer (in der Regel unbewussten) Verteuerung der Abwanderungswahrscheinlichkeit.
- Das Verbleiben von Mitarbeitern (oder Kunden) in bzw. bei einer Organisation hat Effekte auf deren Bestand und weitere Entwicklung.

Dem letzteren Punkt ist hinzuzufügen, dass der langfristige Verbleib von Mitarbeitern in einem Unternehmen in Hinblick auf Erneuerungs- und Innovationsfähigkeit aus Unternehmenssicht durchaus auch unerwünscht sein kann, selbst wenn z.B. durch entsprechende Freisetzungsmaßnahmen die Loyalitätsgefühle der Betroffenen verletzt werden. Doch deuten empirische Untersuchungen der Einstellung von Mitarbeitern darauf hin, dass bindungsbereite Mitarbeiter eine höhere Innovationsneigung aufweisen als die große Mehrheit derjenigen, die sich mit dem Unternehmen wenig oder gar nicht identifizieren und geringe Loyalitätsgefühle entwickeln (Metze & Schroeckh, 2004).

9.1.6 Wir-Gefühl und Gruppenkohäsion

Seit unserer Kindheit sind wir Mitglieder in einer Vielzahl verschiedener Gruppen. Als ein Charakteristikum von solchen Gruppen wird oftmals das „Wir-Gefühl" angegeben, welches die empfundene Bindung jedes Individuums mit der Gruppe und seinen Mitgliedern widerspiegelt. Das „Wir-Gefühl" beschreibt somit ein ähnliches Empfinden wie das Gefühl von Zugehörigkeit, jedoch ist eine einheitliche Definition des Begriffs „Wir-Gefühl" in der Wissenschaft nicht zu finden. Es wird oft in Verbindung mit dem Begriff der „Gruppenkohäsion" genannt. Nach Festinger ist Kohäsion „die Summe aller Kräfte von außen, die auf jedes einzelne Gruppenmitglied wirken und es an die Gruppe binden." Mullen und Copper (1994) untersuchten mithilfe einer Metaanalyse den Zusammenhang von Gruppenkohäsion und Gruppenleistung. Der Metaanalyse sind 49 Studien aus den Jahren 1951 bis 1991 zugrunde gelegt. Die Ergebnisse zeigen, dass bei 92% der Effektgrößen ein signifikanter Effekt (r = 0,248) von Kohäsion auf Leistung nachgewiesen werden kann und somit die Annahme, dass es einen Effekt von Gruppenkohäsion auf Leistung gibt im Allgemeinen gerechtfertigt ist.

9.1.7 Mitarbeiterbindung/Retention Management

Als Retention Management werden Maßnahmen bezeichnet, die zur Förderung der Bindung der Mitarbeiter an das Unternehmen dienen: „Retention Management bedeutet, qualifizierte Mitarbeiter durch die Gestaltung positiver Anreize zu gewinnen und zu halten. Unternehmen, die ihre Arbeitsplätze nicht für konkurrenzlos attraktiv halten, müssen sich zuerst einer klaren Selbstdiagnose unterziehen und analysieren, welche Faktoren die Fluktuationsneigung ihrer Mitarbeiter vergrößern" (Stark & Schwetz-Würth, 2007, S. 4).

Mitarbeiterbindung ist aus Unternehmensperspektive das Ergebnis von Managementaktivitäten, die Mitarbeiter dazu veranlasst, im Unternehmen zu bleiben, Leistung zu erbringen und sich loyal gegenüber der Organisation zu zeigen. Diese Bindung wird durch Aktivitäten des Unternehmens erreicht: Eine Beeinflussung der Mitarbeiterbindung im Unternehmen ist immer verbunden mit einem Abgleich von Einstellungen und Werten der Mitarbeiter mit denen des Unternehmens (vgl. Deutsche Gesellschaft für Personalführung, 2004, S. 13).

Grundsätzlich haben Mitarbeiter unterschiedliche Vorstellungen in Bezug auf Aspekte, die sie zum Verbleib im Unternehmen motivieren. Die Herausforderung liegt darin, dass – je nach Anforderung und Bedürfnis – die einzelnen Bereiche mit ihren Elementen unterschiedlich zu gewichten sind. Zur Illustration relevanter Bindungselemente soll die aktuelle Studie von Towers Perrin skizziert werden.

Die Global Workforce Study wurde 2012 zum fünften Mal durch die Unternehmensberatung Towers Perrin durchgeführt. Im Rahmen der Studie haben mehr als 32.000 Mitarbeiter aus 28 Ländern, dabei mehr als 1000 aus Deutschland, teilgenommen. Zentrales Anliegen ist es, die wesentlichen Aspekte der Mitarbeitergewinnung, Mitarbeiterbindung und der Mitarbeitermotivation sowie der Attraktivität von Unternehmen zu erfassen und zu analysieren. Im vorliegenden Zusammenhang sind die Ergebnisse für den Teilaspekt „Mitarbeiterbindung" besonders relevant und werden daher ausführlicher dargestellt. Zentrale Bindungsfaktoren sind – in folgender Reihenfolge[33]:

---

33 Quelle: http://www.towerswatson.com/de-AT/Insights/IC-Types/Survey-Research-Results/2012/07/Towers-Watson-Global-Workforce-Study-2012-Deutschlandergebnisse

1. Grundgehalt
2. Chancen, die eigene Karriere voranzutreiben
3. Sicherheit des Arbeitsplatzes
4. Vertrauen zum Top-Management
5. Arbeitsumfeld
6. Möglichkeit, arbeitsbezogenen Stress zu bewältigen
7. Bequem zu erreichender Arbeitsort
8. Beziehung zum direkten Vorgesetzten
9. Herausfordernde Arbeit
10. Flexible Arbeitseinteilung

Zusammenfassend schlagen Towers & Perrin (2013, S. 16) folgende Maßnahmenbündel zur Erhöhung der drei stärksten Einflussfaktoren auf die Bindung vor:

- **Grundgehalt**: Marktgerechtes Grundgehalt, Fairness und Transparenz der Gehaltsstrukturen, Anreiz für die „Extrameile“
- **Chancen, die eigene Karriere vorantreiben zu können**: Transparentes Karrieremanagement, Definition und Planung von Karrierepfaden, Professionelles Talentmanagement
- **Sicherheit des Arbeitsplatzes**: Kommunikation der langfristigen Strategie, Strategisches Personalmanagement

Last not least ist darauf hinzuweisen, dass Towers & Perrin (2013) – wie auch schon Gallup (2012) und andere Studien – darauf hinweisen, dass den Führungskräften (direkte Vorgesetzte und Unternehmensleitung) im Zusammenhang mit der Bindung und dem Engagement der Mitarbeiter ein besonders hoher Einfluss zukommt, dem dieser Personenkreis (nach wie vor) nur unzureichend gerecht wird: **Nur 39 Prozent der Befragten haben Vertrauen in die Arbeit der Unternehmensleitung.** In Bezug auf den direkten Vorgesetzten werden folgende Verbesserungspotenziale identifiziert:

- respektvolle Behandlung
- Delegation von Aufgaben, die den eigenen Fertigkeiten und Fähigkeiten entsprechen
- klare Kommunikation von Zielen und Aufgaben
- erkennt eigene Stärken und Schwächen
- trifft faire Entscheidungen darüber, wie die eigenen Leistungen mit Gehaltsentscheidungen verknüpft sind
- effektive Gespräche über die eigene Karriereentwicklung

Zusammenfassend bedeutet dies, dass die Bindung der Mitarbeiter – an KollegInnen, an das eigene Team und an das Unternehmen – einerseits eine zentrale Rolle zukommt. Die meisten Führungskräfte sind sich andererseits der ausgeprägten Rolle von Zugehörigkeit und Bindung nach wie vor nicht bewusst – wiewohl die Diskussion darüber schon seit mehr als zehn Jahren erfolgt (vgl. Abschnitt 1.2).

9.2 Neurowissenschaftliche Perspektiven

Wie oben bereits skizziert, fasst David Rock (2008, S. 5) unter dem Begriff der „Relatedness“ das Gefühl der Zugehörigkeit zu einer Gruppe sowie die Entscheidung zusammen, ob ein Gegenüber als Freund oder Feind betrachtet wird. Die soziale Zugehörigkeit ist ein wichtiger Treiber von Verhalten in vielen verschiedenen Situationen. Menschen neigen dazu, Gruppen zu gründen, zu denen sie ein Zugehörigkeitsgefühl aufbauen können. Gruppen vermitteln Gefühle der Geborgenheit und dienen als Quelle der Anerkennung und Wertschätzung und können folglich als Merkmal menschlicher Existenz bezeichnet werden (vgl. Siegrist, 1996, S.48).

Empfindet ein Individuum keine sichere Bindung, wird vom Körper eine Bedrohungsreaktion generiert, die als Gefühl der Einsamkeit beschrieben werden kann. Demzufolge wird jedes Aufeinandertreffen mit fremden Personen automatisch von Bedrohungsreaktionen begleitet, da keine Beziehung, Bindung oder soziale Zugehörigkeit vorhanden ist. So fühlen sich Menschen automatisch unsicherer, wenn sie eine unbekannte Person treffen als wenn die Person vertraut wäre.

Einen wichtigen Stellenwert für die soziale Zugehörigkeit hat das Hormon Oxytocin, das im Gehirn produziert und in höheren Mengen mit einem verstärkt anschlussorientierten Verhalten in Verbindung gebracht wird. Schon ein Handschlag, Austausch der Namen oder ein kurzer „Small Talk“ kann das Zugehörigkeitsgefühl durch die Freisetzung von Oxytocin erhöhen. Das Konzept der Verbundenheit ist eng mit Vertrauen gekoppelt. Ordnet ein Individuum sein Gegenüber seiner eigenen sozialen Gruppe zu, erhöht sich das entgegengebrachte Vertrauen. In der Folge verstärkt sich der Wille zur Zusammenarbeit und die Transparenz der eigenen Arbeit den Kollegen gegenüber (vgl. Rock & Page, 2009, S. 444f.).

Auf nationaler bzw. internationaler Ebene ist Zusammenarbeit von Menschen, die sich selten oder sogar nie persönlich treffen, der Regelfall. Dies erschwert die Zusammenarbeit enorm. Aufgrund der räumlichen Distanz kann den automatischen Bedrohungsreaktionen wegen fehlender sozialer Zugehörigkeit nicht durch persönlichen Kontakt entgegengewirkt werden. Jedoch bieten moderne Kommunikationstechniken wie Videokonferenzen oder soziale Netzwerke Möglichkeiten, die in diesem Zusammenhang genutzt werden sollten. Dies hat zur Folge, dass sich der soziale Austausch und Kontakt am Arbeitsplatz wieder positiv auf die Arbeitsleistung auswirkt (vgl. Rock, 2006, S. 6).

Obwohl neue soziale Bekanntschaften Bedrohungsreaktionen auslösen, sind Menschen bestrebt, ihre sozialen Netzwerke stetig zu erweitern. Der Schlüssel zur Steigerung von Belohnungsreaktionen in Bezug auf die soziale Zugehörigkeit sind verschiedene Möglichkeiten, die die Sicherheit von sozialen Bindungen zwischen Menschen erhöhen. Durch den Aufbau von klar definierten Partnerschaften, Mentoren- und Coachingprogrammen können innerhalb von Unternehmen Belohnungsreaktionen ausgelöst werden (vgl. Rock, 2009a, S. 7).

Nach Matthew Lieberman betreffen vier von fünf Prozessen, die im Hintergrund ablaufen, während unser Gehirn sich im Ruhestand befindet, Gedanken über andere oder uns selbst. Daraus lässt sich die Bedeutsamkeit des sozialen Lebens für unseren Alltag schließen (vgl. Rock, 2011, S. 206) An sozialen Interaktionen sind dabei gemäß Rock vor allem die folgenden Gehirnregionen beteiligt: Der mediale präfrontale Kortex, der rechte und linke vetrolaterale präfrontale Kortex, anteriore Gyrus Cinguli, Insula und Amygdala (vgl. Rock, 2011, S. 207).

Studien zeigen, dass das neuronale Belohnungssystem durch nichts so sehr aktiviert wird wie durch den Wunsch und die Aussicht auf soziale Anerkennung, wohingegen es sich abschaltet, wenn keine Chance auf soziale Zuwendung besteht. Bereits aus Verhaltensbeobachtungen und psychologischen Untersuchungen ist unabhängig von neurobiologischen Studien bekannt, dass soziale Isolation oder Ausgrenzung über lange Zeit zu Apathie und zum Zusammenbruch jeglicher Motivation führt, da die Dopamin-Achse – als das Kernstück des Belohnungssystems – zum Erliegen kommt. Untersuchungen einer Arbeitsgruppe um Barrot, die aus ethischen Gründen an nichtmenschlichen Säugetieren durchgeführt wurden, konnten dies zeigen (vgl. Bauer, 2008, S.37f.).

Grundsätzlich ist die Aufgabe des Gehirns nicht nur das Überleben des Einzelnen zu sichern, sondern auch das der Gruppe, zu der er gehört (vgl. Rock, 2011, S. 43). Lieberman erklärt den Zusammenhang damit, dass soziale Verbindungen für Säugetiere und somit auch den Menschen notwendig sind. Soziale Bedürfnisse führen im Gehirn zu denselben Reaktionen wie das Überlebensbedürfnis nach Nahrung, sodass er sie als Primärbedürfnisse ansieht und das Gehirn als soziales Organ betrachtet (vgl. Rock, 2009, S.2f). Auch Deci und Ryan (2000) beschreiben in ihrer „self determination theory“ Zugehörigkeit und Eingebundenheit als Grundbedürfnis im Sinne einer Anschlussmotivation (vgl. Rheinberg, 2008, S.151).

Liebermann, Eisenberger & Williams haben im Jahr 2003 mit einer funktionellen Magnetresonanztomographie (fMRT) nachweisen können, dass physischer Schmerz die gleichen Hirnareale anspricht wie bei „sozialem“ Schmerz, der aus einer Ausgrenzung resultiert.

In einem einfachen Versuch spielt der Proband im fMRT-Scanner mit zwei weiteren Versuchspersonen Ball. Diese Mitspieler werden als real vorgestellt, sind es in Wahrheit jedoch nicht. Die beiden Anderen sind auf dem Bildschirm als sich bewegende Männchen dargestellt und die Aufgabe der Versuchsperson im Scanner besteht lediglich darin, den Ball, wenn er ihr zugeworfen wurde, an einen der beiden Mitspieler weiterzuspielen (Eisenberger, Lieberman & Williams, 2003). Das Spiel ist so programmiert, dass die Mitspieler die Versuchsperson zunächst in das Spiel einbeziehen. Nach einer bestimmten Zeit jedoch beginnen die beiden anderen Spieler, den Probanden im fMRT-Scanner aus dem Ballspiel auszugrenzen: Sie werfen ihm den Ball nicht mehr zu.

Die meisten Teilnehmer an der Studie fassen diesen Ausschluss aus dem Spiel als intendierten, feindseligen Akt auf und geben an, dass sich dadurch ihre Stimmung verschlechtert hat. Kurz: Sie sind verärgert. Wird das individuell berichtete Ausmaß dieser Verstimmung mit der Hirnaktivität in Beziehung gesetzt, so zeigt sich, dass der dorsale anteriore cinguläre Cortex (dACC) während des sozialen Ausschlusses umso aktiver ist, je mehr die Versuchsperson den Ausschluss als belastend empfindet.

Naomi Eisenberger und ihre Kollegen entwickeln eine Interpretation dieser Befunde (Lieberman & Eisenberger, 2006), in der sie auf die Rolle des dACC bei physischem Schmerz verweisen (Craig, 2003; Hutchinson, Davis, Lozano, Tasker & Dostrovsky, 1999) und daraus ableiten, dass sich die Funktion des Areals im Laufe der Evolution vermutlich auf das für Menschen wichtige Gefühl des sozialen Schmerzes – der Empfindung, aus der sozialen Gruppe ausgeschlossen zu sein – erweitert hat (Eisenberger, Jarcho, Lieberman & Naliboff, 2006; Eisenberger & Lieberman, 2004).

Sie stützen diese Interpretation mit linguistischen Befunden (in vielen Sprachen wird soziales Leid mit Worten physischen Schmerzes beschrieben, so z.B. mit „ein gebrochenes Herz“), psychopharmakologischen Tatsachen (Medikamente gegen Depression und sozialen Stress wirken auch gegen chronische Schmerzen) und neurophysiologischen Gegebenheiten (der anteriore cinguläre Cortex hat die höchste Dichte an Opiatrezeptoren im Gehirn).

Auch neurochirurgische Befunde deuten auf die Rolle des dACC bei der Verarbeitung schmerzlicher Reize hin: Wenn bei Patienten der dACC entfernt wird, so fühlen sie danach den Schmerz zwar noch, empfinden ihn aber nicht mehr als so belastend. Weiterhin verweisen die Autoren auf Studien mit nichtmenschlichen Säugetieren, welche zeigen, dass der dACC am Erleben der Trennungsangst bei Jungtieren (Trennung vom Muttertier) beteiligt ist und an der Produktion derjenigen Laute, die ein Jungtier in diesem Fall ausstößt, um den Kontakt zur Mutter wiederherzustellen. Eine selektive Zerstörung des Areals unterbindet diese Rufe, wogegen elektrische Stimulation des dACC bei den Tieren die Trennungsangst-Rufe auch dann hervorruft, wenn die Tiere gar nicht wirklich isoliert sind.

Schließlich gelingt es der Forschergruppe um Naomi Eisenberger, eine Verbindung zwischen sozialer Unterstützung und neuroendokriner Stressreaktion aufzuzeigen (Eisenberger, Taylor, Gable, Hilmert & Lieberman, 2007). Versuchspersonen, die in einer festgelegten Zeitspanne mehr unterstützende Sozialkontakte erleben, weisen eine geringere Konzentration des Stresshormons Cortisol während der oben beschriebenen Ballspiel-Aufgabe auf. Darüber hinaus steht größere soziale Unterstützung mit einer verminderten Aktivierung des dACC in Beziehung. Schließlich zeigen die Autoren, wie die individuellen Unterschiede in der Reaktivität des dACC die Beziehung zwischen sozialer Unterstützung und niedriger Cortisolproduktion vermitteln.

Spiegelneurone wurden durch den Neurowissenschaftler Giacomo Rizzolatti von der Universität Panama Anfang der 90er Jahre bei Experimenten mit Affen entdeckt und ermöglichen uns ein neues Verständnis von der Art und Weise, wie Menschen eine Verbindung zueinander herstellen. Sie unterscheiden sich dabei nicht erkennbar von anderen Neuronen, aber ermöglichen es, die Gefühle anderer selbst zu erleben und in diesem Sinne nachzufühlen (vgl. Elger, 2013, S. 64ff.).

Rizolatti entdeckte, dass die Spiegelneuronen einen Reiz im Gehirn auslösen, wenn wir andere Menschen bei einer intentionalen Handlung beobachten (vgl. Rock. 2011, S. 208). Beim Beobachter führt der Anblick von Aktionen, die von anderen ausgeführt wurden, zur unmittelbaren Einbeziehung jener motorischen Areale im eigenen Körper, deren Aufgabe die Organisation und Durchführung dieser Akte gewesen wäre (vgl. Rizzolatti & Sinigaglia, 2012, S. 131). Dadurch, dass wir mithilfe der Spiegelneuronen also intern Handlungen simulieren und deren Ausgang vorweg nehmen, können wir auch Absichten fremder Aktionen verstehen. Dies konnte durch ein Experiment des Forschers Leo Fogassi nachgewiesen werden (vgl. Iacoboni, 2011, S. 43). Spiegelneuronen scheinen also ein Mechanismus zu sein, mit dessen Hilfe es möglich ist, die Absichten, Ziele und Entwürfe anderer Menschen zu durchschauen und sich so mit ihnen verbunden zu fühlen.

Unsere alltäglichen Interaktionen mit der Umwelt sowie unsere emotionalen Verhaltensweisen hängen dabei weitgehend von der Fähigkeit ab, die Emotionen anderer Menschen wahrzunehmen und zu verstehen. Wenn wir die Mimik eines Gegenübers beobachten, aktivieren wir die für diesen Ausdruck nötigen Neuronen in unserem Motorkortex. Zudem werden entsprechende Informationen auch an die Insula weitergeleitet, die für unsere Emotionen verantwortlich ist. Es werden also die Bewegungen der Gesichtsmuskulatur eines anderen Menschen als dessen Mimik wahrgenommen, was wiederum die gleichen motorischen Reaktionen im eigenen Körper hervorruft und woraufhin wir diese Emotion bei unserem Gegenüber erkennen und verstehen. Ein Lächeln wird daher in der Regel mit einem Lächeln beantwortet. Die motorische Resonanz wird zudem zu ihrem emotionalen Zentrum geschickt, sodass sie das Gefühl des Menschen, bei dem sie beobachtet wird, teilt. Emotionen können sich daher schnell unbewusst in Teams ausbreiten und verdeutlichen, wie wichtig es auch für den Vorgesetzten ist sich seiner Gefühlslage und dessen Wirkung bewusst zu sein (vgl. Rock, 2011, S. 209f.).

Empathie ist also für unser soziales Miteinander von fundamentaler Bedeutung. Sie erlaubt uns, Emotionen, Erfahrungen, Bedürfnisse und Ziele zu teilen und es gibt zahlreiche Indizien für eine Verknüpfung zwischen ihr und den beschriebenen Spiegelneuronen (vgl. Iacoboni, 2011, S. 120). Ein weiterer Vorteil dieser emotionalen Resonanz ist nach Rizolatti das Ermöglichen der Entstehung und Festigung von interindividuellen Bindungen (vgl. Rizzolatt & Sinigaglia, 2012, S. 176f.). Frank Bernieris machte in einem Versuch deutlich, dass Paare, die starke motorische Synchronisierungen (z.B. der Mimik) zeigen, eine größere emotionale Harmonie aufwiesen (vgl. Iacoboni, 2011, S. 121). Auch Chartrand und Bergh untersuchten in einem Experiment ihre Hypothese, dass Nachahmung die Funktion hat, die Chance zu erhöhen, dass zwei Personen sich sympathisch sind. Dabei hatten Versuchspersonen und Komplizen (die vorgaben, selbst Probanden zu sein) die Aufgabe, abwechselnd Fotos zu beschreiben. In einem Fall imitierte der Komplize fortwährend die spontanen Haltungen, Bewegungen und Verhaltensweisen der Versuchsperson, im anderen nahm er eine unbeteiligte Haltung ein. Am Ende wurde ein Fragebogen ausgefüllt, aus dem sich ablesen ließ, wie sehr die Versuchspersonen den anderen Teilnehmer (Komplizen) mochten und für wie gut und komplikationslos sie die Zusammenarbeit befunden haben. Teilnehmer, die imitiert wurden, mochten ihre Versuchspartner lieber als die, die nicht imitiert worden waren. Auch die Komplikationslosigkeit wurde höher eingeschätzt. Dies zeigt deutlich, dass ein Zusammenhang zwischen Nachahmung und Sympathie besteht und ist dann wichtig, wenn wir Menschen als Freunde kategorisieren sollen. In einem zweiten Experiment zeigte sich Folgendes: Je stärker Verhalten imitiert wurde, desto einfühlsamer wurden Personen mittels eines Fragebogens eingestuft. Dies lässt vermuten, dass wir mittels Imitation und mimischer Angleichung imstande sind zu fühlen, was andere fühlen und dadurch wiederum in die Lage versetzt werden, auf den emotionalen Zustand mitfühlend einzugehen (vgl. Iacoboni, 2011, S.124f.).

Leistung und Gesundheit setzen notwendigerweise tragfähige persönliche Beziehungen voraus benötigt. Somit ist es wenig sinnvoll, persönliche Kontakte am Arbeitsplatz immer weiter zu reduzieren (vgl. Bauer, 2006 S.13). Ohne entsprechende soziale Signale kann keine Verbindung zur emotionalen Befindlichkeit des Gegenübers hergestellt werden. Studien haben ergeben, dass sogar das Gegenteil der Fall ist (vgl. Rock, 2011, S. 210). Spiegelneuronen stellen dabei einen gemeinsamen sozialen Resonanzraum bereit, weil das, was ein Individuum empfindet oder tut, bei den anderen, unmittelbar beobachtenden Individuen zu einer spiegelnden Aktivierung ihrer neuronalen Systeme führt, so als würden sie selbst das gleiche empfinden oder die gleiche Handlung ausführen. Wenn nun diese Signale spiegelnder Resonanz ausbleiben, wird das Gefühl der sozialen Zugehörigkeit zu einer Gruppe in Frage gestellt.

Ausgrenzung bedeutet die systematische Verweigerung dieser spiegelnden Verhaltensweisen im Alltag, mit denen wir uns unwillkürlich gegenseitig anzeigen, dass wir den anderen als zugehörig zum gemeinsamen Bedeutungsraum betrachten. Bereits bei Neugeborenen zeigt sich, dass kaum etwas anderes zu einer stärkeren Abwehrreaktion führt wie eine Situation, bei der die Bezugsperson sie eine Zeit lang ohne jede emotionale mimische Regung anstarrt (vgl. Bauer, 2006, S. 105ff.). Bezogen auf den Arbeitskontext ist das Mobbing daher als systematische Verweigerung sozialer Resonanz inzwischen als Krankheitsfaktor anerkannt. Eine komplette soziale Isolation kann sogar zum Tod des Betroffenen führen. Horst Kächele erwähnt eine große Zahl von Fällen von plötzlichen organpathologischen, nicht weiter erklärbaren Todesfällen im Zusammenhang mit extremem sozialem Ausschluss. Als Erklärung vermutet man extreme Alarmreaktionen, insbesondere eine übersteuerte Aktivierung des sympathischen und parasympathischen Nervensystems, mit der Folge von tödlichen Entgleisungen der Regulation von Blutzucker, Stresshormonen, Herz und Kreislauf (vgl. Bauer, 2006, S. 110f.).

Umso bedeutsamer ist es für Führungskräfte, positiv auf den Zusammenhalt und die Zusammenarbeit in Teams einzuwirken bzw. auch ihre eigenen Emotionen und Verhaltensweisen zu reflektieren und zu kontrollieren. Direkte Führung, organisationale Rahmenbedingungen und Tätigkeiten sind so zu gestalten, dass sozialer Austausch im positiven Sinne stattfinden kann. Einem schlechten Arbeitsklima sowie Mobbing ist rechtzeitig gezielt entgegenzuwirken.

10 Vertiefung: Gerechtigkeit/„Fairness“

Gregor Roosen

10.1 Grundlagen

Der Begriff der Fairness ist durch seine Vieldeutigkeit charakterisiert. Dies mag der Grund dafür sein, dass dieser Begriff nur mit gewissen Schwierigkeiten aus dem Englischen in andere Sprachen übersetzt werden kann. Daher wird der englische Begriff auch als Lehnwort in andere Sprachen übernommen; in der deutschen Sprache wird „Fairness“ oftmals dem Begriff der Gerechtigkeit gleich gesetzt (vgl. Lenk & Pilz, 1989, S. 23). Wer jedoch Gerechtigkeit praktizieren will, muss das Prinzip nennen, nach dem Chancen, Privilegien etc. zugeteilt werden. Eine Möglichkeit beschreibt die sog. Equity Theorie (Adams, 1965), nach deren Prinzip allen die gleichen Chancen und Belastungen zugeschrieben werden sollten. Dies kann jedoch vom Vorgehen her unfair und vom Ergebnis her ungerecht sein. Um die Ungleichheit der Menschen zu überwinden, müsste jedoch Ungerechtigkeit gegenüber bestimmten Menschen aus deren Sicht ausgeübt werden. Es wird deutlich, dass in freiheitlichen Gesellschaften Gerechtigkeitsvorstellungen weder einfach nach dem Individualprinzip (jedem das Seine), noch nach dem Gleichheitsprinzip (jedem das Gleiche), noch nach dem Nutzenprinzip (größtes Glück für die größtmögliche Zahl) zentral bestimmt und durchgesetzt werden können. Der Schlüssel ist der faire Diskurs, indem Gerechtigkeitsvorstellungen gefunden und entsprechend mehrheitlicher Entscheidung konkretisiert werden, wobei Minderheitenmeinungen faire Berücksichtigung erhalten müssen (vgl. Copray, 2010, S. 228ff.). Es wird deutlich, dass Fairness nicht gleich Gerechtigkeit ist, sondern zwischen beiden Begriffen differenziert werden muss. Vor diesem Hintergrund werden zwei sehr widersprüchliche Thesen vertreten, wenn es um Fairness geht (vgl. Copray, 2010, S. 10ff.):

- Zum einen wird Fairness als Selbstverständlichkeit angesehen. Sie ist Anstand, Höflichkeit, Redlichkeit und Ehrlichkeit gegenüber jedem anderen.
- Zum anderen wird Fairness vor dem Hintergrund der Marktwirtschaft und Politik als nicht umsetzbar beschrieben.

Tatsächlich ist Fairness für viele Menschen zunächst selbstverständlich. Dies betrifft jedoch meist Situationen aus dem direkten Lebensumfeld der Menschen. So bleibt es bei einem schlichten Verständnis von Fairness, wobei der aktive Part der Beteiligten ins Hintertreffen gerät. Fairness wird wie alle als selbstverständlich betrachteten Dinge schnell vernachlässigt, vergessen oder verdrängt. Soll jedoch ein hohes Maß an Fairness gewährleistet werden, dann muss Fairness mit Aufmerksamkeit betrachtet und regelmäßig gepflegt und verbessert werden (vgl. Copray, 2010, S. 10). Fairness zu praktizieren ist demnach eher eine anspruchsvolle Herausforderung als ein Selbstläufer, wobei die Komplexität der Situation den Schwierigkeitsgrad der Umsetzung bestimmt. Es geht darum, sehr deutlich, konsequent und womöglich trotz harter Ergebnisse für Fairness zu sorgen.

Es existieren verschiedene Konzepte, wie Fairness greifbarer gemacht werden kann. Im Folgenden werden die beiden wichtigsten Ansätze dargestellt.

10.1.1 Die Fairness-Bausteine nach Copray

Norbert Copray ist geschäftsführender Direktor der deutschen Fairness Stiftung, die sich innerhalb der Wirtschaft, Gesellschaft, Politik und Kultur für Fairness engagiert. Zu diesem Zweck berät die Stiftung Menschen, die in Organisationen und in Unternehmen Personalverantwortung tragen. Darüber hinaus unterstützt die Stiftung Unternehmen dabei, ihr Fairness-Potenzial professionell zu entfalten.

In diesem Zusammenhang differenziert Copray (2010, S. 217) zwischen Gerechtigkeit und Fairness, wonach „Gerechtigkeit nach dem fragt, was jedem zusteht, was einem jeden gerecht wird, was ein jeder einzubringen vermag. Fairness fragt danach, ob es fair ist, wenn jemand bekommt, was ihm zusteht; fragt, ob fair ist, was jemand auf welche Weise einbringt; fragt, ob es fair ist, jemanden nur unter Gerechtigkeits- oder Gleichheitsgesichtspunkten zu behandeln“. Copray (2010, S. 218ff.) definiert Fairness-Bausteine, die jetzt näher beschrieben werden:

- **Basis-Fairness**: Der Begriff der Basis-Fairness beschreibt eine faire Grundhaltung bzw. Mentalität, den anderen in seiner Würde zu achten, ihn nicht zu demütigen oder sogar zu schaden. Es gilt, den Partner und den Gegner bestehen und gelten zu lassen. Dies ist Grundvoraussetzung für faire Regeln des Miteinanders und des Gegeneinanders.
- **Regel-Fairness**: Der Ausdruck der Basis-Fairness ist die Regel-Fairness und den in diesem Rahmen gleichermaßen geltenden Regeln für jedermann. Dies vor der Voraussetzung, dass die Regeln unter fairer Beteiligung transparent zustande gekommen sind und von allen Betroffenen verstanden und eingehalten werden können. Ausnahmen von der Regel sind nur gestattet, sofern sie dazu beitragen, Unfairness abzumildern, zu überwinden oder abzuwehren. So sind z.B im sportlichen Kontext die Unterscheidungen von Männer- und Frauenwettbewerben entstanden. Fairness bedeutet daher Selbstkontrolle im Sinne der Regel-Fairness und der Basis-Fairness. Dies beinhaltet ebenfalls, nach Vermittlungsaspekten zu suchen und sich letztlich einem geregelten Schiedsverfahren zu beugen.
- **Fairplay-Fairness**: Fairplay-Fairness dient dem Schutz und dem Erhalt von Vertrauen und bedeutet gegenseitige Rücksichtnahme. Ihre Verletzung bleibt niemals folgenlos und schließt ein, dass eigene Rechte und erlangte Vorteile nicht missbräuchlich genutzt werden und widersprüchliches Verhalten weitestgehend minimiert wird. Dies schließt ebenfalls den Verzicht auf eigene Vorteile ein, sofern andere durch diese Vorteile ohne Ausgleichmöglichkeit benachteiligt werden würden. Schaffen Regeln also unabwendbare Vorteile, die andere Individuen auch durch Anstrengung nicht kompensieren können, ist für Ausgleich durch Selbstverpflichtung zu sorgen.
- **Balance-Fairness**: Balance-Fairness meint den schonenden Ausgleich zwischen Personen, Parteien, Organisationen. Der Gedanke der Verhältnismäßigkeit, der Zumutbarkeit und der Erforderlichkeit ist hierbei maßgebend. Diesem Gedanken folgend sollte jedem zugemutet werden, was er tragen und bewältigen kann, und jedem das abverlangt wer-

den, was erforderlich ist und inwiefern er etwas beitragen kann. Insofern bestimmt die Balance-Fairness den Ausgleich zwischen beiden Aspekten und den Ausgleich zwischen den Partnern und beinhaltet den Ausgleich von Vor- und Nachteilen, von Pflichten und Rechten und von Lasten und Entlastungen. Hier gilt das Prinzip, dass derjenige, der im Stande ist mehr zu leisten, auch die Verpflichtung hat mehr beizutragen, wobei dies nicht denjenigen, der nur weniger zu leisten vermag, von seinem Beitrag befreit. Die Basis-Fairness beeinflusst die Balance-Fairness maßgeblich, da derjenige, der nicht nach diesem Grundprinzip handelt, nicht die Anerkennung seiner Würde verliert. Wer andere unfair attackiert, dem wird nicht unfair vergolten, sondern es bleibt der Anspruch auf faire Behandlung bestehen, da jedem uneingeschränkt ein faires Verhalten zusteht.

- **Transparenz-Fairness**: Die Transparenz-Fairness definiert den Zugang zu Informationen vor allem in den Punkten, die eine Person oder Organisation betreffen. Die Information muss verständlich und sachgerecht, sowie von jedem Individuum frei zugänglich sein. Sowohl der Mitarbeiter als auch die Führungskraft haben das Recht auf aktuelle Informationen und Beteiligung am kollektiven Wissen einer Organisation. Sich durch den Meinungsaustausch und Reflexion der Wissensgehalte eine eigene Meinung bilden, ist das vorzügliche Ergebnis von Transparenz-Fairness.
- **Chancen-Fairness**: Chancen-Fairness beschreibt die Gleichheit der Lebens-, Zugangs-, und Verwirklichungschancen der Menschen. Hierfür ist prinzipiell ein freier und fairer Zugriff auf Ressourcen von Nöten, ohne den die Lebenschancen nicht ergriffen werden können. Dabei bleibt es jedem selbst überlassen, diese hypothetische Chancengleichheit zu nutzen oder auszuschlagen, denn jedes Individuum trägt die Konsequenzen für das eigene Handeln. Maßgeblich für die Einhaltung der Chancen-Fairness ist, dass jeder mit den gleichen Möglichkeiten startet. Ein Negativbeispiel stellt das deutsche Schul- und Bildungssystem dar, da es dem Staat misslingt, für faire Bildungschancen zu sorgen.

Es wird deutlich, dass Fairness ein facettenreiches Konstrukt ist, welches nicht nur aus diesem Grund nur schwerlich in die Praxis übertragen werden kann. Fairness, wie sie ab dem 17. Jahrhundert in England im Rahmen des ritterlichen Turnierverhaltens gelebt wurde und dort ihren historischen Ursprung hat, fehlt noch nachhaltig in der heutigen Arbeitswelt, auch wenn einzelne Beispiele das Gegenteil bezeugen (vgl. Copray, 2010, S. 222). Der eigenen Leistungsfähigkeit und Belastbarkeit wird im Arbeitsalltag oftmals künstlich auf die Sprünge geholfen, was in der Folge dazu führt, dass „in den vergangenen drei Jahren [...] die Zahl der suchtkranken Führungskräfte und Manager, die sich in [...] Kliniken therapieren ließen, verdoppelt hat" (Theobald, 2010, S. 1). Wer in diesem Umfeld mit seinen Kollegen und Chefs konkurrieren muss, ist von Chancen-Fairness weit entfernt. Da im beruflichen Kontext diese Unfairness von außen nicht ausgeglichen werden kann, kommt der Regel-, der Fairplay-, sowie der Balance-Fairness eine entscheidende Rolle zu, da unentdeckte und nicht aufdeckbare Nachteile bei den Chancen auf diese Weise ausgeglichen werden können. Nicht nur die Startchancen sind fair zu organisieren sondern auch die Zugangschancen (vgl. Copray, 2010, S. 223).

Die Einhaltung dieses komplexen Fairness-Verständnisses erfordert Reflexion, Kompetenz und Professionalität. Nur wo in einer fairen Ausgangssituation festgelegt wird, welches die Grundsätze der Gerechtigkeit sein sollen, kann es überhaupt eine Gerechtigkeit der Betroffenen und Beteiligten geben. Fairness muss demnach ein Thema auf kommunaler, regionaler, gesellschaftlicher und globaler Ebene werden und nicht nur innerhalb einzelner Organisationen oder Gruppen. Dieser sog. Fairness-Prozess ist Voraussetzung für die Realisierung von Fairness- und Gerechtigkeitsvorstellungen (vgl. Copray, 2010, S. 224).

10.1.2 Die vier Dimensionen der Fairness nach Colquitt

Colquitt et al. (2001) bilden aus einer Vielzahl von Forschungsbeiträgen ein vier-faktorielles Modell der Gerechtigkeit, welches sie aus der historischen Entwicklung organisationaler Gerechtigkeit ableiten. Die vier-faktorielle Struktur der organisationalen Gerechtigkeit konnte bislang in US-amerikanischen Stichproben mit Studierenden und Berufstätigen nachgewiesen werden.

- **Distributive Gerechtigkeit:** Die Dimension der distributiven Gerechtigkeit stützt sich auf die älteste der psychologischen Gerechtigkeitstheorien, der Equity-Theorie nach Adams (1965). Dieser Theorie folgend wird die Verteilung von Ergebnissen dann als gerecht angesehen, wenn das Verhältnis des eigenen Beitrags zum eigenen Ertrag dem von Vergleichspersonen entspricht. Obwohl mittlerweile auch andere Prinzipien der Verteilungsgerechtigkeit unterschieden werden (Gleichheitsprinzip oder Bedürfnisprinzip), konzentriert sich Colquitts Arbeit auf die von Leventhal (1976) definierten Regeln zur Messung der Equity-Theorie.
- **Prozedurale Gerechtigkeit:** Colquitt et al. (2001) beziehen sich bei der Ausgestaltung der Kategorie der prozeduralen Gerechtigkeit auf die Arbeit der Autoren Thibaut und Walker (1975). Wichtiges Ergebnis ihrer Arbeit ist, dass die Teilnehmer der Experimente durchaus bereit waren, die Entscheidungsgewalt im Hinblick auf Unternehmensentscheidungen abzugeben, solange sie die Chance hatten, auf den Prozess, der zur Entscheidung führte, einzuwirken. Diesen Gedanken greifen Colquitt et al. (2001) auf. Die prozedurale Gerechtigkeit bezieht sich demnach auf das Vorgehen bei einer Entscheidungsfindung wie z.B. bei einer Gehaltsfestlegung. Maßgeblich für die Wahrnehmung von Fairness bei solchen Prozessen ist, ob Personen das Vorgehen durch das Äußern ihrer eigenen Sichtweise und Argumente oder das Ergebnis beeinflussen können. Darüber hinaus schließt die prozedurale Fairness die Frage ein, ob Regeln konsistent eingehalten werden, ob Entscheidungen unvoreingenommen getroffen werden, ob genaue Informationen die Grundlage für diese Entscheidungen bilden und ob Korrekturmöglichkeiten bei Fehlentscheidungen vorgesehen sind. Die Einhaltung ethischer Gesichtspunkte ist ebenfalls innerhalb dieser Kategorie eingebunden (vgl. Maier et al., 2006, S. 8; Colquitt et al., 2001, S. 426).
- **Interpersonale Gerechtigkeit:** Die Ausführungen nach Colquitt et al. (2001) zur interpersonalen Ausprägung der Gerechtigkeit beziehen sich auf die Forschung von Bies und Moag (1986) sowie Bies (2005). Diese legen den Fokus ihrer Arbeit auf den sozialen Austausch innerhalb von Veränderungsprozessen und betonen die Wichtigkeit deren Qualität für das Gelingen der Veränderung. Insofern bezieht sich das Konstrukt der interpersonalen Gerechtigkeit auf die Wahrnehmung der sozialen Interaktion bei der Entscheidungsfindung. Beurteilt wird dabei der respektvolle, freundliche und würdevolle Umgang mit den Betroffenen durch den Entscheidungsträger. Die Gewährleistung der interpersonalen Gerechtigkeit erfolgt meist durch emphatische Kommunikation. Streicher und Frey (2012, S. 335) definieren diese als eine Gesprächsführung, die durch das Aufgreifen von Sorgen und Befürchtungen, die Berücksichtigung des Standpunktes des Gegenübers sowie die Vermittlung von Verständnis und Unterstützung gekennzeichnet

ist. Es ist unabhängig vom Kontext ein menschliches Bedürfnis, mit Würde und Respekt behandelt zu werden. In der Praxis erleichtert die Einhaltung der Bedingungen der interpersonellen Gerechtigkeit die Auseinandersetzung mit Sachthemen, denn die Verletzung dieser Bedingungen führt automatisch zu einer Konzentration auf eigene Befindlichkeiten. Es gilt, sachlich und hart in der Sache unter Einhaltung des fairen Miteinanders zu agieren (vgl. Streicher & Frey, 2012, S. 335).

- **Informationale Gerechtigkeit:** Die informationale Gerechtigkeit bezieht sich darauf, inwiefern das Informationsverhalten der entscheidungstreffenden Person wahrheitsgemäß ist, Begründungen und spezifische Informationen enthält sowie zeitnah erfolgt (vgl. Shapiro, Buttner & Barry, 1994). Dies beinhaltet eine umfassende und detaillierte Information der Betroffenen zu verschiedenen Aspekten einer Entscheidung. Informationale Gerechtigkeit ist besonders wichtig in unsicheren Situationen wie z.B einem Veränderungsprozess. Ein wesentlicher Aspekt besteht darin, dass sich Mitarbeiter darauf verlassen können, dass mögliche unpopuläre Informationen und Maßnahmen frühzeitig kommuniziert werden, auch wenn sie nicht unbedingt eintreten sondern es nur die Möglichkeit hierzu besteht. Es konnte gezeigt werden, dass Mitarbeiter, die in der gleichen Weise über positive und negative Nachrichten informiert wurden, mit den negativen Ereignissen besser umgehen konnten und die Glaubwürdigkeit der Führungskraft nicht in Frage gestellt wurde (vgl. Streicher & Frey, 2012, S. 335).

Zusammenfassend lässt sich also festhalten, dass es sich bei dem Konzept der organisationalen Gerechtigkeit um ein heterogenes Konstrukt handelt, welches sich in die vier Formen distributive, prozedurale, interpersonale und informationale Gerechtigkeit einteilen lässt.

Für diese vier unterschiedlichen Formen organisationaler Gerechtigkeit konnten spezifische Zusammenhänge mit häufig untersuchten Kriterien wie etwa Leistungsverhalten und Arbeitszufriedenheit nachgewiesen werden (z.B. Cohen-Charash, Spector 2001; Colquitt, Conlon, Wesson, Porter & Ng, 2001): Die Forschung dieser Autoren ergaben substanzielle Zusammenhänge mit affektiven Arbeitseinstellungen (z.B. Arbeitszufriedenheit, affektive organisationale Verbundenheit), funktionalem (z.B. Leistungsverhalten) und dysfunktionalem (z.B. Kündigungsgedanken, Diebstahl) Verhalten.

Diese Zusammenhänge zeigen darüber hinaus, dass gelebte Fairness in Organisationen dazu beiträgt, einen Rahmen innerhalb der Organisation zu schaffen, mit dem sich Mitarbeiter mit unterschiedlichsten kulturellen und beruflichen Hintergründen identifizieren können und der die Mitarbeiter zu hohem Engagement für Unternehmensziele anregt. Die Einhaltung von Fairnessprinzipien kann dabei als Grundlage für eine solche identitätsstiftende Unternehmenskultur dienen.

10.2 Neurowissenschaftliche Perspektiven

Die Dimension Fairness beinhaltet nach Rock die Wahrnehmung eines Individuums von einem gerechten Austausch zwischen Menschen. Das menschliche Verlangen nach Gerechtigkeit im Umgang miteinander ist eine Erklärung, weshalb sich Menschen innerlich belohnt fühlen, wenn sie freiwillige oder ehrenamtliche Tätigkeiten ausüben. Ein Erklärungsansatz kann darin gesehen werden, dass Menschen auf diese Weise versuchen wollen, die Ungerechtigkeit in der Welt zu reduzieren. Wie schon der Faktor Status wird auch Gerechtigkeit vom Menschen relational wahrgenommen. Demzufolge wird eine geringe Belohnung, die in einem als fair eingestuften Verhältnis zu der eines anderen Menschen steht, besser bewertet als eine hohe Belohnung, die verglichen mit der eines anderen Menschen als unfair eingestuft wird. Eine als ungerecht empfundene Behandlung generiert bei einem Individuum eine starke Bedrohungsreaktion.

Der neurobiologische Hintergrund für die Bedrohungsreaktion ist die Aktivierung der Insula, die in die Bewertung der Intensität von Emotionen involviert ist. Menschen, die andere als ungerecht wahrnehmen, fühlen kein Mitleid mit deren Schmerzen. Unter gewissen Umständen fühlen sie sich sogar belohnt, wenn diese bestraft werden (vgl. Rock & Page, 2009, S. 445).

Rock (2009b, S. 173ff.) beschreibt, dass eine Bedrohungsreaktion durch empfundene Ungerechtigkeit sehr leicht ausgelöst werden kann. Falls Mitarbeiter eine Bevorzugung beobachten und als ungerecht einstufen, hat dies unweigerlich eine Bedrohungsreaktion zur Folge. Eine Vermeidung der Bedrohungsreaktion durch wahrgenommene Ungerechtigkeit kann durch erhöhte Transparenz, verstärkte Kommunikation und Mitbestimmung bei Geschäftsentscheidungen erreicht werden. Darüber hinaus kann das Festsetzen von klaren Erwartungen den fairen Umgang miteinander fördern. Fehlende Grundregeln, Erwartungen und Ziele sind hingegen Nährboden für wahrgenommene Ungerechtigkeit. Im Hinblick auf die Entlohnung der einzelnen Akteure einer Organisation werden durch viele Mitarbeiter starke Ungerechtigkeiten empfunden, da es bei gleicher Arbeitszeit Gehaltsschwankungen geben kann. Allerdings kann eine Reduzierung der Bedrohungssituation schon durch eine Anpassung des Gehalts der Führungskräfte in Krisenzeiten erreicht werden und somit maßgeblich zur Reduzierung des Ungerechtigkeitsgefühls der Mitarbeiter beitragen.

Mittels einer fMRT-Studie konnte die Verarbeitung von Fairness bzw. mangelnder Fairness nachvollzogen werden. Im Mittelpunkt steht das Ultimatum-Spiel (Guth, Schmittberger & Schwarze, 1982), das zu Zweit gespielt wird: Der Spielleiter gibt die Spielsumme in Höhe von 10 Dollar an die Person 1, der „verteilenden Person“ weiter. Der Verteilende kann eine Aufteilung des Ausgangsguthabens zwischen sich selbst und dem Reagierenden in beliebiger Stückelung vorschlagen. Person 2, der Reagierende, hat daraufhin die Option, diese Teilung entweder anzunehmen oder abzulehnen. In dem Falle, dass der Reagierende das Angebot annimmt, wird das Guthaben wie vom Verteilenden vorgeschlagen geteilt. Lehnt der Reagierende die Teilung jedoch ab, so bekommen beide Spieler nichts.

In verschiedenen Variationen des Spieles wird dem Verteilenden die Entscheidung über die Größe der Proportionen entweder ganz überlassen, oder ihm werden zwei Optionen – eine faire und eine unfaire – vorgegeben. Das Spiel hat nur einen Durchgang, d.h. es ist vorbei, nachdem der Verteilende einen Vorschlag unterbreitet hat und der Reagierende diesen entweder annimmt oder ablehnt.

Angenommen, die Grundannahme 1 der klassischen Spieltheorie, d.h., Spieler werden ausschließlich von Eigeninteresse geleitet, träfe zu, dann bestünde das entsprechende Nash-Equilibrium darin, dass der Reagierende auch kleinste Angebote akzeptiert (denn selbst 1% des Ausgangsguthabens zu bekommen ist besser als 0%) und der Verteilende, der diese Reaktion antizipiert, nur den kleinsten von Null verschiedenen Betrag anbietet.

Diese Vorhersage wird jedoch durch die Ergebnisse von experimentellen Studien nicht bestätigt: In nahezu der Hälfte aller Spiele ist der Verteilende willens, dem Reagierenden ungefähr 40% des Ausgangsguthabens abzugeben (Camerer, 2003). Reagierende nehmen diesen Vorschlag meistens an. Interessant ist weiterhin, dass, wenn der Verteilende die Proportionen frei bestimmen kann und ein Angebot macht, bei dem der Reagierende weniger als 20% des Gesamtbetrages erhalten würde, dieses Angebot in ungefähr der Hälfte aller Spiele zurückgewiesen wird. Bei Angeboten unter 10% steigt die Ablehnungsrate sogar noch weiter.

Man mache sich bewusst, dass ein Reagierender, der ein Angebot von z.B. 10% des Ausgangsguthabens zurückweist, bewusst entscheidet, dass es besser sei gar keinen Gewinn zu bekommen als 10% des Ausgangsguthabens. Die Wahlen von Spielern im Ultimatum-Spiel passen also nicht zu einem Modell, in dem Entscheidungen ausschließlich von finanziellem Eigeninteresse bestimmt werden (Sanfey, 2007b).

Wie zusammenfassend bei Camerer (2003) beschrieben, sind die Befunde in Ultimatum-Spielen sehr robust gegen Variationen des Designs: Wiederholungen des Spieles und Erhöhungen der Beträge bis zu mehreren Monatseinkommen führen nicht zu einer wesentlichen Veränderung der Ergebnisse.

Um die neuronalen Grundlagen von Reaktionen auf unfaire Angebote im Ultimatum-Spiel zu untersuchen, wurde eine fMRT-Studie durchgeführt, bei der den Reagierenden im Scanner nacheinander faire oder unfaire Angebote mehrerer Verteilender dargeboten werden (Sanfey, Rilling, Aronson, Nystrom & Cohen, 2003). Diese Verteilenden sind entweder 10 eingeweihte Versuchspersonen, deren Entscheidungen zuvor mit dem Versuchsleiter abgestimmt waren (was den Versuchspersonen aber nicht mitgeteilt wurde) oder vom Computer simuliert (was den Versuchspersonen mitgeteilt wurde). So erhielten die Reagierenden im Scanner eine gleiche Anzahl von fairen Angeboten (Teilung 50%/50%) und unfairen Angeboten (Teilung ungefähr 80%/20%) – entweder von einem realen Menschen oder vom Computer.

Auf der Verhaltensebene zeigt sich, dass die Reagierenden alle fairen Angebote akzeptieren und dass unfaire Angebote von Menschen häufiger zurückgewiesen werden als unfaire Angebote vom Computer. Während der Entscheidungsphase zeigt sich bei unfairen Angeboten im Vergleich zu fairen Angeboten eine Mehraktivierung in der rechten und linken anterioren Insula, im rechten DLPFC und im dACC. Die Autoren zeigen darüber hinaus auf, dass eine höhere Aktivierung der anterioren Insula mit einer steigenden Ablehnungsrate unfairer Angebote einhergeht.

Sanfey interpretiert diese Ergebnisse in Anbetracht der oben aufgeführten Befunde zur Beteiligung von dorsalem ACC und anteriorer Insula an Schmerz-, Ekel- und Konfliktverarbeitung dahingehend, dass unfaire Interaktionspartner durch neuronale Mechanismen wahrscheinlich aversiv markiert werden (Sanfey, 2007b). Die Aktivierung des dorsolateralen präfrontalen Cortex (DLPFC) als Reaktion auf unfaire Angebote im Ultimatum-Spiel wird von Sanfey et al. (2003) als Zeichen für das Wirken eines Mechanismus angesehen, durch den die Regeln des Spieles und die Strategien zur Zielerreichung implementiert werden.

Teil D Zentrale Zugänge zu einem Neuroleadership II: Die Konsistenztheorie

Die fünf Dimensionen der Konsistenztheorie (Bedürfnis nach Bindung, nach Orientierung und Kontrolle, nach Lustgewinn und Unlustvermeidung, nach Selbstwerterhöhung bzw. nach Selbstwertschutz sowie das Streben nach Konsistenz stellen aus Neuroleadership-Perspektive die personenbezogenen Einflussgrößen auf Gesundheit und Leistung dar.

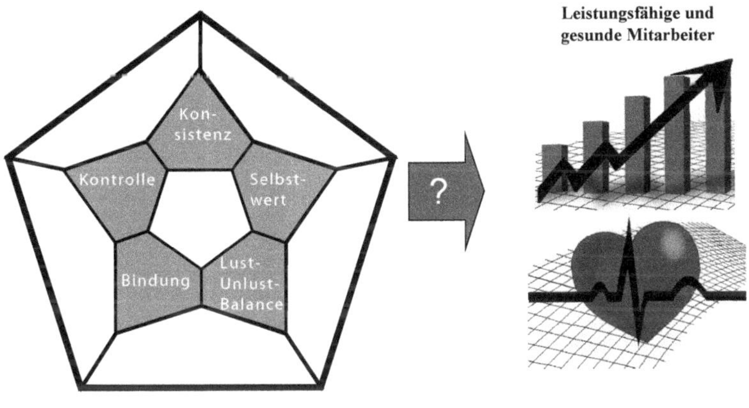

11 Die Konsistenztheorie: Einführung für Führungskräfte

Rüdiger Reinhardt, Andrea Kaczynski, David Krampe, Karin Schweizer

11.1 Einleitung

Gelingt es mittels des SCARF-Modells, Hinweise für die „gehirngerechte" Gestaltung von Führungsbeziehungen, organisationalen Strukturen bzw. Prozessen sowie für die Tätigkeit abzuleiten, so kann die Konsistenztheorie dazu genutzt werden, um Hinweise für **personenbezogene Merkmale** ableiten zu können, die aufgrund der jeweils zugrundeliegenden neuronalen Mechanismen in besonderem Maße mit Leistung und Gesundheit in Verbindung stehen.

11.1.1 Hintergrund

Klaus Grawe beantwortet mit seiner Konsistenztheorie die Frage nach den psychischen Grundbedürfnissen des Menschen, die, wenn sie erfüllt sind, zu stabiler psychischer Gesundheit – und letztlich Leistungsfähigkeit – führen. Dabei orientiert er sich am Anspruch, nur solche Bedürfnisse zu berücksichtigen, die neurobiologisch begründbar, also angeboren sind. Grundprinzip dieses Modells ist die **Konsistenz**, also die Übereinstimmung bzw. Vereinbarkeit gleichzeitig ablaufender neuronaler bzw. psychischer Prozesse.

Das Bedürfnis nach Konsistenz stellt nach Grawes Ansicht selbst kein Grundbedürfnis dar, sondern ist ein Grundprinzip des psychischen Funktionierens. Während Grundbedürfnisse sich auf Erfahrungen mit der Umwelt beziehen, ist Konsistenz ein Zustand des Organismus. Die Herstellung von Konsistenz entspricht also der Regulation bzw. Koordination neuronaler Prozesse, während die Bedürfnisbefriedigung auf einen Abgleich zwischen Umwelt und Innenleben zielt. Nach Grawe findet dieser Abgleich allerdings nicht direkt zwischen den Grundbedürfnissen und dem Erlebten statt – vielmehr werden die Grundbedürfnisse über motivationale Ziele präzisiert (Grosse Holtforth & Grawe, 2000, 2002). Dies ist für den betrieblichen Kontext von zentraler Bedeutung, da Annäherungsziele bzw. -schemata wesentlich stärker mit Leistung verknüpft sind als Vermeidungsziele bzw. -schemata. Vereinfacht ausgedrückt bedeutet dies, dass Konsistenz den anderen Grundbedürfnissen – quasi als **„nicht bewusstes Meta-Bedürfnis"** – vorgelagert ist. Es gilt somit: **Besteht Konsistenz, sind die Grundbedürfnisse befriedigt** (Grawe, 2004, S. 186).

11.1.2 Aufbau und Funktionsweise der Konsistenztheorie

Für das weitere Verständnis ist es wichtig, das Modell von Grawe komplett darzustellen. Die Konsistenztheorie geht von vier Ebenen dieses psychischen Funktionierens aus, die sich wechselseitig beeinflussen:

- **Ebene 1 – Streben nach Konsistenz:** Nach Grawe streben Lebewesen nach Konsistenz, d.h. einer Übereinstimmung bzw. Vereinbarkeit gleichzeitig ablaufender neuronaler und psychischer Prozesse.
- **Ebene 2 – Streben nach Bedürfnisbefriedigung:** Grawe vertritt die These, dass menschliches Handeln zielgerichtet erfolgt und primär die Befriedigung von vier Grundbedürfnissen verfolgt. Diese Grundbedürfnisse sind bei allen Menschen vorhanden und eine dauerhafte Verletzung bzw. Nichtbefriedigung führt zur Schädigung des psychischen Wohlbefindens und der Gesundheit.
  - Bedürfnis nach Bindung
  - Bedürfnis nach Orientierung und Kontrolle
  - Bedürfnis nach Selbstwerterhöhung und Selbstwertschutz
  - Das Bedürfnis nach Lustgewinn und Unlustvermeidung
- **Ebene 3 – die motivationalen Schemata** (Annäherung bzw. Vermeidung): Motivationale Schemata dienen dazu, die o.g. Grundbedürfnisse zu befriedigen. Dabei lassen sich Annäherungs- oder Vermeidungs-Schemata unterscheiden.
- **Ebene 4 – die Verhaltensebene:** Aus den in den Ebenen eins bis drei durchlebten bewussten und unbewussten Prozessen resultiert das konkrete Erleben und Verhalten des Individuums.

Die folgende Abbildung fasst das bislang Beschriebene in dem Gesamtmodell der Konsistenztheorie zusammen.

Um das Thema „Grundbedürfnisse“ besser nachvollziehen und im Zusammenhang mit unserem Thema „Neuroleadership“ besser einordnen zu können, sollen hier – in Analogie zum SCARF-Modell – entsprechende Hinweise gegeben werden. Grundsätzlich ist nochmals darauf zu verweisen, dass diese Bedürfnisse nach Grawe (2004) als angeboren gelten und neurobiologisch begründbar sind.

Psychische Grundbedürfnisse finden sich in der Psychologie bei einer Reihe von Autoren (z.B. Allport, 1943; Maslow, 1977; Rogers, 1983; Epstein, 1990, 1993), unterscheiden sich jedoch in Anzahl und Gewichtung (vgl. hierzu Grawe, 1998, 2004). Bez. der Relevanz der vier von Grawe genannten Grundbedürfnisse besteht dabei relative Einigkeit, wobei sich Menschen in der absoluten und relativen Ausprägung der Grundbedürfnisse unterscheiden (Grosse Holtforth & Grawe, 2003; Grawe, 2004). Grawe bezeichnet die Grundbedürfnisse als Kriterien, „nach denen sich Konsistenz im psychischen Geschehen zu bemessen hat“ (Grawe, 2004, S. 191) und sieht sie als evolutionäre Vorgaben an den menschlichen Organismus: Werden diese Vorgaben erfüllt, so ist der Mensch bei guter Gesundheit und wird sich mit höherer Wahrscheinlichkeit fortpflanzen.

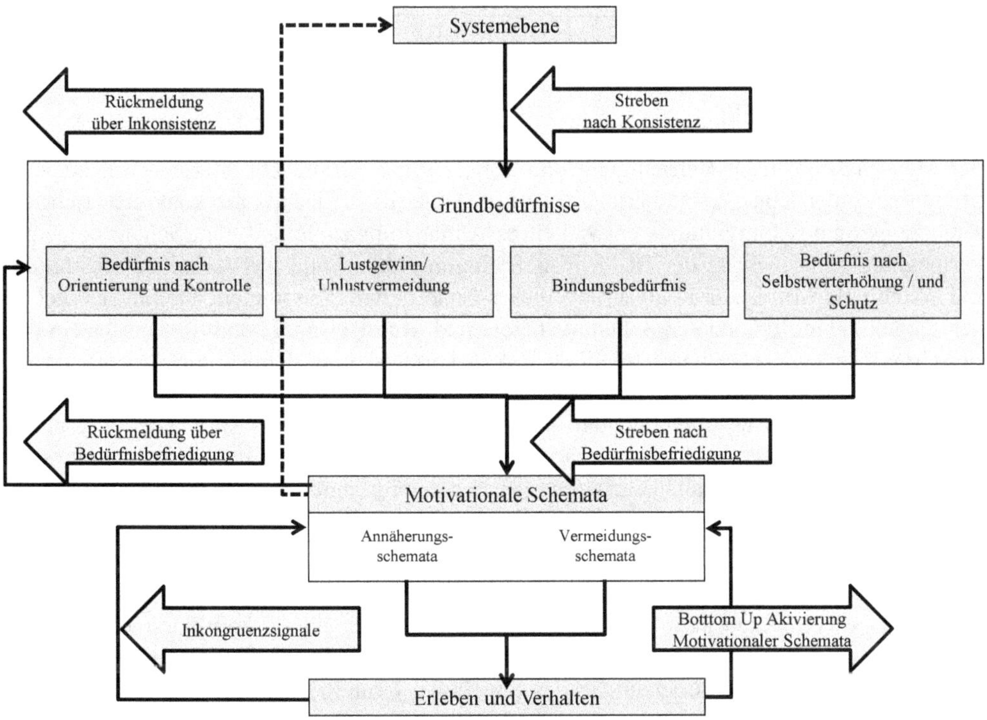

Abb. 11.1: Funktionsmodell des psychischen Geschehens (Quelle: Grosse Holtforth & Grawe, 2004, S. 11)

11.1.3 Weiteres Vorgehen

Für jede der relevanten Dimensionen der Konsistenztheorie wird im Folgenden eine Reihe von praxisbezogenen Informationen bereitgestellt:

- Zunächst erfolgt eine kurze Definition der jeweiligen Dimension, an die sich eine Darstellung der wesentlichen Inhalte und Gestaltungshinweise für die Praxis anschließt.
- Darauf aufbauend erfolgt ein Selbstreflexionsteil mit folgenden Elementen: (1) Einschätzung der Ausprägung der jeweiligen Dimension bei den eigenen Mitarbeitern. (2) Einschätzung der Bedeutung der jeweiligen Dimension für Sie selbst als Führungskraft. (3) Ableitung von Konsequenzen aus der Übereinstimmung oder den Diskrepanzen aus (2) und (3).

In den Kapiteln 12 bis 15 finden Sie ergänzend hierzu vertiefende Informationen zur jeweiligen Dimension.

11.2 Das Streben nach Konsistenz

11.2.1 Übersicht

Der Mensch strebt nach Befriedigung und Schutz seiner Grundbedürfnisse – welche vom Grundprinzip der Konsistenz überlagert werden. Unter dem Einfluss der konkreten Lebensbedingungen eines Individuums entwickelt es Annäherungsziele und dem Schutz dienende Vermeidungsziele, welche der Bedürfnisbefriedigung gelten und ihr Verhalten bestimmen, und welche als Mittel zur Realisierung dieser Ziele gelten. Zusammengenommen ergeben sich daraus die motivationalen Schemata (Ziele und Mittel). Dabei kommt es bei jedem der vier Grundbedürfnisse zu unterschiedlichen Annäherungs- und Vermeidungsstrategien oder motivationalen Schemata – Bowlby nennt dies **„inneres Arbeitsmodell"**. Diese haben bewusste und unbewusste Komponenten und darum glaubt man, dass sie bewusste kontrollierte, wie auch unbewusste automatische mentale Prozesse steuern. Die Arbeitsmodelle sind richtungsweisend für Verhalten, Erwartungen und Interpretationen von uneindeutigen zwischenmenschlichen Erlebnissen und beeinflussen enge Beziehungen (vgl. Strauss & Schmidt, 1996, S. 141).

Sich widersprechende und gleichzeitig auftretende motivationale Schemata – vor allem der Annäherungs-Vermeidungskonflikt oder Vermeidungs-Vermeidungskonflikt – stellen eine Belastung an die Konsistenzanforderung dar: Man will etwas und will es gleichzeitig doch nicht. Aufgrund erlebter Verletzungen des jeweiligen Grundbedürfnisses hat sich ein Vermeidungsverhalten entwickelt; das Grundbedürfnis will nach wie vor befriedigt sein, aber um Verletzungen auf dem Weg dorthin zu vermeiden, werden Vermeidungsstrategien aktiviert. Und da die Erinnerung daran wehtut und um Unlust zu vermeiden, kann die Erinnerung daran verdrängt werden und somit ist der Grund für das Vermeidungsverhalten nicht länger im Bewusstsein repräsentiert. Auch wenn konflikthafte Motive nicht im Bewusstsein repräsentiert sind, haben sie aber dennoch einen Einfluss auf das Verhalten (vgl. Grawe, 2000, S. 430).

Die Schemata bleiben dabei jedoch offen für Anpassungen und Veränderungen (vgl. Rholes & Simpson, 2004, S. 7). Sei es durch die Reflektion von Widersprüchlichkeiten innerhalb des Modells oder dadurch, dass Individuen Erlebnisse haben, die korrigierend auf das Schema einwirken (Ainsworth, 1989, S.715). Dennoch leiten sie Erwartungen und Erleben, sodass neue Erfahrungen stabilisierend auf das Modell zurückwirken (vgl. Strauss & Schmidt, 1996, S. 141)

Nach Grawe haben die motivationalen Schemata in der Entwicklung von psychischen Störungen – bei welchen die Vermeidung von aversiven Emotionen immer eine Rolle spielten – eine äußerst wichtige Funktion inne, denn eine Vermeidung von Angst, Schmerz, Enttäuschung und anderen unangenehmen Gefühlen ist letztlich das Ziel in der Ausbildung von Vermeidungsschemata (vgl. Grawe, 2000, S. 395).

11.2.2 Formen von Inkonsistenz

Unter Inkonsistenz wird die Unvereinbarkeit gleichzeitig ablaufender psychischer Prozesse verstanden. Unter Diskordanz wird dabei die Nichtvereinbarkeit zweier oder mehrerer gleichzeitig aktivierter motivationaler Schemata verstanden (Grawe, 2004). Inkongruenz meint die Nichtübereinstimmung des real Erlebten mit den aktivierten motivationalen Zielen (Grawe, 2004). Die folgende Abbildung illustriert weitere Inkongruenzquellen und zeigt zudem auf, dass sich in vielen Fällen ein Wechselspiel zwischen Inkongruenz und Quelle ergeben kann. Die folgende Abbildung gibt eine Übersicht über Inkonsistenzquellen aus betrieblicher Perspektive: Die vier Dimensionen „Tätigkeit", „Führer-Geführten-Beziehung", „Unternehmenskultur" und „Führungsverhalten" sind potenzielle Quellen der Inkongruenz und wirken mit den personenbezogenen Inkongruenzquellen wie fehlenden Ressourcen, zu schwach entwickelten Annäherungsschemata usw. zusammen; mangelndes Wohlbefinden, Gesundheit und Leistung sind die Folge.

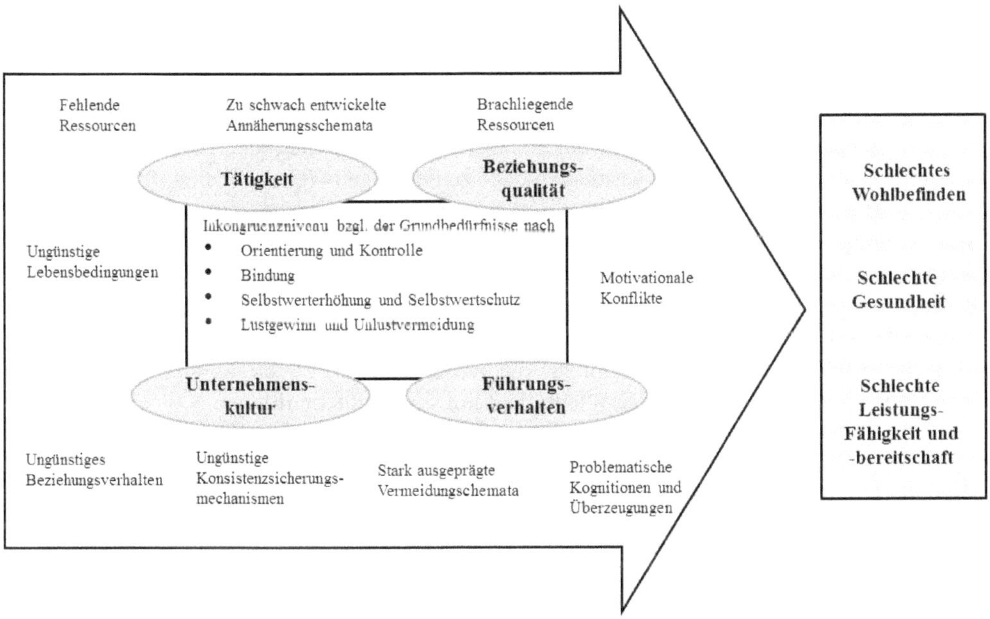

Abb. 11.2: Inkongruenzquellen (Quelle: in Anlehnung an Grosse Holtforth & Grawe, 2004, S. 18)

Nach Grawe sind Diskordanz und Inkongruenz für die psychische Gesundheit von Organismen besonders wichtig, weil sie mit der Aktivierung wichtiger motivationaler Schemata verbunden sind und deren Aktivierung wiederum mit starken Emotionen einhergeht. Daraus folgt, dass ein erhöhtes Inkongruenzniveau als ein höchst komplexer Stresszustand anzusehen ist (Grawe, 2004).

Eine weitere Form der Inkonsistenz ist die sog. Interferenz, wie sie u.a. durch den Stroop-Test erzeugt wird: Probanden wird bspw. in gelber Schrift das Wort „rot" gezeigt. Sie müssen dann anschließend entweder möglichst schnell auf die Farbe der Schrift („gelb") oder das Wort („rot") per Knopfdruck reagieren. Die Reaktion ist hierbei deutlich langsamer, als bei der Reaktion, wenn die Informationen von Schrift und Farbe übereinstimmen. Interferenz bedeutet in diesem Fall also das gleichzeitige Auftreten sich widersprechender Reaktionstendenzen (Grawe, 2004). Sie erschwert oder verhindert eine eindeutige Interpretation wahrgenommener Sachverhalte.

Nach Grawe ist ferner die sog. kognitive Dissonanz von Bedeutung. Sie ist eines der in der Psychologie am meisten untersuchten Phänomene (vgl. u.a. Harmon-Jones & Mills, 1999; Elliot & Devine, 1994) und tritt auf, wenn zwei Kognitionen zwar füreinander relevant, aber nicht miteinander vereinbar sind. Grawe selbst führt dazu das Beispiel einer Frau auf, die eine bestimmte Partei verabscheut, sich in einen Mann verliebt und anschließend erfährt, dass er in dieser Partei aktiv ist (Grawe, 2004). Auch hier gilt wieder, dass Dissonanz für einen Organismus ein unangenehmer Zustand ist, den es zu beenden gilt (vgl. auch Festinger, 1957). In diesem Beispiel würde dies bspw. bedeuten, dass die Frau entweder die Einstellung zu der Partei oder zu dem Mann ändert, oder die Wichtigkeit von Politik im Allgemeinen für sie enorm herabsenkt, sodass die Parteizugehörigkeit des Mannes keine Rolle mehr für sie spielt.

11.2.3 Konsistenzregulation

Laut Grawe hat das „menschliche psychische System […] alle möglichen Mechanismen herausgebildet, um Inkonsistenz zu vermeiden oder zu beseitigen" (Grawe, 2004, S. 191). In der Psychologie gibt es für solche Konsistenzsicherungsmechanismen verschiedene Begriffe wie bspw. Coping, Emotionsregulation oder Abwehrmechanismen. Welcher Mechanismus zur Regulation genutzt werden kann, hängt u.a. von der Art der Inkonsistenz ab. Bei kognitiven Dissonanzen unterscheiden Harmon-Jones & Mills (1999) bspw. die folgenden vier Möglichkeiten: Entfernen (d.h. Vermeiden oder Verdrängen) von dissonanten Kognitionen, Hinzufügen neuer konsonanter Kognitionen, die Reduktion der Wichtigkeit von dissonanten Kognitionen oder die Erhöhung der Wichtigkeit konsonanter Kognitionen.

Wie alle psychischen Abläufe haben auch diese Mechanismen eine neuronale Grundlage (vgl. LeDoux, 2002). Als Beispiele lassen sich u.a. das Corpus Callosum als Koordinator zwischen linker und rechter Hirnhälfte, selektive Aufmerksamkeit oder die aktivitätsabhängige Hemmung auf allen Ebenen des Nervensystems aufführen (Grawe, 2004). Konsistenzregulation findet überwiegend unbewusst statt und ist für das ganze psychische Geschehen von derartiger Bedeutung, dass Grawe es für angemessen hält, „von einem obersten oder pervasiven Regulationsprinzip im psychischen Geschehen zu sprechen" (Grawe, 2004, S. 191). Für den weiteren Verlauf der vorliegenden Arbeit spielt die Fähigkeit zur Konsistenzregulation insofern eine untergeordnete Rolle, als dass sie nur „indirekt", d.h. über das Ausmaß an Annäherungs- und Vermeidungsmotivation – erfasst wird (vgl. Abschnitt 11.2); weiterführende Überlegungen finden sich daher dort.

11.3 Das Bindungsbedürfnis

11.3.1 Worum geht es?

Das Bedürfnis nach Bindung begründet sich in frühen Beziehungserfahrungen eines Kindes: Ist die Bezugsperson verfügbar und einfühlsam, bietet sie physische Nähe, Schutz, Sicherheit und Trost, bilden sich günstige motivationale Schemata – Annäherungsziele – und ein sogenanntes „sicheres Bindungsverhalten" heraus (Grawe 2004, S. 193). Versuche mit jungen, sozial lebenden Tieren zeigen, dass eine Trennung von der „Bezugsperson" zu einer Protestreaktion mit verstärkter motorischer Aktivität, beschleunigtem Herzschlag, erhöhter Körpertemperatur und einer größeren Ausschüttung von Stresshormonen führt (Grawe 2004, S. 195). Dieses „Trennungsschmerz-System" ist im zentralen Grau des Gehirns, in der Nähe des Schmerzzentrums angesiedelt und kann über Endorphine und Neuropeptide abgeschwächt, über das Stresshormon CRF (= Corticotropin-Releasing Factor) verstärkt werden (Grawe, 2004, S. 196).

In einer guten Bindungsbeziehung werden diese reaktionsabschwächenden Neuropeptide ausgeschüttet, das heißt, ist eine Mutter für ihr Kind da, wenn es nach ihr schreit, schwächt das Trennungsschmerz-System ab. Gleichzeitig haben Neuropeptide auch eine gedächtnisfördernde Wirkung – so werden Reaktionsmuster zur Reduzierung negativer Emotionen gebahnt – wie bspw. bei Schmerzen Trost bei der Bezugsperson finden – also im Gedächtnis verankert (Grawe, 2004, S. 196). Fehlt eine Bezugsperson, fehlen entsprechende Gedächtnisinhalte zur Emotionsregulation, es entsteht Stress, negative Emotionen können noch weniger reguliert werden – ein Kennzeichen fast aller psychischer Störungen (Grawe, 2004, S. 197).

Wiederkehrende Beziehungserfahrungen in der Kindheit legen also zum einen den Grundstein für psychische Störungen oder Gesundheit, zum anderen bestimmen sie die spezifischen Konstellationen annähernder oder vermeidender Schemata in späteren Beziehungen (Grawe, 2004, S. 197). Wächst ein Kind also in einer fürsorglichen Umgebung auf, die die Befriedigung seiner Bedürfnisse zum Ziel hat, wird es hauptsächlich annähernde Schemata entwickeln und bekommt Erfahrung in deren Befriedigung. Wächst ein Mensch dagegen in einer Umgebung auf, in der seine Grundbedürfnisse, allen voran das Bindungsbedürfnis, immer wieder verletzt, bedroht oder enttäuscht werden, wird das Kind eher Vermeidungsschemata entwickeln (Grawe, 2004, S. 188). So schlägt sich sicheres Bindungsverhalten, ausgelöst durch bspw. einfühlsames Verhalten, schnelle Reaktionen, Aufmerksamkeit oder intensiven Austausch, in Bedürfnisbefriedigung, einer verstärkten Nutzung von Annäherungsschemata und damit auch positiven Kontrollerfahrungen, selbstwerterhöhenden Erfahrungen und positiven Emotionen nieder (Grawe, 2004, S. 209). Stark ausgeprägte Vermeidungsschemata verhindern dagegen positive Bedürfnisbefriedigung auch in Situationen, die eigentlich dafür geeignet wären, weil die besser gebahnten vermeidenden Tendenzen aktiviert werden (Grawe, 2004, S. 188).

Dispositionen zu Annäherung und Vermeidung werden jedoch nicht nur gelernt, sondern sind zu einem großen Teil bereits angeboren (Grawe, 2004, S. 269). Auch wenn die Tendenz zu negativen Emotionen ein recht stabiles Persönlichkeitsmerkmal zu sein scheint, unterliegt sie keinem Automatismus, sondern beinhaltet lediglich ein größeres Risiko und kann durch positive Einflüsse der Umgebung unterbunden oder in eine andere Richtung gelenkt werden (Grawe, 2004, S. 269).

Die Bindungstheorie liefert, unabhängig von individuellen Persönlichkeitseigenschaften, Einblick in das Verhalten von Individuen im sozialen Umfeld, welches seine Wurzeln in den prägenden und überlebenswichtigen Bindungserfahrungen der ersten Lebensjahre begründet. Es bilden sich motivationale Schemata in Form von Annäherungs- und Vermeidungsschemata, welche die Befriedigung des Grundbedürfnisses nach Bindung entweder unterstützen oder zu ihm in Konflikt stehen (Konsistenz- bzw. Inkonsistenzerleben nach Grawe) und das Individuum bildet Strategien aus, um damit umzugehen; diese schlagen sich in Bindungsstilen nieder.

Das Verhalten in Bindungen zu primären Bezugspersonen wird merklich davon beeinflusst, aber der Bindungsstil hat einen weitgehenden Einfluss auf das Wohlbefinden und die Gesundheit, den Umgang mit Stress, die Zufriedenheit in sozialen Situationen, das Unterstützungs- und Konflikterleben im Arbeitskontext, bis hin zur Leistungsfähigkeit, wenn man dieses mit dem Explorationsverhalten in Verbindung setzt.

11.3.2 Ihr Verhalten – und das Bindungsbedürfnis Ihrer Mitarbeiter

Die in der folgenden Tabelle dargestellten und aus den obigen Überlegungen abgeleiteten Aussagen sollen Ihnen einschätzen helfen, wie es um das **Bindungsbedürfnis Ihrer Mitarbeiter** bestellt ist:

Tab. 11.1: Aussagen zum Bindungsbedürfnis der eigenen Mitarbeiter

Aussagen in Richtung Mitarbeiter	An welchen spezifischen Verhaltensweisen Ihrer Mitarbeiter können Sie Ihre Einstellung zu den Aussagen in der linken Spalte festmachen?
Meine Mitarbeiter machen sich Sorgen über das Ausgeschlossensein.	
Meine Mitarbeiter fühlen sich wohl dabei, wenn sie sich auf andere verlassen können.	
Meine Mitarbeiter fürchten sich davor, dass sie von anderen nicht akzeptiert werden.	
Meine Mitarbeiter können tragfähige Beziehungen zu den KollegInnen aufrechterhalten, ohne die eigene Autonomie einzuschränken.	
Meine Mitarbeiter finden es schwierig, von anderen abhängig zu sein.	
Meine Mitarbeiter fürchten sich davor, verletzt zu werden, wenn sie es den KollegInnen erlauben, zu nahe zu kommen.	
Meine Mitarbeiter finden es schwierig, anderen zu vertrauen.	
Meine Mitarbeiter fühlen sich unwohl dabei, anderen nahe zu sein.	
Meine Mitarbeiter fühlen sich auch ohne enge Beziehungen wohl.	
Meinen Mitarbeitern ist es wichtig, ihren Kollegen auch gefühlsmäßig nahe zu sein.	
Meine Mitarbeiter machen sich Sorgen darüber, dass sie von den Kolleginnen nicht genug wertgeschätzt werden.	
Meine Mitarbeiter sträuben sich gegen zu viel Nähe.	
Meinen Mitarbeitern ist es sehr wichtig, sich unabhängig zu fühlen.	
Es ist meinen Mitarbeitern sehr wichtig, sich selbständig zu fühlen.	
Meinen Mitarbeitern ist unwohl dabei, wenn ihre KollegInnen von ihnen abhängig sind.	

11.3.3 Ihr Verhalten – und Ihr eigenes Bindungsbedürfnis

In einem nächsten Schritt können Sie herausfinden, wie es um das **eigene Bindungsbedürfnis** bestellt ist (vgl. die folgende Tabelle):

Tab. 11.2: Aussagen zur Einschätzung des eigenen Bindungsbedürfnisses

Aussagen über Sie selbst	An welchen spezifischen Verhaltensweisen von Ihnen können wichtige Dritte Ihre Einstellung zu den Aussagen in der linken Spalte festmachen?
Ich habe die Erwartung, dass andere Menschen mir im Allgemeinen zugewandt sind. Mir ist es wichtig, nahe Beziehungen aufrechtzuerhalten, ohne die persönliche Autonomie zu verlieren. Meine Gespräche über Beziehungen und darauf bezogene Themen sind durch Kohärenz und Aufmerksamkeit bzw. Nachdenklichkeit gekennzeichnet.	
Ich stelle die Akzeptanz durch andere Menschen dadurch sicher, dass ich in „Vorleistung" gehe. Ich engagiere mich übermäßig in nahen Beziehungen. Mein persönliches Wohlgefühl hängt davon ab, ob ich von anderen akzeptiert werde. Ich neige dazu, andere Personen zu idealisieren. Wenn ich über Beziehungen spreche, bin ich eher inkohärent und werde leicht emotional.	
Ich erwarte eher negatives und zurückweisendes Verhalten von Seiten anderer. Ich versuche, mich vor Zurückweisung dadurch zu schützen, dass ich enge Kontakte mit anderen vermeide. Ich gehe nahen Beziehungen eher aus dem Weg. Wenn ich über Beziehungen spreche, kann ich mein Misstrauen nur schwer verbergen.	
Ich verfüge über ein ausgeprägtes Selbstwertgefühl – dennoch sind mir Beziehungen zu anderen Menschen nicht wichtig. Unabhängigkeit und Unverwundbarkeit sind wichtig für mich. Letztlich sind nahe Beziehungen unwichtig. Wenn ich über Beziehungen spreche, fehlt mir oftmals die Klarheit und die Glaubwürdigkeit.	

11.3.4 Bindungsbedürfnis: Schlussfolgerungen

Bitte vergleichen Sie Ihre Antworten zu den beiden obigen Tabellen:

- Wie wichtig ist es Ihnen, das Bindungsbedürfnis Ihrer Mitarbeiter besser kennenzulernen?
- Wie genau kennen Sie Ihr eigenes Bindungsbedürfnis?
- Welche Konsequenzen haben die Gemeinsamkeiten bzw. Unterschiede in Ihrem Führungshandeln?
- Was genau können Ihre Mitarbeiter an Ihnen beobachten? Wirkt das eher konsistent – oder eher inkonsistent?

11.4 Das Bedürfnis nach Orientierung und Kontrolle

11.4.1 Worum geht es?

Was heißt „Kontrolle ausüben“? Der Mensch möchte mit seinem Verhalten seine Umwelt so beeinflussen, dass er seine Ziele erreicht: Gelingt dies, wird das Kontrollbedürfnis befriedigt, gelingt es nicht, entsteht Inkongruenz, also eine Diskrepanz zwischen motivationalen Zielen und den Wahrnehmungen aus der Umwelt (Grawe, 2004, S. 232). Kontrollausübung bezieht sich aber nicht nur auf die jeweils aktuelle Situation, sondern auch auf die Schaffung eines möglichst großen Handlungsspielraums in der Zukunft (Grawe, 2004, S. 232). Dieses Kontrollbedürfnis wird besonders in den ersten Lebensjahren durch die direkte Bezugsperson geprägt: Das Kind kann praktisch noch nichts alleine tun und ist bei der Befriedigung der Grundbedürfnisse auf die Bezugsperson angewiesen. Kann das Kind mit anfangs noch einfachem Weinen und Schreien Kontrolle über die Bezugsperson ausüben, wird es positive Kontrollüberzeugungen im Sinne von Rotter und positive Selbstwirksamkeitserwartungen nach Bandura entwickeln (Grawe, 2004, S. 232f).

Letztendlich ist das Bedürfnis nach Orientierung und Kontrolle das grundlegendste, denn das psychische System versucht ständig, Kongruenz zwischen Zielen und Wahrnehmungen herzustellen, also Kontrolle auszuüben (Grawe, 2004, S. 236). Da eine völlige Kongruenz aller Ziele aber äußerst selten vorkommt, ist das Kontrollbedürfnis ständig mehr oder weniger stark aktiviert (Grawe, 2004, S. 236). Wird ein Grundbedürfnis verletzt, bedeutet dies in den meisten Fällen auch eine Verletzung des Kontrollbedürfnisses (Grawe, 2004, S. 235). Um Inkongruenzen zwischen Realität und Zielen zu entdecken, gibt es einen „Komparator“ im limbischen und assoziativen Cortex, der die aktuellen sensorischen Informationen, die nächsten geplanten Schritte, die im Gedächtnis gespeicherten Regelhaftigkeiten und instrumentellen Verhaltens-Wirkungs-Kontingenzen als Input verarbeitet (Grawe, 2004, S. 237). Wenn überraschend etwas Neues eintritt, etwas Aversives droht oder Erwartungen nicht eintreten, aktiviert der Komparator das Kontrollbedürfnis, das je nach Kontrollerwartungen entweder zu kontrollierbarer oder unkontrollierbarer Inkongruenz führt (Grawe, 2004, S. 238).

Geht eine Person davon aus, dass sie selbst ein Ereignis steuern kann, hat sie positive Kontrollerwartungen; dagegen hat sie negative Kontrollerwartungen, wenn sie annimmt, dass sie keinen Einfluss auf die weitere Entwicklung des Ereignisses hat. Kontrollierbare Inkongruenz entsteht durch Herausforderungen, die man glaubt noch bewältigen zu können: Es kommt zu einer unspezifischen Erregung in weiten Teilen des assoziativen Cortex, des limbischen Systems und insbesondere im noradrenergen System, das Adrenalin ausschüttet (Grawe, 2004, S. 239). Das Adrenalin führt zu einer Stimulation der neuronalen adrenergen Rezeptoren, die das Gehirn lernbereiter machen: Während der Bewältigung der Inkongruenz entstehende neuronale Verbindungen werden besonders gut gebahnt, es entstehen neue Reaktionsmuster und so lösen ähnliche Situationen in Folge keine Inkongruenz mehr aus (Grawe, 2004, S. 241). Ist eine Person immer wieder herausfordernden Inkongruenzsituationen ausgesetzt, die sie bewältigt, wird ihr noradrenerges System gestärkt – immer komplexere neuronale Schaltkreise bilden sich heraus und die Person kann so ihr optimales genetisches Potenzial entfalten, ist weniger stressanfällig und psychisch gesünder (Grawe, 2004, S. 242).

Wird dagegen eine bestimmte Schwelle der Erregung überschritten, kommt es zu unkontrollierbarer Inkongruenz, wird der Corticotropin Releasing Faktor und Vassopressin ausgeschüttet, die die Hypothalamus-Hypophysen-Nebennierenrindenachse aktivieren, die wiederum Cortisol freisetzt (Grawe, 2004, S. 240). Cortisol schädigt die Nervenendigungen im Cortex, was zu einer Löschung zuvor erworbener Verhaltensweisen führen kann (Grawe, 2004, S. 245). Folgen unkontrollierbarer Stresssituationen sind auch Angst, gefolgt von „erlernter Hilflosigkeit“ nach Seligmann, die letztendlich in einer Depression enden kann (Grawe, 2004, S. 247).

11.4.2 Ihr Verhalten – und das Kontrollbedürfnis Ihrer Mitarbeiter

Die in der folgenden Tabelle dargestellten und aus den obigen Überlegungen abgeleiteten Aussagen sollen Ihnen einschätzen helfen, wie es um das **Kontrollbedürfnis Ihrer Mitarbeiter** bestellt ist:

Tab. 11.3: Aussagen zum Kontrollbedürfnis der eigenen Mitarbeiter

Aussagen in Richtung Mitarbeiter	An welchen spezifischen Verhaltensweisen Ihrer Mitarbeiter können Sie Ihre Einstellung zu den Aussagen in der linken Spalte festmachen?
Die Grundhaltung meiner Mitarbeiter lässt sich am ehesten wie folgt beschreiben:	
• Ich habe mein Leben selbst in der Hand.	
• Wenn ich mich anstrenge, werde ich auch Erfolg haben.	
• Egal ob privat oder im Beruf: Mein Leben wird zum großen Teil von anderen bestimmt.	
• Meine Pläne werden oft vom Schicksal durchkreuzt.	

11.4.3 Ihr Verhalten – und Ihr eigenes Bedürfnis nach Kontrolle und Orientierung

In einem nächsten Schritt können Sie herausfinden, wie es um **das eigene** Bedürfnis nach Kontrolle und Orientierung bestellt ist (vgl. die folgende Tabelle):

Tab. 11.4: Aussagen zur Einschätzung des eigenen Kontrolllbedürfnisses

Aussagen über Sie selbst	An welchen spezifischen Verhaltensweisen von Ihnen können wichtige Dritte Ihre Einstellung zu den Aussagen in der linken Spalte festmachen?
Meine Grundhaltung lässt sich am ehesten wie folgt beschreiben:	
• Ich habe mein Leben selbst in der Hand.	
• Wenn ich mich anstrenge, werde ich auch Erfolg haben.	
• Egal ob privat oder im Beruf: Mein Leben wird zum großen Teil von anderen bestimmt.	
• Meine Pläne werden oft vom Schicksal durchkreuzt.	

11.4.4 Bedürfnis nach Kontrolle und Orientierung: Schlussfolgerungen

Bitte vergleichen Sie Ihre Antworten zu den beiden obigen Tabellen:

- Wie wichtig ist es Ihnen, das Bedürfnis nach Kontrolle und Orientierung Ihrer Mitarbeiter besser kennenzulernen?
- Wie genau kennen Sie Ihr eigenes Bedürfnis nach Kontrolle und Orientierung?
- Welche Konsequenzen haben die Gemeinsamkeiten bzw. Unterschiede in Ihrem Führungshandeln?
- Was genau können Ihre Mitarbeiter an Ihnen beobachten? Wirkt das eher konsistent – oder eher inkonsistent?

11.5 Das Bedürfnis nach Lustgewinn und Unlustvermeidung

11.5.1 Worum geht es?

Dieses Grundbedürfnis hat seine theoretischen Wurzeln bereits in Freuds Lustprinzip. Es „beinhaltet das Bestreben, erfreuliche (lustvolle) Erfahrungen herbeizuführen und schmerzhafte, unangenehme Erfahrungen zu vermeiden. Man könnte es auch so ausdrücken. Ein Mensch strebt danach, eine möglichst positive Lust-Unlust-Bilanz zu erzielen“ (vgl. Grawe, 1998, S. 393).

Die Existenz des psychischen Grundbedürfnisses nach Lustgewinn und Unlustvermeidung kann nach Grawe als gesichert betrachtet werden: „Das Bedürfnis zur Herbeiführung positiver und zur Vermeidung negativer Emotionen ist so grundlegend, dass keine Erklärung des seelischen Funktionierens an ihm vorbeikommt“ (vgl. Grawe, 1998, S. 395).

Das Bedürfnis nach Lust oder die Vermeidung von Unlust beeinflusst uns permanent: Auf einen Reiz erfolgt sofort eine automatische Bewertung nach gut oder schlecht, woraufhin wir danach streben, Gutes oder Angenehmes zu erleben und Schlechtes oder Unangenehmes zu vermeiden. Dieser Vorgang kann nicht bewusst gesteuert oder kontrolliert werden. Er basiert nicht auf objektiven Kriterien, sondern auf Vorerfahrungen und der momentanen Situation der Person (Grawe, 2004, S. 261f.). So kann das Öffnen eines Fensters in einem warmen Büro zu einer positiven Bewertung führen, hat die Person aber eine Erkältung, wird sie diesen Reiz eher negativ empfinden (= momentane Situation). Oder ein Terminwunsch des Vorgesetzten führt, wenn man bislang in Einzelterminen immer besonderes Lob erhalten hat, zu einer positiven Bewertung. Bei einem Angestellten, der in solchen Terminen immer kritisiert oder gar in seiner Funktion herabgestuft wurde, wird dieses Ereignis sicher eine negative Bewertung hervorrufen (= Vorerfahrungen).

Zudem ist zu beachten, dass auch die anderen Grundbedürfnisse eng mit der Dimension Lustgewinn und Unlustvermeidung verbunden sind: Wird das Bedürfnis nach Orientierung und Kontrolle bspw. durch Arbeitsaufgaben verletzt, die nicht selbst steuerbar sind, führt dies zu Unlust. Oder vertraut der Vorgesetzte seinem Mitarbeiter wichtige Informationen an, stärkt das sicherlich das Bindungsbedürfnis, gleichzeitig sorgt diese Handlung aber auch für Lustgewinn.

Was aber verbirgt sich hinter einer guten oder einer schlechten Bewertung? Es sind die Emotionen, die bei der Beurteilung eines Reizes sofort aufkommen und uns, je nach Emotion, entsprechend handeln lassen. Hier ist grundsätzlich von Interesse, dass sich positive Emotionen wie Hoffnung, Freude (Heiterkeit, Vergnügen), Dankbarkeit, Interesse und Stolz zu Lust führen und sich dadurch positiv auf Gesundheit und Leistung auswirken. Negative Emotionen wie Angst/Beunruhigung, Ärger, Zorn, Traurigkeit, Schuld, Neid und Verachtung führen hingegen zu Unlust und wirken sich dadurch negativ auf Gesundheit und Leistung aus.

11.5.2 Ihr Verhalten – und das Bedürfnis nach Lustgewinn und Unlustvermeidung Ihrer Mitarbeiter

Die in der folgenden Tabelle dargestellten und aus den obigen Überlegungen abgeleiteten Aussagen sollen Ihnen einschätzen helfen, wie es um das **Bedürfnis nach Lustgewinn und Unlustvermeidung Ihrer Mitarbeiter** bestellt ist:

Tab. 11.5: Aussagen zum Bedürfnis nach Lustgewinn und Unlustvermeidung der eigenen Mitarbeiter

Aussagen in Richtung Mitarbeiter	**An welchen spezifischen Verhaltensweisen bzw. Beobachtungen machen Sie Ihre Einstellung zu den Aussagen aus der linken Spalte fest?**
Wenn meine Mitarbeiter ihre üblichen Erfahrungen an ihrem Arbeitsplatz beschreiben, dann fühlen sie häufig …	
• Beunruhigung	
• Verachtung	
• Hoffnung	
• Traurigkeit	
• Freude	
• Neid	
• Heiterkeit	
• Angst	
• Vergnügen	
• Dankbarkeit	
• Zorn	
• Interesse	
• Ärger	
• Stolz	

11.5.3 Ihr Verhalten – und Ihr eigenes Bedürfnis nach Lustgewinn und Unlustvermeidung

In einem nächsten Schritt können Sie herausfinden, wie es um **Ihr Bedürfnis nach Lustgewinn und Unlustvermeidung** bestellt ist (vgl. die folgende Tabelle):

Tab. 11.6: Aussagen zur Einschätzung des eigenen Bedürfnisses nach Lustgewinn und Unlustvermeidung

Aussagen in Bezug auf Sie selbst	**An welchen spezifischen Verhaltensweisen von Ihnen können wichtige Dritte Ihre Einstellung zu den Aussagen in der linken Spalte festmachen?**
Grundsätzlich zeige ich weit mehr positive als negative Emotionen.	
Das Zeigen positiver und negativer Emotionen hält sich bei mir die Waage.	
Grundsätzlich zeige ich weit mehr negative als positive Emotionen.	

11.5.4 Bedürfnis nach Lustgewinn und Unlustvermeidung: Schlussfolgerungen

Bitte vergleichen Sie Ihre Antworten zu den beiden obigen Tabellen:

- Wie wichtig ist es Ihnen, das Bedürfnis nach Lustgewinn und Unlustvermeidung Ihrer Mitarbeiter besser kennenzulernen?
- Wie genau kennen Sie Ihr eigenes Bedürfnis nach Lustgewinn und Unlustvermeidung?
- Welche Konsequenzen haben die Gemeinsamkeiten bzw. Unterschiede in Ihrem Führungshandeln?
- Was genau können Ihre Mitarbeiter an Ihnen beobachten? Wirkt das eher konsistent – oder eher inkonsistent?

11.6 Das Bedürfnis nach Selbstwerterhöhung und Selbstwertschutz

11.6.1 Worum geht es?

Das Bedürfnis nach Selbstwerterhöhung und Selbstwertschutz unterscheidet sich in zweierlei Hinsicht von den anderen Grundbedürfnissen: Zum einen kommt es nur beim Menschen vor, während die Bedürfnisse nach Bindung, Lust und Kontrolle auch bei Tieren vorkommen, zum anderen entwickelt es sich erst im Laufe der Kindheit und ist nicht von Geburt an vorhanden (Grawe, 2004, S. 250). Zur Entwicklung eines Selbstbildes und eines Selbstwertgefühls bedarf es eines Bewusstseins und reflexiven Denkens, die wiederum auf Kommunikation beruhen (Grawe, 2004, S. 250). So kann bspw., anders als beim Bindungs- oder Kontrollbedürfnis im Kleinkindalter, das Bedürfnis nach Selbstwertschutz noch nicht direkt verletzt werden – indirekt ist das jedoch über die anderen Grundbedürfnisse möglich (Grawe 2004, S. 251). Wird das Bindungs- oder Kontrollbedürfnis eines Kleinkindes durch die Bezugsperson verletzt, hat das Kind zwei Möglichkeiten, sich dies zu erklären: Entweder ist die Mutter schlecht, dann ist das Kind hilflos ausgeliefert, die Situation scheint aussichtslos. Die für das Kind attraktivere Alternative ist die Annahme, es selbst sei schlecht, denn dann könnte es durch das eigene Verhalten das Verhalten der Bezugsperson ändern – es übt in seiner Sichtweise also Kontrolle aus (Grawe, 2004, S. 252). Die Folge einer solchen Attribution ist, neben der scheinbar ausgeübten Kontrolle, aber auch ein negatives Selbstwertgefühl des

Kindes – denn es ist das Kind, das „schlecht" ist. Mit dieser Erklärung ist ein negatives Selbstwertgefühl auch mit dem Bedürfnis nach Selbstwerterhöhung vereinbar: Das Bedürfnis besteht bei jedem Menschen, aber für die Realisierung der motivationalen Ziele bedarf es zum einen auch immer geeigneter Umgebungsbedingungen, zum anderen müsste sich das Bedürfnis nach Selbstwerterhöhung als das aktuell Wichtigste herausstellen (Grawe, 2004, S. 252).

Betrachtet man den Vergleich sensorischer Informationen im Komparator mit den motivationalen Zielen der Selbstwerterhöhung bzw. des Selbstwertschutzes genauer, wird klar, dass dieser Vorgang wesentlich komplexer ist als bei anderen Grundbedürfnissen. Da in die Selbstwertsignale sehr viele subjektive Bewertungen mit einfließen, müssen die eingehenden Informationen zunächst vielfach transformiert werden(Grawe, 2004, S. 251). Die neuronalen Schaltkreise sind komplexer und es gibt bis heute noch keine neurowissenschaftlichen Forschungsarbeiten: Alle Aussagen zu diesem Bedürfnis beruhen auf Untersuchungen der Sozialpsychologie (Grawe, 2004, S. 251).

Verschiedene sozialpsychologische Versuche lassen aber darauf schließen, dass Menschen zunächst spontan zu selbstwerterhöhenden Reaktionen neigen und erst im zweiten Schritt zwischen Selbstwerterhöhung und Konsistenz in anderen Bedürfnissen abwägen (Grawe, 2004, S. 255). Der Selbstwertschutz ist empirisch gut belegt: Die Erinnerung an selbstwertabträgliche Aussagen ist schlechter, für eine Selbstbeschreibung werden wesentlich mehr positive Attribute gefunden und Leistungen werden in der Erinnerung besser dargestellt als sie waren (Grawe, 2004, S. 258). So entsteht durch dieses Grundbedürfnis eine sich selbsterfüllende Prophezeiung – die im positiven Sinn verzerrte Selbstwahrnehmung führt zu positiven Gefühlen, die wiederum zu besseren Leistungen und Bedürfnisbefriedigung führen (Grawe, 2004, S. 259). Funktioniert dieser Rückkoppelungsprozess nicht mehr, ist dies ein Zeichen für fehlende Annäherungstendenzen, die meist mit dem Krankheitsbild Depression verbunden sind (Grawe, 2004, S. 260).

11.6.2 Ihr Verhalten – und das Bedürfnis nach Selbstwerterhöhung Ihrer Mitarbeiter

Die in der folgenden Tabelle dargestellten und aus den obigen Überlegungen abgeleiteten Aussagen sollen Ihnen einschätzen helfen, wie es um das **Bedürfnis nach Selbstwerterhöhung Ihrer Mitarbeiter** bestellt ist (vgl. die folgende Tabelle):

Tab. 11.7: Aussagen zum Bedürfnis nach Selbstwerterhöhung der eigenen Mitarbeiter

Aussagen in Richtung Mitarbeiter	**An welchen spezifischen Verhaltensweisen Ihrer Mitarbeiter können Sie Ihre Einstellung zu den Aussagen in der linken Spalte festmachen?**
Meine Mitarbeiter sind mit sich selbst zufrieden.	
Meine Mitarbeiter sind selbstbewusst.	
Meinen Mitarbeitern ist bewusst, dass sie eine Reihe guter Eigenschaften besitzen.	
Meine Mitarbeiter sind davon überzeugt, dass sie vieles genauso gut wie die meisten anderen Menschen auch können.	

Tab. 11.7: Aussagen zum Bedürfnis nach Selbstwerterhöhung der eigenen Mitarbeiter (Fortsetzung)

Aussagen in Richtung Mitarbeiter	An welchen spezifischen Verhaltensweisen Ihrer Mitarbeiter können Sie Ihre Einstellung zu den Aussagen in der linken Spalte festmachen?
Meine Mitarbeiter wissen ganz genau, worauf sie stolz sein können.	
Meine Mitarbeiter fühlen sich niemals nutzlos.	
Meine Mitarbeiter halten sich für einen wertvollen Menschen.	
Meine Mitarbeiter haben eine hohe Achtung vor sich selbst.	
Meine Mitarbeiter halten sich für kompetent.	
Meine Mitarbeiter haben eine positive Einstellung zu sich selbst.	
Die Arbeit vermittelt meinen Mitarbeitern ein Gefühl von Selbstachtung.	
Die Arbeitsleistung der Mitarbeiter hat Einfluss auf ihr Selbstbewusstsein.	
Wenn meine Mitarbeiter bei der Arbeit gute Leistung erbringen, fühlen sei sich besser.	
Meine Mitarbeiter fühlen sich unwohl, wenn ihre Arbeitsleistung nachlässt.	
Die Selbstachtung meiner Mitarbeiter hängt nicht von meiner Leistung am Arbeitsplatz ab.	

11.6.3 Ihr Verhalten – und Ihr eigenes Bedürfnis nach Selbstwerterhöhung

In einem nächsten Schritt können Sie herausfinden, wie es um das eigene Bedürfnis nach Selbstwerterhöhung bestellt ist (vgl. die folgende Tabelle):

Tab. 11.8: Fragen zur Einschätzung des eigenen Bedürfnisses nach Selbstwerterhöhung

Aussagen in Bezug auf Sie selbst	An welchen spezifischen Verhaltensweisen von Ihnen können wichtige Dritte Ihre Antworten auf die Fragen in der linken Spalte festmachen?
Ich bin selbstbewusst.	
Ich bin davon überzeugt, dass ich vieles genauso gut kann wie die meisten anderen Menschen auch.	
Ich weiß, worauf ich stolz sein kann.	
Ich bin ein wertvoller Mensch.	
Ich bin kompetent.	
Meine Arbeit vermittelt mir ein Gefühl von Selbstachtung.	
Meine Arbeitsleistung hat Einfluss auf mein Selbstbewusstsein.	

Tab. 11.8: Fragen zur Einschätzung des eigenen Bedürfnisses nach Selbstwerterhöhung (Fortsetzung)

Aussagen in Bezug auf Sie selbst	**An welchen spezifischen Verhaltensweisen von Ihnen können wichtige Dritte Ihre Antworten auf die Fragen in der linken Spalte festmachen?**
Ich fühle mich besser, wenn ich bei der Arbeit gute Leistung erbringe.	
Ich fühle mich unwohl, wenn meine Arbeitsleistung nachlässt.	
Meine Selbstachtung hängt nicht von meiner Leistung am Arbeitsplatz ab.	

11.6.4 Bedürfnis nach Selbstwerterhöhung: Schlussfolgerungen

Bitte vergleichen Sie Ihre Antworten zu den beiden obigen Tabellen:

- Wie wichtig ist es Ihnen, das Bedürfnis nach Selbstwerterhöhung Ihrer Mitarbeiter besser kennenzulernen?
- Wie genau kennen Sie Ihr eigenes Bedürfnis nach Selbstwerterhöhung?
- Welche Konsequenzen haben die Gemeinsamkeiten bzw. Unterschiede in Ihrem Führungshandeln?
- Was genau können Ihre Mitarbeiter an Ihnen beobachten? Wirkt das eher konsistent – oder eher inkonsistent?

11.7 Motivationale Schemata

Bei den motivationalen Schemata unterscheidet Grawe (1998) zwischen Annäherungs- und Vermeidungsschemata, die als unterschiedliche Strategien zur Befriedigung der Grundbedürfnisse verstanden werden können. Unter Annäherungsschemata werden dabei kognitive Strukturen verstanden, die aktiv auf das Herbeiführen befriedigender Erfahrungen ausgelegt sind, wohingegen Vermeidungsschemata zum Schutz vor Bedürfnis verletzenden Erfahrungen ausgelegt sind. Dies hat zur Folge, dass Vermeidungsschemata nicht einfach im direkten Gegensatz zu Annäherungsschemata stehen, da letztere auf eine Maximierung der Bedürfnisbefriedigung abzielen und Vermeidungsschemata lediglich der Minimierung verletzender Erfahrungen dienen. In der Regel sind bei Menschen beide Systeme gleichzeitig aktiviert. Nach Grawe hat dies zur Folge, dass nicht ein Bedürfnis auf Kosten anderer befriedigt wird, sondern der Organismus stets eine optimale Bilanz hinsichtlich aller aktivierten motivationalen Ziele anstrebt.

Wichtig ist also, dass Annäherungs- und Vermeidungsschemata nicht zwei Pole auf einem Kontinuum mit einer neutralen Mitte sind, sondern getrennte Motivationssysteme darstellen, die auch zeitgleich aktiviert sein können (Grawe, 2004, S. 268):

- Bei Annäherungszielen geht es darum, die Diskrepanz zu einem positiv bewerteten Ziel zu verringern, bei einem Vermeidungsziel, die Diskrepanz zu einem negativ bewerteten Ziel zu maximieren. Bei einem Annäherungsziel hat man irgendwann einen bestimmten Zielzustand erreicht und es ist leicht festzustellen, inwieweit man sich diesem Endziel bereits angenähert hat – sowohl die Annäherung als auch die letztendliche Zielerreichung fördern positive Emotionen (Grawe, 2004, S. 278).

- Bei Vermeidungszielen ist ein Erreichen unmöglich – selbst wenn eine Gefahr abgewandt wurde, kann eine nächste folgen, sodass Vermeidungsziele ständige Aufmerksamkeit erfordern. Dadurch werden negative Emotionen gefördert, ein Zufriedenheitsgefühl bleibt aus und Energie wird gebunden, die zur Erreichung von Annäherungszielen fehlt (Grawe, 2004, S. 276f.). Überwiegen Vermeidungsziele, kann davon ausgegangen werden, dass sich sowohl Wohlbefinden als auch psychische Gesundheit verschlechtern, das Selbstwertgefühl (r = 0,37) und die positive Lebenseinstellung (r = 0,38) sinken. Gleichzeitig besteht eine Korrelation zu sozialer Angst (r = 0,55), interpersonalen Problemen (r = 0,43) und Depressivität (r = 0,26) (Grawe, 2004, S. 283).

Ein Abgleich zwischen Zielerreichung und Umwelt findet permanent statt – diese Rückmeldungen werden als Inkongruenzsignale bezeichnet. Inkongruenz ist dabei die „Nichtübereinstimmung der realen Erfahrungen mit den aktivierten motivationalen Zielen“ (Grawe, 2004, S. 189f.).

Dabei fördert das Nichterreichen von Annäherungszielen – gleich welches Bedürfnis sie betreffen – negative Emotionen. Die nicht erreichten Annäherungsziele werden in Folge gemieden (= Vermeidungslernen); geschieht dieser Vorgang immer wieder in unterschiedlichen Situationen, kommt es zur Bahnung beziehungsweise Verstärkung, das heißt, die Person hat unbewusst eine Präferenz für Vermeidungsziele (Grawe, 2004, S. 275).

Da annähernde und vermeidende Ziele auch gleichzeitig aktiviert sein können, entstehen motivationale Konflikte, die als Diskordanz bezeichnet werden (Grawe, 2004, S. 189). Diskordanz kann aber genauso bei Annäherungs-Annäherungskonflikten, also bspw. der Wahl zwischen einem guten Verhältnis zum Vorgesetzten oder den Kollegen, und bei Vermeidungs-Vermeidungskonflikten vorkommen. Sowohl Diskordanz als auch Inkongruenz können bewusst und unbewusst ablaufen, sind aber immer mit negativen Emotionen verbunden (Grawe, 2004, S. 190).

Kontinuierliche oder sich häufig wiederholende Inkonsistenz kann, begleitet von negativen Emotionen, zu einer ganzen Reihe von physiologischen, hormonellen und neuronalen Reaktionen führen, die letztendlich alle in einem Stresszustand enden, der der psychischen, aber auch der physischen Gesundheit abträglich ist (Grawe 2004, S. 190). Aus diesem Grund hat jeder Mensch einerseits Mittel, Pläne und Verhaltensweisen, die bisher zur Vermeidung von Inkonsistenz geführt haben, aber auch vielfältige, meist unbewusste Mechanismen zur Konsistenzregulation, auch Coping genannt (Grawe, 2004, S. 191).

Zusammenfassend lässt sich also festhalten, dass jeder Mensch verschiedene Strategien im Laufe seiner Sozialisation in unterschiedlichem Maße ausbildet – d.h. im Unterschied zu den vier Grundbedürfnissen sind die Mittel und Wege, die zur Bedürfnisbefriedigung eingesetzt werden, individuell[34]. Je nach Summe aller gemachten Erfahrungen und Erlebnisse können

---

[34] Somit wird die Notwendigkeit einer „individualisierenden Perspektive“ im Rahmen von Neuroleadership deutlich: Es gibt nicht „die“ Rahmenbedingungen, die hergestellt werden können, um das Belohungs- bzw. Bedrohungssystem von Mitarbeitern und Führungskräften beeinflussen zu können. Konkretes Verhalten ist grundsätzlich ein Kompromiss zwischen Annäherung und Vermeidung der verschiedenen Bedürfnisse, die alle miteinander zusammenhängen: Entweder dient ein Verhalten gleich mehreren Grundbedürfnissen oder aber es steht im Konflikt mit den unterschiedlichen Ansprüchen (Grawe 2004, S. 256). Dann entstehen Annäherung und Vermeidung mit Blick auf die Gesamtbilanz der Bedürfnisbefriedigung.

die einzelnen Schemata daher unterschiedlich stark ausgeprägt sein. So ist es denkbar, dass ein Individuum aufgrund prägender Erfahrungen besonders starke Vermeidungsziele entwickelt hat. Nach Grawe kann dies dazu führen, dass diese „den Weg zur positiven Bedürfnisbefriedigung auch in Situationen [verstellen], die eigentlich dafür geeignet wären, weil die Situationen eher die besser gebahnten vermeidenden als annähernde Tendenzen aktivieren" (Grawe, 2004, S. 188).

Dies lässt sich bspw. an täglichen Besprechungsrunden in Organisationen illustrieren: Hat hier ein Mitarbeiter die Erfahrung gemacht, dass innovative Vorschläge in der Regel eher niedergemacht werden, wird er in Zukunft lieber schweigen (= vermeidendes Schema zum Schutz des Selbstwertes), anstatt seine Idee zu äußern (= aktivierendes Schema zum Aufbau von Selbstwert bspw. über Lob und Zuspruch bez. seiner Idee). Nach Grawe ist dieses gegenseitige Blockieren von unterschiedlichen motivationalen Tendenzen eine besondere Form von Inkonsistenz, die sog. Diskordanz. Motivationale Konflikte können sowohl zwischen Annäherungs- und Vermeidungszielen als auch untereinander zwischen Annäherungszielen (Annäherungs-Annäherungskonflikte) oder Vermeidungszielen (Vermeidungs-Vermeidungskonflikte) bestehen (Grawe, 2004).

11.7.1 Ihr Verhalten – und die Motivationalen Schemata Ihrer Mitarbeiter

Die in der folgenden Tabelle dargestellten und aus den obigen Überlegungen abgeleiteten Aussagen sollen Ihnen einschätzen helfen, wie es um **die Motivationalen Schemata Ihrer Mitarbeiter** bestellt ist:

Tab. 11.9: Aussagen zu den Motivationalen Schemata der eigenen Mitarbeiter

Aussagen in Richtung Mitarbeiter	An welchen spezifischen Verhaltensweisen Ihrer Mitarbeiter können Sie Ihre Einstellung zu den Aussagen in der linken Spalte festmachen?
Die folgenden Aussagen treffen am ehesten zu, wenn Ihre Mitarbeiter ihre üblichen Erfahrungen an ihrem Arbeitsplatz beschreiben:	
• Ich erbringe Leistung.	
• Ich kann nicht selbst bestimmen.	
• Ich bin unabhängig.	
• Ich genüge nicht.	
• Ich glaube an mich selbst.	
• Ich werde kritisiert.	
• Ich kann andere beeindrucken.	
• Ich fühle mich machtlos.	
• Ich werde geachtet und respektiert.	
• Ich blamiere mich.	
• Ich habe viele Kontakte.	
• Ich habe mich selber unter Kontrolle.	
• Ich behandle andere aggressiv.	

Tab. 11.9: Aussagen zu den Motivationalen Schemata der eigenen Mitarbeiter (Fortsetzung)

Aussagen in Richtung Mitarbeiter	**An welchen spezifischen Verhaltensweisen Ihrer Mitarbeiter können Sie Ihre Einstellung zu den Aussagen in der linken Spalte festmachen?**
• Ich verfolge breite Interessen.	
• Ich nehme einen Sinn in meinem Leben wahr.	
• Ich muss Schwächen von mir zeigen.	
• Ich werde nicht anerkannt.	

11.7.2 Ihr Verhalten – und Ihre eigenen Motivationalen Schemata

In einem nächsten Schritt können Sie herausfinden, wie es um die **eigenen Motivationalen Schemata** bestellt ist (vgl. die folgende Tabelle):

Tab. 11.10: Aussagen zur Einschätzung der eigenen Motivationalen Schemata

Aussagen in Bezug auf Sie selbst	**An welchen spezifischen Verhaltensweisen von Ihnen können wichtige Dritte Ihre Einstellung zu den Aussagen in der linken Spalte festmachen?**
Ich untergliedere meine Ziele stets in Teilziele, die ich weitestgehend mit intrinsischer Motivation verfolge. Zudem kann ich die Wirksamkeit meines eigenen Handelns unmittelbar feststellen – ich kann mich im Großen und Ganzen auf mein Ziel konzentrieren.	
Meine Aktivitäten zur Zielerreichung erfordern eine dauernde Kontrolle, eine verteilte statt fokussierte Aufmerksamkeit. Ich bin mir des Öfteren nicht sicher, ob ich meine Ziele überhaupt erreichen kann. Ich erlebe oftmals eher negative als positive Emotionen, wenn ich meine Ziele zu erreichen versuche.	

11.7.3 Motivationale Schemata: Schlussfolgerungen

Bitte vergleichen Sie Ihre Antworten zu den beiden obigen Tabellen:

- Wie wichtig ist es Ihnen, die Motivationalen Schemata Ihrer Mitarbeiter besser kennenzulernen?
- Wie genau kennen Sie Ihr eigenen Motivationalen Schemata?
- Welche Konsequenzen haben die Gemeinsamkeiten bzw. Unterschiede in Ihrem Führungshandeln?
- Was genau können Ihre Mitarbeiter an Ihnen beobachten? Wirkt das eher konsistent – oder eher inkonsistent?

12 Vertiefung: Das Bedürfnis nach Bindung

Karin Schweizer

12.1 Grundlagen

Bereits Aristoteles hat im 4. Jh. v. Chr. den Menschen als ein „zoon politikon", ein auf Gemeinschaft hin angelegtes Wesen, definiert. Grawe stellt fest, dass es dennoch lange gedauert hat, bis der grundlegenden Angewiesenheit des Menschen auf Mitmenschen als ein eigenständiges Grundbedürfnis zuerkannt wurde (vgl. Grawe, 2000, S. 395).

Das Bedürfnis nach Gemeinschaft, Zugehörigkeit, menschlicher Nähe und Zuneigung wird in der Wissenschaft aus unterschiedlichen Perspektiven betrachtet. In den bekannten Arbeits- und Organisationstheorien der Motivation geht es in erster Linie um das Gefühl der Zugehörigkeit, des Verbundenseins mit anderen, dem Unterhalten von sozialen Beziehungen und daraus entstehenden positiven Emotionen (z.B. Maslow, 1954; McClelland, 1987).

Die Bindungstheorie umfasst weit mehr als Zugehörigkeits- und Verbundenheitsgefühle und dem Eingebettetsein in soziale Strukturen. Nach Stauss (2006) stellt sie einen theoretischen Bezugsrahmen dar, um Beziehungen besser verstehen zu können. Der Kern dabei ist die Annahme, dass der Mensch ein angeborenes Bedürfnis hat, enge und von intensiven Gefühlen geprägte Beziehungen zu anderen Menschen aufzubauen, welches bei der Mutter-Kind-Beziehung ihren Ursprung nimmt. Das Bedürfnis hat eine biologische Wurzel, denn es ermöglicht bei einer wahrgenommenen Gefahr Schutz, Geborgenheit und Sicherheit bei einer Bindungsperson, ohne welches ein Kleinkind nicht überleben kann. Das Bedürfnis nach Bindung ist, wie alle anderen psychosozialen Bedürfnisse, ein lebenslanges Bedürfnis und nicht nur auf die Kindheit begrenzt (vgl. Holmes, 1993, S. 430ff).

Sperling definiert Bindung als eine, mit dem o.g. Grundbedürfnis verbundene, stabile Tendenz von Verhaltensweisen, welche Individuen unternehmen, um Nähe und Kontakt mit einem oder mehreren Individuen zu suchen und zu unterhalten, von denen sie physische oder psychische Sicherheit und Geborgenheit zu erleben erhoffen (vgl. Sperling, 1994, S. 8).

Im Rahmen der Bindungstheorie geben Bindungsmuster oder -stile Aufschluss über positive oder negative motivationale Schemata. Bei einem negativen motivationalen Schema wird die psychische Aktivität dabei nicht mehr auf die Befriedigung des Bindungsbedürfnisses ausgerichtet, sondern auf den Schutz vor weiteren Verletzungen. Die daraus entstehende Vermeidung von Beziehungssituationen verhindert die Entwicklung sich annähernder motivationaler Schemata, welche befriedigende Beziehungen herstellen können und verstärkt sich damit selbst (vgl. Grawe, 2000, S. 402).

Diese motivationalen Schemata bilden sich in den Kinderjahren aufgrund gemachter Bindungserfahrungen heraus und verfestigen sich über die Jahre bis ins Erwachsenenleben. Sie üben einen manchmal bewussten, jedoch meist unbewussten Einfluss auf das eigene Verhalten in sozialen Beziehungen aus und sind in nahen Beziehungen wirksam, jedoch nicht darauf beschränkt. Bereits bei Kindern können vier Bindungsstile identifiziert werden, welche sich in fast identischer Form bei Erwachsenen wiederfinden lassen, wobei der sichere Bindungsstil im Gegensatz zu den drei unsicheren Bindungsstilen mit mehr Zufriedenheit und Unterstützung in Beziehungen einhergeht.

12.2 Bindungstheorie

Dank der Bindungstheorie ist ein Modell zum Verständnis menschlicher Beziehungen geschaffen worden – der Bindung und ihrer Bedeutung für das psychische Wohlbefinden des Menschen. Die Theorie wurde zunächst in der Entwicklungspsychologie durch Bowlby und Ainsworth entwickelt. Heute gehört die Bindungstheorie zu den am besten verstandenen psychologischen Theorien. Sie beinhalten Informationen, wie sich nahe Beziehungen über die Lebensdauer formieren, erhalten und auflösen und wie Beziehungen Menschen, welche darin stehen, beeinflussen. Ein Aspekt dabei ist die Auswirkung von bestimmten Lernerfahrungen mit wichtigen Bezugspersonen auf den individuellen Bindungsstil, der für das Erleben und Verhalten in nahen Beziehungen wegweisend ist.

Der Prozess, emotionale Bindungen mit Bezugspersonen einzugehen ist fundamental universell, auch wenn er im Detail kulturspezifische Unterschiede aufweisen kann. Grundlage der Bindungstheorie stellt die Annahme dar, dass Babys evolutionär intuitiv die Nähe ihrer Betreuungspersonen suchen, weil dies für sie besseren Schutz vor Gefahr und Raub in der Umwelt unserer Vorfahren bedeutete (vgl. Rholes & Simpson, 2004, S. 5).

12.2.1 Die Ursprünge: Bindungsverhalten bei Kindern

Um zu verstehen wie der Mensch, sei es als Kleinkind, Kind oder Erwachsener, seine sozialen Beziehungen beeinflusst, muss man die biologischen und psychologischen sowie verhaltensspezifischen Prozesse der Emotionsregulation untersuchen. Das Fazit dabei ist einfach: Die erste emotionale Bindung zur primären Bezugsperson eines Babys prägen seine späteren Beziehungen ein Leben lang (vgl. Diamond & Hicks, 2004, S. 241). Das bedeutet, wie eine Person in späteren Partnerbeziehungen denkt, fühlt oder sich verhält, basiert auf dem Bindungssystem, welches die Person im Laufe ihrer Entwicklung aufgebaut hat, beginnend mit ihrer ersten Bindung (vgl. Fraley & Brumbaugh, 2004, S. 119).

Die Ursprünge und die noch heute gültigen Kerngedanken zur Bindungstheorie stammen von John Bowlby (1969, 1973, 1980) und wurden von seiner Mitarbeiterin Mary Ainsworth (Ainsworth, Blehar, Water & Wall, 1978) später substantiell ergänzt. Die Theorie beruht auf der Annahme, dass menschliche Wesen, ähnlich wie andere Primaten, eine angeborene Orientierung in Bezug auf ein Sozialleben haben. Menschen werden mit einer biologischen Veranlagung für „Bindungsverhalten" geboren. Das zeigt sich z.B. in der Suche nach und in der Förderung von Körperkontakt, durch das Anschauen, Beobachten, Festklammern oder Nachlaufen oder durch Protest, Ärger oder Verzweiflung, sowie emotionalen Rückzug beim Verlassen werden. Das Verhalten wird durch Trennung von der Bindungsperson, sowie durch wahrgenommene Bedrohung, Schmerz oder Gefahr aktiviert. Das Bindungssystem des Kindes „fragt“: Ist die Bindungsperson mir gegenüber nahe, erreichbar und aufmerksam? Wenn das Kind in seiner Wahrnehmung es so empfindet, fühlt es sich geliebt, sicher und zuversichtlich und es kann seine Aufmerksamkeit eher auf das Erkunden der Umgebung lenken oder auf das Spielen mit anderen. Wenn die Wahrnehmung jedoch negativ ist, wird das Kind ängstlich und seine Aufmerksamkeit und sein Verhalten so lange auf das Suchen oder Rufen nach der Bindungsperson lenken bis es die Bindungsperson wieder sieht oder spürt und diese ihr Geborgenheit signalisiert. Ist die Bindungsperson nicht verfügbar so verspürt das Kind einen Verlust oder Verzweiflung (vgl. Fraley, 2010).

Das Verhalten und Eingehen der zentralen Bindungsperson (meist die Mutter) auf die Bedürfnisse des Kindes ist dabei zentral. Dies kann konstant sicherheitsfördernd, konstant unsicherheitsfördernd oder ambivalent bzw. inkonsistent sein. In einer ungestörten Bindungsbeziehung erhält das Kind Trost, Fürsorge und Schutz, wenn es danach verlangt, es kann aber auch seiner Neugier und seinen sozialen Wünschen nach neuen Bekanntschaften nachgehen, ohne von der Bindungsperson ungebührlich gehindert oder gar dafür bestraft zu werden (vgl. Grossmann, 1990, S. 232). Eine frühe Abweisung führt dagegen zu einer emotionalen Entfremdung des Kindes von der Bindungsperson. Eine konstante Unvorhersagbarkeit der Reaktion der Bindungsperson macht es übermäßig abhängig von ihr, d.h. das Bindungssystem ist wegen der Angst vor Verlust der Bindungsperson chronisch aktiviert. Gelingt es der Mutter nicht, sich auf den Wunsch ihres Kindes nach Nähe einzuschwingen, so kann es zur Verletzung der neurobiologisch verankerten Nähebedürfnisse des Kindes kommen. Das Kind verzichtet auf die Befriedigung des Bedürfnisses. Zum einen, weil das Nichterleben zu schmerzhaft wäre und zum anderen, weil durch diesen Verzicht die Beziehung zur Mutter konfliktfrei aufrechterhalten wird kann. Das Bedürfnis nach Nähe und die Angst davor werden ins Unbewusste verdrängt. So wird der äußere Beziehungskonflikt zu einem unbewussten intrapsychischen Konflikt (vgl. Stauss, 2006, S. 42). Dies entspricht Grawes Überlegungen in Bezug auf das Annährungs- und Vermeidungsschemata und die damit einhergehende Konsistenz bzw. Inkonsistenz.

Bowlby hat den Kern seiner Bindungstheorie in drei zentralen Punkten zusammengefasst (vgl. Bowlby, 1976, S. 246): (1) Wenn ein Individuum darauf vertraut, dass eine Bindungsfigur verfügbar ist, wann immer es das wünscht, dann neigt dieses Individuum weniger zu intensiver oder chronischer Furcht als eine andere Person, die dieses Vertrauen aus irgendwelchen Gründen nicht besitzt. (2) Vertrauen in die Verfügbarkeit einer Bindungsperson oder das Fehlen derselben entwickeln sich nach und nach in den Jahren der Unreife – Kleinkindzeit, Kindheit und Jugend – und was immer sich an Erwartungen in diesen Jahren entwickelt, bleibt für den Rest des Lebens relativ unverändert bestehen. (3) Die mannigfaltigen Erfahrungen in Bezug auf die Zugänglichkeit und Reaktionsbereitschaft von Bindungsfiguren, die unterschiedliche Individuen in den Jahren der Unreife entwickeln, sind ziemlich genaue Reflektionen der Erfahrungen, die diese Individuen tatsächlich bereits gemacht haben.

Bowlby bezeichnet die Speicherung dieser Erfahrungen als „inneres Arbeitsmodell". Dieses entspricht den motivationalen Schemata aus der Konsistenztheorie von Grawe oder dem Beziehungsschema (vgl. Grawe, 2000, S. 353), die um das Bindungsbedürfnis herum entwickelt werden. Das Kind verinnerlicht seine frühen dyadischen Beziehungserfahrungen, diese schlagen sich in seinem Gedächtnis implizit in Form von Wahrnehmungs-, Verhaltens- und emotionalen Reaktionsbereitschaften und motivationalen Bereitschaften nieder. Es hängt maßgeblich von der Verfügbarkeit und der Einfühlsamkeit dieser ersten Bezugsperson ab, welche motivationalen Schemata sich aus den Beziehungen zu den primären Bezugspersonen in der frühen Kindheit entwickeln.

Obwohl sich diese Arbeitsmodelle aufgrund von Beziehungserfahrungen bilden, haben diese auch wiederum einen Einfluss auf die Qualität der sozialen Interaktionen des Kindes. Dieses grundlegende Thema der Persönlichkeitsentwicklung, dass Menschen und die Umwelt sich gegenseitig beeinflussen, ist auch hier zutreffend. Das bedeutet, je stärker sich die Arbeitsmodelle durch Erfahrungen ausbilden und verstärken, umso geringer ist die Chance, dass sie sich im Laufe der Entwicklung grundlegend verändern können (vgl. Fraley & Brumbaugh, 2004, S. 101).

Bowlby hat zwar individuelle Unterschiede festgestellt, wie Kinder auf Bezugspersonen reagieren und ihr Verhalten regulieren, aber erst durch Ainsworth konnte ein formelles Verständnis für diese individuellen Unterschiede gewonnen werden. Sie entwickelte ein standardisiertes Beobachtungsverfahren zur Untersuchung, wie Kinder auf Trennung von ihren primären Bezugspersonen reagieren. Mit diesem Beobachtungsverfahren wurden später, auch von vielen anderen Arbeitsgruppen, empirische Untersuchungen zum Bindungsverhalten durchgeführt (vgl. Strauss & Schmidt, 1996, S. 139ff). Aus diesen Untersuchungen schälten sich vier immer wieder vorkommende Bindungsmuster heraus.

- **Kinder mit sicherem Bindungsverhalten:** Sie reagieren mit Beunruhigung auf eine Trennung von der Mutter und suchen sofort ihre Nähe, wenn sie wiederkommt. Ein gutes Urvertrauen ermöglicht die Entwicklung eines konfliktfreien Annäherungsschemas zur Befriedigung des Bindungsbedürfnisses.
- **Kinder mit unsicherer Bindung und vermeidendem Bindungsverhalten:** Sie vermeiden nach einer Trennung die Nähe und den Kontakt zur Mutter und reagieren schon auf die Trennung selbst nicht mit der bei sicher gebundenen Kindern üblichen Beunruhigungen. Hier überwiegt das Vermeidungsschema und damit wird die positive Befriedigung des Bindungsbedürfnisses nicht ermöglicht.
- **Kinder mit unsicherer Bindung und ambivalentem Beziehungsverhalten:** Während einer Trennung reagieren sie verängstigt und wechseln nach Rückkehr der Mutter zwischen aggressiver Ablehnung des Kontaktes und der Suche nach Nähe. Es bildet sich ein konflikthaftes motivationales Schema. Bei Nähe befürchtet das Kind die Mutter zu verlieren, bei fehlender Nähe hat es Angst vor dem Alleinsein.
- **Kinder mit unsicherer Bindung und desorganisiertem Beziehungsverhalten:** Es reagiert auf Trennung und Rückkehr der Bindungsperson mit bizarren und stereotypen Verhaltensweisen. Schwere Verletzungen des Bindungsbedürfnisses entstehen durch fehlende oder missbrauchende Beziehung zur Mutter oder einer primären Bezugsperson.

Noch ist man sich in der Wissenschaft nicht einig, wann ein solcher Bindungsstil entwickelt ist, dennoch kann er ermittelt werden und Voraussagen über soziales Verhalten in den frühen Teenagerjahren können getroffen werden (vgl. Rholes & Simpson, 2004, S. 6). Man vermutet, dass der Bindungsstil über die Jahre der Kindesentwicklung bis hin zur Erreichung des Erwachsenenalters relativ stabil ist (vgl. Grawe, 2004, S. 195, vgl. Benoit & Parker, 1994, S. 1450), und ab den frühen Teenagejahren soziales Verhalten, in Abhängigkeit des Bindungsstils, bis zu einem gewissen Maß als voraussagbar angesehen wird (vgl. Rholes & Simpson, 2004, S. 6).

Zusammengefasst kann gesagt werden, dass die Entwicklung des Bindungsmusters in den ersten Kindesmonaten beginnt und mehrheitlich zum Verhalten der primären Bezugsperson in Verbindung steht. Das motivationale Schema, welches sich über die Kinderjahre ausprägt und verstärkt, bleibt in der Regel auch im Erwachsenenalter stabil.

12.2.2 Bindungsverhalten bei Erwachsenen

Frühe Beziehungserfahrungen von Kindern üben einen sehr großen Einfluss auf ihre weitere Beziehungsgeschichte aus. Denn Bindung bedeutet – ungeachtet des Alters des Menschen – die Erfahrung, dass man bei einem anderen in Krisensituationen Sicherheit, Schutz, Geborgenheit erfahren kann. Bei Erwachsenen bleibt nach Ainsworth eine „sichere Basis“ lebenslang wichtig für das physische und psychische Wohlergehen eines Menschen. Für die meisten Menschen übernimmt später die Partnerbeziehung eine solche Funktion, wobei dort die Systeme Bindung, Sexualität und Fürsorge eng miteinander verknüpft sind. So sind Bindungen bei Erwachsenen – im Gegensatz zum Kleinkind – in der Regel reziprok, d.h. jeder Partner gibt und empfängt Nähe, Schutz und ein Gefühl der Sicherheit, und so wird in der Regel wechselseitig das Bindungsbedürfnis befriedigt (vgl. Grawe, 2000, S. 396ff.).

Das innere Arbeitsmodell oder motivationale Schema gibt einen Rahmen dafür, inwieweit jemand in Beziehungen Nähe und Sicherheit von einem Bindungspartner erwarten kann und inwieweit jemand sich selbst der Zuwendung, Liebe und Aufmerksamkeit wert fühlt und damit Nähe zulassen kann (vgl. Strauss & Schmidt, 1996, S.141). Collings (vgl. Collings, Guichard, Ford & Feeney, 2004, S. 218) geht davon aus, dass motivationale Schemata automatisch aktiviert werden, wann immer das Individuum ein bindungsrelevantes Erlebnis macht und die Antwort auf kognitiver, affektiver und Verhaltensebene beeinflusst. Die bestehenden Schemata steuern die Aufmerksamkeit für die Erinnerung an Beziehungserlebnisse und regulieren die Reaktion auf zwischenmenschliche Beziehungserfahrungen. Zukünftige Situationen, die dieses Schema aktivieren könnten, werden im Gehirn unbewusst durch das limbische System emotional bewertet, d.h. die jetzigen Erfahrungen werden kontinuierlich, automatisch und unbewusst vom limbischen System mit den in der Vergangenheit gemachten Erfahrungen abgeglichen und entsprechend emotional bewertet (vgl. Stauss, 2006, S. 45).

Die Bewertung erfolgt in zwei – neurophysiologisch getrennten – Systemen. Eine negative emotionale Bewertung aktiviert das Vermeidungssystem, eine positiv ausgefallene Bewertung das Annäherungssystem. Diese beiden Motivationssysteme interagieren miteinander mit der Tendenz der wechselseitigen Hemmung, können aber auch unabhängig voneinander aktiviert werden (vgl. Stauss, 2006, S. 4). Je häufiger das Vermeidungssystem oder Annäherungssystem gebahnt wird, umso leichter wird es aktiviert. Deshalb werden gewisse Situationen emotional automatisch als negativ bewertet, wenn sie für andere Menschen als neutral oder lustvoll beurteilt werden. Das Individuum ist sich dieser Prozesse nicht oder nur beschränkt bewusst und kann entsprechend wenig steuernd eingreifen (vgl. Collings et al., 2004, S. 218)[35].

Das Vermeidungssystem setzt sich aus verschiedenen Komponenten zusammen. Zum einen durch negative Gefühle – sie bilden den Kern des emotionalen Schemas – die sich auf die verletzten psychosozialen Grundbedürfnisse beziehen, und Kognitionen, die die zentralen Verunsicherungen in Bezug auf das Selbst und die anderen abbilden (vgl. Sperling, 1994, S. 8, vgl. Stauss, 2006, S. 41). Stauss beschreibt dieses Konflikterleben, das sich mit dem Konzept des Inkonsistenzerlebens nach Grawe deckt, wie folgt:

[35] Um diese automatische Bewertung in „andere Bahnen“ zu lenken, wird in der Psychotherapie versucht, gezielt durch Ressourcenaktivierung das Vermeidungssystem zu hemmen und die Bahnen des Annäherungssystems zu stärken. Eine solche Aktivierung des Annäherungssystems wird auch „motivationales Priming“ genannt (vgl. Stauss, 2006, S. 45).

„Dysfunktionale Schemata, welche die schmerzlichen Erfahrungen der Verletzung psychosozialer Grundbedürfnisse repräsentieren, und die dazugehörigen Grundkonflikte stehen in einem engen Zusammenhang: Die schmerzlichen Gefühle werden abgewehrt oder durch ausgedehnte Vermeidungsstrategien umgangen. So entsteht ein typischer intrapsychischer Konflikt, verbunden mit dem klassischen Konflikterleben: Einerseits besteht der Wunsch nach der Befriedigung der verletzten Grundbedürfnisse, andererseits die Gegensteuerung, aus Angst vor der Aktivierung des Emotionalen. Daraus resultierende Abwehr- und Vermeidungsstrategien haben auf der interpersonellen Ebene eine dysfunktionale Beziehungsgestaltung zur Folge, die wiederum die Befriedigung der Grundbedürfnisse verunmöglicht“ (vgl. Stauss, 2006, S. 44).

Bartholomew und Horowitz haben folgende vier Bindungsstile bei Erwachsenen identifiziert (vgl. Bartholomew & Horowitz, 1991, S. 227): Sicher, anklammernd, abweisend, ängstlich-vermeidend. Sie bauen auf die durch Hazan/Shaver identifizierte Bindungsstile sicher, vermeidend und ängstlich-ambivalent auf (vgl. Hazan & Shaver, 1987, 511ff):

- Ähnlich wie beim Bindungsstil im Kindesalter kennzeichnet der **sichere Bindungsstil** das Erleben von Nähe als etwas Angenehmes und Unterstützendes. Die Person erwartet in belastenden Situationen Hilfe zu bekommen und sucht diese in problematischen Situationen auch aktiv. Sie sorgt sich selten darum, nicht akzeptiert oder verlassen zu werden. Sie zeichnet sich aus durch ein positives Selbstwertgefühl und dadurch, dass andere Menschen ihr im Allgemeinen akzeptierend und zugewandt sind.
- Personen mit einem **ängstlich-vermeidenden Bindungsstil** möchten gefühlsmäßig enge Beziehungen, fühlen sich jedoch gleichzeitig unwohl, anderen zu nahe zu sein und finden es schwierig anderen zu vertrauen. Sie haben Angst verlassen, enttäuscht oder verletzt zu werden wenn sie andere zu nahe an sich heran lassen und möchten deshalb nicht abhängig sein. Durch die Vermeidung enger Kontakte mit anderen schützen sie sich gegen die erwartete Zurückweisung.
- Der **abweisende Bindungsstil** ist gekennzeichnet durch ein Streben nach Unabhängigkeit und Selbstgenügsamkeit, und durch ein Vermeiden enger Beziehungen, um sich vor Enttäuschungen zu schützen. Nähe wird als aversiv und belastend erlebt. In schwierigen Situationen wird bevorzugt auf sich selber vertraut und es wird wenig Unterstützung durch andere gesucht. Beziehungen zu Personen, die von einem abhängig sind werden vermieden (vgl. Strauss & Schmidt, 1996, S. 135).
- Der **anklammernde Bindungsstil** wirkt sich dadurch aus, dass Personen anderen gefühlsmäßig sehr nahe sein möchten. Ohne enge Beziehungen fühlen sie sich unwohl, gleichzeitig haben sie Angst, dass die Beziehungsperson nicht die gleiche Wertschätzung ihnen gegenüber aufbringt. Die Person versucht Selbstakzeptanz zu erreichen, indem sie Akzeptanz durch wichtige Bezugspersonen erfährt.

Mit Ausnahme des sicheren Bindungsstils führen alle anderen Bindungsmuster dazu, dass das Bedürfnis nach einer nahen Beziehung nicht optimal befriedigt wird, da jedes der unsicheren Bindungsmuster aus Verletzungen dieses Grundbedürfnisses entsteht. Horowitz hat in einer Studie festgestellt, dass nur 47 Prozent der „Normalbevölkerung“ einen sicheren Bindungsstil aufweisen (vgl. Horowitz, Rosenberg & Bartholomew, 1993, S. 555).

Untersuchungen haben ergeben, dass Erwachsene mit sicherem Bindungsmuster zufriedener mit ihren Beziehungen sind als unsichere (vgl. Feeney, Noller & Callan, 1994, S. 308) und sie nutzen ihre romantischen Beziehungen eher, um von da „die Welt zu erkunden“. Weiter wurde festgestellt, dass Erwachsene mit sicherem Bindungsstil eher Unterstützung und Hilfe suchen und beanspruchen, wenn sie sie benötigen, ebenso sind sie eher bereit Unterstützung und Hilfe anzubieten, wenn Beziehungspersonen diese benötigen (vgl. Simpson, Rholes & Nelligan, 1992, S. 438). Im Gegenzug machen Erwachsene mit unsicherem Bindungsstil ihren Partnern während Konflikten Zuweisungen, welche den Konflikt eher verstärken als ihn abzuschwächen (vgl. Simpson, Rholes & Phillips, 1996, S. 910). Fraley und Shaver haben herausgefunden, dass Erwachsene mit abweisendem Bindungsstil mit stressverursachenden Beziehungssituationen (die sie auch als solche erleben) besser umgehen können, indem sie die negativen Gefühle unterdrücken, als ängstliche oder anklammernde Personen, welchen dies nicht gelingt (vgl. Fraley & Shaver, 1997, S. 1090).

12.3 Auswirkungen von Bindungsstilen

12.3.1 Bindungsstile und psychosoziale Gesundheit

In den vergangenen zwei Jahrzehnten sind verschiedene Studien durchgeführt worden um Beziehungen zwischen Bindungsstilen und Depressionen oder psychosomatischen Störungen festzustellen. Vielfach wurden diese in Verbindung mit unsicheren Bindungsstilen gebracht (vgl. Strauss & Schmidt, 1996, vgl. Strauss & Schmidt 1997). Aus der vorhergehend erwähnten Erhebung von Bartholomew und Horowitz über die Normalverteilung der Bindungsstile in der Bevölkerung lässt sich damit schließen, dass 53 Prozent der normalen Bevölkerung einen Bindungsstil aufweisen, der auf die psychosoziale Gesundheit und Leistungsfähigkeit einen negativen Einfluss haben kann.

Strauss und Schmidt geben einen Überblick über verschiedene in den 90er-Jahren durchgeführte klinische Studien, welche den Zusammenhang zwischen psychischen Störungen und Bindungsmustern untersuchten (vgl. Strauss & Schmidt, 1997, S. 9). In 10 der 11 dargestellten Untersuchungen fand sich in der jeweiligen Patientengruppe ein überdurchschnittlich hoher Anteil an unsicher, vermeidenden oder abweisenden Bindungsmustern im Vergleich zur Normalbevölkerung.

Grawe hält fest, dass fast alle untersuchten Psychotherapiepatienten ihr Grundbedürfnis nach sicherer Bindung in der im Lebensverlauf wichtigsten Beziehungen nicht gut befriedigen konnten und er geht davon aus, dass diese Nichtbefriedigung wesentlich zur Psychotherapiebedürftigkeit der Individuen beigetragen hat (vgl. Grawe, 2004, S. 216). Er geht soweit zu behaupten, dass ein unsicherer Bindungsstil als größter heute bekannter Risikofaktor einer psychischen Störung gilt, und dass sich bei fast allen Menschen mit psychischen Störungen Verletzungen des Bindungsbedürfnisses nachweisen lassen (vgl. Grawe, 2000, S. 409).

Bei verschiedenen Untersuchungen mit gesunden Versuchspersonen wurden Unterschiede in der Wahrnehmung und Interpretation zwischenmenschlicher Begegnungen, abhängig vom jeweiligen Bindungsstil, festgestellt. So haben z.B. Erwachsene mit sicherem Bindungsmuster den Gesichtsausdruck von Personen öfter als positiv und wohlwollend interpretiert als Personen mit unsicheren Bindungsstilen (vgl. Magai, Hunziker, Kesias & Culver, 2000, S. 307). Sie benennen mehr positive und weniger negative Interpretationen von hypothetischen und realen Beziehungsereignissen und interpretieren unterstützendes Verhalten von anderen positiver (vgl. Lackey, McCabe, Fisicardo & Drew, S. 1279). Gleichzeitig bewerten sie ihre eigenen Bewältigungsstrategien positiver (vgl. Berant, Mikulincer & Florian, 2001, S. 230).

Es ist bekannt, dass der emotionale Kontext der wichtigsten und intimsten Beziehungen – sowohl in positiver wie auch negativer Hinsicht – den größten Einfluss auf das mentale und physische Wohlbefinden von Individuen hat (vgl. Reis, 2001, S. 57ff. Repetti, Taylor & Seeman, 2002, S. 330ff.). Die Art und das Ausmaß der tagtäglichen positiven und negativen emotionalen Erfahrungen, welche durch Bindungserfahrungen und -erwartungen geprägt werden, haben somit nicht nur auf die allgemeine Zufriedenheit und Qualität der Beziehung einen Einfluss, sondern auch auf verschiedenste Parameter des psychischen Funktionierens (vgl. Diamond & Hicks, 2004, S. 253).

Weiter gilt der positive und das Wohlbefinden stärkende Aspekt der Beziehung als gesichert: Das Eingebettetsein in ein Netzwerk von Familie und Freunden stellt ein Potenzial dar, das man als eine Stressressource bezeichnen kann. Sie wirkt selbst dann, wenn es gar nicht zu objektiv hilfreichen Interaktionen kommt. Allein das Gefühl der Zugehörigkeit und die Option, im Krisenfall das Netz mobilisieren zu können, zeigen eine protektive Wirkung (vgl. Schwarzer, 1997, S. 356).

Zum einen scheinen also unsichere Bindungsmuster ein wesentlicher Risikofaktor für die psychische Gesundheit zu sein. Zum anderen scheint bei gesunden Individuen nicht so sehr die Art der Beziehungserfahrungen im Erwachsenenalter prägend zu sein für das Erleben von positiven oder negativen Emotionen, sondern vielmehr deren Einschätzung und Bewertung von Situationen auf das weitere Verhalten des Individuums. Damit beeinflusst es wiederum die Beziehungen und Situationen in welcher er oder sie sich befindet.

12.3.2 Bindungsstile im Arbeitskontext

Das Bindungsverhalten beschränkt sich nicht auf das Privatleben – im Gegenteil: Es ist im beruflichen Kontext nicht wegzudenken. Die Beziehung zu Vorgesetzten, Arbeitskollegen oder Mitarbeitern vermittelt Zugehörigkeit, Akzeptanz, Bestätigung und Wertschätzung. Positive Arbeitsbeziehungen sind förderlich für das emotionale Wohlbefinden, den Selbstwert und das Selbstbewusstsein. Unsicherheit und Probleme können durch die Einbettung und Aussicht auf Hilfe und Unterstützung besser bewältigt werden.

Unter der Annahme, dass der Bindungsstil von Erwachsenen stabil ist (vgl. Benoit & Parker, 1994, S. 1450, vgl. Shaver & Hazan, 1993, S. 52f.), d.h. sowohl zeitlich als auch über verschiedene Beziehungen und in unterschiedlichen sozialen Konstellationen, wird deutlich, dass der Bindungsstil auch im Arbeitskontext einen Einfluss auf das Erleben und Verhalten hat.

Bisher sind die Bindungsstile bei Erwachsenen vorwiegend in der Psychotherapie oder im Zusammenhang mit romantischen Beziehungen thematisiert worden (vgl. Hazan & Shaver, 1990), es gibt jedoch verschiedene Studien – vor allem aus dem angloamerikanischen Raum – die Zusammenhänge zwischen Bindungsstil und Verhalten am Arbeitsplatz untersucht haben. Mikulincer und Shaver (2007, S. 433ff.) belegen in Untersuchungen, dass Ängstlichkeit und Vermeidung mit tieferem organisationalem Commitment, prosozialem Verhalten und spontanem produktivem Verhalten einhergeht. Geller und Bamberger haben festgestellt, dass der Bindungsstil das unterstützende Verhalten gegenüber Arbeitskollegen voraussagt (vgl. Geller & Bamberger, 2009, S. 1825). Hazan und Shaver stellen bei sicher gebundenen Individuen eine höhere allgemeine Arbeitszufriedenheit fest (vgl. Hazan & Shaver, 1990). Joplin, Nelson und Quick konnten nachweisen, dass sichere Bindung negativ mit sozialen Störungen und positiv mit physischem und psychologischem Wohlbefinden einherging (vgl. Joplin,

Nelson & Quick, 1999, S. 796), wogegen die Resultate bei unsicher gebundenen eher umgekehrt waren.

Richards und Schat kamen zu dem Schluss, dass der Bindungsstil individuelles Verhalten am Arbeitsplatz erklären kann: So korrelierte der ängstliche Bindungsstil mit weniger prosozialem Verhalten, einem höheren Ausmaß an Suche nach Unterstützung und einer höheren Bereitschaft das Unternehmen zu verlassen. Der vermeidende Bindungsstil korrelierte dagegen mit einem tiefen Ausmaß an Suche nach Unterstützung (vgl. Richards & Schat, 2010, S. 175f.). Ebenso haben Hardy und Barkham (1994, S. 276f.) einen Zusammenhang zwischen persönlichen Schwierigkeiten und individuellem Arbeitsverhalten feststellen können. Sie stellten einen Zusammenhang zwischen einem ängstlich-vermeidenden Bindungsstil und einer Präferenz in der Zusammenarbeit mit anderen her, einer Tendenz sich übermäßig zu bemühen, Angst vor Versagen und schwacher Arbeitsleistung. Den vermeidenden Bindungsstil hingegen brachten sie mit langen Arbeitsstunden, einer Präferenz für Einzelarbeit (ggü. Teamarbeit) und einem hohen Arbeitseinsatz zu Lasten von Gesundheit und Beziehungen in Zusammenhang.

Hazan und Shazer haben bereits im Jahr 1990 darstellen können, dass die Bindungsstile in der Arbeit wirksam sind, vor allem in der Art und Weise, wie Menschen ihr Explorationsverhalten – als Grundlage für die Entwicklung neuer Ideen – entfalten können oder aber durch ihren Bindungsstil offenbar eingeschränkt werden. So haben sicher gebundene Organisationsmitglieder eine relativ hohe Arbeitszufriedenheit in Bezug auf Arbeitssicherheit, Zusammenarbeit mit Arbeitskollegen und Möglichkeiten für die berufliche Weiterentwicklung angegeben, und stellten erfolgreiche Arbeitsbeziehungen über den Arbeitserfolg als solchen. Ängstlich-vermeidende Organisationsmitglieder berichteten hingegen über Arbeitsunsicherheit, einer ungenügenden Anerkennung und Wertschätzung durch Arbeitskollegen und Vorgesetzte, und darüber, verdiente Beförderungen nicht zu erhalten. Vermeidende Organisationsmitglieder berichteten ebenso über Unzufriedenheit mit Arbeitskollegen, gleichzeitig aber über eine Zufriedenheit in Bezug auf Arbeitssicherheit und Weiterentwicklungsmöglichkeiten. Diese Gruppe bevorzugte den Arbeitserfolg über erfolgreiche Arbeitsbeziehungen und sie gab an, dass die Arbeit einen höheren Einfluss auf ihre Zufriedenheit ausübte als Beziehungen. Ebenso fühlte sich diese Gruppe nervös, wenn sie nicht kontinuierlich arbeitete, sie gab an, dass Arbeit starke Einflüsse auf ihr Privatleben und Gesundheit habe und sie bevorzugte Tätigkeiten ohne Gegenwart von anderen Kollegen (vgl. Hazan & Shaver, 1990).

Auch Ploetz fand einen Zusammenhang zwischen Bindungsstil und der beruflichen Weiterentwicklung: Der ängstlich-vermeidende Bindungsstil hatte in der Regel ein 25 Prozent niedrigeres Einkommen als die anderen Bindungstypen. Ängstlich-vermeidende Personen zogen es vor, in der Gruppe zu arbeiten, dabei vermieden sie aber in der Regel Positionen mit Verantwortung. Sie fühlten sich in ihrem Arbeitsverhalten besser, wenn sie sich von anderen bestärkt fühlten, traten aber Sorgen in Beziehungen zu anderen auf, minderte dies ihre Arbeitsmöglichkeiten und Produktivität (vgl. Ploetz & Engler 2002, S. 29).

Es besteht Grund zur Annahme, dass der Bindungsstil fundierte Erklärungen für individuelles Verhalten am Arbeitsplatz liefern kann, besonders wie Individuen ihre Emotionen regulieren und dies das Verhalten beeinflusst (vgl. Richards & Schat, 2011, S. 178), z.B. im Bereich der Unterstützungssuche: Personen mit ängstlich-ambivalentem Bindungsmuster haben als permanent und chronisch aktivierte Ziele „Anerkennung suchen“ und „Ablehnung vermeiden“ und es ist anzunehmen, dass diese z.B. sehr sensibel auf Zeichen der Ablehnung durch andere reagieren. Und weil ihre Wahrnehmung darauf fokussiert ist, bestätigen sich ihre Ängste tendenziell auch, da sie sofort wahrnehmen, wenn etwas ihre Angst bestätigt. Vermeidende Erwachsene verfügen über ein anderes Muster: Ihr Bedürfnis nach Unabhängigkeit macht sie wachsam für Signale der Einmischung oder Kontrolle durch andere und sie schenken Situationen, in welchen Bindungsbedürfnisse im Umfeld erkennbar sind, wenig Beachtung (vgl. Collings, 1996, S. 219). Entsprechend erleben sie weniger Stress durch zwischenmenschliche Beziehungen, erfahren dadurch aber auch keine Unterstützung. Der Bindungsstil bietet deshalb das Potential individuelles Verhalten zu erklären, weil es widerspiegelt, wie das Individuum sich und andere sieht (positives oder negatives Bild) und das wiederum beeinflusst, wie sie über andere denken und sich ihnen gegenüber verhalten (vgl. Richards & Schat, 2011, S. 170).

Ploetz vermutet, dass der Zusammenhang zwischen Arbeit und Bindung im Wesentlichen über den Begriff der Exploration zu finden ist. Exploration wird dabei verstanden als Fähigkeit, die einwirkende Umgebung zu untersuchen und so auch das eigene Können zu erproben und zu bestärken, aber auch Grenzerfahrungen zu wagen und dabei individuelle Fähigkeiten und Ressourcen an sich selber zu entdecken. Bereits Ainsworth et al. (1978) haben ein solches Verhalten bei Kindern festgestellt, wenn diese über eine „sichere Basis" verfügten. Explorationsfähigkeit bedingt also eine entscheidende Voraussetzung zur eigenen Kreativität und indirekt auch Leistung. Diese Explorationsfähigkeit hat aber zur Voraussetzung eine ausreichend stabile Sicherheit, zum Beispiel in der Beziehung zu anderen Arbeitskollegen, sowie auch im kommunikativen Netzwerk des Unternehmens (vgl. Ploetz & Engler, 2002, S.30). Auch Hardy und Barkham (1994, S. 277f.) vermuten einen solchen Zusammenhang zwischen Bindung und Exploration mit Auswirkungen auf Liebe und Beziehungen, Arbeitsverhalten und Kreativität bzw. Freizeitgestaltung.

Wie in Studien zu Stress, sozialer Unterstützung und Gesundheit durchgängig belegt wurde, kann die soziale Unterstützung Arbeitsbelastungen und Stresserfahrungen, sowie deren negative Folgen auf Wohlbefinden und Gesundheit reduzieren. Oder anders formuliert: Soziale Unterstützung vermindert Stress, verbessert die Gesundheit und puffert den Einfluss von Stress auf Gesundheit im Beruf und am Arbeitsplatz (vgl. Weber, 2007, S. 269). Wenn nun soziale Beziehungen auch im Arbeitskontext diese Pufferfunktion in Bezug auf Umgang mit Stress und negativen Emotionen wahrnehmen, dann liegt es nahe, dass auch hier das Bindungsverhalten von Individuen eine tragende Rolle spielt. Es beeinflusst, inwiefern Unterstützung wahrgenommen oder sogar gesucht wird, oder inwiefern soziale Beziehungen das Stresssymptom eher noch verstärken, da die Wahrnehmung negativ geprägt ist.

Ploetz geht noch weiter, indem er vermutet, dass Arbeit in der westlich orientierten Zivilisation eine Monopolstellung in der Kompetenzerfahrung und -bestätigung einnimmt, und daher eine Bindung an Arbeit vielleicht sogar als ein eigenständiges Objekt, vergleichbar mit der Bindung zu wichtigen Bezugspersonen aus der früheren psychosozialen Entwicklung, angesehen werden kann (vgl. Ploetz & Engler, 2002, S. 30).

13 Vertiefung: Das Bedürfnis nach Kontrolle

Shiran Habekost

13.1 Grundlagen

Ursprünglich war das Persönlichkeitsmerkmal „Kontrollüberzeugung" (aus dem engl.: locus of control of reinforcement) im Rahmen der von Rotter (1954, 1966) entwickelten „sozialen Lerntheorie" eingebunden. Kontrollüberzeugung ist dabei definiert als Erwartung der internen und externen Verstärkung. Die internale Kontrollüberzeugung beschreibt dabei das Ausmaß, mit dem eine Person überzeugt ist, Ereignisse zu kontrollieren. Die externale Kontrollüberzeugung wird dagegen als jenes Ausmaß definiert, in dem eine Person das Geschehene als Schicksal, Zufall oder unter fremder Kontrolle, wie bspw. durch „mächtige Andere", betrachtet und somit keinen Einfluss hat (Levenson, 1972).

Nach Epstein (1990) ist das Kontrollbedürfnis das grundlegendste Bedürfnis des Menschen. Dies begründet sich darin, dass jeder Mensch ein Modell der Realität entwickelt, an das er seine realen Erfahrungen assimiliert. So bezieht sich Rotter (1966) auf diese Grundbedürfnis: Wie wägt ein Individuum ab? Lohnt es sich, sich einzusetzen, sich zu engagieren? Macht das Leben Sinn? Diese Sinnhaftigkeit ergibt sich daraus, ob Vorhersehbarkeit und Kontrollmöglichkeit besteht. Die Annahme der Kontrollmöglichkeit entwickelt sich daraus, dass Lernerfahrungen aus spezifischen und sozialen Situationen die personalisierte Wahrnehmung beeinflussen. Diese wiederum beeinflusst das Verhalten und daraus entwickelt sich in der Folge eine Erwartung über die Kontrolle des Ereignisses (Rotter, 1966, 1975). Aus verschiedenen Kontexten entwickelt das Individuum Lernerfahrungen, aus der sich dann somit wiederum eine generalisierte, kontextübergreifende Erwartung entwickelt. Das sich daraus ergebende zielgerichtete Handeln ist eng mit dem Selbstbild, dem Weltbild und der Summe aller Lernerfahrungen verknüpft. Nach Krampen (1991) und Skinner (1996) hat das Konstrukt somit den Stellenwert eines Persönlichkeitsmerkmals. Daraus ergibt sich auch die zentrale Bedeutung für die Erklärung der Entwicklung und Vorhersage des Verhaltens eines Individuums (vgl. Levenson, 1972, Rotter, 1966).

Wegner & Pennebaker (1993) geben einen umfassenden Einblick in aktuelle Forschungstrends, welche mit den vielen verschiedenen Aspekten mentaler Kontrolle zu tun haben. Flammer (1990) präzisiert, dass es viele Kontrollbedürfnisse gibt, allerdings gibt es nur ein **Kontrollgrundbedürfnis**. So „könnte man auch sagen, dass sich das Kontrollgrundbedürfnis im Laufe der Sozialisation in bestimmten Inhalten oder Zielen als Kontrollbedürfnis materialisiert, an bestimmte Szenarien bindet und dadurch vervielfältigt und spezifisch wird" (Flammer 1990, S. 114). Entsprechend argumentiert Grawe (2004, S. 231), dass sich die verschiedenen Kontrollüberzeugungen um das Kontrollbedürfnis entwickeln.

Oesterreich (1981, S. 130) argumentiert aus einer biologischen Perspektive, wenn er die Annahme eines Kontrollbedürfnisse begründet. So ist davon auszugehen, dass jedes Lebewesen das Bestreben hat, sich selbst bzw. seine Art zu erhalten. Somit müsste jedes Handeln darauf ausgerichtet sein, eine Vielfalt von Aktivitäten zu gewährleisten. Dies begründet sich darin, dass Lebewesen das Bestreben nach Überleben haben. Demnach ist das Kontrollstreben so zu verstehen, dass das Verhalten den Lebensraum und dessen Regulierbarkeit erhält.

Flammer (1990, S.117) sieht die Befriedigung des Kontrollbedürfnis darin, dass Menschen möglichst viele Handlungsalternativen in wichtigen Wertebereichen haben. So strebt der Mensch nach Handlungsspielraum, nach Reserven, um bei Bedarf entsprechend Ziele erreichen zu können. Somit ist das Kontrollbedürfnis etwas, was zur Herbeiführung und Aufrechterhaltung der eigenen Ziele wichtig ist. Etwas nicht im Sinne seiner eigenen Ziele kontrollieren zu können stellt eine schwerwiegende Verletzung eben dieses Grundbedürfnisses dar. Ferner erläutert Grawe (2004, S. 233), dass zu Beginn eines Menschenlebens das Bindungsbedürfnis und das Kontrollbedürfnis sehr eng miteinander verquickt sind. Dies erklärt er mit der Mutter-Kind-Interaktion, in dem das Kind erfährt, wie mit seinen Wünschen, Bedürfnissen und Zuständen umgegangen wird. In diesem Alter ist das Kind nahezu vollständig auf die Mutter angewiesen, da es nichts alleine tun kann. Dies gilt sowohl für den positiven, verstärkenden als auch negativen, verletzungsbehafteten Bereich.

Nach Powers (1973) ist Verhalten darauf ausgerichtet, Wahrnehmung im Sinne bestimmter Ziele herbeizuführen. Sollte dies gelingen, ist das Kontrollbedürfnis befriedigt. Ist dies nicht der Fall, entsteht Inkongruenz. Grawes kongruenztheoretische Überlegungen lehnen sich an diese Theorie an (vgl. Grawe 2004, S. 232). Allerdings bedarf es, um solche Inkongruenzen zu entdecken, eines „Komparators". Während dieser bei Powers nur postuliert und wenig spezifiziert wurde, konnten Gray & McNaughton (1996) im Rahmen der neuropsychologischen Angsttheorie (Gray, 1982) diesen auf neuronaler Ebene genauer spezifizieren. Es sind zahlreiche Regionen des limbischen Systems und assoziativen Cortexes beteiligt. Der Input dieses Komparators besteht aus

- aktuellen sensorischen Informationen über die gegenwärtige Situation
- geplanten nächsten Schritten im Ausführungsprogramm (sogenanntes prospektives Gedächtnis – in diesem sind implizit die aktivierten Ziele enthalten)
- Zusammenhangswissen (im Gedächtnis gespeicherte Regelhaftigkeit in den relevanten Realitätsbereich)
- den im Gedächtnis gespeicherten Verhaltens- und Wirkungskontingenzen als Teil der autobiografischen Lerngeschichte.

Auf dieser impliziten und expliziten Grundlage formt der Komparator Erwartungen, wie es von der jetzigen Situation aus weitergehen wird (vgl. Grawe 2004, S. 237). Dies bedeutet, dass, wenn man selber der Handelnde ist, die Erwartungen, die in den Komparator eingehen, zu den Kontroll- und Selbstwirksamkeitserwartungen gehören. Kommt es zu aversivem, unerwartetem Neuem, bzw. tritt etwas Erwartetes nicht ein oder droht nicht einzutreten, dann aktiviert der Komparator das Kontrollbedürfnis. Somit kann also der Output des Komparators als Inkongruenz bezeichnet werden. Sind Ziele bedroht oder wird die Kontrollierbarkeit gering bewertet, wird das „Behavioral Inhibition System" (vgl. Gray & McNaughton, 1996) aktiviert und es entsteht Angst. Grawe (2004) differenziert an dieser Stelle zwischen dem Terminus „Stress", der den oben beschriebenen Ablauf oftmals beschreibt von Inkongruenz, vor allem aus dem Grund, weil Stress als Begriff in die Umgangssprache eingegangen und damit nicht mehr trennscharf genug ist. Grundlegend kann gesagt werden, dass Inkongruenz und die Rolle des Komparators vielschichtig sind. Zum genaueren Verständnis wird im folgendem auf die wesentlichen Aspekte der kontrollierbaren und unkontrollierbaren Inkongruenz eingegangen.

13.2 Inkongruenz, Kontrollierbarkeit und Stress

13.2.1 Kontrollierbare Inkongruenz: Kontrollierbarer Stress

Grawe (2004) spricht von kontrollierbarer Inkongruenz, wenn das Individuum im Prinzip belastendem, herausforderndem, aber bewältigbarem Stress ausgesetzt ist. Dabei unterscheiden sich die anfänglichen Reaktionen zwischen unkontrollierbarer und kontrollierbarer Inkongruenz, denn die Situation löst eine unspezifische Erregung in weiten Teilen des assoziativen Cortex und des limbischen Systems aus. Das im Zuge der weiteren Aktivierung ausgeschüttete Adrenalin hat auf fast alle Regionen Einfluss.

Grawe (2004, S. 241) zitiert Edelman (1987), um die Effekte eines solchen Zustandes und der sich daraus ergebenden Bildung neuer Verhaltens- und Erlebnisweisen aus neuronaler Perspektive zu erklären, indem er feststellt, dass in einer „Situation der psychischen/neuronalen Instabilität, in der kein etabliertes neuronales Erregungsmuster da ist, das die Spannung abbauen kann – Stress oder Inkongruenz stellen eine solche Spannung dar – die neuronale Spannung zunächst einmal zwischen verschiedenen Zuständen hin und her fluktuiert. Da noch keiner dieser Zustände – mit Zuständen sind neuronale Konstellationen gemeint – gebahnt ist, zerfallen diese neu gebildeten Konstellationen schnell wieder, bis schließlich unter dem Einfluss der in diesem Moment einwirkenden Bedingung eine Konstellation entsteht, die zur Reduktion des Spannungszustandes führt. Die Spannungsreduktion verstärkt und bahnt dieses soeben neu entstandene neuronale Erregungsmuster."

Wiederholt sich dieser Prozess, verfestigt sich diese Bahnung. Entscheidend ist allerdings die Tatsache, dass dieser Prozess die Bildung gänzlich neue Bahnen verursacht. Somit ergibt sich, neben dem Effekt der Bewältigung der Inkongruenz ein weiterer positiver Effekt: Es bilden sich differenziertere, komplexere Schaltkreise. Somit ist, nach Grawe, Inkongruenz nichts Schlechtes, wenn sie denn im kontrollierbaren Bereich bleibt, dann „sie ist gewissermaßen der Motor psychischer Entwicklung" (Grawe, 2004).

Entsprechend haben Personen mit hoher internaler Kontrollüberzeugung eine höhere Lebenszufriedenheit, mehr Selbstvertrauen und sind resistenter gegen Stress. Des Weiteren leiden sie weniger unter Belastungssituationen.

13.2.2 Unkontrollierbare Inkongruenz: Unkontrollierbarer Stress

Während, wie eben dargestellt, die Folgen, welche am Ende von kontrollierbaren Stress bzw. Inkongruenz stehen, als positiv bezeichnet werden können, verhält es sich bei unkontrollierbaren Stresssituationen gänzlich anders. Durch das Nicht-Abbauen der Spannung können sich, vereinfacht gesagt, keine neuen neuronalen Bahnen bilden. Im Gegenteil, eine unkontrollierbare Inkongruenzsituation führt zu einer Destabilisierung vorhandener neuronaler Strukturen (vgl. Grawe 2004, S. 245). Zu begründen ist dies durch den adaptiven Mechanismus des neuronalen Systems (vgl. Hüther, 1998). Weil sich eben in dieser bedrohlichen Situation die Verhaltensweisen als nicht geeignet erweisen, um die Kontrolle zurückzuerlangen, ist es aus dieser Perspektive sinnvoll, diese eben zu löschen – so könnten sie durch wirksamere ersetzt werden. Die Folge wäre ein gründlicheres Um- und Neulernen. Hält dieser Zustand an, so kommt es dazu, dass der naheliegende Anpassungswert Dissoziation oder ein Herunterfahren aller Aktivitäten ist. Letzteres ist durch eine starke Ähnlichkeit mit Depression gekennzeichnet. So ist das Lernen auf die Situation selbst ausgerichtet und diese ist durch den Stressor, welcher den Zustand ausgelöst hat, gekennzeichnet. Und dieser ist primär Angst (vgl. Lazarus, 1984).

Folgt man den Ausführungen von Gray & McNaughton (1996), ist das beschriebene Reaktionsmuster identisch mit dem der neuropsychologischen Angstforschung. Ohne hier in die Tiefe gehen zu wollen, geht es um folgende die Ergebnisse: Die emotionale Reaktion auf eben diese Bedrohung ist eine antizipatorische Angst. Diese geht einher mit der Einschränkung der Aufmerksamkeit, einer Hemmung des motorischen Verhaltens, intensivem Explorieren der Umgebung und einer Vorbereitung auf eventuell notwendig werdendes Flucht- oder Angriffsverhalten. So kann gesagt werden, dass unkontrollierbare Inkongruenz „Gift für die psychische Gesundheit ist“ (Grawe, 2004).

13.2.3 Einordnung in die Konsistenztheorie nach Grawe

Das Bedürfnis nach Kontrolle und Orientierung ist nach Grawe eines von vier menschlichen Grundbedürfnissen. Diesen Blickwinkel teilt er mit vielen anderen Autoren, wie bereits weiter oben ausgeführt. Auch das Konstrukt motivationaler, als aktivierender und hemmender Schemata finden sich in der Forschung bei vielen Autoren wieder. Es lässt sich zusammenfassen, dass Personen (vgl. Frey, 1987) mit hoher Kontrollüberzeugung über höhere Leistungsmotivation verfügen und sich besserer Gesundheit erfreuen, während jene mit geringer Kontrollüberzeugung vor dem Hintergrund weniger intrinsisch motiviert sind und allgemein weniger positive Heilungsprozesse im Krankheitsfall haben. Über die Bedeutung der motivationalen Schemata wurde bereits weiter oben ausführlich berichtet.

Thompson (1981) entwickelt, der Frage nachgehend „Will it hurt less if I can control it“, ein Modell mit vier möglichen Formen von Kontrolle:

- Beeinflussbarkeit, die besteht, wenn eine Person die Möglichkeit wahrnimmt, ein Ereignis oder dessen Folgen zu kontrollieren.
- Vorhersagbarkeit, die Informationen hinsichtlich eines, für das Individuums relevantes Ereignis umfasst.
- Kognitive Kontrolle, die ein Uminterpretieren, Verharmlosen, oder Vermeiden beinhaltet, um Ereignisse weniger aversiv erscheinen zu lassen.
- Retrospektive Kontrolle, die eine nachträgliche Angabe von Ursachen für eingetretene Ereignisse meint.

Auch in dieser Theorie wird deutlich, dass die subjektive Wahrnehmung von Kontingenzen zwischen Handlung und Handlungskonsequenz angesprochen wird.

Kontrolliertes, geplantes und systematisches Handeln sind für wirtschaftliches Handeln von außerordentlichem Interesse. Aus diesem Grund gehen z.B. Bungard & Wiendieck (1986) auf die Rolle von Qualitätszirkeln innerhalb von Arbeitsabläufen ein. Sie heben hervor, dass dies ein Instrument zum subjektiv empfundenen Kontrollzuwachs ist. Neben den verschiedenen theoretischen Richtungen innerhalb der Kontrollforschung gibt es bereits eine beachtliche, fast unüberschaubare Menge an empirischen Befunden (Grawe, 2004) zu einer Vielzahl von Themen. Im Anschluss soll ein Überblick über einige der wichtigsten Ergebnisse gegeben werden.

13.3 Empirische Befunde

Es ist erwartbar, dass es gerade wegen der hohen Relevanz für die Anwendung eine nahezu unüberschaubare Menge an Forschungsergebnissen gibt. Neben den empirischen Studien sind die Metaanalysen von besonderer Bedeutung. Zu den meistbeachteten und zitierten Arbeiten gehören die von Judge und Bono (2001) und Spector (1982). Im Rahmen der ersten Arbeit entstand das „Core-Self-Evaluation"-Konstrukt (vgl. Judge & Bono, 2001, 2003).

Auf Basis dieser beiden Metaanalysen, wurde von Ng, Sorensen & Eby (2006) eine weitere Studie ausgearbeitet, welche die Ergebnisse der vorherigen bedeutend erweitert. Wang, Bowling & Eschleman (2010) analysierten wiederum diese Arbeit und stellten durch feinere Messinstrumente neue Erkenntnisse speziell für die Frage nach dem Zusammenhang von Kontrollüberzeugung und berufsbezogener Leistung und genereller Kontrollüberzeugung heraus. Die Ergebnisse sollen im Überblick kurz vorgestellt werden.

13.3.1 Berufsbezogene Leistung

Geht man von Spectors Annahme (1982) aus, dass Individuen mit stärker wahrgenommener internaler Kontrolle diese nicht nur wahrnehmen, sondern auch nach Situationen suchen, in denen sie diese ausüben können, kann geschlussfolgert werden, dass sie sich eben aktiver am Arbeitsleben beteiligen als Menschen mit hoher externaler Kontrollüberzeugung.

Die Befunde von Kahle (1980) sprechen ebenfalls für eine solche Annahme. In seiner Untersuchung stellte er die Frage, wie sich Individuen verhalten, wenn sie die (berufsbezogene) Wahl zwischen „Glück" und „Können" hätten. „Internale" entschieden sich für die „Können" und externale für die „Glück" Variante. Judge et al (2000) kommen zu dem Schluss, dass Menschen mit internaler Kontrollüberzeugung sich Arbeitsplätze suchen, die in ihrer Natur besser zu ihnen passen und dass sie folglich höher motiviert sind.

Ng, Sorensen & Eby (2006) fanden in ihrer Metaanalyse heraus, dass der Zusammenhang zwischen Kontrollüberzeugung und Job Satisfaction (global) bei r = 0,33 (bei n = 30.622), lag. Des Weiteren wiesen sie Zusammenhänge bei Job Motivation (Erwartung) bei r = 0,32 (bei n = 2.030) und Job Motivation (Expectancy) bei r = 0,29 (bei n = 1.546) nach. Ein weiterer Indikator für die Rolle der Kontrollüberzeugung ist, dass es einen negativen Zusammenhang zwischen negativer Beanspruchung und Rollenkonflikt gab (r = – 0,31 bei n = 6.040). Ein weiterer interessanter Befund ist der Zusammenhang zu Job Autonomie bei r = 0,24 (bei n = 11.168), Job Feedback bei r = 0,25 (n = 4.207) und Job Herausforderung r = 0,26 (n = 2.020). Des Weiteren wurde ein negativer Zusammenhang zu „Overall Burnout" und „Emotionaler Erschöpfung" (r = – 0,27; n = 736; bzw. r = – 0,25 n = 2.328) sowie Job Stress r = – 0,24 (bei n = 7.686) herausgearbeitet.

Differenziertere Ergebnisse liefert die Metaanalyse von Wang, Bowling & Eschleman (2010) bezüglich der untersuchten Erhebungsmethodik. Sie unterschieden „General Locus of Control“ und „Work Locus of Control“. Sie haben herausgearbeitet, ausgehend von Fragetypologie, dass „Work Locus of Control“ für die abhängigen Variablen der berufsbezogenen Leistungen präzisere und stärkere Ergebnisse liefert als „General Locus of Control“. Vorab konnten sie die Ergebnisse der Metaanalysen von Ng, Sorensen & Eby (2006) sowie Spector (1982) und Judge & Bono (2001) bestätigen. So konnten sie z. B. untermauern, dass der Zusammenhang bei Job Satisfaction bei r = 0,34 (n = 16.348) mit „Work Locus of Control“ liegt. Generell gesagt bestätigte die Metaanalyse alle vorherigen Ergebnisse. Interessant ist, dass die Hypothese bestätigt werden konnte, dass „Work Locus of Control“ arbeitsbezogene Leistung besser vorhersagt und „General Locus of Control“ allgemeinere Kontrollüberzeugung. Entscheidend für diese Arbeit ist allerdings, dass ein Zusammenhang zwischen Kontrollüberzeugung und „Berufsbezogener Leistung“ angenommen werden kann.

13.3.2 Gesundheit

Es gibt eine fast unüberschaubare Anzahl an Studien, welche der Frage nach Gesundheit und Kontrollüberzeugung nachgehen (vgl. Grawe, 2004). Speziell stellt sich im Zusammenhang mit dieser Arbeit allerdings die Frage nach Gesundheit im Sinne von psychischem und physischem Well-Being und damit weniger nach psychopathologischen Fragestellungen. Letzterer Fragestellung gehen bspw. Phares (bezüglich Hilflosigkeit, 1976), Benassi, Sweeney & Dufour (bezüglich Depression, 1988) nach. Ng, Sorensen & Eby (2006) gehen entsprechend in ihrer Metaanalyse der Frage nach dem Zusammenhang zu „General Well-Being“, „Life Satisfaction“ und „Physical Health“ nach. Die Grundüberlegung dabei ist, dass bei Individuen mit ausgeprägter internaler Kontrollüberzeugung diese ebenfalls auf ihr Umfeld beziehen. Somit müssten diese Personen gesünder sein, als Menschen mit hoher externaler Kontrollüberzeugung (vgl. Ganster & Fusilier, 1989). Brown, Cooper & Kirkcaldy (1996) gehen somit davon aus, dass diese Überzeugung sich ebenfalls in mentalem „Well-Being“ und größerer Lebenszufriedenheit äußert. Der Zusammenhang zwischen mentaler und physiologischer Gesundheit wurde mehrfach untersucht (vgl. Abel & Hayslip, 2001; Grawe, 1998, 2004). Die Ergebnisse der Metaanalyse zeigen einen deutlichen Zusammenhang zu „Mental Well-Being“ r = 0,36 (bei n = 16.985), zu „Life Satisfaction“ r = 0,35 (bei n = 7.310) und zu „Physical Health“ r = 0,31 (bei n = 15.810).

13.3.3 Zusammenfassung

Es lässt sich zusammenfassend sagen, dass aufgrund der empirischen Befunde sich ein Zusammenhang zwischen internaler und externaler Kontrollüberzeugung, Gesundheit und berufsbezogener Leistung vermuten lässt. Allerdings muss gesagt werden, dass die – fast alle – empirischen Untersuchungen nicht exakt den gleichen Forschungswinkel hatten. So liegt dem Kontrollüberzeugungskonzept zwar die Theorie von Rotter (1966) zugrunde, doch wurde diese, wie weiter oben bereits erklärt, mehrfach modifiziert. Gleiches gilt für die Konzepte zu Gesundheit und berufsbezogener Leistung.

Die Fragestellung wurde aus der Perspektive der Konsistenztheorie von Grawe nicht weitreichend genug beantwortet. Den Metaanalysen von Ng, Sorensen und Eby (2006), Spector (1982) und Judge und Bono (2001) liegt entsprechend der Natur der Metaanalyse heterogenes Ausgangsmaterial zugrunde. Damit können die empirischen Befunde als Richtungsweisend, aber nicht als abschließende Antwort auf die Fragestellung der Arbeit angesehen werden. Es konnten keine zufriedenstellenden Antworten auf die Rolle der motivationalen Schemata und die des Inkongruenzerlebens im Sinne der konsistenztheoretischen Sichtweise gegeben werden. Die Theorie nach Grawe bietet hier einen neuen, allerdings unerprobten Ansatz, speziell bezüglich der Rolle von Kontrollüberzeugung, betrieblicher Leistung und Gesundheit im organisationalen Kontext.

14 Vertiefung: Das Bedürfnis nach Lustgewinn und Unlustvermeidung

Andrea Kaczynski

14.1 Grundlagen

Oben wurde bereits herausgearbeitet, dass unsere Emotionen maßgebend für eine positive oder negative Bewertung von Erfahrungen sind: Es sind die Emotionen, die bei der Beurteilung eines Reizes sofort aufkommen und uns, je nach Emotion, entsprechend handeln lassen (vgl. Abschnitt 4.1).

In der Dimension Lustgewinn und Unlustvermeidung geht es darum, körperliche oder geistige Genüsse, also Angenehmes, zu erfahren beziehungsweise Unangenehmes, also körperliche Schmerzen oder negative psychische Erfahrungen zu vermeiden. Beides ist unweigerlich mit einer positiven oder negativen Bewertung und damit auch mit positiven oder negativen Emotionen verbunden. Die Folge sind Annäherung oder Vermeidung. Positive und negative Emotionen sind hier jedoch mit Blick auf den Unternehmenskontext und nicht aus der therapeutischen Sichtweise zu beleuchten.

Emotionen wurden traditionell in der arbeits- und organisationspsychologischen Forschung wenig beachtet (Brandstätter, 2009, S. 755). Und wenn sie Beachtung fanden, dann in ihrer störenden Funktion zum Beispiel als Stress. Ein anderer Ansatz war – über Jahrzehnte weit verbreitet – Emotionen am Arbeitsplatz mit dem Begriff Arbeitszufriedenheit gleichzusetzen (Schwab, 2004, S. 11). Natürlich gibt es einen Zusammenhang zwischen Emotionen und Arbeitszufriedenheit: Nach der „affective events theory“ ist Arbeitszufriedenheit eine Bewertung, die zu einem Teil auf emotionalen Erfahrungen im Job, zu einem anderen Teil auf eher abstrakten Vorstellungen beruht (Staw et al., 1979, S. 2). Pragmatisch betrachtet ist allen klar, dass Emotionen am Arbeitsplatz durchaus vorkommen und auch differenziert werden können: Man ärgert sich über seinen Vorgesetzten, freut sich über ein gelungenes Projekt, ist neidisch auf den Kollegen oder traurig über die Versetzung eines Teammitglieds.

Doch welche Emotionen gibt es überhaupt und anhand welcher Kriterien lassen sie sich jeweils positiv und negativ bewerten? Die eigene Erfahrung sagt uns, dass wir zwischen scheinbar unendlich vielen Emotionen unterscheiden, die sehr spezifisch in einer bestimmten Situation vorkommen, vielleicht nur geringfügig in ihrer Bedeutung voneinander abweichen und unterschiedlich stark ausfallen (Staw et al., 1979, S. 19). Um diese Vielfalt zu ordnen, haben Forscher Kategorien gebildet, aber keine dieser Kategorien erhebt Anspruch auf Vollständigkeit. In dieser Arbeit werden hauptsächlich die bereits erwähnten basalen Emotionen diskutiert, ergänzt durch Emotionen, die speziell in den Unternehmenskontext passen.

Aber können Gefühle überhaupt positiv oder negativ bewertet werden? Es gibt Zustände des Organismus, in denen die Regulation der Lebensprozesse effizient, wenn nicht sogar optimal ist (Damasio, 2006, S. 157). Sie werden nachweislich von positiven Gefühlen begleitet, wohingegen negative Gefühle immer zu finden sind, wenn der Körper aus dem Gleichgewicht ist oder droht, die Kontrolle zu verlieren (Damasio, 2006, S. 157). Die Antwort der Neuropsychologie und Neurochemie lautet: Die Aktivität der Neurotransmitter, Neuropeptide und Steroide, also der physiologischen Substrate des Gefühls, was wir als Empfindungen, Sinneswahrnehmungen oder Impulse erleben, unterscheiden sich je nach Emotion (Fohler, 2010, S. 103). „Die Evolution des limbischen Systems erzeugte einen einzigartigen Mechanismus, der die chemischen Kommunikationssignale in Empfindungen übersetzte" (Pert, 2001, S. 130). Bislang liegen detaillierte neurochemische Abläufe nicht zu jeder Emotion vor, gut erforscht ist aber das negative Gefühl Angst, das sich in den beteiligten Botenstoffen eindeutig von positiven Gefühlen unterscheidet. Und es ist dieser Unterschied, der den Körper innerhalb kürzester Zeit entscheiden lässt, ob ein Reiz positiv oder negativ wahrgenommen wird, ob er also Lust oder Unlust erzeugt.

14.2 Positive Emotionen

14.2.1 Hoffnung

Die Emotion Hoffnung wurde aufgrund ihrer Subjektivität von Psychologen lange nicht beachtet; erst seit die „Positive Psychologie" im Fokus steht, steigt auch das Forschungsinteresse an der Hoffnung, denn ihr wird unterstellt, dass sie Arbeitsmoral wahren und Wohlbefinden auch in schwierigen Situationen aufrechterhalten kann (Payne & Cooper 2001, S. 70). Hoffnung bedeutet, das Schlimmste zu befürchten, sich aber nach etwas Besserem zu sehnen (Fredrickson, 2011, S. 63). Hoffnung kann auch als Coping-Strategie gegen Verzweiflung bezeichnet werden – denn sie zeigt sich gerade in widrigen, unsicheren Situationen. Es ist die Emotion Hoffnung, die die Menschen in solchen Situationen motiviert, die eigenen Fähigkeiten zu nutzen, um sich daraus zu befreien. Voraussetzung aber ist, dass das Ersehnte auch möglich erscheint – zum einen durch unsere eigene Anstrengung, zum anderen aber auch durch externe Faktoren, die wir nicht kontrollieren können (Payne & Cooper 2001, S. 70).

Das menschliche Vorderhirn, das es uns möglich macht, die eigene Zukunft mit allen erdenklichen Katastrophen auszumalen, unterscheidet uns von anderen Wesen (Fredrickson, 2011, S. 63). Die Hoffnung wirkt dem entgegen, sodass wir eben nicht verzweifeln, ist dabei aber von Mensch zu Mensch unterschiedlich stark ausgeprägt (Payne & Cooper 2001, S. 70).

In Unternehmen spielt Hoffnung eine große Rolle, denn die Arbeitswelt ist immer stärker durch Unsicherheit geprägt: Schnellere Veränderungen in Technologie und Prozessen beunruhigen die Mitarbeiter. Hier ist Hoffnung wichtig, um nach wie vor leistungsfähig zu bleiben. Auch der Arbeitsmarkt ist flexibler geworden, es ist nicht mehr normal, ein Leben lang einem Arbeitgeber treu zu bleiben. Auch in diesem Kontext ist Hoffnung essenziell: Flexibilität bezüglich der eigenen Arbeitsaufgabe ist Grundvoraussetzung.

14.2.2 Freude

„Freude und Glück haben in den unterschiedlichsten Kulturkreisen das gleiche Ausdrucksverhalten: Lachen oder Lächeln, offener Blick und Straffung der unteren Augenpartie“ (Brandstätter, 2009, S. 585). Sie gehören zu den Basisemotionen. Dabei ist Freude an konkrete Situationen gebunden, gilt als eher kurzfristig, während Glück überdauernder ist als Freude und in der Regel überindividuelle Bezüge hat (Brandstätter, 2009, S. 587f.). Glück auf den Unternehmenskontext zurückzuführen, wäre vermessen – aus diesem Grund wird lediglich die Emotion Freude, zusammen mit den verwandten Emotionen Heiterkeit und Vergnügen, in die Befragung eingehen. Nichtsdestotrotz wird die Emotion Glück hier näher beleuchtet: Lebensglück resultiert aus vielen freudigen Ereignissen und Glücksgefühlen (Brandstätter, 2009, S. 589).

Wie aber entstehen Freude oder Glück? Eine wichtige Erkenntnis ist, dass die Abwesenheit von negativen Emotionen nicht unmittelbar zu Freude oder Glück führt (Brandstätter, 2009, S. 585). Beides wird eher von der Erreichung subjektiver Ziele, vom Ausführen bestimmter Handlungen oder generell von der produktiven Realisation eigener Potenziale abhängig gemacht. So nutzen einige sogar die Formel „Erreichtes/Ziele = Glück“. Deutlich wird hier, dass Freude und Glück von einem persönlichen Anspruchsniveau abhängen, das sich im Zeitverlauf auch ändern kann, vor allem nach einschneidenden Lebensereignissen (Brandstätter, 2009, S. 590f.).

Korrelate des Glücks sind zu ca. zehn Prozent – und damit mehr als jeder andere Faktor – der sozioökonomische Status, zum Beispiel die finanzielle Situation, der berufliche Status oder der Bildungsstand. Allerdings gilt: Ist ein bestimmter Basiswert erreicht, steigt das Glück nicht mehr proportional zum materiellen Zuwachs. Soziale Integration ist ein weiteres wichtiges Korrelat, vor allem enge Vertrauensbeziehungen und gesellschaftliche Partizipation. Außerdem korrelieren auch Gesundheit und hier vor allem der subjektiv, selbsteingeschätzte Zustand, sowie positive Lebensereignisse, also Zugewinn- und Erfolgserlebnisse mit Glück. Arbeitslosigkeit dagegen bedroht das dauerhafte Glückserleben (Brandstätter, 2009, S. 492). Jedoch ist das durchschnittliche Glücksniveau der Menschen größtenteils vererbt und so macht es auf lange Sicht keinen großen Unterschied, was einem widerfährt. Glück oder Pech – man kehrt immer wieder zu seinem Glücksniveau, je nach Aktivitätsmuster des linken oder rechten Cortex, zurück (Haidt, 2011, S. 123).

Was passiert im Gehirn, wenn man sich freut? Bilder des Gehirns lassen darauf schließen, dass es nicht jeweils ein Zentrum für positive und eines für negative Emotionen gibt – es sind stets verschiedene Teile des Gehirns beteiligt, der Unterschied liegt im Ausmaß der Aktivität. Bei negativen Gefühlen ist eher die rechte Seite, in frohen Augenblicken mehr die linke Seite des Stirnhirns im Einsatz (Franken, 2004, S. 100). Wie bei den negativen Emotionen sind auch bei den positiven Emotionen entsprechende Botenstoffe aktiv.

Wenn wir etwas haben oder erleben, das uns behagt, sind Opioide im Spiel. Opioidsynthese findet hauptsächlich im Hypothalamus, aber auch im limbischen System, dem Hirnstamm und im Hypophysenvorderlappen statt. Für die Ausschüttung von Opioiden reichen oft einfache Genüsse, bspw. all das Vergnügen, das durch die verschiedenen Sinnesfreuden entsteht. Körpereigene Opiate wie bspw. das Beta-Endorphin haben eine wichtige Funktion für die Schmerz- und Stressregulation, denn es hemmt die Schmerzempfindung und erreicht dadurch die Aufrechterhaltung der Anstrengung, die eigentlich Schmerzen oder Stress auslösen würden (Franken, 2004, S. 104). Ein anderer wichtiger Botenstoff ist Serotonin, der wesentlich am Umbau des Gehirns beteiligt ist und Informationsflüsse zwischen Nervenzellen erleichtert und verstärkt (Franken, 2004, S. 105). So sind das Erleben von Freude und das Lernen untrennbar miteinander verbunden (Klein, 2012, S. 98).

Trotz der unzähligen aktiven Botenstoffe ist eine Aktivierung des autonomen Nervensystems nicht so beobachtbar wie bei den negativ belegten Emotionen Ärger oder Angst. Dies wird dadurch erklärt, dass in positiv erlebten Situationen keine erhöhte Reaktionsbereitschaft, um das Überleben zu sichern, vorhanden sein muss. Warum es dann überhaupt positive Emotionen gibt, wenn sie doch evolutionswissenschaftlich nicht nützlich sind? Man geht davon aus, dass positive Emotionen helfen, sich weiterzuentwickeln, unser Gedanken- und Handlungsrepertoire zu erweitern und dauerhafte mentale Ressourcen und psychische Belastbarkeit aufzubauen, um sich so für härtere Zeiten zu wappnen (Franken, 2004, S. 107f.).

Im Unternehmen wurde bislang eher Arbeitszufriedenheit analysiert. Ergebnisse sind, dass gute Stimmung prosoziales Verhalten und Leistung fördert. Außerdem steigern positive Emotionen die Gedächtnisleistung, sie fördern das Urteilsvermögen, die Entscheidungsfindung und die Kreativität. Eine Umfrage hat ergeben, dass Freude zu 38 Prozent durch die Arbeitsaufgabe selbst entsteht, zu 25 Prozent wird sie durch den Vorgesetzten ausgelöst und zu 19 Prozent durch Kollegen beeinflusst (Payne & Cooper 2001, S. 72).

Dass Freude also am meisten durch die Aufgabe selbst entsteht, passt zu Csikszentmihalyis Konzept des Flow-Gefühls, das auch Grawe in seine Überlegungen zur Entstehung von Lust integriert (Grawe, 2004, S. 264). Was aber sind die Voraussetzungen, um Flow und daraufhin Freude zu erfahren? Csikszentmihalyi definiert acht Komponenten des Flow-Gefühls, das Freude auslöst: Die Fähigkeiten passen zu der Herausforderung der Aufgabe, es existieren klare Ziele und man bekommt eine direkte Rückmeldung, die Aufmerksamkeit richtet sich nur auf die Aufgabe, die unangenehmen Aspekte des Lebens werden ausgeblendet, es herrscht das Gefühl der Kontrolle über die Aktivität, das Selbst verschwindet und das Zeitgefühl geht verloren. Diese acht Komponenten wurden von allen bislang Befragten benannt, unabhängig von Kultur, Bildung, Alter oder Geschlecht, viel wichtiger aber – auch unabhängig von der durchgeführten Aktivität, durch die Freude oder Flow ausgelöst wurde (Csikszentmihalyi, 2010, S. 73f.). „Heiterkeit ist zurückhaltender und maßvoller als Freude", häufig folgt sie auf Freude, Vergnügen oder Stolz – man genießt das gelungene Ergebnis, den Augenblick (Fredrickson, 2011, S. 61f.). Vergnügen ist die „nicht ernsthafte soziale Inkongruenz" (Fredrickson, 2011, S. 65). Inkongruenzen sind hier die überraschenden Wendungen entgegen der Erwartung, bspw. in einem Witz. Nicht ernsthaft heißt, dass auch in Situationen des Vergnügens keine Gefahr droht, man fühlt sich sicher, es handelt sich lediglich um einen Spaß. Und sozial bedingt, dass für Vergnügen die soziale Interaktion wichtig ist: Lachen ist ansteckend, gemeinsam lachen schafft eine starke Verbindung und kommt damit dem Bindungsbedürfnis entgegen (Fredrickson, 2011, S. 66).Vergnügen ist aber eher kurzfristig, es fühlt sich zwar für den Moment gut an, doch Erinnerungen an Vergnügen verblassen schnell (Haidt, 2011, S. 137).

Im Unternehmenskontext wird Freude, Heiterkeit oder Vergnügen selten offen gezeigt: Zum einen, weil es als unprofessionell gilt, seine Gefühle offen zu zeigen, zum anderen, um Neid und Missgunst zu verhindern (Payne & Cooper, 2001, S. 72). So wird eine professionelle Maske aufgesetzt und angepasst und angemessen reagiert.

14.2.3 Dankbarkeit

Dankbarkeit stellt sich ein, wenn wir etwas zu schätzen wissen, das uns als wertvolles Geschenk zuteil wurde, sei es, dass uns ein Kollege bei einem schwierigen Problem weiterhilft, der Vorgesetzte einem trotz hohem Arbeitsvolumen Freitagnachmittag frei gibt, oder dass wir einen sicheren Arbeitsplatz haben. Dankbarkeit hängt eng mit Freude und Wertschätzung zusammen und lässt uns wiederum gerne frei und kreativ geben – entweder dem, der uns Gutes tat oder jemand anderem (Fredrickson, 2011, S. 60). Dabei ist Dankbarkeit aber nicht Verpflichtung, nicht das widerwillige Begleichen müssen einer Schuld und auch nicht eine Frage der guten Manieren und der Höflichkeit, sondern ein angenehmes Gefühl, das zu Lust führt (Fredrickson, 2011, S. 61). In einer Studie sollten Collegestudenten anderen Studenten Dankbarkeit zeigen. Zunächst stellte sich Nervosität ein, denn das Zeigen von Emotionen wird teilweise mit Schwäche gleichgesetzt, man übertritt dabei gesellschaftliche Normen und riskiert Peinlichkeit (Haidt, 2011, S. 138). Ist diese Schwelle überwunden und hatten die Studenten ihre Dankbarkeit ausgedrückt, waren sie danach positiv gestimmt, manche auch noch am Tag darauf (Haidt, 2011, S. 138).

14.2.4 Interesse

Etwas Neues oder Unerwartetes fesselt unsere Aufmerksamkeit, macht uns neugierig, weckt unser Interesse (Fredrickson, 2011, S. 62). Die Entdeckung von bislang Unbekanntem, die Lösung eines Rätsels, das Hinzulernen oder die Erfindung von etwas Neuem ist auf Interesse begründet und bereitet in Folge Freude oder Stolz (Grawe, 2004, S. 264). Dopamin ist der Stoff, der uns antreibt, der uns etwas begehren und aktiv werden lässt, bspw. wenn im Berufsleben eine neue spannende Aufgabe ansteht. Dopamin beeinflusst uns in dreierlei Hinsicht: Zum einen macht es aufmerksam, wodurch wir neugieriger, aufnahmefähiger und lernbereiter werden. Diese Neugierde bringt uns dazu, Neues nicht nur hinzunehmen, sondern es sogar zu wollen und zu suchen: „Denn wenn wir die Welt erforschen, sind wir ihr immer ein Stückchen voraus" (Franken, 2004, S. 102f.). Zweitens lässt uns Dopamin gute Erfahrungen besser einprägen, denn es fördert die Entstehung neuer Verknüpfungen im Gehirn, macht die Neuronen für den Umgang mit Neuem bereit und unterstützt das Gehirn darin, Zusammenhänge herzustellen, also Phantasie zu haben und kreativ zu sein (Franken, 2004, S. 102). Außerdem lässt es uns auf Belohnungen, wenn wir etwas gelernt haben, reagieren. Drittens aktiviert Dopamin die Muskeln, um uns handeln zu lassen. Dopamin sorgt dafür, dass wir immer Besseres und Neueres wollen, es stellt sich allerdings auch heraus, dass wir uns an dieses Neue schnell gewöhnen und dann sofort der nächste Wunsch ansteht (Franken, 2004, S. 102).

Interesse ist immer mit einer gewissen Anstrengung verbunden, aber auch mit einer Erweiterung der eigenen Kompetenzen, die notwendig sind, um das Neue zu erreichen. Kann ich eine Tätigkeit subjektiv gut, also besser als vorher oder vielleicht auch besser als eine andere Person, die ich dabei beobachtet habe, ist die Folge wiederum Stolz oder Freude (Grawe, 2004, S. 264).

14.2.5 Stolz

Stolz empfindet man, wenn man mit vollbrachten Handlungen zufrieden ist, wenn man etwas Besonderes oder Anerkennenswertes für sich oder andere geleistet oder zumindest daran mitgewirkt hat (Brandstätter, 2009, S. 651). Es ist das Gegenteil von Schuld (Fredrickson, 2011, S. 64). So kann man stolz sein auf eine eigene, freiwillige und beabsichtigte leistungsthematische Handlung, auf ein in der Gruppe erreichtes Ziel oder auf die Leistung einer Person oder Gruppe, mit der wir uns identifizieren (Payne & Cooper, 2001, S. 72f.). Mitarbeiter sind bspw. stolz auf ihr Unternehmen und dessen Produkte – auch weil sie selbst etwas zum Erfolg beigetragen haben (Brandstätter, 2009, S. 651). Das positive Ergebnis sollte also auf internale und kontrollierbare Ursachenfaktoren wie bestimmte Fähigkeiten oder besondere Anstrengung zurückzuführen sein. Dann hat Stolz positive Folgen für unser Selbstkonzept, nämlich Selbstaufwertung und vermehrte Selbstachtung (Brandstätter, 2009, S. 651f.). Stolz stärkt unsere Persönlichkeit und dazu braucht es noch nicht einmal andere (Payne & Cooper, 2001, S. 72f). Denn bei Stolz handelt es sich um eine Reflexion, eine positive Selbstbewertung, Publikum kann Stolz zwar verstärken, ist aber nicht ausschlaggebend für dessen Entstehung (Brandstätter, 2009, S. 652).

Stolz hat aber auch seine Schattenseiten: Es schafft zwar Zusammengehörigkeitsgefühl in der Gruppe, fördert aber auch den Ausschluss von Außenseitern bis hin zur offenen Ausgrenzung und Feindschaft (Payne & Cooper, 2001, S. 72f). Außerdem heißt es „Hochmut kommt vor dem Fall“ oder, dass einem der „Stolz zu Kopf steigt“. Zuviel gezeigter Stolz kann auch schnell als Angeberei oder Prahlerei gedeutet werden und nicht zuletzt zählt Stolz in diesem Sinne auch zu den sieben Todsünden (Fredrickson, 2011, S. 64). Zwar gilt Bescheidenheit als Tugend, doch Unternehmen sind geprägt durch Wettbewerb, Ziele sowie Status und dadurch ist Stolz aus diesem Umfeld auch nicht wegzudenken. Ist der Stolz aber verletzt, reagieren Mitarbeiter häufig mit Verweigerung, Ablehnung und Boshaftigkeit (Payne & Cooper, 2001, S. 72f). Schaffen es Vorgesetzte jedoch durch kluge Zielsetzung, dass sich ihre Mitarbeiter stolz fühlen, wecken sie bei den Mitarbeitern den Traum von größeren Leistungen auf ähnlichen Gebieten: „Auf diese Weise steigert Stolz Motivation und Leistung“ (Fredrickson, 2011, S. 65).

14.3 Negative Emotionen

14.3.1 Angst und Beunruhigung

Angst, eine der basalen Emotionen, wird definiert als „ein vorübergehender, durch Anspannungsgefühle, Besorgnis und verstärkte körperliche (autonome) Reaktionen gekennzeichneter Zustand, der ausgelöst wird, wenn die Person eine Situation als bedrohlich bewertet“ (Brandstätter, 2009, S. 623). Eine bedrohliche Situation ist entweder eine physische Gefahr oder eine Selbstwertbedrohung. Die Angst vor einer physischen Gefahr ist evolutionär geprägt, die frühe Entdeckung von Gefahren und die darauf folgende richtige körperliche Reaktion sicherte das Überleben. So folgt auf Angst eine intensive Aufmerksamkeitszuwendung auf die Bedrohung, um dieser möglichst effektiv begegnen zu können (Brandstätter, 2009, S. 627). Möglichkeiten sind Flucht oder die Schockstarre, also eine Blockierung unmittelbarer Reaktionen, die häufig auf Unsicherheit beruht (Brandstätter, 2009, S. 623).

Im Unternehmenskontext kommt es aber eher selten zu physischen Bedrohungen, hier spielt vor allem die Bedrohung des Selbstwerts eine wichtige Rolle. Hier wird auch die enge Verbindung der verschiedenen Grundbedürfnisse deutlich: Stellt ein Vorgesetzter seinen Mitarbeiter vor seinen Kollegen bloß, entspricht dies einer Verletzung des Bedürfnisses nach Selbstwerterhöhung, die Bedrohung des Selbstwerts wird gleichzeitig über die negative Emotion Angst das Bedürfnis nach Lustgewinn verletzen. Angst im Unternehmenskontext kann auch durch Drohung des sozialen Ausschlusses, Versetzung eines Kollegen und Unsicherheit bezüglich seines Nachfolgers oder Auflösen einer Projektgruppe entstehen – alle drei Beispiele sind wiederum mit einer Verletzung des Bindungsbedürfnisses verknüpft (Schwab, 2004, S. 63).

Auch Beurteilungssituationen, Konflikte und Change-Prozesse können Angst auslösen (Schwab, 2004, S. 64). Dabei ist die Quelle der Angst zu 43 Prozent der Vorgesetzte, jedoch wird (in westlichen Kulturen) ihm gegenüber diese Angst nicht geäußert, um weiterhin als kompetent zu gelten und keine Verletzlichkeit zuzugeben. So wird Angst zu circa 80 Prozent unterdrückt und wenn sie verbalisiert wird, dann gegenüber Kollegen (Payne & Cooper, 2001, S. 66). Beunruhigung ist die abgeschwächte Form von Angst. Eher noch unbewusst im Hintergrund ist es nicht eindeutig möglich, eine konkrete Bedrohung auszumachen, der Körper reagiert dennoch mit erhöhter Wachsamkeit.

Angst löst im Körper physiologische Reaktionen aus: Werden wir über visuelle, auditive oder somatische Reize mit einer Bedrohung konfrontiert, wird dieser Reiz über den Thalamus direkt in die Amygdala weitergeleitet, ohne den sonst üblichen Weg über den sensorischen Cortex zu gehen (Grawe, 2004, S. 92). Mithilfe des Botenstoffs Glutamat werden weitere Nervenzellen im Hypothalamus aktiviert. Die erste Stressachse verläuft vom Hypothalamus über die Hypophyse zum Nebennierenmark, der Sympathikus des autonomen Nervensystems wird aktiviert, der Neurotransmitter Adrenalin, der in Sekundenbruchteilen zum Beispiel die Herzfrequenz beschleunigt, Arterien erweitert oder die Magen-Darm-Tätigkeit herabsenkt, wird freigesetzt (Franken, 2004, S. 95). Die zweite Stressachse verläuft vom Hypothalamus über die Hypophyse zur Nebennierenrinde: In einem Kerngebiet des Hypothalamus wird zunächst CRH produziert, das Corticotropin-Releasing-Hormon, das in die Hypophyse wandert und dort die Ausschüttung des ACTH (= Adrenocorticotropine Hormon) auslöst (Franken, 2004, S. 85f.). Das ACTH gelangt über das Blut zur Nebennierenrinde und fördert dort die Produktion von Cortisol. Die Aktivierung dieser Stressachse ist von Mensch zu Mensch sehr unterschiedlich und hängt unter anderem mit dem neu entdeckten Anti-Stress-Gen zusammen, das die Aktivierung des Stressgens CRH dämpft, indem es Cortisol bindet. Das Cortisol wird schließlich zusammen mit anderen Glucocorticoiden wie Cortison in den Blutkreislauf abgegeben. Cortisol hat durchaus positive Auswirkungen auf den Organismus, so stattet es den Menschen bspw. für kurze Stressphasen mit Energie aus, es verkehrt sich aber ins Gegenteil, wenn der Cortisolspiegel über längere Zeit erhöht ist (Franken, 2004, S. 85f.).

So sind zum Beispiel negative Auswirkungen auf das Schlafverhalten, das Lernen und die Gedächtnisfunktionen (durch die Beeinträchtigung des Hippocampus durch Cortisol) und das Immunsystem mit der Folge erhöhter Anfälligkeit für Infektionskrankheiten bekannt. Ein wichtiger Zusammenhang besteht außerdem zwischen chronisch erhöhtem Cortisol und Depressionen: Bei 50 bis 70 Prozent aller Patienten mit schweren Depressionen lassen sich erhöhte Cortisolwerte nachweisen (Franken, 2004, S. 87).

14.3.2 Ärger, Wut und Zorn

„Ärger oder verwandte Gefühle wie Wut oder Zorn werden meist unangenehm erlebt und treten auf, wenn wir uns durch andere geschädigt fühlen“ (Brandstätter, 2009, S. 612). Dabei ist Wut eine besonders intensive Variante des Ärgers und Zorn spricht die soziale Komponente des Ärgers an, wenn bspw. gegen eine Norm verstoßen wird. Ärger entsteht durch Ereignisse, die Motiven und Bedürfnissen entgegenstehen und von anderen schuldhaft herbeigeführt wurden beziehungsweise durch Verletzung von sozialen Regeln durch andere (siehe Zorn) zustande kamen – Ärger entsteht also immer durch Fremdschuld (Brandstätter, 2009, S. 612f.). Im Unternehmenskontext werden die Emotionen Ärger und Zorn häufiger vorkommen als die intensivere Wut.

Ärger führt meist zu Aggression und kann sich zum Beispiel in Streiks, Rangeleien oder Sabotage äußern (Payne & Cooper, 2001, S. 63). Auslösebedingungen sind häufig Frustration oder Unterbrechung einer ausgeführten oder geplanten Aktivität (79 Prozent), Verletzung persönlich wichtiger Werte oder Erwartungen (72 Prozent), Verletzung der persönlichen Würde, der Selbstachtung oder des Stolzes (63 Prozent) und Verletzung von sozial akzeptierten und allgemein üblichen Verhaltensregeln (62 Prozent) (Brandstätter, 2009, S. 616). Weniger häufig führen die mögliche oder tatsächliche Beschädigung persönlichen Eigentums (22 Prozent) und die mögliche oder tatsächliche körperliche Verletzung (16 Prozent) zu Ärger (Brandstätter, 2009, S. 616). Im betrieblichen Kontext sind das zum Beispiel einfache Beurteilungsgespräche, oder unfaires Verhalten des Vorgesetzten aber auch Ereignisse größeren Ausmaßes wie Massenentlassungen (Payne & Cooper, 2001, S. 63).

Verspürt eine Person Ärger, geht sie im Gegensatz zu der Emotion Angst noch davon aus, dass sie der Herausforderung durch eigenes Handeln, also Kampf, begegnen kann. Trotzdem folgt eine ähnliche Stressreaktion wie oben unter „Angst“ beschrieben (Brandstätter, 2009, S. 757). So werden ihre Wahrnehmungen und Gedanken vom Ärger beherrscht und die Aufmerksamkeit ist auf die Quelle des Ärgers gerichtet (Brandstätter, 2009, S. 612). Diese Aufmerksamkeitslenkung ist mit einer Aktivierung des autonomen Nervensystems, einer Notfallreaktion des Körpers, verbunden (Brandstätter, 2009, S. 617). Es kommt zur Ausschüttung von Noradrenalin, Testosteron, Oxytocin und Gonadotrophinen – die Sympathikus-Nebennierenmark-Achse wird aktiviert (Franken, 2004, S. 88). Typische Folgen sind der Anstieg des diastolischen Blutdrucks und der Hauttemperatur im Gesicht (Brandstätter, 2009, S. 617). So begünstigt häufig oder intensiv erlebter Ärger langfristig die Entstehung von Herz-Kreislauferkrankungen wie bspw. Herzinfarkt (Brandstätter, 2009, S. 618).

Ärger wird meist direkt an die Quelle des Ärgers geäußert: So machen 35 Prozent der Mitarbeiter ihrem Ärger gegenüber dem Vorgesetzten Luft, 17 Prozent gegenüber Kollegen und 11 Prozent gegenüber ihren Untergebenen (Payne & Cooper, 2001, S. 64). Soziale Folge ist die Verursachung von Ärger beim Interaktionspartner, was wiederum zu einer Verschärfung des Konflikts führt (Brandstätter, 2009, S. 618). Ärger fördert schnellere und riskantere Entscheidungen, die häufig mit weiterem Ärger verbunden sind. Außerdem ist festzuhalten, dass sich die Häufigkeit der Wutausbrüche langfristig erhöht, wenn der Ausdruck von Ärger als erleichternd erlebt wird.

14.3.3 Traurigkeit

Trauer ist die „umfassende leidvolle Reaktion einer Person auf einen Verlust“, sei es der Verlust einer Person, von Besitz oder aber Zielen, Rollen und Wertvorstellungen (Brandstätter, 2009, S. 634). Der Begriff „Trauer“ wird meist beim schmerzlichsten aller Verluste, beim Tod einer nahestehenden Person, verwendet. Im Kontext dieser Arbeit findet lediglich die abgeschwächtere Emotion Traurigkeit ihre Anwendung, die entsteht, wenn zum Beispiel ein Kollege versetzt wird, mit dem man gerne gearbeitet hat oder eine Prämie, die bislang ausgezahlt worden ist, in diesem Jahr nicht vergeben wird.

Konsequenz der Trennung von einer Person oder einem Gegenstand ist zunächst Protest und Ärger, wenn eine Änderung der Situation jedoch aussichtslos erscheint, folgt Traurigkeit. Sie ist evolutionstheoretisch das Nebenprodukt der adaptiven Trennungsreaktion. Bei dieser Emotion versagt jedoch der evolutionstheoretische Ansatz, denn Trauer erhöht nicht, wie Angst oder Ärger, die Überlebenschancen durch eine Aktivierung des autonomen Nervensystems, um Angriff oder Flucht zu ermöglichen (Brandstätter, 2009, S. 636). Im Gegenteil, Traurigkeit ist sogar mit einem niedrigen Aktivitätsniveau und dadurch mit erhöhter Krankheitsanfälligkeit, Niedergeschlagenheit, Lethargie, Teilnahmslosigkeit, sozialem Rückzug und Schlaf- oder Appetitlosigkeit sowie Konzentrationsstörungen verbunden (Brandstätter, 2009, S. 634).

Generell erfordert ein Verlust Neuorientierung, denn Annahmen über die Welt und das Selbst sind durch den Verlust eventuell erschüttert worden, wodurch Verunsicherung entsteht. Das Weltmodell der Person muss erst rekonstruiert, neue Annahmen müssen erst getroffen, Kontrolle muss wiedererlangt werden. In diesem Prozess, aber auch bereits protektiv, hilft soziale Unterstützung (Brandstätter, 2009, S. 639f.). Ist man sich gewiss, dass Menschen einem in einer schwierigen Lage weiterhelfen, neue Wege aufzeigen, Unterstützung bieten, verringert dies die Traurigkeit.

Traurigkeit kommt häufig in sozialen Gruppen vor: Ist man ausgeschlossen, verspürt man zunächst Ärger, dauert das Ausgeschlossensein länger an, folgt aber Traurigkeit über den Ausschluss – die Zugehörigkeit bleibt dauerhaft verwehrt. Auch ein Grund für Traurigkeit ist das Erlöschen des regelmäßigen Kontaktes zwischen Mitgliedern einer starken Gruppe – das Zusammengehörigkeitsgefühl geht verloren (Schwab, 2004, S. 63–65).

14.3.4 Schuld

Zwischenmenschliche Schuld wird empfunden, wenn das eigene Handeln negative Konsequenzen für andere hat oder man diese befürchtet (Brandstätter, 2009, S. 654). Dazu muss jedoch zunächst ein Bewusstsein für diese negativen Folgen vorhanden sein und man muss bezüglich der Folgen auch ein schlechtes Gewissen haben. Dieses schlechte Gewissen ist stark gesellschaftlich geprägt und bildet sich erst im Lauf der Entwicklung heraus. Das Erleben von Schuld ist von persönlichen Werten abhängig und dadurch sehr subjektiv (Payne & Cooper, 2001, S. 66). Schuldgefühle sind quälende Empfindungen, die das Selbstwertgefühl herabsetzen (Brandstätter, 2009, S. 655). So versucht man, das Gefühl der Schuld zu vermeiden oder, wenn bereits vorhanden, schnellstmöglich abzustellen. Möglichkeiten sind Entschuldigungen, Entschädigungen und Wiedergutmachungen, um die Schuld abzubüßen. Oft wird auch versucht, die Schuld zu verbergen oder die Schuld jemand anderem in die Schuhe zu schieben (Payne & Cooper, 2001, S. 66). Wenn wir Schuld empfinden, haben wir keine

Kontrolle über die Situation, sondern sind von der Reaktion, oft Empörung oder Ärger, eines anderen abhängig. Dieser Kontrollverlust verursacht Stress, je nachdem ob das moralisch Verwerfliche sich auf eine einzelne Handlung bezieht oder als Charaktereigenschaft gesehen wird, mal mehr und mal weniger (Payne & Cooper, 2001, S. 67). Meist geht es aber um einzelne Handlungen, nicht um die negative Bewertung der ganzen Person (Brandstätter, 2009, S. 654).

Schuld im Firmenkontext kann bspw. durch eine Diskrepanz zwischen persönlichen Werten und dem erwarteten Verhalten des Unternehmens entstehen oder durch Unterschiede zwischen Firmenwerten und persönlichen Werten (Payne & Cooper, 2001, S. 67). Schuld kann aber auch induziert werden: Vorgesetzte nutzen das Gefühl der Schuld bspw. in Beurteilungsgesprächen gezielt, um ihre Mitarbeiter zu manipulieren und zu mehr Leistung anzutreiben. Oder Gruppenmitglieder, die der Meinung sind, dass sie mehr Zeit in das Team investieren und mehr zu dessen Erfolgen beitragen, versuchen, Schuld in anderen Mitarbeitern zu wecken (Schwab, 2004, S. 65). Durch den erfahrenen Kontrollverlust und die dadurch hervorgerufene Stressreaktion durch Schuld kann man schließen, dass Schuld eine negative Emotion ist, die zu Unlust führt.

14.3.5 Neid und Eifersucht

Für die Emotion Neid braucht es immer zwei Personen, wovon eine nach etwas strebt, das die andere besitzt, was als ungerecht empfunden und als Benachteiligung erlebt wird. Bei Eifersucht braucht es dagegen drei Personen: Eine Person missgönnt einer anderen Person etwas, das diese von einer dritten Person erhält oder erwartet, es zu erhalten (Payne & Cooper, 2001, S. 68). Meist wird die Emotion Eifersucht nur in Partnerbeziehungen gesehen, sie kann aber nach dieser Definition überall vorkommen.

Bei einer Beförderung bspw. können beide Emotionen entstehen: Eifersucht beim Kampf um die Beförderung, Neid, wenn der Kollege befördert wurde (Payne & Cooper, 2001, S. 69). Das Ausmaß an Eifersucht ist am größten, wenn die guten Leistungen des Rivalen in einem Bereich liegen, der einem selbst sehr wichtig ist wie bspw. Intelligenz oder Popularität (Brandstätter, 2009, S. 757).

In einer Umfrage zu Eifersucht im Unternehmenskontext gaben 77 Prozent der Befragten an, Eifersucht am Arbeitsplatz beobachtet zu haben, 58 Prozent waren selbst involviert und 29 Prozent gaben zu, selbst eifersüchtig gewesen zu sein (Payne & Cooper, 2001, S. 68). Neid und Eifersucht entstehen im Arbeitsumfeld sogar verstärkt, da hierarchische Strukturen, Macht und Status sowie Wettbewerb und soziale Vergleiche in Unternehmen allgegenwärtig sind (Payne & Cooper, 2001, S. 69). Ungerechte Behandlung durch den Vorgesetzten fördert bspw. Eifersucht und Neid, sorgt gleichzeitig für die Emotion Ärger und senkt so langfristig die Arbeitsmotivation (Brandstätter, 2009, S. 757). Oder es entsteht Eifersucht zwischen Gruppenmitgliedern, wenn sich ein Teammitglied durch ein anderes Gruppenmitglied verdrängt und daher ausgeschlossen fühlt – besonders wichtig ist hierbei die Wahrnehmung der Integration beziehungsweise der Ausschließung durch den Gruppenleiter (Schwab, 2004, S. 63). Studien belegen, dass Neid dazu führt, dass der Neidische in einer Gruppe weniger aktiv ist und sich auf den Leistungen der Teammitglieder ausruht, was wiederum das Zusammengehörigkeitsgefühl und das Klima der Gruppe schädigt. Neid kann auch zu kontraproduktivem Verhalten führen, um die erlebte Ungerechtigkeit auszugleichen: So versucht der Neider seinem Kontrahenten zu schaden, seine Arbeit zu sabotieren oder seinen Ruf zu schädigen (Payne & Cooper, 2001, S. 68f). Folge von Neid ist häufig Mobbing (Brandstätter, 2009, S. 757). Will man beiden Emotionen etwas Positives abgewinnen, fällt auf, dass eifersüchtige Mitarbeiter meist ihre Anstrengungen erhöhen, um ihre Position zu verbessern.

14.3.6 Verachtung

Auslöser für Verachtung sind vertikale soziale Vergleiche. Verachtung setzt soziale Normen, Bezüge und Wertvorstellungen voraus, entsteht also erst während der Entwicklung und ist abhängig vom kulturellen Hintergrund (Brandstätter, 2009, S. 648). Mit der Emotion Verachtung verbindet man immer ein Überlegenheitsgefühl und sie ist sicherlich eine Grundvoraussetzung für soziale Diskriminierungen (Brandstätter, 2009, S. 644). Verachtung und Ärger sind eng miteinander verbunden, beide sind feindselige Emotionen; Verachtung soll andere abwerten und Distanz aufbauen (Brandstätter, 2009, S. 648).

14.4 Auswirkungen des affektiven Stils auf Leistung und Gesundheit

Die Neigung zu positiven oder negativen Emotionen und damit auch zu Annäherung und Vermeidung wird auch als affektiver Stil bezeichnet (Haidt, 2011, S. 56). Erkennbar ist dieser über eine verstärkte Aktivität des linken oder rechten frontalen Cortex: Verstärkte Aktivität links heißt mehr positive und weniger negative Emotionen, ist die rechte Seite aktiver, verhält es sich mit den Emotionen anders herum (Haidt, 2011, S. 56). Zu einem großen Anteil ist der affektive Stil bereits seit der Geburt vorhanden, kann auch schon bei Kleinkindern nachgewiesen und damit als stabile Persönlichkeitseigenschaft bezeichnet werden (Seligman, 2012, S. 82). Der affektive Stil ist aber auch von frühen Erfahrungen geprägt und kann bspw. durch Erziehung verändert werden (Klein, 2012, S. 79). Insgesamt gibt es circa gleich viele Menschen mit positivem oder negativem affektiven Stil (Klein, 2012, S. 78).

14.4.1 Affektiver Stil und Leistung

Es gibt Hinweise aus Studien, dass der affektive Stil die Leistung beeinflusst. Bspw. erhielten Ärzte vor der Diagnose ein kleines Präsent oder ein Kompliment mit dem Ergebnis, dass die Diagnose in weniger als halb so vielen Schritten erfolgte als ohne Präsent. Die Erklärung: Das Präsent überraschte den Arzt, das Erwartungssystem sprang an, der Dopaminspiegel, der das Gehirn zur Informationsverarbeitung anregt, stieg an, Folge war eine besondere Aktivität des Arbeitsgedächtnisses (Klein, 2012, S. 142). Diese Studie verdeutlicht, dass Emotionen die Leistungsfähigkeit beeinflussen (Klein, 2012, S. 145). Außerdem stellen weitere Studien klar, dass eine positive Grundstimmung, die Aufmerksamkeit erweitert, wodurch wiederum die Kreativität ansteigt und mehr Ideen und Handlungsalternativen generiert werden – ein Mehr an Handlungsalternativen kann zu größerer Leistung führen (Fredrickson, 2011, S. 81). Eine Studie der UC Berkeley Haas School of Business hat ergeben, dass „Manager mit einer positiveren Einstellung genauere und sorgfältigere Entscheidungen treffen und dass sie auf zwischenmenschlicher Ebene effektiver arbeiteten“, alles in allem also die Leistung größer war (Fredrickson, 2011, S. 85). Zwischenmenschlich effektiver zu arbeiten, wurde in dazu passenden Experimenten erforscht: Sie ergaben, dass eine Steigerung der positiven Stimmung dazu führt, dass die Probanden mehr Überschneidungspunkte zwischen sich und den anderen wahrnehmen (Fredrickson, 2011, S. 89). Dadurch wächst die Konnektivität, das heißt die einzelnen Teammitglieder arbeiten harmonischer zusammen und sind besser aufeinander eingestimmt (Fredrickson, 2011, S. 157). Die Folgen sind bessere Koordination unter den Teammitgliedern und eine effizientere und mühelosere Erledigung der anfallenden Aufgaben.

Wieder eine andere Studie hat ergeben, dass eine positive Grundhaltung, also die Optimisten, bei komplexen Geschäftsverhandlungen viel eher Zugeständnisse erlangen und ihre Verhandlungen zu einem erfolgreichen Abschluss führen konnten (Fredrickson, 2011, S. 85). Außerdem sind Menschen mit positiver Grundhaltung – „die Positiven" – resilienter, das heißt, sie kommen besser mit Schwierigkeiten zurecht und über Rückschläge hinweg, sodass die Leistungsfähigkeit nur für kurze Zeit eingeschränkt ist (Fredrickson, 2011, S. 157). Schließlich ergab eine Metaanalyse aus 300 verschiedenen wissenschaftlichen Studien, dass eine positive Lebenseinstellung ebenso zu Lebenserfolg führt wie sie ihn auch widerspiegelt: „Unabhängig davon wie Erfolg definiert wurde – ob als funktionierende Partnerschaft, ein höheres Gehalt oder ein schneller Aufstieg" (Fredrickson, 2011, S. 42).

14.4.2 Affektiver Stil und Gesundheit

Erforscht man die Zusammenhänge zwischen dem affektiven Stil und der Gesundheit, lässt sich feststellen, dass die vorliegenden Forschungsbefunde zu singulär sind, um eine zusammenhängende Aussage zu den gesundheitsförderlichen physiologischen Wirkungen von positiven Emotionen machen zu können (Franken, 2004, S. 108ff.). Sie sind offensichtlich nicht so eindeutig zu identifizieren, wie dies für die negativen Gefühle der Fall ist (Franken, 2004, S. 108ff.). Erste Studien gab es bereits in den vierziger Jahren, in der Harvard-Studenten auf der Grundlage von Aufsätzen als Optimisten oder Pessimisten eingestuft wurden: Die Pessimisten hatten ab ihrem vierzigsten Lebensjahr wesentlich mehr ernsthafte Krankheiten als die Optimisten (Franken, 2004, S. 108ff.). Es wird vermutet, dass durch die erhöhte Aktivität der linken Hirnhälfte, also bei Optimisten, negative Emotionen weniger häufig auftreten und nicht so lange anhalten und der Körper weniger Stresshormone ausschüttet (Klein, 2012, S. 62).

Das würde bedeuten, dass positive Emotionen die Gesundheit mit einem Puffereffekt der negativen Emotionen eher indirekt beeinflussen (Franken, 2004, S. 108ff.). Dieser Effekt ist bei Menschen mit positivem affektivem Stil stärker ausgeprägt. In Einzelstudien wurden auch Auswirkungen auf das Herzkreislaufsystem festgestellt. Bspw. bewertete ein Team von Krankenschwestern in dem sog. „Nova Scotia Health Survey" die positiven Gefühle von 1739 gesunden Erwachsenen, deren gesundheitliche Entwicklung während der nächsten zehn Jahre beobachtet wurde. Teilnehmer mit starken positiven Gefühlen hatten eine um 22 Prozent geringere Wahrscheinlichkeit einer Herzerkrankung für jeden Punkt auf der Fünfpunkteskala des positiven Gefühls (Seligman, 2012, S. 271). Ein möglicher Mechanismus, der zu diesen Ergebnissen führt, ist die Produktion von Fibrinogen, das das Blut dickflüssiger macht und zu Verklumpungen führt. Optimisten produzieren nachgewiesenermaßen weniger Fibrinogen nach Stresssituationen (Seligman, 2012, S. 292). Schließlich finden sich auch vereinzelt Hinweise auf eine gesundheitsförderliche Wirkung vom positiven affektiven Stil auf peripher-physiologischer Ebene: In Momenten mit positiven Emotionen, die Optimisten häufiger erleben als Pessimisten, werden niedrigere Blutdruckwerte registriert als während der Phasen, die durch Aggression oder Angstgefühle gekennzeichnet sind(Franken, 2004, S. 108ff.).

Neben Auswirkungen des affektiven Stils auf das Herz-Kreislaufsystem wurde des Weiteren nachgewiesen, dass Optimisten auch über mehr Killerzellen und ein aktiveres Immunsystem verfügen: Versuchsteilnehmer sprachen umso besser auf eine Grippeimpfung an, je stärker die Aktivität ihrer linken Gehirnhälfte überwog (Klein, 2012, S. 75). So entwickeln Menschen mit stark positivem Gefühl von der Gabe des Rhinovirus, das Erkältungen auslöst, weniger Erkältungen als Menschen mit mittelmäßig positivem Gefühl (Seligman, 2012, S. 279). Es gilt, dass starke positive Emotionen die freiwillig am Versuch teilnehmenden Probanden im Vergleich zum Durchschnitt stärken und schwache positive Emotionen diese „Freiwilligen" im Vergleich zum Durchschnitt schwächen. Die Wirkung vom negativen Gefühl ist kleiner, wobei Menschen mit weniger negativem Gefühl weniger Erkältungen haben als die anderen. Wichtig ist, dass die treibende Kraft ganz klar das positive und nicht das negative Gefühl ist (Seligman, 2012, S. 279). Eine Erklärung könnte sein, dass Viren, um in Zellen zu gelangen, die gleichen Rezeptoren nutzen wie Neuropeptide, die als Substrate der Gefühle gelten. Desto mehr des natürlichen Peptids in der Umgebung eines Rezeptors vorhanden ist und dort gebunden werden kann, umso schwerer fällt es dem Virus, das in diesen Rezeptor passt, in die Zelle einzudringen und Krankheiten zu verursachen (Pert, 2001, S. 290).

Darüber hinaus hat ein Gesamtüberblick über die Krebsliteratur gezeigt, dass es starke Hinweise darauf gibt, dass der negative affektive Stil ein Risikofaktor für die Entwicklung einer Krebserkrankung ist; Nachweise für die lindernde Wirkung positiver Emotionen bei Krebs gibt es dagegen bislang noch nicht (Seligman, 2012, S. 286). Insgesamt weisen jüngere Studien nach, dass die Fähigkeit, Gefühle zum Ausdruck zu bringen, unter Umständen die Überlebensrate von Krebspatienten erhöht. Der Gefühlsausdruck ist immer mit einem bestimmten Peptidfluss im Körper verbunden und so bewirkt die chronische Unterdrückung von Gefühlen eine Störung des psychosomatischen Netzwerks. Durch Störung des Netzwerks arbeiten die Killerzellen zur Zerstörung der wuchernden Tumore nicht mehr richtig – Krebs hat größere Chancen, sich im Körper zu verbreiten (Pert, 2001, S. 294).

Auch soll sich der affektive Stil auf die Volkskrankheit Depressionen, von der gemäß einer Schätzung des Bundesgesundheitsministeriums in Deutschland etwa vier Millionen Menschen betroffen sind, auswirken (Fredrickson, 2011, S. 185). Denn die positive Lebenseinstellung wirkt auf die Resilienz, also die Fähigkeit, sich schnell von Rückschlägen zu erholen und nicht in eine Depression zu verfallen aus (Haidt, 2011, S. 56). Darüber hinaus gibt es noch Hinweise auf einen indirekten Zusammenhang zwischen positivem affektivem Stil und Gesundheit: Gutgelaunte Menschen gewinnen eher die Sympathien anderer, haben ein stärkeres prosoziales Verhalten und bessere soziale Bindungen, was sich wiederum förderlich auf die Gesundheit auswirkt (Franken, 2004, S. 108ff.).

Alles in allem haben Menschen mit einem positiven affektiven Stil eine bis zu zehn Jahre höhere Lebenserwartung. Dies ergab eine Studie von Danner, Snowdon und Friesen, die 180 biographische Texte von Nonnen auf ihren emotionalen Gehalt hin auswerteten und anhand von Aussagen über Freude, Glück, Liebe, Hoffnung, Dankbarkeit feststellten, dass eine positive, optimistische und fröhliche Lebenseinstellung die Lebenszeit verlängern kann (Franken, 2004, S. 108ff.).

15 Vertiefung: Das Bedürfnis nach Selbstwerterhöhung bzw. nach Selbstwertschutz

David Krampe

15.1 Grundlagen

Die Fähigkeit zur Selbstreflexion wird als eines der entscheidenden Merkmale gesehen, die den Menschen vom Tier abgrenzen. Selbstreflexion bedeutet, dass Menschen in der Lage sind, sich selbst zum Objekt ihrer Reflexion zu machen (Schütz, 2003). In diesem Zusammenhang wird vom „Selbst" als psychischem Aspekt der eigenen Person gesprochen. Die Differenzierung des Selbst-Begriffes geht dabei auf James (1890) zurück, der zwischen dem „self as knower" (d.h. dem Selbst als **Subjekt** der Betrachtung) und dem „self as known" (d.h. dem Selbst als **Objekt** der Betrachtung) unterschied.

Im Rahmen des „Selbst" gilt es, die beiden Begriffe Selbstkonzept und Selbstwertgefühl voneinander abzugrenzen. Das **Selbstkonzept** stellt die deskriptive Komponente dar und fasst die gesamten subjektiven Einstellungen und Einschätzungen über die eigene Person zusammen (Markus & Wurf, 1987; Baumeister, 1999; Mummendey, 2006). Das **Selbstwertgefühl** umfasst die individuelle Bewertung dieses Bildes, beschreibt somit den subjektiven Grad an (positiver) Selbstbewertung und stellt die emotionale Akzeptanz der eigenen Person dar (Markus & Wurf, 1987; Schütz, 2003; Mummendey, 2006). Da das Selbstwertgefühl u.a. starken Einfluss auf Prozesse der Selbstregulation hat, wird es häufig als zentraler Aspekt des Selbst bezeichnet (Greenwald, Bellezza & Banaji, 1988) und ist eines der am stärksten erforschten Konstrukte der Selbstkonzeptforschung (Sellin, 2003; Mummendey, 2006). Weit verbreitet ist die umfassende Definition von Coopersmith (1967, S. 5), der Selbstwertgefühl versteht als "the evaluation which the individual makes and customarily maintains with regard to himself; it expresses an attitude of approval or disapproval, and indicates the extent to which the individual believes himself to be capable, significant, successful and worthy. In short, self-esteem is a personal judgment of worthiness that is expressed in attitudes the individual holds toward himself."

Selbstwert kann zum einen als globale, übergeordnete Einstellung zur eigenen Person verstanden werden (sog. **global self-esteem** bzw. **GSE**; vgl. Rosenberg, 1965, Pelham & Swann, 1989; mitunter auch als trait self-esteem bezeichnet; vgl. Crocker & Park, 2004) oder es setzt sich zum anderen als Konstrukt höherer Ordnung hierarchisch aus verschiedenen Ebenen und Einstellungen zusammen (vgl. u.a. Schütz, 2003, 2005). Schon aus alltagspsychologischer Sichtweise lässt sich leicht nachvollziehen, dass sich eine Person bspw. auf Basis ihrer sportlichen Kompetenzen sehr positiv beurteilt, ihre sozialen Fähigkeiten dagegen wesentlich negativer sieht (Schütz, 2003). Vorwiegend werden in der Literatur dabei emotionaler, sozialer, intellektueller, und physischer Selbstwert unterschieden (Deusinger, 1984; Fleming & Courtney, 1984; Hormuth & Otto, 1996; Marsh, Byrne & Shavelson, 1992). Dazu kommen weitere situationsspezifische Konstrukte wie bspw. Selbstwert im organisationalen Umfeld (sog. OBSE für organization-based self-esteem; Pierce et al., 1989). Umstritten ist dabei, inwiefern die einzelnen Ebenen mit dem globalen Selbstwert in Zusammenhang stehen. Dabei geht es einerseits um die Frage, ob das globale Selbstwertgefühl im Sinne eines Generalfaktors die bereichsspezifischen Selbstwertniveaus beeinflusst oder ob sich der Sachverhalt genau andersherum darstellt (Fleming & Courtney, 1984; Marsh, Walker & Debus, 1991, Marsh, 1993). Andererseits stellt sich die Frage, ob einzelne Bereiche des Selbstwertgefühls bei einzelnen Personen unterschiedliche Bedeutung einnehmen oder ob sie intersubjektiv konstant sind (Pelham & Swann, 1989, Schütz, 2005, Crocker & Park, 2004, Crocker & Knight, 2005).

Bevor im Anschluss auf einzelne Aspekte im Bereich Selbstwert näher eingegangen wird, sollen zuvor noch einige erforderliche Begriffe charakterisiert und voneinander abgegrenzt werden. Die Begriffe Selbstwertgefühl und Selbstwertschätzung werden im Folgenden synonym verwendet. Um die Ausprägung des Selbstwertgefühls eines Individuums detaillierter zu beschreiben, wird ferner zum einen die Höhe der Selbstwertschätzung, das sog. Selbstwertniveau, und zum anderen weitere spezifische Charakteristika der Selbstwertschätzung wie bspw. die Selbstwertstabilität, d.h. das „Auf und Ab" der Selbstwertschätzung über die Zeit, unterschieden. In eine ähnliche Richtung geht die Selbstwertdynamik, die die Variabilität des Selbstwertgefühls unter Einfluss externer Faktoren beschreibt. Hier geht es zentral um die Frage, woraus sich das Selbstwertgefühl einer Person speist und wodurch es bedroht wird. Darüber hinaus ist die sog. Selbstwertregulation von Bedeutung. Sie beschreibt, welches Verhalten eine Person an den Tag legt, um ihr Selbstwertgefühl aufzubauen oder zu schützen (vgl. u.a. Schütz, 2003; Sellin, 2003).

15.1.1 Selbstwertdynamik und Quellen des Selbstwertgefühls

Im vorherigen Abschnitt wurde bereits erläutert, dass Selbstwertgefühl die subjektive Bewertung des selbstbezogenen Wissens darstellt. Folglich kommen alle Formen selbstbezogenen Wissens als Quellen des Selbstwertgefühls in Frage. Nach Filipp und Frey (1988) zählen dazu die Beobachtung eigenen Verhaltens und physiologischer Zustände sowie soziale Vergleichsprozesse und Informationen aus sozialer Rückmeldung. Ähnliche Erkenntnisse finden sich bei Schwalbe und Staples (1991) sowie Franks und Marolla (1976), die v.a. Selbstwahrnehmung als Quelle selbstbezogenen Wissens in den Vordergrund stellen. Ergebnisse einer Untersuchung von Schoeneman (1981) sowie von Schütz (2003) stützen die Vermutung, dass Selbstwahrnehmung die wichtigste Quelle selbstbezogenen Wissens darstellt. Im Rahmen der Selbstwahrnehmung spielt insb. das Vorhandensein positiver oder negativer Merkmale eine Rolle (Blaine & Crocker, 1993; McGuire & McGuire, 1996). Schütz (2003, S. 59) fasst zusammen: „Die Tatsache, positive Eigenheiten zu besitzen, stützt das Selbstwertgefühl mehr als die Tatsache, von negativen Eigenschaften frei zu sein."

Als weitere Effekte sind bei den angesprochenen Quellen soziale Rückmeldung und soziale Vergleichsprozesse zu beachten. Bei letzterem spielt bspw. der sog. Fischteich-Effekt (aus dem engl. „big-fish-little-pond-effect) eine Rolle. Er besagt, dass Personen, die innerhalb einer Gruppe mit niedrigem Leistungsniveau hohe Leistungen erbringen, die eigenen Fähigkeiten positiver beurteilen, als Personen, die die gleiche Leistung innerhalb einer Gruppe mit insgesamt höherem Leistungsniveau erbringen (Marsh, 2005). Die eigene Wahrnehmung kann also stark von der engeren Umgebung abhängen. Generell gilt, dass v.a. ein hohes Selbstwertniveau über positive Abgrenzung gegenüber Dritten gespeist wird (Schütz, 2003; Brown, Collins & Schmidt, 1988). Soziale Rückmeldung als Quelle selbstbezogenen Wissens nimmt dagegen bei Personen mit niedrigem Selbstwertniveau eine größere Rolle ein (Tice, 1993). Eine bedeutende Rolle spielt auch die unterschiedliche Attribuierung externer Rückmeldungen. Mezulis et al. (2004) weisen in einer Meta-Analyse darauf hin, dass die Tendenz, positive Ereignisse eher intern, stabil und global zu attribuieren als negative, allgemeingesellschaftlich empirisch nachweisbar ist. Diese unterschiedliche Attribuierung (sog. „self-serving bias" nach Zuckerman, 1979) ist laut Mummendey (2006) Quelle und Schutzfunktion zugleich. Taylor und Brown (1988) stellten fest, dass Personen mit hoher Selbstwertschätzung im Vergleich Ereignisse eher selbstwerterhöhend deuten. Grund hierfür ist u.a., dass zurückliegende, negative Ereignisse verzerrt werden und aufgetretene Fehler und Probleme anderen zugeschoben werden (Roese & Olson, 1993). Menschen mit niedriger Selbstwertschätzung suchen Fehler dagegen zuerst bei sich selber, nehmen Kritik ernst (Brown & Dutton, 1995) und fürchten um ihr Ansehen bei Dritten (Baldwin & Sinclair, 1996).

Über direkte Quellen hinausgehend fordern Crocker und Wolfe (2001) in ihrer „contigencies of self-worth"-Theorie dazu auf, auch die Bedingungen herauszuarbeiten, die zum Auf- und Abbau von Selbstwert führen. Statt also zu beurteilen, ob ein Selbstwert hoch oder niedrig ausgeprägt ist, geht es ihnen darum, zu erheben, wie, wann und in welchen Situationen jemand nach Selbstwert strebt bzw. auf welche Erlebnisse und Ereignisse in welcher Umgebung sich sein Selbstwert aufbaut. „We suggest that the importance of self-esteem lies not only in whether trait self-esteem is high or low, but also in the pursuit of self-esteem: what people do to achieve boosts to self-esteem and avoid drops in self-esteem in their daily lives." (Crocker & Park, 2004, S. 393; vgl. ebenfalls Crocker et al., 2003, Kernis, 2003). Die Grundidee hierzu findet sich bereits bei William James (1890), der festhielt, dass Menschen dazu neigen, ihr Selbstwertgefühl auf Erfolge in speziell ausgewählten Lebensbereichen aufzubauen. So war es für ihn persönlich der Erfolg als Psychologe, aus dem er sein Selbstwertgefühl maßgeblich zog (Crocker & Park, 2004).

In Bezug auf das Verständnis von globalem Selbstwert als trait self-esteem wird in diesem Zusammenhang vom state self-esteem, d.h. der Zustandskomponente des Selbstwertgefühls gesprochen (Crocker & Park, 2004; Schütz, 2005). Als mögliche unterschiedliche Bereiche, zu denen Selbstwert kontingent ist, differenzieren Crocker et al. (2003) in einer Untersuchung unter College Studenten die Bereiche Kompetenz, Wettbewerb, Anerkennung durch andere, familiäre Unterstützung, Aussehen, Religiosität (God's Love) und Tugend (Virtue).

Ferris et al. (2010) führen diese Überlegungen weiter und übertragen den self-esteem contingencies Gedanken durch Entwicklung des sog. IPSE-Konstruktes auf den organisationalen Bereich. **IPSE** steht für **importance of performance to self-esteem** und gibt folglich Aussage darüber, wie bedeutend die Leistung am Arbeitsplatz für das eigene Selbstwertgefühl ist. Wichtig bei der Betrachtung von Selbstwert-Kontigenzen ist die Unterscheidung zwischen internalen und externalen Kontingenzen. Während internale Kontingenzen (Religiosität, Kompetenz in akademischer wie organisationaler Hinsicht, Tugend) intraindividuell reguliert werden können, lassen sich externale Kontingenzen (familiäre Unterstützung, Anerkennung durch andere, Wettbewerb, Aussehen) nur teilweise selbst beeinflussen (Potreck-

Rose, 2007). Dies hat Auswirkungen auf die im Anschluss näher erläuterte Selbstwertinstabilität.

15.1.2 Selbstwertinstabilität

Selbstwertinstabilität meint die (kurzfristige) Schwankung der Selbstwertschätzung (Greenier, Kernis & Waschull, 1995). Bei der Betrachtung der Selbstwertinstabilität gilt es, die zuvor angesprochene Unterscheidung zwischen Eigenschaftskomponenten (‚trait') und Zustandskomponenten (‚state') des Selbstwertgefühls zu berücksichtigen (Crocker & Park, 2004; Schütz, 2003, 2005). Die trait-Komponente gilt als relativ stabil, was bspw. Trzesniewski, Donnellan und Robins (2003) in einer Meta-Analyse empirisch belegen konnten. Besonders stabil ist die Selbstwertschätzung im Jugendalter und im jüngeren Erwachsenenalter, wohingegen sie im Kindesalter und im höheren Erwachsenenalter schwankender ist.

Die Höhe dieser Schwankung scheint zudem davon abzuhängen, ob und von welchen Faktoren die Zustandskomponente der Selbstwertschätzung abhängig ist. So gilt nichtkontingente (d.h. von externen Einflüssen weitestgehend unabhängige) Selbstwertschätzung, als besonders stabil, wohingegen bei stark kontingenter Selbstwertschätzung Ereignisse in diesen Bereichen zu starken Veränderungen des Selbstwertniveaus führen können (Schütz, 2003; Crocker & Luhtanen, 2003; Crocker, Sommers & Luhtanen, 2002; Crocker & Park, 2004). Dies gilt umso mehr, je stärker das Selbstwertniveau von externen, nicht unmittelbar beeinflussbaren Faktoren abhängt (Kernis, 2003; Pyszczynski, Greenberg & Goldenberg, 2003, Crocker & Knight, 2005). So zeigten Crocker et al. (2003) bspw., dass Frauen, die ihr Selbstwert v. a. aus ihrer äußeren Erscheinung und den Rückmeldungen Dritter zogen, besonders anfällig für starke Schwankungen hinsichtlich ihrer Selbstwertschätzung waren.

Insgesamt stellt sich die Frage, wie wichtig die Selbstwertstabilität für das Verhalten von Personen ist. Untersuchungen des Forschungsteams um Kernis (Kernis et al., 1989, 1991, 1992) sowie Kernis und Waschull (1995) legen die Vermutung nahe, dass sie ein ebenso wichtiger Aspekt der Selbstbewertung ist, wie das Selbstwertniveau an sich (Schütz, 2003). So zeigten Kernis et al. (1991) in einer Untersuchung, dass stabil niedrige Selbstwertschätzung eher in Zusammenhang mit Depressionen steht als instabil niedrige. Dagegen scheint ein instabil hohes Selbstwertgefühl eher mit besonderer Defensivität und Aggressivität verbunden zu sein als ein stabil hohes (Kernis et al., 1989, vgl. ebenfalls Baumeister, Smart & Boden, 1996). Den Einfluss auf das Attributionsverhalten nach Erfolg und Misserfolg untersuchten Kernis et al. (1992).

Es zeigte sich, dass Personen mit niedriger, instabiler Selbstwertschätzung **Misserfolge** eher auf motivationale Ursachen zurückführen, wohingegen Personen mit hoher, instabiler Selbstwertschätzung motivationale Faktoren vor allem für ihre **Erfolge** verantwortlich machen. Bei Personen mit stabiler Selbstwertschätzung zeigte sich unabhängig von der Höhe kein Unterschied im Attributionsverhalten. Newman und Wadas (1997) zeigten ferner auf, dass Personen mit instabiler Selbstwertschätzung häufiger auf die Strategie des sog. self-handicapping zurückgreifen. Self-handicapping meint die absichtliche Behinderung der eigenen Leistungsfähigkeit mit dem Ziel, die eigene Selbstwertschätzung vor Selbstwertverlust zu schützen oder die Erhöhung der Selbstwertschätzung zu maximieren (Jones & Berglas, 1978). Die dargestellten Beispiele zeigen auf, dass über die Höhe des Selbstwertniveaus hinaus auch die Höhe der Selbstwertstabilität Einfluss auf die Wirkung von Selbstwert als intervenierende Variable haben kann.

15.1.3 Einordnung in die Konsistenztheorie nach Grawe

Nach Grawe ist die menschliche Tendenz, das eigene Selbstwertgefühl zu erhöhen bzw. das bestehende Selbstwertniveau zu schützen, wie bereits oben ausgeführt, eines von vier Grundbedürfnissen. Das Verständnis von Selbstwert als Grundbedürfnis wird von vielen Autoren geteilt: „The pursuit of self-esteem is so pervasive that many psychologists have assumed it is a universal and fundamental human need“ (Crocker & Park, 2004, S. 392; hier findet sich auch eine umfassende Übersicht über weiterführende Quellen).

Die Grawe'sche Unterscheidung in aktivierende und hemmende Schemata findet sich auch in der Selbstwertforschung. Oben wurden Prozesse, die zum Auf- und Abbau von Selbstwertgefühl führen, ausführlich dargestellt. Zusammengefasst lässt sich festhalten, dass Personen mit hohem Selbstwertniveau jenes v.a. über dominantes und kompetentes Auftreten zu erhöhen bzw. stabilisieren versuchen, wohingegen Personen mit niedrigem Selbstwertniveau eher darauf bedacht sind Fehler zu vermeiden und riskanten bzw. schwierigen Situationen aus dem Weg zu gehen (vgl. u.a. Blaine & Crocker, 1993; Brown, Collins & Schmidt, 1988).

Zusammenfassend lässt sich festhalten, dass die Forschung verschiedene Erklärungsansätze für einen Zusammenhang zwischen Selbstwert und berufsbezogener Leistung sowie Selbstwert und Gesundheit bietet. Allgemein formuliert wird davon ausgegangen, dass ein hoher Selbstwert mit erhöhtem Leistungs- und Gesundheitsniveau einhergeht und es sich mit niedrigem Selbstwert entsprechend entgegengesetzt verhält. Negative Aspekte hohen Selbstwerts finden sich in den einzelnen Theorien zur Wirkungsweise von Selbstwert nicht wieder (für eine Übersicht hierzu vgl. Schütz, 2003). Integrieren lassen sich dagegen die Grundgedanken von Grawe bez. annähernder Schemata zur Steigerung des Selbstwertniveaus und vermeidender Schemata zur Sicherung des Selbstwertniveaus, wie sie bspw. auch die aktuelle Theorie von Korman (2001) in ähnlicher Form postuliert.

Neben den vorgestellten Theorien existiert bereits eine Vielzahl von Studien, die sich mit der Wirkung von Selbstwert (und benachbarter Konstrukte) auf die berufsbezogene Leistung und/oder Gesundheit beschäftigt haben. Im Anschluss soll ein Überblick über die wichtigsten Ergebnisse gegeben werden.

15.2 Empirische Befunde

15.2.1 Berufsbezogene Leistung

Empirische Untersuchungen über einen Zusammenhang zwischen Selbstwert und berufsbezogener Leistung sind geprägt von hoher Variabilität (Baumeister et al., 2003, Judge & Bono, 2001, Brockner, 1983). Generell findet sich in der Regel eine leicht positive Korrelation zwischen Selbstwert und berufsbezogener Leistung, was bspw. Judge und Bono (2001) in einer Meta-Analyse darstellen konnten. Sie untersuchten dabei die Ergebnisse von 40 Studien mit über 5.000 Probanden, die teils auf globalem Selbstwert und teils auf bereichsspezifischen Konstrukten wie bspw. dem OBSE basierten. Die eingeschränkte Deutlichkeit der

Ergebnisse erklären Baumeister et al. (2003, S. 14) mit einem generellen Problem bei Studien mit Selbstwert und Arbeitsleistung: „The most important point, however, is that correlational findings do not permit causal inferences. Self-esteem might improve job performance. Then again, occupational success might well boost self-esteem, whereas failure at one's job may deflate it. As in the case of school performance, time-lagged longitudinal studies are useful for determining where self-esteem is a result or a cause of good performance, but these have not yet been done." Abschließend halten sie fest: „There is no strong evidence indicating specifically that high self-esteem leads to improved performance on the job. [...] and the lack of such evidence suggests to us that self-esteem has little impact on task performance." (Baumeister et al., 2003, S. 15). Judge und Bono (2001, S. 86) kommen dagegen, trotz der bereits angesprochenen hohen Variabilität, zu einem anderen Schluss: „In summary, results of the present study indicate that self-esteem [...] are significant predictors of both job satisfaction and job performance." In ihrer Meta-Studie liegt die Korrelation zwischen Selbstwert und berufsbezogener Leistung bei r = 0,26 und damit höher als die weiteren untersuchten Konstrukte wie interne Kontrollüberzeugung (r = 0,22) und generalisierte Selbstwirksamkeit (.23). Insgesamt befindet sich der Zusammenhang zwischen Selbstwert und berufsbezogener Leistung nach diesen Ergebnissen damit auf ähnlichem Niveau wie bspw. die von Mount & Barrick (1991) in einer Meta-Analyse – als einen der wichtigsten Faktoren zur Vorhersage von berufsbezogener Leistung – herausgearbeitete Gewissenhaftigkeit (Conscientiousness).

Ähnliche Ergebnisse liefern Bowling et al. (2010) in einer neueren Meta-Analyse. Sie untersuchen zudem Unterschiede in den Zusammenhängen verschiedener Variablen mit GSE und OBSE. Ihren Ergebnissen zufolge korreliert OBSE mit berufsbezogener Leistung (r = 0,34) sowie weiterer am Arbeitsplatz erwünschten Verhaltensweisen wie Organizational Citizenship Behaviour (OCB; r = 0,38) oder Wechselabsichten (r = – 0,44). Lediglich bei letzterer lassen sich ihrer Analyse nach statistisch signifikante Unterschiede im Vergleich zur Korrelation von GSE mit den entsprechenden Variablen festhalten: So liegt die Korrelation von GSE zu Wechselabsichten bei r = – 0,21, für berufsbezogene Leistung bei r = 0,18 und für OCB bei r = 0,58 und damit sogar höher als bei OBSE. Teilweise erklären sie diese Ergebnisse dadurch, dass OBSE als Mediator zwischen GSE und einzelnen Variablen wirkt.

Ferris et al. (2009; 2010) gehen in ihren Studien über GSE und OBSE hinaus und untersuchen die Auswirkung von IPSE als moderierendem Faktor auf GSE und dessen Verbindung zu Faktoren wie bspw. berufsbezogene Leistung oder negativ abweichendem bzw. unerwünschtem Verhalten auf der Arbeit. Ihre Ergebnisse zeigen, dass die Korrelation zwischen Selbstwert und berufsbezogener Leistung bei niedrigem IPSE zunimmt. Im Unterschied zur Diskussion der Frage, *ob* Selbstwert mit berufsbezogener Leistung korreliert, gehen sie damit der Frage nach, *wann* das Selbstwertniveau einen Einfluss auf die Arbeitsleistung hat.

15.2.2 Gesundheit

Verschiedene Studien weisen auf eine Korrelation von Selbstwert und Lebenszufriedenheit („happiness") hin. So geht ein hohes Selbstwertniveau in der Regel mit hohen Zufriedenheitswerten einher, ganz gleich ob bei überwiegend jungen (Diener & Diener, 1995; Furnham & Cheng, 2000) oder älteren Menschen (Lyubomirski, Tkach, DiMatteo, 2006). Baumeister et al. (2003) weisen darauf hin, dass diese Ergebnisse allerdings stets mit Vorsicht zu genießen sind, da sowohl die Erfassung von Selbstwert als auch die Erfassung von ‚Happiness‘ auf Selbstbewertungen basiert und hier bei Personen mit hohem Selbstwert ein sog. response bias entstehen kann: „A response bias toward presenting the self in favorable, socially desirable ways appears to characterize people high in self-esteem. Hence, one might well expect that people with high self-esteem claim to be happier than other people“ (Baumeister et al., 2003, S. 25).

Ein weiterer Zusammenhang konnte zwischen Selbstwertniveau und dem Auftreten von Depressionen hergestellt werden. Verschiedene Studien zeigen, dass ein niedriges Selbstwertniveau mit höherem Depressionsrisiko bzw. allgemein schlechterer Befindlichkeit einhergeht (Murrell, Meeks & Walker, 1991; vgl. auch die Meta-Analyse bei Bowling et al., 2010), wobei Kernis et al. (1991, 1998) die Einschränkung geben, dass dies insb. bei stabil niedrigem Selbstwertniveau gilt und weniger bei instabil niedrigem. Roberts & Gamble (2001) konnten zudem in einer Studie unter Jugendlichen feststellen, dass ein niedriges, instabiles Selbstwertgefühl oft Resultat einer früheren depressiven Symptomatik ist und drehen den Zusammenhang zwischen Selbstwert und Depressionsrisiko somit um. Eine ausführliche Übersicht über weitere verschiedene Einschränkungen diverser Studien bieten Roberts & Monroe (1999).

Hinsichtlich der Buffer-Hypothese, also der Hypothese, dass ein hohes Selbstwertgefühl hilft, das Stresserleben zu reduzieren, gibt es unterschiedliche Ergebnisse. So konnten diverse Studien (Whisman & Kwon, 1993; Ralph & Mineka, 1998) keinen Coping-Effekt von Selbstwert bei Stresssituation feststellen. DeLongis, Folkman & Lazarus (1988) zeigten dagegen, dass bei Menschen mit niedrigem Selbstwertgefühl in Stresssituationen schneller physische Symptome wie bspw. Krankheit auftraten, als bei Menschen mit hohem Selbstwertniveau. Ähnliche Ergebnisse finden sich bei Metalsky et al. (1993), wobei sie die Einschränkung fanden, dass der Effekt nur bei Personen mit niedrigem Selbstwertgefühl auftritt, die Fehler und Misserfolge stets internal attribuieren. Weitere Studien zeigten zudem, dass bei Personen, die Situationen mit hohem Misserfolgspotential ausgesetzt waren, die Höhe des Selbstwertniveaus mit der Höhe des Pegels des Stresshormons Cortisol korrelierte (Kirschbaum et al., 1995; Pruessner, Hellhammer & Kirschbaum, 1998). In Bezug auf die Wirkung von Selbstwert als Moderator zwischen Stress und Gesundheit kommen weitere Studien aber zu keinen eindeutigen Ergebnissen (vgl. u.a. Nirkko et al., 1982; Baumeister et al., 2003).

15.2.3 Zusammenfassung

Ergänzend zu den obigen Ausführungen lässt sich festhalten, dass es eine Vielzahl empirischer Studien gibt, die auf einen Zusammenhang zwischen Selbstwert und berufsbezogener Leistung bzw. Gesundheit hindeuten. Streng genommen beruhen die Ergebnisse nicht immer auf Selbstwert im Sinne des GSE und entsprechen damit nicht genau dem Blickwinkel der Konsistenztheorie nach Grawe. Sowohl die theoretischen Ausführungen als auch Meta-Analysen wie bspw. von Bowling et al. (2010) zeigen jedoch, dass hier enge Zusammenhänge zu bestehen scheinen. Es macht daher durchaus Sinn, auch Ergebnisse bereichsspezifischer Konstrukte – wie bspw. OBSE – oder Konstrukte im Sinne der self-esteem contingencies – wie IPSE – mit in die weiteren Überlegungen, wie bspw. die Formulierung der Forschungshypothesen, einzubeziehen.

Allein die Variabilität bisheriger Ergebnisse zeigt auf, dass weiterer Forschungsbedarf zur Klärung der Wirkung von Selbstwert besteht. Die Integration der Konsistenztheorie bietet hierbei einen neuen, im organisationalen Bereich bisher unerprobten Ansatz, da diese einen Überbau für die Funktionsweise und den Stellenwert von Selbstwert im menschlichen Organismus liefert und durch Analyse der Inkongruenzen bez. motivationaler Schemata psychische Muster in Bezug auf unterschiedliche Selbstwertniveaus sichtbar gemacht werden können.

Teil E Neuroleadership: Empirische Studien

Mittels zweier Studien wird gezeigt, welche der Einflussfaktoren des SCARF-Modells und der Konsistenztheorie Leistung und Gesundheit der Mitarbeiter positiv beeinflussen.

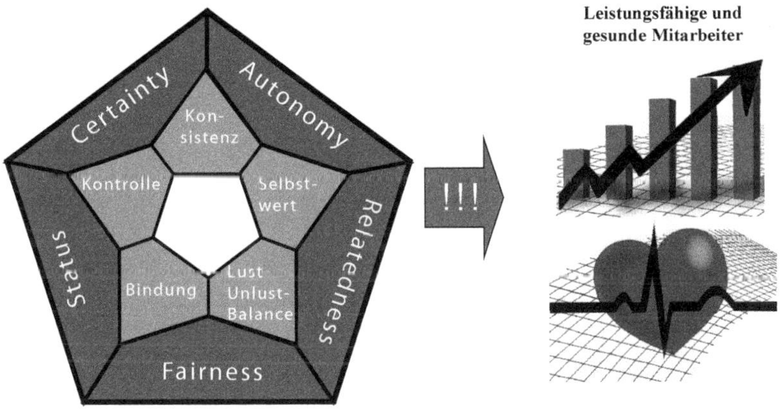

16 Zielsetzung: Nutzenpotenziale von Neuroleadership

Stephanie Niemann

16.1 Einleitung

Wie oben bereits dargestellt wurde, bestehen die Nutzenpotenziale, die mit Neuroleadership in Verbindung gebracht werden, aus folgenden Elementen:

- Förderung der individuellen Leistungsfähigkeit
- Förderung der Gesundheit
- Förderung der organisationalen Leistungsfähigkeit und somit Wettbewerbsfähigkeit

Nachdem in den vorherigen Abschnitten sehr umfassend über die organisationalen wie auch personenbezogenen Einflussfaktoren berichtet wurde, soll im jetzigen Kapitel näher auf die beiden Variablen „berufsbezogene Leistung“ und „Gesundheit“ eingegangen werden.

16.2 Fokus 1: Berufliche Leistungsfähigkeit

16.2.1 Definition

Der Begriff (berufliche) Leistungsfähigkeit wird in der Literatur vielfach diskutiert und oft mit beruflicher Leistung, Arbeitsleistung oder Job Performance gleichgesetzt. Daher werden die Begriffe auch in dieser Arbeit synonym verwendet. Marcus und Schuler (2006, S. 434) sehen Leistungsfähigkeit als Beitrag zu den Zielen einer Organisation. Die Leistung der Mitarbeiter trägt zum Überleben eines jeden Unternehmens bei. Viswesvaran und Ones (2000) stellen die berufliche Leistungsfähigkeit in den Zusammenhang mit Verhaltensweisen und Ergebnissen von Mitarbeitern, die zu den Zielen einer Organisation ihren Teil beitragen. Viswesvaran, Ones und Schmidt (1996) unterscheiden zehn Dimensionen, mit deren Hilfe Leistung gemessen bzw. beurteilt werden kann:

- Generelle Arbeitsleistung (overall job performance)
- Produktivität (job performance or productivity, bezieht sich auf die Quantität der Arbeitsleistung)
- Qualität (quality)
- Führungsverhalten (leadership)
- Kommunikationskompetenz (communication competence)
- Administrative Kompetenz (administrative competence)
- Betriebener Arbeitsaufwand (effort)

- Interpersonale Kompetenz (interpersonal competence)
- Fachwissen (job knowledge)
- Einhaltung bzw. Akzeptanz von Regeln und Vorschriften (compliance with or acceptance of authority).

Eine andere Unterscheidung nimmt Schuler (2004) vor, indem er die Leistungsmaße verschiedenen Beschreibungsebenen zuordnet: Auf der **Ergebnisebene** finden sich Kriterien, die die Arbeitsergebnisse quantifizieren, auf der **Verhaltensebene** wird das Verhalten der Beschäftigten im Vergleich zu einem „Idealverhalten“ betrachtet und auf der **Eigenschaftsebene** das Potential von Personen eingeschätzt. Grundsätzlich kann man in diesem Zusammenhang die Dimensionen aufgabenbezogene, umfeldbezogene und adaptive Leistung voneinander abgrenzen, die im Folgenden näher erläutert werden.

16.2.2 Aufgabenbezogene Leistung

Laut Borman und Motowidlo (1997, S. 99) wird die aufgabenbezogene Leistung (task performance) wie folgt definiert: „The effectiveness with which job incumbents perform activities that contribute to the organization's technical core either directly by implementing a part of its technological process, or indirectly by providing it with needed materials or services”.

Unter dieser Perspektive werden Verhaltensweisen beschrieben, die einen Beitrag zu den Kernaufgaben eines Unternehmens leisten. Dazu zählen unter anderem Weiterbearbeitung von Rohstoffen zu Produkten oder das Bereitstellen von Dienstleistungen (vgl. Motowidlo, Borman & Schmitt, 1997). Einerseits werden unter der aufgabenbezogenen Leistung das Zusammenbauen von Produkten oder Sacharbeitertätigkeiten verstanden, andererseits ist das Motivieren eines Mitarbeiters ebenfalls Bestandteil dieser Perspektive.

Die Tätigkeiten, die der aufgabenspezifischen Leistung zugeordnet werden können sind berufsspezifisch. Verschiedene Berufe haben unterschiedliche fachliche Kernaufgaben. Aufgaben, die formal zu einer Stelle und/oder einer Position gehören, werden der aufgabenbezogenen Leistung zugeordnet (vgl. u.a. Marcus & Schuler, 2006; Motowidlo & van Scotter, 1994; Schmitt et al., 2003). Aufgabenbezogene Leistung scheint durch allgemeine kognitive Leistungsfähigkeiten (vgl. z.B. Schmidt, Hunter, Outerbridge & Goff, 1988; Schmidt, Hunter & Outerbridge, 1986) und aufgabenbezogene Gewohnheiten, Kenntnisse und Fertigkeiten gut vorhersagbar zu sein (vgl. z.B. Motowidlo et al., 1997; Schmitt et al., 2003).

Die neutralen Kennzahlen, die im Bereich der Arbeitsleistung verwendet werden, umfassen Maße, die die Arbeitsquantität bzw. Produktivität beziffern (z.B. Stückzahlen) ebenso wie quantifizierbare Maße der Arbeitsqualität (z.B. Fehlerraten, vgl. Bommer, Johnson, Rich, Podsakoff & MacKenzie, 1995). Neutrale Kennzahlen zur berufsbezogenen Leistung sind z.B. die Stückzahlen oder die Fehlerquoten. Generell haben die neutralen Kennzahlen den Nachteil, nicht für jeden Beruf und jede Branche die gleiche Aussagekraft zu besitzen. Sie lassen sich nicht oder nur schwer über verschiedene Organisationen hinweg generalisieren (vgl. Dette et al., 2004). Ebenso werden nicht quantifizierbare Aspekte der Arbeitsqualität nicht berücksichtigt, die für die Arbeitsleistung sehr bedeutsam sein können: So geht es bspw. nicht um die Anzahl der Policen, die ein Versicherungsvertreter verkauft, sondern um deren langfristigen monetären Wert.

16.2.3 Kontextuelle Leistung

Kontextuelle oder umfeldbezogene Leistung (contextual performance) bezeichnet diejenigen Aspekte der Leistung, die die organisatorische, soziale und psychologische Umwelt unterstützen, in der die technischen Kernfunktionen funktionieren müssen (vgl. Borman & Motowidlo, 1993, S.91). Zu diesen Aspekten gehören Eigenschaften wie Kooperativität, Zuverlässigkeit, die Einhaltung von Regeln und Vorschriften sowie die Unterstützung und Motivierung anderer (vgl. van Scooter & Motowidlo, 1996). Diese Dimension von Leistung ist deshalb von Bedeutung, weil Arbeitsleistung „nur durch das organisierte Zusammenwirken mehrerer Personen, d.h. in einem arbeitsteiligen Prozess effizient erbracht werden [kann]" (vgl. Schmidt & Kleinbeck, 2004, S. 891).

Im Gegensatz zur oben beschriebenen aufgabenbezogenen Leistung behandelt die umfeldbezogene Leistung nicht die Verhaltensweisen, die zum fachspezifischen Bereich einer Position gehören, sondern auch Verhalten, welches „the organizational, social, and psychological environment in which the technical core must function" (vgl. Borman & Motowidlo, 1993, S. 91) unterstützt. Es lassen sich also Verhaltensweisen zuordnen, die der reinen Tätigkeitsausübung dienen (vgl. Schmitt et al., 2003). Borman und Motowidlo (1997, S. 102) unterteilen diese Verhaltensweisen in folgende fünf Bereiche:

- Andauernde Begeisterung und Aufwände, die notwendig sind, um die eigenen Aufgaben erfolgreich zu erledigen (bspw. Beharrlichkeit und Gewissenhaftigkeit)
- Freiwillige Erledigung von Aufgaben, die formal nicht Teil des eigenen Arbeitsplatzes sind (bspw. organisationale Verbesserungsvorschläge)
- Mit anderen zusammenarbeiten und helfen (bspw. Kollegen unterstützen)
- Unternehmensregeln einhalten (bspw. Fristen einhalten, organisationale Werte beachten)
- Unternehmensziele unterstützen, befürworten und daran beteiligen (bspw. Loyalität zeigen).

Für das erfolgreiche Funktionieren von Unternehmen sind oben genannte Verhaltensweisen von großer Bedeutung. Umfeldbezogene Leistung ist von der fachlichen Tätigkeit einer Person unabhängig und kann daher im Gegensatz zur aufgabenbezogenen Leistung arbeitsplatzübergreifend betrachtet werden (vgl. Marcus & Schuler, 2006). Daher ist es möglich, gleiche Verhaltensweisen über unterschiedliche Positionen hinweg mit der umfeldbezogenen Leistung in Verbindung zu setzen. Insbesondere Borman und Motowidlo haben neben anderen Autoren mit nahezu gleichen Konstruktbeschreibungen (vgl. u.a. Organizational Citizenship Behavior: Organ, 1988; Extrarole Behavior: van Dyne, Cummings & Parks, 1995), die umfeldbezogene Leistung als eigene Dimension der beruflichen Leistung beschrieben und erforscht (vgl. z.B. Borman & Motowidlo, 1993, 1997; Motowidlo et al., 1997; Motowidlo & van Scotter, 1994).

Aufgaben- und umfeldbezogene Leistung werden getrennt voneinander betrachtet, weil sie unterschiedliche Zusammenhänge mit individuellen Ausprägungen von Menschen darstellen. (vgl. u.a. Bergman, Donovan, Drasgow, Overton & Henning, 2008; Motowidlo et al. 1997). In diesem Konstrukt ist bspw. die Fähigkeit zur Selbstkontrolle wichtiger als die Dauer der Arbeitserfahrung (vgl. Motowidlo & van Scotter, 1994).

16.2.4 Adaptive Leistung

Immer mehr Mitarbeiter müssen sich ständig verändernden Arbeitsbedingungen anpassen (vgl. u.a. Ilgen & Pulakos, 1999; Smith, Ford & Kozlowski, 1997) und dabei ihre Leistungsfähigkeit beibehalten. Dabei handelt es sich vielfach um Veränderungen, die von außen beeinflusst werden und gegen die der Mitarbeiter – und oftmals auch der Vorgesetzte – machtlos sind.

Pulakos, Arad, Donovan und Plamondon (2000) entwickelten zur Dimension „adaptive Leistung" (adaptive performance) aufgrund einer umfassenden Literatursichtung verschiedene „Bausteine". Danach wurden mehr als 1000 kritische Ereignisse, die die adaptive Leistung beschrieben, aus 21 verschiedenen Berufstätigkeiten mit der Methode der kritischen Ereignisse analysiert, um die Taxonomie zu überprüfen und zu erweitern. Es entstanden Komponenten der adaptiven Leistung, aus denen der Job Adaptive Inventory (JAI), ein Messinstrument zur Arbeitsplatzanalyse, entwickelt wurde. Nachfolgend sind die Oberbegriffe überblickartig dargestellt:

- Kreative Problemlösung
- Umgang mit unsicheren und nicht vorhersehbaren Arbeitssituationen
- Lernen von Aufgaben, Technologien und Prozessen
- Zwischenmenschliche Anpassungsfähigkeit
- Kulturelle Anpassungsfähigkeit (Anpassung an Normen und Werte des Gastlandes, erlernen einer neuen Sprache etc.)
- Physikalische Anpassungsfähigkeit (Anpassung an Klima, Lautstärke etc.)
- Angemessener Umgang mit Notfällen und Krisen
- Umgang mit arbeitsbedingtem Stress

Hunter und Schmidt (1998) weisen in ihrer Arbeit darauf hin, dass die genannten Bereiche nicht unabhängig voneinander beurteilt werden können, sondern als Ganzes die berufliche Leistung beeinflussen.

16.3 Fokus 2: Gesundheit

16.3.1 Was versteht man unter „Gesundheit"?

Psychische Gesundheit ist ein breit gefasstes Konstrukt. Gemäß der Weltgesundheitsorganisation (WHO) bedeutet Gesundheit nicht bloß die Abwesenheit psychischer Symptome, sondern umfasst darüber hinaus das subjektive Wohlbefinden und eine Reihe weiterer Aspekte wie die wahrgenommene Selbsteffizienz, die Entfaltung des eigenen intellektuellen und emotionalen Potentials, Kommunikationskompetenzen, Fähigkeiten, mit Gefühlen umzugehen und in der Gemeinschaft einen Beitrag zu leisten usw.[36].

In den letzten Jahren haben sich aus den stresstheoretischen Modellen heraus Ressourcenkonzepte entwickelt. Im Mittelpunkt dieser Konzepte steht die Frage, was Personen befähigt, trotz belastender und krankheitserregender Lebens- und Umwelteinflüsse „gesund" zu bleiben (vgl. Ducki, 2000). Martin (2001) versteht Ressourcen als die Gesamtheit der Mittel, die

[36] Quelle: http://www.who.int/whr/2001/en/whr01_en.pdf (download vom 22.10.2013)

prinzipiell für die Bewältigung von Lebensaufgaben, die Erreichung von Zielen oder den Umgang mit Verlusten und Defiziten eingesetzt werden können. Sie sind gemäß des Autors in vielen Lebensbereichen wesentlich für die Erklärung von Verhaltensweisen, altersbezogenen Effekten und individuellen Unterschieden. Er führt weiter aus, **dass eine Ressource nur einsetzbar ist, wenn ihr Vorhandensein auch bewusst ist. Zudem kann sie durch Training und Lernvorgänge erhalten, ausgebaut und neu erworben werden.**

Nach diesem Vorverständnis können die **psychischen** Ressourcen einer Person wie folgt definiert werden (Perrig-Chiello, 1997; Segerstrom, 2010)**: Die psychischen Ressourcen einer Person dienen dazu, Ziele erreichen bzw. die damit in Verbindung stehenden Aufgaben bewältigen zu können. Sie enthalten kognitive** (z.B. Intelligenz, Planungsfähigkeit)**, emotional-motivationale** (z.B. Ausdauer, Entschlossenheit, Motivation) **und verhaltensbezogene Ressourcen** (z.B. Fähigkeit zur Handlungssteuerung) **sowie Persönlichkeitsressourcen** (z.B. Selbstkonzept oder Kontrollüberzeugung). Eine andere Aufteilung von Ressourcen nimmt Segerstrom vor. Sie unterscheidet zwischen **elementaren Ressourcen** wie Zeit und Energie, **Akzeptanzressourcen** wie Partnerschaft, Freundschaft und Beziehungen sowie **Statusressourcen** wie Objekte, Wissen, Fertigkeiten oder sozioökonomischer Status.

Diese Definition verdeutlicht zudem, dass psychische Ressourcen wie auch ökonomische Ressourcen erschöpflich, aber erneuerbar sind und grundsätzlich der Zielerreichung oft genug gepaart mit Wohlbefinden bzw. positiven Emotionen – dienen.

Die unterschiedlichen Ressourcen stehen in wechselseitigem Abhängigkeitsverhältnis, was vor allem die Beziehung zwischen situativen und personalen Ressourcen betrifft. Im Rahmen arbeitspsychologischer Ressourcenforschung wurden zahlreiche in der Arbeit liegende Ressourcen im Hinblick auf ihre gesundheitlichen Wirkungen untersucht. Entdeckt wurden zwei Effekte:

- Der moderierende Effekt (vorhandene Ressourcen führen zu besserem Umgang mit Stressbedingungen und Abmilderung von Stressreaktionen bzw. Beeinträchtigungen).
- der direkte Effekt (positive Wirkung auf die Gesundheit unabhängig von der Belastung)

Ressourcen reduzieren also einerseits Belastungsfolgen und wirken zusätzlich positiv auf die Gesundheit, indem sie die Kompetenzentwicklung, das Selbstwertgefühl oder das allgemeine Wohlbefinden steigern. Durch diese Doppelfunktion kommt den Ressourcen im betrieblichen Gesundheitsgeschehen eine wesentliche Bedeutung zu.

Was versteht man nun unter „psychischer Belastung"? Psychische Belastung ist ein viel und inflationär gebrauchter Begriff. Jeder meint, zu verstehen, was psychische Belastung ist – und oftmals versteht jeder etwas anderes. Zu den Begriffen psychische Belastung und Beanspruchung wurde eine Norm, die DIN EN ISO 10075, entwickelt, welche die Begriffe psychische Belastung und psychische Beanspruchung definiert (vgl. Nachreiner & Schultetus, 2002):

- Demnach bedeutet psychische Belastung ein objektives Maß, das beschreibt, wie belastend Aspekte der Arbeitsumgebung für eine Person potenziell sind.
- Ob das Individuum dann tatsächlich durch diese Umwelt-"belastungen" psychisch beansprucht ist, hängt von vielen Determinanten innerhalb der Person ab, z.B. von ihrer Motivation und ihren Fähigkeiten, ihrem allgemeinen Gesundheitszustand und ihren Ressourcen.

Die o.g. DIN-Norm bezieht sich auf die objektiv messbaren psychischen Belastungen. Sie hat das Ziel, Regeln zur Gestaltung von Arbeitsplätzen festzulegen, durch die eine Überbeanspruchung von Mitarbeitern vermieden werden kann. Das Erleben der Belastung wird anhand entsprechender Theorien beschrieben.

16.3.2 Modell der Gesundheits- und Arbeitspsychologie

Das Job Demand-Control-Modell

Karasek (1979) hat ein Modell entwickelt, das die beiden Dimensionen Arbeitsanforderungen und Handlungsspielraum enthält. Je nachdem, wie beide Elemente ausgeprägt sind, ergeben sich daraus unterschiedliche Belastungsformen (vgl. die folgende Abbildung). Das Job-Demand-Control-Modell macht deutlich, dass Gesundheitsrisiken sowohl von der Höhe der Arbeitsanforderungen als auch vom Entscheidungsspielraum und der dabei erlebten Kontrolle abhängen.

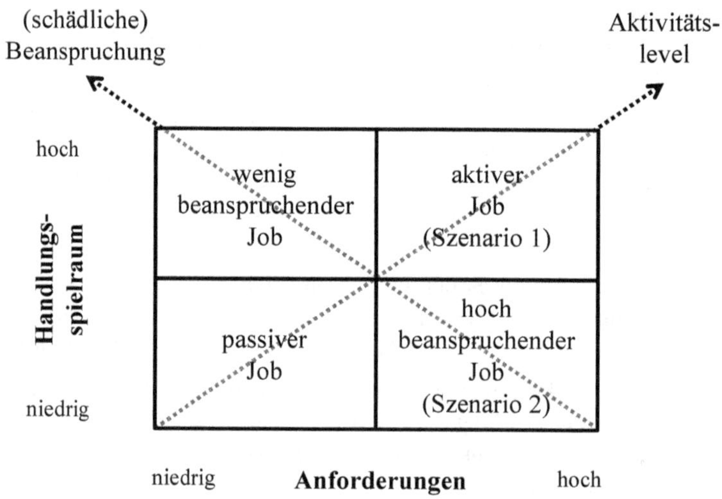

Abb. 16.1: Job-Demand Control Modell (Quelle: in Anlehnung an Karasek, 1979, S. 288)

Job Characteristics Modell von Hackman und Oldham

Wie kann Arbeit so strukturiert werden, dass sie zum einen effektiv ausgeführt und zum anderen als lohnend und befriedigend wahrgenommen werden kann? Dies ist die Kernfrage, auf Basis derer Hackman und Oldham im Jahr 1980 das Job Characteristics Modell entwickelten. Das Modell beschreibt fünf Dimensionen (vgl. auch Bernard, 2006):

- **Vielfältigkeit geforderte Fähigkeiten und Fertigkeiten**: Hierunter wird das Ausmaß der Vielfalt von Fähigkeiten und Fertigkeiten verstanden, welches für die Durchführung des Jobs notwendig ist.
- **Identität/Ganzheitlichkeit der Aufgabe**: Damit ist das Identifikationspotential einer Aufgabe zu verstehen. Eine Arbeit, die von Anfang bis Ende von einer Person erledigt

wird, bietet ein höheres Identifikationspotential als die Bearbeitung eines Teilausschnittes einer Aufgabe.

- **Bedeutung der Aufgabe**: Hier wird definiert, wie wichtig die Aufgabe ist. Eine als wichtig wahrgenommene Aufgabe kann das Selbstwertgefühl des Individuums stärken.
- **Autonomie**: Autonomie beschreibt den Grad der Unabhängigkeit, den ein Individuum bei der Erfüllung seiner Aufgaben hat. Autonomie wirkt sich nicht nur positiv auf die Arbeitsmotivation aus, sondern kann auch Effektivität, Proaktivität und Kreativität fördern.
- **Rückmeldung**: Darunter wird das Ausmaß verstanden, wie direkt die Tätigkeit Informationen über Erfolg und Wirksamkeit liefert. Diese Rückmeldung kann sowohl von Arbeitskollegen, Kunden oder Vorgesetzten kommen als auch von der Tätigkeit an sich.

Das systemische Anforderungs-Ressourcen-Modell von Becker

Im Mittelpunkt des systemischen Anforderungs-Ressourcen-Modells (SAR-Modell) steht der aktuelle Gesundheitszustand, auf den physische und psychosoziale Anforderungen und Ressourcen Einfluss haben – dabei kommt der individuellen Bedürfnisbefriedigung ein besonderer Stellenwert zu (vgl. Becker 2006, S. 179ff.): Das Ausmaß an Bedürfnisbefriedigung steht in enger Verbindung mit der Gesundheit.

Dem systemischen Anforderungs-Ressourcen-Modell liegt folgende Annahme zugrunde: Der Gesundheitszustand eines Individuums hängt davon ab, wie gut es ihm gelingt, externe und interne Anforderungen mithilfe von externen und internen Ressourcen zu bewältigen (Becker 2006, S. 183). Es ergeben sich folgende Konsequenzen aus dem SAR-Modell für das Verständnis von Gesundheit:

- Stressoren wirken als Anforderungen. Sie sind nicht notwendigerweise gesundheitsbeeinträchtigend. Ihr Effekt auf die Gesundheit hängt vielmehr von den verfügbaren Ressourcen ab.
- Es besteht ein enger Zusammenhang zwischen Bedürfnisbefriedigung und Gesundheit. Bedürfnisse des Menschen (z.B. physiologische Bedürfnisse, Bedürfnisse nach Exploration, Selbstaktualisierung, Orientierung und Sicherheit, Bindung und Achtung) wirken als interne Anforderungen. Bedürfnisbefriedigung durch Nutzung von Ressourcen fördert die Gesundheit.
- Neben der Bedürfnisbefriedigung ist für das Verständnis von Gesundheit und Krankheit einer Person die Berücksichtigung sowohl ihrer negativen als auch positiven Gefühle sowie ihres Umgangs mit Gefühlen (z.B. Offenheit gegenüber Gefühlen versus Hemmung und Blockade von Gefühlen) von großer Bedeutung.

Gesundheitsförderung nach Becker (2006) kann also als Verbesserung der Voraussetzungen zur Bewältigung externer und interner Anforderungen mithilfe externer und interner Ressourcen charakterisiert werden. Eine derart verstandene Gesundheitsförderung ist eine Aufgabe, in die verschiedene Bezugsgruppen einzubinden sind, wie in der folgenden Tabelle verdeutlicht wird.

Tab. 16.1: Dimensionen der Gesundheitsförderung (Quelle: in Anlehnung an Becker, 2006)

Dimensionen der Gesundheitsförderung	Beispiele
Gesundheitsförderung durch Anpassung externer, von der Umwelt ausgehender (psychischer und physischer) Anforderungen	• Verringerung von Überforderungen, Unterforderungen und mentalen Belastungen am Arbeits- oder Ausbildungsplatz (z.B. durch Vergrößerung von Entscheidungsspielräumen) • Beseitigung physischer Stressoren am Arbeitsplatz (z.B. durch Maßnahmen der Arbeitsergonomie) • Wahl geeigneter Umwelten bzw. Umweltanforderungen, ausgehend von individuellen Voraussetzungen, d.h. Verbesserung der Person-Umwelt-Passung (z.B. durch Selektion geeigneter Arbeits- oder Ausbildungsbedingungen)
Gesundheitsförderung durch Berücksichtigung interner, vom Individuum (bzw. internen Subsystemen) ausgehender (psychischer und physischer) Anforderungen	• Auf angemessene Befriedigung von Bedürfnissen (und damit verbundenes Wohlbefinden) achten (z.B. durch Genuss- und Entspannungsübungen; Erholung; Aufbau und Aufrechterhaltung von Bindungen) • Anpassung von Anforderungen an sich selbst: Vermeidung eigener psychischer Über- oder Unterforderung (z.B. Vermeidung von Selbstüberforderung in Beruf, Ausbildung und Familie; bewusstes Akzeptieren eigener Begrenzungen); Vermeidung der Über- oder Unterforderung physischer Subsysteme (z.B. aufgrund von Alkoholmissbrauch, falscher Ernährung, mangelnder Bewegung oder Selbstüberforderung beim Sporttreiben) • Anpassung von Anforderungen an Personen aus einem Suprasystem: Vermeidung von Über- oder Unterforderung von Familienmitgliedern (z.B. Vermeidung zu hoher Erwartungen und Forderungen an den eigenen Ehepartner bzw. die Ehepartnerin)
Gesundheitsförderung durch Aufbau, Bereitstellung, Nutzung externer (psychischer und physischer) Ressourcen	• Aufbau, Pflege und Nutzung sozialer Unterstützungssysteme (z.B. Freundschaften, Vereine, religiöse Gemeinschaften, Selbsthilfegruppen, Partnerschafts- und Familienberatung, Gesundheitszirkel) • Bereitstellung gesunder Nahrung (z.B. in Kantinen) • Bereitstellung von Arbeitsplätzen (z.B. durch arbeitspolitische Maßnahmen) • Einrichtung von Gemeinschaftspraxen von Ärzten und Psychologen • Gesundheitsförderung in Krankenhäusern und Reha-Kliniken (z.B. durch gesundheitliche Aufklärung, individuelle Ernährungs- oder Bewegungsberatung) • Einsatz moderner Medien: Presse, Fernsehen, Kino, Internet, interaktive CD (z.B. Aufklärung oder Werbung für gesundheitsförderliches Verhalten im Kino oder Internet)
Gesundheitsförderung durch Aufbau, Stärkung und Nutzung interner (psychischer und physischer) Ressourcen	• Verbesserung der eigenen körperlichen Fitness (z.B. durch Sporttreiben, Wandern, ausreichende Bewegung) • Verbesserung der seelischen Gesundheit (u.a. Selbstachtung, Sinnfindung, Selbstaktualisierung, Vertrauen, Tenazität, Flexibilität) (z.B. durch Selbsterfahrung oder Psychotherapie) • Verbesserung des eigenen Kommunikations- und Konfliktlösungspotentials (z.B. durch Teilnahme an Kommunikationstraining, partnerschaftlichem Lernprogramm oder Ärgerbewältigungstraining) • Verbesserung des eigenen schulischen, beruflichen oder gesundheitsbezogenen Wissens (z.B. durch Fortbildung)
Gesundheitsförderung durch Aufbau, Stärkung und Nutzung interner (psychischer und physischer) Ressourcen	• Anbieten „sozialer“ Unterstützung (z.B. gegenüber Familienmitgliedern oder Arbeitskollegen)

Trotz der Komplexität der Überlegungen aus obiger Tabelle wird bereits an dieser Stelle deutlich, dass den Führungskräften – und der Organisation als Ganzes – eine erhebliche Rolle bei dem Thema „Gesundheitsförderung" zukommt (ausführlich hierzu vgl. Abschnitt 16.3.4).

16.3.3 Ökonomische Effekte von Gesundheitsproblemen

Jetzt soll der Frage nachgegangen werden, ob bzw. in welchem Umfang es sich für Unternehmen lohnt, in die Gesundheit ihrer Mitarbeiter zu investieren. Aufgrund des Umfangs dieser Argumentation muss es genügen, sich hier auf zwei exemplarische Argumentationsstränge zu konzentrieren, nämlich die Gesundheitsreports der Krankenkassen und die Kalkulationen zum Thema „arbeitsbedingte Erkrankungen".

Der BKK Bundesverband legte im Jahre 2008 eine Analyse zu den Kosten arbeitsbedingter Erkrankungen und zur Frühberentung in Deutschland vor. Diese Studie ist insofern bedeutsam, als dass hier sog. „attributive Risiken" identifiziert werden. Übertragen auf die Arbeitswelt geben attributive Risiken an, welcher Anteil des Erkrankungsgeschehens vermieden werden könnte, wenn etwa durch Präventionsmaßnahmen ein Belastungsfaktor der Arbeitswelt ausgeschaltet oder vermindert würde. In Deutschland liegen die jährlichen Kosten arbeitsbedingter Erkrankungen bei 43,9 Milliarden Euro im Jahr. Dabei entsteht der größere Teil durch vorübergehende Arbeitsunfähigkeit. Dagegen ist Frühberentung weniger häufig und trägt nur zu etwa 10 Milliarden Euro zu den arbeitsbedingten Krankheitskosten bei.

Arbeitsbedingte Anteile der Arbeitsunfähigkeit und Frühberentung: Bei Männern lässt sich etwa ein Drittel des Arbeitsunfähigkeitsgeschehens und der Frühberentung auf Belastungen in der Arbeitswelt zurückführen. Besonders hohe Anteile ergeben sich für Muskel- und Skeletterkrankungen. Dies bedeutet: Könnten die beruflichen Belastungen durch Präventionsmaßnahmen vermieden werden, dann wäre mit rund 45 Prozent weniger Arbeitsunfähigkeit und 62 Prozent weniger Frühberentung durch Muskel- und Skeletterkrankungen zu rechnen. Bei Frauen ist der arbeitsbedingte Anteil insgesamt niedriger (Arbeitsunfähigkeit 12 Prozent, Frühberentung 19 Prozent), wobei auch hier die Muskel- und Skeletterkrankungen mit rund 30 Prozent bedeutsam sind.

Psychische Erkrankungen: Bödecker und Friedrichs legen 2012 eine vertiefende Analyse zu dem Thema „Kosten psychischer Erkrankungen und Belastungen in Deutschland" vor[37]. Sie zeigen, dass psychische Störungen eine wesentliche Ursache für Arbeitsunfähigkeit und Frühverrentung darstellen. Die wirtschaftlichen Belastungen durch diese Erkrankung sind wegen der Kombination aus hohem Verbreitungsgrad, frühem Einsetzen und oft ungünstigem, langem Krankheitsverlauf bedeutend. Die jährlichen Gesamtkosten wurden in Europa für das Jahr 2004 auf 240 Milliarden Euro geschätzt. Der größte Teil entfällt dabei auf die indirekten Kosten, die mit 132 Milliarden Euro beziffert werden können. Die Autoren kommen zusammenfassend zu folgenden Schätzungen der Kosten psychischer Störungen und psychischer Belastungen:

- Auf der Basis der Krankheitskostenrechnung 2008 muss davon ausgegangen werden, dass psychische Störungen ca. 11 % der jährlichen direkten Krankheitskosten und ca.

37 Quelle: http://www.boeckler.de/pdf/p_mbf_regellungsluecke.pdf, S. 69ff. (Download vom 13.01.14)

18 % aller verlorenen Erwerbsjahre verursachen. Den direkten Kosten von 28,6 Milliarden Euro steht ein Produktionsausfall von 26 Milliarden Euro gegenüber.
- Arbeitsbedingte körperliche Belastungen haben hieran mit 3 Milliarden Euro direkten und 3,3 Milliarden Euro indirekten Kosten einen beträchtlichen Anteil.
- Arbeitsbedingte psychische Belastungen können direkten Krankheitskosten von 9,9 Milliarden Euro und indirekten Kosten von bis zu 19,3 Milliarden Euro zugeordnet werden. Allein für die Prävention im Bereich psychischer Belastungen am Arbeitsplatz ergibt sich also ein Einsparpotential von knapp 30 Mrd. Euro.

Schlussfolgerungen: Krankheitsbedingte Fehlzeiten werden u.a. an folgenden Merkmalen sichtbar:

- Produktionsausfälle, Maschinenstillstand, Qualitätsprobleme
- Überstunden, befristete Hilfeleistungen
- Arbeitsstunden von Vorgesetzten, die aufgrund von organisatorischen/personellen Problemen durch Fehlzeiten verloren gehen
- Kapital- und Sachkosten wegen ungenützter Kapazitäten
- Sachkosten aufgrund von Terminüberschreitungen
- Opportunitätskosten durch entgangene Gewinne wegen Nichtrealisierung von Marktchancen
- Verminderte Arbeitsmoral der anderen Beschäftigten

Präventionsmaßnahmen können helfen, solche Probleme zu reduzieren. Solche Maßnahmen können zum Beispiel einschließen:

- Management- und Kommunikationsmaßnahmen, wie z.B. die Verdeutlichung der Unternehmensziele und der Rolle der einzelnen Beschäftigten, Sicherstellung von geeigneter Unterstützung für den Einzelnen oder Teams durch das Management, Abgleich von Verantwortlichkeiten und Kontrolle über die Arbeit, Verbesserung der Arbeitsorganisation und der Arbeitsabläufe, der Arbeitsbedingungen und der Arbeitsumgebung.
- Fortbildung von Führungskräften und Mitarbeitern, um deren Bewusstsein und Verständnis für Stress, dessen mögliche Auslöser und den Umgang mit ihm zu schulen, und/oder um Führungskräfte und Mitarbeiter auf Veränderungen einzustellen.
- Bereitstellung von Informationen für die Mitarbeiter und Einbeziehung von Beschäftigten und/oder deren Vertretern gemäß den bestehenden europäischen und nationalen Gesetzen, kollektiven Vereinbarungen und der üblichen Praxis.

Es stellt sich nun die Frage, ob und in welchem Umfang Führungskräfte in der Lage sind, dem Thema „Gesundheit“ seinen gebührenden Stellenwert einzuräumen.

16.3.4 Führung und Gesundheit

Gesundheit als Führungsaufgabe

Führungskräfte spielen im Rahmen des Themenfelds „Gesundheit und Organisation“ eine zentrale Rolle. Dies wird u.a in einer Studie von Jöns (2012) deutlich: Aufgrund von Interviews mit den Verantwortlichen des betrieblichen Gesundheitsmanagements (BGM) in 20 Unternehmen wurde ein enger Zusammenhang zwischen einer mitarbeiterorientierten Führungskultur und dem Umsetzungsgrad von BGM-Maßnahmen deutlich. Jöns (2012, S. 386f.)

folgert hieraus, dass hierbei die Verantwortung oder die Sorge der Führungskräfte um die Gesundheit ihrer Mitarbeiter zum Ausdruck kommt.

Zimber (2007, S. 4f.) arbeitet aufgrund einer Analyse der Unterlagen der Bundesgenossenschaft für Gesundheitsdienste und Wohlfahrtspflege heraus, wie Führungskräfte zur Mitarbeitergesundheit beitragen können. Danach können Führungskräfte an den folgenden Ebenen der Arbeitsgestaltung ansetzen:

- Aufgabe, d.h. Art und Umfang der Tätigkeit
- Arbeitsmittel, d.h. alle technischen Komponenten am Arbeitsplatz
- Arbeitsumgebung, d.h. die physikalische, chemische, biologische wie auch die soziale Arbeitsumgebung wie Führungsverhalten und Arbeitsklima
- Arbeitsorganisation, d.h. Regelung der Arbeitszeiten, Reihenfolge der Tätigkeiten und Arbeitsabläufe
- Arbeitsplatz, d.h. direkte Arbeitsumgebung des Beschäftigten

Das Einflusspotential der Führungskräfte bezieht sich vor allem auf die Veränderungen von Arbeitsbedingungen (z.B. Zeitdruck, Lärm, zu hohe Verantwortung oder Schichtarbeit), um Beanspruchungs-Folgen in Form von Stress und Leistungsabnahme, Krankheiten (psychisch und körperliche) sowie vorzeitigen Ruhestand positiv zu beeinflussen. Vor diesem Hintergrund können Führungskräfte insbesondere zwei zentrale Aufgaben leisten:

- Die Schaffung spezifischer Ressourcen wie z.B. sozialer Unterstützung oder Handlungsspielräume, mit dem Ziel, ungünstige Folgen hoher Anforderungen und Belastungen anwenden zu können.
- Die Gestaltung der Arbeitstätigkeiten und Beeinflussung der Anforderungen mit dem Ziel, direkten Einfluss auf empfundene Belastungen durch die Tätigkeit nehmen zu können.

Führung als Vorbild: Health oriented Leadership

Das Konzept „Health-oriented Leadership" von Franke und Felfe (2010) kann verdeutlichen, welche Denk- und Verhaltensweisen von Führungskräften die betriebliche Gesundheit fördern können:

- Gesundheitsbezogene Achtsamkeit oder Gesundheitsbewusstsein (awareness), wie z.B. „Ich merke sofort, wenn mit mir gesundheitlich etwas nicht stimmt."
- Gesundheitsbezogene Selbstwirksamkeit (efficacy), wie z.B. „Ich weiß, wie ich übermäßiger Belastung vorbeugen kann."
- Stellenwert der eigenen Gesundheit bzw. Gesundheitsvalenz (value), wie z.B. „Es ist mir wichtig, die gesundheitlichen Belastungen an meinem Arbeitsplatz zu mindern und Risiken abzubauen."
- Gesundheitsbezogenes Verhalten (behavior), wie z.B. „Ich versuche, meine Belastungen zu reduzieren, indem ich die eigene Arbeitsweise optimiere. (z.B. Prioritäten setzen, für ungestörtes Arbeiten sorgen, Tagesplanung)."

Die genannten vier Elemente beschreiben einerseits eine gesundheitsförderliche Mitarbeiterführung als auch den Umgang der Führungskräfte mit der eigenen Gesundheit (Selbstführung). Selbstführung und Mitarbeiterführung werden dabei als unmittelbar zusammenhängend betrachtet. Franke und Felfe (2011) befragten Mitarbeiter, inwieweit sie ihre Vorgesetzten als Vorbilder für das Thema Gesundheit wahrnehmen. Die Ergebnisse zeigen, dass die gesundheitsbezogene Vorbildwirkung höher eingeschätzt wird, wenn

- die Vorgesetzten achtsam mit ihren Mitarbeitern umgehen (r = 0,30),
- ihnen die Gesundheit ihrer Mitarbeiter wichtig ist (r = 0,34)
- sie sich ihren Mitarbeitern gegenüber gesundheitsförderlich verhalten (r = 0,36).

Es zeigen sich außerdem positive Effekte in der Einschätzung der eigenen Gesundheit der Mitarbeiter. Bei einer fehlenden Vorbildfunktion der Führungskraft werden von Seiten der Mitarbeiter erhöhte Irritation und psychosomatische Beschwerden berichtet.

Zusammenfassend lässt sich aufgrund der empirischen Befunde sagen, dass das aktive Gesundheitshandeln der Führungskräfte bei den Mitarbeitern den entsprechenden Anstoß gibt, selbst aktives Gesundheitsverhalten zu zeigen. Einschränkend ist zu ergänzen, dass die Vorbildwirkung und die aktive Motivation der Mitarbeiter zu Gesundheitshandeln allerdings nur dann zielführend sind, wenn die Führungskraft hierbei auch als authentisch wahrgenommen wird (Franke & Felfe, 2011, S. 11f.).

Stressbelastung und Zeitohnmacht von Führungskräften

Oben wurde bereits herausgearbeitet, dass Führungskräfte bez. der Gesundheit ihrer Mitarbeiter eine wichtige Rolle spielen. Doch wie sieht eigentlich deren eigener Arbeitsalltag aus? Was sind deren typische Belastungen? Typische Aussagen von Führungskräften verschiedenster Hierarchiestufen sind: „Ich bin nicht Herr meiner Zeit.“ „Ich habe nicht die Zeit, alles zu schaffen, was von mir erwartet wird“. Die Botschaft dahinter ist klar: Es gibt ein Gefühl der Ohnmacht, wenn es um die Selbststeuerung der eigenen Zeit geht. Und das hat Folgen für die Selbst- und Mitarbeiterführung.

Insgesamt hat der Anforderungsdruck an Führungskräften nachteilige Folgen für die Mitarbeiterführung. Die Redaktion vom Praxishandbuch „leiten, führen, motivieren“ führte im Frühjahr 2008 eine umfassende, anonyme Befragung von 1.875 Führungskräften in den verschiedenen Branchen durch. Gefragt wurde, wo die Führungskräfte ihre eigenen Schwachpunkte und wo sie die Ursachen dafür sehen:[38]

- Kein Feedback geben (89 Prozent)
- Konflikten ausweichen (82 Prozent)
- Entscheidungen aufschieben (64 Prozent)
- Mitarbeiter unterfordern (52 Prozent)
- Keine Verantwortung übertragen (48 Prozent)

Fast alle Führungskräfte (97 Prozent) sagten, dass diese Schwachpunkte entstehen, weil sie nicht genügend Zeit für ihre Mitarbeiter hätten.

Führungskräfte als „Gesundheitsmanager“?

Viele Führungskräfte sind nicht oder nur unzureichend darauf vorbereitet, mit den psychischen Belastungen ihrer Mitarbeiter umzugehen. Die Studie „Psychische Beanspruchung von Mitarbeitern und Führungskräften“ der Deutschen Gesellschaft für Personalführung e.V. (DGFP) deutet auf erhebliche Defizite im Umgang mit psychisch beanspruchten Mitarbeitern hin. Vor allem die Mitarbeiterführung lässt in den Augen der 239 befragten HR-Manager

---

38 Quelle: http://www.coaching-house.ch/wp-content/uploads/2012/03/5_F ProzentC3 ProzentBChrungsfehler.pdf (Download vom 16.04.12)

stark zu wünschen übrig (Sedlacek, 2011, S. 25). Die DGFP-Studie spricht hier eine deutliche Sprache:

- 88 Prozent der deutschen Unternehmen haben psychisch beanspruchte Mitarbeiter. Umso wichtiger ist der korrekte und förderliche Umgang mit diesen Mitarbeitern. Sinnvoll ist hier vor allem die Prävention. Diese scheitert meist am fehlenden Wissen und der Unsicherheit der Führungskräfte im Umgang mit den Betroffenen.
- 76 Prozent der befragten Personalmanager sind der Ansicht, dass die Führungskräfte in ihrem Unternehmen nur unzureichend darauf vorbereitet sind, psychische Beanspruchungen überhaupt zu erkennen.
- 87 Prozent der Befragten konnten zudem beobachten, dass die Führungskräfte unsicher sind, wie sie sich im Umgang mit psychisch beanspruchten Mitarbeitern adäquat verhalten sollen.
- Weitere 56 Prozent der befragten Personalmanager haben darüber hinaus den Eindruck, dass die Führungskräfte die psychische Beanspruchung ihrer Mitarbeiter bewusst tabuisieren.
- Nur 17 Prozent der befragten Unternehmen machen „psychische Beanspruchung“ zum standardmäßigen Bestandteil von Mitarbeitergesprächen.

Woran liegt das? Sicherlich sind hier im Wesentlichen eine mangelnde Investitionsbereitschaft der Unternehmen in ein BGM aufgrund unklarer Renditebelege sowie eine mangelnde Weiterbildung der Führungskräfte wichtige Ursachen. Für unseren Zusammenhang ist hier allerdings noch folgender Aspekt bedeutsam – nämlich die Überzeugungen der Führungskräfte bez. ihrer eigenen Rolle bei der Gesundheit ihrer Mitarbeiter (ausführlich zum Thema „Überzeugungen“ vgl. Kapitel 1).

Echterhoff (2011) untersuchte die Selbsteinschätzung von 19 Führungskräften verschiedener Branchen hinsichtlich ihrer gesundheitsrelevanten Einflussmöglichkeiten im Betrieb. Die wesentlichen Befunde lassen sich wie folgt zusammenfassen:

- Fragebereich „**Beitrag der Führungskraft zum Betriebsklima**“: Hier gaben die Führungskräfte einheitlich einen großen Einfluss an und bezeichneten dies auch als wichtige Führungsaufgabe. Die Mittel zur Einflussnahme waren laut Angabe Besprechungen, Vorbildfunktion, sachlicher Umgang, Eingreifen bei Konflikten, Vorbeugen von Konflikten durch Aufzeigen von Grenzen, Vertrauen, Anerkennung, Wertschätzung, Lob und Empathie.
- Fragebereich „**Verantwortungsübernahme für die Gesundheit der Mitarbeiter**“: Zum Großteil sahen die Führungskräfte nur einen geringen Einfluss auf die Gesundheit der Beschäftigten. Vielmehr sahen sich alle Führungskräfte als Gestalter der Unternehmenskultur, der sie einen hohen Einfluss auf die Gesundheit der Beschäftigten zusprechen.

Wie lassen sich diese Befunde erklären? Betrachtet man diese Überzeugungen aus der Perspektive der Selbstwirksamkeit bzw. Kompetenzerwartung, so wird deutlich, dass die Führungskräfte einerseits für sich ein hohes Maß an Selbstwirksamkeit bez. betrieblicher Handlungen in Anspruch nehmen. Andererseits verfügen Führungskräfte nur in geringem Maß über die Kompetenzerwartung, die Gesundheit ihrer Mitarbeiter aktiv beeinflussen zu können. Nach Echterhoff (2011) kann sich dies ändern, wenn die Betroffenen eine Weiterbildung in Sachen BGM absolvieren würden.

17 Studie I: Fragebogenstudie

Rüdiger Reinhardt

17.1 Zielsetzung, Hypothesen und Vorgehen: Übersicht

Die hier vorgestellte Studie ist die erste Studie weltweit, die das Ziel hat, die beiden bedeutsamsten Zugänge zum Thema Neuroleadership, nämlich das SCARF-Modell und die Konsistenztheorie, empirisch zu testen. Im Zuge dessen wurden zwei Forschungsfragen entwickelt:

1. In welchem Umfang gelingt es, mittels Führungskonzepten aus dem Bereich Neuroleadership berufsbezogene Leistung und Gesundheit vorherzusagen (SCARF-Modell von Rock bzw. Konsistenztheorie von Grawe) – um somit entsprechende Gestaltungshinweise ableiten zu können?
2. Welcher der beiden Theorieansätze eignet sich besser, berufsbezogene Leistung und Gesundheit vorherzusagen?

Diese Leitfragen wurden in entsprechende Hypothesen übersetzt; sie lassen sich in Kurzform wie folgt formulieren (vgl. die folgende Abbildung):

- **Hypothesen zu den externen Einflussfaktoren (SCARF-Modell)**: Die fünf Dimensionen des SCARF-Modells – Status, Sicherheit (Certainty), Autonomie (Autonomy), Zugehörigkeit (Relatedness) und Fairness – beeinflussen sowohl die Leistung wie auch die Gesundheit positiv.
- **Hypothesen zu den personenbezogenen Faktoren (Konsistenztheorie)**: Die fünf Dimensionen der Konsistenztheorie – Bedürfnis nach Bindung (sicherer Bindungsstil), Kontrolle, eine positive Lust-/Unlustbalance, Selbstwerterhöhung und Kongruenz (i.S. des Konsistenzverständnisses von Grawe) beeinflussen sowohl die Leistung wie auch die Gesundheit positiv.

Ziel dieser Forschungsarbeit war somit ein praktischer Erkenntnisgewinn, der Führungskräfte in der Verbesserung ihres Führungsverhaltens unterstützen soll. Konsequenterweise wurden Berufstätige befragt, an die ein Online-Fragebogen verschickt wurde (November bis Dezember 2012; Grundgesamtheit: n = 2.125 Berufstätige). An der Befragung nahmen 940 Personen teil (= Rücklaufquote: 44 Prozent). Weitere Merkmale der Stichprobe sind: Altersbereich von unter 25 bis über 50 Jahren; Geschlecht: 61 Prozent Frauen, 39 Prozent Männer; 34 Prozent Führungskräfte, 66 Prozent ohne Führungserfahrung (weitere Details zur Stichprobe vgl. Abschnitt 17.3.1).

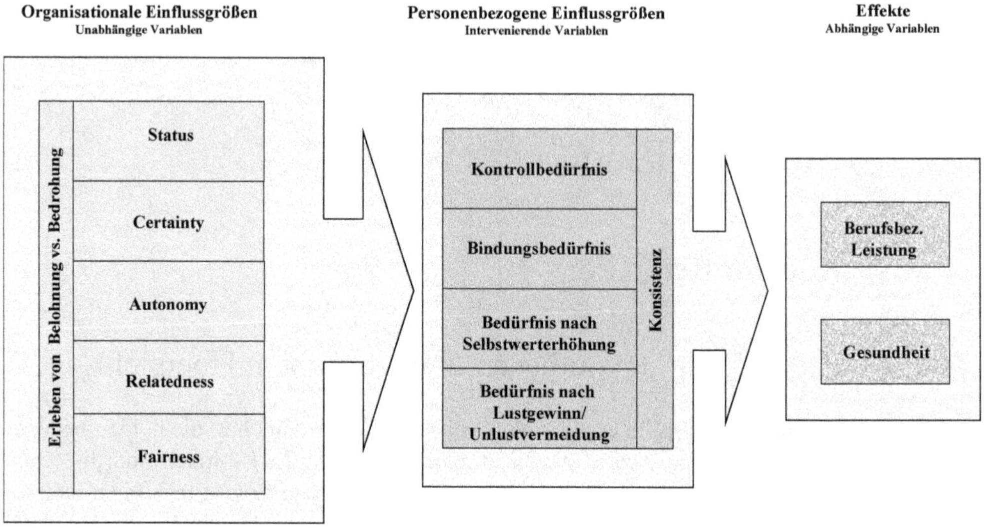

Abb. 17.1: Übersicht: Hypothesen der Querschnittsstudie

Aus obiger Abbildung werden die drei Ebenen der Befragung deutlich:

- Effekte bzw. Gestaltungsinteresse (abhängige Variablen): Im Mittelpunkt des Forschungsinteresses steht die Frage nach den Beeinflussungs- und somit Gestaltungsmöglichkeiten der beiden abhängigen Variablen „berufsbezogene Leistung“ und „Gesundheit“.
- Die zentralen organisationalen Einflussfaktoren werden über das SCARF-Modell definiert. Im Mittelpunkt stehen hier die fünf Dimensionen bzw. unabhängigen Variablen „Status“, „Certainty“, „Autonomy“, „Relatedness“ und „Fairness“.
- Eine weiter wichtige Rolle spielen die personenbezogenen Einflussfaktoren – die sog. intervenierenden Variablen. Diese wurden aus der Konsistenztheorie von Grawe abgeleitet und enthalten dessen vier Grundbedürfnisse sowie die Dimension Konsistenz.

17.2 Rahmenbedingungen der Studie

17.2.1 Vorgehen & Design

Die empirische Überprüfung innovativer Management- und Organisationskonzepte scheitert in der Praxis oftmals an dem Zugang zu einem entsprechenden Personenkreis bzw. an eher geringen Stichprobengrößen. Im vorliegenden Fall konnten diese Probleme insofern reduziert werden, als dass es gelang, **2.125 berufstätige Personen** anzusprechen, die zum Befragungszeitraum allesamt ein Studium an der SRH FernHochschule Riedlingen absolviert hatten. Dieses Vorgehen entspricht dem der Praxis insofern, als dass die Publikationen der großen Beratungsunternehmen oftmals auf einer Befragung der eigenen Kunden basiert. Die Rücklaufquote war zum einen mit 44 % im Vergleich zu anderen Studien sehr hoch. Aufgrund der Heterogenität der Stichprobe kann des Weiteren festgehalten werden, dass eine Vielzahl von ganz unterschiedlichen Teilgruppen der Bevölkerung angesprochen wurde.

17.2.2 Untersuchungsinstrument

Zur Datenerhebung wurde ein Onlinefragebogen eingesetzt. Dies erleichtert einerseits die spätere Auswertung, bietet Kostenvorteile und gewährleistet die Anonymität der Befragten. Andererseits können die Befragten den Zeitpunkt sowie den Ort der Befragung selbst bestimmen, was einen positiven Einfluss auf die Rücklaufquote haben kann. Ein generelles Problem der schriftlichen Befragung ist die Rücklaufquote. Nach Konrad (2001, S. 59) liegt diese i.d.R. zwischen 15 und 30%, wobei das persönliche Involvement der Befragten entscheidenden Einfluss auf die Beantwortung des Fragebogens hat. Je höher die persönliche Betroffenheit des Befragten ausfällt, desto wahrscheinlicher ist es, dass dieser die Befragung vollständig absolviert. Die im Vergleich zu diesen Erfahrungen erzielte Rücklaufquote in Höhe von 44 Prozent ist somit als positiv zu werten.

17.2.3 Skalierung

Als Skala wurde eine fünf-stufige Likert-Skala mit der Ausprägung von „trifft überhaupt nicht zu" bis hin zur Ausprägung „trifft völlig zu" gewählt. Über die fünf Antwortmöglichkeiten hinaus gab es bei jedem Item die Möglichkeit die Frage als „nicht beurteilbar" zu markieren, um die Gefahr des Abbrechens der Fragebogenbeantwortung zu reduzieren. Um einer Tendenz zu zustimmenden Antworten, also dem Eindruck einer Erwünschtheit bestimmter Antworten entgegen zu wirken, empfiehlt es sich, einige Items in „umgekehrter" Skalierungsrichtung zu präsentieren. Diese Items werden vor der Auswertung nach der Zuordnungsvorschrift umgepolt.

17.2.4 Fragebogen

Den verwendeten Fragebogen finden Sie im Anhang I dieses Buches. Der Fragebogen wurde in vier große Abschnitte unterteilt. Innerhalb des ersten Teils werden die fünf Dimensionen des SCARF-Modells über geeignete Indikatoren erfragt. Im zweiten Teil folgen die Fragen zur Konsistenztheorie. Den letzten Block bilden die abhängigen Variablen Gesundheit und berufsbezogene Leistung. Abgeschlossen wird der Fragebogen mit der Erhebung der soziodemographischen Fragen zum persönlichen und organisationalen Hintergrund der Teilnehmer. Vor Befragungsstart wurde der Fragebogen einem Pretest mit mehr als 50 Berufstätigen unterzogen und entsprechende inhaltliche Anpassungen vorgenommen. Des Weiteren wurde vorab die technische Praktikabilität geprüft – und zwar mit den gebräuchlichsten Betriebssystemen (wie z.B. Windows, Linux, MAC OS X) sowie unterschiedlichen Browsern (Explorer, Firefox, Chrome, Safari, Opera).

17.2.5 Operationalisierung der Variablen

Für die Erfassung der beiden abhängigen Variablen – berufsbezogene Leistung und Gesundheit – wurden aus der Literatur geeignete Messverfahren bzw. Indikatoren identifiziert und entsprechende Items entwickelt. Bez. der Erfassung der fünf SCARF-Dimensionen konnte nicht auf geeignete Skalen bzw. nur auf Skalen mit fehlenden Gütekriterien zurückgegriffen werden[39]. Daher wurden hierfür entsprechend eigene Skalen entwickelt. Für die Erfassung der Dimensionen der Konsistenztheorie wurde auf bestehende Verfahren zurückgegriffen. Die ausführliche Darstellung der verwendeten Messinstrumente findet sich in Anhang I.

17.3 Ergebnisse

Im vorliegenden Abschnitt wird aus Verständlichkeitsgründen lediglich eine Übersicht über die **Hauptergebnisse** der Befragung gegeben. Die wissenschaftliche Detailanalyse der Daten findet sich hingegen in Anhang II.

17.3.1 Merkmale der Stichprobe

Insgesamt haben 940 Personen von 2125 angesprochenen Personen teilgenommen. Aus folgender Tabelle werden die einzelnen Merkmale der befragten Personen deutlich.

Tab. 17.1: Beschreibung der Stichprobe

Geschlecht	Insgesamt haben 61,3 Prozent Frauen und 38,7 Prozent Männer an der Befragung teilgenommen.
Altersgruppe	Die Befragten haben sich in entsprechenden Altersklassen zugeordnet; die Berechnung des Durchschnittsalters war somit nicht möglich. Im Einzelnen lag folgende Verteilung vor: 37,9 Prozent waren jünger als 25 Jahre; 34,1 Prozent waren in einer Altersklasse zwischen 26 und 30 Jahre und 27,9 Prozent 31 Jahre und älter.
Höchster Bildungsabschluss	61,1 Prozent der Teilnehmer wies Abitur/Fachhochschulreife und 25,9 Prozent bereits ein Erststudium auf.
Dauer der Berufstätigkeit	Entsprechend dem Durchschnittsalter wiesen 43,8 Prozent bis zu 5 Jahren Berufserfahrung, 30,8 Prozent zwischen 6 und 10 Jahren und 25,5 Prozent mehr als 10 Jahre Berufserfahrung auf.
Art der Erwerbstätigkeit	Das Gros der Befragten hatte einen unbefristeten Arbeitsvertrag (74,8 %), 17,8 Prozent einen befristeten Arbeitsvertrag, 4,8 Prozent waren freiberuflich tätig – und 2,7 Prozent im Mutterschutz oder in der Elternzeit.
Zugehörigkeit zur Hierarchieebene	Die Mehrheit der der Befragten hatte keine Führungsfunktion inne (66,7 %), zum mittleren Management gehörten 30,5 Prozent und zur Geschäftsführung 2,9 Prozent.

39 Das Beratungsunternehmen von David Rock (NeuroLeadershipGroup; vgl. neuroleadershipgroup.com) schlägt eine Reihe von Indikatoren zur Erfassung des SCARF-Modells vor (Quelle: http://www.scarfsolutions.com/SelfAssessment.aspx) – allerdings sind diese aus wissenschaftlicher Sicht für eine adäquate Messung ungeeignet: Es werden 14 Items nach dem „forced choice"- Format zur Verfügung gestellt. Das bedeutet einerseits, dass man sich jeweils für eine Antwort, die jeweils einer Dimension zugeordnet werden kann, entscheiden muss. Dies widerspricht nicht nur Rocks Annahmen, dass die Dimensionen nicht unabhängig voneinander sind, sondern führt dazu, dass es nicht möglich ist, die gängigen Auswertungsverfahren für die Analyse einzusetzen. Andererseits ist die Gesamtskala mit n = 14 Items relativ kurz, d.h., dass eine reliable Messung der fünf Dimensionen unwahrscheinlich ist – zudem sind für die fünf SCARF-Dimensionen keine Gütekriterien erhältlich. Zusammengenommen führte dies zur Entscheidung, ein eigenes Messinstrument für die Erfassung der fünf SCARF-Dimensionen zu entwickeln.

Tab. 17.1: Beschreibung der Stichprobe

Geschlecht	Insgesamt haben 61,3 Prozent Frauen und 38,7 Prozent Männer an der Befragung teilgenommen.
Dauer der Beschäftigung bei aktuellem Vorgesetzten	34,5 Prozent der Befragten arbeiteten zwischen 1 und 2 Jahren beim aktuellen Vorgesetzten, 24,1 Prozent zwischen 3 und 4 Jahren, 23,9 Prozent weniger als 1 Jahr und 15 Prozent mehr als 5 Jahre. 2,4 Prozent hatten keinen Vorgesetzten.
Betriebsgrößenklasse	60,9 Prozent arbeiteten in Unternehmen bis max. 1000 Mitarbeitern, 18,1 Prozent in Unternehmen zwischen 1001 und 10.000 Mitarbeitern und 21 Prozent in noch größeren Unternehmen.
Arbeitszeit	Das Gros der Befragten arbeitete zwischen 36 und 40 Stunden/Woche, 12,1 Prozent mehr als 40 Stunden und 29,6 Prozent weniger als 36 Stunden.
Anzahl der Überstunden	67 Prozent machen bis zu 5 Überstunden pro Woche, 23,3 zwischen 6 und 10 Überstunden und 9,8 Prozent berichten mehr als 10 Überstunden pro Woche.

17.3.2 Beantwortung von Forschungsfrage 1

Die **erste Leitfrage** lautete: In welchem Umfang gelingt es, mittels Führungskonzepten aus dem Bereich Neuroleadership berufsbezogene Leistung und Gesundheit vorherzusagen (SCARF-Modell von Rock bzw. Konsistenztheorie von Grawe)?

SCARF-Modell

Betrachtet man hier die Ergebnisse im Zusammenhang mit dem SCARF-Modell (vgl. die folgende Abbildung), so wird deutlich, dass Leistung im Umfang von 22% und Gesundheit im Umfang von – nahezu vernachlässigenden – 8% vorhergesagt wird. Bei der Vorhersage der Leistung spielen Autonomie (ß = 0,15) und das Zugehörigkeitsgefühl (ß = 0,21) eine Rolle, wohingegen Gesundheit vom Sicherheitsempfinden (ß = 0,24) abhängt. Zu ergänzen ist, dass der Zusammenhang zwischen Leistung und Gesundheit mit r = 0,26, zwar signifikant, aber eher niedrig ist.

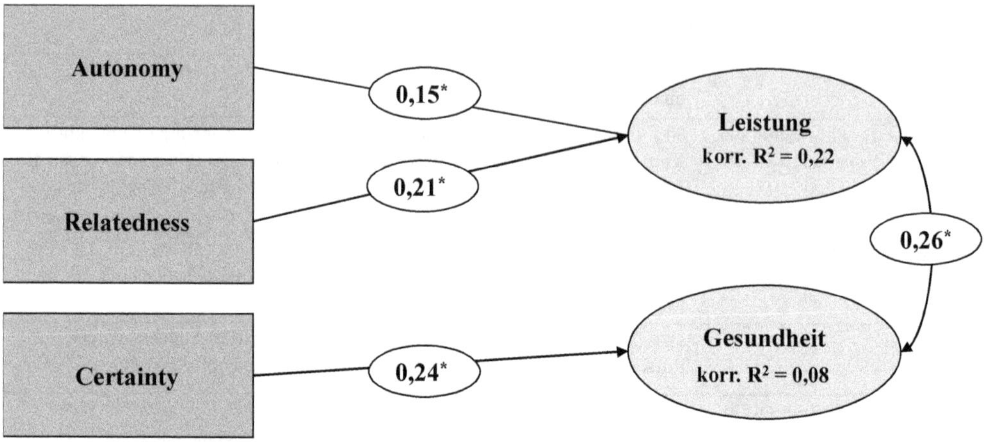

Abb. 17.2: Einflussfaktoren auf Leistung und Gesundheit aus Perspektive des SCARF-Modells (Legende: * = $p < 0,05$)

Aus Praxissicht bedeutet dies, dass Leistung einerseits durch das Erleben möglicher Einfluss- und Kontrollausübung, das Empfinden von Wahlmöglichkeiten sowie die Teilhabe bei Entscheidungsprozessen (Autonomie) gefördert werden kann. Andererseits steigt die Leistung aber auch durch Vertrauen, Transparenz, Arbeit in kleineren Gruppen, einer lernorientierten Unternehmenskultur sowie durch den Aufbau von klar definierten Partnerschaften, Mentoren- und Coachingprogrammen (Zugehörigkeit). Ein stark intervenierender, kontroll- und regelgeleiteter Führungsstil, der wenig Freiräume und Selbstbestimmung ermöglicht, reduziert das Erleben von Autonomie. Allerdings darf dies nicht als Freifahrschein für eine grenzenlose Autonomie missverstanden werden – es ist auf eine Balance zwischen Aufgabenanforderungen und Autonomiebedürfnissen zu achten.

Konsistenztheorie

Betrachtet man die Ergebnisse jedoch aus Perspektive der Konsistenztheorie, so wird deutlich, dass hier Leistung im Umfang von 39% und Gesundheit im Umfang von 53% vorhergesagt wird. Bei der Vorhersage der Leistung spielen ein sicherer Bindungsstil (ß = 0,15) und eine ausgeprägte Annäherungsmotivation (ß = 0,41) eine zentrale Rolle, wohingegen Gesundheit im hohen Maße von dem Selbstwertgefühl (ß = 0,65) sowie der Abwesenheit einer Vermeidungsmotivation (ß = – 0,32) und dem Fehlen negativer Emotionen (ß = – 0,51) abhängt (vgl. die folgende Abbildung).

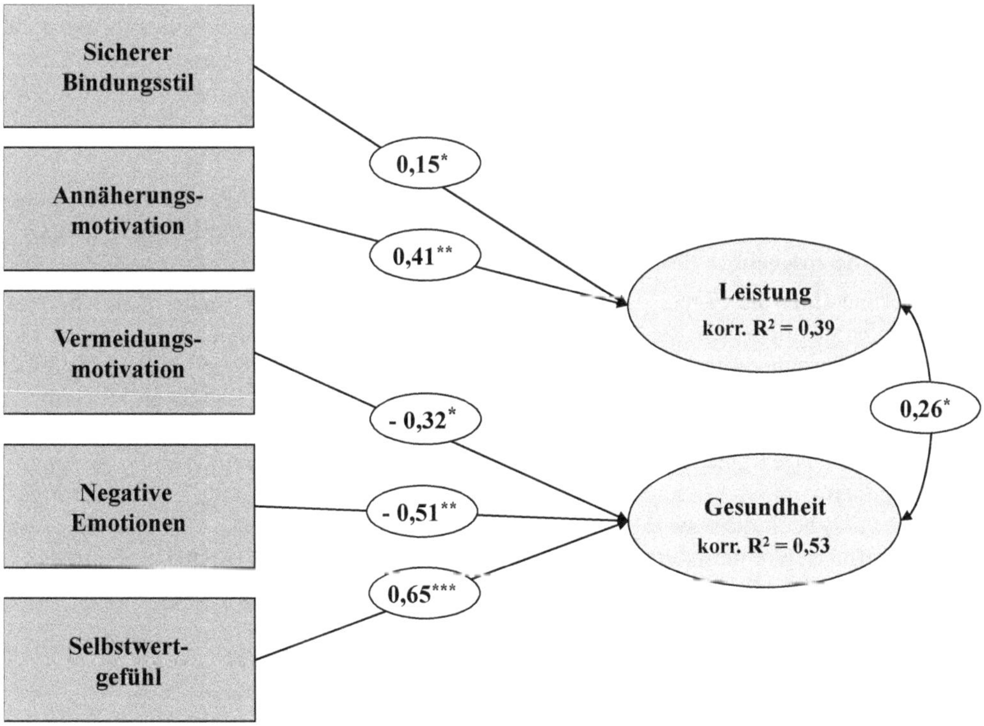

Abb. 17.3: Einflussfaktoren auf Leistung und Gesundheit aus Perspektive der Konsistenztheorie (Legende: * = $p < 0,05$; ** = $p < 0,01$; *** = $p < 0,001$)

Aus Praxissicht bedeutet dies, dass berufsbezogene Leistung einerseits durch einen sicheren Bindungsstil beeinflusst wird. Mikulincer und Shaver (2007) haben gezeigt, dass Mitarbeiter mit sicherem Bindungsstil im Gegensatz zu Personen mit ängstlichem oder vermeidendem Bindungsstil höhere Ausprägungen bei organisationalem Commitment, prosozialem Verhalten und spontanem produktivem Verhalten eine höhere allgemeine Arbeitszufriedenheit aufweisen, positiv physisches und psychisches Wohlbefinden äußern und eine geringere Ausprägung bei sozialen Störungen aufweisen. Leistungsfördernde Annäherungsschemata lassen sich andererseits anhand folgender Merkmale festmachen: Geselligkeit genießen können, vertrauensvolle Beziehungen eingehen können, Anderen helfen, Hilfe annehmen können, Anerkennung/Wertschätzung äußern, autonomes und leistungsorientiertes Verhalten zeigen, Kontrolle ausüben und erleben können, Interesse an Bildung und Weiterbildung haben, das Leben als sinnvoll erleben und es genießen können sowie einen eher hohen Selbstwert aufweisen.

Gesundheit wird sehr stark durch ein hohes allgemeines Selbstvertrauen gefördert – solche Personen zeichnen sich einerseits dadurch aus, dass sie Aufgaben mit mittleren Schwierigkeitsgraden bevorzugen, sich also weder über- noch unterfordern. Entsprechend können Führungskräfte dafür sorgen, genau solche Aufgaben zu vergeben – was allerdings wiederum einen entsprechend engeren Kontakt zu den Mitarbeitern voraussetzt. Des Weiteren erkennt man solche Personen am weitestgehenden Fehlen von Trennungsgefühlen, Geringschätzung, Vorwürfen, Spannungsgefühlen, Hilflosigkeit und Versagensängsten. Und schließlich fehlt – dazu passend – ein Übermaß an negativen Emotionen wie Angst/Beunruhigung, Ärger, Zorn,

Traurigkeit, Schuld, Neid und Verachtung, die zu mangelnder Motivation führen und sich dadurch negativ auf Gesundheit und auch Leistung auswirken.

17.3.3 Beantwortung von Forschungsfrage 2

Die **zweite Leitfrage** lautete: Welcher der beiden Theorieansätze (SCARF-Modell von Rock bzw. Konsistenztheorie von Grawe) eignet sich besser, berufsbezogene Leistung und Gesundheit vorherzusagen?

Betrachtet man hier die Ergebnisse, so wird zunächst – recht überraschend – deutlich, dass die Variablen aus dem SCARF-Modell keinerlei Rolle mehr spielen – und sich zudem die Anzahl der relevanten Einflussgrößen reduziert, mit deren Hilfe Leistung und Gesundheit beeinflusst werden können. Leistung wird im Umfang von 38% und Gesundheit im Umfang von 64% vorhersagt. Bei der Vorhersage der Leistung spielen ein sicherer Bindungsstil (ß = 0,28) und eine ausgeprägte Annäherungsmotivation (ß = 0,54) eine zentrale Rolle, wohingegen Gesundheit vom Grundsatz her nur noch von einer hohen Ausprägung des Selbstwertgefühls (ß = 0,72) beeinflusst wird. Im Vergleich zur obigen Einzelanalyse bedeutet dies, dass sich die Einflussstärke dieser drei Faktoren nochmals erhöht: Sicherer Bindungsstil um 87%, Annäherungsmotivation um 32% und Selbstwertgefühl um 11 % (vgl. die folgende Abbildung).

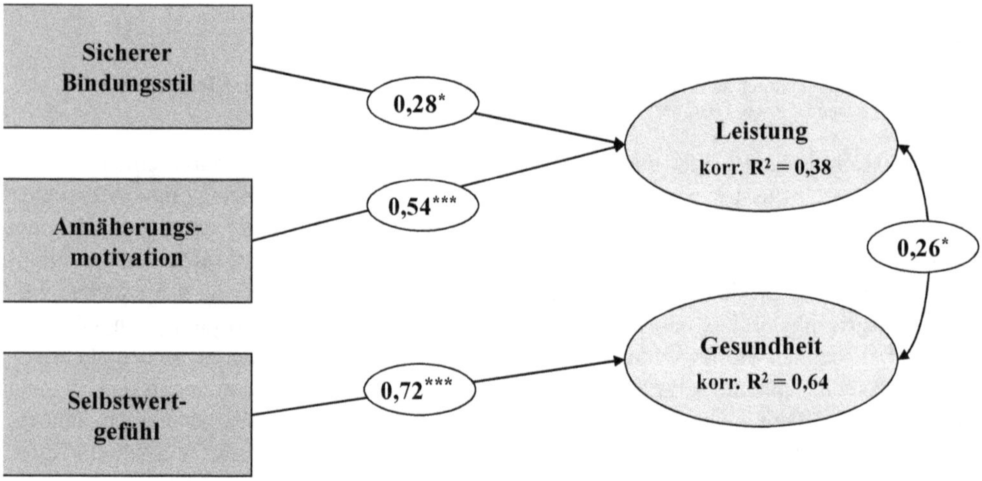

Abb. 17.4: Einflussfaktoren auf Leistung und Gesundheit aus integrativer Perspektive (Legende: * = p < 0,05; *** = p < 0,001)

17.3.4 Die Rolle des Kongruenzerlebens

Oben wurde gezeigt, dass das Kongruenzerleben eine wichtige Voraussetzung für hohe Leistung und Gesundheit ist. Die Ergebnisse verdeutlichen, dass sich das Kongruenzerleben positiv auf Leistung und Gesundheit auswirkt: Je größer die Relation (der Quotient) zwischen Annäherungs- und Vermeidungsmotivation ist, desto höher ist das damit einhergehende Leistungs- bzw. Gesundheitsniveau. Mittels einer einfaktoriellen, vierfach gestuften Varianzanalyse wurde dieser Effekt für beide abhängige Variablen bestätigt: Leistung ($F = 25{,}594$; $p < 0{,}001$) bzw. Gesundheit ($F = 16{,}591$; $p < 0{,}001$). In den beiden folgenden Abbildungen werden die Mittelwerte für die vier Quartile gezeigt.

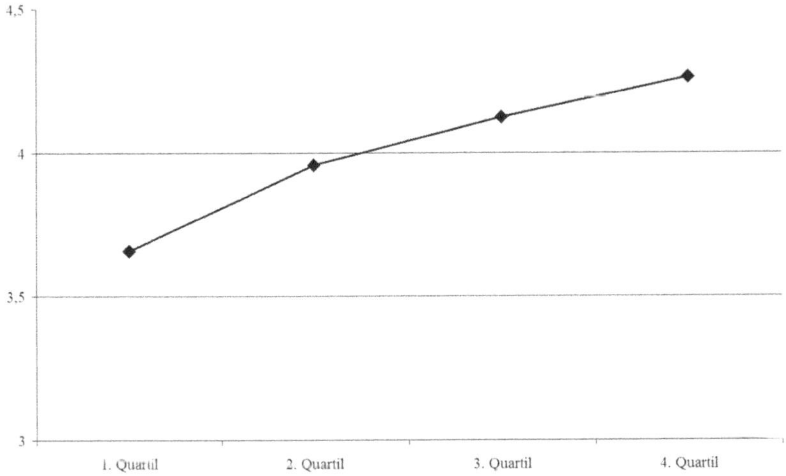

Abb. 17.5: Kongruenzerleben und Leistung

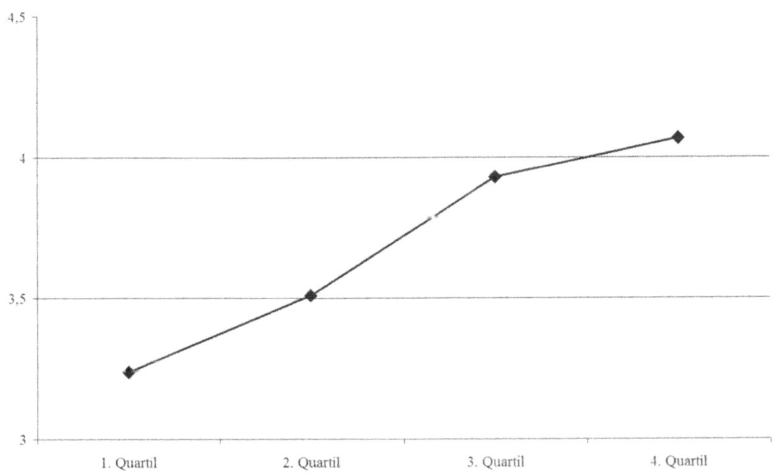

Abb. 17.6: Kongruenzerleben und Gesundheit

Die beiden obigen Abbildungen können zusammenfassend eindrucksvoll die Notwendigkeit bestätigen, den Mitarbeitern ein hohes Maß an Kongruenzerleben zu erleben: **Hohe Kongruenz wirkt sich positiv auf Leistung und Gesundheit aus**. Was bedeutet das? Wenn Inkongruenz die Nichtübereinstimmung des real Erlebten mit den aktivierten motivationalen

Zielen bedeutet, dann bedeutet dies in besonderem Maße, einerseits auf Zielklarheit und andererseits auf Zielrealisierung zu achten.

17.3.5 Reflexion des eigenen Vorgehens

Stichprobe

Da bei der vorgelegten Studie – wie bei den allermeisten Studien zum Zusammenhang zwischen Managementmethoden und Leistung, bei denen im Feld Daten erhoben werden[40] – nicht von einer Zufallsstichprobe ausgegangen werden kann, sind Stichprobeneffekte nicht auszuschließen. Allerdings macht das hohe Ausmaß an Übereinstimmung der grundlegenden Daten (Mittelwerte, Korrelationen) mit der Literatur insofern zuversichtlich, als dass nur eine geringe Anzahl systematische Fehler vorliegen dürfte.

Selbst- vs. Fremdbeurteilung

Ein weiteres mögliches Problem könnte darin bestehen, dass die Selbsteinschätzung der Befragten bez. ihrer Leistungsfähigkeit (und Gesundheit) verzerrt, also nicht valide ist. Grundsätzlich weiß man, dass sowohl Selbst- als auch Fremdeinschätzungen von der Gefahr einer Verzerrung bedroht sind. Auch falsche Angaben, um sich selbst oder die Person, um die es geht, in einem besseren Licht da stehen zu lassen, sind gängige Fehlerquellen, die zu Verzerrungen bei der Interpretation führen (vgl. u.a. Mummendey & Grau, 2008).

Zur subjektiven Leistungsbeurteilung können verschiedene Beurteilungsverfahren eingesetzt werden. Eine grundlegende Unterscheidung treffen Bommer et al. (1995), indem sie Beurteilungen, die auf Basis von absoluten Vergleichen mit Leistungsstandards zustande kamen, von solchen abgrenzen, denen relative Vergleiche zwischen Personen zugrunde liegen. Eine Unterscheidung in Bezug auf die Systematik der Beurteilungsdurchführung trifft Schuler (2004): Der unsystematischen freien Eindrucksschilderung stehen systematische Vorgehensweisen gegenüber. Systematisch ist eine Beurteilung dann, wenn sie a) geplant durchgeführt wurde, b) auf Anforderungsanalysen basiert, um einen hohen Bezug zur Tätigkeit der beurteilten Personen sicherzustellen, c) standardisierte Fragen zumindest aber geregelt geführte Gespräche und d) skalierte Antwortformate eingesetzt werden.

Metaanalysen zeigen, dass die mittlere Reliabilität bei beruflichen Leistungsbeurteilungen oft mit 0,60 angegeben wird. Hierbei handelt es sich um die Beurteilung durch Vorgesetzte. Schmidt und Hunter haben diesen Wert im Jahr 1977 in ihrer Meta-Analyse herausgearbeitet; er wird in einer Studie von Rothstein im Jahr 1990 mit der Einschränkung bestätigt, dass der Vorgesetzte den zu Beurteilenden lange kennt: „My findings suggest that this [value of 0,60] is an accurate one when the rater has had long exposure to the ratee and is a conservative (i.e., high) estimate otherwise“ (vgl. Rothstein, 1990, S. 326). Rothsteins Annahmen basieren auf Interraterreliabilitäten. Für diese Interraterreliabilitäten wurden neun Leistungsdimensionen verwendet. 9.975 Mitarbeiter aus 79 Unternehmen wurden für dessen Studie befragt.

---

40 Beispielsweise sind hier zu nennen: Die „4+2 Formel“: „Wie erfolgreiche Unternehmen arbeiten“ (Joyce/Nohria/Roberson 2003); IMP-Studie: „Was erfolgreiche Unternehmen anders machen“ (Bailom/Matzler/Tschermernjak 2006); Hidden Champions des 21. Jahrhunderts (Simon 2007)

Moser und Heidemeier erklärten 2009 einen Durchschnitt von nur r = 0,22 bei der Beurteilung von Mitarbeitern durch ihre Vorgesetzten. Zugrunde gelegt wurden hier 10 Studien mit über 1.000 Befragten (vgl. Nerdinger, Blickle & Schaper 2001). Analog betonen Frey und Balzer (2005), dass es gute Argumente für die Validität von Selbsteinschätzungen gibt. Ebenfalls Murphy und Cleveland sehen keinen Grund, Vorgesetztenurteile als valider anzusehen (vgl. Hausner, 2008).

Insgesamt lässt sich somit feststellen, dass es bez. der Validität von Leistungseinschätzungen sowohl für die Selbstbewertung, als auch für die Fremdbewertung empirisch belegte Studien gibt. Vor diesem Hintergrund war es vertretbar, in der vorgelegten Studie – letztlich aus forschungsökonomischen Gründen – eine Selbsteinschätzung durch die Befragten vornehmen zu lassen. Unabhängig sei bereits auf die im kommenden Kapitel skizzierte Validierungsstudie hingewiesen, die ein hohes Maß an Übereinstimmung zwischen Selbst- und Fremdbeurteilung der Leistung aufzeigt.

17.4 Praxisimplikationen

17.4.1 Führungsprozess des Neuroleadership

Dieses Forschungsprojekt hatte zum Ziel, zwei Konzepte des „Neuroleadership" empirisch zu prüfen – und zwar in Bezug auf die Frage, ob hierdurch Leistung und Gesundheit gefördert werden kann. In der weltweit ersten Studie dieser Art konnten einige der vermuteten Zusammenhänge belegt werden, andere Ergebnisse – vor allem im Zusammenhang mit dem SCARF-Modell – waren eher unerwarteter Natur: Es wurde deutlich, dass den durch das SCARF-Modell abgeleiteten Kontextfaktoren Status, Certainty, Autonomy, Relatedness und Fairness bei der Gestaltung leistungs- und gesundheitsförderlichen Rahmenbedingungen hier keine Bedeutung zukommt.

In der folgenden Abbildung werden die Ergebnisse vor dem Hintergrund ihrer Praxisimplikationen als sich selbstverstärkender Regelkreis dargestellt:

1. Die Führungskraft vereinbart mit ihren Mitarbeitern persönlichkeitsfördernde Aufgaben (→ Autonomy) und somit transparente Ziele (→ Certainty; → Fairness); dabei wird sie von einem entsprechenden Führungssystem unterstützt (Rock, 2008).
2. Daraus resultieren einerseits intrinsisch motivierende Erfolgserlebnisse (→ Leistung), die zudem von der Führungskraft positiv gewürdigt wird (→ Relatedness; → sichere Bindung). Das Erleben von Erfolg wie auch die Wertschätzung durch den Vorgesetzten beeinflussen das Selbstwertgefühl positiv und stellen die Grundlage für den Aufbau bzw. Ausbau von Annäherungszielen (→ Annäherungsschemata, → Kongruenz) und führen zu einer Verbesserung der Bindung an das Team und an die Aufgabe (→ Bindungsstil) (Ploetz/Engler 2002; Grawe, 2004).
3. Das damit verknüpfte Erleben von Selbstwirksamkeit und Kompetenzzuwachs führt zur Erweiterung des gegenwärtigen Denk- und Handlungsspielraums, mehr Mut, neue Wege zu gehen, dem Aufbau persönlicher, langfristig wirkender Ressourcen wie der weiteren Entwicklung von → Annäherungsschemata und dem damit verknüpften Erleben → positiver Emotionen bei der Arbeit. Diese Entwicklung psychischer Ressourcen führt langfristig zu einer Änderung des Kompetenzportfolios und damit einhergehender Bewälti-

gungskompetenzen, die wiederum zu → höherer Leistung und → besserer Gesundheit führen (Fredrickson 2009).

4. Last not least sollte die Wahrnehmung von höherer Leistung(sfähigkeit) – und höherer Belastbarkeit – bei den Führungskräften zur → Verstärkung des eigenen Verhaltens (vgl. Schritt 1) führen, und somit als Input für einen → sich selbstverstärkenden Regelkreis dienen (McGregor 1960).

Aus neurobiologischer Sicht werden diese Prozesse durch die zunehmende Aktivierung des neuronalen Belohnungssystems begleitet – hier insbesondere durch die Aktivierung des limbischen Bogens, des Mittelhirns und des Nucleus Accubens und der Produktion von Neurotransmittern wie Dopamin, Orexin und Opiodpeptiden sowie Oxytocin (vgl. Esch, 2011).

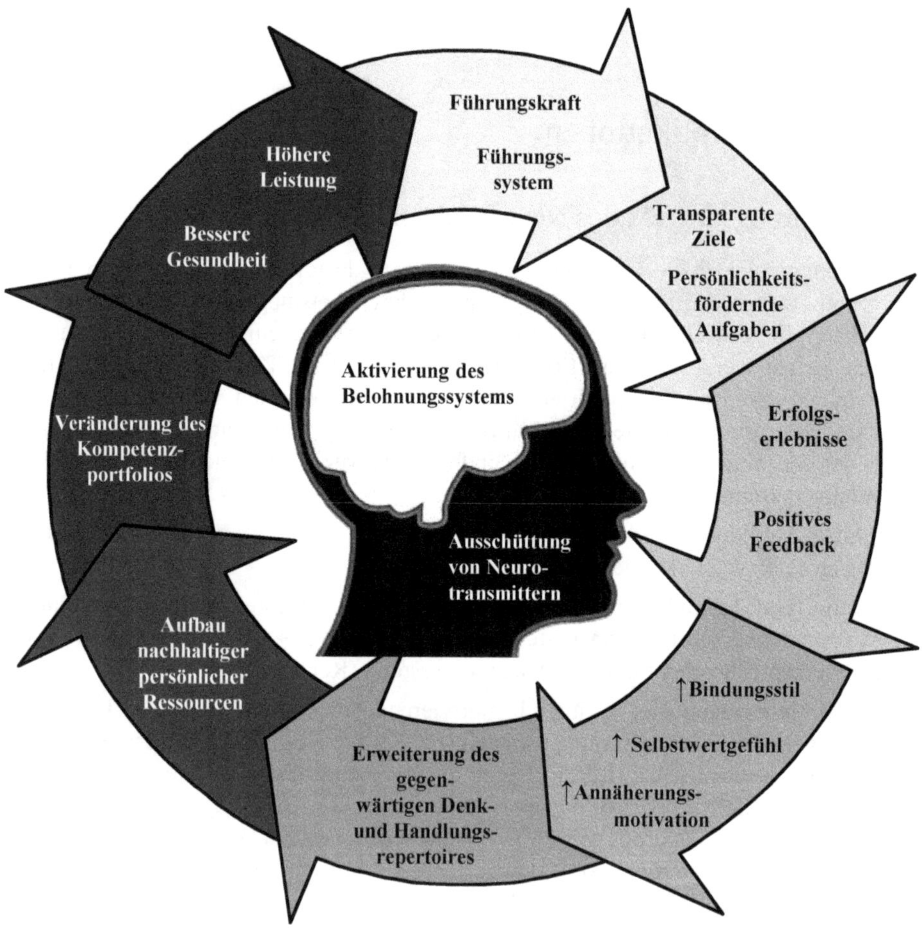

Abb. 17.7: Wirkungskreislauf des Neuroleadership auf Basis der Studienergebnisse

17.4.2 Implikationen für die Nutzenpotenziale von Neuroleadership

Wie sind die Potenziale von Neuroleadership auf Basis der vorliegenden Studienergebnisse zu bewerten? Vorauszuschicken ist, dass es sich auf Basis einer einzigen Studie verbietet, umfassende Generalisierungen vorzunehmen. Dennoch kann konstatiert werden, dass sich gerade wegen der erstmaligen empirischen Überprüfung einige Hinweise ableiten lassen, die vorher nicht möglich gewesen wären – und zwar sowohl in eine positive wie auch in eine kritische Richtung:

Nutzenpotenziale von Neuroleadership
Vertieft man einige Befunde genauer, so lassen sich zunächst weitere Gestaltungshinweise aus der Neuroleadership-Perspektive skizzieren:

- **Negativity Bias:** Es gilt zunächst, die Praxis zum weitverbreiteten Sprichwort „nicht geschimpft ist gelobt genug" zurückzudrängen. Führungskräfte müssen verstehen, dass negative Erlebnisse stärker als positive wirken: Menschen nehmen Bedrohungen sofort wahr und beschäftigen sich länger damit als mit „positiven" Angelegenheiten. Menschen sind mit einem sensiblen Sensor für Gefahren, Risiken und alle Arten von schädlichen oder bedrohlichen Ereignissen ausgestattet. Dies lässt sich wie folgt erklären: Das Gehirn verfügt mit der Amygdala über einen direkten Zugang zum Hirnstamm, der die „Kampf- oder Flucht-Reaktion" auslöst. Dieses „Alarmstufe Rot"-System verfügt nicht über eine Art „Alarmstufe Grün"-System. Führungskräfte sollten also aktiv dafür sorgen, dass das Belohnungssystem der Mitarbeiter angesprochen wird – nur das Ansprechen des Bedrohungssystems passiert quasi automatisch (LeDoux, 1996).
- **Individualisierung des Führungsverhaltens**: Nachdem schon in den 1960er Jahren im Rahmen der „Situativen Führungsansätze" damit begonnen wurde, flexibles Führungsverhalten in den Zusammenhang mit Effektivität zu bringen (vgl. Neuberger, 2002), so leisten gerade die neurobiologischen Studien im Kontext von Emotion und Motivation weiteren Vorschub für diese Notwendigkeit: Menschen unterscheiden sich anhand ihrer emotionalen Stile (vgl. Davidson 2012; vgl. ausführlich hierzu Abschnitt 23.3.3) und motivationalen Schemata (Grawe, 2004). Konsequenterweise nehmen sie Aufgaben und Interaktionen unterschiedlich bedrohend bzw. motivierend wahr, woraus sich die Notwendigkeit einer differenzierten Ansprache der Mitarbeiter durch ihre Führungskräfte ergibt.
- Zudem soll hier darauf hingewiesen werden, dass die neuronalen Prozesse, die für Empathie und somit für soziale Kompetenz verantwortlich sind, also die Spiegelneuronen, sensibel auf das Erleben von Statuserhöhung und Ausagieren von Macht reagieren – die **Empathiefähigkeit wird bei zunehmender Macht bzw. Statusfülle reduziert** (Hogeven et al., 2013): Konsequenterweise ist eine Vertrauenskultur bzw. der Verzicht auf mikropolitisches Handeln eine zentrale Voraussetzung für die Umsetzung von Praktiken aus dem Bereich Neuroleadership.

Darüber hinaus soll an dieser Stelle vertiefend auf die Kongruenzhypothese eingegangen werden: Oben wurde definiert, dass Inkongruenz als Nichtübereinstimmung des real Erlebten mit den aktivierten motivationalen Zielen verstanden werden kann (Grawe, 2004). Menschen erleben Inkongruenz, wenn sie das Gefühl haben, ihre Ziele nicht mehr aus eigenen Kräften erreichen zu können. Bei diesen Zielen wurde zwischen Annäherungs- und Vermeidungszielen unterschieden. Wenn jetzt deutlich geworden ist, dass es einen positiven

Zusammenhang zwischen Kongruenzerleben und Leistung bzw. Gesundheit gibt, dann lässt sich dies als starker Appell an die Gestaltung der Arbeitstätigkeit, der Prozesse und des Führungsverhaltens verstehen, der sich wie folgt zusammenfassen lässt: Führungskräfte sollten darauf achten, dass Aufgaben, Prozesse und Verhalten „aus einem Guss" sind – die Wahrnehmung bzw. das Erleben von Inkongruenz ist leistungsfeindlich. Noch kürzer: **Achten Sie als Führungskraft darauf, dass Ihren Mitarbeitern jederzeit klar ist, dass und wie sie ihre Ziele erreichen können!**

Zudem könnte das Einnehmen einer „gehirngerechten" Perspektive dazu führen, die Diskussion über die Veränderbarkeit von Verhalten, die sich im Organisationskontext im Spannungsfeld „Personalauswahl vs. Personalentwicklung" niederschlägt, zu modifizieren. Denn gerade diese Forschungsrichtung zeigt eine grundsätzliche Änderbarkeit auch von tief verankerten personenbezogenen Merkmalen auf (vgl. Davidson 2012; ausführlicher hierzu: Abschnitt 23.3). Unabhängig davon, dass zu klären ist, ob unsere Organisationen für die Initiierung solcher Änderungen den entsprechenden Rahmen bereitstellen können (oder wollen), tut uns der damit einhergehende – wissenschaftlich begründete – Optimismus bez. der Änderbarkeit von Verhalten in der Führungsforschung und -praxis sicherlich gut.

Kritische Perspektiven

„Neuro" hat beste Chancen, sich zu einem Hype zu entwickeln: „Hype" meint, dass die Indizierung mit dem Präfix „Neuro" zu einer erhöhten Akzeptanz entsprechender Konzepte führt, ohne dass diese kritisch hinterfragt werden: „Neuro" dient als Gütesiegel. Dass dies nicht zwingend ist, zeigen beispielsweise die aktuellen Diskussionen um ein „Neuromarketing", bei dem es auch zwischen viel Spreu den Weizen zu sichten gilt. Was bedeutet eine solche kritische Perspektive für ein Neuroleadership?

- Zunächst einmal mag die Antwort auf die folgende Frage etwas ernüchternd klingen: Was nützt es einer Führungskraft, wenn sie weiß, dass die Amygdala bei Bedrohungen aktiviert wird? – oder der Nucleus Accubens bei Belohnungen? Die Antwort lautet schlicht und einfach: „Nichts"! Ohne zu verstehen, welche emotionalen, psychischen und sozialen Prozesse bestimmte neuronale Netzwerke bzw. Gehirnregionen aktivieren, bleibt die neurobiologische Sicht „leer". „Neuro-XY" für die Praxis benötigt andere Disziplinen, insbesondere die Psychologie, um umgesetzt werden zu können. „Bunte Bilder" von fMRT-Scans machen zwar neugierig und aktivieren das eigene Belohnungssystem und können sogar zu einigen „Aha-Effekten" führen, doch der lange und steinige Pfad zur Umsetzung bleibt. Deswegen ist es notwendig, in den kommenden Kapiteln einen genaueren Blick in die „Gehirne der Führungskräfte" zu werfen. Kurz: Achten Sie stets auf die Evidenz von Aussagen auf Basis entsprechender empirischer Belege, die über neurowissenschaftliche Grundlagenforschung hinausgehen. „Bunte Bilder" von fMRT-Scans genügen nicht!
- Bei näherem Hinsehen stellen das SCARF-Modell (und andere Konzepte) nichts anderes als eine Rückkehr zu den sog. Situativen Ansätzen der Personalführung aus den 60er Jahren dar (z.B. Hersey-Blanchard; vgl. Neuberger, 2002). Das Motto lautete damals genauso wie heute: „Wenn Sie als Führungskraft Ihr Verhalten an leistungsrelevanten Merkmalen Ihrer Mitarbeiter anpassen können, dann können Sie Ihre Führungseffektivität erhöhen." Der Unterschied zu früher besteht darin, dass jetzt neurowissenschaftlich begründete Merkmale im Vordergrund stehen. Im Gegensatz zur Wissenschaft ist dieses

„alter Wein in neuen Schläuchen“-Phänomen zwar für die Praxis eher irrelevant – wenn es denn hilft, die Umsetzung entsprechender Erkenntnisse zu befördern. Allerdings fehlen heute – wie damals – ernsthafte Diskussionen darüber, ob Führungskräfte solche Verhaltensänderungen vornehmen wollen – und/oder können.

Normativer Nutzen einer „Neuro-“Diskussion

Möglicherweise besteht der Nutzen für die Praxis möglicherweise darin, mittels neurowissenschaftlicher Erkenntnisse normativ in Bezug auf das Thema Führungseffektivität argumentieren zu können – nach dem Motto: „**Sie müssen nicht daran glauben, welche Relevanz Annäherungs- und Vermeidungsschemata haben, genauso wenig wie Sie an die Wirkungsweise der Gravitation glauben müssen – für beides gibt es gesichertes Wissen**“.

18 Studie II: Validierungsstudie

Kathrin Schweizer

18.1 Zielsetzung der Studie

Die überwiegende Anzahl von empirischen Managementstudien sind Querschnittsstudien auf der Basis von Selbstauskünften. Damit gelingt es zwar, in einem ersten Schritt grundlegende Zusammenhänge zwischen den relevanten Variablen zu erkennen, doch bleibt die Aussagekraft der Ergebnisse eingeschränkt. Validierungsstudien versuchen, die Interpretierbarkeit von Befunden dadurch zu erweitern, dass den Selbstbeschreibungen Fremdbeschreibungen, im Idealfall sogar objektive Daten, gegenübergestellt werden. Die hier vorgestellte Studie ist die erste Studie weltweit, die das Ziel hat das SCARF-Modell zu validieren.

18.2 Methoden

18.2.1 Das Unternehmen

Die als Familienunternehmen geführte reitzner AG ist das Untersuchungsfeld dieser Arbeit. Die Kerngeschäfte der reitzner AG sind von „Paperoutputmanagement“ (Druck, Kopie, Fax, Scan usw.) und „Informationstechnologie“ (EDV, Netzwerke, IT-Systemlösungen usw.) geprägt. Telefonanlagen, Zeiterfassung/Zutrittskontrolle, Medientechnik sowie Bürobedarf sind Nebenaufgaben. Primärprozesse werden durch Vertrieb und Service, Sekundärprozesse durch Vertragsabwicklung, Einsatzlenkung sowie die gängigen Verwaltungsaufgaben (z. B. Buchhaltung und Informationszentrale) erfüllt. Zusammen mit dem Hauptsitz in Dillingen an der Donau den Niederlassungen in Augsburg, Ingolstadt und einem Technikerstützpunkt in Neuburg sind gegenwärtig 82 Arbeitsplätze vorhanden.

Die reitzner AG fokussiert die ganzheitliche, individuelle Betreuung von kleinen und mittelständischen Unternehmen in der Region. Die bundesweite Serviceverfügbarkeit, optimale Preiskonditionen und das Know-how in allen wichtigen Technologien werden durch die Beteiligung der reitzner AG an der Computer Compass Handels GmbH & Co. KG, einer bundesweiten Kooperation führender Systemhäuser, garantiert.

Zwei Vorstände auf der oberen Managementebene und zehn Vorgesetzte auf der mittleren Managementebene führen das Unternehmen. Da der Standort in Ingolstadt bis 2006 ein eigenes Unternehmen war (Büroservice Schaller) und die Strukturen des funktionierenden Unternehmens nach der Übernahme weitestgehend übernommen wurden, existiert in Ingolstadt eine eigene Führungsstruktur. Daraus ergibt sich eine nahezu „symmetrische“ Führungsstruktur in Ingolstadt und Dillingen. Die Mitarbeiter aus Augsburg sind den Führungskräften in Dillingen, die Mitarbeiter aus Neuburg den Führungskräften in Ingolstadt unterstellt.

18.2.2 Selbstbeurteilung: Mitarbeiterbefragung

In einer Vorstudie (Schweizer, 2013) wurde mithilfe einer empirischen Analyse das Verhalten der Vorgesetzten in den einzelnen SCARF-Dimensionen sowie eine Selbsteinschätzung des eigenen Leistungsverhaltens vorgenommen. Als Methode für die Vorstudie wurde die Mitarbeiterbefragung gewählt. Die Befragung wurde mithilfe eines webbasierten Fragebogens durchgeführt; das eingesetzte Verfahren entsprach der in der Querschnittsstudie eingesetzten Methode. Die Rücklaufquote betrug 75 Prozent.

18.2.3 Fremdbeurteilung: Führungskräfte-Interviews

In diese Arbeit wurden Vorgesetzte und Mitarbeiter der reitzner AG aller Standorte einbezogen. Es wurden die zehn Vorgesetzten befragt, die in der Vorstudie von den Mitarbeitern beurteilt wurden[41].

Die Struktur des Interviewleitfadens leitete sich aus dem Fragebogen der Vorstudie ab. Tabelle 12 hält den Aufbau des Interviewleitfadens, die übergeordneten Bereiche und die Gliederung je Bereich bzw. je Dimension, fest. Daraus wird ersichtlich, dass die fünf Dimensionen des SCARF-Modells und die berufsbezogene Leistung nach der gleichen Vorgehensweise abgefragt wurden.

Tab. 18.1: Die Bereiche des Interviewleitfadens (Schweizer, 2014)

Übergeordneter Bereich	Gliederung je Bereich/je Dimension
1. Allgemeine Fragen	• Zuordnung des Vorgesetzten zu einem Bereich • Alter des Vorgesetzten • „Dauer“ der Position
2. Fragen bez. der 5 Dimensionen des SCARF-Modells 2.1 Status 2.2 Sicherheit/Vorhersehbarkeit 2.3 Autonomie 2.4 Zugehörigkeit 2.5 Fairness	• Erläuterung der jeweiligen Dimension • Allgemeine Frage zur jeweiligen Dimension, ggf. mit Anmerkungen • Selbstbeurteilung • Besonderheiten
3. Berufsbezogene Leistung	• Erläuterung der berufsbezogenen Leistung • Allgemeine Frage zur berufsbezogenen Leistung • Beurteilung der Mitarbeiter • Besonderheiten

41 Es handelt sich hierbei um die beiden Vorstände der reitzner AG, wobei einer den Verwaltungsmitarbeitern und der mittleren Managementebene in Dillingen und der andere den Verwaltungsmitarbeitern und dem mittleren Management in Ingolstadt zugeordnet ist. Das mittlere Management setzt sich zu gleichen Teilen aus Vorgesetzten der Standorte Dillingen und Ingolstadt zusammen. So gibt es jeweils einen Vorgesetzten für die Bereiche Vertrieb, Einsatzlenkung, Technik Druck und Kopie sowie für den Bereich Technik IT. Der Zeitpunkt der Interviews wurde individuell mit den Vorgesetzten abgestimmt.

18.3 Ergebnisse I: Selbstbeurteilung (Mitarbeiterbefragung)

Alle Konsistenzkoeffizienten (Cronbachs Alpha) für die SCARF-Dimensionen wie auch für die Skala „Berufsbezogene Leistung“ lagen über 0,70. D. h., die Reliabilität war gewährleistet. In der folgenden Tabelle werden die Mittelwerte und Standardabweichungen der fünf SCARF-Dimensionen und der berufsbezogenen Leistung als Gesamtergebnis dargestellt.

Tab. 18.2: Mittelwerte und Standardabweichungen der Vorstudie (Schweizer, 2013, S. 21)

Skala	Mittelwert	Standardabweichung
Status	3,84	0,69
Certainty	3,76	0,63
Autonomy	4,03	0,55
Relatedness	4,10	0,73
Fairness	3,23	0,59
Berufsbezogene Leistung	4,44	0,46

18.4 Ergebnisse II: Fremdbeurteilung (Führungskräfte-Interviews)

18.4.1 Ergebnisse

Im Folgenden werden die Ergebnisse zu den fünf SCARF-Dimensionen – und zwar aus beiden Perspektiven – dargestellt (vgl. die folgende Tabelle). Die **„Mitarbeiter-Perspektive“** enthält die Ergebnisse der Selbsteinschätzung der Mitarbeiter – und zwar bezüglich der fünf SCARF-Dimensionen und der Variable „berufsbezogene Leistung“. In Bezug auf die Führungskräfte werden die Ergebnisse aus drei Perspektiven dargestellt:

- **Summative Führungskräfte-Einschätzung:** In den Interviews wurden die Führungskräfte mittels einer geschlossenen Frage nach ihrem Beitrag der Entwicklung der fünf Dimensionen in Richtung der eigenen Mitarbeiter gefragt; hier werden die Mittelwerte dargestellt.
- **Positive** bzw. **kritische Schwerpunkte:** Hier werden die Ergebnisse der Interviews in quantifizierter Form dargestellt. Es wurde ausgezählt, wie oft die Führungskräfte fördernde bzw. hemmende Hinweise bez. ihres eigenen Verhaltens bei der Entwicklung der fünf SCARF-Dimensionen auf Mitarbeiterseite gaben.

Die Ergebnisse aus der obigen Tabelle verdeutlichen auf den ersten Blick, dass – von der Dimension „Fairness“ einmal abgesehen – ein hohes Maß an Übereinstimmung zwischen Selbst- und Fremdeinschätzung vorhanden ist. Zugleich wird deutlich, dass die relative Anzahl der positiven Äußerungen die der kritischen Äußerungen in einem hohen Maß übersteigt – und zwar zwischen dem 3- und 10-fachen.

Tab. 18.3: Ergebnisse: Mitarbeiter vs. Führungskräfte (Schweizer, 2013, S. 21)

	Mitarbeiter-Perspektive	Vorgesetzten-Perspektive		
	Ergebnisse Fragebogen	Ergebnisse Interview		
Die fünf Dimensionen/ berufsbezogene Leistung	**Mittelwert**	**Summative FK-Einschätzung**	**Positive Schwerpunkte (rel. Anzahl)**	**Kritische Schwerpunkte (rel. Anzahl)**
Status	3,96	4,40	2,8	0,9
Sicherheit/ Vorhersehbarkeit	3,90	4,11	3,4	1
Autonomie	4,09	3,95	2,4	0,7
Zugehörigkeit	4,17	4,55	4	0,4
Fairness	2,63	4,40	2,7	0,7
Berufsbezogene Leistung	4,41	4,70	2,8	0,9

Aus obiger Tabelle werden folgende Aspekte deutlich:

- Die Dimension „**Status**“ weist weder beim Abgleich des Mittelwertes mit der summativen Einschätzung der Vorgesetzten noch hinsichtlich der Einzelaussagen der Vorgesetzten Unterschiede auf. Die Vorgesetzten wählen bei ihrer Selbstbeurteilung ebenso wie die Mitarbeiter bei der Fremdbeurteilung „trifft eher zu“, wenn es darum geht, ob die Vorgesetzten ihren Mitarbeitern einen hohen persönlichen Status gewähren. Dies belegt auch die Verteilung der positiven und kritischen Schwerpunkte der Vorgesetzten. Für die Dimension „Status“ ist festzuhalten, dass die Vorgesetzten vor allem Lob, Anerkennung und Feedbackgespräche als die für diese Dimension repräsentativen Items sehen.[42]
- In der Dimension „**Sicherheit/Vorhersehbarkeit**“ sind beim Abgleich des Mittelwertes mit der summativen Selbsteinschätzung der Vorgesetzten und den positiven und kritischen Schwerpunkten, welche die Vorgesetzten während des Interviews nennen, keine Differenzen zu erkennen. Es „trifft eher zu“, sowohl aus Mitarbeiter- als auch aus Vorgesetztenperspektive, dass die Vorgesetzten ihren Mitarbeitern in ausreichendem Maß Sicherheit und Orientierung geben. Aus der Sicht der Vorgesetzten sind insbesondere die Informationsweitergabe und nachvollziehbare Geschäftsprozesse die repräsentativen Items der Dimension „Sicherheit/Vorhersehbarkeit“.
- Bei der Betrachtung der Fremdbeurteilung durch die Mitarbeiter, der summativen Selbsteinschätzung der Vorgesetzten und der Einzelaussagen der Vorgesetzten in der Dimension „**Autonomie**“ sind keine auffälligen Unterschiede ersichtlich. Sowohl die Mitarbeiter als auch die Vorgesetzten geben an, es „trifft eher zu“, dass die Mitarbeiter bei ihren Vorgesetzten umfassende Handlungsspielräume genießen. Die Dimension „Autonomie“ enthält aus Vorgesetztensicht besonders die repräsentativen Items „Selbst-

42 Ein Item wird für eine Dimension als „repräsentativ“ betrachtet, wenn mindestens fünf der zehn Vorgesetzten dieses Item im Interview nennen.

bestimmung der Arbeitsweise und Prioritäten", „Flexible Aufgaben- und Zeiteinteilung" und „Arbeiten mit bzw. ohne Druck".

- Die Dimension „**Zugehörigkeit**" zeigt beim Abgleich der Fremdbeurteilung durch die Mitarbeiter mit der summativen Selbsteinschätzung der Vorgesetzten und den Einzelaussagen der Vorgesetzten bei genauerer Betrachtung keine Differenzen. Obwohl die Fremdbeurteilung durch die Mitarbeiter aussagt, es „trifft eher zu" (4,17), dass sich die Mitarbeiter als Mitglied des Teams sehen und dem Vorgesetzten vertrauen und die summative Selbsteinschätzung der Vorgesetzten und die Einzelaussagen der Vorgesetzten bei „trifft völlig zu" liegen (4,55; 4,0 positive und 0,4 kritische Schwerpunkte je Vorgesetztem im Durchschnitt), ist die Differenz zwischen Selbst- und Fremdbeurteilung, mit einem Wert von 0,38 in der summativen Selbsteinschätzung, nicht sehr groß. Folglich sind bei dieser Dimension keine wesentlichen Abweichungen zwischen Fremd- und Selbstbild zu erkennen. Es wird deutlich, dass die Vorgesetzten für die Dimension „Zugehörigkeit" vor allem Wir-Gefühl, Vertrauen und emotionale Verbundenheit als die repräsentativen Items sehen.
- In der Dimension „**Fairness**" sind beim Abgleich der Fremdbeurteilung durch die Mitarbeiter, der summativen Selbsteinschätzung der Vorgesetzten und der Einzelaussagen der Vorgesetzten deutliche Abweichungen zu sehen. Die Mitarbeiter schätzen die Vorgesetzten in Bezug auf die Fairness „unentschieden" ein (2,63), die Vorgesetzten geben in der summativen Selbsteinschätzung und im Hinblick auf ihre Einzelaussagen an, es „trifft eher zu", dass sie fair mit ihren Mitarbeitern umgehen (4,40; 2,7 positive Schwerpunkte und 0,7 kritische Schwerpunkte je Vorgesetztem im Durchschnitt). Demzufolge liegen bei dieser Dimension, mit einem Wert von 1,77 in der summativen Selbsteinschätzung, starke Abweichungen zwischen Selbst- und Fremdbild vor. D. h., dass sich die Vorgesetzten im Umgang mit ihrem Team bedeutend fairer einschätzen als dies die Mitarbeiter tun. Die für die Dimension „Fairness" repräsentativen Items sind aus Vorgesetztensicht besonders Gleichbehandlung bez. Weiterbildungen, fairer Umgang und freie Meinungsäußerungen.
- Der Bereich „**berufsbezogene Leistung**" zeigt bei genauerer Betrachtung keine starken Auffälligkeiten. Obwohl die Mitarbeiter aussagen, es „trifft eher zu" (4,41), dass ihre berufsbezogene Leistung hoch ist und die Vorgesetzten in der summativen Beurteilung kundtun, es „trifft völlig zu" (4,70), dass die berufsbezogene Leistung ihrer Mitarbeiter hoch ist, ist die Abweichung mit einem Wert von 0,29 gering. Die Einzelaussagen der Vorgesetzten weisen – mit 2,8 positiven und 0,9 kritischen Schwerpunkten je Vorgesetztem im Durchschnitt – darauf hin, dass die Vorgesetzten ihre Mitarbeiter auch mit „trifft eher zu" bewerten. Folglich ist das Selbst- und Fremdbild in Bezug auf die berufsbezogene Leistung der Mitarbeiter sehr ähnlich. Für den Bereich „berufsbezogene Leistung" ist festzuhalten, dass die Vorgesetzten insbesondere Engagement und Freiwilligkeit bez. Mehrarbeit als die für diesen Bereich repräsentativen Items sehen.

Zusammenfassend lässt sich sagen, dass hier lediglich die Dimension „Fairness" eine starke Abweichung zwischen Selbst- und Fremdbild aufweist. Die anderen vier Dimensionen und der Bereich „berufsbezogene Leistung" zeigen dimensionsbezogen bzw. bereichsbezogen keine wesentlichen Abweichungen.

18.4.2 Methoden und Instrumente aus Vorgesetztensicht

In der folgenden Tabelle werden diejenigen Methoden und Instrumente skizziert, die die Vorgesetzten verwenden, um die relevanten SCARF-Dimensionen und den Bereich „berufsbezogene Leistung" zu gestalten.

Tab. 18.4: Repräsentative Methoden und Instrumente aus Vorgesetztensicht (Schweizer, 2014)

Dimension/Bereich	**Repräsentative Methoden und Instrumente aus Vorgesetztensicht**
Status	• Lob • Anerkennung • Feedbackgespräche
Certainty	• Informationsweitergabe • nachvollziehbare Geschäftsprozesse
Autonomy	• Selbstbestimmung der Arbeitsweise und Prioritäten • Flexible Aufgaben- und Zeiteinteilung • Arbeiten ohne Druck und Vorgaben
Relatedness	• Wir-Gefühl • Vertrauen • emotionale Verbundenheit
Fairness	• Gleichbehandlung bez. Weiterbildungen • fairer Umgang • freie Meinungsäußerungen
Berufsbezogene Leistung	• Engagement • Freiwilligkeit bez. Mehrarbeit

18.4.3 Validierung: Abweichungsanalyse

Die ursprüngliche Zielsetzung bestand darin zu prüfen, in welchem Umfang die Selbsteinschätzungen der Mitarbeiter mit denen der Führungskräfte übereinstimmt. Um die Dimensionen zu identifizieren, in welchen die meisten Unstimmigkeiten zwischen Selbst- und Fremdbild liegen, wird in der folgenden Tabelle die relative Anzahl der Unstimmigkeiten in den einzelnen Dimensionen bzw. in der berufsbezogenen Leistung abgebildet. Die maximale Anzahl an Unstimmigkeiten wäre, wenn in allen Abteilungen/bei allen Führungskräften bez. einer Dimension bzw. eines Bereiches keine Übereinstimmung herrschen würde.

Tab. 18.5: Anzahl der Unstimmigkeiten zwischen Selbst- und Fremdbild je Dimension bzw. Bereich

Dimension/Bereich	**Anzahl der Unstimmigkeiten zwischen Selbst- und Fremdbild**
Fairness	50%
Berufsbezogene Leistung	40%
Certainty	30%
Autonomy	30%
Status	20%
Relatedness	10%

Durch die obige Tabelle wird klar, dass bez. der Dimension „Fairness“ bei 50 Prozent der Abteilungen keine Übereinstimmung zwischen Selbst- und Fremdbild vorliegt. Die anderen Dimensionen sowie der Bereich „berufsbezogene Leistung“ weisen lediglich in zwischen 10 bis 40 Prozent der Abteilungen keine Übereinstimmungen auf und werden daher bei der Ableitung von Praxiskonsequenzen nicht weiter berücksichtigt.

18.5 Schlussfolgerungen: Praxisimplikationen

Wie schon bereits bei der Fragebogenstudie bekommt auch hier der Aspekt „Fairness“ eine besondere Bedeutung – und zwar in Bezug auf die hohe Differenz zwischen Selbst- und Fremdbild.

Orientiert man sich hier am Mitarbeiterurteil, so stellt sich die Frage nach der Verbesserung des Erlebens von Fairness seitens der Mitarbeiter in Richtung ihrer Vorgesetzten. Es lassen sich hier folgende Hinweise geben:

- Einerseits ist es wichtig, dass die Vorgesetzten ihre Kommunikation auf die individuellen Bedürfnisse ihrer Mitarbeiter anpassen und möglicherweise in schwierigen Zeiten sogar von eigenen Boni und Sonderzahlungen absehen.
- Die Förderung von ehrlichem und transparentem Verhalten sowie eine verständliche Aufgabenverteilung durch die Vorgesetzten sind ebenso von elementarer Bedeutung.
- Zu den fairnessverbessernden Maßnahmen zählt auch, dass die Vorgesetzten die Entlohnung ihrer Mitarbeiter so gestalten, dass sie den Aufwand der Arbeitsleistung der Mitarbeiter widerspiegelt. Gewähren die Vorgesetzten ihren Mitarbeitern die Möglichkeit, ihre Meinung frei kundzutun und in Entscheidungen einzubringen sowie gegen bereits getroffene Entscheidungen zu widersprechen, so trägt dies ebenfalls, wie die Gleichbehandlung der Mitarbeiter in Bezug auf berufliche Weiterbildungen, zu einem faireren Umgang mit den Mitarbeitern bei.

Werden diese Handlungsempfehlungen berücksichtigt, so kann eine Annäherung des Selbst- und Fremdbildes der Mitarbeiter- und Vorgesetztensichtweise erwartet werden.

Teil F: Neuroleadership für die Zukunft

Ein effektives Neuroleadership ist zwingendermaßen ein selbstreflexives Führungskonzept: Es genügt nicht herauszuarbeiten, mittels welcher „Stellhebel“ Führungskräfte die Leistung und die Gesundheit der Mitarbeiter positiv beeinflussen können. Vielmehr ist es darüber hinaus notwendig, dass Führungskräfte lernen, neurowissenschaftliche Erkenntnisse auch auf sich selbst anzuwenden.

19 Vertiefung I: Schemata, Gehirn und Führung

Rüdiger Reinhardt

19.1 Einführung: Starke Überzeugungen machen blind

In den vorherigen Kapiteln wurde an vielen Stellen aufgezeigt, wie das Gehirn Informationen verarbeitet, wie wichtig hierfür sowohl vorherige Erfahrungen als auch Emotionen und Werturteile sind. Grundsätzlich ist seit längerem auch aus der Literatur zur Entscheidungsforschung bekannt, dass menschliche Entscheidungen in aller Regel nicht nach den Maßgaben ökonomischer Rationalität getroffen werden (exemplarisch hierzu: Kahneman, 2011). Unabhängig davon sind wir davon überzeugt, dass wir in aller Regel Entscheidungen bewusst treffen – wenn vielleicht auch nicht so „logisch" und „rational", wie wir das (oder unser Umfeld) von uns erwarten würden.

Die Frage, der ich hier zunächst nachspüren möchte, ist die, welche Rolle starke Überzeugungen – bzw. stabile, emotional stark besetzte Schemata – bei der Wahrnehmung von Realität und bei der Lösung von Problemen spielen. Der amerikanische Psychologe und Neurowissenschaftler Drew Westen hat mit seinen Mitarbeitern hierzu im Jahr 2004 eine bahnbrechende Studie publiziert (deutsch: vgl. Westen, 2012), die in Kürze dargestellt werden soll.

Die Ausgangsfrage hierzu war folgende: Was passiert in dem Gehirn von politischen Anhängern – die rund 80 Prozent der Wählerschaft darstellen – wenn es mit widersprüchlichen politischen Informationen ringt? In den letzten Monaten der Präsidentschaftswahlen in den USA wurden im Jahr 2004 die Gehirne von fünfzehn überzeugten Demokraten und fünfzehn Anhängern der Republikaner untersucht, also Menschen mit „starken Überzeugungen" – und das in einem emotional aufgeheizten, polarisierenden Wahlkampf. Dabei sollten mittels einer fMRT-Studie folgende Hypothesen geprüft werden (Westen, 2012, S. 9):

- Es wurde erwartet, dass Informationen, die im Widerspruch zu den eigenen Überzeugungen stehen – auch wenn Anhänger diese nicht als widersprüchlich erkennen – neuronale Schaltkreise aktivieren würden, die mit negativen emotionalen Zuständen in Verbindung stehen.
- Es wurde erwartet, die Aktivierungen in den Teilen des Gehirns zu sehen, die stark an der Kontrolle der Emotionen beteiligt sind. Die Vermutung war, dass bei Widersprüchen Rationalisierungen aufgrund des Motivs entstehen, eine emotional befriedigende Schlussfolgerung vornehmen zu können.
- Des Weiteren wurde vermutet, im Gehirn einen Konflikt erkennen zu können – einen Konflikt zwischen dem, was man als eine „vernünftige" Person glauben kann und dem,

was man als Anhänger gerne glauben würde. Deshalb wurde die Aktivierung derjenigen Gehirnregion vermutet, die bei der Überprüfung und beim Lösen von Konflikten beteiligt ist.

- Schließlich wurde vermutet, dass die Versuchspersonen „aus dem Bauch heraus" und nicht aufgrund rationaler Entscheidungen entscheiden. Somit wurde nicht erwartet, starke Aktivierungen von den Teilen des Gehirns zu sehen, die beim logischen Schlussfolgern aktiviert werden, obgleich den Anhängern eine Aufgabe gegeben wurde, die durch logisches Denken beantwortet werden konnte.

Der Versuchsaufbau war vergleichsweise einfach (Westen, 2012, S. 11):

- Allen Parteianhängern wurden je sechs Zusammenstellungen von Aussagen John Kerrys, George W. Bushs und politisch neutraler männlicher Personen (z.B. von Tom Hanks) gezeigt, die klare Widersprüche enthielten. Zwar wurden viele der Aussagen und Zitate bearbeitet oder fiktionalisiert, doch wurde deren Glaubwürdigkeit dadurch erhöht, dass sie in tatsächliche Zitate oder Beschreibungen tatsächlicher Ereignisse einbettet wurden.
- Während die Probanden im fMRT-Scanner lagen, wurde ihnen eine Reihe von Dias gezeigt. Das erste Dia jeder Gruppe zeigte eine ursprüngliche Aussage, typischerweise ein echtes Zitat des Kandidaten. Das zweite Bild lieferte eine widersprüchliche Aussage, die oft ebenfalls vom Kandidaten stammte und eine klare Inkonsistenz nahelegte, die einem Parteigänger bedrohlich erscheinen musste.

Aufgrund dieser Studie wurden folgende Erkenntnisse geliefert[43]:

- Wenn Anhänger widersprüchlichen Informationen ausgesetzt werden, ist es unwahrscheinlich, dass sie ihre emotional beeinflussten Schlussfolgerungen begründen.
- Wenn sie mit potentiell Besorgnis erregenden politischen Informationen konfrontiert werden, wird ein neuronales Netzwerk aktiv, das eine Notlage produziert. Ob diese Notlage bewusst, unbewusst oder eine Kombination davon ist, bleibt unklar.
- Das Gehirn registriert den Konflikt zwischen den Daten und den eigenen Vorlieben und beginnt nach Wegen zu suchen, die unangenehmen Emotionen zu vermeiden.
- Das Gehirn ist bei diesen Bemühungen weitestgehend erfolgreich, da die Anhänger meist angaben, keinen Widerspruch zwischen den Worten und Taten ihres Kandidaten erkannt zu haben.
- Dem Gehirn gelang es, diese eigene „Notlage" durch fehlerhafte Begründungen sehr schnell zu lösen – gewöhnlich bevor die Probanden bis zum dritten Dia gekommen sind.
- Die mit der Kontrolle des emotionalen Zustands im Gehirn beauftragten neuronalen Schaltkreise scheinen Argumente zu finden, die der Anhänger schon früher bei Notlagen und Konflikten entwickelt hatte, als er mit ungemütlichen Realitäten konfrontiert wurden.
- Dies alles scheint nur mit geringer Beteiligung der neuronalen Schaltkreise zu passieren, die normalerweise beim Schlussfolgern beteiligt sind – also quasi unbewusst.

Das Gehirn mit starken Überzeugungen agierte aber auch noch in eine Richtung, die die Forscher nicht erwartet haben – es löste nicht nur die eigenen Widersprüche auf, es „verdrehte" diese sogar noch:

---

[43] Die Komplettstudie ist – incl. der fMRT-Scans – unter folgendem Link einsehbar: http://psychsystems.net/lab/06_Westen_fmri.pdf

- Sobald die Anhänger einen Weg gefunden hatten, die falsche Schlussfolgerung zu begründen, haben sich nicht nur die neuronalen Schaltkreise, die bei den negativen Emotionen beteiligt sind, abgeschaltet, sondern die Schaltkreise, die an den positiven Emotionen Anteil haben, wurden aktiviert.
- Das Anhängergehirn aktivierte also Belohnungsschaltkreise, die dem Anhänger einen Ruck für die positive Verstärkung ihrer beeinflussten – falschen – Schlussfolgerung vermittelten.
- Diese Belohnungsschaltkreise decken sich substantiell mit denen, die aktiviert werden, wenn Drogenabhängige sich ihren „Schuss" setzen.

Man kann es noch einfacher formulieren: **Starke Überzeugungen verhindern, dass wir Widersprüche – oder gar Lügen – erkennen können.** Die Gehirnregionen, die bei der Verarbeitung von Konflikten und negativen Emotionen aktiviert werden, sind in der Lage, sehr schnell – und vor allem ohne Nachdenken, also ohne Beteiligung des präfrontalen Cortex – nicht nur Widersprüche zur Seite zu schieben, sondern lösen dabei auch noch positive Gefühle aus. Kurz: **Wir sind blind, taub, unempfänglich usw. gegenüber Fakten, die unseren Überzeugungen widersprechen.** Und unser Gehirn sorgt dafür, dass wir das noch nicht einmal wahrnehmen. **Unser Gehirn ist also der Motor für das permanente Erzeugen von sich selbsterfüllenden Prophezeiungen: Wir können nur das wahrnehmen, was wir vorher qua Erfahrungen, Emotionen, Überzeugungen „reingesteckt" haben.**

Wenn diese Analyse zutreffend ist, dann lohnt es sich einerseits, das Konzept der Schemata noch besser kennenzulernen und andererseits zu prüfen, welche Belege es in der herkömmlichen Führungsforschung für diese Zusammenhänge gibt – auch wenn sie möglicherweise auf spektakuläre fMRT-Studien verzichtet haben.

19.2 Das Schema-Konzept

19.2.1 Was ist ein Schema?

Externe Sinnesreize führen genauso wie interne Gedächtnisprozesse (Erinnerungen, Gedankenspiele, Tagträumereien usw.) zur Aktivierung eines bestimmten Musters von Nervenzellen. Ist das Erlebnis emotional bedeutsam und tritt intensiv, lange anhaltend oder wiederholt auf, werden die aktivierten Neuronen besser miteinander verbunden. Das führt dazu, dass beim späteren Eintreffen eines ähnlichen Reizes dieser Zellverband bereit ist, schneller und leichter aktiviert zu werden. Aus einem vorübergehenden Erlebnis ist eine physische, eine neuronale Struktur geworden, die unser weiteres Erleben und Verhalten in die angelegten Bahnen lenken möchte. Sie sind die Grundlage allen Lernens und der Gewohnheitsbildung. Dadurch tritt das einmal angelegte Erleben und Verhalten immer häufiger und automatischer auf – nach dem Motto: „Man sieht, was man kennt und tut, was man kann".

Menschen können von außen kommende und über ihre Sinnesorgane empfangene Informationen mithilfe von Schemata zu Wissen umwandeln, indem sie ihnen Bedeutungen zuordnen. Information, der keine Bedeutung zugeordnet wird, wird sozusagen ausgefiltert, nicht wahrgenommen und hinterlässt somit auch keine Spuren im Gedächtnis und kann somit auch nicht zu Wissen werden. Schemata dienen aber nicht nur der Auswahl, Filterung und Interpretation eingehender Information, sondern zugleich der Speicherung und Ordnung von Wissen im menschlichen Gehirn.

19.2.2 Schemata und Handeln

Schemata steuern aber nicht nur unsere Wahrnehmung und unsere Informationsverarbeitung, sondern auch unser Handeln. Als „klassisches" Beispiel für Schema-Anwendung wird in mehreren Publikationen das Schema für „Restaurant-Besuch" erwähnt. Es umfasst eine Anzahl von Merkmalen, z. B. woran man Restaurants erkennen und von Bahnhöfen unterscheiden kann, es umfasst aber auch Merkmale von Prozessen, die in Restaurants stattfinden, z. B. Speisekarte lesen, bestellen, konsumieren, Rechnung erbitten, bezahlen etc. Ein solches Restaurant-Schema steuert unsere Erwartungen und lenkt unsere Wahrnehmung, es steuert aber auch unsere Handlungen und Interaktionen. Das Schema wird von einem Kind zunächst vielleicht nur für den eigenen Dorfgasthof entwickelt und später auf eine große Vielzahl in- und ausländischer Restaurants ausdifferenziert. Dabei lernt man dann z. B., dass man in einigen Restaurants warten muss, bis man einen Platz zugewiesen bekommt, während man in anderen sich seinen Tisch selbst aussuchen kann. Schemata lassen sich also nach Domänen oder Funktionen ordnen. Eine allgemeine Klassifikation schlägt Bereiter (1990, S. 612 ff.) vor:

- zielbezogene Schemata (z. B. wie man zu einer Wohnung kommt),
- themenbezogene Schemata (z. B. wie man über Arbeitslosigkeit redet),
- rollenbezogene Schemata (z. B. wie man sich als Führungskraft gegenüber seinen Mitarbeitern verhält),
- werkzeugbezogene Schemata (z. B. wie man mit einem Hammer umgeht),
- ortsbezogene Schemata (z. B. wie man sich auf einem Friedhof verhält),
- institutionenbezogene Schemata (z. B. wie man sich in einer Behörde verhält),
- personenbezogene Schemata in Bezug auf andere (z. B. wie man sich seinem Onkel gegenüber verhält),
- auf die eigene Person bezogene Schemata „Selbstkonzepte" (z. B. wie man eigenes Verhalten interpretiert),
- verfahrensbezogene Schemata (z. B. wie man die Zähne putzt),
- affektbezogene Schemata (z. B. wie man sich im Zorn verhält).

Betrachtet man diese Aufzählung, so lässt sich schlussfolgern, dass Führungskräfte – aber auch Mitarbeiter – jeweils auch über individuelle Schemata zum Thema „Führung und geführt werden" verfügen sollten. Diese Schemata speisen sich sicherlich nicht nur aus alleinigen Führungserfahrungen, sondern haben ihren Ursprung in Erfahrungen mit dem Themenfeld „Autorität und Unterordnung" in Zusammenhang mit der Befriedigung (oder mangelnden Befriedigung) der Grundbedürfnisse.

19.3 Veränderung und Neubildung von Schemata

19.3.1 Grundlagen

Die Veränderung von Schemata setzt das Aufnehmen neuer Informationen voraus. Wie reagieren Menschen üblicherweise auf neue Informationen? Chinn und Brewer (1993, S. 4) identifizieren hier folgende Möglichkeiten:

- Die Information wird ignoriert.
- Die Information wird ruhen gelassen.
- Die Information wird abgelehnt.
- Die Information wird reinterpretiert, sodass die bereits vorhandenen Schemata beibehalten werden können. Sie wird an die bereits vorhandenen Schemata sozusagen „angepasst".
- Die Information wird reinterpretiert und die bereits vorhandenen Schemata werden nur leicht angepasst.
- Die Information wird angenommen und damit werden die bereits vorhandenen Schemata verändert.

Der letzte Punkt kann dabei als Voraussetzung für die Veränderung bestehender Schemata bzw. für deren Neuerwerb gesehen werden: Zum einen wird eingehende Information mithilfe vorhandener Schemata an das bestehende Wissen angepasst, zum anderen wird sie mithilfe der vorhandenen Schemata interpretiert. Die Aneignung neuer und bis dahin fremder Schemata findet stets auf der Grundlage vorhandener eigener Schemata statt, die aufgrund der eigenen Lerngeschichte gebildet wurden. Fremdes wird auf dem Hintergrund von Eigenem angeeignet. Es ist daher nicht sinnvoll, möglicherweise unpassende Schemata als „destruktiv" oder „ineffektiv" zu diffamieren. Vielmehr gilt es, sie als notwendige Voraussetzungen und Anknüpfungspunkte für die Entwicklung weiterer Kompetenzen zu akzeptieren. Die Entwicklung und Erweiterung von Schemata kann nicht nur über eigene Erfahrungen, sondern auch über „Erzählungen" vermittelt werden. Die Einbeziehung von Fallbeschreibungen und von kritischen Ereignissen Anderer stellt daher eine wichtige Ergänzung zu realen und simulierten Erfahrungen (Kontrasterfahrungen, Fremderfahrungen, Interaktionserfahrungen) dar.

19.3.2 Conceptual Change – Veränderungen von Schemata I

Das Festhalten an bereits vorhandenen Vorstellungen scheint ein natürlicher und gesunder Prozess zu sein, da sie den Menschen erlauben, in ihrem Alltag zu funktionieren (Schumacher et al., 1993, S. 12ff.). **Deshalb erscheint es besser, über Vorstellungen zu verfügen, die schlecht funktionieren, als überhaupt keine Vorstellungen über etwas zu haben**: Dysfunktionale Schemata sind „besser" als gar keine.

Das Konzept des „Conceptual Change" wurde von Posner und Strike (1982, 1992) entwickelt und postuliert Voraussetzungen, unter denen neue Konzepte von Lernenden übernommen, verstanden und angewandt werden können. Menschen tendieren dazu, ihre bereits vorhandenen Vorstellungen, Hypothesen und Theorien nicht aufzugeben, bis ihnen plausible Alternativen geboten werden oder sie sich diese Alternativen selbst generieren können (Chinn & Brewer, 1993). Strike und Posner (1992, S. 149ff.) formulieren Voraussetzungen, unter denen ein „Conceptual Change" stattfinden kann:

- Unzufriedenheit mit bestehenden Erfahrungen bzw. Schemata
- Neue Schemata bzw. Interpretationsmuster erscheinen verständlich.
- Neue Schemata bzw. Interpretationsmuster scheinen plausibel.
- Neue Schemata bzw. Interpretationsmuster müssen geeigneter erscheinen, sich in der Umwelt zurechtzufinden, als die bisherigen.

Die neue Vorstellung sollte zudem geeigneter sein, Erfahrungen zu interpretieren und Voraussagen zu treffen als die alte, konkurrierende Vorstellung. Damit wird sie zu einer besseren Alternative (Krüger, 2007, S. 84). Damit Vorstellungen verändert bzw. erweitert werden, d.h. damit ein „Conceptual Change“ stattfindet, müssen deshalb bestimmte grundsätzliche Bedingungen erfüllt werden (Strike & Posner, 1992):

- Es ist notwendig, dass bereits eine bestimmte Wissensgrundlage vorhanden ist, damit alternative Vorstellungen überhaupt in den Blick genommen werden können.
- Des Weiteren muss das Individuum die Fähigkeit haben, verschiedene Perspektiven einzunehmen, um verschiedene Vorstellungen gegeneinander abwägen zu können.
- Weiterhin muss eine Offenheit gegenüber Neuem vorhanden sein.

Eng damit verbunden ist die Annahme, dass bei der Aufnahme neuer Informationen immer der „emotionale Filter“ berücksichtigt werden muss (Krüger, 2007, S. 86). Das bedeutet, nur wenn eine Person im Einzelfall emotional dazu bereit ist, können neue Konzepte fruchtbar in bereits vorhandene Vorstellungen integriert werden.

Zusammenfassend heißt dies, dass es wichtig ist, Prozesse der Reflexion zu nutzen, um den eigenen Annahmen bzw. Schemata „auf die Schliche zu kommen“. Coaching- bzw. Trainingsmaßnahmen können hierbei sinnvoll sein: Sie können zur Erweiterung und Ausdifferenzierung von Schemata auf allen Repräsentationsebenen führen und somit eine breite Grundlage für die Entwicklung weiterer Schemata bilden. Allerdings reichen „traditionelle Trainings“, wie sie in heutigen Organisationen eingesetzt werden, hierfür üblicherweise nicht aus:

- Reflexion ist zeitaufwändig – Zeit, die üblicherweise nicht zur Verfügung steht oder aufgrund von Gewohnheiten nicht in Anspruch genommen wird[44].
- Reflexionen können zu Verunsicherungen – und somit zu Leistungseinbußen führen: Selbstreflexion ist oftmals daher deshalb so unangenehm, da hierdurch meist das Bedro-

---

44 Schön (1983) unterscheidet drei Handlungsmodi von erfahrenen Praktikern: **Modus I: Wissen-in-der-Handlung („tacit knowing in action")** stellt den "normalen" Handlungsmodus eines Praktikers dar: Die meisten Aktivitäten stellen Routinehandlungen dar, die aufgrund von Erfahrungen und dabei herausgebildeter „Intuition" vollzogen werden. Zentral sind hier implizite Kompetenzen bez. Wahrnehmungsfähigkeit bzw. Mustererkennung von (Problem-)Situationen – eine Verbalisierung der Handlung findet nicht statt bzw. ist post hoc auch nur sehr schwer leistbar. **Modus II: Reflexion-in-der-Handlung („reflection-in-action")** wird dann notwendig, wenn Störungen auftauchen und Modus I zur Bewältigung dieser Störungen nicht mehr ausreicht. Hierbei ist wichtig, dass die Handlung nicht (!) unterbrochen wird, sondern während (!) der Handlung reflektiert wird. Die eigenen Erfahrungen werden hinsichtlich ihres Problemlösepotenzials geprüft (z.B. qua Analogiebildungen) und es wird versucht, das Problem durch begründete und kompetente „Improvisation" zu lösen. Von Bedeutung ist hier zudem, dass dieser Prozess ebenfalls von keiner oder allenfalls nur sehr geringer Verbalisierung begleitet wird. **Modus III: Reflexion-über-die-Handlung („reflection-on-action")** stellt schließlich den expliziten Wissensanwendungs- bzw. Problemlösungsprozess dar: Erst wenn Modus II nicht zum Erfolg führt, distanziert sich der Praktiker von der Handlung, reflektiert über Ursache-Wirkungs-Beziehungen und versucht so, das Problem zu lösen. Hierbei werden dann explizit andere – eigene oder fremde – Wissensquellen auf deren Nützlichkeit hin überprüft und angewandt.

hungssystem aktiviert wird: SOLL-IST-Differenzen, Konflikte usw. tauchen im Bewusstsein auf – und diese fühlen sich meist nicht gut an.

- Solche Reflexionen setzen Einsicht und Eigeninitiative voraus – Voraussetzungen, die während der üblichen Aufgabenbewältigung in Organisationen in aller Regel nicht gegeben sind.

Daher muss man von Grenzen einer „selbstgesteuerten" Veränderbarkeit von Schemata ausgehen. Dies gilt insbesondere auch für Schemata, die im Zusammenhang mit der mangelhaften Befriedigung von Grundbedürfnissen entstanden sind.

19.3.3 Schematherapie – Veränderbarkeit von Schemata II

Schematherapie ist eine Fortführung der rational-emotiven Verhaltenstherapie, in deren Mittelpunkt die Verbesserung des Umgangs mit dysfunktionalen Schemata steht. Dies sind Schemata, die im Zusammenhang mit der mangelhaften Befriedigung von Grundbedürfnissen stehen (vgl. Grawe, 2004).

Oben wurde mehrfach darauf verwiesen, dass wesentliche, mit der Befriedigung der Grundbedürfnisse in Zusammenhang stehende Schemata schon in der frühen Kindheit entwickelt wurden (Grawe, 2004). Hierbei ist einerseits festzuhalten, dass die Entwicklung dieser Schemata einen für die jeweilige Person unschätzbaren Wert haben, nämlich das emotionale – und ggf. auch das physische – Überleben zu sichern. Andererseits finden wir eine Vielzahl von Fällen, in denen diese „alten" Schemata aber nicht mehr zur aktuellen Situation eines Erwachsenen passen (vgl. die Ausführungen oben zu den Themen „Bindungsschemata" und „motivationale Schemata" in Kapitel 11.2). Das heißt, sie stellen dann Hindernisse bei der Befriedigung der Grundbedürfnisse dar, werden aber aufgrund des „automatischen", d.h. unbewussten Ablaufs nicht oder nur sehr schwer erkannt, können also einen dysfunktionalen Charakter haben[45]. Roediger (2009) fasst diesen Prozess wie folgt zusammen[46]:

> „Um unangenehme Erlebnisse möglichst zu verhindern und einen Kompromiss zwischen den Grundbedürfnissen und den verinnerlichten Erwartungen der Eltern zu schaffen, entwickeln wir Bewältigungs- bzw. Copingstrategien, die ebenfalls wie die Schemata eingebrannt werden. Je nach der persönlichen Veranlagung und den Beziehungserfahrungen können diese einen eher unterordnend-erduldenden, einen gefühlsabspaltend-vermeidenden oder einen kämpferisch-überkompensierenden Charakter haben und stellen damit Ausgestaltungen der biologisch angelegten ‚Unterwerfungs-, Flucht- bzw. Erstarrungs- oder Kampfbereitschaft dar. Auch die Bewältigungsversuche werden zur Gewohnheit, d.h. sie neigen dazu, sich selbst aufrechtzuerhalten. Dadurch besteht die Tendenz, aktuelle Probleme im Erwachsenenleben mit in der Kindheit entwickelten Lösungsstrategien anzugehen, was langfristig zu unbefriedigenden Ergebnissen führen kann. In Momenten der Schemaaktivierung erleben wir uns wieder als Kind, sehen die Welt gewissermaßen mit Kinderaugen und setzen mangels Alternativen die gewohnten Kindheitslösungen ein. Die Lösungsversuche, die in der Kindheit adäquat und die relativ bestmöglichen waren, nutzen nicht die Möglichkeiten, die wir jetzt als Erwachsene haben".

---

45 Die Betrachtung von dysfunktionalen Schemata von Erwachsenen hat nichts mit einer „Pathologisierung des Erwachsenenverhaltens" zu tun, sondern dient vielmehr dazu, Ideen für das Verständnis aktuellen Verhaltens und dessen Veränderung zu erlangen. Es ist in unserem Zusammenhang nicht notwendig, sich mit der frühkindlichen Entstehung von Schemata vor dem Hintergrund eines psychotherapeutischen Verständnisses zu beschäftigen.

46 Quelle: http://www.schematherapie-roediger.de/down/Bewaeltigungsversuche.pdf (Download vom 22.09.2013)

Nach Young (2008) und Roediger (2009) gilt: **Schemata können nur verändert werden, wenn sie aktiviert sind (Expositionsprinzip) und dabei durch neue Erlebnisse neue Erfahrungen zunächst gemacht und dann durch Übung „eingebrannt“ werden (Trainingsprinzip).** Das geschieht in einer **Schematherapie**. Durch bewusste Aktivitäten in der Hirnrinde werden dabei „top down“ die spontan („bottom up“) aktivierten Muster und Erlebensweisen eingewirkt, die automatisierten alten Reaktionsweisen werden gehemmt und neue Reaktionen eingeübt. Damit sind die alten Muster nicht „weg“, aber sie beeinflussen nicht mehr so stark das gegenwärtige Handeln. Die Schematherapie verbindet eine verstehensorientierte Klärungsarbeit mit einer handlungsorientierten, strukturierten Veränderungsarbeit (vgl. Roediger, 2009).

Wichtig für den vorliegenden Zusammenhang des Neuroleadership war daher die Prüfung, ob bzw. in welchem Umfang früh erworbene, und somit möglicherweise sehr stabile Schemata Auswirkungen auf das Erwachsenenverhalten haben – und in welchem Zusammenhang diese mit Leistung bzw. Gesundheit stehen. In Abschnitt 17.3.4 wurde eine solche Analyse anhand der motivationalen Schemata vorgenommen.

19.3.4 Zusammenfassung

Zusammenfassend können wir die bisherigen Erkenntnisse zum Thema „Schemata“ wie folgt festhalten:

- Viele Schemata entstehen schon in der frühen Kindheit. Bestimmte Schemata können den erwachsenen Menschen bei der Erreichung seiner Ziele beeinträchtigen.
- Schemata sind nicht bewusst und meist sehr stabil, daher entziehen sie sich einer „leichten“ Änderbarkeit: Reflexion und Training reichen i. Allg. hierfür nicht aus – zumal Reflexionen oftmals das Bedrohungssystem aktivieren.
- Wie alle Schemata steuern sie das Verhalten und Erleben von Menschen – auch in Organisationen.

Aufgrund des „sich selbsterfüllenden Charakters“ von Schemata werden Strukturen und Prozesse in Organisationen so gestaltet, dass sie zu den Schemata der Akteure „passen“ (Kets de Vries, 2002; vgl. Abschnitt 19.7).

Nach diesen ersten Überlegungen zum Schema-Konzept soll jetzt der Transfer zum Thema Führung hergestellt werden. Im Mittelpunkt stehen dabei folgende Aspekte:

- Führungskräfte orientieren ihr Führungshandeln an Schemata bzw. Annahmen, die ihnen weitestgehend nicht bewusst sind.
- Dennoch sind die Auswirkungen solcher Schemata im Führungshandeln nachweisbar – Mitarbeiter nehmen solche Schemata anhand entsprechender Verhaltensweisen wahr.
- Des Weiteren erfolgt der Erwerb solcher führungsbezogener Schemata oftmals unbewusst.
- Darüber hinaus lassen sich bez. des Führungserfolgs dysfunktionale Schemata identifizieren.
- Last not least ist die Veränderung solcher Schemata schwierig.

19.4 Schemata & Führung: Einführung

Der Umstand, dass Führungskräfte ihr eigenes Führungshandeln an Schemata bzw. Annahmen, die ihnen weitestgehend nicht bewusst sind, orientieren, ist in der Führungs- und Organisationsforschung schon seit längerem bekannt. Einführend soll hierzu ein wichtiger Ansatz skizziert werden, und zwar McGregors Theorie X bzw. Y. McGregor hat bereits 1960 Zusammenhänge zwischen Menschenbild und Führungsmethode hergestellt. Er ging davon aus, dass dem praktizierten Führungsstil jeweils eine von zwei Alltagstheorien, die er Theorie X und Theorie Y nannte, zugrunde liegt (McGregor, 1960).

- Gemäß der **Theorie X** ist der „normale" Mensch grundsätzlich ein träges und inaktives Wesen mit einer angeborenen Abneigung gegen Arbeit, die er soweit wie möglich versucht zu vermeiden. Er kann nur durch Zwang und Kontrolle dazu gebracht werden, im Sinne des Unternehmens zu arbeiten. Der Mensch lehnt Verantwortung ab und strebt ein höchstes Maß an Sicherheit an. Er verzichtet auf ehrgeizige Ambitionen und zieht es vor, geführt zu werden. Das zugrundeliegende Menschenbild ist das des rational-ökonomischen Menschen, welches die Führungsbeziehung auf rein ökonomische Aspekte reduziert. Als Ursache von Effizienzmängeln werden emotionale Defizite ausgeschlossen.
- Hingegen besagt die **Theorie Y**, dass der Mensch durch Identifikation mit seiner Arbeit zu immer weiteren Leistungen gebracht werden kann. Physische und geistige Anstrengungen bei der Arbeit sind ihm natürliche und angestrebte Zustände, wie Spielen oder Schlafen. Er strebt nach Selbstverwirklichung und Selbstkontrolle. Grundsätzlich ist er kreativ, kann allerdings in der heutigen Arbeitswelt nicht sein ganzes Potential zur Entfaltung bringen. Die Nutzung des Mitarbeiterpotentials ist von der Gestaltung der Rahmenbedingungen abhängig, die es gilt, mit den individuellen Interessen zu verbinden. Je nach erwarteter Belohnung bei der Erreichung von Unternehmenszielen identifiziert er sich mit diesen. Der „normale" Mensch sucht – unter speziellen Bedingungen – bewusst nach Verantwortung.

McGregor (1960) stellt nicht nur die beiden Grundtypen von Menschenbildern dar, sondern leitet Forderungen für die Führungspraxis ab:

- Wenn die Führungskräfte nach wie vor das Menschenbild X zugrunde legen, so provozieren sie gemäß McGregor die Untergegebenen dazu, sich auch entsprechend des Menschenbildes X zu verhalten. D.h. das Menschenbild X trägt die Tendenz in sich, zu einer „self-fulfilling-prophecy" zu werden: Als Mitarbeiter bemerke ich, dass sich Initiative nicht lohnt, dass ich keine Entscheidungsfreiheiten gewährt bekomme – also reagiere ich mit entsprechender Leistungszurückhaltung. Dies wiederum bestärkt die Führungskraft, von der Korrektheit des Theorie X-Menschenbilds auszugehen, nach der Menschen träge und wenig initiativ sind.
- Interessanterweise führen aber auch Theorie Y-Haltungen zu solchen selbsterfüllenden Prophezeiungen: Als Mitarbeiter merke ich, dass meine Initiative geschätzt wird, dass ich Entscheidungsfreiheiten erhalte, dass sich „Engagement lohnt". Dies bestärkt die Führungskraft, von der Korrektheit ihres Theorie Y-Menschenbilds auszugehen, nach der Menschen initiativ und leistungsstark sind.

Dieser Aspekt der „sich selbst erfüllenden Prophezeiungen“ spielt eine erhebliche, in der bisherigen Leadership-Literatur bislang nur unzureichend berücksichtigte Rolle. In Kapitel 1 kommen wir darauf noch einmal zurück.

19.5 Schemata & Führung: Subjektive Führungstheorien

19.5.1 Subjektive Theorien: Übersicht

Die Theorie der „Subjektiven Theorien“ (Groeben & Scheele, 1988) beschreibt die Anwendung von subjektiven Vorstellungen und ihren Nutzen für das Individuum. Groeben und Scheele (1988) vergleichen subjektive Theorien mit wissenschaftlichen bzw. objektiven Theorien und stellen dar, dass subjektive Theorien für den/die Einzelnen prinzipiell die gleiche Funktion erfüllen wie objektive Theorien für den Wissenschaftler. Eine subjektive Theorie ist demnach eine Aggregation von mehreren Konzepten und diese Konzepte müssen in einem Verhältnis zueinander stehen, sodass sie Schlussfolgerungen zulassen. Insoweit gleichen sie wissenschaftlichen Theorien. Unterschiede gibt es bez. der folgenden Punkte:

- Bei wissenschaftlichen Theorien wird eine „Objektivität der Wirklichkeit“ vorausgesetzt. Deren Erkennen wird durch Intersubjektivität angestrebt, das heißt, dass das Aufstellen von wissenschaftlichen Theorien einer anerkannten methodischen Vorgehensweise folgen muss, die von einer Reihe von Individuen einer Gemeinschaft (den Wissenschaftlern) bestätigt wird. Objektive, wissenschaftliche Theorien müssen sprachlich präzise sein und eine explizite, in sich widerspruchsfreie Argumentationsstruktur haben, um der Kritik und Verbesserung zugänglich zu sein. Objektive Theorien müssen generalisierbar und überprüfbar sein. Die subjektiven Theorien haben mit den objektiven Theorien gemein, dass Hypothesen aufgestellt und Erklärungen abgegeben werden.
- Anders als bei objektiven Theorien müssen diese bei subjektiven Theorien aber nicht empirisch überprüft werden, um zu einer Schlussfolgerung zu kommen. Deshalb müssen subjektive Hypothesen auch nicht zwingend die Möglichkeit der Überprüfung aufweisen, denn das Individuum gibt sich in vielen Fällen damit zufrieden, sich und anderen zu erklären, wie etwas möglich war, indem einzelne Informationen zusammengefasst werden.
- Ein weiterer wesentlicher Unterschied ist, dass die Autoren von subjektiven Theorien in der Regel unter relativ starkem Zeit-, Handlungs- bzw. Orientierungsdruck stehen, während die Autoren von objektiven Theorien (Wissenschaftler) in der Regel Zeit haben, eine Theorie zu entwickeln und zu überprüfen. Die Annahmen aus dieser Theorie machen deutlich, warum das Erforschen von Vorstellungen eine Relevanz hat. **Die subjektiven Vorstellungen eines Individuums sind die Grundlage, auf der es Hypothesen über seine Welt aufstellt und sie dadurch interpretiert**. So werden die eigenen Vorstellungen erweitert, neue Vorstellungen konstruiert und Handlungen legitimiert.

Dann (1983, S. 82ff.) fasst die Funktion von subjektiven Theorien folgendermaßen zusammen: „Subjektive Theorien befähigen den Menschen in seinem Alltag, sich seine Lebenswelt zu gliedern und zu ordnen, also Realität in einer ganz bestimmten Weise überhaupt erst wahrzunehmen“. Dabei werden subjektive Theorien analog zu wissenschaftlichen Theorien genutzt, um eine rasche Lagekodierung und Informationsverarbeitung zu ermöglichen. Sie helfen, eingetretene Ereignisse nachträglich zu erklären und Vorhersagen über künftige Ereignisse zu machen und sie sind die Grundlage, auf denen Handlungen gesteuert werden.

Folgt man diesen Vorstellungen, dann liegt die Annahme nahe zu prüfen, ob bzw. in welchem Umfang sich die subjektiven Theorien von Führungskräften auf die Effektivität ihres Führungsverhaltens auswirken. Dies ist umso interessanter, als dass hiermit ein entsprechender Beleg für die Wirksamkeit zugrundeliegender Schemata abgeleitet werden kann: Wie oben skizziert, ist der Annahmenkern solcher subjektiven Führungstheorien nur bedingt abrufbar, funktioniert also unbewusst und unreflektiert – also sehr schnell.

19.5.2 Effekte subjektive Führungstheorien: Übersicht

Die Annahmen bzw. Überzeugungen von Führungskräften wirken sich unterschiedlich auf ihr eigenes Verhalten bzw. das ihrer Mitarbeiter aus:

- Führungskräfte übernehmen bereitwillig die Verantwortung für die Erfolge ihrer Mitarbeiter, nicht aber für deren Misserfolge (Green & Mitchell, 1979).
- Führungskräfte erklären Misserfolge bei Mitarbeitern eher auf Basis des jeweiligen Aufgabentypus („er kann halt nicht gut präsentieren") – und weniger situationsbezogen („das habe ich ja auch schon in anderen Situationen mit ihm erlebt"; Linden & Mitchell, 1985).
- Je enger die Beziehung zwischen Führungskräften und Mitarbeitern ist, desto eher gleichen sich die Ursachenzuschreibungen an (Green & Mitchell, 1979).
- Bei Führungskräften lösen bestimmte Mitarbeiter-Merkmale bestimmte Ursachenzuschreibungen aus: Erfolge von Frauen werden häufiger als external attribuiert als bei Männern (Green & Mitchell, 1979)
- Das Verhalten der Führungskräfte hängt von ihrem Attributionsprozess über das Mitarbeiter-Verhalten ab: Bei internaler Attribution wird sie mit einer Veränderung des eigenen Führungsverhaltens reagieren – bei externaler Atttribution eher strukturelle Veränderungen anstreben, wie z.B. Veränderung der Aufgabe oder der Arbeitsorganisation (Mitchell, Green & Wood, 1981).
- Führungskräfte, die die Mitarbeiter-Leistungen internal attribuieren, neigen zu persönlich strafenden Reaktionen. Die Form und Stärke der Reaktion der Führungskräfte wird durch die Ergebnisstärke des Fehlverhaltens (Schwere der Folge) und der Entschuldigung des Mitarbeiters (Eingeständnis) beeinflusst (Mitchell & Wood, 1980).
- Führungskräfte, die die Mitarbeiter-Leistung auf das eigene Kontrollverhalten bzw. ihre Überwachung zurückführen, tendieren dazu, ihre Mitarbeiter auch künftig enger zu überwachen.
- Führungskräfte, die die Mitarbeiter-Leistung auf dessen Anstrengung attribuieren, werden den Mitarbeiter weniger stark kontrollieren (Green & Mitchell, 1979).
- Führungskräfte, welche die Mitarbeiter-Erfolge internal attribuieren (und Misserfolge external), werden versuchen, den Mitarbeiter zukünftig zu unterstützen (Green & Mitchell, 1979).
- Führungskräfte, die eigene Erfahrungen im Arbeitsbereich des Mitarbeiters haben, führen niedrige Mitarbeiter-Leistungen eher auf externale Faktoren wie z.B. suboptimale Arbeitsbedingungen zurück als Führungskräfte ohne Erfahrungen im Arbeitsbereich des Mitarbeiters (Mitchell, Larson & Green, 1977).

- Führungskräfte beurteilen ihre Mitarbeiter insgesamt positiver, wenn sie von deren Leistungsverhalten stark abhängig sind (Ilgen, Mitchell & Fredrickson, 1981).

Diese Aufzählung verdeutlicht, dass die Kontrollüberzeugung bzw. der Attributionsstil der Führungskraft (vgl. Kapitel 1) Auswirkungen auf das eigene Verhalten hat. Es stellt sich allerdings einerseits die Frage, ob solche Unterschiede sich nur in der Selbstbeschreibung finden lassen – oder ob sich dies auch im tatsächlichem Verhalten zeigt, also sich in entsprechenden Mitarbeitererfahrungen niederschlägt, und sich andererseits Hinwiese für die Effektivität von Führungshandeln daraus ableiten lassen.

19.5.3 Subjektive Führungstheorien und Verhalten

Von besonderer Bedeutung sind hier Studien, in denen mit einer Selbst- und Fremdbilderfassung gearbeitet wird, also validierte Studien. Eine dieser vergleichsweise seltenen Studien (vgl. hierzu den Übersichtsband von Schyns & Meindl, 2005 oder Özbek-Potthoff, 2013) stellt Aretz (2007) vor, die anhand einer empirischen Studie den Zusammenhang zwischen den subjektiven Theorien von Führungskräften und den Auswirkungen auf deren Führungsverhalten untersucht. Dabei schätzten 44 Führungskräfte eine Reihe von Führungsmerkmalen in Bezug auf ihre Relevanz für Führungseffektivität („erfolgreiche Verhaltensweisen einer Führungskraft“) ein – daraus wurden dann zwei Gruppen gebildet und zwar mit „hoher Zustimmung“ und „mit geringer Zustimmung“. Dies ist gleichbedeutend mit den Überlegungen von oben bez. „starker bzw. schwacher Überzeugungen“ bzw. „starker, emotional aufgeladener vs. schwacher Schemata“.

Des Weiteren wurden die jeweils dazugehörigen Mitarbeiter dahingehend befragt, ob ihre direkte Führungskraft die jeweils relevanten Verhaltensweisen zeigt. Grundsätzlich wird deutlich, dass diejenigen Führungskräfte, die in einem besonderen Ausmaß die jeweiligen Verhaltensweisen als „für den Führungserfolg bedeutsam“ beurteilten, diese aus Sicht ihrer Mitarbeiter auch in einem wesentlich stärkeren Ausmaß im konkreten Verhalten zeigten (vgl. Aretz 2007, S. 347). Dies gilt in Bezug auf die in folgender Tabelle dargestellten Verhaltensweisen.

Tab. 19.1: Mitarbeiterurteile: Vergleich von Führungskräften mit hoher Zustimmung und geringer Zustimmung in Hinblick auf spezifische Erfolgsfaktoren (nur signifikante Differenzen; vgl. Aretz 2007, S. 348ff.)

Dimension	Aussage
Vertrauen	Er/sie pflegt einen freundlichen und höflichen Umgang mit mir.
	Ich kann mit ihm/ihr offen über Probleme, die ich bei der Arbeit habe oder über Fehler, die ich gemacht habe, reden
Kooperation	Er/sie ist offen für meine Ideen und Vorschläge bez. der Arbeitsgestaltung
Vorbildfunktion	Er/sie lebt mir vor, was er/sie von mir erwartet und stellt an sich selbst mindestens die gleichen Ansprüche wie an mich.
	Er/sie ist selbstsicher und handelt zielbewusst, einsatz- und entscheidungsfreudig.
Motivation und Unterstützung	Er/sie kennt und nutzt meine fachlichen und persönlichen Kompetenzen.
	Er/sie steht hinter unserem Team und verteidigt es nach außen.

Tab. 19.1: Mitarbeiterurteile: Vergleich von Führungskräften mit hoher Zustimmung und geringer Zustimmung in Hinblick auf spezifische Erfolgsfaktoren (Fortsetzung; nur signifikante Differenzen; vgl. Aretz 2007, S. 348ff.)

Dimension	**Aussage**
Verantwortungsdelegation	Er/sie übergibt mir angemessene Aufgaben zur selbständigen und eigenverantwortlichen Erledigung sowie die erforderlichen Befugnisse, Handlungs- und Entscheidungsspielräume.
	Er/sie greift nur in Ausnahmefällen in meinen Verantwortungsbereich ein, wenn z.B. hohe Risiken oder ein Scheitern klar abzuzeichnen sind.
Transparenz und Informationsfluss	Er/sie unterrichtet mich über die Situation und die mittelfristigen Ziele unseres Unternehmens.
Zielvereinbarung	Er/sie fördert mich durch hochgesteckte, aber erreichbare Ziele.
	Die Ziele, die er/sie mit mir vereinbart, sind inhaltlich präzise und eindeutig.
Feedback und Beurteilung	Er/sie führt regelmäßig Gespräche, die mir kontinuierlich Klarheit darüber verschaffen, wie ich und meine Leistungen eingeschätzt werden.
	Besondere Leistungen meinerseits werden von ihm/ihr ausdrücklich anerkannt.
	Er/sie gibt mir konstruktive, verständliche Rückmeldung sowohl bei der Erledigung von Aufgaben als auch bei der Erreichung von Zwischenzielen.
Förderung und Weiterbildung	Er/sie setzt mich entsprechend meiner Eignung, beruflichen Interessen und persönlichen Vorstellungen ein.
	Er/sie unterstützt meine Wünsche nach Weiterqualifikation und Fortbildungsmaßnahmen und schlägt gegebenenfalls selbst welche vor.

Fasst man die Ergebnisse aus obiger Tabelle zusammen, so wir deutlich, dass sich starke Überzeugungen in Bezug auf die Erfolgswirksamkeit von Führungsmethoden und -techniken offensichtlich auf das Verhalten auswirken – oder, um es etwas vorsichtiger zu formulieren: Führungskräfte mit starken Überzeugungen verhalten sich konform gemäß der eigenen Überzeugungen.

Analoge Ergebnisse lassen sich in Bezug auf die **Mitarbeiter- bzw. Aufgabenorientierung** von Führungskräften identifizieren: Führungskräfte mit aufgabenorientierten Führungsprinzipien werden von ihren Mitarbeitern in Bezug auf Faktoren wie Vertrauen, Kooperation, Vorbildfunktion, Motivation und Unterstützung, Verantwortungsdelegation, Transparenz und Informationsfluss, Zielvereinbarung, Feedback und Beurteilung sowie Förderung und Weiterbildung durchgängig als unterschiedlich im Vergleich zu Führungskräften beschrieben, die sich selbst als „mitarbeiterorientierten Führungsprinzipien folgend“ beschreiben: **Aufgabenorientierte Führungskräfte weisen diese Merkmale in ihrem Verhalten durchgängig zu einem signifikant geringeren Ausmaß auf.** Mitarbeiter von Führungskräften mit negativem Mitarbeiterbild verdeutlichen, dass diese eine signifikant geringere Ausprägung in ihren Verhaltensweisen haben als Führungskräfte mit einem positiven Mitarbeiterbild (vgl. hierzu die obigen Ausführungen zu Theorie X und Theorie Y).

19.6 Schemata und Führung: Individuelle Grundlagen dysfunktionaler Schemata

19.6.1 Schemata und Grundbedürfnisse

Oben wurde bereits auf die Entstehung dysfunktionaler Schemata hingewiesen, die im Zuge von Befriedigungsversuchen der Grundbedürfnisse in der frühen Kindheit entwickelt wurden. Young (2008) identifiziert 18 solcher dysfunktionalen Schemata und ordnet sie fünf Domänen zu, die in engem Zusammenhang mit – misslungenen – Versuchen der Befriedigung der Grundbedürfnisse stehen (vgl. die folgende Tabelle).

Tab. 19.2: Schemata: Zuordnung zu Domänen und Grundbedürfnissen

Domäne	Schema	Grundbedürfnis
Abgetrenntheit und Ablehnung	1. Verlassenheit/Instabilität (im Stich gelassen)	Bindung
	2. Misstrauen/Missbrauch	
	3. Emotionale Entbehrung Vernachlässigung	
	4. Unzulänglichkeit/Scham Unattraktivität	
	5. Soziale Isolation	
Beeinträchtigung von Autonomie und Leistung	6. Abhängigkeit/Inkompetenz	Kontrolle nach außen (Autonomie-Grundlage)
	7. Anfälligkeit für Schädigung und Krankheit/Verletzbarkeit	
	8. Verstrickung/unentwickeltes Selbst	
	9. Erfolglosigkeit/Versagen	
Beeinträchtigung im Umgang mit Begrenzungen	10. Anspruchshaltung/Grandiosität (besonders sein)	(Selbst)- Kontrolle nach innen
	11. Unzureichende Selbstkontrolle/Selbstdisziplin	
Fremdbezogenheit	**12. Unterwerfung/Unterordnung**	Selbstwerterhöhung/Selbstwertschutz
	13. Selbstaufopferung	
	14. Streben nach Zustimmung und Anerkennung (Beachtung suchen)	
Übertriebene Wachsamkeit und Gehemmtheit	15. Negativität/Pessimismus Negatives Hervorheben	Lust/Unlust-Vermeidung
	16. Emotionale Gehemmtheit	
	17. Überhöhte Standards/kritische Haltung (unerbittliche Ansprüche)	
	18. Bestrafen/Bestrafungsneigung	

Young arbeitet aufgrund seiner Forschung folgende wichtige Differenzierung in Bezug auf die Änderbarkeit der Schemata aus:

- Die Schemata 12–14 sowie 16 und 17 aus obiger Tabelle stellen für ihn sog. „**sekundäre oder bedingt gültige Schemata**" dar, d.h. durch Einsicht und Reflexion sowie kognitive Strategien in Teilen veränderbare Schemata. „In Teilen“ meint, dass hier auch der emotionale, i. Allg. nicht-sprachliche Bezug zu den Grundbedürfnissen bei der Interventionsgestaltung zu berücksichtigen ist.

- Alle anderen Schemata aus obiger Tabelle sind nach Young als **„primäre bzw. unbedingte Schemata“** zu verstehen, d.h., dass sie kaum durch kognitive und einsichtsbezogene Interventionen verändert werden können. Hierzu bedarf es entsprechender korrigierender, emotionaler Erfahrungen im Rahmen psychotherapeutischer Sitzungen.

19.6.2 Implikationen: Dysfunktionale Schemata und Führung

Die folgenden Ausführungen in diesem Abschnitt dienen dem Ziel, einige ausführlichere Hinweise zu den sekundären Schemata nach Young (2008) zu geben.

Sekundäre, dysfunktionale Schemata zum Grundbedürfnis „Selbstwerterhöhung/Selbstwertschutz“

Es überrascht nicht, dass die von Young (2008) der Verletzung des Grundbedürfnisses nach Selbstwerterhöhung bzw. nach Selbstwertschutz zugeordneten Schemata als sekundär, also als vergleichsweise „einfach“ veränderbar gelten: In Abschnitt 11.6 wurde herausgearbeitet, dass dieses Bedürfnis im Gegensatz zu den anderen drei Grundbedürfnissen erst später in der kindlichen Entwicklung entsteht, nämlich im Rahmen mit der Auseinandersetzung externer Wertmaßstäbe – also im Kindergarten bzw. in der Schule: Kinder lernen dann, dass der Wert ihrer Person von der erbrachten Leistung – und nicht mehr von ihrer Person als Ganzes – abhängt. Konsequenterweise sind die in diesem Zusammenhang entwickelten Schemata nicht ganz so alt – und möglicherweise nicht ganz so stabil – wie die dysfunktionalen Schemata, die sich im Zusammenhang mit der mangelnden Befriedigung der anderen Grundbedürfnisse herausgebildet haben. Zudem legt der Zusammenhang mit dem Thema „Leistung“ nahe, dass produktive Arbeit und positives Feedback durch den Vorgesetzten einen Beitrag zur Veränderung solcher Schemata leisten könnten.

(1) Schema #12: Unterwerfung/Unterordnung

In Anlehnung an Damm (2010, S. 48f.) fallen Menschen mit diesem Schema in einer Gruppe nicht sonderlich auf – sie passen sich schnell an die Gruppennormen an. Sie haben in der Regel eine Meinung – nämlich die des Gesprächspartners. Eine maßgebliche Überzeugung lautet: „Die anderen wissen es besser und haben immer recht“. Organisationsmitglieder mit diesem Schema weisen u.a. folgende Verhaltensweisen auf – sie

- passen sich übermäßig an die Vorstellungen Dritter an
- können sich oft nicht durchsetzen
- neigen mit Ranghöheren oftmals zu vorauseilendem Gehorsam
- sind im Berufsalltag meist sehr unauffällig
- sind Mitläufer
- stellen nichts und niemanden infrage

Diese Aufzählung verdeutlicht, dass von solchen Organisationsmitgliedern – unabhängig davon, ob von Führungskräften oder Mitarbeitern – nur sehr bedingt eigenständige Leistung,

Kreativität oder Innovation erwartet werden kann – analoges gilt für Konflikt- und Durchsetzungsfähigkeit.

(2) Schema #13: Selbstaufopferung

Nach Damm (2010, S. 51f.) haben Menschen mit diesem Schema starkes Interesse an dem Wohl Dritter. Sie sind im Allgemeinen stark extravertiert, d.h., sie gehen auf die entsprechenden Personen aktiv zu. Im Mittelpunkt steht hier das Bedürfnis nach Anerkennung. Eine wichtige Überzeugung lautet: „Ich muss für das Wohl der anderen sorgen" oder aber: „Die anderen brauchen meine Hilfe". Organisationsmitglieder mit diesem Schema weisen u.a. folgende Verhaltensweisen auf – sie

- haben immer ein offenes Ohr für die Probleme der Mitarbeiter
- verstehen vieles, was der Andere von sich gibt, als Appell
- stoßen andere mit ihrer „mütterlichen „ bzw. „väterlichen" Art vor den Kopf

Diese Aufzählung verdeutlicht, dass solche Führungskräfte aller Voraussicht nach ein hohes Maß an sozialer Intelligenz und einen mitarbeiterorientierten Führungsstil aufweisen. Allerdings kann ihnen dieses hohe Maß an Empathie zur Stolperfalle werden, wenn es darum geht, Ziele durchzusetzen, die im Konflikt mit Bedürfnissen bzw. Zielen ihrer Mitarbeiter stehen.

(3) Schema #14: Streben nach Zustimmung und Anerkennung (Beachtung suchen)

In Anlehnung an Damm (2010, S. 48f.) haben Menschen mit diesem Schema starkes Interesse an positiver Aufmerksamkeit – es geht ihnen vor allem um die Außenwirkung. Oftmals wird eine enorme Leistungsbereitschaft an den Tag gelegt. Sozial erwünschtes Verhalten wird sehr häufig gezeigt, um positives Feedback zu provozieren. Eine maßgebliche Überzeugung lautet: „Ich muss es anderen Recht machen, um etwas Wert zu sein". Organisationsmitglieder mit diesem Schema weisen u.a. folgende Verhaltensweisen auf – sie

- wollen es allen Recht machen – und dafür Anerkennung bekommen
- sind sehr leistungsfähig
- sind sehr auf ein positives Feedback angewiesen
- offenbaren oftmals das Motto „fishing for compliments"
- neigen stark zu Konkurrenzdenken bei den KollegInnen

Diese Aufzählung verdeutlicht, dass von solchen Führungskräften und Mitarbeitern zwar Leistung erwartet werden kann – aber im Allgemeinen nur unter der Voraussetzung, wenn diese Leistung mit einem entsprechend hohen Maß an Anerkennung durch Dritte verbunden ist. Versiegt diese, wird Leistungszurückhaltung über kurz oder lang eine Konsequenz daraus sein.

Sekundäre, dysfunktionale Schemata zum Grundbedürfnis „Lust-/Unlust-Balance"

In diesem Zusammenhang geht es um zwei Schemata, bei denen Emotionen grundsätzlich jeglicher Stellenwert beim Handeln in Organisationen abgesprochen wird oder aber die perfekte Erledigung der Aufgabe überbetont wird, sodass Emotionen notwendigerweise nur eine sehr geringe Rolle zukommen kann.

(1) Schema #16: Emotionale Gehemmtheit

Nach Damm (2010, S. 51f.) sind Menschen mit diesem Schema sehr rational strukturiert. Sie weisen ein hohes Maß an Ordnung, Struktur und Bedürfnis nach Sicherheit auf. Sie sind in der Lage, sehr präzise zu denken und sich klar und unmissverständlich auszudrücken. Sie erscheinen als sehr gewissenhaft und vertreten eher konservative Normen. Eine wichtige Überzeugung lautet: Wenn ich meine Gefühle zeige, werde ich bestraft". Organisationsmitglieder mit diesem Schema weisen u.a. folgende Verhaltensweisen auf – sie

- tun sich mit Empathie äußerst schwer
- verteufeln emotionale Phänomene
- kommunizieren vorwiegend auf der Sachebene
- benötigen klare, stimmige und „logische" Anweisungen
- erreicht man i. Allg. nicht mit emotionalen Formulierungen

Diese Aufzählung verdeutlicht, dass solche Führungskräfte aller Voraussicht nach ein geringes Maß an sozialer Intelligenz und einen stark aufgabenorientierten Führungsstil aufweisen. Sie verstehen nicht, dass die Qualität von Beziehungen im eigenen Team bzw. in der Organisation ein zentraler Produktivitätsfaktor ist. Veränderungen in Richtung Vertrauenskultur stehen sie ablehnend oder zumindest stark distanziert gegenüber.

(2) Schema #17: Überhöhte Standards/kritische Haltung (unerbittliche Ansprüche)

In Anlehnung an Damm (2010, S. 48f.) weisen Menschen mit diesem Schema ein hohes Maß an Perfektionismus auf. Sie möchten glänzen bzw. hervorstechen. Alles, was gemacht werden soll, muss möglichst gut gemacht werden. Allerdings können Erfolge nicht lange genossen werden, weil die Liste der unerledigten Baustellen immens groß ist. Die Betreffenden merken i. Allg. nicht, dass das, was sie für „normal" halten, weit überdurchschnittlich ist. Eine wichtige Überzeugung lautet: „ Nur wenn ich gut bin, bin ich etwas wert". Organisationsmitglieder mit diesem Schema weisen u.a. folgende Verhaltensweisen auf – sie

- sind Workoholics
- setzen sich sehr stark für ihren Verantwortungsbereich ein
- sind verantwortungsvoll
- sind auf ein positives Feedback angewiesen
- erwarten von ihren Mitarbeitern ebenfalls Perfektion
- sind belastungsfähig
- legen Wert auf „Außenorientierung"

Diese Aufzählung verwundert Sie möglicherweise, scheint doch hier das Profil einer „idealen" Führungskraft aufzutauchen, wie z.B. ein hohes Maß an Leistungsbereitschaft und -fähigkeit, ein hohes Maß an Verantwortungsbewusstsein bis hin zum Perfektionismus, der eine hohe Qualität sicherzustellen vermag. Beim näheren Hinsehen wird allerdings eine weitere, motivations- und produktivitätshemmende Eigenschaft deutlich: Solch' hohe Ansprüche an sich selbst machen dauerhaft krank – und führen in Richtung Mitarbeiter zu einer Überforderung und Demotivation.

19.7 Schemata und Führung: Organisationale Implikationen dysfunktionaler Schemata

19.7.1 Einleitung: Vom neurotischen Chef zur neurotischen Organisation

Schon ältere Studien zeigen einen engen Zusammenhang zwischen den Persönlichkeiten des bzw. der Top-Manager(s), der Unternehmenskultur, dem Führungsstil und der Performance einer Firma (z.B. Kets de Vries & Miller, 1984). Im Mittelpunkt dieser und späteren Studien stand insbesondere die Analyse „neurotischer" Organisationen und ihrer Effekte auf erfolgsrelevante Variablen. Der Gesamtzusammenhang lässt sich wie folgt verstehen (Kets de Vries, 1991): Die intrapsychische Konfliktstruktur der obersten Führungskräfte – darstellbar durch ihre neurotische Orientierung – führt zu „kollektiven Fantasien", die sich auf allen Hierarchieebenen durchsetzen und somit die Unternehmenskultur beeinflussen und sich auf strategische und strukturelle Entscheidungen auswirken. Je „stärker" also die Persönlichkeit des Leiters des Top-Management (Vorstandsvorsitzender, Geschäftsführer) – oder die Persönlichkeiten des oberen Leitungsteams, desto stärker beeinflusst deren Verhalten die Kultur, Struktur und Strategien des Unternehmens.

19.7.2 Neurotische Persönlichkeitstypen

Die psychoanalytische Literatur unterscheidet eine Vielzahl von neurotischen Persönlichkeitstypen – im Folgenden werden fünf relevante Typen skizzierten (vgl. die folgende Tabelle):

Tab. 19.3: Übersicht über die fünf relevanten Persönlichkeitstypen (Quelle: Kets de Vries, 2002, S. 128ff.)

Persönlichkeitstyp	Merkmale
Dramatisch	Lechzt nach Aufmerksamkeit; süchtig nach Abwechslung, Aufregung und Anregung; neigt zu Anspruchsdenken und Extremen
Misstrauisch	Stets auf der Hut vor Angriffen und Drohungen; überempfindlich, misstrauisch; auf Regeln und Kleinigkeiten bedacht, um sich vollständige Kontrolle zu sichern; lechzt nach Information; manchmal rachsüchtig
Unnahbar	Zurückgezogen und unbeteiligt; nicht an der gegenwärtigen oder zukünftigen Entwicklung interessiert; mitunter nicht empfänglich für Kritik oder Lob
Depressiv	Mangelndes Selbstvertrauen, Minderwertigkeitskomplexe, nicht erfolgsgewohnt (duldet daher Mittelmaß und Versagen); auf der Suche nach dem »Messias«
Zwanghaft	Würde am liebsten alles von oben bestimmen, besteht darauf, dass sich jeder an die Vorschriften hält; dogmatisch bis starrsinnig; perfektionistisch, detailverliebt, besessen von Routinen, Ritualen und Effizienz; begeistert von militärischem Drill

19.7.3 Die neurotische Organisation

Kets de Vries weist aufgrund seiner umfassenden Studien klare Belege für die Zusammenhänge zwischen Persönlichkeitsstruktur der Top-Entscheider und zentralen Organisationsmerkmalen nach (vgl. Kets de Vries, 2002, S. 128ff). Er charakterisert diese in Kürze wie folgt:

- **Die dramatische Organisation** wird durch Hyperaktivismus, Impulsivität, Abenteuerlust und Hemmungslosigkeit gekennzeichnet. Die Entscheidungsträger leben nicht in einer Welt der Tatsachen, sondern in einer der Verdächtigungen und Eindrücke. Die dramatische Atmosphäre richtet sich auf die Frage, wie die einmal gewonnene Aufmerksamkeit erhalten bleibt, und führt häufig zu zentralistischer Macht an der Organisationsspitze. Die Organisation operiert auf einer Vielzahl von Märkten, ohne sich tatsächlich auf die Marktbedingungen auszurichten: Vielmehr schafft sie sich ihre eigene Umwelt. Das narzisstische Bedürfnis der Führungsriege äußert sich in extremen Wachstumszielen, die mittels kühner und riskanter Operationen realisiert werden sollen.
- **Die misstrauische Organisation** äußert sich in einer Überbetonung der organisatorischen Kontrolle. Verdächtigungen und Misstrauen des Managements führen zur Errichtung von Budgetierungssystemen, Cost-Centern, Profit-Centern und der Installation umfangreicher Kostenrechnungsapparate. Diese Mechanismen reflektieren den Wunsch, permanent auf Notfälle vorbereitet zu sein. Das Misstrauen des Topmanagements richtet sich nach außen, wobei gleichzeitig die interne Diskussion den organisatorischen Informationsstand verbessern soll. Misstrauische Organisationen sind reaktiv, ohne überhaupt zu antizipieren. Zudem äußert sich die Furcht vor Innovationen und Ressourceneinsatz in einem ausgeprägten Konservatismus.
- **Die unnahbare Organisation** leidet unter einem Führungsvakuum, da die oberste Führungskraft dazu neigt, sich zurückzuziehen. Sie legt ein mangelndes Gegenwarts- und Zukunftsinteresse an den Tag, ist uninvolviert und desinteressiert. Der Kernkonflikt besteht in dem Gefühl, dass Interaktionen mit anderen zum Scheitern verurteilt sind und Distanz den sichereren Weg darstellt. Oft wird die zweite Führungsebene zum Schlachtfeld, auf dem Chancen gesehen werden, die eigene Karriere voranzutreiben. Diese Kombination von Desinteresse auf der ersten und politischen Machtspielen auf der zweiten Ebene führt zu einer Nichtrealisierung strategischer und struktureller Ziele und verhindert eine effektive Koordination und Kommunikation. Informationen über die Umwelt werden nicht ermittelt, der Fokus der organisatorischen Aktivitäten wird aufgrund persönlicher Ambitionen ausschließlich nach innen verlagert.
- **Die depressive Organisation** wird durch Inaktivität, Vertrauensdefizit und eine ausgeprägte konservative Inselhaltung charakterisiert. Die Atmosphäre wird durch Passivität und Ziellosigkeit geprägt und äußert sich in mangelndem Interesse an den Marktbedingungen und damit in einer ausgesprochenen Innenorientierung. Die dominanten Meinungsbildner leiten die Organisation aufgrund ihres mangelnden Selbstvertrauens und ihrer negativen Zukunftsperspektive ziel- und haltlos. Eine explizite Strategieformulierung findet nicht statt, genauso wenig wie ein sinnvoller strategischer Wandel. Dieser organisatorische Typus neigt besonders zur Selbstvernichtung und ist im Falle des Überlebens meist in saturierten Märkten zu finden.
- **Die zwanghafte Organisation** wird durch ihre Rituale und Detailplanung geprägt. Im Vordergrund stehen Gründlichkeit, Vollständigkeit und Konformität, der Schwerpunkt liegt auf Kontroll- und Informationssystemen. Im Gegensatz zur misstrauischen Organisation ist hier aber die Aufmerksamkeit auf die internen Situationen gerichtet. Auch die Strategie wird explizit fokussiert und immer an einem eng begrenzten Bereich – bspw.

Kostenreduktion – ausgerichtet. Diese Orientierung ist die Hauptrichtschnur der Organisation, unabhängig von der Umweltsituation. Wandel findet infolgedessen kaum statt.

19.7.4 Implikationen: Organisationspathologien

Gemäß der obigen Überlegungen zum Zusammenhang zwischen den Persönlichkeits- und Organisationsmerkmalen untersucht Kets de Vries den Zusammenhang zwischen neurotischer Struktur der Persönlichkeit des Top-Managements und den spezifischen Organisationspathologien. Die aufgrund einer Vielzahl von Studien herausgearbeiteten Befunde lassen sich anhand der folgenden Tabellen präzisieren.

Tab. 19.4: Organisationspathologien (Teil 1) (Quelle: nach Kets de Vries, 2002, S. 143)

Organisationstyp	**Leitthema**	**Organisationskultur**
Dramatisch	„Ich will Aufmerksamkeit erregen und Menschen, die mir wichtig sind, beeindrucken“	Spricht dependente Persönlichkeiten an, die sich gern unterordnen und die Fürsorge dem Chef überlassen; typisch sind „Idealisierung“ und „Spiegeln“; Leitungskraft als Katalysator von Initiative und Arbeitsmoral der Untergebenen
Misstrauisch	„Ich werde von etwas bedroht. Ich muss wachsam sein und kann wirklich niemandem trauen“	„Krampf und Kampf“; Abhängigkeiten und Angst vor Angriffen; übertrieben hoher Stellenwert der Information; fördert Einschüchterung, Uniformität und Verdächtigungen
Unnahbar	„Die Wirklichkeit bietet keine Befriedigung. Zwischenmenschliche Kontakte sind zum Scheitern verurteilt, es ist besser, man lässt die Finger davon“	Kalt und emotionslos, konfliktreich; von Machtkämpfen und Unsicherheit geplagt
Depressiv	„Kurswechsel haben keine Aussicht auf Erfolg: Ich kann den Lauf der Dinge nicht ändern. Ich bin einfach nicht gut genug“	Passiv, ohne Eigeninitiative und Motivation; fehlende Marktkenntnisse; Machtvakuum, selbstunsicheres Verhalten
Zwanghaft	„Ich will den Ereignissen nicht auf Gedeih und Verderb ausgeliefert sein. Ich muss alles, was mich betrifft, unter Kontrolle haben und beherrschen“	Stur, auf Interna fixiert, wie auf einer Insel; bevölkert von unterwürfigen, fantasielosen, unsicheren Angestellten
Dramatisch	Übertriebene Zentralisierung verhindert effiziente Informationssysteme; zu primitiv für die Produktvielfalt und Marktbreite; Führungskräfte aus der zweiten Reihe haben zu wenig Einfluss	Hyperaktiv, impulsiv, abenteuerlustig und gefährlich enthemmt; Nährboden für kühne, einsame Entscheidungen der Führungskräfte; unkoordiniertes Portfolio und Wachstum; anfällig für blinden Aktionismus; Entscheidungsfindung ohne Beteiligung der Mitarbeiter
Misstrauisch	Ausgefeilte Informationssysteme, ausführlichste Analyse externer Trends; Machtbündelung	Konservativ, wenig Initiative; allzu analytisch, übertrieben diversifiziert, voll von Geheimniskrämerei

Tab. 19.5: Organisationspathologien (Teil 2) (Quelle: nach Kets de Vries, 2002, S. 143)

Organisations-typ	Organisationsstruktur	Strategie
Dramatisch	Übertriebene Zentralisierung verhindert effiziente Informationssysteme; zu primitiv für die Produktvielfalt und Marktbreite; Führungskräfte aus der zweiten Reihe haben zu wenig Einfluss	Hyperaktiv, impulsiv, abenteuerlustig und gefährlich enthemmt; Nährboden für kühne, einsame Entscheidungen der Führungskräfte; unkoordiniertes Portfolio und Wachstum; anfällig für blinden Aktionismus; Entscheidungsfindung ohne Beteiligung der Mitarbeiter
Misstrauisch	Ausgefeilte Informationssysteme, ausführlichste Analyse externer Trends; Machtbündelung	Konservativ, wenig Initiative; allzu analytisch, übertrieben diversifiziert, voll von Geheimniskrämerei
Unnahbar	Die Binnenperspektive dominiert, das ökonomische Umfeld wird vernachlässigt; selbst verschuldete Hemmung des Informationsflusses	Schwankend, unentschieden und inkonsistent; engstirnige, selbstsüchtige Ambitionen
Depressiv	Typisch sind Rituale, Bürokratie, Inflexibilität, steile Hierarchie, unzureichende interne Kommunikation und Widerstand gegen Veränderungen	Entscheidungsangst, Nabelschau, fehlende Marktbeobachtung; lässt sich treiben, orientierungslos; beschränkt auf überalterte, reife Märkte
Zwanghaft	Starre Formvorschrift, ausgefeilte Informationssysteme, rituelle Bewertungsmethoden; extreme Genauigkeit, der Status der Führungskräfte bestimmt sich allein nach ihrem Rang in der Hierarchie	Genau durchkalkuliert, zielorientiert, extrem gründliche Bewertung; schwerfällig und unfähig zur Anpassung; thematisch beschränkt, besessen von einem Aspekt (zum Beispiel Kosten- oder Qualitätskontrolle) zulasten anderer Aspekte

Um die Überlegungen aus den obigen Tabellen angemessen einordnen zu können, ist ein weiterer Schritt notwendig – nämlich die Frage zu beantworten, was Schemata mit neurotischen Merkmalen zu tun haben. Würde man diese Frage mit eingefleischten Psychoanalytikern bzw. rational-emotiven Verhaltenstherapeuten (wozu letztlich die Schematherapie gehört) diskutieren, würde man vermutlich nur wenig Einigung bez. möglicher Antworten erzielen, da sich die jeweiligen Annahmen bzw. Menschenbilder stark voneinander unterscheiden.

Wechselt man allerdings die Perspektive und nimmt einen neurobiologischen Standpunkt ein, so fällt eine Antwort vergleichsweise einfach: Neurotische Denk- und Handlungsgewohnheiten lassen sich auf tief verankerte, emotional stark aufgeladene Lernprozesse zurückführen. Neurotische Merkmale hängen somit eng mit dysfunktionalen Schemata zusammen. Ob sich die psychoanalytische Symptombeschreibung mit den entsprechenden schematherapeutischen Kategorien 1:1 in Übereinstimmung zu bringen lässt, ist für die Diskussion unseres Themas „Neuroleadership“ sekundär.

20 Vertiefung II: Metaphern, Gehirn und Führung

Rüdiger Reinhardt

Die folgenden Überlegungen sollen Ihnen helfen, besser zu verstehen, warum „geplante" Änderungen i.Allg. so schwierig zu realisieren sind: Sie basieren auf dem Missverständnis, dass das, was an Bedeutung und Zielen kommuniziert wird, einen (engen) Zusammenhang mit dem aufweist, was die Mitarbeiter auch verstehen. Das scheint auf den ersten Blick trivial zu sein, wissen wir doch seit der „Vier-Ohren-Metapher" von Schulz von Thun (1982), dass es vier Möglichkeiten gibt, das Gehörte zu verstehen, nämlich aus einer inhaltlichen, einer Selbstoffenbarungs-, Beziehungs- und appellbezogenen Perspektive. Das vorherige Kapitel lässt uns verstehen, was dahinter steckt, nämlich die Wahrnehmungs- und Interpretationsgewohnheiten bzw. -vorlieben der jeweiligen Akteure (also deren Schemata).

Jetzt wollen wir einen Schritt weitergehen und verstehen, welche grundlegenderen neurobiologischen Prozesse dahinter stecken. Daher sollen jetzt folgende Aspekte diskutiert werden:

- Wie entwickeln sich Schemata – und somit Interpretationsvorlieben – ohne dass wir konkrete Erfahrungen mit dem jeweiligen Gegenstandsbereich haben?
- Welche Rolle spielen unsere Sprachgewohnheiten hierbei?
- Last not least: Welche Implikationen hat das für unser Führungsverständnis? – und für die Vermittlung von (neuen) Konzepten?

Zusammenfassend geht es um Folgendes: Veränderungen scheitern daran, dass die neuen Konzepte – wie z.B. „Neuroleadership" – nicht zu den dominanten sprachlichen Gewohnheiten – besser: sprachlichen Schemata – und den damit implizierten neuronalen Prozessen der Betroffenen „passen". Kurz: **Sprache – und somit Verständigung – funktioniert anders, als wir das in der Schule oder an Hochschule gelernt haben.** Auch hier können uns die modernen Neurowissenschaften zu einem besseren Verständnis verhelfen.

20.1 Einleitung

Lassen Sie uns zu Beginn dieses Kapitels die obige Vermutung zu „Sprache, Schemata und Veränderung" noch etwa weiter konkretisieren: Prüfen Sie bitte anhand der folgenden Checkliste, aufgrund welcher Erfahrungen die folgenden Überzeugungen in die Köpfe von Ihnen als Führungskraft gekommen sind bzw. hätten kommen können (vgl. Aretz, 2007, S. 320f.):

Tab. 20.1: Führungskräfte und Schwerpunkte ihrer Überzeugungen (in Anlehnung an Aretz, 2007)

Dimension	Überzeugungen über die eigenen Mitarbeiter	Eigene Erfahrung	
		Ja	nein
Intrinsische Motivation	Meine Mitarbeiter möchten vorrangig Autonomie und Freiraum bei der Verrichtung ihrer Arbeit haben, eine verantwortungsvolle und interessante Tätigkeit verrichten, die Gelegenheit erhalten, zu zeigen, was sie können sowie gleichzeitig Freude bei ihrer Arbeit erfahren.		
Extrinsische Motivation	Meinen Mitarbeitern ist der Lohn wichtiger als die Arbeit, sie erwarten grundsätzlich eine höhere Entlohnung und sind ihren Zielen nur verpflichtet, wenn ihnen Belohnungen in Aussicht gestellt werden.		
Passivität und Unselbständigkeit	Meine Mitarbeiter wollen angewiesen und geführt werden, sind träge, ambitionslos und drücken sich vor der Übernahme von Verantwortung. Daher muss ich stets die Entscheidungen treffen.		
Aktivität und Lernbereitschaft	Meine Mitarbeiter sind lernbereit und möchten ihren Beitrag zur Erreichung der Ziele leisten, sie suchen Verantwortung und möchten ihre Fähigkeiten und Qualifikationen im Arbeitsleben verbessern.		
Wertschätzung	Meine Mitarbeiter erwarten Wertschätzung von mir und haben das Bedürfnis nach einer positiven Arbeitsatmosphäre		
Passivität und Sicherheitsdenken	Meine Mitarbeiter sind nicht gewillt, selbst zu entscheiden oder sich selbstbestimmt zu verhalten – sie streben vor allem nach einem sicheren Arbeitsplatz		

Vielleicht ist Ihnen aufgefallen, dass Sie nicht entscheiden können, auf wie viele Mitarbeiter genau diese Merkmale wirklich zutreffen. Möglicherweise haben Sie auch gemerkt, dass diese Überzeugungen eine Art „Brille" darstellen, mit deren Hilfe Sie bestimmte Merkmale bzw. Verhaltensweisen Ihrer Mitarbeiter besonders scharf wahrnehmen – und andere Merkmale dabei – notwendigerweise – ausblenden. Schließlich könnte deutlich geworden sein, dass Sie über Überzeugungen verfügen, zu denen Sie nicht mehr sagen können, ob Sie dazu überhaupt jemals eine konkrete Erfahrung gemacht haben, also wie sie entstanden sind. Die folgende Tabelle enthält eine Übersicht über relevante Einflussfaktoren auf die Entwicklung des eigenen Führungsverhaltens.

Tab. 20.2: Einflussfaktoren, die das eigene Führungsverhalten prägen (Quelle: Aretz 2007, S. 329)

Führungserfahrungen als Vorgesetzter sowie Schulungen/Bücher: 33,7%
• Der Einfluss meiner Erfahrungen in meiner ersten eigenen Führungsposition
• Der Einfluss von eigenen Erfahrungen, welche ich als Inhaber einer Führungsposition machen konnte
• Der Einfluss meiner Mitarbeiter, die ich in meiner allerersten Führungsposition geführt hatte
• Der Einfluss von Schulungen, in denen ich Wissen über Führung vermittelt bekam
• Der Einfluss von Büchern, welche ich über das Thema Führung gelesen hatte

Tab. 20.2: Einflussfaktoren, die das eigene Führungsverhalten prägen (Quelle: Aretz 2007, S. 329)

Allgemeine Sozialisationserfahrungen: 24,4%
• Der Einfluss von allgemeinen Erfahrungen, welche ich im Laufe meiner Kindheit und Jugend gemacht hatte
• Der Einfluss von Erfahrungen, die ich in meiner Schulzeit gemacht hatte
• Der Einfluss von Erfahrungen, die ich in meiner Studienzeit gemacht hatte
• Der Einfluss des Erziehungsstils meiner Eltern
Erfahrungen mit Vorgesetzten: 10,7%
• Der Einfluss meiner Vorgesetzten, also guter wie schlechter Vorbilder, denen ich im Laufe meiner beruflichen Laufbahn ausgesetzt war
• Der Einfluss meines ersten Vorgesetzten, mit dem ich in meinem Berufsleben zusammengearbeitet habe
• Der Einfluss von allgemeinen beruflichen und vorberuflichen Arbeitserfahrungen (Karriereerfahrungen)

Betrachtet man die obige Tabelle genauer, so werden folgende Punkte deutlich: Einerseits spielen die unterschiedlichen Erfahrungen eine bedeutsamere Rolle als ein formaler Wissenserwerb über Schulungen oder Buchlektüren. Andererseits impliziert diese enge Verzahnung zwischen eigenem Erwerb in Sachen Führungskompetenz und informalem Lernprozessen eine starke Abhängigkeit von den eigenen, möglicherweise unreflektierten Schemata – also der eigenen „Brille".

20.2 Ausgangspunkt: Allgemeine Semantik

20.2.1 Einleitung

Bereits 1923 hat Alfred Korzybski mit seiner „Allgemeinen Semantik" auf einen wichtigen Aspekt hingewiesen. Er stellt den Menschen als in zwei Welten lebend dar: In einer Welt der realen Dinge und deren Beziehungen und in einer Welt der Symbole. Der Mensch nimmt seine Umwelt nur durch das Prisma seiner Sprache wahr. Die Sprache ist die „Landkarte" der Wirklichkeit.

- **Welt der Erfahrungen**: Einmal leben wir in einer Welt von Vorgängen, die wir aus erster Hand kennen. Dies ist eine außerordentlich kleine Welt, die nur aus dem Kontinuum von Dingen besteht, die wir tatsächlich gesehen, gefühlt oder gehört haben – es ist der Fluss der Ereignisse, der ständig an unseren Sinnen vorüberzieht. Soweit diese Welt persönlicher Erfahrung in Betracht kommt, gibt es kein Afrika, Südamerika, Asien, Washington, New York oder Moskau, falls wir nie an diesem Ort waren. Nelson Mandela ist nur ein Name, wenn wir diesen Mann nie gesehen haben. Wenn wir uns fragen, wie viel wir aus erster Hand wissen, dann entdecken wir, dass wir wirklich sehr wenig wissen.
- **Welt der Sprache:** Die meisten Kenntnisse, die wir von Eltern, Freunden, Schulen, aus Zeitungen, Büchern, Gesprächen, vom Fernsehen oder aus dem Internet erworben haben, sind von uns verbal übernommen worden. Zum Beispiel stammt unsere gesamte Kenntnis der Geschichte nur aus Worten. Der einzige Nachweis, den wir dafür haben, dass die Schlacht von Waterloo überhaupt stattgefunden hat, liegt darin, dass wir Berich-

te darüber haben. Diese Berichte werden uns nicht von Leuten gegeben, die dabei waren, sondern sie beruhen auf anderen Berichten: Berichten über Berichten von Berichten, welche schließlich auf die Berichte aus erster Hand zurückgehen, die von Leuten stammen, die bei dem Ereignis dabei waren. So erhalten wir unsere meisten Kenntnisse durch Berichte über Berichte: Über die Regierung, über Vorgänge in Afghanistan, über das, was ein Film im Kino zeigt – also über alles, was wir nicht durch unmittelbare Erfahrung wissen.

Für uns ist folgender Aspekt von Bedeutung: **Diese Landkarte kann ohne jede Beziehung zum Gelände, welches sie angeblich darstellt, hergestellt oder verändert werden. Das menschliche Nervensystem kann darauf trainiert werden, allein auf die Landkarte zu reagieren, ohne prüfen zu müssen, ob sie genau die Realität darstellt.**

Aus der Fähigkeit, geistige Bilder von Situationen hervorzurufen, die nicht unmittelbar erfahren werden, noch jemals erfahren werden, ergeben sich drei wichtige Konsequenzen:

1. Die Symbolsprache ermöglicht die Vermittlung von Erfahrungen mittels der Sprache – und somit den Bestand an Wissen, das im kollektiven Gedächtnis einer Kultur gespeichert werden kann. Mit der Erfindung der Schrift wird die Speicherung des Wissens sogar vom kollektiven Gedächtnis unabhängig. In Bibliotheken bzw. Datenbanken kann Wissen außerhalb des menschlichen Körpers angesammelt werden.
2. Die Symbolsprache befähigt uns, uns das Mögliche vorzustellen und daher zukünftige Ereignisse vorwegzunehmen. Sie befähigt uns zu vergleichen, was ist und was sein könnte. Sie gibt uns die Fähigkeit zu hoffen – aber auch zu fürchten. Freuden aus sinnlichen Erlebnissen, und Schmerzen, die aus körperlicher Qual herrühren, kommen in unserem Leben verhältnismäßig selten vor. Die meisten unserer Freuden und Leiden kommen aus der Erinnerung an die Vergangenheit und aus der Vorwegnahme der Zukunft. **Die Symbolsprache befähigt uns, Gefühle ohne konkrete Erfahrung zu erleben – und somit das Belohnungs- und Bedrohungssystem ohne Erfahrung zu aktivieren.** Die Interpretation von vergangenen oder die Vorwegnahme zukünftiger Erfahrungen erzeugt ein psychisch-emotionales Ungleichgewicht, das uns zum Handeln antreibt – im Gegensatz zu Tieren, die nur dann aktiv werden, wenn eine physiologische Gleichgewichtsstörung aufgetreten ist. Der Mensch hat vom Grundsatz her die Anlage zur Unzufriedenheit.
3. Die Symbolsprache ermöglicht die Vermittlung von falschen bzw. unwahren Nachrichten – und den Glauben daran: Der Mensch kann – absichtlich oder unabsichtlich – lügen. Unter „Falschheit" soll nicht nur die absichtliche Täuschung, sondern ganz allgemein der Widerspruch zwischen den durch Worte hervorgerufenen Bildern und dem tatsächlichen Sachverhalt verstanden werden. Die Menschen sind aufgrund ihrer Symbolsprache in der Lage, eine Gedankenwelt aufzubauen, die nichts mit den Gegenständen, die sie abbildet, zu tun haben – oder gar im Widerspruch dazu stehen – und dabei Gefühle auszulösen. **Wir sind somit nur schlecht in der Lage zu entscheiden, ob unsere Gefühle auf unserer (ggf. falsch geleiteten) Vorstellungskraft basieren (abstrakt) – oder aufgrund von (konkreten) Erfahrungen**[47].

---

[47] Wie oben bereits deutlich wurde, kann dies durch die neurowissenschaftliche Schemaforschung erklärt werden: Unser Gehirn unterscheidet nicht so einfach zwischen „Innen" und „Außen", wie wir das gewohnheitsmäßig vermuten: Nahezu 80% der neuronalen Netzwerkaktivität in unserem Gehirn ist nicht mit „Außen" ver-

Die Symbolsprache hat das Überleben der Spezies Mensch gesichert – durch die Anhäufung von Erfahrungen, die Entwicklung und Sammlung von Instrumenten und Technologien. Sie hat dazu geführt, dass der Mensch in der Lage war, die Welt seinen Bedürfnissen anzupassen – und somit den evolutionären Mechanismus außer Kraft gesetzt. Durch die Symbolsprache wurde aber auch ein **ungeheurer Ballast an „Wissen"** erzeugt, der keinen oder nur sehr bedingten Erfahrungsbezug hat – wenn wir es also mit Abstraktionen zu tun haben.

20.2.2 Das Problem der Abstraktion

Unsere Erfahrungen, also unsere Lernprozesse und unsere Interesse sind somit dafür verantwortlich, wie wir die Dinge benennen und wo wir eine Unterscheidungslinie zwischen einer Klasse von Dingen und einer anderen ziehen. Zum Beispiel werden Tiere auf die eine Weise von der Fleischindustrie, auf eine andere Weise von der Lederindustrie, und auf eine noch andere Weise von den Biologen klassifiziert. Keine dieser Klassifikationen ist irgendwie endgültiger, als eine andere: Jede von ihnen ist für ihren Zweck nützlich.

Genauso können wir das Verhalten unserer Mitarbeiter bei mangelnder Leistungserfüllung interpretieren: Sind sie nicht motiviert? Wissen sie nicht, was zu tun ist? Sind sie dafür nicht ausreichend qualifiziert? Gibt es Hindernisse bei den Rahmenbedingungen? Wie wir in Abschnitt 19.1 gesehen haben, spielen hier die eigenen Überzeugungen bzw. Menschenbilder bei der Beantwortung dieser Frage eine zentrale Rolle: Wenn ich glaube, dass Menschen grundsätzlich faul und nur durch Geld zu motivieren sind (Theorie X), dann neige ich dazu, mangelnde Motivation dafür verantwortlich zu machen, die Gründe der Minderleistung beim Mitarbeiter zu suchen (s.o.: Attributionsstile/Erklärungsmuster in Abschnitt 19.4). Bin ich hingegen davon überzeugt, dass meine Mitarbeiter zu einem hohen Maß Interesse an der Tätigkeit haben (Theorie Y), komme ich nicht umhin, die anderen drei Erklärungsmöglichkeiten in Erwägung zu ziehen – und somit mich als Führungskraft auch für das mangelnde Leistungsverhalten meiner Mitarbeiter als mitverantwortlich einzuschätzen.

Daraus können wir schlussfolgern, dass das Meiste unseres Wissens nicht auf konkreten Erfahrungen, sondern auf Abstraktionen beruht. Kurz: **Nahezu alles, was wir wissen, basiert auf Abstraktionen**. Was wir über den PC wissen, vor dem wir sitzen, ist eine Abstraktion von seiner Totalität. Wenn wir Brot essen, dann können wir nach dem Geschmack nicht beurteilen, ob es mit Vitamin B angereichert ist, wie es auf der Verpackung heißt usw.. Wir müssen einfach darauf vertrauen, dass z.B. der chemische Prozess, aus dem die Worte Vitamin B abstrahiert wurden, tatsächlich stattgefunden hat. Was wir über unseren Partner bzw. unsere Partnerin wissen, selbst wenn wir 30 Jahre mit ihr/ihm liiert sind, ist wiederum eine Abstraktion. Das Gleiche gilt für unser „Wissen" über unsere Mitarbeiter – und für das Wissen über unsere Chefs.

Allerdings ist es wenig sinnvoll, das Misstrauen auf alle Abstraktionen ohne Unterschied ausdehnen zu wollen. Abstraktionen können vielmehr äußerst praktisch sein – und dies umso mehr, wenn wir uns bewusst sind, wie wir verwenden. **Es gilt somit, sich die Abstraktionsebenen bewusst zu machen**. Dies soll – aufbauend auf einem allgemeinverständlichen Beispiel – anhand darauf aufbauend anhand einiger relevanter Organisationsbegriffe vertieft werden.

---

schaltet – sondern beschäftigt sich „lediglich" mit der internen Informationstransformation bzw. -interpretation (z.B. Singer, 2002, S. 103).

Stellen wir uns vor, dass vor uns eine Kuh steht – die LIESEL genannt wird. – Welche sinnvollen Aussagen lassen sich über LIESEL machen? Das kommt darauf an, auf welcher Abstraktionsebene wir uns befinden (vgl. Hayakawa, 1973, S. 184ff.):

Zunächst ist festzuhalten, dass LIESEL ein lebender Organismus ist, der sich ständig verändert, ständig Futter und Luft verbraucht, umwandelt und wieder von sich gibt. Ihr Blut zirkuliert, ihre Sinnesorgane geben ihr Nachrichten. Durch das Mikroskop ist sie eine Masse von verschiedenartigen Korpuskeln, Zellen, Bakterien; vom Standpunkt der modernen Physik aus gesehen, ist sie ein beständiger Elektronentanz. Was sie in ihrer Gesamtheit ist, können wir niemals wissen, selbst wenn wir in einem bestimmten Augenblick sagen könnten, was sie war. Im nächsten Augenblick hätte sie sich so sehr verändert, dass unsere Beschreibung nicht mehr genau wäre. Es ist unmöglich, vollständig zu sagen, was LIESEL oder irgendein anderes Ding ‚wirklich' ist. LIESEL ist kein ‚statisches Objekt', sondern ein ‚dynamischer Prozess'.

Die LIESEL, die wir wahrnehmen, ist aber wieder etwas anderes. Wir nehmen nur einen kleinen Bruchteil der vollständigen LIESEL wahr: die Lichter und Schatten ihres Äußeren, ihre Bewegungen, ihre allgemeine Gestalt, ihre Geräusche, die sie macht, die Geruchsempfindungen, die sie hervorruft und die Empfindungen, die sie in unserem Tastsinn hervorruft. – Und infolge unserer früheren Erfahrung beobachten wir Ähnlichkeiten zwischen ihr und gewissen anderen Tieren, auf welche wir in der Vergangenheit das Wort ‚Kuh' angewandt haben.

Was also „ist" LIESEL? – wenn wir verstanden haben, dass der ‚Gegenstand' unserer Wahrnehmung nicht das ‚Ding-an-sich' ist, sondern eine Wechselwirkung zwischen unserem Gehirn und etwas, das außerhalb unseres Gehirns ist. Schauen wir uns dazu folgende Erklärungen an:

Prozess-Ebene: Die Kuh besteht letztlich aus Atomen, Elektronen usw. entsprechend der derzeitigen wissenschaftlichen Erkenntnis. Die Merkmale sind auf dieser Ebene unendlich und ändern sich beständig.

Begrenzte Wahrnehmung: Die Kuh, die wir wahrnehmen, ist nicht das Wort, sondern der Gegenstand unserer Erfahrung, das, was unser Gehirn aus der Totalität abstrahiert (auswählt), die die Kuh darstellt. Viele Merkmale der Kuh, wie z.B. Farbe, Größe. Gewicht, Alter usw. sind bereits ausgelassen.

Liesel: Das Wort „Liesel" (Kuh-1) ist der ‚Name', den wir dem Gegenstand der Wahrnehmung auf Ebene 2 geben; der Name ist nicht der Gegenstand; er steht für den Gegenstand und lasst viele Merkmale des Gegenstandes außer Betracht.

Kuh: Das Wort ‚Kuh' steht für die Merkmale, die wir von Kuh-1, Kuh-2, Kuh-3 etc. abstrahiert haben. Merkmale, die einzelnen Kühen zukommen, sind ausgelassen.

Viehbestand: Wenn von LIESEL nur als Viehbestand die Rede ist, dann wird nur darauf Bezug genommen, was sie mit Schweinen, Küken, Ziegen usw. gemeinsam hat.

Betriebsinventar: Wenn LIESEL als Betriebsinventar aufgeführt wird, dann wird nur darauf Bezug genommen, was sie mit allen anderen verkäuflichen Gegenständen einer Farm gemeinsam hat.

Vermögen: Wenn LIESEL als Vermögensposten aufgeführt wird, werden die meisten ihrer Merkmale ausgelassen.

Reichtum: Der Begriff des ‚Reichtums' liegt auf einer äußerst hohen Abstraktionsebene, auf der fast alle Merkmale von LIESEL ausgelassen sind.

Es stellt sich nun die Frage, wer oder was festlegt, auf welcher Abstraktionsebene wir über LIESEL sprechen. Die Antwort darauf ist trivial: Es sind unsere Ziele – basierend auf der Art und Weise, wie wir gelernt haben, Ziele zu formulieren – und dabei zu abstrahieren.

Lassen Sie uns diese Überlegungen dazu heranziehen zu prüfen, auf welchem Abstraktionsniveau wir die Begriffe unseres betrieblichen Alltags verwenden. Bitte prüfen Sie die folgende Liste an Begriffen anhand ihres Abstraktionsgrades: Welche dieser Begriffe sind abstrakt, weisen also keinen direkten bzw. nur einen indirekten Erfahrungsbezug auf – und falls Sie Erfahrungen damit haben, es sich also um konkrete Erfahrungen handeln sollte, beantworten Sie bitte die Frage „Wie umfangreich sind Ihre Erfahrungen damit?"

Tab. 20.3: Abstraktionsniveau und Erfahrungsintensität mit relevanten Organisationsbegriffen

	Abstraktionsniveau			**Eigene Erfahrungen**		
	Hoch	**Mittel**	**niedrig**	**Viele**	**Einige**	**keine**
Güter						
Produktionsmittel						
Kosten/Aufwendungen						
Gewinn/Ertrag						
Präferenzen						
Kontrolle						
Entscheidung						
Rationalität						
Opportunismus						
Kapital						
Vermögen						
Produktivität						
Rentabilität						
Shareholder Value						
Humankapital						
Motivation						
Führung						
Leistung						
Individuum						
Qualifikation						
Kompetenz						
Produktivität						
Absentismus						
Fluktuation						
Arbeitszufriedenheit						
Organisationsklima						
Unternehmenskultur						
Freude						
Angst						
Ärger						
Stolz						
Selbstbewusstsein						
Begeisterung						
Zorn						

Wenn Ihnen das Ausfüllen dieser Tabelle Schwierigkeiten bereiten sollte, können Sie sich an den folgenden Fragen orientieren. Diese sind nach ihrem Konkretheitsniveau angeordnet und bilden daher eine Art „Schlussfolgerungsleiter" („ladder of inference" nach Senge, 1994).

- Welche wahrnehmbaren Informationen und Erfahrungen haben Sie zu dem jeweiligen Begriff/Phänomen? („konkret" meint, dass Sie dies genau so elektronisch mit einer Kamera aufzeichnen könnten)
- Welche Daten wählen Sie aus dem aus, was Sie wahrgenommen haben?
- Welche – persönliche und/oder kulturelle – Bedeutung haben Sie den Daten gegeben?
- Welche Annahmen haben Sie der Auswahl der Daten aufgrund der Bedeutung, die Sie den Daten gegeben haben zugrunde gelegt?
- Welche Schlussfolgerungen haben Sie gezogen?
- Welche Ihrer Annahmen oder Überzeugungen, welches Weltbild steckt hinter diesen Schlussfolgerungen?
- Was genau haben Sie aufgrund Ihrer Schlussfolgerungen getan?

Wenn Sie diesen Prozess systematisch durchlaufen, gelingt es Ihnen vermutlich etwas einfacher, zum einen die eigenen Annahmen und Werte, die hinter der eigenen Schlussfolgerung bzw. Entscheidung stehen, sichtbar zu machen. Zum anderen kann hiermit die Verantwortung für die eigenen Schlussfolgerungen und die eigenen Handlungen herausgearbeitet werden: **Es sind stets Ihre Schlussfolgerungen und stets Ihre Handlungen – da gibt es in der Regel nichts an konkreten (!!) Erfahrungen, was ganz spezifische Handlungen nahelegen würde.**

Gehen wir jetzt einen Schritt weiter: Bitte überprüfen Sie, bei welchen der obigen Begriffe Ihnen – wem gegenüber – die Kommunikation leichter gelingt:

- Bei hoch abstrakten Begriffen – oder bei konkreten, also wenig abstrakten Begriffen?
- Bei Begriffen, bei denen Sie über viel Erfahrung – oder gar keine Erfahrung verfügen?
- Was ändert sich bei der Antwort, wenn Sie die beiden Perspektiven kombinieren?
  - Gibt es hoch abstrakte Begriffe, bei denen Sie über nur wenig Erfahrung verfügen, und bei denen Ihnen die Kommunikation leicht fällt?
  - Wie hoch ist die Wahrscheinlichkeit, dass das, was Sie dann damit „meinen" dem entspricht, was Ihre Gegenseite verstehen soll – insbesondere dann, wenn sie ebenfalls über nur wenige Erfahrungen verfügt?
  - Wie einfach ist es Ihrer Meinung nach, in solchen Fällen mögliche Konflikte auszuräumen?

Aufgrund dieser Überlegungen wird deutlich, dass Konflikte oftmals nicht auf der Sach-, Beziehungs- oder gar Rollenebene zu verorten sind, sondern in den zugrundeliegenden Wertvorstellungen und Überzeugungen, die uns für uns selbst und beim anderen nicht notwendigerweise bewusst sind. Vielmehr schlussfolgern wir sie unbewusst aus der Wahl bestimmter Begriffe – Metaphern (s.u.) – die unseren Werten und Überzeugungen widersprechen.

20.2.3 Schlussfolgerungen: Abstraktion und Führung

Beziehen wir diese Analyse auf unser Thema „Leadership", so wird deutlich, dass die Verwendung der Begriffe „Humankapital" oder „Human Resources" sich notwendigerweise fundamental in Abhängigkeit davon unterscheidet, ob sie vom Finanzchef, Personalchef, einem

Personalentwickler oder dem Betriebsratsvorsitzenden verwendet werden. Und solange wir nicht verstehen, dass diese unterschiedliche – letztlich neuronal bedingte – unterschiedliche Bedeutungszuweisung nichts mit Boshaftigkeit, Widerstand oder gar Ausbeutung o.ä. zu tun hat, solange werden wir dazu neigen, entsprechende Probleme durch Einsatz von Machtmitteln zu lösen – was im Einzelfall auch bedeuten kann, sie unter den Tisch zu kehren.

Nach der obigen Übung sollte klar geworden sein, dass das gegenseitige Verständnis von der Konkretheit der Begriffe und damit selbst gemachten Erfahrungen abhängt. Die Wahrscheinlichkeit eines guten Verständnisses ist bei einem niedrigen Abstraktionsniveau der verwendeten Begriffe und beim Vorliegen unterschiedlicher Erfahrungen am höchsten. Der Grund hierfür liegt einerseits darin, dass man Erläuterungen anhand von Erfahrungen vornehmen kann – unter Nutzung von Emotionen, die relevant waren – und dem Gegenüber damit hilft, auf der konkreten Ebene Zustimmung oder Ablehnung zu formulieren. Andererseits helfen „vielfältige Erfahrungen“ dabei, zu verstehen, dass die Welt, wie sie einem erscheinen mag, oft sehr vielfältig ist. Kurz: Die Akzeptanz einer „komplexen Realität“ vermeidet häufig ein Insistieren auf einer „einzig wahren Perspektive“.

Vermutlich ist Ihnen die Beantwortung der obigen Frage nach den eigenen Erfahrungen und den entsprechenden Überzeugungen schwergefallen, wissen Sie doch inzwischen, dass die Entwicklungen bereichsspezifischer Schemata – wie z.B. im Kontext von Leadership – oft unbewusst geschehen, auf frühere Schemata aufbauen und Inkonsistenzen zu späteren Erfahrungen zu verhindern versuchen (vgl. oben die Ausführungen zu „wie lernt man Führung?“) . Kurz: Sie selbst „sind eben, wie Sie sind“ – und Ihre Mitarbeiter „sind ebenfalls so, wie sie sind“ – abweichende Erfahrungen können daran nur wenig ändern.

Greifen wir an dieser Stelle auf das oben nur kurz Skizzierte des **„romance of leadership“** zurück, so wird uns das damit implizierte Problem noch weit stärker bewusst: Wenn wir die Annahme, dass hauptsächlich Führungskräfte für das Wohl und Wehe einer Organisation verantwortlich sind, rein sprachlich, mit möglicherweise nur wenig Erfahrung versehen, umfassend kommunizieren und ständig reproduzieren, dann ist es genau das, was wir wahrnehmen und worauf wir uns in unseren Handlungen beziehen werden – ob Führungskraft, Unternehmensberater, Personalentwickler, Wirtschaftsjournalist – oder unreflektierter Professor. Analoges gilt natürlich mit Aussagen „Geld arbeitet!“ oder „Mitarbeiter kosten nur“ (vgl. die Positionen in der Gewinn- und Verlustrechnung): Unsere Sprachgewohnheiten („Schemata“) fokussieren unsere Aufmerksamkeit, unsere Fähigkeit, Informationen aufzunehmen, verarbeiten und umsetzen zu können – und oftmals merken wir gar nicht, dass es uns gehen könnte, wie den Probanden von Drew Westen: „Es kommt ‚nichts mehr‘ im präfrontalen Cortex an“ – es kommt nicht zu einer bewussten, sprachlichen, Auseinandersetzung mit neuartigen, geschweige denn bedrohlichen Informationen.

Zusammenfassend können wir also festhalten, dass es wichtig ist, bewusst zu lernen, zwischen der Welt der Erfahrungen und der Welt der Sprache kritisch zu trennen: Unser Gehirn vergisst sehr schnell, dass es hierzu unterschiedliche Ausgangspunkte gibt – vielmehr macht es sehr schnell keine Unterschiede zwischen „realer“, also sinnlicher Erfahrung und „sprachlicher“, also kommunikativ übermittelter oder selbst imaginierter Erfahrung.

Da unser Gehirn nur unter bestimmten Voraussetzungen – nämlich kritischer Selbstreflexion usw. – zwischen der Welt der Erfahrungen und der Welt der Sprache unterscheiden kann, laufen wir in Gefahr, eine Vielzahl von Fehlern zu machen. Die folgende Tabelle enthält eine

Gegenüberstellung zwischen zwei „Typen von Kommunikations- und Interpretationsgewohnheiten“:

- In der linken Spalte werden die Auswirkungen der Gewohnheit, sich allein von Worten leiten zu lassen anstatt von Tatsachen, skizziert. Hierbei geht es um die Nutzung von Begriffen, die nicht mit Erfahrungen verknüpft sind, also hoch abstrakten Begriffen – Begriffen, die notwendigerweise nicht in Zusammenhang mit „realen“ Erfahrungen stehen. Vielmehr sind sie mit Emotionen verknüpft, die aufgrund früherer Erfahrungen gemacht wurden. **Solche abstrakte Begriffe aktivieren und stabilisieren somit alte Schemata.**
- Demgegenüber werden in der rechten Spalte einige Hinweise gegeben, wie sich eine Orientierung an Tatsachen anstatt an abstrakten Begriffen auswirkt. Eine solche Haltung verhindert „zweiwertige“ („Schwarz-Weiß-Denken“) und führt zu „mehrwertigen“ Einstellungen und Überzeugungen. Ihnen liegen konkrete Erfahrungen mit konkreten, potenziell kommunizierbaren Emotionen zugrunde. **Die bewusste Orientierung an konkreten Erfahrungen macht den Weg zu Lernprozessen höherer Ordnung frei** (vgl. Abschnitt 22.2.2).

Tab. 20.4: Auswirkungen des Umgangs mit abstrakten Begriffen bzw. mit konkreten Erfahrungen (Quelle: in Anlehnung an Rapoport, 1970, 1972)

„Worte sind wichtiger als Tatsachen“	„Tatsachen sind wichtiger als Worte“
• Mangelnder Sinn für Zusammenhänge • Neigung zu automatischen Reaktionen • Verwechslung zwischen Abstraktionsebenen/zwischen Worten und „Realität“ • Empfindung von Ähnlichkeiten, nicht aber für Unterschiede • Gefahr einer zweiwertigen Einstellung („schwarz-weiß-Denken) • Gewohnheit, sich zufrieden zu geben, wenn Worte mittels Definitionen, d.h. mit weiteren Worten erläutert werden. • Gefahr der Geschwätzigkeit: Infolge dieser Einstellung sind solche Menschen mehr als gesprächig – und durch ihre Gesprächigkeit verstärken sie diese Einstellung.	• Es werden keine zeitraubenden Diskussionen über – vermeintliche Gegensätze wie z.B. „gerecht“ vs. „ungerecht“ oder „Vernunft“ vs. „Emotion“„ geführt • Es wird darauf verzichtet, die damit einhergehenden Gefühle manipulativ für die Herstellung eigener Vorteile zu erzeugen/zu nutzen • Es macht keinen Sinn mehr zu fragen, ob eine angestrebte Änderung „gut oder schlecht“, „fortschrittlich oder reaktionär“ usw. ist

Die folgenden Hinweise sollen dabei helfen, die beiden obigen Spalten noch besser nachvollziehen zu können. Eine Einstellung „Worte sind wichtiger als Tatsachen“ führt zu folgenden Begleiterscheinungen (vgl. Rapoport, 1970, 1972):

- Wir erleben Ärger, wenn wir beobachten, dass wir uns im Kreise drehen („Mitarbeiter X macht ja wirklich einen tollen Job – wenn ich nur vergessen könnte, dass er mir permanent widerspricht“). Wenn wir lernen, dass wir besser über Probleme als über Worte nachdenken sollten, dann erscheinen uns die Probleme in einem neuen Licht.
- Wir neigen zur Überempfindlichkeit und nehmen Beleidigungen zu schnell übel: Wir verwechseln Worte und Bezeichnetes: Wie kann eine harmlose Reihenfolge von Geräuschen eine beleidigende Kraft ausüben?

- Wir neigen dazu, zu viel und zu hemmungslos zu reden – und sind verwirrt, wenn wir mit Widersprüchen zu unseren „unumstößlichen“ Tatsachen konfrontiert sind. Der „reife“ Mensch rechnet mit ungewissen Ausgängen – er weiß, dass Worte niemals alles über eine Sache sagen.
- Wir schweben in Gefahr, ein negatives Selbstkonzept zu entwickeln: Wir glauben, dass wir in der Lage sind, über das für uns relevante Gebiet eine vollständige Landkarte anzufertigen.

Last not least ist eine solche Einstellung **praktisch sinnlos**:

- Eine solche Einstellung verhindert die Ergänzung unserer Schemata mit anderen, bereits vorhandenen Schemata: Wir lernen nicht, sondern bestätigen nur unsere Vorurteile.
- In entsprechenden Kontroversen sind wir geneigt, uns über die Schlechtigkeit der Andersdenkenden zu empören. Es ist uns wichtiger, die „Widerspenstigen“ zu bestrafen, als nachzufragen, welche Konsequenzen ein vorgeschlagenes Verfahren hat.

Demgegenüber sind Fragen, die auf Basis der Einstellung „Tatsachen sind wichtiger als Worte“ formuliert werden, grundsätzlich entscheidbar – unabhängig davon, wie die eigene Position bzw. die eigenen Überzeugungen dazu sind:

- Welche Folgen wird die Sache haben?
- Wer hat den Nutzen davon, und wie groß ist er?
- Wer hat den Nachteil, und wie groß ist er?
- Welche Sicherungen enthält der Vorschlag, damit nicht noch weitere Nachteile entstehen?
- Welche Wirkungen werden sich bei den Preisen, beim Angebot an Arbeitsplätzen, bei der Gesundheit usw. ergeben?

Fassen wir also zusammen: Die Bedeutung der Wörter liegt nicht in den Wörtern selbst, sondern in den ihnen zugrundeliegenden Erfahrungen. Dabei ist es unerheblich, ob wir selbst diese Erfahrungen gemacht haben – oder aber uns solche Erfahrungen sprachlich vermittelt wurden. Dies führt möglicherweise zum Problem, nicht entscheiden zu können, ob hier „wahre“ oder „falsche“ Erfahrungen zugrunde liegen.

Jetzt wollen wir noch einen Schritt weitergehen und uns der Beantwortung folgender Frage zuwenden: Wie gelangen Abstraktionen in unseren Kopf – und was hat das mit unserem Gehirn und mit dem Thema Führung zu tun?

20.3 Metapherntheorie

20.3.1 Einführung

Wie wir oben gesehen haben, helfen konkrete Erfahrungen mit der physischen und sozialen Umwelt bei der Erklärung direkt erfahrbarer Gegenstandsbereiche. Zum Verstehen und zur Erklärung abstrakter, nicht unmittelbar körperlich erfahrbarer Bereiche, müssen notwendigerweise Erfahrungen aus anderen Bereichen herangezogen werden. Im Folgenden wird es darum gehen, zu verdeutlichen, dass unser Gehirn beim Verstehen, Erklären und Handhaben von abstrakten Begriffen und Konzepten letztlich auf verkörperte Erfahrungen zurückgreift, Erfahrungen, die aber in anderen Lebens- bzw. Erfahrungsbereichen gemacht wurden. Von zentraler Bedeutung ist hier das Konzept der Metapher: Bei der Konstruktion einer Metapher wird eine sinnlich erlebbare Erfahrung aus einem Ursprungsbereich auf einen abstrakten, nicht direkt erfahrbaren Zielbereich übertragen.

Wie lässt sich das verstehen? Mittlerweile ist klar geworden, dass sich unser Denken und Fühlen nicht von unserem Körper abkoppeln lassen – jede Form des Denkens und Fühlens hängt von den physischen Eigenschaften unserer Gehirne ab. Jeder Mensch denkt anders, weil sich die Gehirne voneinander unterscheiden. Auch Metaphern sind physisch im Gehirn manifestiert (Lakoff & Wehling, 2008, S. 17): Werden zwei Bereiche im Gehirn gleichzeitig aktiviert, dann werden die neuronalen Verbindungen zwischen diesen Bereichen gestärkt (Lakoff & Wehling, 2008, S. 18). Diese Tatsache geht auf die Hebbsche Regel „Fire together, wire together" zurück (Hebb, 1949). Metaphorische Konzepte, die einem Menschen zwar bekannt sind, aber nach denen er nicht handelt, sind im Gehirn weniger stark etabliert als die Konzepte, die dieser Mensch tagtäglich handelnd umsetzt (Lakoff & Wehling, 2008, S. 62).

Lassen Sie mich das anhand einiger erster Hinweise aus dem Führungsbereich darstellen: Haben Sie schon einmal darüber nachgedacht, wie es dazu kommt, den Chef als „Papa" (oder „Mama"), den Chef als „(Ober)Lehrer" oder den Vorstandsvorsitzenden als „General" zu bezeichnen? Aufbauend auf dem oben Gesagten ist klar, dass sich die ersten beiden Metaphern vergleichsweise einfach erklären lassen: Wir haben Erfahrungen mit bestimmten Verhaltensweisen unserer Eltern bzw. Lehrer gemacht, für die es Schemata gibt – und diese Schemata werden aktiviert, wenn wir entsprechende Verhaltensweisen bei unseren Vorgesetzten und/oder Gefühle, die durch deren Verhaltensweisen ausgelöst werden, erleben. Die Metapher „der Vorstandsvorsitzende als General" ist dagegen schwieriger zu erklären – müssen wir doch davon ausgehen, dass die allermeisten Mitarbeiter (und Führungskräfte) keine persönlichen Erfahrungen mit Generälen haben: Diese sind lediglich Abstraktionen – zudem verfälscht durch die Quellen, die uns über Generäle und deren Verhalten berichten.

Im Folgenden gilt es herauszuarbeiten – in Analogie zu dem obigen Abschnitt, bei dem um Schemata ging – was es bedeutet, wenn Führungskräfte sich selbst bzw. Mitarbeiter ihre Vorgesetzten in einer bestimmten Art und Weise bezeichnen: Wir können schon erahnen, dass unterschiedliche Bezeichnungen zu unterschiedlichen Wahrnehmungen, Interpretationen, Emotionen und letztlich zu Verhaltensweisen führen, die einerseits künftige Wahrnehmungen usw. einschränken bzw. stabilisieren (vgl. oben: „selbsterfüllende Prophezeiungen") und andererseits die Kommunikation – und somit Änderbarkeit – erschweren.

Doch zunächst gilt es genauer zu untersuchen, wie diese Metaphern – vor allem solche mit hohem Abstraktionsgrad – in unsere Köpfe gelangen. Dies soll anhand des Konzepts von George Lakoff, einem amerikanischen Linguisten und Psychologen, erfolgen: Alle metaphorischen Redewendungen, die einem gemeinsamen erfahrungsbasierten Ursprungsbereich entstammen und auf den gleichen abstrakten Zielbereich übertragen werden, bezeichnet man zusammenfassend als **konzeptuelle Metaphern** (Lakoff & Johnson, 2004, S. 14). Deren Ursprungsbereiche lassen sich auf drei verschiedene präkonzeptuelle Erfahrungen zurückführen (vgl. Lakoff, 1987): Bildschemata (image schemes), Basiskategorien (basic level categories) und Frames (frames).

20.3.2 Grundbegriffe

Bildschemata

Bei den bildschematischen Strukturen handelt es sich um „relativ einfache Strukturen, die ständig in der alltäglichen Körpererfahrung wiederkehren“ (Liebert, 1992, S. 58). Aufgrund unserer spezifischen biologischen Beschaffenheit verinnerlichen wir durch unsere Sinneswahrnehmung, durch unser motorisches Verhalten sowie durch unsere physische Erfahrung abstrakte Abbilder von bestimmten Strukturen der Welt, in der wir leben. Dadurch, dass wir ständig mit der Erfahrung solcher bildschematischen Strukturen konfrontiert werden, bilden bzw. verfestigen wir diese zu mentalen Bildschemata. Dies soll anhand einiger weniger Beispiele verdeutlicht werden:

- **Das Behälter-Schema**: Das Behälter-Schema lässt sich auf unsere alltäglichen Erfahrungen mit abgegrenzten Räumen zurückführen. Johnson (1987) führt aus, dass diese Erfahrung oft mit Schutz vor etwas oder Widerstand gegen von außen auftretende Kräfte verbunden ist. Die Erfahrung des Behälter-Schemas kann direkt über die eigenen Sinne gemacht werden. Es ist durch die Elemente „Innen“, „Grenze“ und „Außen“ definiert. Ohne das „Außen“ und die „Grenze“ kann es auch kein „Innen“ geben. Die Elemente sind also voneinander abhängig (Riemeier, 2005, S. 22).
- **Das Balance-Schema:** Das Balance-Schema wird von Johnson (1987) als eines der grundlegenden Schemata beschrieben, dessen wir uns normalerweise gar nicht bewusst sind. Balancieren ist eine der körperlichen Aktivitäten, die nicht adäquat durch Regeln beschrieben werden kann. Jeder muss diese Erfahrung für sich machen, wie bspw. beim Gehen oder Fahrradfahren. Die Bedeutung von Balance erfahren wir außerdem durch das Gleichgewicht, das in unserem Körper vorhanden oder nicht vorhanden ist. Balance wird bewusst, wenn sie verloren geht. Wenn man beim Laufen stolpert, zu viel Magensäure hat, die Hände zu kalt oder der Mund zu trocken sind. Diese Zustände fühlen sich an, als ob etwas „aus dem Gleichgewicht“ geraten ist. Es ist „zu viel“ oder „nicht genug“ und dadurch ist die gesunde Balance von Kräften oder Prozessen außer Kontrolle geraten.
- **Das Geber-Gabe-Nehmer-Schema:** Das Geber-Gabe-Nehmer-Schema wird von Gropengießer (2004) in Zusammenhang mit dem Lehr-Lern-Prozess als „Weitergabe“ beschrieben und durch folgende Elemente spezifiziert: „Ein Geber, der im Besitz einer Gabe ist. Der Akt des Gebens. Die Gabe, die vom Geber an den Nehmer gegeben wird. Der Akt des Nehmens. Ein Nehmer, der die Gabe annimmt“ (Gropengießer, 2004, S. 15). Das Schema begründet sich in der alltäglichen Erfahrungswelt eines Menschen. Schon als kleines Kind wird die Nahrungsaufnahme beim Füttern durch dieses Schema geprägt. Das Kind (Nehmer) erhält die Nahrung (Gabe) durch den Geber (bspw. Vater/Mutter), der das Kind füttert. Das Überreichen von Dingen ist ein Schema, was sich im alltäglichen Leben immer wieder abspielt und das Geber-Gabe-Nehmer-Schema dadurch manifestiert.

Bildschemata lassen sich also nicht in ihre kognitiven Bestandteile zerlegen, sondern existieren nur als Ganzes, als „holistische Gestalten“ (Baldauf, 1997, S. 67), denen eine spezifische, interne Struktur zugrunde liegt. Bildschemata sind insofern in den grundlegendsten Erfahrungen der Menschen enthalten.

Basiskategorien

Basiskategorien strukturieren unsere Erfahrungen, indem sie die Welt um uns herum kategorisieren (Lakoff, 1990, S. 267). Basiskategorien werden auf einer mittleren Ebene zur Beschreibung unserer Umwelt herangezogen und in der Kindheit als erste gelernt. Betrachtet man bspw. die Kategorisierung „Fortbewegungsmittel – Zug – ICE", so gibt der Begriff Zug den Basis-Begriff in dieser Reihung wieder. Fortbewegungsmittel ist die übergeordnete Kategorie, die Basiskategorien wie Auto, Zug, Flugzeug und ihre Erfahrungsbereiche (lange, überfüllte Straßen, aus der Spur sein, abheben) beinhaltet (Lakoff, 1992). Fortbewegungsmittel ist in diesem Fall also die übergeordnete und ICE die untergeordnete Ebene. Ursprungsbereiche für konzeptuelle Metaphern stammen im Allgemeinen aus übergeordneten Kategorien. So wird eine Liebesbeziehung mit der Metapher „Liebe IST ist eine Reise" und nicht mit „Eine Liebesbeziehung IST ein Auto" konzeptualisiert (LAKOFF, 1992).

Frames

Ein **Frame** ist der Deutungsrahmen, der Informationen erst einen Sinn gibt. Jedes Wort ruft einen „frame" wach. Jeder dieser „frames" ist im Gehirn durch eine neuronale Verschaltung realisiert. Jedes Mal, wenn ein „frame" angesprochen wird, wird diese Verknüpfung verstärkt (Lakoff, 2006). In Abhängigkeit des jeweils aktivierten Frames können die wahrgenommenen Inhalte eine andere Bedeutung erhalten. Zudem lassen sich „surface frames" (Frames auf sprachlicher Ebene) von „deep seated frames" unterscheiden, die tief im menschlichen Gehirn verankert sind und unser Wissen strukturieren. **Wird erst einmal in „deep seated frames" gedacht, werden Informationen, die nicht in diesen „frame" passen, ignoriert** (Lakoff & Wehling, 2008, S. 74). Lassen Sie mich dies anhand eines Beispiels aus dem Gegenstandsbereich Personalmanagement bzw. Ökonomie vertiefen – nämlich den Begriff „**Humankapital**" (z.B. Scholz, 2007):

- Innerhalb der Ökonomie gehört der Begriff „Humankapital" zum Standardrepertoire, das zur Analyse der Leistungsfähigkeit eines Unternehmens oder einer Volkswirtschaft herangezogen wird.
- Außerhalb derselben hat die Rede von „Humankapital" üblicherweise polemische Züge: Mit ihr wird in der Regel die Ökonomisierung des Umgangs mit Menschen gebrandmarkt. Die Kultur der Lebensführung wähnt sich also frei von der Zumutung des Kapitals oder versucht sich von ihm freizumachen.

Der Begriff „Humankapital" wurde von einer deutschen Jury im Jahre 2004 zum „Unwort des Jahres" gekürt. In der offiziellen Begründung der Jury hieß es: „Der Gebrauch dieses Wortes aus der Wirtschaftsfachsprache breitet sich zunehmend auch in nichtfachlichen Bereichen aus und fördert damit die primär ökonomische Bewertung aller denkbaren Lebensbezüge, wovon auch die aktuelle Politik immer mehr beeinflusst wird. Humankapital degradiert nicht nur Arbeitskräfte in Betrieben, sondern Menschen überhaupt zu nur noch ökonomisch interessanten Größen".[48]

Im Anschluss an die Kür dieses Wortes und deren Begründung wurden Proteste laut, deren Pointe darin bestand, dass die Rede von „Humankapital" gerade als eine Hinwendung zum Verständnis des „human factor" in der Ökonomie zu gelten habe. Angesichts dieser Proteste sah sich der Vorsitzende der genannten Jury, Horst Dieter Schlosser, zu einer weiteren Erklä-

[48] vgl. http://web-archive-net.com/page/530235/2012-10-26/http://www.unwortdesjahres.net/index.php?id=18

rung veranlasst, an deren Schluss es heißt: „Uns stellt sich angesichts des Unisono-Aufschreis der Experten inzwischen die Frage, ob wir mit der Wortkritik nicht einen Nerv sogar der ‚Humankapital'-Theorie und ihrer gesellschaftlichen Relevanz getroffen haben. Denn mit welcher Sicherheit soll denn noch der durch Bildung und Ausbildung zu fördernde menschliche Anteil an der Leistungskraft von Unternehmen wie der ganzen Gesellschaft berechnet werden, wenn im wirtschaftspolitischen und -praktischen Handeln das sog. ‚Humankapital' von inzwischen mehr als fünf Millionen und mit jeder weiteren Massenentlassung auf den Müll geworfen wird?“[49]

Mit dem Konzept des „frames“ können wir auch besser verstehen, warum im obigen Beispiel bei der Wirkung starker (politischer) Überzeugungen (Westen 2007; vgl. Abschnitt 19.1) die inkonsistenten Aussagen des „eigenen Politikers“ nicht wahrgenommen wurden: Wenn wir Fakten lesen oder hören, die unseren „deap seated frames“ widersprechen, dann werden diese Fakten ignoriert. Das passiert nicht bewusst, das ist ein Teil unserer nicht-bewussten Denkprozesse. Ob ein Faktum relevant ist oder nicht, ob wir ihn überhaupt zur Kenntnis nehmen, entscheiden wir also nicht notwendigerweise bewusst. Und was besonders wichtig ist: Wir können zwar in Frames denken, die sich widersprechen – doch können wir diese niemals gleichzeitig aktivieren. Dies gilt bereits für die optische Wahrnehmung: Wir alle kennen Kippbilder – wir wissen, dass wir immer nur eine Figur auf einmal erkennen können. Um die andere Figur erkennen zu können, müssen wir aktiv umschalten. Damit verstehen wir auch, dass unser Gehirn Schwierigkeiten hat, Negationen zu erkennen. Der Satz „Denk nicht an einen rosa Elefanten“ führt unweigerlich dazu, an einen Elefanten zu denken, den es unserer Erfahrung nach noch nicht einmal gibt: Trotz der Negation wird der Frame aktiviert, zu dem der Begriff gehört.

Damit wird auch klar, dass in der Führungskommunikation Sätze wie: „Das braucht Sie nicht zu beunruhigen“ dysfunktional sind: Es wird genau der Frame aktiviert, der zur Emotion „Beunruhigung“ passt. Verallgemeinernd: Jedes Wort, das wir hören, aktiviert einen Frame. Jedes Verneinen aktiviert den Frame. Einen Frame zu aktivieren heißt letztlich, ihn physisch im Gehirn – als neuronales Muster – zu stärken.

20.3.3 Konzeptuelle Metaphern

Aber nicht nur unser Denken und Sprechen sind metaphorisch strukturiert, sondern Metaphern wirken sich auch auf unser Handeln aus (Lakoff & Johnson, 2004, S.11). Neben den direkten Erfahrungen gibt es in unserer Umwelt auch Begriffe oder Dinge, zu denen wir keinen direkten Zugang über die Sinne haben. Um hier ein Verständnis zu entwickeln, benutzen wir Metaphern (Gropengießer, 2007, S. 113). Nach der klassischen Definition in der Literatur sind Metaphern Namen oder Beschreibungen, die einem Objekt oder Konzept zugeordnet werden, die aber im alltäglichen Gebrauch zu einem anderen Objekt oder Konzept gehören. Diese Übertragung basiert auf einigen Gemeinsamkeiten zwischen beiden. Die Metapher gehört nach dieser klassischen Definition zu den Sprachfiguren (Leary 1990, S. 4).

Lakoff und Johnson (1987) erweitern das traditionelle Verständnis von Metaphern und sehen sie nicht allein als Ausschmückung von Sprache, sondern als wesentlichen Teil der alltäglichen und auch der wissenschaftlichen Sprache. Diese Metaphern werden von Personen häufig implizit verwendet. Lakoff und Johnson (1987) gehen davon aus, dass unserem (kommu-

49 vgl. http://web-archive-net.com/page/530235/2012-10-26/http://www.unwortdesjahres.net/index.php?id=18

nikativen) Handeln metaphorisch angelegte Konzepte als unbewusste Ordnungsprinzipien zugrunde liegen, die unser Denken strukturieren und damit unsere Konzeptualisierung der Welt bestimmen – sogenannte **konzeptuelle Metaphern**. Um es mit Lakoff (1992) zu sagen: „A conceptual metaphor is a conventional way of conceptualizing one domain of experience in terms of another, often unconsciously". Das Prinzip der konzeptuellen Metapher lässt sich gut am Beispiel des Desktops eines Computers verdeutlichen: Da gibt es den „Cursor", einen kleinen Pfeil, mit dem wir auf einen „Ordner" klicken, der sich dann „öffnet" – alles im Grunde metaphorische, in diesem Falle wortwörtlich bildliche, Ausdrücke für komplexe Operationen, die nicht wahrnehmbar, unbewusst, im Innern des Computers ablaufen.

Metaphern können somit genutzt werden, um Abstraktes und nicht Erfahrbares zu verdeutlichen. Lakoff (1990) betont, dass dem Einzelnen bei der Entwicklung sehr individueller Schemata durch die körperliche Erfahrung im Alltag Grenzen auferlegt sind. Denn nur in diesen Grenzen ermöglichen die Schemata das erfolgreiche funktionsfähig Sein in der realen Welt. Für die Basisbegriffe gilt, dass die Prinzipien, auf denen sie gebildet werden, allen Menschen gemein sind. Im Folgenden werden einige Metaphern erläutert.

Beispiel 1: Gedanken-Metaphern
Wir benutzen Metaphern, um unsere gedanklichen Orte zu strukturieren (vgl. Lakoff & Johnson, 1997):

(1) „Gedanken sind Objekte"

- Wir fassen einen Gedanken
- Wir formulieren Gedanken griffig
- Wir fassen oder begraben Gedanken
- Wir tauschen Gedanken aus

(2) „Gedanken sind Nahrungsmittel"

- Wir verdauen Gedanken
- Wir spucken Gedanken aus
- Wir knabbern an etwas

(3) „Gedanken sind Orte"

- Wir springen von Gedanken zu Gedanken
- Wir distanzieren uns von bestimmten Gedanken
- Wir kommen zu einem guten Gedanken
- Wir können schwierige Gedankengänge nur Schritt für Schritt nachvollziehen

Beispiel 2: Diskussions-Metaphern
Diskussionen werden oft als physische Auseinandersetzung beschrieben; die Metapher lautet also: „**Diskussion ist physische Auseinandersetzung**" (vgl. Lakoff & Johnson, 1997):

- Man kann als **Überlegener** oder als **Unterlegener** aus einer Diskussion hervorgehen
- Man kann **schlagende Argumente** haben
- Man kann jemanden mit **Worten treffen oder verletzen**
- Man kann mit Bemerkungen auf etwas **abzielen**.
- Man kann sich **Wortgefechte** liefern
- Man sagt „**Schießen Sie los!**"

Wie entsteht die Metapher: „**Diskussion ist physische Auseinandersetzung**"? Lakoff & Johnson (1997) schlagen hierzu folgende Erfahrungssequenzen vor: Als Kinder „argumentieren" wir mit unseren Eltern – was oftmals mit einer physischen Auseinandersetzung einhergeht. Die Eltern wollen, dass das Kind eine bestimmte Sache tut oder an einem bestimmten Ort bleibt – sie halten es fest und sagen: „Nein, hiergeblieben!" – Das Kind ringt mit seinen Eltern und sagt „ich will aber spielen gehen".

Beispiel 3: Emotions-Metaphern

Anhand der Emotion „Ärger" kann gezeigt werden, dass sich schon eine einzige Emotion mittels ganz unterschiedlicher Metaphern beschreiben lässt (vgl. Lakoff & Johnson, 1997):

„Ärger = Feuer"

- Er machte eine ätzende Bemerkung
- Er spuckte Feuer
- Er goss Öl ins Feuer
- Sie ärgerte ihn auf kleiner Flamme
- Ich bin ausgebrannt
- Er verzehrte sich vor Wut
- Das facht meine Wut an

„Ärger = Verrücktheit"

- Du treibst mich zum Wahnsinn
- Wenn noch etwas passiert, dann werde ich verrückt
- Noch eine Beschwerde und dann drehe ich durch
- Er reißt sich die Haare aus.
- Sie schlägt vor Wut mit dem Kopf an die Wand
- Das treibt mich die Wände hoch

„Ärger = Grenzüberschreitung „

- Du stehst mir auf den Füßen
- Ich werde ihm mal kräftig auf die Zehen trennen
- Hau ab!
- Zieh Leine!
- Bis hierhin und nicht weiter!
- Geh mir aus den Augen!

„Ärger = An-/Abwesenheit"

- Sein Ärger verflog
- Seine Wut kehrte zurück
- Der Ärger begleitete mich während des gesamten Aufenthalts
- Sie wurde den Ärger nicht los.
- Als er ihr Lächeln sah, verschwand seine Wut.

Beispiel 4: Moral-Metaphern

Metaphern für Moral entstehen aus Erfahrungen mit dem menschlichen Wohlergehen – beantworten also die Frage, unter welchen Umständen es uns gut geht und wann es uns schlecht geht. Lakoff und Wehling (2009) nennen verschiedene Metaphern für Moral:

„Moral = Stärke"

- Wir haben gelernt, dass es uns besser geht, wenn wir stark sind – und schlechter, wenn wir schwach sind

„Moral = Aufrichtigkeit"

- „Dazu lasse ich mich nicht herab – das wäre eine niedere Tat".
- „Ich vertraue ihm, er ist ein aufrechter Mensch".

„Moral = Gesundheit"/„Unmoral = Krankheit"

- Jemand hat eine gesunde Arbeitsauffassung.
- Verbrechen entstammen einem kranken Gehirn.
- Unmoral kann sich wie eine Krankheit verbreiten – man kann andere anstecken („ein fauler Apfel muss entfernt werden")

„Moral = Befolgen eines klaren, vorgezeichneten Wegs"

- Jetzt hast du eine Grenze überschritten.
- Sie ist vom rechten Weg abgekommen.
- Das war ein Fehltritt.

„Moral = Reinheit"

- Ich habe ein reines Gewissen.
- Er hat schmutzige Gedanken.
- Er wäscht seine Hände in Unschuld.

Zurück zu unserem Thema der (Führungs-)Kommunikation: Haben wir verstanden, dass dieselben Begriffe mit einer verschiedenartigen konzeptionellen Struktur verzahnt sind, dann hilft in solchen Fällen nicht einmal die Bereitschaft weiter, sich die Argumente des anderen anzuhören: Wenn die konzeptionelle Struktur nicht bewusst ist, nützt die Versprachlichung nichts.

Um auf das obige Beispiel des Desktops zurückzukommen: Die „Symbole" können auf zwei Computern gleich aussehen – verbergen sich dahinter aber zwei verschiedene Programme (oder auch zwei verschiedene Versionen desselben Programms), kann es zu Kompatibilitätsproblemen kommen. Folgende Beispiele sollen dies illustrieren:

- Wenn wir in Anlehnung an Lakoff eine konzeptuelle Metapher internalisiert haben, die er als „Wohlergehen = Reichtum" bezeichnet (vgl. Lakoff & Johnson, 1997), da wir die Erfahrung gemacht haben, dass es einem besser geht, wenn man im Leben die Dinge hat, die man benötigt, dann muss es uns nicht wundern, dass wir unsere Welt maßgeblich aus einer quasi „materialistischen Voreinstellung" betrachten.
- Wir verstehen jetzt auch, warum man einem liberalen Unternehmer, der davon überzeugt ist, dass Steuern Diebstahl sind, nicht von einer anderen Betrachtungsweise überzeugen kann: Er wird nicht verstehen können, dass das Erheben von Steuern auch für ihn selbst vorteilhaft sein kann, da er ja auf eine steuerfinanzierte Infrastruktur zurückgreifen kann. Der Begriff „Steuer" aktiviert „deep seated frames", die moralische, aber keine sachlichen Beurteilungen aktivieren.
- Letztlich wird noch einmal besonders klar, warum eine Führungskraft mit einem distanzierten Bindungsstil und einem Rationalitätsglauben nicht verstehen kann, welche Bedeutung Emotionen und die Qualität von Beziehungen in der Organisation für Motiva-

tion und Produktivität haben: Sie sind – wenn überhaupt konkret wahrnehmbar bzw. erfahrbar – Störfaktoren.

Da diese Erkenntnisse möglicherweise etwas schwierig zu verdauen sind, möchte ich – bevor das Thema „Metaphern und Führung" vertieft wird – anhand einer ausführlicheren Geschichte verdeutlichen, wie unser Gehirn mit Begriffen und Metaphern umgeht – wie es in der Konsequenz unterschiedlich beschriebene Realitäten aufgrund unterschiedlicher Handlungen „erzeugt".

20.3.4 Metaphern & Realität: Ein Beispiel

Die „Geschichte von A-Stadt und B-Stadt" stammt von Hayakawa (1973, S. 179ff.) und wird hier – mit einigen Reflexionsfragen durchsetzt – vollständig übernommen.

Die Geschichte von A-Stadt und B-Stadt (Teil 1)

Es gab einmal, sagte der Professor, zwei kleine Gemeinden, die sowohl geistig wie auch geographisch in beträchtlicher Entfernung voneinander lagen. Indessen hatten sie die folgenden gemeinsamen Probleme: Beide waren sie von einem Wirtschaftsrückgang betroffen worden, sodass in beiden Städten etwas hundert Ernährer der Familien arbeitslos waren.

Die Stadtväter von A-Stadt waren solide und vernünftige Geschäftsleute. Die Arbeitslosen strengten sich sehr an, Arbeitsplätze zu finden, wie arbeitslose Leute dies gewöhnlich tun; aber die Lage besserte sich nicht.

Die Stadtväter waren in dem Glauben großgezogen worden, es gebe immer genug Arbeit für Jeden, wenn man nur genug danach suchen würde. Mit dieser Doktrin sich zufrieden gebend, hätten die Stadtväter die Achseln zucken und dem Problem den Rücken zuwenden können. Sie waren aber grundgütige Menschen und konnten nicht mit ansehen, wie die arbeitslosen Männer und Frauen und ihre Kinder hungerten. Um einer Notlage vorzubeugen, meinten sie, sollte man diesen Leuten mit Unterhaltsmitteln helfen. Andererseits waren sie davon überzeugt, dass Zuwendungen ohne Gegenleistung den Charakter verderben. Natürlich machte dies die Stadtväter noch unglücklicher, weil sie vor der schrecklichen Wahl standen, entweder die Arbeitslosen hungern zu lassen oder ihre Moral zu untergraben.

Schließlich kamen sie nach vielen Debatten und Gewissensprüfungen zu folgender Lösung: Sie beschlossen den arbeitslosen Familien „Wohlfahrtsunterstützung" von 200 Dollar im Monat zu gewähren. Sie zogen den Ausdruck „Almosen" in Erwägung, aber in ihrer echt amerikanischen Neigung zur Beschönigung entschieden sie sich für den weniger verletzenden Ausdruck. Damit aber die Arbeitslosen nicht glauben sollten, sie hätten einen Anspruch auf dieses unverdiente Geld, sollte die Unterstützung mit einer moralischen Lehre verknüpft sein; der Empfang der Unterstützung sollte so schwierig, erniedrigend und unangenehm gemacht werden, dass niemand in Versuchung kommen sollte, das Antragsverfahren durchzumachen, außer wenn es unbedingt notwendig wäre. Die moralische Missbilligung der Gemeinschaft würde sich dauernd auf die Unterstützungsempfänger richten, sodass sie sich anstrengen würden, ohne Unterstützung auszukommen und ihre Selbstachtung wiederzugewinnen. Einige schlugen sogar vor, die Unterstützungsempfänger sollten kein Stimmrecht haben, sodass die moralische Lektion ihnen noch tiefer eingehämmert würde. Andere schlugen vor, ihre Namen sollten in regelmäßigen Abständen in den Zeitungen veröffentlicht werden. Die Stadtväter hatten so viel Vertrauen auf das Gute im Menschen, dass sie erwarteten, die Empfänger würden dankbar sein, weil sie etwas für nichts bekämen, etwas, wofür sie nicht gearbeitet hatten.

Als der Plan in die Tat umgesetzt wurde, erwiesen sich die Empfänger der Unterstützungschecks als ein undankbarer hässlicher Haufen. Sie nahmen die Kreuzverhöre und Nachforschungen der Antragsprüfer sichtlich übel und sagten, diese benutzten das Elend der Menschen dazu, in jede Einzelheit ihres privaten Lebens ihre Nase zu stecken. Trotz erbaulicher Leitartikel in der Tageszeitung von A-Stadt, in denen ihnen gesagt wurde, wie dankbar sie sein sollten, lehnten die Unterstützungsempfänger moralische Lehren ab und erklärten, sie seien genauso gut wie jemand anderes. Wenn sie sich zum Beispiel den seltenen Luxus eines Kinobesuchs oder eines Lotteriespiels erlaubten, blickten ihre Nachbarn sie mit sauren Mienen an, als ob sie sagen wollten: „Ich arbeite hart und zahle meine Steuern, bloß um Faulenzer wie dich in Müßiggang und Vergnügen zu unterstützen." Diese Einstellung, die für die Mitglieder der Gemeinde, die noch Arbeitsplätze hatten, charakteristisch war, verbitterte die Unterstützungsempfänger weiter, sodass sie im Laufe der Zeit immer weniger Dankbarkeit zeigten. Sie befürchteten ständig wirkliche und eingebildete Beleidigungen von Leuten, in deren Augen sie nicht so viel Wert waren wie andere. Ein paar von ihnen gingen dazu über, den ganzen Tag Trübsal zu blasen; einer oder sogar zwei begingen Selbstmord. Andere litten darunter, dass sie ihren Lebensunterhalt nicht verdienen konnten, und mochten ihrer Frau und ihren Kindern nicht mehr in die Augen sehen. Kinder, deren Eltern Unterstützung bekamen, fühlten sich ihren Klassenkameraden unterlegen, da ihre Eltern „der Öffentlichkeit zu Last fielen". Einige von diesen Kindern entwickelten Minderwertigkeitskomplexe, die nicht nur ihre Schulnoten, sondern auch ihre Berufslaufbahn nach dem Schulabgang beeinträchtigten. Endlich konnten mehrere Unterstützungsempfänger den Verlust ihrer Selbstachtung nicht mehr ertragen; nach vielen Versuchen, ehrliche Arbeit zu finden, beschlossen sie, sich durch eigene Anstrengungen Geld zu verschaffen, selbst wenn sie stehlen müssten. Das taten sie auch. Sie wurden geschnappt und in die Strafanstalt eingeliefert.

So kam es, dass es in A-Stadt trüb aussah. Zwar hatte die Unterstützungspolitik das Verhungern abgewendet, aber Selbstmord, persönliche Streitereien, Unglück in den Familien, Schwächung der sozialen Einrichtungen, schlechte Wirkung auf die Kinder und schließlich Verbrechen hatten sich eingestellt. Die Stadt spaltete sich in zwei Lager, die „Wohlhabenden" und die „Habenichtse", sodass es Klassenhass gab. Die Leute schüttelten traurig den Kopf und erklärten, das alles beweise immer wieder, was sie von Anfang an gewusst hätten, dass es nämlich den Charakter verdirbt, wenn man ihnen etwas für nichts gibt. Die Bürger von A-Stadt warteten trübsinnig auf die Besserung der Konjunktur und verloren mit der Zeit immer mehr die Hoffnung.

Lassen Sie mich hier einige Zwischenfragen formulieren:

- Kommt Ihnen das Szenario bekannt vor?
- Wie gut kann man hier „Ursache" und Wirkung" voneinander trennen?
- An welchem Punkt nimmt die „selbsterfüllende Prophezeiung" ihren Anfang?
- Warum merken die Stadtväter von A-Stadt nicht, dass sie einen zentralen Beitrag zur desaströsen Entwicklung von A-Stadt geleistet haben?
- Hätte dieses Szenario vermieden werden können?
- Und – aus dem Blickwinkel des SCARF-Modells: Welche der fünf Dimensionen wurde so beeinflusst, dass das Bedrohungssystem aktiviert wurde – Status, Certainty, Autonomy, Relatedness, Fairness?

Die Geschichte von A-Stadt und B-Stadt (Teil 2)

Die Geschichte der zweiten Gemeinde, B-Stadt, war völlig anders. B-Stadt war eine verhältnismäßig isolierte Stadt, die so weit vom Wege ablag, dass sie nicht von Rotary-Club-Rednern und anderen Spendern konventioneller Weisheit erreicht werden konnte. Einer der Ratsherren jedoch, der etwas von Wirtschaft verstand, erklärte seinen Kollegen, dass die Arbeitslosigkeit wie Unfall, Krankheit, Feuer, Tornado oder Tod in einer modernen Gesellschaft unerwartet und ohne Rücksicht auf Verdienste oder Versäumnisse des Opfers zuschlägt. Er sagte weiterhin, die Häuser, Parks, Straßen, Fabriken und alles andere, worauf B-Stadt stolz sei, sei zum Teil durch die Arbeit derselben Leute geschaffen worden, die jetzt in B-Stadt arbeitslos seien. Er brachte dann mit der Anwendung eines Versicherungsgrundsatzes folgenden Vorschlag: Wenn die Arbeit, die an die Gemeinschaft für eine Zeit des Unglücks einbezahlt worden sei, dann könnten Zahlungen, die jetzt geleistet würden, um ihr Verhungern zu verhindern, als eine Art von „Versicherungsanspruch" angesehen werden. Deshalb schlug er vor, alle Leute mit gutem Leumund, die in der Gemeinde irgendeiner nützlichen Tätigkeit, sei es als Maschinisten, Angestellte oder Bankdirektoren, gearbeitet hätten, sollten als „städtische Versicherte" angesehen werden, die im Falle der Arbeitslosigkeit „Ansprüche" gegen die Stadt von monatlich 200 Dollar haben sollten, und zwar so lange, bis sie wieder beschäftigt werden würden.

Natürlich müsste er sehr langsam und geduldig vorgehen, weil die Idee für die anderen Ratsherren völlig neu war. Er bezeichnete jedoch seinen Plan als einen „ordentlichen Geschäftsplan" und schließlich ließen sie sich überzeugen. Sie arbeiteten zu allgemeiner Zufriedenheit die Bedingungen aus, unter denen die Bürger als Policen-Inhaber im sozialen Versicherungsplan der Stadt angesehen werden sollten, und beschlossen, Schecks über 200 Dollar monatlich an den Ernährer jeder bedürftigen Familie von B-Stadt auszugeben.

Die Kämmerer von B-Stadt, die die Ansprüche der städtischen Policen-Inhaber festzustellen hatten, hatten es viel leichter als die Antragsprüfer von A-Stadt. Während man bei letzteren misstrauisch als Schnüffler angesehen wurde, behandelten die ersteren, die keine moralischen Lehren zu erteilen, sondern einfach eine geschäftliche Transaktion auszuführen hatten, ihre Kunden mit der im Geschäftsleben üblichen Höflichkeit und erhielten die nötigen Unterlagen ebenso reichlich und mit erheblich weniger Schwierigkeiten als die Unterstützungsprüfer. Es

gab keine Verärgerung. Zum Glück kam noch hinzu, dass der Herausgeber einer liberalen Zeitung in einer Großstadt am anderen Ende des Staates Nachrichten über die Pläne von B-Stadt erhielt. Dieser beschrieb den Plan in einem Leitartikel mit der Überschrift „B-Stadt blickt nach vorn – kühne soziale Pionierarbeit einer Stadtgemeinde gestartet". Nach dieser Veröffentlichung gelangten Rückfragen über den Plan ins Rathaus, noch bevor die ersten Schecks zur Post gegeben waren. Natürlich schmeichelte das dem Stolz der Ratsherren, die als unverbesserliche Optimisten dachten, dass dies eine wundervolle Gelegenheit war, B-Stadt herauszustellen.
Dementsprechend beschlossen die Ratsherren, dass die Schecks nicht einfach durch die Post verschickt werden sollten, sondern dass die ersten Schecks öffentlich bei einer riesigen Bürgerversammlung überreicht werden sollten. Sie luden den Gouverneur des Staates ein, der froh war, sein nicht allzu großes Ansehen in der Gemeinde aufzubessern, den Rektor der Universität, den Senator des Bezirkes und andere prominente Persönlichkeiten. Sie schmückten den Saal mit den Fahnen der Nationalgarde und holten die Pfeifer- und Trommlerkapelle der Amerikanischen Legion, die Pfadfinder und andere Vereinigungen herbei. An dem großen Tag war jede Familie aufmarschiert, um ihren „Versicherungsscheck" in Empfang zu nehmen, und der Gouverneur und der Bürgermeister schüttelte jedem von ihnen die Hand. Alle hatten ihre besten Sonntagskleider an. Es wurden feine Ansprachen gehalten, es gab viel Beifall und Zurufe, Bilder von dem Ereignis, die zeigten, wie die Empfänger der Schecks dem Bürgermeister die Hand schüttelten und wie der Gouverneur den Kindern die Köpfe streichelte, wurden nicht nur in den Lokalzeitungen, sondern auch in mehreren großstädtischen Bildbeilagen veröffentlicht.
So hatte jeder Empfänger dieser Versicherungsschecks das Gefühl, dass er persönlich geehrt wurde, dass er in einer wunderbaren kleinen Stadt lebte und dass er seine Arbeitslosigkeit mit mehr Mut und Zuversicht ertragen konnte, weil die Gemeinde hinter ihm stand. Die Männer und Frauen wurden auf freundschaftliche Weise von ihren Bekannten geneckt, weil sie „da oben mit den Großkopferten" zusammen gewesen waren, dem Gouverneur die Hand geschüttelt hatten und so weiter. Die Schulkinder fühlten sich beneidet, weil Bilder von ihnen in der Zeitung standen. Kurzum, die Arbeitslosen von B-Stadt begingen keinen Selbstmord, sie wurden nicht von dem Gefühl des Versagens verfolgt, wendeten sich nicht dem Verbrechen zu, zeigten keine Minderwertigkeitskomplexe, und ihre 200 Dollar im Monat erzeugten keinen Klassenhass.

Lassen Sie mich auch hier wieder einige Zwischenfragen formulieren:

- Kommt Ihnen das Szenario bekannt vor?
- Wie gut kann man hier „Ursache" und Wirkung" voneinander trennen?
- An welchem Punkt nimmt die „selbsterfüllende Prophezeiung" ihren Anfang?
- Merken die Stadtväter von B-Stadt, dass sie einen zentralen Beitrag zur positiven Entwicklung von B-Stadt geleistet haben?
- Und – aus dem Blickwinkel des SCARF-Modells: Welche der fünf Dimensionen wurde so beeinflusst, dass das Belohnungssystem aktiviert wurde – Status, Certainty, Autonomy, Relatedness, Fairness?

Die Geschichte ist allerdings keine „schöne Verpackung" für die altbekannten Unterschiede zwischen Theorie X und Theorie Y (McGregor, 1960), sondern will auf etwas viel Weitergehenderes hinaus, wie die Fortsetzung zeigt.

Die Geschichte von A-Stadt und B-Stadt (Teil 3)
Nachdem der Professor die Erzählung seiner Geschichte beendet hatte, begann die Diskussion darüber.
„Gerade das zeigt", sagte der Werbemann, der unter seinen Freunden als realistischer Denker bekannt war, „was durch eine gute Einführungsarbeit getan werden kann. Der Stadtrat von B-Stadt zeigte wirklich Sinn für Werbung und die Bürgerfeier war ein Meisterstück ... machte jedermann glücklich ... brachte den Plan ganz groß heraus. Erinnerte mich an die Art, wie wir in unserem Geschäft verfahren: Sobald wir wilde Makrelen „Thunfisch" nannten, erschlossen wir einen großen Markt dafür. Ich vermute, wenn man Unterstützung „Versicherung" nennen würde, würden sich die Leute gerne damit abfinden, meinen Sie nicht auch?"
„Was meinen Sie damit, es Versicherung zu nennen?" fragte der Fürsorger. „Der Plan von B-Stadt war überhaupt keine Wohlfahrtsunterstützung. *Es war* Versicherung".
„Herrgott noch mal, Mann! Ist Ihnen klar, was Sie sagen?" schrie der Werbemann überrascht. „Wollen Sie behaupten, dass diese Leute irgendein Recht auf diese Unterstützung hatten? Ich habe nur gesagt, es war eine gute Idee, Wohlfahrtsunterstützung als Versicherung *hinzustellen*, wenn dadurch die Leute glücklicher werden. Aber es ist und bleibt immer noch Wohlfahrt, ganz gleich *wie Sie es nennen*. Es ist ganz richtig, den Leuten etwas vor-

zumachen, um die Unzufriedenheit zu verringern, aber wir brauchen uns doch nicht auch noch selbst an der Nase herumzuführen!"

„Aber sie haben doch ein Recht auf das Geld! Sie bekommen nicht etwas für nichts. Es ist Versicherung. Sie haben etwas für die Gemeinde getan, und das ist ihre Versicherungsprämie ..."

„Sagen Sie, sind Sie verrückt?"

„Wer ist verrückt? Wohlfahrt ist Wohlfahrt – oder nicht? Wenn Sie die Dinge nur beim rechten Namen nennen wollten ..."

„Aber verdammt noch mal, Versicherung ist Versicherung, oder nicht?"

Nun, geht es hier tatsächlich „nur um verschiedene Bezeichnungen derselben Sache"? Und falls ja: Was genau ist denn hier für Sie „dieselbe Sache?" Last not least: Was lernen Sie daraus bez. Ihres Umgangs mit Fehlern, Problemen, „Minderleistern" usw.?

20.4 Führung & Metaphern

Möglicherweise wird es für Sie als Führungskraft irritierend sein, Führung als Metapher im obigen Sinne zu verstehen: Ihr Führungsverständnis haben Sie aufgrund vieler – oftmals nicht bewusster – Einflüsse entwickelt, dabei haben Sie eigene Interpretationsvorlieben entwickelt (vgl. Abschnitt 19.4). Und notwendigerweise haben Sie auch – mehr oder weniger bewusst – gelernt, Ihre Führungsrolle, Ihre eigenen Bedürfnisse – auch Grundbedürfnisse – zu befriedigen. Sie haben auch relativ schnell herausgefundenen – oder möglicherweise dies sogar bewusst angestrebt – dass Ihnen Ihre Führungsposition dabei hilft, Ihnen Ihre Bedürfnisse besser befriedigen zu können als vorher – ohne Führungsposition.

Damit verknüpft wurde hierbei eine Vielzahl von Bildern aktiviert – oder es haben sich sogar neue entwickelt – die Ihr persönliches Führungsverständnis ausgemacht haben oder in Zukunft noch ausmachen werden. Und wie oben an verschiedenen Stellen aufgezeigt, bildet Ihr Gehirn hieraus wiederum den Kern selbsterfüllender Prophezeiungen.

Die Idee, Führung aus metaphorischer Perspektive zu betrachten, ist eher unbekannt. Bekannter ist demgegenüber der Ansatz von Morgan, der bereits 1986 vorgeschlagen hat, die Organisation anhand von acht Bildern („images") zu verstehen. Daher wird dieser Ansatz zunächst skizziert, um darauf aufbauend ein vertieftes Verständnis von Führungsmetaphern erlangen zu können.

20.4.1 Exkurs: Das Konzept Morgans

Morgan systematisiert in seinem Buch „Images of Organization" (1986) die Arbeit mit metaphorischen Beschreibungen. Seine Botschaft ist: „Organisationen sind vieles gleichzeitig!" (Morgan, 1986, S.499). Er definiert acht verschiedene Phänomenbereiche, denen Metaphern zur Beschreibung von Organisationen entnommen werden können:

- Die Organisation als Maschine (Stichworte: mechanistisches Denken, bürokratische Organisationen)
- Die Organisation als Organismus (Stichworte: offene Systeme, Anpassungsmodalitäten, Organisationsökologie)
- Die Organisation als Gehirn (Stichworte: Selbstorganisation, Informationsverarbeitung)
- Die Organisation als Kultur (Stichworte: Inszenierung gemeinsamer Realitäten, kulturelle Kontexte)

- Die Organisation als politisches System (Stichworte: Pluralismus, Konfliktstrategien, Regierungssysteme)
- Die Organisation als psychisches System (Stichworte: das Unbewusste, Patriarchat, Ängste)
- Die Organisation als Fluss und Wandel (Stichworte: sich selbst erhaltende Systeme, Rückkoppelungsschleifen, Dialektik)
- Die Organisation als Machtinstrument (Stichworte: Klassenzugehörigkeit, Kontrolle, Konzerne, Ausbeutung)

Metaphern werden in Morgans Ansatz nicht nur als interpretierende Konstrukte und Beschreibungen konzipiert. Metaphern deuten eine Organisation nicht nur, sondern sie formen sie auch, sie liefern den Handlungsrahmen für Arbeitsprozesse und Entscheidungen. Darin liegt einerseits das Risiko, weil die genutzten Metaphern die Denk- und Handlungsmöglichkeiten auch begrenzen. Andererseits ist es auch die einmalige Chance, über die Veränderung der Bilder in den Köpfen zu Erkenntnissen und Sichtweisen zu kommen, die neue Handlungsoptionen eröffnen. Der erste Schritt ist deshalb das bewusste Benennen der meist unwillkürlich, gewohnheitsmäßig benutzten Metaphern und eine Analyse der Phänomenbereiche, denen die Metaphern entnommen sind: „Wenn wir versuchen, Phänomene wie Organisationen als Maschinen, Organismen, Kulturen, politische Systeme, Machtinstrumente usw. zu verstehen, ergeben sich tiefere Einsichten.“ (Morgan, 1986, S. 500)

Jede dieser Metaphern aus den verschiedenen Phänomenbereichen eröffnet andere Möglichkeiten des Denkens, Fühlens und Handelns, begrenzt diese Möglichkeiten aber gleichzeitig. Wenn wir also Organisationen mal mit der einen, mal mit einer anderen „Brille“ betrachten, wird durch diesen Prozess eine Mehrdimensionalität erreicht, die mit dem beidäugigen Sehen verglichen wird. „Unsere Sichtweise an sich verändert unser Verständnis vom Wesen des Phänomens“ (Morgan, 1986, S. 500). Jene Organisationsprobleme, die sich aus den bislang vorherrschenden Denkweisen ergeben, können so identifiziert werden. Zudem können aus den so gewonnenen Beschreibungen Maßnahmen abgeleitet werden.

Das Fazit von Morgan lautet: Jede Organisation braucht unterschiedliche Brillen, mit denen sie sich betrachtet. Zur Gestaltung von Veränderungsprozessen ist es erforderlich, die Beschreibung der aktuellen Situation und des angestrebten Ziels mithilfe von Metaphern aus bislang nicht genutzten Phänomenbereichen vorzunehmen.

Ist es möglicherweise schon schwierig genug, die Organisation als „mehrdimensionales, zu managendes Objekt“ zu verstehen, nimmt der Anspruch nochmals zu, wenn es darum geht, das eigene Führungsverhalten entsprechend „vielfältig“ zu betrachten. Grundsätzlich besteht die Idee hier – wie auch schon bei Morgan (1986) – Führungskräften zu einer höheren Flexibilität in der Selbstwahrnehmung und im Verhalten zu verhelfen. So haben z.B. Alvesson und Spicer (2011) festgestellt, dass es Führungskräften gelingt, komplexe Situationen durch Führungsmetaphern dann besser gestalten zu können, wenn sie über einen größeren Umfang an Metaphern verfügen – Metaphern, die ihnen helfen, Situationen besser interpretieren und bewältigen zu können als Führungskräfte mit nur „einem einzigen Leadership-Selbstverständnis“.

20.4.2 Anwendung: Leadership als Metapher

Mittlerweile liegt eine Reihe von Publikationen vor, mit deren Hilfe versucht wird, Führung mittels Metaphern zu beschreiben oder zu konstruieren. Bevor wir uns der entsprechenden Literatur widmen, möchte ich Sie zu einer kleinen Übung einladen:

Metaphern & Führung: Übung

Stellen Sie sich vor, dass Sie im Rahmen eines Change Management-Prozesses an einem Workshop mit anderen Führungskräften desselben Bereichs teilnehmen, bei dem es darum geht zu prüfen, ob bzw. in welchem Umfang die Führungsphilosophie Ihres Unternehmens zum geplanten Wandel passt – und welche Änderungen möglicherweise vorgenommen werden sollten.

Der Moderator gibt Ihnen 15 Minuten Zeit, Ihren direkten Vorgesetzten – ein Vorstandsmitglied – anhand konkreter Erfahrungen, Bilder, Emotionen usw. zu beschreiben. Auf den Kärtchen an der Pinnwand sehen Sie eine Vielzahl von Begriffen, die dann von der jeweiligen Person erläutert und von den anderen ergänzt werden:

- „Ich finde, dass sich unser Chef wie ein Kapitän auf hoher See verhält: Wenn der Sturm kommt, kann ihn niemand von der Brücke vertreiben. Er ist der Garant dafür, dass das Schiff nicht untergeht".
- „Mein Eindruck ist, dass unser Chef sich wie der gute Kumpel aufführt – man kann oft zu ihm kommen – er interessiert sich auch für meine private Situation".
- „Von einem gutem Kumpel weiß ich nichts – unser Chef ist ein gnadenloser Perfektionist und Technokrat: Wenn da nicht alles 150-prozentig stimmt, dann hat man ein Problem".
- „Dann hat man nicht nur ein Problem, sondern man muss aufpassen, das man nicht unter die Räder kommt: Wenn man sich da einmal etwas hat zu Schulden kommen lassen, dann verhält er sich wie ein gnadenloses Raubtier: Er beißt solange, bis man geht – und zwar richtig.

Fragen:

- Welche Bilder und Gefühle entstehen bei Ihnen aufgrund der unterschiedlichen Beschreibungen?
- Können Sie sich vorstellen, dass hier von derselben Person gesprochen wird?
- Falls ja – wie gut glauben Sie, können sich diese Personen auf ein gemeinsames Verständnis bez. der Merkmale ihres Vorgesetzten – oder in Bezug auf die Merkmal der entsprechenden Führungskultur einigen?
- Glauben Sie, dass diese Beschreibungen änderbar sind? Falls ja, was benötigt es hierzu?

Gehen wir einen Schritt mit unserem fiktiven Workshop weiter und stellen uns vor, dass wir das betreffende Vorstandsmitglied bitten, sich selbst zu beschreiben – wiederum anhand konkreter Erfahrungen, Bilder, Emotionen. Im Rahmen eines Coachings werden ihm dann die Ergebnisse aus dem Workshop vorgestellt und eine Reflexion über die Gemeinsamkeiten zwischen Selbst- und Fremdbild vorgenommen.

- Wie gut glauben Sie, kann er mit den Beschreibungen bzw. Rückmeldungen umgehen, wenn sie stark von der eigenen Beschreibung abweichen? – oder wenn sie im Idealfall ident sind?
- Welche neuronalen Systeme würden bei Abweichungen – oder Übereinstimmungen aktiviert: Das Belohnungs- bzw. Bedrohungssystem?
- Wie aufwendig ist es für den Coach, die Führungskraft die Bedeutung bzw. Sinnhaftigkeit stark abweichender Bilder zu vermitteln?
- Und: Geht das überhaupt – „Bedeutung vermitteln"?

Nach diesen einführenden Reflexionen können wir uns nun der Literatur zum Thema „Metaphern von Führung" zuwenden. Bspw. vertiefen Jackson und Parry (2011) in ihrer Übersichtsarbeit drei populäre Führungsmetaphern: (1) Führung als Elternschaft, (2) Führung als Lehrprozess und (3) Führung als Armeeführung:

- **Führung als Elternschaft**: Das Hauptthema ist hier die große Verantwortung, die Führungskräfte auferlegt bekommen – sie sind verantwortlich für das Unternehmen, für die Mitarbeiter, für die Umwelt – und für die Gesellschaft. Problematisch bei dieser Metapher ist der Bezug zu den Mitarbeitern: „Richtige" Elternschaft impliziert die Entwicklung zur Autonomie und zur Loslösung – Führung impliziert Unterordnung und Gefolgschaft.
- **Führung als Lehrprozess**: Wie in der Schule von den Schülern wird auch im Unternehmen Anpassung, Gehorsam und Disziplin von den Mitarbeitern erwartet. Daraus resultieren zwei Handlungsoptionen: Bei erfolgreicher Anpassung wird das Verhalten belohnt, bei abweichendem Verhalten werden Sanktionen ausgesprochen. Des Weiteren klingt hier der „Entwicklungsaspekt" durch.
- **Führung als Armeeführung**: Schwerpunkte sind hier ein disziplinierendes Verhalten sowie die Erzeugung einer hohen Konformität unter den Mitarbeitern: Kooperation und ein klares Freund-Feind-Verständnis erhöhen den internen Team- und Kampfgeist.

Alvesson und Spicer (2011) stellen in ihrem Buch „Metaphors we lead by" einen umfassenderen Ansatz dar, der im Folgenden etwas ausführlicher skizziert werden soll. Aufgrund ihrer Analysen konnten sie acht verschiedene Metaphern von Führung identifizieren, die sie jeweils in Abhängigkeit der Ausprägung weiter differenziert haben:

Tab. 20.5: Metaphern für Leadership (nach Alvesson und Spicer, 2011, S. 31ff.)

Typ	Kurzbeschreibung	Subtyp	Merkmale
Der Führer als „Heiliger“ (leaders as saints)	Hier steht die moralische „Höchstleistung“ im Mittelpunkt: Der „Heilige“ fordert das Einhalten moralisch-ethischer Richtlinien und ermöglicht somit ein hohes Maß an vertrauensvollen Beziehungen	Der Superman	Hohes Maß an Authentizität „Ruhe im Sturm“ bewahren können
		Der Märtyrer	Sich für das Unternehmen aufopfern Fähigkeit, auch im Negativen Sinn und Bedeutung finden zu können
		Der Meister der hehren Ziele (champions of the great cause)	Starke moralische Überzeugungen – gepaart mit Narzissmus Starker Wille gepaart mit Professionalität
		Der „good guy“	Offenheit und Ehrlichkeit verschaffen den Mitarbeitern Erfolgserfahrungen und wirkt somit stark motivierend
Der Führer als Gärtner (leaders as gardeners)	Hier geht es um das Thema „persönliche Entwicklung“: Der Gärtner hilft seinen Mitarbeitern, sich selbst zu verbessern, Kompetenzen und Selbstvertrauen weiterzuentwickeln	Der Landschaftsarchitekt	Verbesserung der Arbeitsbedingungen
		Der Veredler (pruner)	Entfernt Minderleister
		Der Wechselfruchtanbauer (crop rotator)	Förderung „offizieller“/formal legitimierter Kompetenzen
		Die Erntemaschine	Leistungserhöhung durch höher Arbeitsdichte und Rationalisierung
Der Führer als „guter Kumpel“ (leaders as buddies)	Hier geht es um die Bereitstellung einer angenehmen Arbeitsatmosphäre: Der „gute Kumpel“ entwickelt einen attraktiven Arbeitsplatz, an dem man sich selbst und mit den anderen gemeinsam wohl fühlt	Der Gastgeber	Engagement und Zugehörigkeitsgefühl stehen im Vordergrund: Die Mitarbeiter sollen sich bei der Arbeit wohlfühlen.
		Der „Ersatztherapeut“ (pseudo shrink)	Der Vorgesetzte hat ein offenes Ohr für die Probleme seiner Mitarbeiter. Er hat ein feines Gespür für Gefühle und Stimmungen.
		Der Gleichartige	Hohes Maß an Informalität und ein geringes Maß an Machtdistanz stehen hier im Mittelpunkt. Die Mitarbeiter werden oft so behandelt, als ob sie auf derselben Ebene wie der Chef stehen.
		Der Interessensvertreter	Die Führungskraft versucht, die Mitarbeiter vor zentraler Kontrolle und Bürokratisierung zu schützen und ihnen somit ein hohes Maß an Autonomie zu sichern.

Tab. 20.6: Metaphern für Leadership (Fortsetzung; nach Alvesson und Spicer, 2011, S. 31ff.)

Typ	Kurzbeschreibung	Subtyp	Merkmale
Der Führer als „Feldherr" (leaders as commanders)	Hier geht es um die klare Anweisungen und eigenes Vorbild: Der „Feldherr" sorgt für Klarheit und beispielhaftes Verhalten, um die Mitarbeiter zur Gefolgschaft zu bewegen.	Der Frontoffizier (leader of the charge)	Die Führungskraft gefällt sich als Befehlshaber an der Front und führt insbesondere durch Aktionen. Sie ist in der Lage, schwierigste Operationen im feindlichen Umfeld durchzuführen. Er berichtet gerne von seinen Kriegsgeschichten und wirkt als Vorbild.
		Der Arschtreter (ass kicker)	Eine solche Führungskraft gefällt sich im gnadenlosen Antreiben seiner Mitarbeiter zu Höchstleistungen – und versäumt auch nicht, harte Maßnahmen zu verwenden.
		Der „Freund-Feind"-Denker (antagonizer)	Hier geht es um das Einfordern klarer Unterstützung und Loyalität für die eigenen Angelegenheiten – Abweichler werden als „Feinde" betrachtet und bestraft.
		Der Brecher von Regeln (rule breaker)	Eine solche Führungskraft hält sich nicht an offizielle Vorgaben – viel lieber entwickelt sie eine eigene Sichtweise von „richtig" und „falsch" und versucht diese durchzusetzen. Sie kann sich effektiv um die Durchsetzung „unpopulärer Maßnahmen" kümmern.
Der Führer als „Mensch-Maschine" (leaders as Cyborgs)	Hier geht es um Rationalität und Effizienz: Der „Cyborg" schafft es maschinengleich mit hoher Effizienz Ergebnisse zu liefern.	Der „Charisborg"	Solche Führungskräfte sind einerseits charismatisch – andererseits verfügen sie über kein Einfühlungsvermögen. Sie können unterstützend mit „high performers" umgehen – bei „Minderleistern" spulen sie ein mechanisches, kompromissloses Programm runter.
		Der Technokrat (technocrat)	Das Abspulen effizienter Handlungen und die Liebe fürs Detail zeichnen solche Führungskräfte aus. Er ist der Prototyp des „administrativen Managers".
		Der Perfektionist (perfectionist)	Nichts ist ihm (oder ihr) gut genug. Er ist der Maßstab aller Dinge. Wer diesen Maßstäben nicht entspricht, wird ignoriert oder ist – noch schlimmer – „unten durch".
Der Führer als „Rüpel" (leaders as bullies)	Hier geht es um das Durchsetzen von Sanktionen durch Bedrohung der Mitarbeiter: Die Mitarbeiter, die aus Sicht des Führers ihre Pflicht nicht erfüllen, werden drangsaliert.		Eine solche Führungskraft wirkt durch Einschüchterungen. Er ist den Mitarbeitern gegenüber respektlos – Bosheit und Tücke gehören zu seinem Standardhandwerkszeug.

Woran erkennt man, welchem „metaphorischen Selbstverständnis" Führungskräfte folgen? Laut Fairhurst (2011, S. 183ff.) lassen sich hier folgende Gesichtspunkte identifizieren:

- Zum einen sind sie Bestandteil ihrer eigenen Kommunikation. Mit entsprechenden Bildern wird versucht, Realität zu formen und den Mitarbeitern gegenüber Sinn zu vermitteln.
- Zum anderen sind sie das „semantische Baumaterial“, um die Unternehmenskultur zu gestalten: Die Wahl entsprechender Bilder in der Kommunikation, das Zeigen entsprechenden Verhaltens führt zu einer Internalisierung entsprechender Ansichten über die Organisation durch die Mitarbeiter.

Was kann man aus dieser Metaphernbetrachtung lernen? Aus Sicht der Autoren sind folgende Schlussfolgerungen bedeutsam:

- Man sollte sich der Führungsmetaphern bewusst werden, die man benutzt. Sie beeinflussen die Gewichtung von Informationen und können dazu führen, dass essentielle Inputs oder Trends übersehen werden.
- Es sollte ein Bewusstsein für die Interpretation des Führungsverhaltens aus Sicht der Mitarbeiter geschaffen werden. Barrieren und Missverständnisse können dadurch abgebaut werden.
- Es ist notwendig, flexibel zu sein und mit mehreren Metaphern zu experimentieren, um verschiedene Situationen besser verstehen und lösen zu können.

Vor allem aber sollte dringend vermieden werden, in Führung – und somit bei Führungskräften – eine quasi „allmächtige“ Wunderwaffe zum Lösen von Organisationsproblemen zu sehen: Die Idee einer solchen Omnipotenz wurde bereits von Neuberger (1990) als „Mythos“ bezeichnet (vgl. hierzu aus aktueller Sicht auch Lang & Rybnikova, 2014). Ein solcher Mythos verstellt den Weg auf die Wirklichkeit und verhindert die Lösung von Organisationsproblemen – insbesondere dann, wenn obere Führungskräfte gerade Ursache von Organisationsproblemen sind (vgl. hierzu Abschnitt 19.7).

20.4.3 Zusammenfassung

Die klassische Vorstellung von Metaphern als rein sprachliche Bilder wird im Rahmen der Metapherntheorie von Lakoff und Johnson (1987) erweitert. Metaphern zeugen nicht nur von den rhetorischen Fähigkeiten eines Redners, sondern verhelfen zu einem Einblick in dessen Konzept- und Vorstellungswelt.

- Metaphern beeinflussen nicht nur unser Denken und Reden, sondern auch unser Handeln.
- Durch die Übertragung eines direkt erfahrbaren Quellbereichs auf einen abstrakten Zielbereich dienen Metaphern zur Beschreibung und Konzeptualisierung von nicht direkt erfahrbaren Sachverhalten.
- Durch Konventionalisierung werden Metaphern zu schlafenden Bildern, die sich durch Explizierung wieder erwecken lassen und so besondere Aufmerksamkeit auf sich ziehen.
- Metaphern lassen sich auf Repräsentationen im Nervensystem zurückführen.
- Metaphern lassen sich in ein System zunehmender Komplexität einordnen. Eine konzeptuelle Metapher entspricht dabei einer Denkfigur. Die dabei möglichen Subkategorien und speziellen Ausprägungen stellen kohärente Metaphern dar.
- Metaphorische Orientierungen sind nicht willkürlich. Sie haben eine Grundlage in unserer physischen und kulturellen Erfahrung. Man sagt „Zeit IST Geld“ – man sagt nicht „Zeit IST eine Kokosnuss“

Metaphern werden nicht nur genutzt, um individuelle Vorstellungen zu beschreiben, sondern sie dienen auch als Modelle der Wirklichkeit. So werden sie in der Wissenschaft zur Beschreibung von Phänomenen, Theorien und Naturgesetzen verwendet. Wenn Metaphern unsere Welt strukturieren, dann strukturieren sie auch unsere Vorstellungen von Führung.

20.5 Schlussfolgerung: „Jeder Chef bekommt das, was er verdient“

20.5.1 Einführung

Diese Kapitelüberschrift ist eine stark pointierte Zusammenfassung des Themenkomplexes „Schemata und Metaphern“, der zu dem Aspekt der **„selbsterfüllende Prophezeiungen“** führt. Schon bereits oben wurde im Zusammenhang mit der Erörterung von McGregors Überlegungen zu Theorie X und Theorie Y auf den sich selbst erfüllenden Charakter von Menschenbildern hingewiesen. Inzwischen sollte deutlich geworden sein, wie diese selbsterfüllenden Prophezeiungen zustande kommen. Die folgenden Schritte skizzieren diesen Prozess (vgl. dazu die folgende Abbildung):

- **Schritt 1:** Aufgrund unserer Sprachgewohnheiten, Erfahrungen und Lernprozessen bilden wir kognitive Strukturen – Schemata – heraus, die unsere Wahrnehmung, unsere Entscheidungen, unser Handeln und unsere Handlungsbewertung in einem weit engeren Rahmen strukturieren, als wir das letztlich vermuten würden.
- **Schritt 2:** Mittels Metaphern lernen wir den Zugang zu einer – vermeintlichen – Realität, die unseren Wahrnehmungs- und Handlungskreislauf ein weiteres Mal einschränkt, aber auch stabilisiert.
- **Schritt 3:** Schließlich führen die Werte von sog. „Sprechergemeinschaften“ zu kollektiven Überzeugungen, die schließlich einen sehr stabilen, und nur äußerst schwer zu verändernden Charakter aufweisen: Die Realität ist „sehr hart“ geworden. Solche „Sprechergemeinschaften“ werden im Organisationskontext als „Subkulturen“ bezeichnet: Die Art und Weise, wie Controller miteinander reden, unterscheidet sich deutlich von der Art und Weise, wie dies Entwickler oder Personaler untereinander tun: Selbst wenn gleiche Begriffe verwendet werden, ist eine grenzübergreifende Kommunikation oftmals mehr als schwierig.

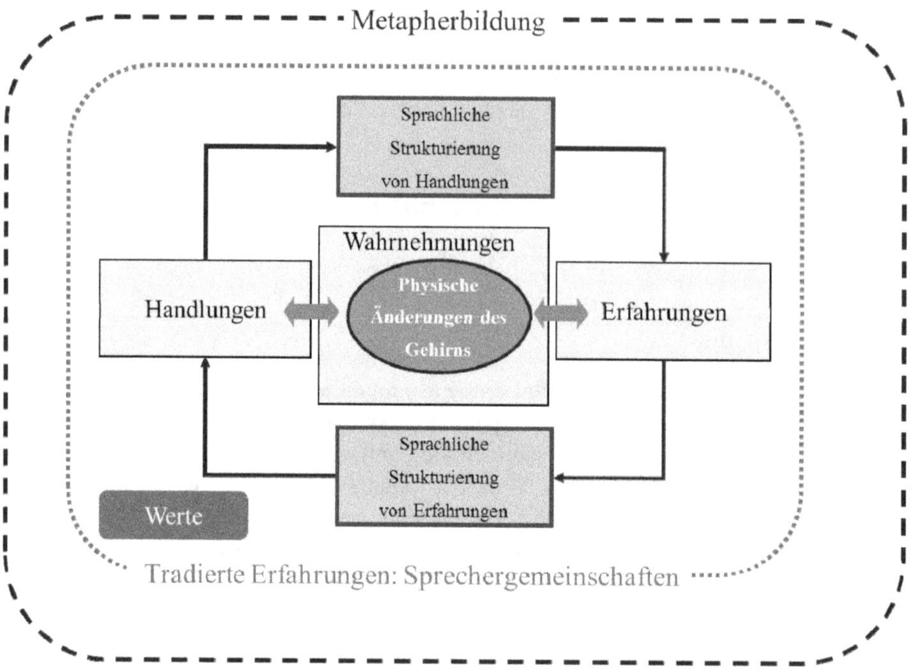

Abb. 20.1: Schemata und selbsterfüllende Prophezeiungen

In diesem Zusammenhang soll noch folgender Hinweis gegeben werden: Wir sind in den westlichen Industriegesellschaften allesamt Anhänger der Sprechergemeinschaft „Wir glauben an Rationalität und Objektivität“. Damit glauben wir in etwa Folgendes: **„Mein Denken ist mir komplett bewusst! Es obliegt allein meiner Entscheidung, wie ich denke und welche Schlussfolgerungen ich ziehe! Alle Menschen können gleich denken! Und indem ich denke, erfasse ich objektive Wahrheiten, die in der Welt vorhanden sind. Alle Dinge haben einen eigentlichen Sinn und können gedanklich so nachvollzogen werden, wie sie existieren. Deshalb kann ich, wie jeder andere Mensch auch, objektiv denken und sprechen“.**

20.5.2 Vertiefung: Selbsterfüllende Prophezeiungen

Die bisherigen Überlegungen verdeutlichen folgendes: Unser Gehirn ist dafür verantwortlich, dass wir das wahrnehmen und erleben, was wir glauben – unabhängig davon, ob wir mit dem, was wir glauben, konkrete Erfahrungen haben oder nicht. Das **Thomas-Theorem**, das nach dem amerikanischen Soziologen William Isaac Thomas (1863–1947) benannt wurde, stellt folgendes fest: „If men define situations as real, they are real in their consequences.” (Thomas & Thomas, 1928, S. 572). Also: **Wenn die Menschen Situationen als wirklich definieren, sind sie in ihren Konsequenzen wirklich**.

Etwas anders formuliert: Die Situationsdefinition durch einen handelnden Menschen bewirkt reale Konsequenzen, selbst wenn die objektive Situation, etwa durch andere beurteilt, anders aussieht. **Die Wirklichkeit ist also etwas anderes als die Realität**[50]. Von Bedeutung ist, dass dies nicht nur für Alltags- bzw. subjektive Theorien, sondern auch für die Beurteilung wissenschaftlicher Theorien gilt: **Menschen folgen Aussagen (vermeintlich) wissenschaftlicher Theorien und erzeugen somit die Realität, obwohl sich möglicherweise später herausstellt, dass diese Aussagen falsch gewesen sind.**

Beispiel 1: Die Ideologie der Rassenlehre

Zu Beginn des 20. Jahrhunderts verbreiteten prominente Biologen und Mediziner die Lehrmeinung, bei den unterschiedlichen menschlichen Ethnien handele es sich um „Rassen“, die in einer durch die Natur begründeten, und somit unweigerlichen Konkurrenz zueinander stünden. Es entspräche den Prinzipien der Evolution, dass sich Völker und Nationen der Erde einem kämpferischen Ausleseverfahren, der sogenannten „natürlichen Selektion“ zu stellen haben. Damit haben diese damals namhaften Wissenschaftler[51] nicht nur ihren Zeitgenossen, sondern auch den nachfolgenden Generationen einen überaus resistenten Floh in den Pelz gesetzt.

Die Konsequenz bestand darin, dass lange vor Hitlers Machtergreifung in fast allen „entwickelten“ Ländern Rassenkampftheorien von den Eliten verbreitet und von der breiten Bevölkerung – trotz ihres ideologischen Unsinns – akzeptiert wurden. In Deutschland und Österreich leistet dieser pseudowissenschaftliche Mythos einen wichtigen Beitrag zur Anbahnung zweier Weltkriege. Nachdem die fatalen realen Folgen dieser „Theorie“ eingetreten waren, dienten sie nachträglich als „Beweis“ für das, was eingangs behauptet wurde, nämlich dass Menschen unterschiedlicher Ethnien ein natürlicher Kampfinstinkt innewohnen würde.

---

50 Das wohl bekannteste Beispiel hierfür findet man in dem Stück „Romeo und Julia“: Romeo und Julia bleibt wegen der seit Generationen anhaltenden Feindschaft ihrer Familien, den Montagues und den Capulets, ein gemeinsames Leben verwehrt. Um mit Romeo aus Verona fliehen zu können, täuscht Julia mithilfe eines Schlaftrunks ihren Tod vor. Romeo, den die Botschaft von diesem geheimen Plan nicht erreichte, erhält stattdessen die Nachricht, dass seine Geliebte tot sei. Er eilt in die Familiengruft der Capulets und findet dort die schlafende Julia vor. Er glaubt, sie tot zu wissen, und nimmt sich daraufhin das Leben. Julia, aus dem Schlaf erwacht, findet ihren sterbenden Geliebten und folgt ihm kurz darauf selbst in den Tod. Romeo hat die Situation in der Familiengruft falsch wahrgenommen. Doch auf der Grundlage dieser falschen Wahrnehmung entschied er sich, seinem Leben ein Ende zu setzen. Für Romeos Handeln war also nicht der „reale“ Sachverhalt ausschlaggebend, sondern seine Interpretation der Situation. Und obwohl diese Interpretation nicht der Realität entsprach, zeitigte die Handlung, die er aufgrund seiner Wahrnehmung vollzog, reale Konsequenzen – seinen eigenen Tod.

51 Allen voran ist hier für den deutschsprachigen Bereich der Jenaer Zoologieprofessor Ernst Haeckel (1834–1919) zu nennen, der bereits 1868 forderte, nicht gesunde Neugeborene „mit einer kleinen Dosis Morphium oder Zyanid“ zu töten (S. 33f). Weitere namhafte Wissenschaftler der damaligen Zeit waren: Der Mediziner Ludwig Büchner (1824–1899), auf den der Satz zurückgeht: „Das Individuum ist nichts, die Art ist alles“ (1882, S. 100) – die Nazis haben daraus das „Du bist nichts, dein Volk ist alles“ gemacht. Der Zoologie-Professor August Weismann (1834–1914) betonte, dass die Errungenschaften der modernen Medizin die Degeneration fördere: Kranke Menschen könnten sich so besser vermehren, als wenn sie unbehandelt geblieben wären (Weismann 1892, S. 549ff.). Der Münchner Mediziner Alfred Ploetz (1860–1940) gründete 1905 die „Deutsche Gesellschaft für Rassenhygiene“ – einer Gesellschaft, die die Tötung von Menschen mit Genen unzureichender Güte explizit befürwortete (Ploetz 1895, S. 147). Die Elite der akademischen Medizin bekam 1927 – als Vorläuferin der heutigen Max Planck-Gesellschaft – in Berlin ihre Kaiser-Wilhelm-Gesellschaft, das „Institut für Anthropologie, menschliche Erblehre und Eugenik“ unter dem Vorsitz des Medizinprofessors Eugen Fischer (1874–1967). Josef Mengele war Doktorand an diesem Institut. Das Lehrbuch, an dem Fischer mitgearbeitet hatte, blieb bis in die siebziger Jahre des 20. Jhd. Standardlehrbuch für Medizinstudenten.

Beispiel 2: Die Ideologie des Aggressionstriebs

Sigmund Freud (1856–1939) entwickelte 1920 seine Theorie des Aggressionstriebs vor dem Hintergrund der Erfahrungen im ersten Weltkrieg, dessen Ausbruch von einer Vielzahl von Menschen vieler Nationen frenetisch bejubelt wurde und sich schließlich als Krieg herausstellte, bei dem erstmals Massenvernichtungswaffen – in Form von Giftgas – eingesetzt wurden.

Die Haltung Freuds kann recht gut dargestellt werden anhand seiner Antwort auf einen Brief von Albert Einstein, der diesen im Auftrag des Völkerbundes an ihn gerichtet hatte, um eine Stellungnahme gegen den heraufziehenden Krieg zu bewirken. Freud im Jahr 1932 hierzu: „Die Tötung des Feindes befriedige eine triebhafte Neigung. (…) Der Mensch unterliege einem Trieb zum Hassen und Vernichten" (…) „es gebe eine Lust an der Aggression und Destruktion" (…) „Krieg sei ein Ausfluss des Aggressionstriebes". Und schließlich: „Warum empören wir uns so sehr gegen den Krieg, (…) warum nehmen wir ihn nicht hin wie eine andere der vielen peinlichen Notlagen des Lebens?"

Heute lehnt die überdeutliche Mehrheit der Psychoanalytiker wie auch der Neo-Analytiker die Existenz eines Aggressionstriebes ab – allen voran die Schule um Viktor Frankl und Alice Miller.

Aus heutiger Sicht – da überholt – ist von besonderer Bedeutung, dass Lorenz Aggression, die gegen Dritte gerichtet ist, als Voraussetzung für das Entstehen tragfähiger menschlicher Bindungen ansieht – und hierbei allerdings die Forschung von John Bowlby (1907–1990) zur Relevanz zwischenmenschlicher Bindung für die Entwicklung emotional gesunder Menschen komplett ausblendet, wie er mit seinen ersten Studien nach dem zweiten Weltkrieg schon begonnen hat nachzuweisen.

Wenn sich schon die Aggressionstriebs-Hypothese wissenschaftlich nicht halten lässt, stellt sich die Frage nach deren Widerstandsfähigkeit. Wem also nutzt das „für wahr halten" dieser Hypothese? Die Antwort verweist auf die Entwicklung eines auf Egoismus basierenden neoliberalen Finanz-, Wirtschafts- und Gesellschaftssystems.

Beispiel 3: Die Ideologie des „Homo Oeconomicus"

Die „Erfindung" des „Homo oeconomicus" geht auf das Werk von Leon Walras (1834–1910) in der zweiten Hälfte des 19. Jhd. zurück. Dieses Konstrukt war notwendig, um mathematische Gesetzmäßigkeiten aus der mechanischen Physik Newtons auf die Wirtschaft übertragen zu können (z.B. Geisendorf, 2009, S. 163). Mit seiner Bereitschaft, zugunsten der mathematischen Prognostizierbarkeit Abstriche an der Wirklichkeitsnähe hinzunehmen, etablierte Walras eine Vorgehensweise, der im folgenden Jahrhundert viele Ökonomen folgen sollten (z.B. Beinhocker, 2007, S. 59). Erst dieses Konstrukt des Homo oeconomicus erlaubte es, die Wirtschaftswissenschaften als „exakte Wissenschaft" zu positionieren. Es ermöglicht Berechenbarkeit durch Übertragung von aus der Mathematik und Physik bekannten Methoden auf die Wirtschaftswissenschaften (z.B. Matis, 2007).

Das physikalische Theorieverständnis der Neoklassiker führte im Zuge der weiteren Theorieentwicklung ab den 1950er Jahren zu einer bedeutsamen methodologischen Wende. Die Frage in der modernen Ökonomie war nicht mehr, welche empirisch gehaltvollen Annahmen der Nutzen- und Entscheidungstheorie zu einem theoretischen Ergebnis führen, sondern das Ergebnis wurde umgekehrt als gegeben angenommen und die Frage lautete, welche Annahmen über den Homo oeconomicus gemacht werden müssen, damit dieser mit dem theoretischen Ergebnis in Übereinstimmung gebracht werden kann (Dopfer, 2003).

Ein Beispiel hierfür besteht in der Analyse des Trittbrettfahrens – ein Phänomen, mit dem sich sowohl die Sozialpsychologie wie auch die Ökonomie beschäftigen. Die erstere Disziplin untersucht solche Phänomene insbesondere im Zusammenhang mit Phänomenen wie Gruppendynamik und Gruppenleistung – dies mit dem Ziel, Rahmenbedingungen zu identifizieren, die solches Trittbrettfahren möglichst verhindert. Die Ökonomie betrachtet solche Phänomene u.a. im Kontext von sog. „public good games“, in denen untersucht wird, welche Rahmenbedingungen dazu geeignet sind, dass die Akteure öffentliche Güter zu einem Teil übernutzen, als er ihnen zusteht. Zentraler Unterschied ist die Vorannahme über die Akteure: In der Sozialpsychologie werden „mixed motives“ vorausgesetzt, in der Ökonomie lediglich das Eigeninteresse eines homo oeconomicus. Interessanterweise kann die Gültigkeitsannahme des homo oeconomicus für Wirtschaftswissenschaftler bestätigt werden. Feldstudien belegen den oben skizzierten Effekt selbsterfüllender Prophezeiungen:

- Frank, Gilovich und Regan (1993) arbeiten folgende Ergebnisse in einer Feldstudie heraus: (1) Ökonomie-Studenten sind zu Beginn des Studiums zynischer und egoistischer als die Kontrollgruppe (anderen Disziplinen zugehörig). (2) Diese Ökonomie-Studenten wurden im Laufe des Studiums noch zynischer und egoistischer. Die Autoren schlussfolgern, dass zynisches und egoistisches Verhalten durch jene Theorie hervorgebracht wird, die Zynismus und Egoismus als Grundlage wirtschaftlichen Handelns theoretisch behauptet. Zusammengefasst lässt sich dies dahingehend interpretieren, dass das marktwirtschaftliche System auch effizient ist, wenn es darum geht, menschliche Untugenden zu kultivieren.
- Henrich et. al. (2001) berichten von einem Kooperationsprojekt zwischen Anthropologen, Psychologen und Ökonomen: Das Ultimatum-Spiel-Experiment wurde bei 15 verschiedenen Naturvölkern durchgeführt. Hier wurde ein großer Unterschied zum Probandenverhalten entwickelter Industriestaaten, das nahezu identisch war, deutlich: In keinem der Naturvölker wurde ein Homo oeconomicus gefunden. Die Autoren interpretieren dies wie folgt: Die Lebensumstände dieser Naturvölker implizieren eine hohe kulturelle Bedeutung von Fairness.

Simon Gächter schreibt im Jahre 2009: „Experimente werfen ein neues Licht auf die Fragen der Wirtschaftspolitik. Wirtschaftspolitische Empfehlungen beruhen in der Regel auf den Homo oeconomicus-Annahmen, die insgesamt für die Ökonomie typisch sind: Eigennutz und Rationalität, ausgedrückt in (zeit-) konsistentem Verhalten. Zahlreiche, in jüngster Zeit auch neurowissenschaftliche Experimente haben diese Annahme in Frage gestellt. … Wenn bspw. die Menschen nicht immer eigennützig handeln, kann das massive Konsequenzen für die optimale Ausgestaltung von Anreizsystemen haben.“

Die vorgelegten Befunde lassen sich dahingehend interpretieren, dass eine neoklassische Ausbildung das Menschenbild erzeugen hilft, welches sie behauptet. Thomas Sattelberger, der ehemalige Personalvorstand der Telekom, hat in einem Interview in der Wirtschaftswoche[52] Business Schools massiv kritisiert. Bei diesem Interview ging es im Wesentlichen darum, dass er die Ausbildung (er spricht hier von „Gehirnwäsche“) an den Business Schools, insbesondere in den MBA-Programmen, mitverantwortlich macht für die Finanz-

[52] „A la John Wayne“, Wirtschaftwoche Nr. 7 vom 13.2.2010, S. 94f.

krise. Maßgeblich geht es hier um den Vorwurf, dass Business Schools der „Amoral" junger ManagerInnen Vorschub leisten würden. Er spricht hierbei auch davon, dass der Niedergang der MBA-Programme heutiger Prägung eingeläutet sei.

Beispiel 4: Die Ideologie des „Ich bin Chef und habe daher Recht"

Hierzu können vor dem Hintergrund der an vielen Stellen aufgezeigten Defizite im Führungsverständnis und Verhalten vieler Führungskräfte und den Defiziten bei der Gestaltung organisationaler Prozesse und Politiken die Ausführungen vergleichsweise kurz gehalten – und in Form von einigen Fragen vorgetragen werden:

- Warum glaubt nach wie vor eine nicht unerhebliche Anzahl von Führungskräften, dass Unhöflichkeit, Respektlosigkeit den Mitarbeitern gegenüber adäquate Führungsmittel sind?
- Warum glaubt nach wie vor eine nicht unerhebliche Anzahl von Führungskräften, dass ihr Wissen a priori gültiger oder „wahrer" ist als das ihrer Mitarbeiter?
- Warum glaubt nach wie vor eine nicht unerhebliche Anzahl von Führungskräften, dass Geld der einzige Motivator in ihren Organisationen darstellt?
- Warum entwickelt eine nicht unerhebliche Anzahl von Organisationen eine Kultur, die es verbietet, über die drei obigen Fragen laut nachzudenken?

Ich hoffe, dass die bisherigen Ausführungen verdeutlicht haben, dass man emotional stark aufgeladene Schemata, starke Überzeugungen, Glaubenssätze, Menschenbilder – oder wie auch immer wir dies bezeichnen mögen, nicht mit zweitägigen Führungskräftetrainings änderbar sind. Ich hoffe auch, dass deutlich geworden ist, dass die Hoffnung, das Führungsverhalten von (vermeintlich) wichtigen Entscheidern dadurch in den Griff bekommen zu können, dass man ihnen Coachingsitzungen verordnet. Kurz: Ich hoffe, dass deutlich geworden ist, dass die modernen Neurowissenschaften nahelegen, dass wir mehr Geld in eine adäquate Personalauswahl investieren sollten, als denn zu hoffen, wir könnten Menschen in größerem Umfange „verändern".

Etwas generalisierter ausgedrückt: Wir neigen zwar dazu, auf unsere Überzeugzungen hereinzufallen und ihre – vermeintliche – Gültigkeit zu reproduzieren, doch heißt dies zwingendermaßen nicht, dass dies – langfristig – funktioniert. Es gibt noch eine „richtige" Welt hinter unseren Annahmen: Wir können uns entscheiden, unsere Mitarbeiter systematisch zu demotivieren, weil wir glauben, dass sie „faul sind" – wenn wir wirklich Leistung wollen, ist das langfristig gesehen unklug.

Um es mit dem Thomas-Theorem „Wenn die Menschen Situationen als wirklich definieren, sind sie in ihren Konsequenzen wirklich" zu formulieren: Menschen glauben an die Wirksamkeit substanzloser, homöopathischer Zuckerkügelchen (und gehen mit ihren Kindern nicht zum Arzt). Gesund werden sie dadurch nicht notwendigerweise. Es gibt nach wie vor Geschäftsführer, die glauben, dass die Position des Vertriebschefs unbedingt von jemandem mit Sternzeichen „Widder" besetzt werden sollte – und übersieht hierbei besser qualifizierte Kandidaten. Last not least können Sie natürlich als „Chef" den Anspruch haben, dass Ihre Mitarbeiter Ihren „besonderen Stil" zu akzeptieren haben und die Haltung vertreten „wenn es ihnen nicht passt, können sie ja gehen – es gibt da draußen ja genügend andere". **Dennoch verfügen die Gehirne Ihrer Mitarbeiter über ein Belohnungs- und Bedrohungssystem, das entsprechend „funktioniert". Und an diese Funktionen müssen Sie genausowenig**

„glauben“ wie Sie an die Auswirkungen der Schwerkraft „glauben“ müssen: „Schwerkraft funktioniert“ – unabhängig davon, welche Meinung Sie dazu haben!

21 Vertiefung III: „Evolutionsgerechte“ Führung

Rüdiger Reinhardt

21.1 Einführung

Der Terminus „evolutionsgerechte Führung“ mag möglicherweise noch ungewöhnlicher klingen als „gehirngerechte Führung“, doch stellt dieses aus Sicht des Autors eine Notwendigkeit dar, wenn man zugesteht, dass die heutigen Funktionen unseres Gehirns Resultat von Variation, Reproduktion und Selektion, also von evolutionären Prozessen sind.

Der Theologe und Naturforscher Charles Darwin beschreibt 1859 in seinem Buch „On the Origin of Species by Means of Natural Selection, or the Preservation of Favoured Races in the Struggle for Life“, den Kern der Evolutionstheorie auf der Basis der natürlichen Auslese. Aufgrund vieler Beobachtungen zog Darwin folgende Schlussfolgerungen:

- Die Individuen einer Art stehen miteinander im Wettbewerb.
- Die natürliche Auslese oder Selektion fördert die jeweils Tauglichsten.
- Über viele Generationen kommt es zu einer Veränderung der Arten (Evolution)

Dieses Überleben der Tauglichsten (survival of the fittest) ist also Resultat eines Wettbewerb, den die Individuen einer Art untereinander führen. Hierbei ist es wichtig zu betonen, das der Prozess der natürlichen Auslese keinen Absichten oder Zielen unterliegt, sozusagen „blind“ läuft: Die Natur wird als ein großer, gleichsam anonymer „Züchter“ verstanden. Auch sollte mit Nachdruck betont werden, dass es sich bei der natürlichen Selektion um einen allmählichen Prozess handelt, im Vergleich zu einem Menschenleben etwa ein ungleich langsamerer Prozess, der dutzende, hunderte, tausende, in manchen Fällen sogar Millionen Generationen erforderte, damit der Selektionsprozess allmählich unsere heute bekannten organischen Mechanismen formen konnte (vgl. Buss, 2004, S. 31). Revolutionär war und ist an dieser Theorie der Wegfall jeglicher übernatürlicher, teleologischer Kräfte zur Erklärung der Herkunft der Lebewesen.

Die Idee der Evolution durch natürlichen Selektion lässt sich anhand ihrer zentralen Bestandteile **Variation, Reproduktion und Selektion** zusammenfassen: Demnach ist die „natürliche Auslese definiert als im Laufe der Zeit stattfindende Veränderung aufgrund eines unterschiedlichen Fortpflanzungserfolgs vererbter Variationen (vgl. Buss, 2004, S. 62). Überträgt man diese Überlegungen auf die evolutionäre Entwicklung unseres Gehirns, dann wird folgendes deutlich:

- Das Gehirn als physische Einheit ist gestaltet, um angemessen auf Umweltbedingungen zu reagieren.

- Neuronale Mechanismen sind Ergebnis des natürlichen Selektionsdrucks, dem unsere Vorfahren ausgesetzt waren.
- Bewusste Wahrnehmung erfasst nur einen Teil dieser Mechanismen und kann irreführend sein.
- Neuronale Mechanismen sind auf die Lösung des jeweiligen Problems, das in Zusammenhang mit ihrer erfolgreichen Selektion steht, spezialisiert.
- Das Gehirn behandelt Probleme, die unsere Vorfahren in einer Zeitspanne des Pleistozäns (ca. 2,5 Mio. Jahre bis vor ca. 10.000 Jahren v. Chr.) – bis zum Übergang des Jagens/Sammelns zur Ackerbau/Viehzucht – zu lösen hatten.

Wenn die Funktionsweise unseres Gehirns auf Selektions-, Variations- und Adaptionsprozessen basiert, so lassen sich auf der Basis dieser Annahme eine Reihe von – überprüfbaren – Annahmen ableiten:

- Die Herausbildung motivationaler Mechanismen stellen funktionale Anpassungen dar: Diese Anpassungen haben das Ziel, evolutionäre Herausforderungen zu meistern. Diese lassen sich den Domänen Sicherheit, Beziehungsgestaltung und Sprache zuordnen.
- Leadership – und sein Pendant Followership – lassen sich ebenfalls als funktionale Anpassungen betrachten: Da sie helfen, spezifische Probleme, die das Überleben und die Fortpflanzung bedrohen, zu lösen, ist es für Gruppen sinnvoll, sich Führer zu erwählen und für Individuen sinnvoll, Führungsaufgaben zu übernehmen.

Diese Anpassungen sind heute noch auf verschiedenen Ebenen nachweisbar: Auf der neurobiologisch-physiologischen, der kognitiven, der emotionalen und der verhaltensbezogenen Ebene – und anhand der Fehlanpassung des menschlichen neurobiologischen Systems an die Erfordernisse „moderner Organisationen“.

21.2 Führung und Evolution

Wenn wir verstehen, wie unsere Vorfahren im Lauf der Evolution die psychologischen Voraussetzungen erwarben, um die Rollen von Anführern und Gefolgschaft zu übernehmen, erscheinen die dazugehörigen Verhaltensweisen in einem anderen Licht. Die evolutionäre Perspektive verdeutlicht nämlich, welche wichtige Rolle die Geführten spielen und warum Führende und Geführte einander nicht unbedingt auf gleicher Augenhöhe begegnen. Sie gibt auch Hinweise darauf, welche Art von Führern am besten für die Bewältigung bestimmter Aufgaben geeignet sein könnte. Sie erklärt sogar einige unserer scheinbar grundlosen Vorlieben etwa für groß gewachsene Anführer.

Die Übernahme einer Führungsrolle ist im Wesentlichen eine Reaktion auf die Notwendigkeit, gemeinsam zu handeln. In Entscheidungssituationen liegt es nahe, dass ein Gruppenmitglied die Initiative übernimmt und die anderen sich zum Folgen bereit erklären. Erhöht sich so die Überlebenswahrscheinlichkeit der Gruppe, dürften sich auf evolutionärem Weg psychologische Anpassungen zu Gunsten entsprechender Rollenverteilungen herausbilden.

Im Fall des Menschen würden diese eine Reihe mentaler Mechanismen umfassen: Von der Planung, Kommunikation und Entscheidungsfindung in der Gruppe bis hin zu Anerkennung von Kompetenzen, sozialem Lernen und Konfliktmanagement.[53]

In dieser Zeit unterlag das Phänomen „Leadership" auch einem Wandel durch veränderte kulturelle und soziale Rahmenbedingungen – man kann hier zwischen vier Stadien unterscheiden (vgl. die folgende Tabelle).

Tab. 21.1: Menschliche Gesellschaftsentwicklung und Implikationen für Führung (nach van Vugt & Ahuja, 2010, S. 220f.)

	Zeitalter	Gesellschaft	Gruppengröße	Führungsstruktur	Anführer	Verhältnis Anführer – Geführte
0	vor mehr als 2,5 Millionen Jahren	Vormenschen	klein	Situations- oder Dominanzhierarchie	Individuum/ Alphamann/ Alphafrau	demokratisch oder despotisch
1	vor 2,5 Millionen Jahren bis vor 13 000 Jahren	Gruppen, Klans, Stämme	Dutzende bis Hunderte	informell, situativ, prestigegestützt	Big Men, Anführer	egalitär und konsensorientiert
2	vor 13 000 Jahren bis vor 250 Jahren	Stammesfürstentümer, Königreiche, kriegerische Gesellschaften	Tausende	formalisiert, zentralisiert, erblich	Häuptlinge, Könige, Kriegsherren	hierarchisch und unilateral
3	vor 250 Jahren bis heute	Nationen, Staaten, Unternehmen	Tausende bis Millionen	gegliedert, zentralisiert, demokratisch	Staatsoberhäupter, Politiker, Manager	hierarchisch, aber partizipativ

Aus obiger Tabelle geht folgendes hervor[54]:

- Die erste und bei Weitem längste Phase erstreckte sich vom ersten Erscheinen der menschlichen Gattung vor etwa 2,5 Millionen Jahren bis zum Ende der letzten Eiszeit vor etwa 13.000 Jahren. In dieser langen Zeit hat wahrscheinlich die natürliche Auslese die spezifisch menschliche „Leadership-Psychologie" geprägt, wie sie uns heute noch eigen ist. Vermutlich lebten unsere Vorfahren in jener Zeit in halb nomadischen Gruppen von Jägern und Sammlern, die 50 bis 150 meist miteinander verwandte Individuen umfassten. Ihre Lebensweise glich wohl derjenigen der Jäger- und Sammler-Völker unserer Tage, zu denen etwa die !Kung in der Kalahari-Wüste oder die Yanomami-Indianer in der Amazonasregion gehören. Im Wesentlichen sind solche Gruppen egalitär

[53] Die kognitiven Voranpassungen dürften sich aber schon lange vor dem Erscheinen des modernen Menschen entwickelt haben. Denn die Muster der Nahrungssuche vieler Insekten, die Schwarmbildung von Fischen und die Flugmuster von Vögeln legen nahe, dass auch Spezies ohne komplexe kognitive Fähigkeiten Leadership und Followership entwickeln. Hier gilt vielleicht die einfache Regel: Folge dem Ersten, der sich bewegt. Auch unsere engsten Verwandten, die Schimpansen, orientieren sich an Anführern, um das Umherziehen der Gruppe zu koordinieren, Frieden zu bewahren oder Kämpfe auszutragen. Die Beispiele aus dem Tierreich stützen die Vermutung, dass sich Anpassungen zu Gunsten von Leader- und Followership tendenziell in sozialen Spezies entwickeln. In der einzigartigen Evolutionsgeschichte des Menschen fanden sie vermutlich sogar in sehr hohem Maß statt.

[54] Quelle: http://www.spektrum.de/alias/essay/fuehren-und-folgen/1010837 (Download von 12.06.2013)

strukturiert. Den besten Jägern und Kriegern oder den weisesten Alten kommt zwar die Rolle von Big Men zu, doch ist ihr Einfluss auf den Bereich begrenzt, in dem sie sich besonders ausgezeichnet haben, und muss ihnen von der Gruppe gewährt werden. Kooperation unter den Geführten könnte also den frühen Menschen erlaubt haben, sich über die bei anderen Primaten gefundenen Dominanzhierarchien hinaus in Richtung einer viel flacheren, prestigegestützten Hierarchie mit demokratischerem Führungsstil zu entwickeln.

- Mit der Entwicklung der Landwirtschaft vor etwa 13.000 Jahren entstanden dann die ersten Niederlassungen. Die Bevölkerung wuchs rasch, und zum ersten Mal kam es zu einem Überschuss an verfügbaren Ressourcen. Um ihn zu verteilen, brauchten die Gemeinschaften Anführer, die außerdem die zunehmenden Konflikte innerhalb von und zwischen Gruppen regeln sollten. So wuchs die Macht der Führer, aber auch die Möglichkeit des Machtmissbrauchs: Die Anführer konnten nun Ressourcen abschöpfen und mit ihrer Hilfe kulturelle Eliten schaffen. Umgekehrt schwanden die Möglichkeiten der Gefolgschaft, sich von ihren möglicherweise ausbeuterischen Anführern einfach abzuwenden. Resultat dieser Veränderungen war ein stärker formalisierter und autoritärer Führungsstil, der die Etablierung von Häuptlingen und Königen erlaubte, aber auch Kriegsherren zugutekam, die sich Ressourcen gewaltsam aneignen wollten.
- Den Weg für die letzte Entwicklungsphase von Leadership ebnete schließlich die industrielle Revolution vor etwa 250 Jahren. Zu Beginn der Epoche war der gesellschaftliche Status der Geführten oft nicht viel höher als der von Sklaven. Zunehmend aber erwarben Bürger und Arbeitnehmer größere Freiheiten, gegenüber den Herrschenden eine gewisse Unabhängigkeit zu bewahren. Das Kräftegleichgewicht verschob sich also wieder: Autoritäre Führungsstile unterlagen nun Einflüssen, die eher an egalitäre Strukturen früherer Zeiten erinnern.

Betrachtet man den gegenwärtigen wissenschaftlichen Diskurs zum Thema Leadership, so wird deutlich, dass sich dieser vor allem auf die **dritte Phase** bezieht.

21.3 Die Mismatch-Hypothese

21.3.1 Grundlagen

Mark van Vugt geht in seinem 2010 publiziertem Werk „Selected“ auf die sogenannte „mismatch-Hypothese“ ein, die sich in Kürze wie folgt zusammenfassen lässt: Da unser Gehirn die Grundlage universeller Erwartungen darstellt, ist unser Gehirn aus zeitlichen Gründen an die Bedürfnisse und Erwartungen der Jäger- und Sammler-Gesellschaft angepasst – wir haben uns allerdings sozioökonomische Strukturen geschaffen, an die sich unser Gehirn in der Kürze der Zeit nicht angemessen anpassen konnte. Die folgende Übersicht zeigt dies in der Zusammenschau (van Vugt & Ahuja, 2010, S. 144ff.):

- vor 200 Jahren, 8 Generationen, Beginn der industriellen Zivilisation
- vor 500 Jahren, 20 Generationen, entdeckte Kolumbus Amerika
- vor 15.000 Jahren, 600 Generationen, begannen Ackerbau und Viehzucht

- mindestens 400.000 Jahre lang, 16.000 Generationen, lebten Menschen als steinzeitliche Jäger und Sammler
- Homo sapiens sapiens seit ca.130.000 Jahren
- seit ca. 2.3 Mill. Jahren Species Homo.
- vor 5 Millionen Jahren Trennung der frühen Menschen von Menschenaffen

Die mismatch-Hypothese besagt somit: Unser heutiges Gehirn entspricht dem Gehirn von vor 15.000 Jahren – wir haben uns aber Sozialstrukturen geschaffen, die nicht zu den Programmen unserer Gehirnstrukturen passen, wie sie sich aufgrund der evolutionären Prozesse herausgebildet haben. Van Vugt trägt folgende Belege für die Gültigkeit dieser mismatch-Hypothese im Bereich Leadership zusammen. Führungskräfte werden noch heute nach Kriterien gewählt, die vor 15.000 Jahren einen Beitrag zum Überleben der Gruppe bzw. des Stammes beigetragen haben:

- Führer sind attraktiver und wirken gesünder als der Durchschnitt.
- Führer sind größer (und schwerer) als der Durchschnitt.
- Führer sind älter, wenn Stabilität verlangt wird – bei der Durchsetzung von Veränderungen sind jüngere Führer wichtiger.
- Führer weisen männlichere Züge auf als der Durchschnitt.
- Die Mehrzahl der Führer ist männlich.
- Effektive Führung geht mit Reputation bzw. Authentizität einher.
- Menschen mit ausgeprägtem Charisma sind als Führer begehrter als Menschen ohne Charisma.

21.3.2 Implikationen für Führungsrollen bei den Jägern und Sammlern

Vor dem Hintergrund seiner evolutionstheoretischen Analysen entwickelt van Vugt ein Portfolio von sechs „steinzeitlichen Führungsrollen“, denen heute noch Bedeutung zukommen soll:

1. Der Führer als Krieger – Leadership bedeutet aus dieser Perspektive, die eigene Gruppe vor externen Bedrohungen verteidigen zu können.
2. Der Führer als Entdecker – Leadership bedeutet aus dieser Perspektive, die Suche nach Nahrung und Wasser usw. entweder alleine oder in einer Kleinstgruppe vornehmen zu können.
3. Der Führer als Diplomat – Leadership bedeutet aus dieser Perspektive fähig zu sein, mit anderen Gruppen Allianzen bilden und aufrechterhalten zu können.
4. Der Führer als Schlichter – Leadership bedeutet aus dieser Perspektive, die Kohäsion bzw. den Frieden der Gruppe wiederherstellen und aufrechterhalten zu können.
5. Der Führer als Manager – Leadership bedeutet aus dieser Perspektive Ressourcenallokation und die Organisation von Gruppenaktivitäten.
6. Der Führer als Lehrer – Leadership bedeutet aus dieser Perspektive, das Wissen über die Natur (welche Pflanzen sind essbar, welche dienen als Medizin), das Wissen über soziale Beziehungen (wie vermittelt man, wie schmiedet man Allianzen) und das Wissen über die „jenseitige Welt“ (Kommunikation mit den Göttern) weitergeben zu können.

Diese sechs Rollen sollen jetzt ausführlicher dargestellt werden (vgl. van Vugt & Ahuja, 2010, S. 144ff.).

Der Führer als Krieger
Die Ausgangssituation lässt sich hier wie folgt skizzieren: Überall lauerten damals Gefahren – Raubtiere, Schlangen und fremde Stämme, die grundsätzlich eine Bedrohung darstellen (Rauben der Nahrung und der Frauen, Töten der Männer). Leadership bedeutet aus dieser Perspektive, die eigene Gruppe vor externen Bedrohungen verteidigen zu können; relevante Merkmale bzw. Fähigkeiten hierfür waren:

- Tapferkeit
- Wettbewerbsbereitschaft und -fähigkeit
- hohe Schmerztoleranz
- Dominante Charakterzüge
- Maskuline Physis am Äußeren erkennbar
- Neigung zur Psychopathie: Kaltblütigkeit gegenüber Abtrünnigen und Überläufer bei gleichzeitig hohem Maß an Identifikation mit der Gruppe bzw. Loyalität zur Gruppe

Mit Bezug auf unsere Emotionssysteme befriedigt der Führer das Bedürfnis nach Sicherheit bzw. trägt dazu bei, die Aktivierung des Angst- bzw. Furchtsystems (FEAR nach Panksepp) zu vermeiden oder zumindest zu reduzieren. Für diese Führungsrolle ist die Aktivierung des RAGE-Systems (Zorn/Wut) hilfreich.

Der Führer als Entdecker
Hier geht es um Folgendes: Als Jäger- und Sammler-Gruppe war man darauf angewiesen, über ausreichend Nahrung und Wasser verfügen zu können, wozu man ständig in der Lage sein musste, neue Jagdgründe und neue Wasserlöcher finden zu können. Leadership bedeutet aus dieser Perspektive, diese Such- und Entdeckungsaufgaben entweder alleine oder in einer Kleinstgruppe vornehmen zu können – wichtig hierbei waren:

- Durchhaltevermögen
- Frustrationstoleranz
- Neugier
- Intelligenz
- Ungeduld
- Risikobereitschaft
- Offenheit gegenüber neuen Gefahren
- Ausgewählte individualistische Züge

Mit Bezug auf unsere Emotionssysteme befriedigt der Führer das Bedürfnis nach Sicherheit bzw. trägt dazu bei, die Aktivierung des Angst- bzw. Furchtsystems zu vermeiden oder zumindest zu reduzieren. Für diese Führungsrolle ist die Aktivierung SEEKING-Systems (generelles motiviertes Suchen/Erwarten) notwendig.

Der Führer als Diplomat
Als Jäger- und Sammler-Gruppe war es wichtig, mit anderen Gruppen Allianzen eingehen zu können, um sich knappe Wasserlöcher teilen zu können, Frauen austauschen zu können oder Verbündete bei kriegerischen Auseinandersetzungen zu haben, in die man mit anderen Gruppen verwickelt war. Leadership bedeutet aus dieser Perspektive, fähig zu sein, mit anderen Gruppen Allianzen bilden und aufrechterhalten zu können – relevante Merkmale bzw. Fähigkeiten hierfür waren:

- Keine besonderen physischen Merkmale, um nicht als bedrohlich wahrgenommen werden zu können, eher feminine Erscheinung
- Sprachkompetenz
- Taktgefühl
- Manipulationsgeschick
- Charme, Freundlichkeit
- Soziale Intelligenz
- Machiavellismus

Mit Bezug auf unsere Emotionssysteme befriedigt der Führer das Bedürfnis nach Sicherheit bzw. trägt dazu bei, die Aktivierung des Angst- bzw. Furchtsystems zu vermeiden oder zumindest zu reduzieren. Der Führer garantiert die Vorhersagbarkeit externer Beziehungen. Für diese Führungsrolle ist die Aktivierung des PANIC-Systems (Trennungsstress/-schmerz); CARE-Systems (Fürsorge und soziale Bindung) und PLAY-Systems (miteinander Spielen bzw. ‚Raufen‘) notwendig.

Der Führer als Schlichter

In Jäger- und Sammler-Gruppen gab es – nicht selten tödliche – Konflikte, die die eigene Gruppe schwächen konnten und die Kohäsion bedrohten. Von zentraler Bedeutung waren Statuskonflikte, die meist mit dem Zugang zu weiblichen Gruppenmitgliedern einhergingen. Leadership bedeutet aus dieser Perspektive, die Kohäsion bzw. den Frieden der Gruppe wiederherstellen und aufrechterhalten zu können – wichtig hierbei waren:

- Auffällige, aber nicht aggressionsauslösende Statur
- Hohe emotionale Stabilität
- Empathie
- Gerechtigkeitssinn

Mit Bezug auf unsere Emotionssysteme stellt der Führer interne Beziehungen wieder her, sucht nach fairen Lösungen in Bezug auf Statusprobleme – und befriedigt der Führer das Bedürfnis nach Sicherheit bzw. trägt dazu bei, die Aktivierung des Angst- bzw. Furchtsystems zu vermeiden oder zumindest zu reduzieren. Für diese Führungsrolle ist ebenfalls die Aktivierung des PANIC-Systems (Trennungsstress/-schmerz); CARE-Systems (Fürsorge und soziale Bindung) und PLAY-Systems (miteinander Spielen bzw. ‚Raufen‘) notwendig.

Der Führer als Manager

In Jäger- und Sammler-Gruppen musste Nahrung und Wasser verteilt, sowie Arbeit – vor allem in Gruppen – organisiert werden. Leadership bedeutet aus dieser Perspektive Ressourcenallokation und die Organisation von Gruppenaktivitäten – wichtige Merkmale bzw. Fähigkeiten hierfür waren:

- Aufgrund fehlenden Charismas nur geringe emotionale Ausdrucksfähigkeit
- Aufgabenorientierung
- Aufmerksamkeit
- Geduld
- Planungsfähigkeiten
- Demokratisches Verhalten
- Fairness

Mit Bezug auf unsere Emotionssysteme sucht der Führer nach fairen Lösungen und achtet auf eine Ausgewogenheit zwischen Autonomie und Heteronomie – und befriedigt das Bedürfnis nach Sicherheit bzw. trägt dazu bei, die Aktivierung des Angst- bzw. Furchtsystems zu vermeiden oder zumindest zu reduzieren. Für diese Führungsrolle ist vor allem die Aktivierung des CARE-Systems (Fürsorge und soziale Bindung) notwendig.

Der Führer als Lehrer

Auch in Jäger- und Sammler-Gruppen war es wichtig, relevantes Wissen an Kinder (oder auch an Neuankömmlinge) weiterzugeben. Leadership bedeutet aus dieser Perspektive, das Wissen über die Natur (welche Pflanzen sind essbar? welche dienen als Medizin?), das Wissen über soziale Beziehungen (wie vermittelt man? wie schmiedet man Allianzen?) und das Wissen über die „jenseitige Welt“ (Kommunikation mit den Göttern) weitergeben zu können – relevant sind hier:

- Förderung der Gruppenkohäsion
- Schützen die Traditionen bzw. die Kultur der Gruppe
- Ggf. physische Handicaps, die sie für „normale“ Aufgaben untauglich machen
- Offenheit für neue Erfahrungen
- Intelligenz
- Empathie
- Kommunikationsfähigkeit und soziale Kompetenzen

Der Führer garantiert Status und Sicherheit und trägt dazu bei, die Aktivierung des Angst- bzw. Furchtsystems zu vermeiden oder zumindest zu reduzieren. Für diese Führungsrolle ist vor allem die Aktivierung des CARE-Systems (Fürsorge und soziale Bindung) und des SEEKING-Systems (generelles motiviertes Suchen/Erwarten) notwendig.

21.4 Followership

21.4.1 Einführung

Die Betrachtung des Führens aus evolutionärer Perspektive wirft auch ein Licht auf diejenigen Personen, die den Führern folgen – und damit auf die große Mehrheit der Menschen. Doch die Psychologie des Folgens wird meist vernachlässigt. Tatsächlich beginnen wir erst jetzt zu verstehen, was einen „guten Follower“ ausmacht und wie die Geführten ihre Führer beeinflussen können. Wichtig ist dabei die Frage nach der Motivation, jemandem zu folgen: **Warum sollten Menschen zur Unterordnung bereit sein, wenn sie dies hinsichtlich Macht, Status und Ressourcen benachteiligt – aus evolutionärer Sicht also zu benachteiligen scheint?**

Die Entscheidung zu folgen könnte schlicht das Ergebnis einer rationalen Abwägung sein, wie z.B.:

- Übersteigt der Preis, den man für das Erlangen eines höheren Status zahlen muss, dessen Nutzen, kann durch die Entscheidung zu folgen, Zeit und Energie freigesetzt und an anderer Stelle effizienter genutzt werden.

- Zudem können Geführte ihre Position gegenüber ihren Führern verbessern, indem sie sich zusammentun.
- Für einen Geführten ist möglicherweise auch von Bedeutung, dass er sich selbst auf eine künftige Führungsrolle vorbereiten kann, indem er sich unterordnet und seinen Anführer beobachtet.
- Schließlich werden die Nachteile des Folgens teilweise durch die Vorteile ausgeglichen, die mit der Zugehörigkeit zu einer gut geführten Gruppe einhergehen. Natürliche Selektion auf Gruppenebene könnte also in der Lage sein, das Phänomen von Leadership zu erklären.

Das Verhältnis zwischen Führern und Geführten ist grundsätzlich ambivalent, da immer die Gefahr besteht, dass Führer versuchen, Zwang auszuüben und die Geführten auszubeuten, oder dass die Geführten eine Verschwörung anzetteln, um ihre Führer abzusetzen. Wahrscheinlich führten diese Spannungen zu einem evolutionären Wettrüsten in Bezug auf Strategien, durch die sich die Oberhand gewinnen lässt. Forschungsergebnisse zeigen nichtsdestoweniger, dass Menschen in Situationen, die Anpassungsprobleme widerspiegeln – etwa im Fall interner Gruppenkonflikte oder äußerer Bedrohungen – umgehend reagieren, indem sie die Rollen von Führern und Geführten übernehmen.

Zusammenfassend lässt sich also festhalten, dass es im Zeitalter der Jäger und Sammler gefährlich war, „sein eigenes Ding durchzuziehen“:

- Es bestand die Gefahr, sich von der Gruppe zu isolieren: Statt Nahrung zu finden, lief man in Gefahr, selbst zur Mahlzeit zu werden.
- Die sinnvollste Strategie bestand somit darin, bei der Gruppe zu bleiben.
- Eine solche Situation lässt sich somit dadurch charakterisieren, dass sie keinen Führer benötigt.

Die Kosten von Followership ergeben sich zusammenfassend aus folgenden Überlegungen:

- Nachfolger müssen in der Lage sein, ihre Bedürfnisse bzw. Interessen denen des Führers unterzuordnen bzw. zurückzustellen.
- Es besteht ein Risiko, dem falschen Führer zu folgen – und nicht das erwartete Ergebnis (der Unterordnung) zu erhalten, insbesondere bei charismatisch-opportunistischen Führern.

Last not least ist Leadership ein emergentes Phänomen von Followership: **Leadership ist ein Phänomen, das einem „Followership“ nachgeordnet war**, nämlich dann, wenn es darum ging, einen Beitrag zu folgenden Problemen zu leisten:

- die eigene Gruppe vor externen Bedrohungen verteidigen zu können.
- Nahrung und Wasser zu suchen.
- mit anderen Gruppen Allianzen bilden und aufrechterhalten zu können.
- die Kohäsion bzw. den Frieden der Gruppe wiederherstellen und aufrechterhalten zu können.
- Ressourcenallokation und die Organisation von Gruppenaktivitäten vornehmen zu können.
- Relevantes Wissen weitergeben zu können.

Somit entsteht Leadership aus der Koordinationsnotwendigkeit von Individuen, die ihr eigenes Überleben sichern wollen. Der „Anfang“ des Leadership-Phänomens bestand also darin, dass eine Person als besonders intelligent, kommunikativ oder dominant wahrgenommen wird und mit entsprechenden Aufgaben, die der Gruppe nutzen, beauftragt wird. Followership ist für den Einzelnen also evolutionär nützlich-adaptiv – es ergeben sich im Einzelnen folgende Vorteile:

- Wenn man bei der Gruppe bleibt, ist es sicherer – Führer fördern also die Kohäsion.
- Wenn man sich bei Erfahreneren orientiert, ist es sicherer – Führer sind also intelligent (können gefährliche von nicht gefährlicheren Situationen unterscheiden bzw. antizipieren) und kommunikativ (können den anderen dies mitteilen).
- Wenn man einem Führer folgt, dann kann man selbst Führungsfähigkeiten erwerben – Führer sorgen also für Führungsnachwuchs.

Wichtig ist hierbei, dass es sich hier nicht um bewusste Entscheidungen handelt. Vielmehr besitzen diejenigen Individuen einen Selektionsvorteil, die den Gruppenvorteil nutzen. Followership wird vielmehr von Situationen gefördert, wenn die Gruppenmitglieder

- glauben, dass die Einheit der Gruppe gefährdet ist.
- nicht wissen, was sie denken oder tun sollen.
- selbst Führungspositionen übernehmen wollen.

Abschließend lässt sich festhalten, dass sich Leadership dadurch stabilisiert, da Gruppen mit Führern erfolgreicher sind als Gruppen ohne Führer, und es für Individuen attraktiv wird, Führungsrollen zu übernehmen.

Offen bleibt – aufgrund fehlender Forschungsergebnisse – eine umfassende Prüfung der mismatch-Hypothese. Betrachtet man allerdings die aktuellen Probleme im Kontext Führung und Motivation, aber auch Macht und Mikropolitik, dann kann man zumindest ein hohes Maß an Plausibilität ableiten: Die oben genannten Vorteile, sich Führern unterzuordnen, scheinen in den heutigen hierarchischen Strukturen nur noch zu einem geringen Maße gegeben zu sein.

21.4.2 Followership und Gegenmacht

Van Vugt und Ahuja (2010, S. 114ff.) beschreiben unter dem Akronym STOP (= Strategies to Overcome the Powerful) eine Reihe von Maßnahmen, mit deren Hilfe es gelingt, den Einfluss mächtiger Personen zu reduzieren. Unabhängig davon, dass dieses Autorenteam bei der Herausarbeitung ihrer Empfehlungen das Thema „Politische Macht" im Hinterkopf gehabt hat, lassen sich hier einige Überlegungen auf den Gegenstand „Organisation und Führung" übertragen. Van Vugt und Ahuja beschreiben folgende Handlungsfelder einer „Mikropolitik von unten", die sich nicht an ethischen Grundsätzen orientiert, sondern der „tit for tat-Strategie" folgt:

- Das Verbreiten von Geschwätz bzw. von Gerüchten dient der Beschädigung der Reputation der Machthaber und hat das Ziel, sie zu bescheidenerem Verhalten, oder Rück- bzw. Austritt zu zwingen. Aus theoretischer Sicht könnte man hier auch von „Mobbingaktivitäten von unten" sprechen.
- Öffentliche Diskussionen führen zu einer Verbreiterung der eigenen Machtbasis. Als Beispiel lassen sich hier Streikmaßnahmen oder aber auch institutionelle Arrangements wie parlamentarische Diskussionen anführen.
- Humor und Satire ermöglichen es, Stress zu entladen, der im Umgang mit Macht entsteht – und führen dazu, dem Machthaber eine Projektionsfläche anzubieten, die er als

kritisches Feedback nutzen kann – ohne notwendigerweise gleich das Gesicht zu verlieren.

- Ungehorsam: Taktiken wie das Ignorieren oder Verschleppen von Aufträgen, Leistungsverweigerung, Dienst nach Vorschrift usw. sind seit langem bekannt – genauso wie das „Blaumachen" oder schließlich zu kündigen. „Bossnapping" stellt hier eine zwiespältige Methode dar, um eigene Interessen durchzusetzen: Trotz der strafrechtlichen Relevanz des Arrestierens von Topmanagern durch einige Mitarbeiter, wie 2009 bei Sony Frankreich, 3M oder auch Caterpillar geschehen, hat die öffentliche Meinung ein klares Bild davon, solche Vorfälle rechtlich nicht zu ahnden. Mit durchaus unterschiedlichen Motiven versehen, lassen sich hier auch Aktivitäten im Rahmen von Sabotage (Ziel: Schädigung des Arbeitgebers) oder auch Whistleblowing (Ziel: Vermeiden der Schädigung der Arbeitnehmer bzw. der Öffentlichkeit) zuordnen.

Van Vugt schlussfolgert, dass „die Demokratie in unserer DNA verankert ist, weil sie den menschlichen Gruppen die längste Zeit das Überleben gesichert habe. Die Evolution der Menschheit beruhe auf geringen Machtunterschieden".[55] Dieser Befund passt zudem zu den oben diskutierten Aspekten eines hohen Autonomie- bzw. Kontrollbedürfnisses unseres Gehirns (vgl. Kapitel 1 bzw. 1): Menschen sind offensichtlich eher bereit, darauf zu verzichten, wenn dadurch gleichzeitig ihr Bedürfnis nach Zugehörigkeit bzw. Bindung befriedigt wird.

21.5 Neuroleadership und evolutionäre Führung

Integriert man die bisherigen Überlegungen zum Thema „Neuroleadership" mit den obigen evolutionstheoretischen Skizzen, so lassen sich daraus folgende Erkenntnisse ableiten:

- Die diskontinuierlichen Veränderungen in den verschiedenen Unternehmensumwelten (Globalisierung, Wettbewerb, Kunden, rechtliche Regulierungen usw.) erfordern eine zunehmende Flexibilität und Veränderungsfähigkeit von Unternehmen. Dieser Prozess scheint einerseits unumkehrbar. Andererseits bedeutet dies eine zunehmende Unsicherheit für alle Beteiligten, also sowohl für Führungskräfte als auch für Mitarbeiter. Kurz: Wir werden uns zunehmend mehr mit einem Belastungs- oder Stresssyndrom auseinandersetzen müssen, das nicht nur auf eine zunehmende Arbeitsbelastung, sondern auf eine unspezifische, erhöhte Aktivierung des Bedrohungssystems zurückzuführen ist: Das Erleben von Unsicherheit nimmt grundsätzlich zu!
- Der „Standardreflex" von Menschen, auf Unsicherheit bzw. Kontrollverlust mit erhöhter Kontrolle zu reagieren, ist zwar – auch neurobiologisch gesehen – nachvollziehbar, doch führt dies im Wettbewerbskontext in die Irre. Der zunehmenden externen Komplexität kann nur mit einer Erhöhung der internen Komplexität begegnet werden – und zwar dadurch, dass die Autonomie aller Akteure erhöht wird. Die Erhöhung der Mitarbeiterautonomie fördert einerseits deren intrinsische Motivation, führt aber möglicherweise zu einem Kontrollverlust bei den Führungskräften mit traditionellen autoritären Überzeugungen.
- Aus neurobiologischer Sicht bleibt also eine Erhöhung des Zugehörigkeitsgefühls und des Bindungsniveaus als Kompensation der erlebten Unsicherheit als sinnvolle Strategie:

[55] Quelle: http://www.wissenrockt.de/2011/02/01/die-psychologie-des-aufstands-demokratie-liegt-in-unseren-genen-15967/(Download vom 22.11.2013)

Das Belohnungssystem wird durch tragfähige Beziehungen und Erleben von Fairness aktiviert. Die Leistungsbereitschaft und -fähigkeit nimmt – bei gleichzeitig stresshemmenden, also gesundheitsförderlichen Effekten – zu.

- Leadership leistet aus evolutionstheoretischer Perspektive genau dies: Der „Nutzen“ von Führungskräften besteht darin, einen signifikanten Beitrag bei der Optimierung der Balance zwischen Belohnungs- und Bedrohungssystems der Mitarbeiter dadurch zu leisten, dass sie Autonomie gewähren, für tragfähige Bindungen und durch angemessene Aufgaben für Erfolgerlebnisse sorgen, die die Annäherungsmotivation der Mitarbeiter stärken.
- Weichen Führungskräfte mit ihrem Verhalten und/oder den von ihnen implementierten verhaltensformenden Strukturen und Systemen von diesen „genetischen Programmen“ ab, so sind Demotivation, Leistungszurückhaltung und Wechselabsichten die im wahren Sinne des Wortes „natürliche“ Reaktionen der Mitarbeiter auf Führungsfehler.

In den beiden folgenden Abbildungen wird dieses Grundverständnis skizziert.

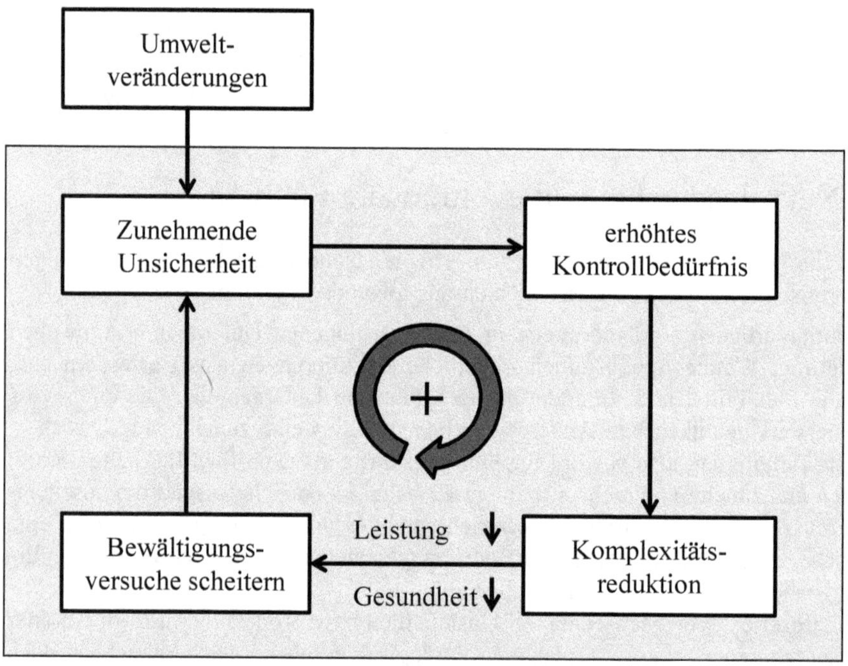

Abb. 21.1: Regelkreis im Rahmen eines traditionellen, kontrollorientierten Führungsverständnisses

Durch obige Abbildung wird deutlich, dass das Erleben von Unsicherheit zu einem erhöhten Kontrollbedürfnis und entsprechendem Verhalten auf Seiten der Führungskräfte führt, was wiederum die Handlungsspielräume der Mitarbeiter einschränkt (= Komplexitätsreduktion)[56]. Dies hat einerseits die mehrfach beschriebenen negativen Auswirkungen auf Leistung und Gesundheit zur Folge und führt schließlich zu einer reduzierten Leistungsfähigkeit der

56 An dieser Stelle sei auf das **Gesetz von der erforderlichen Varietät** hingewiesen, das besagt, dass ein System, welches ein anderes steuert, umso mehr Störungen in dem Steuerungsprozess ausgleichen kann, je größer seine Handlungsvarietät ist. Wenn sich also die Umweltvarietät ändert, ist es entscheidend, die Varietät des Unternehmens zu erhöhen (Ashby, 1956).

Organisation und somit zu einem Scheitern der Bewältigungsversuche, was wiederum das Erleben von Unsicherheit erhöht. Aus evolutionspsychologischer Perspektive führt dieser sich positiv verstärkende Regelkreis aus Unsicherheit und Angst zu einer mangelnden Akzeptanz von Führungskräften – und im nächsten Schritt zur Leistungsreduktion oder zu Abwanderungsbewegungen der Mitarbeiter: **Followership findet nicht statt!**

Die kommende Abbildung hingegen verdeutlich ein gehirn- bzw. evolutionsgerechtes Führungsverständnis: Führungskräfte räumen ihren Mitarbeitern trotz eigener erlebter Unsicherheit Handlungsspielräume ein – erhöhen also deren Autonomie. Gleichzeitig sorgen sie für eine Reduktion der Aktivität des Bedrohungssystems durch die Schaffung von Rahmenbedingungen, in denen tragfähige Beziehungen gedeihen können: Das Zugehörigkeitsgefühl wird erhöht. Damit gelingt es – trotz bedrohlicher, also unsicherheitserhöhender Ausgangslage – die interne Systemkomplexität zu erhöhen. Dies führt in Folge zur Entwicklung vielfältiger Problemlösungen, die zumindest in Teilen erfolgreich sein werden. Dieser negative Regelkreis des Steuerns von Unsicherheit wird zudem von einer erhöhten Leistungsbereitschaft und einem Rückgang des Stresserlebens begleitet. **Followership findet statt!**

Worin besteht nun der zentrale Unterschied zwischen den beiden Regelkreisen? Zentraler Motor des traditionellen Regelkreises ist Angst und Misstrauen, wohingegen der „evolutionär-gehirngerechte" Regelkreis auf einem nicht unerheblichen Vertrauensvorschuss seitens der Führungskräfte basiert. Woher stammt nun diese Fähigkeit, anderen Menschen vertrauen zu können? Wie oben gezeigt, geht diese Fähigkeit mit einem sicheren Bindungsstil einher: Menschen, die über entsprechend ausgeprägte Schemata verfügen, haben eine solch' starke selbstsichere Basis aufgebaut, dass sie einerseits anderen Menschen vertrauen können – und andererseits auch ein Gespür dafür haben, wenn „sie übers Ohr gehauen werden", es also an der Zeit ist, aus einer Beziehung – sei es privat oder geschäftlich – auszusteigen. Ob Führungskräfte Personen sind, die mehrheitlich einen distanzierten Bindungsstil aufweisen, kann zum momentanen Zeitpunkt nicht beantwortet werden. Betrachtet man allerdings die üblichen „Sozialisationskamine" in den Unternehmen, so scheint eine zentrales Merkmal, Karriere (in herkömmlichen Sinn) machen zu können, darin zu bestehen, auf tragfähige Beziehungen zu anderen Organisationsmitgliedern zu verzichten und das Thema Beziehung eher aus einer taktisch-mikropolitischen Sicht zu gestalten (z.B. Neuberger, 2002). Möglicherweise ist die – in unserem Gehirn durch evolutionäre Prozesse „einprogrammierte" – Angst vor Machtverlust auch einer der zentralen Stellhebel für machtmotiviertes Handeln in Unternehmen.

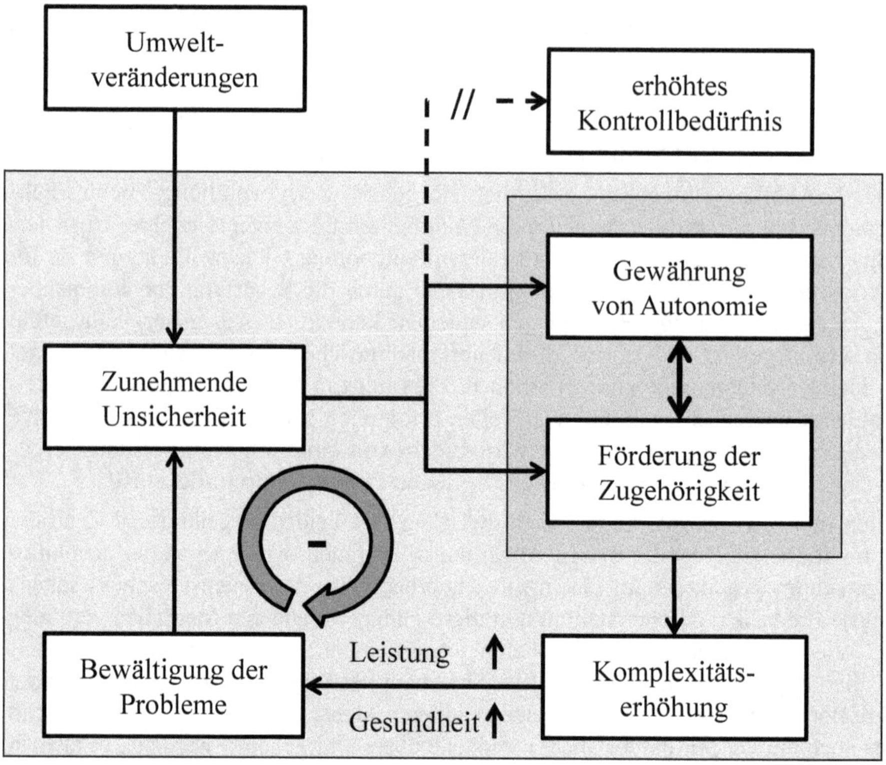

Abb. 21.2: Regelkreis im Rahmen eines „evolutionär-gehirngerechten“ Führungsverständnisses

22 Ausblick I: Wissenschaftliche Reflexionen

Rüdiger Reinhardt

Die vorliegende Publikation verfolgt das grundsätzliche Ziel, einen Beitrag bei der Beantwortung der folgenden Frage zu leisten: **Was können Führungskräfte aus den Erkenntnissen der Neurowissenschaften lernen, um ihren Job noch besser als bislang zu machen?** Hierbei wurde ein Weg eingeschlagen, der versucht, Hinweise zur Beseitigung von zwei relevanten blinden Flecken der bisherigen Neuroleadership-Argumentation zu geben:

- **Überwindung des Empiriedefizits**: Einerseits wurde der Anspruch verfolgt, die bisherige Empirielosigkeit dadurch zu überwinden, als dass zwei Forschungsarbeiten dargestellt wurden, mit deren Hilfe es gelang, zwei der „prominenteren“ Ansätze des Neuroleadership, nämlich das SCARF-Modell von David Rock wie auch die Konsistenztheorie von Klaus Grawe zu nutzen, um zentrale Vorhersagen des Neuroleadership zu prüfen – nämlich die Frage, ob Neuroleadership ein Ansatz ist, mit dem Leistung und Gesundheit gefördert werden kann.
- **Aufhebung der einseitigen Führer-Geführten-Perspektive**: Andererseits bestand der Anspruch darin, die bisherige Einseitigkeit in der Argumentation: „Was kann die Führungskraft aus neurowissenschaftlicher Perspektive über die Mitarbeiter lernen?“ mit einer selbstreflexiven Perspektive zu ergänzen. Es wurde aus der Perspektive der Schema- und Metapherntheorie eine Vielzahl von Überlegungen dargestellt, mittels derer Führungskräfte lernen können, einen besseren Einblick in ihre Interpretationsvorlieben ihrer Welt (Organisation, Mitarbeiter usw.) zu bekommen. Aus neurowissenschaftlicher Perspektive wurde herausgearbeitet, dass Schemata und Metaphern starke Barrieren in Richtung „Veränderbarkeit“ darstellen. Dies gilt in Bezug auf die Änderbarkeit der eigenen Wahrnehmung, Interpretationsvorlieben und Verhaltensmuster – hier wurde an verschiedenen Stellen auf den selbsterfüllenden Charakter der eigenen Schemata hingewiesen.

Zum Ende der vorliegenden Publikation soll es um die beiden folgenden Aspekte gehen: Einerseits soll herausgearbeitet werden, welche Implikationen die vorgelegte Argumentation für ein zukunftsfähiges Neuroleadership hat. Andererseits sollen – trotz der Stabilität der Schemata – Hinweise gegeben werden, die ein neuartiges, nämlich neurowissenschaftliches Licht auf die Veränderbarkeit unserer kognitiv-emotionalen Strukturen fallen lassen. Und schließlich sollen die Gedankenexperimente aus den ersten Abschnitten noch einmal aufgegriffen und vor dem Hintergrund des Gesagten vertieft diskutiert werden.

22.1 Neurowissenschaften und Führung: Einige kritische Resümees

22.1.1 Perspektive 1: Neurowissenschaften

Versucht man, die für das Thema „Führung“ relevanten neurowissenschaftlichen Erkenntnisse kurz und knapp darzustellen, so lassen sich diese in Anlehnung an Lakoff und Wehling (2009) wie folgt kurz und knapp zusammenfassen:

- Denken ist kein bewusster Prozess. 80% unseres Denkens sind uns nicht bewusst.
- Der menschliche Geist existiert nicht unabhängig von unserem Körper. Alles Denken ist physisch. Die Form unseres Denkens hängt von den physischen Beschaffenheiten unserer Gehirne ab.
- Denken ist nicht universell. Menschen begreifen die Welt unterschiedlich, weil unsere Gehirne unterschiedlich geformt sind.
- Wir können nicht die Dinge so erfassen, wie sie an sich existieren. Wir denken und sprechen vorwiegend in Metaphern, ohne uns dessen bewusst zu sein.

Daraus lassen sich folgende Schlussfolgerungen ziehen:

- Rationalität ist ein Mythos – es gibt keine Entscheidungen oder Handlungen ohne die Beteiligung vorheriger Erfahrungen – und somit von Emotionen.
- Wir nehmen unsere Welt gemäß unserer Schemata und der damit verknüpften Bedürfnisse wahr – und handeln entsprechend.
- Unsere Schemata sind in der frühen Kindheit entstanden – einige davon sind daher möglicherweise im Erwachsenenleben – und somit im Führungsalltag – dysfunktional.
- Erkenntnisse der Hirnforschung gelten nicht nur für die „Objekte“ der Führung, nämlich die Mitarbeiter, sondern gleichermaßen auch für deren „Subjekte“, die Führungskräfte.
- Die Fähigkeit, mit solchen selbstreferentiellen Prozessen kompetent umgehen zu können, wird nicht in unserer Kultur erworben, vielmehr wird gerade im Organisationskontext – und in den zugrundeliegenden Wissenschaften – der Mythos der Rationalität gepflegt und genährt. Abweichungen davon sind oftmals karrierefeindlich.
- Der Weg zu einer gehirngerechten Führung ist somit für eine nicht unerhebliche Anzahl von Führungskräften ein anspruchsvoller Weg, da wir weitestgehend nicht entsprechend vorbereitet, also sozialisiert wurden.

22.1.2 Perspektive 2: Neuroleadership

Fasst man die bisherigen Ansätze im Bereich Neuroleadership zusammen, so wird hier ein eher „verkürztes“ Verständnis der Neurowissenschaften, aber auch der Organisationspsychologie und der Managementwissenschaften deutlich. Ich möchte dies anhand von einigen Aspekten herausarbeiten:

1. **Neuroplastizität**: Ein zentraler Befund, der den bisherigen Ausführungen zum Thema Neuroleadership zugrunde liegt, trägt den Namen „Neuroplastizität“. Darunter versteht man einen Vorgang, der mit der Veränderung der Stärke von Verbindungen zwischen einzelnen Nervenzellen einhergeht. Diese Verbindungen lassen sich sowohl biochemisch wie auch strukturell nachweisen (vgl. Spitzer 2012, S. 69). Warum ist dieses

Merkmal der Neuroplastizität für unseren Zusammenhang so bedeutsam? Es kann daraus abgeleitet werden, dass unser Gehirn immer (sic!!!) lernt – auch bis ins hohe Alter: Die Benutzung von immer denselben Nervenzellen führt zu einer Verstärkung, ihr Nicht-Gebrauch zu einer Abschwächung oder sogar Wegfall entsprechender Verbindungen.

- **Was lässt sich daraus *nicht* ableiten**? Nun, es ist offensichtlich, dass sich allein aufgrund der Tatsache, dass es physische Korrelate von Lernprozessen gibt, nicht ableiten lässt, dass wir alles lernen können, was wir lernen wollen – und schon gar nicht so einfach „nebenher" in Zweitages-Seminaren!
- **Was lässt sich daraus *zwingend* ableiten**? Wenn wir verstehen wollen, wie sich Menschen aufgrund ihrer neuronalen Prozesse verhalten, ist es zwingend notwendig, sich mit deren Lerngeschichte, ihren Lernvorlieben – aber auch Einschränkungen, Gewohnheiten usw. zu beschäftigen: Erfahrungen, Lernen – und somit Führungshandeln (aber auch Mitarbeiterhandeln) – basiert notwendigerweise auf den jeweils individuellen Lernbiographien bzw. „subjektiven Theorien", und nicht auf Theorien, mit deren Hilfe Führung beschrieben und erklärt wird – genauso wenig im Übrigen nicht auf „offiziellen Theorien" der Organisation, die sich in entsprechenden Leitbildern manifestieren. **Wir müssen tatsächlich in die individuellen Gehirne schauen, wenn wir ein funktionsfähiges Neuroleadership entwickeln wollen.**

2. **Belohnungs- und Bedrohungssystem des Gehirns**: Diese Unterscheidung ist insofern relevant, als dass sich daraus ableiten lässt, dass Menschen, deren Bedrohungssystem aktiviert wird – z.B. durch öffentlichen Tadel – lernen, solche Situationen zu meiden. Darüber hinaus lässt sich aus dem Sachverhalt, dass das Bedrohungssystem schneller aktiviert wird als das Belohnungssystem, ableiten, dass Führungskräfte mehr Zeit und Energie auf positives als auf negatives Feedback verwenden sollten.

- **Was lässt sich daraus nicht ableiten**? Nun, einerseits lässt sich **nicht** daraus ableiten, dass Führungskräfte dieses wollen und/oder können – denn schließlich weisen ihre Gehirne ebenfalls entsprechende neuronale Bahnungen, Lerngeschichten und somit Gewohnheiten auf. Und andererseits lässt sich daraus ebenfalls **nicht** ableiten, dass – eine entsprechende diagnostische und sozio-emotionale Kompetenz der Führungskraft vorausgesetzt – ein solches Feedback beim Mitarbeiter überhaupt ankommt. Die neurobiologische Psychotherapie-Literatur ist voll von Fällen (und Erklärungsansätzen), dass es wiederum die individuellen Lerngewohnheiten sind, die entsprechende positive Feedbacks überhören – oder aber Chancen überhaupt nicht wahrnehmen lassen. Last not least lässt sich **nicht** daraus ableiten, dass Mitarbeiter und Führungskräfte ihr Verhalten in der Organisation lediglich auf Basis organisations- bzw. tätigkeitsbezogener Lernprozesse strukturieren. Gesellschaftlicher oder privater Einfluss (und somit Lernprozesse) macht nicht am Werkstor halt.
- Was lässt sich daraus **zwingend** ableiten? Letztlich kann ich nur die bereits oben skizzierte Schlussfolgerung wiederholen: Wenn wir verstehen wollen, wie sich Menschen aufgrund ihrer neuronalen Prozesse verhalten, **müssen wir tatsächlich in die individuellen Gehirne schauen, wenn wir ein funktionsfähiges Neuroleadership entwickeln wollen.** Und dabei müssen wir insbesondere verstehen, welche gesellschaftlichen und/oder privaten Einflussfaktoren die Lernprozesse der Organisationsmitglieder beeinflussen – und somit Motivation und Leistung fördern oder

hemmen. Betrachten wir in diesem Zusammenhang die zunehmende Entwicklung gesellschaftlicher Ungleichheit sowie den zunehmenden Stress (z.B. Wilkinson & Pickett, 2010)[57], so fällt es nicht schwer zu vermuten, dass eine Vielzahl von Mitarbeitern (und Führungskräften) mit einer Art „voraktiviertem Bedrohungssystem" ihren Aufgaben nachgehen.

3. **Rationalität und Entscheidungen/Welt- und Menschenbilder**: Nachdem durch psychologische Forschung schon seit geraumer Zeit geklärt wurde, dass menschliche Entscheidungen nur sehr bedingt rational sind (z.B. Kahneman, 2011), konnten diese Befunde durch neurobiologische Studien erhärtet werden: Je unfairer uns Entscheidungen erscheinen, desto stärker gerät das ökonomische Nutzenkalkül in den Hintergrund und das Bedürfnis nach Fairness gelangt in den Vordergrund. Erklärt wird dies dadurch, dass im Erleben von Unfairness einerseits Gehirnzentren aktiviert werden, die mit dem Erleben von Konflikten in Beziehung stehen und dieser Konflikt andererseits aus dem Spannungsfeld zwischen dem Ziel einer ökonomischen Gewinnmaximierung und dem Erleben von Ekel resultiert (vgl. Lieberman & Eisenberger, 2009).
   - **Was lässt sich daraus nicht ableiten**? Nun, einerseits lässt sich – trivialerweise – nicht daraus ableiten, dass die Entscheidungen von Organisationen nach rationalen Kalkülen erfolgen – vielmehr Verzerrungen aufgrund kognitiver, emotionaler, motivationaler und gruppendynamischer Prozesse an der Tagesordnung sind.
   - **Was lässt sich daraus zwingend ableiten**? Wenn wir Lernprozesse im Rahmen einer neurobiologischen Argumentation verstehen, und diese somit grundlegend für unsere Entscheidungen hinsichtlich der Auswahl von Methoden der Motivation und Führung sind, so lässt sich einerseits festhalten, dass unsere Entscheidungen auch in dieser Hinsicht nur bedingt rational bzw. von subjektiven Lernprozessen bzw. Gewohnheiten geprägt sind. Konsequenterweise muss man andererseits fragen, warum unsere Gewohnheiten als Führungskräfte – trotz aller anderslautenden Beweise – so beharrlich am Rationalitäts- und auch Kontrollanspruch verhaftet sind (analoges gilt für die grundlegenden Wissenschaften der Betriebs- und Volkswirtschaftslehre). Argumentiert man auch hier neurobiologisch, so lässt sich dies als kollektive Gewohnheitsbildung – mit hochstabilen Konsequenzen – beschreiben. **Noch einmal: Wir müssen tatsächlich in die individuellen Gehirne schauen, wenn wir ein funktionsfähiges Neuroleadership entwickeln wollen.**

Kurz und gut: Nur aufgrund der Tatsache, dass wir wissen, wie sich Lern-, Motivations- und Leistungsprozesse neurobiologisch beschreiben und sogar erklären lassen, haben wir zunächst einmal nur wenig – oder vielleicht sogar gar nichts gewonnen, wenn es um die Umsetzung solcher Erkenntnisse in die Praxis geht. Vielmehr sollte uns gerade die „Materialisierung" von Lernprozessen sensibel dafür machen, dass Erfahrungen und Gewohnheiten weit schwerer zu ändern sind, als wie dies üblicherweise in der praxisorientierten Managerliteratur – aber auch im Gros der Literatur zum Thema Training, Weiterbildung und Personalentwicklung – thematisiert wird. Die Implikationen der Rolle unserer Schemata, unserer Abstraktionen und unserer Metaphern wurde hinreichend herausgestellt.

Wie deutlich wurde, ist dies wiederum nichts anderes als eine Vorannahme der entsprechenden Akteure im Umgang mit ihrer Profession:

---

57 Aktuelle Befunde hierzu finden sich hier: http://www.equalitytrust.org.uk/

- **Führungskraft** sein heißt nun einmal, davon überzeugt zu sein, dass alles veränderbar ist, dass man alles flexibilisieren kann oder muss.
- Und **Personalentwickler** sein heißt, zu erwarten, dass sich Menschen ändern können und wollen – und das im Rahmen der vorgegeben Strukturen und Systeme einer Organisation.
- Und **Geschäftsführer** zu sein heißt nun einmal, dem Überleben der Organisation – qua wirtschaftlichem Erfolg – den Vorrang zu geben vor den Interessen und Bedürfnissen der Organisationsmitglieder.

22.1.3 Schlussfolgerungen für ein zukunftsfähiges Neuroleadership

Oben wurde der Anspruch an eine Neuroleadership-Konzeption anhand von vier Schritten dargestellt (vgl. Abschnitt 1.5). Verschiedenste Argumentationsstränge haben gezeigt, dass diese vier Schritte als „verkürzt", als trivial, letztlich als nicht funktionierend bezeichnet werden müssen. Sie müssen daher jeweils ergänzt bzw. spezifiziert werden (vgl. die folgende Tabelle):

Tab. 22.1: Bisherige und zukünftig notwendige Merkmale für ein Neuroleadership

Bisherige Ansprüche an ein Neuroleadership	Zu ergänzende Ansprüche an ein Neuroleadership
1. Identifikation derjenigen neurobiologischen Mechanismen, die die Motivation, Leistung und auch Gesundheit der Mitarbeiter beeinflussen.	1. Beschränke Sie sich dabei nicht auf die Domänen, die Sie üblicherweise für den Phänomenbereich „Führung" und „Organisation" für relevant halten: – Ihre Mitarbeiter (und Führungskräfte) kommen mit einer Vielzahl von Gewohnheiten in deine Organisation – Gewohnheiten, die sich nur schwer oder gar nicht verändern lassen! – Gelernt wird immer und überall!! – Verlernen ist weit schwieriger, als man denkt!!!
2. Ableitung von Hinweisen für das Führungshandeln und für die Organisationsgestaltung	2. Um solche Hinweise ableiten zu können, müssen Sie in die Gehirne aller Akteure blicken. Dazu müssen Sie Ihr eigenes Welt- und Menschenbild kennenlernen: – Bedenken Sie, dass es Ihre neuronalen Strukturen – Ihre Erfahrungen und Gewohnheiten – maßgeblich für die Interpretation von Befunden und für die Ableitung von Handlungsempfehlungen sind. – Objektivität und Rationalität sind nur ein kommunikativer Trugschluss – aber kein Modus unserer Gehirne. – Geld, Macht und Konsum sind nicht die einzigen Treiber des menschlichen Verhaltens.
3. Implementierung entsprechender Maßnahmen	3. Verzichten Sie darauf, mangelnde Umsetzung vor dem Hintergrund von Machtmetaphern wie „Widerstand" o.ä. zu interpretieren: Ab-strakte Begriffe und Sätze haben in Abhängigkeit der jeweiligen Akteure notwendigerweise unterschiedliche Bedeutungen – es gibt nichts, „was naheliegt".
4. Evaluation der Maßnahmen	4. Beachten Sie bei der Ableitung von Maßnahmen die Subjektivität aller Entscheidungen und die Mehrdimensionalität aller Erfolgsindikatoren.

22.2 Neuroleadership – und andere Führungskonzeptionen

22.2.1 Einführung

Die bisherigen Ansätze des Neuroleadership (vgl. Rock, 2008) lassen sich – vereinfacht ausgedrückt – als Neuauflage eines **situativen Führungsverständnisses** verstehen: „Als Führungskraft sollten Sie Ihr Führungsverhalten den – jetzt neurobiologisch begründeten – Bedürfnisstrukturen Ihrer Mitarbeiter anpassen, dann resultiert daraus eine höhere Leistungsbereitschaft und letztlich Leistung.“ Dies zeigen insbesondere die Überlegungen von Peters und Ghadiri (2011), die die Konsistenztheorie von Grawe dazu verwenden, Empfehlungen für die Ableitungen von Maßnahmen im Personalmanagement abzuleiten. Parallel dazu lassen sich an einigen Stellen Hinweise zu Ansätzen charismatischer Führung identifizieren – und zwar wenn es darum geht, die Führungskraft als sozial kompetentes und überzeugendes Vorbild zu konzipieren.

Meines Erachtens wäre dies – in Verkehrung eines biblischen Sprichworts – tatsächlich lediglich „alter Wein in neuen Schläuchen“[58] und damit aus einer kritischen Distanz zu betrachten. Parallel dazu ist zu berücksichtigen, dass das „Neuro“-Präfix seit 2010 einen gewissen „Hype-Charakter“ aufweist. Notwendigerweise sprießt eine Vielzahl – zumindest aus wissenschaftlicher Sicht – als unseriös zu bezeichnende Ansätze und Modelle aus dem Boden: So wird bspw. von „limbisch führen“ gesprochen – aufbauend auf eine empirisch nur unzureichend gestützte Konzeption aus dem Neuromarketing[59]. Oder von „brain-smarten Strategien“, einer eklektischen Melange aus dem SCARF-Modell, Persönlichkeitspsychologie und Konfliktmanagement[60] oder sogar ein „Führen nach dem Omega-Prinzip“, in dem „Neuroleadership und Führungspraxis erfolgreich vereint wird“ [61], ohne natürlich die NLP-Praktiker zu vergessen, die auch auf den „Neuro-Zug“ aufspringen, da ja auch ihre eigene Disziplin irgendetwas mit „Neuro“ zu tun hat[62].

Meines Erachtens existieren zwei Zugänge, die ein inhaltliches Naheverhältnis zu dem hier skizzierten Verständnis von Neuroleadership aufweisen. In dem älteren Ansatz des organisationalen Lernens, in dem die Notwendigkeit von gemeinsamer – team- und/oder organisationaler – Reflexion herausgearbeitet wird, soll die Wettbewerbsfähigkeit von Unternehmen nachhaltig verbessert werden. Im neueren, in Deutschland nach wie vor nur wenig verbreiteten Ansatz des „positive organisational scholarship“ stehen die individuellen, teambezogenen und organisationalen Stärken im Vordergrund, die es für die Entfaltung von Wettbewerbsfähigkeit zu kultivieren gilt. Einer ausschließlichen Fokussierung auf die Beseitigung „negativer Abweichungen“ wird aufgrund der mangelnden Veränderbarkeit personenbezogener und organisationaler Strukturen eine Absage erteilt.

---

58 Im Original heißt es „neuer Wein in alten Schläuchen“ (Matthäus-Evangelium 9,17) und verweist auf das Problem, dass neuer Wein perlt und alte Schläuche wegen ihrer mangelnden Elastizität zerreisst, soll heißen, dass man nicht bedenkenlos, d.h. ohne die Rahmenbedingungen zu ändern, erwarten kann, dass „Neues“ in „Altes“ passt.

59 Quelle: http://www.bbs-akademie.de/index.php/lim

60 Quelle: http://media.wix.com/ugd/6e51af_6442ae90d63b457d84b04eb50092ec6c.pdf

61 Quelle:http://www.amazon.de/F%C3%BChren-mit-Omega-Prinzip-Neuroleadership-F%C3%BChrungspraxis/dp/3648048996/ref = sr_1_1?ie = UTF8&qid = 1391964856&sr = 8-1&keywords = omega+prinzip

62 Quelle: http://www.landsiedel-seminare.de/nlp-blog/nlp-kongress-2012-alexander-gleisberg-almstetter/

22.2.2 Organisationales Lernen

Übersicht

Das Konzept „Organisationales Lernen“ wurde bereits in den 1970er Jahren entwickelt und hat in der Managementpraxis ein nur stiefmütterliches Dasein entfaltet. Einzige Ausnahme hierbei ist die gewisse Publizität der Arbeiten von Peter Senge mit seiner „Fifth Discipline“ (1990) und seinem „Fieldbook of the Fifth Discipline“ (Senge et al., 1994). Die Gründe für die mangelnde Rezeption sind vielfältig: Einerseits sind hier die aus theoretischer Sicht anspruchsvollen Konzepte zu nennen, andererseits ist ein Konzept wie „Organisationales Lernen“ oder gar „Lernende Organisation“ nicht anschlussfähig an die Begriffswelt vieler Führungskräfte: „Ich kann nicht verstehen, warum eine Organisation lernen können soll“ – so eine übliche Stellungnahme in diesem Zusammenhang. Last not least hat Mitte der 90er Jahre der Hype mit dem Ansatz des Wissensmanagements begonnen, der zwar einige Gemeinsamkeiten mit dem Organisationalen Lernen aufweist, aber aufgrund seiner hohen Affinität zu IT-Systemen auf eine höhere Akzeptanz bei Führungskräften stieß.

Worum geht es also? Auf den Punkt gebracht, geht es bei dem Konzept einer Lernenden Organisation um eine Organisation, die in der Lage ist, sich ständig an neue, veränderte Bedingungen anpassen zu können. Versucht man zu spezifizieren, was unter „Organisationalem Lernen“ zu verstehen ist, wird man mit einer Vielzahl heterogener Konzepte konfrontiert (Wiegand, 1996). Für die vorliegende Argumentation ist der Ansatz von Argyris und Schön (1978) wegen ihres starken Bezugs zur Erhöhung der Reflexionsfähigkeit von Individuen und Organisationen von besonderer Bedeutung; daher soll dieser etwas ausführlicher dargestellt werden.

Vertiefung: Organisationales Lernen nach Chris Argyris und Donald Schön

Der Ansatz von Argyris und Schön (1978) kann sicherlich als die bekannteste Theorie des organisationalen Lernens bezeichnet werden. Nach Argyris und Schön (1978, S. 19) findet Organisationales Lernen dann statt, „wenn Individuen, ausgehend von ihren Bildern und Karten (images and maps), eine Übereinstimmung oder Nichtübereinstimmung im Ergebnis ihrer Erwartungen feststellen, welche ihre Gebrauchstheorie (theory-in-use) bekräftigt oder verwirft.“ (vgl. Wahren 1996, S. 6).

(1) „Espoused theory“ vs. „theory-in-use“

Die „espoused theory“ einer Person stellt ihre Aussagen über ihre Handlungsgrundlage dar, wohingegen sich die „theory-in-use“ als Beschreibung des tatsächlich gezeigten, also beobachtbaren Verhaltens ableiten lässt. Ein kurzes Beispiel aus unserem Kontext soll dies erläutern: Fragt man eine Führungskraft nach den Gründen ihres Verhaltens, dann wird diese Antwort in einem Gespräch mit ihrem Vorstand anders ausfallen – sie wird ihm das erzählen, was in der Organisation „üblich“ ist bzw. erwartet wird; ihre Antwort basiert auf ihrer „espoused theory“. Fragt man sie demgegenüber als neutraler Interviewer, so wird die Antwort anders ausfallen: Es werden Teile ihrer „theory-in-use“ deutlich.

Die Unterscheidung zwischen „espoused theory“ und „theory-in-use“ lässt sich anhand eines für den vorliegenden Gegenstandsbereich wichtigen Themas – nämlich dem der Wirksamkeit von Weiterbildung – veranschaulichen. Bereits 1960 haben Tausch und Tausch bez. der

Trainings für Lehrer deren fehlende Wirksamkeit herausgearbeitet, wenn es um die Einübung eines unterstützenden Lehrerverhaltens geht: Auf der einen Seite werden diejenigen Lehrer bestärkt, die das erwünschte, nämlich das unterstützende Verhalten bereits im Unterricht gezeigt haben. Auf der anderen Seite lernen allerdings auch die autoritären Lehrer etwas – und zwar eben kein neues Verhalten, sondern die Art und Weise, wie sie über ihr Verhalten kommunizieren: Nach den Trainings wurde deutlich, dass sie sich wesentlich stärker im Sinne des erwünschten Verhaltens beschreiben, ohne es tatsächlich zu zeigen. Kurz: Ihre „espoused theory“ wurde verändert – aber nicht ihre „theory-in-use“. Analoges lässt sich für die betriebliche Weiterbildung vermuten: Transferprobleme entstehen u.a. auch dadurch, dass eben nicht geprüft wird, wie die vermuteten Trainingseffekte bei Mitarbeitern oder Kunden „ankommen“.

In einem weiteren Schritt wird diese Unterscheidung von der Betrachtungsweise einzelner Individuen auf Organisationen übertragen. Organisationales Lernen erfolgt auf der Basis des Überprüfens und Veränderns der „organizational theory of action“, wobei auch hier wieder zwischen einer „organizational espoused theory“, die die Organisation ihrer externen Umwelt und intern ihren Mitgliedern als offizielle Handlungsgrundlage verkündet und der „organizational theory-in-use“, die sich aus dem beobachtbaren Verhalten der Organisation erschließen lässt, unterschieden wird (Reinhardt, 1995, S. 58). Ein Beispiel hierfür: Bei vielen Organisationen findet man auf deren Homepage Aussagen wie „Unsere Mitarbeiter sind unsere wichtigste Ressource“ (organizational espoused theory) – ob dies mit der beobachtbaren Realität übereinstimmt, können nur die Mitarbeiter sagen (organizational theory-in-use). „Organizational espoused theories“ haben also einen offiziellen Charakter, wohingegen „organizational theories-in-use“ eher implizit sind. Obwohl diese „theories-in-use“ in der Regel nicht explizit ausgesprochen werden, sind sie in irgendeiner Form manifestiert, stets wirksam und den Organisationsmitgliedern weitestgehend bekannt (vgl. Wahren 1996, S. 49).

Argyris und Schön (1978) unterscheiden in Anlehnung an Bateson (1972) drei unterschiedliche Ebenen des Organisationalen Lernens (single-loop-, double-loop- und deutero learning) – diese sollen im Folgenden skizziert werden.

(2) Single-loop learning

Von „single-loop learning“ wird gesprochen, wenn eine Organisation insgesamt bzw. Gruppen oder Personen innerhalb der Organisation damit beschäftigt sind, Veränderungen in der internen oder externen Umwelt zu registrieren und auf diese durch Anpassungsmaßnahmen zu reagieren, ohne die bestehenden „theories-in-use“ zu verändern.

Entscheidend ist, dass „single-loop learning“ keinen Einfluss auf grundlegende Veränderungen der der „organizational theory-in-use“ zugrunde liegenden Normen, Strategien und grundsätzlichen Annahmen hat. „Single-loop learning“ dient viel mehr wegen der impliziten oder expliziten Akzeptanz bestehender Normen und Werte einer Stabilisierung der gültigen Handlungstheorie der Organisation. Der Ablauf dieses einfachen Lernprozesses lässt sich anhand folgender Abbildung darstellen:

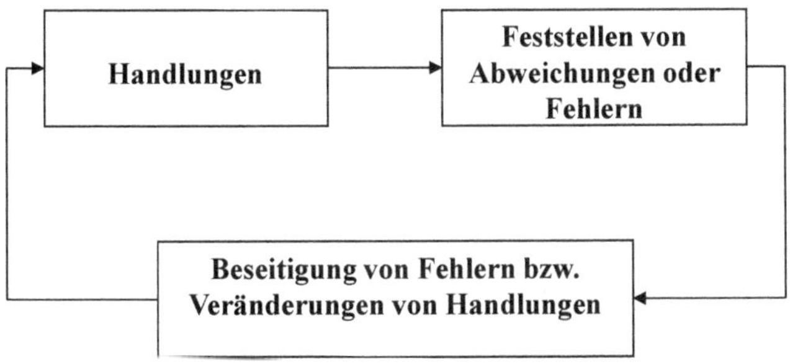

Abb. 22.1: Single-Loop Learning (übernommen aus Wahren 1996, S. 53 in Anlehnung an Argyris, 1990, S. 92)

Als Beispiele für „single-loop learning" nennen Argyris und Schön (1978), wenn die Qualitätskontrolle einen Produktfehler feststellt und eine dementsprechende Information an die Produktion weitergibt, um den Fehler zu beheben oder wenn ein Verkaufsleiter aufgrund seiner Beobachtung von fallenden Monatsumsätzen prüft, wodurch der Umsatzrückgang verursacht sein könnte und überlegt, wie man die angestrebten Ziele doch noch erreichen kann (vgl. Argyris & Schön 1978, S. 18).

(2) Double-loop learning

Im Unterschied zum „single-loop learning" führen beim „double-loop learning" Umweltbeobachtungen dazu, dass die alltäglichen „theories-in-use" in Frage gestellt werden, die bisher als unveränderbare institutionelle Standards galten. Ausgangspunkt des „double-loop learning" ist dabei die Erkenntnis, dass sich die bisher geltenden Grundannahmen, Werte und Normen als ungeeignet erwiesen haben und die üblichen Anpassungsaktivitäten auf der Stufe des „single-loop learning" zu keinen zufrieden stellenden Ergebnissen geführt haben (vgl. Wahren 1996, S. 54).

Argyris und Schön (1978) weisen in diesem Zusammenhang darauf hin, dass in diesem Prozess von wesentlicher Bedeutung ist, dass bestehende, meist wiederkehrende Schwierigkeiten in umfassender Form analysiert werden und in einem intensiven, dialogisch-kommunikativen Prozess ein kollektives Verständnis darüber hergestellt wird, warum bestimmte Handlungs-, Verhaltens- oder Denkweisen entstanden sind, warum sie beibehalten bzw. nicht verändert wurden und wie sie zukünftig verändert werden können. Kurz: Es wird im Team reflektiert.

Um die bei dieser Auseinandersetzung zwischen bestehenden und neu einzuführenden Standards und Normen vorprogrammierten Konflikte zu lösen, muss das Unternehmen in der Lage sein, die Konflikthaftigkeit zwischen bestehenden und intendierten Normen und Werten zu erkennen und zu verändern. In diesem Sinne sprechen Argyris und Schön auch nur dann von „double-loop learning", wenn nicht der Einsatz von Macht bzw. Mikropolitik zur Konfliktbeilegung führt, sondern in einer verständnisorientierten Weise eine Lösung gesucht wird (vgl. Felsch, 1999, S. 98). Anhand der folgenden Abbildung soll der Prozess des „double-loop learning" durch die Ergänzung des Regelkreises des „single-loop learning" verdeutlicht werden.

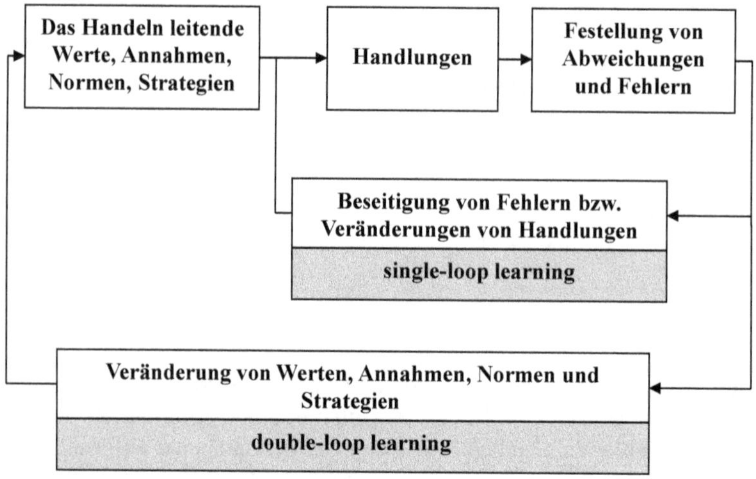

Abb. 22.2: Double-Loop Learning (übernommen aus Wahren 1996, S. 54 in Anlehnung an Argyris, 1990, S. 94)

(3) Deutero learning

„Deutero learning“ bezeichnet schließlich das Lernniveau, bei dem es um das Lernen des Lernens selbst geht, „indem Bedingungen des Lernkontextes und Aspekte des Lernprozesses selbst zum Gegenstand der Reflexion gemacht werden“ (Felsch, 1999, S. 98f.).

„Deutero learning“ stellt eine Selbstreflexion organisationaler Lernprozesse dar, welche sowohl „single-loop learning-“ als „auch double-loop learning“-Prozesse betreffen können. Für „single-loop learning“ kann dies bedeuten, dass Fähigkeiten erworben und Lernkontexte geschaffen werden, die es erlauben, Fehlerkorrekturen im Rahmen des „single-loop learning“ schneller und effizienter zu vollziehen. Im Falle des „double-loop learning“ geht es darum, Reflexionsprozesse hinsichtlich des kognitiven Bezugsrahmens zu optimieren, um zu geeigneten und kollektiv akzeptierten Gebrauchstheorien zu gelangen (vgl. Argyris & Schön, 1978, S. 27f.). Türk weist in diesem Zusammenhang explizit darauf hin, dass eine Verbesserung von „double-loop-learning“-Prozessen durch „deutero learning“ nicht zuletzt auf die Schaffung einer angemessen Diskussions- und Streitkultur abzielt, in der Reflexionsprozesse die Schaffung kollektiv akzeptierter Gebrauchstheorien überhaupt erst möglich machen (vgl. Türk, 1989, S. 106). Folgende Abbildung soll das Konzept des deutero learning verdeutlichen.

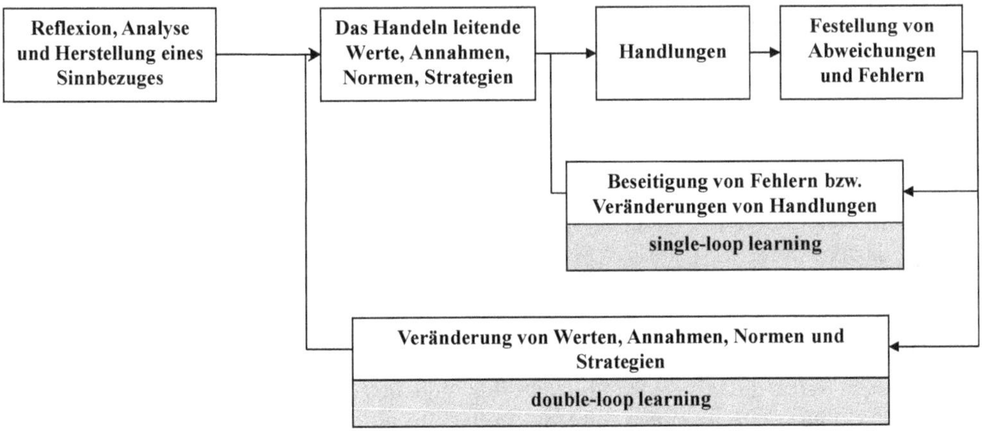

Abb. 22.3: Deutero Learning (übernommen aus Drösten, 1996, S. 42 in Anlehnung an Argyris, 1990, S. 94)

Zentrale Aussage in der Theorie von Argyris & Schön zu den Lernebenen ist, dass es sich beim „double-loop learning“ und „deutero learning“ um höherstufige Lernprozesse handelt, die zwar schwieriger zu erreichen, aber auch entsprechend wirkungsvoller sind (vgl. Scherf-Braune, 2000, S. 20).

(4) Defensive Routinen und Lernabwehrverhalten

Argyris und Schön (1978) bezeichnen typische Lernblockaden bzw. Lernhindernisse als „defensive Routinen“ und begründen dies damit, dass Individuen in Organisationen durch ihr sozialisiertes Verhalten ein eingeschränktes Lernsystem erzeugen (vgl. Scherf-Braune, 2000, S. 24). Individuelles Verhalten ist im Rahmen einer solchen Einschränkung durch folgende Merkmale gekennzeichnet (vgl. Argyris, 1992, S. 90 aus Scherf-Braune, 2000, S. 24):

- Sich so verhalten, dass man unilaterale Kontrolle behält
- „Gewinnen“ maximieren und „Verlieren“ minimieren
- Negative Gefühle unterdrücken,
- So rational wie möglich handeln, indem klare Ziele formuliert werden und das eigene Verhalten entsprechend der Zielerreichung bewerten.

Bezogen auf den Kontext des Organisationalen Lernens bedeutet dies, dass ein so genanntes Lernabwehrverhalten höhere Lernprozesse verhindert, was anhand von vier dementsprechenden „Regeln“ beschrieben werden kann (vgl. Argyris & Schön, 2006, S. 111):

1. Verwende Botschaften, die Widersprüche enthalten.
2. Handle so, als wären die Botschaften nicht widersprüchlich.
3. Tabuisiere die Mehrdeutigkeit und den Widerspruch in der Botschaft.
4. Tabuisiere auch die Tabuisierung des Tabuisierten.

Defensive Routinen und damit einhergehendes Lernabwehrverhalten verstärken sich gegenseitig und bewirken so „ein solches Maß an gegenseitiger Durchdringung individueller und organisationaler Abwehr, dass es schwer fällt, die kausalen Rollen dieser beiden Erscheinungsebenen zu entwirren. (...) Unter diesen Bedingungen wird defensives Denken als das richtige Denken sanktioniert, das zu nutzen ist." (Argyris & Schön, 2006, S. 118).

Dementsprechend gilt es, Bedingungen zu schaffen, in der höherwertige Lernprozesse durch die Überwindung von Lernblockaden und Lernabwehrverhalten überhaupt erst möglich werden (vgl. dazu ausführlich Argyris & Schön, 2006, S. 121ff. oder Argyris, 2004, S. 189ff.).

Neuroleadership und Organisationales Lernen

Diese Ausführungen verdeutlichen, dass es interessante Synergien zwischen den Ausführungen zu einem selbstreflexivem Neuroleadership und den Überlegungen von Argyris und Schön (1978) gibt: Stellen letztere die Notwendigkeit individueller und organisationaler Reflexionsfähigkeit für das Erreichen hoher und nachhaltiger Organisationsleistung heraus, so verdeutlichen die Überlegungen zum Neuroleadership einerseits die besondere Verantwortung von Führungskräften. Andererseits werden die prinzipiellen Grenzen solcher Veränderungsprozesse aufgrund der individuellen Schemata sowie Differenzen zwischen den individuellen bzw. organisationalen „espoused theories" und „theories-in-use" deutlich.

Diese Differenzen erschweren noch einmal mehr die Führungskommunikation bzw. Koordination von Mitarbeitern, werden auf deren Seite ja unterschiedliche Schemata aktiviert, die wiederum unterschiedliche Grundbedürfnisse ansprechen. Konsequenterweise müssen Leistungsdefizite aufgrund von Differenzen zwischen „espoused theory" und „theory-in-use" entstehen – ein Umstand, auf den Argyris und Schön (1978) ebenfalls hingewiesen haben. Darüber hinaus muss nicht besonders betont werden, dass das Erleben solcher Differenzen wiederum als Inkongruenz erlebt wird und das Bedrohungssystem aktiviert. Umgekehrt können die vorgelegten Aspekte eines Neuroleadership Hinweise für Führungskräfte geben, welche Voraussetzungen sie schaffen sollten, um gemeinsame Reflexionsprozesse fördern bzw. umsetzen zu können.

Integriert man diese Überlegungen mit den Lernprozessen höherer Ordnung (double loop learning bzw. deutero learning) in den Wirkungskreislauf des Neuroleadership (vgl. Abb. 17.7:), so wird deutlich, dass die Verstärkung eines „gehirngerechten" Führungsverhaltens durch entsprechende Lernprozesse höherer Ordnung bei der Führungskraft und im Team unterstützt werden kann (vgl. die folgende Abbildung).

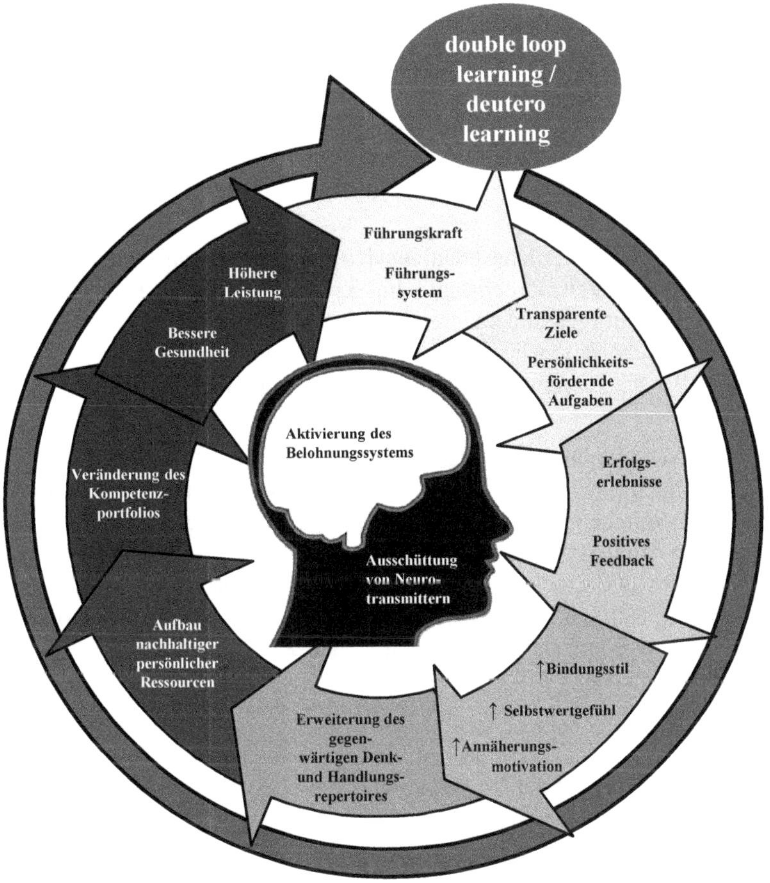

Abb. 22.4: Neuroleadership als organisationaler Lernprozess höherer Ordnung

22.2.3 Positive Organisational Scholarship

Übersicht

Die Notwendigkeit, sich mit „positiven Konzepten" in der Organisationstheorie und -praxis auseinanderzusetzen, basiert auf ähnlichen Überlegungen, die den Psychologen Martin Seligman im Jahr 1999 dazu gebracht haben, sich explizit mit einer „Positiven Psychologie" zu beschäftigen: Hier wie dort kann man zum einen feststellen, dass in Theoriebildung wie auch Praxis ein Übergewicht an „Negativkonzepten" vorhanden ist, die dann die Wahrnehmung, Handlungen und somit letztlich Prozesse und Politiken in den Organisationen maßgeblich beeinflussen. Zum anderen lässt sich festhalten, dass die Abwesenheit von Negativem (wie z.B. „geringe Fluktuation") nicht gleichzeitig etwas Positives bedeutet (wie z.B. „hohes Motivationsniveau"). Die folgenden Beispiele sollen diese Betonung des „Negativen" aus organisationaler Sicht verdeutlichen:

- Fokus auf individuelle Produktivitätsdefizite – anstatt auf Extraproduktivität
- Fokus auf Vermeidung von Teampathologien wie Groupthink – anstatt auf die Entwicklung von Hochleistungsteams
- Fokus auf Führungsdefizite – anstatt auf herausragende Merkmale und Verhaltensweisen von Führungskräften
- Fokus auf Barrieren organisationalen Wandels – anstatt auf fördernde Faktoren wie Stolz oder Identität

Die vorherrschende Annahme ist, dass solche positiven Konzepte als organisationale Ressource aufgefasst werden können, deren Berücksichtigung bzw. Gestaltung einerseits zu höherer Effektivität und Effizienz beitragen und andererseits einen wichtigen Beitrag zur Erreichung der Humanziele einer Organisation leisten. Im Mittelpunkt hierbei steht hierbei notwendigerweise die explizite Berücksichtigung von Emotionen bei der Arbeitstätigkeit.

(1) Positive Emotionen am Arbeitsplatz und Organisationserfolg

Der Frage, welche Auswirkungen positive Emotionen in Bezug auf die individuelle und organisationale Leistungsfähigkeit haben, gehen Lyubomirsky, King und Diener (2005) nach. In einer Metaanalyse (n = 255 Studien) wurde der Zusammenhang „Positive Emotionen und Unternehmenserfolg“ analysiert. Die Ergebnisse dieser Studie legen nahe, dass es einen engen Zusammenhang zwischen positiven Emotionen und relevanten Indikatoren des Organisationserfolges gibt. Aus **Organisationssicht** sind hier folgende Zusammenhänge zur Organisationsleistung besonders bedeutsam:

- Servicequalität (r = 0,41)
- Arbeitsleistung (r = 0,32)
- Reduktion der Absicht, das Unternehmen zu verlassen (r = – 0,38)
- Kontraproduktives Arbeitsverhalten (r = – 0,25)

Aus **Mitarbeitersicht** lassen sich hier folgende interessanten Zusammenhänge in Bezug auf positive Emotionen identifizieren:

- Arbeitszufriedenheit (r = 0,50)
- Vorgesetztenbeurteilung (r = 0,44)
- Autonomie bei der Tätigkeit (r = 0,22)
- Einkommen (r = 0,20)
- Emotionale Verausgabung (r = – 0,39)

Diese Befunde geben somit deutliche Hinweise dafür, dass die Berücksichtigung von „positiven Emotionen“ beim Führungshandeln einen wichtigen Schlüssel bei der Bewältigung der „Engagementkrise“, wie sie im Rahmen der Diskussion um die Gallup-Studien vorgestellt wurde, darstellt (vgl. Abschnitt 1.2) und dass es mit einer „Stärkenorientierung“ gelingt, Synergien zwischen der Optimierung des „Wirtschaftlichen“ und des „Menschlichen“ herzustellen. Offen bleibt zum momentanen Zeitpunkt, ob sich diese Korrelationen im Sinne eindeutiger Ursache-Wirkungsbeziehungen interpretieren lassen – oder ob nicht auch hier, wie etwa im Kontext der Forschung zum Thema Arbeitszufriedenheit, eine umgekehrte Wirkrichtung gilt, nämlich, dass Mitarbeiter mit positiven Emotionen als serviceorientierter, leistungsfähiger usw. wahrgenommen werden.

Cameron et al. stellen 2003 einen neuen Zweig der Organisationswissenschaften vor, den sie unter der Überschrift „Positive Organizational Scholarship“ (POS) zusammenfassten und in dessen Mittelpunkt individuelle sowie organisationale Stärken wie auch positive Emotionen stehen. POS stellt eine Art „Schirm“ dar, unter dem eine Vielzahl an positiven Konzepten der Organisationsgestaltung zusammengefasst werden kann. Die folgende Literaturskizze zeigt eine Übersicht über eine Reihe von „Positivkonzepten“, die eine Nähe zu Neuroleadership aufweisen.

(2) Das Konzept der „Abundant Organization“

Eine adäquate Übersetzung des Begriffs „abundant“ im vorliegenden Zusammenhang fällt schwer, z.B. im Sinne einer „unerschöpflichen“ oder „begeisternden“ Organisation, weswegen der englische Begriff zum momentanen Zeitpunkt beibehalten werden soll. Die beiden folgenden Tabellen enthalten zum einen Übersichten über Voraussetzungen für die Gestaltung einer „abundant organization“, wobei hier zwischen Voraussetzungen und Wirkungen getrennt wird (vgl. Linley et al., 2010).

Tab. 22.2: „Positive Konzepte“ auf organisationaler Ebene (Schwerpunkt: Voraussetzungen)

Voraussetzungen für „abundance“	Kurzbeschreibung
Authentic leadership	Führungskräfte sind sich ihrer Vorbildrolle bewusst und nutzen diese, um das Verhalten ihrer Mitarbeiter zu beeinflussen
Identity (who am I?)	Die Erhöhung des psychologischen Kapitals führt zu höherer Leistungsfähigkeit
Purpose/meaning (Where am I going?)	Verbesserung der Abstimmungsgüte zwischen individuellen und organisationalen Zielen führt zu höherer Produktivität
Relationships (whom do I travel with?)	Kooperation und tragfähige Beziehungen sind wichtige Elemente für Produktivität
Challenging work (what growth do I experience from work?)	Handlungsspielräume fördern die Leistungsfähigkeit
Positive work environment (what culture can I create at work?):	Werte wie Dankbarkeit, Vergebungsbereitschaft, Demut usw. sind Bestandteile der Kultur
Using resources (how do I manage the temporal elements of work?)	Angemessene Arbeitsgestaltung führt zu pfleglichem Umgang mit Ressourcen
Resilience (how do I learn?)	Eine Fehlerkultur erhöht die Lern- und Zukunftsfähigkeit der Organisation
Delight (what enlivens me?)	Positive Gefühle während der Arbeit werden gefördert.

Tab. 22.3: „Positive Konzepte“ auf organisationaler Ebene (Schwerpunkt: Wirkungen)

Effekte von „abundance“	Kurzbeschreibung
Commitment	Erhöhtes Commitment führt zu höherer Leistungsfähigkeit/Produktivität
Mental and physical health	Gesundheitsförderliche Effekte führen zur Reduktion von Absentismus und senken somit die Personalkosten
Retention	Mitarbeiter sind stärker an das Unternehmen gebunden, Fluktuation ist reduziert
Stakeholder	Externe Stakeholder, wie Kunden und Investoren erhöhen ihr Vertrauen in die Organisation

(2) Positive Leadership

Cameron (2008) verdeutlicht mithilfe des Begriffs „positive leadership“ drei zentrale Qualitäten bzw. Anforderungen an die Unternehmens- und Personalführung; ihre Umsetzung führt zu sog. „positive deviant organizations“. „Positive leadership“

- schafft die Voraussetzungen für außergewöhnlich hohen Leistungen auf individueller und auf organisationaler Ebene.
- adressiert explizit die Stärken und Kompetenzen; negative Ereignisse werden dazu genutzt, positive Ergebnisse zu erzielen.
- ist auf menschliche Tugenden fokussiert. Die Entwicklung von Tugenden stellt einen positiven Wert dar und unterliegt keinen Instrumentalisierungsabsichten.

Cameron (2008, S. 3f.) fasst den Begriff „positive leadership“ wie folgt zusammen: „In sum, positive leadership refers to an emphasis on what elevates individuals and organizations (in addition to what challenges them), what goes right in organizations (in addition to what goes wrong), what is live-giving (in addition to what is problematic or life-depleting), what is experienced as good (in addition to what is objectionable), what is extraordinary (in addition what is merely effective), and what is inspiring (in addition to what is difficult or arduous)”. Aufbauend auf diese Vorüberlegungen untersucht Cameron Organisationen und entwickelt auf der Basis der entsprechenden empirischen Ergebnisse ein vierdimensionales Modell von „positive leadership“-Strategien, diese werden in der folgenden Tabelle dargestellt.

Tab. 22.4: „Positive leadership“-Strategien, die außergewöhnliche organisationale Leistungen ermöglichen (Quelle: Cameron, 2008, S. 14)

„positive leadership“-Strategie	Effekte
Positive Meaning	Fördert individuelles Wohlbefinden Verbundenheit mit persönlichen Werten Voraussetzung für eine tragfähige Gemeinschaft
Positive Climate	Fördert Vergebungsbereitschaft, Mitgefühl und Dankbarkeit
Positive Relationships	Entwickeln von Netzwerken Bilden von Synergien
Positive Communication	Förderndes Feedback Unterstützende Kommunikation

Cameron (2008) verdeutlicht die Merkmale einer „positive deviant organization“ anhand eines entsprechenden Kontinuums (vgl. die folgende Tabelle). Er führt dazu aus: Viele Organisationen sind defizitorientiert – sie fokussieren sich auf die Vermeidung von Minderleistung, übersehen aber, dass Höchstleistung auf diesem Wege in aller Regel nicht erreicht werden kann.

Tab. 22.5: „Deviance Continuum" (Quelle: Cameron, 2008, S. 8)

		Abweichungskontinuum		
		Negative Abweichung: Minderleistung	Normale Leistung	Positive Abweichung: Höchstleistung
Individuelle Ebene	Physiologisch	Krankheit	Gesundheit	Vitalität
	Psychologisch	Krankheit	Gesundheit	Flow
Organisationsebene	Geschäftsergebnisse	unprofitabel	Profitabel	Nachhaltig
	Effektivität	ineffektiv	effektiv	exzellent
	Effizienz	ineffizient	effizient	außergewöhnlich
	Qualität	Fehler vermeidend	zuverlässig	perfekt
	Werte/Ethik	unethisch	ethisch	wohlwollend/vergebend
	Beziehungen	schädigend	unterstützend	Anerkennend
	Anpassungsmechanismus	angstgetriebene Rigidität	Bewältigung von Herausforderungen	Flourishing

(4) Psychologisches Kapital

Das Konzept des Psychologischen Kapitals besteht aus den folgenden vier Dimensionen (vgl. Luthans et al., 2007):

- **Selbstwirksamkeit**: Die Fähigkeit, kognitive Ressourcen aktivieren zu können, um spezifische Ziele erreichen zu können.
- **Hoffnung**: Wunsch nach Zielerreichung und Fähigkeit, eine Strategie zu entwickeln, um diese Ziele erreichen zu können.
- **Optimismus**: Selbstwertdienlicher Attributionsstil – Erfolge werden auf interne, stabile und dauerhafte Ursachen zurückgeführt.
- **Resilienz**: Fähigkeit, sich nach Fehlschlägen schnell zu erholen.

Warum sollten sich Führungskräfte mit dem Konzept des Psychologischen Kapitals auseinandersetzen? Mittels einer im Jahr 2011 publizierten Meta-Analyse[63] wurde anhand von 51 unabhängigen Studien, an denen insgesamt 12.567 Personen beteiligt waren, herauszufinden versucht, welche generalisierbaren Effekte das Psychologische Kapital aufweist (vgl. Avey et al., 2011). Die Autoren haben hierbei zwischen zwei Ebenen differenziert, und zwar zwischen der Einstellungs- und der Verhaltensebene. In der folgenden Tabelle werden die relevanten Ergebnisse skizziert.

63 Metaanalytische Verfahren sind darauf ausgerichtet, sich einen Überblick über den aktuellen Stand der Forschung zu verschaffen und werden in der Regel als quantitative Methoden begriffen, die eine Forschungsfragestellung über die statistische Integration von Stichprobenkennwerten aus den Ausgangsstudien beantworten. Im Allgemeinen wird versucht die Frage zu beantworten, inwiefern die in Einzelstudien gefundenen Effekte stabil sind, d.h. über eine Vielzahl von Einzelstudien hinweg generalisierbar sind.

Tab. 22.6: Effekte des Psychologischen Kapitals

	Anzahl Studien	Anzahl Personen	Korrelation
Erwünschte Einstellungen			
• Arbeitszufriedenheit	10	3.123	0,54
• Commitment	9	2.072	0,48
• Wellbeing	3	1.305	0,57
Unerwünschte Einstellungen			
• Zynismus	4	918	– 0,49
• Kündigungsabsichten	5	2.650	– 0,32
• Stress/Angst	4	1.459	– 0,29
Erwünschtes Verhalten			
• Organizational Citizenship Behavior	8	2.319	0,45
• Leistung (Mittelwert)	24	6.931	0,26
– Selbsteinschätzungen	6	1.921	0,33
– Vorgesetztenurteil	15	3.602	0,35
– Objektive Messungen	6	1.768	0,27
Unerwünschtes Verhalten			
• Leistungsdefizite	7	1.959	– 0,42

Aus obiger Tabelle wird deutlich, dass das Psychologische Kapital dazu beiträgt,

- die Arbeitszufriedenheit, das Commitment zur Organisation und das allgemeine Wohlbefinden („Wellbeing“) in einem hohen Maße positiv zu beeinflussen.
- Kündigungsabsichten und das Erleben von Stress und Angst zu reduzieren.
- das Leistungsniveau der Mitarbeiter zu fördern – und zwar unabhängig davon, wie dieses gemessen wird.
- die Bereitschaft der Mitarbeiter, Leistungen über das Erwartete hinaus zu erbringen („Organizational Citizenship Behavior“) zu erhöhen und umgekehrt verhindert, dass Leistungsdefizite entstehen.

Wenn Psychologisches Kapital für die Organisation nachweisbare Effekte aufweist, muss daher die Frage nach dessen Gestaltbarkeit bzw. Steuerbarkeit beantwortet werden: Die Organisationsmitglieder (Führungskräfte, Mitarbeiter) bringen ein entsprechendes Niveau an Selbstwirksamkeit, Hoffnung, Optimismus und Resilienz mit.

Der Autor zeigte in der ersten deutschsprachigen Studie zum Konzept des Psychologischen Kapitals (vgl. Reinhardt 2013), dass die US-Befunde repliziert werden konnten und dass das Konzept des Psychologischen Kapitals auch im deutschsprachigen Raum geeignet zu sein scheint, eine wichtige Rolle im Kontext Führung, Leistung und Motivation spielen zu können. Es lassen sich folgende Hinweise ableiten:

- Für Führungskräfte wird es zunehmend wichtiger, emotional-motivationale Prozesse im Rahmen ihrer Führungsarbeit zu berücksichtigen: Aspekte des Führungsverhaltens wie Kommunikation, Beobachtung und Feedback dürfen nicht unterschätzt werden
- Auswahl und Entwicklung von Führungskräften sollte in Zukunft noch stärkere Aufmerksamkeit als bislang gezollt werden.

- Da dispositionelle Effekte nicht unterschätzt werden dürfen, sollte man – ganz im Sinne der stärkenorientierten Ansätze – dabei weniger auf Veränderbarkeit setzen, als auf Auswahl und Bereitstellung „passender" Arbeitsbedingungen
- Führungskräfte sollten noch stärker verstehen, dass „Minderleistung" mehrere Wurzeln hat: Die Motivation der Mitarbeiter spielt im Vergleich zu Kontextvariablen eine untergeordnete Bedeutung.

(5) Zusammenfassung

Fasst man die bisherige Skizze zusammen, so wird deutlich, dass die positiven Konzepte, die im organisationalen bzw. managementbezogenen Rahmen diskutiert werden, über eine bloße Beschreibung von Phänomenen hinausgehen. Vielmehr wird der Anspruch sichtbar, außergewöhnliche organisationale Leistungen auf die Etablierung eines „win-win"-Spiels zwischen Organisation bzw. Management und Mitarbeitern zurückzuführen und anhand entsprechender Einflussfaktoren zu erklären. Zudem wird folgendes deutlich:

- Einerseits lässt sich eine Trennung zwischen zwei Handlungsfeldern erkennen: Zum einen geht es darum, die positiven Attribute von Mitarbeitern zu erkennen, einzuschätzen und zu fördern, um die Produktivität zu erhöhen. Zum anderen geht es um die Gestaltung der entsprechenden förderlichen organisationalen Rahmenbedingungen.
- Andererseits wird ein – im Vergleich zum herkömmlichen Begriffsverständnis wie z.B. in der St. Galler Schule – anderes Verständnis des Begriffs „Ganzheitlichkeit deutlich: Dies bezieht sich einerseits auf die positive Würdigung von Emotionen, die nicht als Widerspruch zum „Rationalitätsanspruch" ökonomischen Handelns betrachtet werden, und andererseits auf die Handlungsorientierung, in dem die vorherrschende „Negativorientierung" nicht ignoriert, aber durch eine starke „Positivorientierung" ergänzt wird.

Neuroleadership und Positive Organizational Scholarship

Abstrahiert man von den Einzelbefunden im Rahmen der Diskussion um das „positive organizational scholarship", so werden zwei bedeutsame Bezüge zu unserem Thema einer „gehirngerechten Führung" deutlich:

- Zum einen wird explizit versucht, Methoden und Instrumente einzusetzen, die von dem Geist eines hohen Maßes an Wertschätzung durchdrungen sind – also das Belohnungssystem explizit ansprechen wollen.
- Zum anderen wird hier der Aspekt der „positiven Beziehungsgestaltung" als Motor für Produktivität und Unternehmenserfolg deutlich: Tragfähige Beziehungen gelten hier als zentraler Schlüssel für nachhaltigen Unternehmenserfolg.

22.3 Zurück zum Anfang: Die Diskussion der Gedankenexperimente

Zu Beginn dieses Buches hatte ich Ihnen einige Gedankenexperimente vorgelegt, mit deren Hilfe Sie in der Lage sein sollten, Ihre Sensibilität für „gehirngerechtes Führen" besser kennenzulernen. Zum Abschluss möchte ich hierzu einige wichtige Gesichtspunkte ergänzen. Dazu werde ich maßgeblich auf die vorgetragenen Argumente eingehen – mit Ausnahme des ersten Gedankenexperiments: Hierzu sind noch einige weitere Information vonnöten – daher werde ich dies erst am Ende dieses Abschnitts reflektieren.

22.3.1 Gedankenexperiment „Der interessante Job"

Zur Erinnerung – hier ging es um die Reflexion der folgenden Frage: Wie viel Prozent Ihres Jobs begeistert Sie wirklich wirklich: Bis zu 25%? – zwischen 26 und 50% – zwischen 51 und 75%? – oder gar zwischen 76 und 100%? (vgl. Abschnitt 1.4).

Ich hoffe, dass klar geworden ist, dass intrinsische Motivation von Autonomie, Angstfreiheit und sozialer Unterstützung abhängt. Umfassende Handlungsspielräume, die Möglichkeit, eigene Ideen einbringen zu können und zu dürfen sind für Höchstleistungen relevant. Des Weiteren ist eine persönlichkeitsförderliche Tätigkeitsgestaltung unabdingbar für Gesundheit – und somit für eine nachhaltige Leistungsentfaltung.

22.3.2 Gedankenexperiment „Die wertschätzende Beziehung"

Zur Erinnerung – hier ging es darum darüber nachzudenken, wie tragfähig die Beziehung zum Vorgesetzten aus Mitarbeitersicht ist und für wie authentisch diese ihren eigenen Chef halten (vgl. Abschnitt 1.4).

Auch hier wurden eine Vielzahl von Argumenten vorgelegt: Wertschätzung, soziale Unterstützung und eine positive Bindung sind zentrale Voraussetzungen für Leistung und Gesundheit. Vertrauen, Authentizität und positive Emotionen fördern Leistung und Gesundheit. Negative Emotionen wie Angst, Unsicherheit, die insbesondere durch das „Bedrohungsverhalten" von Vorgesetzten erzeugt werden, sind kontraproduktiv – der Allgemeinplatz „Nicht geschimpft ist gelobt genug!" eine einfache, sich selbst beruhigende Lüge.

22.3.3 Gedankenexperiment „Ihr Weltbild als Dreh- und Angelpunkt"

Die Fragen hierzu waren – im Gegensatz zu den Gedankenexperimenten 2 und 3 – sicherlich ungewöhnlicher und somit herausfordernder: Es ging um Ihre persönliche Einschätzung in Bezug auf die Barrieren, die einer Erhöhung der Leistungsfähigkeit entgegenstehen.

Ich hoffe, dass mittels der Überlegungen und Analysen zum Thema „Schemata" und „subjektive Führungstheorien" und deren Implikation für selbsterfüllende Prophezeiungen deutlich geworden ist, dass Sie als Führungskraft zu einem „gerüttelt Maß" dazu beitragen, dass Ihre Mitarbeiter so leistungsfähig und -bereit sind, wie Sie dies von Ihnen annehmen. Damit will ich natürlich nicht leugnen, dass es „wirkliche" Minderleister gibt – allerdings gibt es hier auch konstruktivere Umgangsweisen wie die „disziplinarische Peitsche", wie dies aktueller Weise unter der Überschrift „low performance management" diskutiert wird (z.B. Schauf & Selay, 2011). Des Weiteren möchte ich auch nicht dafür plädieren, dass Führungskräfte sich jetzt noch in Sachen Psychotherapie oder Sozialarbeit fortbilden sollten: Allerdings wäre es für die Organisation – und insbesondere für das eigene Leben – hilfreich, die eigenen Schemata – blinde Flecken – besser kennenzulernen und ggf. zu verändern.

22.3.4 Gedankenexperiment „Der flexible Mitarbeiter“

Die Diskussion zum Thema „flexibler Mitarbeiter“ muss etwas umfassender ausfallen, da es oben noch keinen Platz gab, die Antwort darauf systematisch vorzubereiten. In Abschnitt 1.4 habe ich bereits darauf hingewiesen, dass es solche „flexiblen“ Menschen schon gibt, aber dass sie mit an Sicherheit grenzender Wahrscheinlichkeit nicht für Sie – für Ihr Unternehmen – arbeiten würden. Wie komme ich zu dieser provokanten Einschätzung?

Grundsätzlich geht es hier um die Weiterführung der obigen Ausführungen zu den Themenfeldern „Authentizität“, „Kongruenz“, „positive Emotionen“, „hohes Selbstwertgefühl“ und „stabile Bindung“. In der Literatur werden Personen, die über solche Merkmale verfügen, unterschiedlich bezeichnet, z.B. als „fully functioning person“ (Carl Rogers), „kongruente Persönlichkeit“ (Virginia Satir), oder „psychisch gesunde Person“ (Daniel Casriel). Ich möchte das Konzept der „psychisch gesunden Person“ nach Casriel nutzen, um einerseits das hohe Maß an Flexibilität zu verdeutlichen, das gleichermaßen mit einem hohen Anspruch an Autonomie verknüpft ist (Casriel, 1968, S. 89–91):

Vertiefung: Das Konzept der „psychisch gesunden Person“ nach Casriel

1. Auf jedem Gebiet des Lebens bewahrt sich der psychisch Gesunde das Maximum an Wahlmöglichkeiten. Er benutzt Einsicht und Gefühle, um seine Aktivitäten zu steuern. Er entfremdet sich nicht von seinesgleichen, solange er nicht einen zielorientierten, realen Grund hat, es zu tun.
2. Psychisch gesunde Menschen sind imstande, emotional offen zu sein, wenn sie es wollen. Ein emotional gesunder Mensch ist für die Gefühle anderer und für seine eigenen Eingeweidegefühle „eingeschaltet“. Seine Emotionen sind unmittelbar mit seinen Wahrnehmungen verknüpft. Seine Worte und Handlungen setzen sich nicht rücksichtslos über die Gefühle anderer hinweg. Weil er ständig Zugang zu seinen eigenen Emotionen hat, kann er weniger starr, spontaner und produktiver sein als diejenigen, die emotional gehemmt sind. Doch er ist nicht gezwungen, dauernd offen zu sein. In gewissen Situationen, etwa wenn jemand versucht, ihn zu manipulieren oder zu übervorteilen, oder wenn Offenheit ihn unnötigen Verletzungen aussetzen würde, kann ein gesunder Mensch auch emotional verschlossen bleiben.
3. Psychisch gesunde Menschen sind emotional erwachsen. Sie sind sich bewusst, dass ihr Kuchen, wenn sie ihn gegessen haben, weg ist. Sie stellen die Freude über den Schmerz. Aber sie wissen, dass mit der Freiheit die Verantwortung kommt und dass sie – nicht Mutter oder Vater – für ihr Leben verantwortlich sind. Ein gesunder Mensch ordnet die Dinge so, dass er im Allgemeinen in jeder Situation eine Menge von Wahlmöglichkeiten hat. Er weiß, dass er verantwortlich dafür ist, wie er wählt und dass er den Preis für seine Entscheidungen zahlen muss.
4. Psychisch gesunde Menschen sind imstande, enge und sinnvolle Beziehungen mit anderen aufzunehmen und zu unterhalten. Sie können Beziehungen auch beenden, wenn sich herausstellt, dass der Preis dafür zu hoch ist. Gesunde Menschen bleiben nicht isoliert. Sie kommen in Kontakt mit anderen. Wenn der Beruf einen psychisch gesunden Menschen in eine neue Gemeinschaft führt, ist er imstande, andere anzusprechen und neue Beziehungen mit ihnen anzuknüpfen. Er ist wie ein Fußgänger, der beim Überschreiten einer verkehrsreichen Straße in der Mitte zu vielen Fahrzeugen begegnet. Er weiß, dass er a) weitergehen, b) umkehren) oder c) bleiben kann, wo er steht. Wenn es notwendig ist, kann ein emotional gesunder Mensch die Beziehung zu jedem abbrechen – zum Gatten, zu einem Elternteil, einem erwachsenen Sohn oder einer erwachsenen Tochter, einem Verwandten, Chef, Geliebten, Angestellten oder politischen Führer.
5. Psychisch gesunde Menschen haben ein Maximum an Wahlmöglichkeiten, sich gegen Gefahr zu verteidigen. Je nach Situation können sie den Mechanismus „Flucht“ oder „Kampf“ anwenden, wenn sie die gesunden, unverzerrten Überlebensgefühle Furcht oder Zorn verspüren. In gewissen Situationen können sie, wenn es angebracht ist, ihre Gefühle unterdrücken.
6. Psychisch gesunde Menschen haben den Einblick in ihre emotionale Programmierung. Sie benutzen ihre Selbsterkenntnis dazu, ihre Gefühle, ihr Verhalten und ihre Einstellungen zu lenken, zu äußern oder zurückzuhalten. Gesunde Menschen wissen, wo ihre Konditionierung schlecht angepasst ist. Sie bekämpfen ver-

zerrte Gefühle, können stereotype Einstellungsschemata von der Wirklichkeit unterscheiden und schätzen die Folgen ihrer Handlungen richtig ein. Diejenigen, die aus in der Vergangenheit liegenden Gründen besonders zornig sind, ringen darum, ihren Zorn nicht gegen die Menschen zu kehren, die ihn nicht verdient haben. Von Furcht gelähmte Menschen bekämpfen ihre Furcht und tun trotz dieser Furcht alles, was notwendig ist.

7. Psychisch gesunde Menschen sind ihrem Potential entsprechend produktiv. Sie wählen einen persönlich befriedigenden Beruf und benehmen sich wie erstklassige Arbeitskräfte, die Anspruch auf Anerkennung Wertschätzung haben. Da sie frei von verzerrten Bedürfnissen und Abwehrmechanismen sind, können sie ihre Energie auf die Produktivität konzentrieren. Aber sie fühlen sich nicht genötigt, sich wegen des Beifalls ihrer Vorgesetzten „in Szene zu setzen". Sie sind selbstsicher genug, ihresgleichen aufzusuchen und Gleichheit in persönlichen und Arbeitsbeziehungen zu genießen. Sie sind auch selbstsicher genug, sich konstruktive Kritik anzuhören, ihre Gültigkeit für sich zu prüfen und auf der Grundlage dessen zu handeln, was sie für richtig halten.
8. Psychisch gesunde Menschen, die in einer Autoritätsstellung sind, benutzen die besten verfügbaren Informationen, um Entscheidungen zu treffen. Sie schieben nichts aus Furcht vor Versagen auf. Wenn ihre Entscheidung falsch ist, sind sie die ersten, die es zugeben und die Entscheidung korrigieren. Sie verteidigen oder verhehlen ihre Irrtümer nicht.
9. Psychisch gesunde Menschen sind fähig, ihre elementaren Emotionen in vollem Maß zu zeigen. Sie können vor Identitätszorn explodieren – ihre Selbsterkenntnis sagt ihnen: „Ich bin verletzt worden. Das war nicht fair. Ich werde nicht dulden, dass mir so etwas noch einmal geschieht!" Sie können die zärtliche Zuneigung der Liebe offen erkennen lassen, ungehemmt Furcht zeigen oder in quälendem Schmerz stöhnen. Die ganze Skala der Gefühle steht ihnen zur Wahl. Ihre Anwesenheit bereitet Freude, da sie voller Leben und selten langweilig sind. Weil sie auch auf geliebte Objekte zornig sein können, strömt von ihnen nie Aggressivität aus. Sie erkennen in dem Zorn ihrer Lieben die Besorgnis. Sie wissen, dass Zorn von einem Nahestehenden eine Form der Liebe, also starkes Interesse ist. Sie lassen zu, dass ihr Gesichtsausdruck sich verändernde Reize widerspiegelt. Emotional gesunde Menschen zeigen ihr Bedürfnis nach Liebe und vermitteln dadurch den Personen, die sie lieben, das Gefühl, wichtig zu sein. Die Art ihrer Liebe und Zuneigung gibt allen, denen sie zugetan sind, Zufriedenheit und Wohlbefinden und bedrückt sie nicht.

Ich denke, dass diese Aufzählung selbsterklärend ist: **Flexibilität ist ohne Autonomie, ohne Einblick in die eigene „emotionale Programmierung" (= Schemata), ohne Freiheit nicht zu haben.**

Für diejenigen unter Ihnen, denen die obigen Ausführungen zu idealistisch klingen, möchte ich die Überlegungen des Managementberaters und -professors Manfred Kets de Vries an die Hand geben, der folgende Merkmale psychisch gesunder Menschen herausgearbeitet hat (Kets de Vries, 2002, S. 128ff.):

- Gesunde (oder, wenn man das Kontinuum bedenkt: gesündere) Menschen sind sich ihrer selbst sicher, haben ein stabiles Identitätsgefühl.
- Gesunde Menschen haben ein ausgeprägtes Gespür für die Realität.
- Gesunde Menschen greifen zu reifen Abwehrmechanismen, um auf die Außenwelt zu reagieren. Sie übernehmen Verantwortung für ihre Taten und beschuldigen nicht andere für eigene Fehler.
- Gesunde Menschen setzen ihre Kräfte ökonomisch ein und verfügen über genügend Ressourcen. Sie glauben, dass sie Ereignisse, die ihr Leben betreffen, fest im Griff haben (oder zumindest beeinflussen können).
- Gesunde Menschen nehmen ihren Körper positiv wahr und verlassen sich auf ihn. Sie neigen nicht zu selbstzerstörerischen, geistig verwirrten Handlungen, sie leiden auch nicht unter Essstörungen.

- Gesunde Menschen verfügen über die gesamte Palette der Gefühlsäußerungen und leiden nicht unter Alexithymie, einer Art Farbenblindheit gegenüber Emotionen. Sie leben intensiv und tun, was sie tun, mit Leidenschaft.
- Gesunde Menschen erleben Sexualität und Sinnlichkeit als Erfüllung, es ist eine wichtige Dimension ihres Lebens.
- Gesunde Menschen können mit ihren Ängsten leben, sie verlieren nicht so schnell die Kontrolle über sich oder reagieren zu impulsiv.
- Gesunde Menschen schätzen Intimität und Wechselseitigkeit. Sie können Beziehungen anknüpfen und aufrechterhalten; sie pflegen aktiv ihr Netzwerk, aus dem sie sich Unterstützung und Hilfe holen.
- Gesunde Menschen sehen sich immer im Kontext einer Gruppe, sie ziehen Befriedigung aus ihrer gesellschaftlichen Umgebung. Sie fühlen sich nicht isoliert.
- Gesunde Menschen können Abhängigkeiten und Trennungen positive Seiten abgewinnen. Die Ausbildung ihrer Persönlichkeit verlief während Kindheit und Adoleszenz konstruktiv, also ohne Entwicklungshemmnisse. Sie „klammern" nicht, im Gegenteil, sie bauen reife Beziehungen auf.
- Gesunde Menschen mit ihrem starken Selbstwertgefühl können die Rückschläge und Enttäuschungen verkraften, die im Lauf des Lebens unvermeidlich sind. Sie wissen, wie sie mit Depressionen umgehen müssen, und sie können Verluste aufarbeiten.
- Gesunde Menschen ertragen ambivalente Situationen und verurteilen ihre Mitmenschen nicht einseitig.
- Gesunde Menschen sind kreativ und in gewissem Sinn spielerisch; sie pflegen zudem einen gemäßigten Nonkonformismus.
- Gesunde Menschen sehen das Leben positiv, gewinnen Erfahrungen gute Seiten ab und sind in der Lage, sich die Zukunft positiv auszumalen. Auch bei Rückschlägen verlieren sie nicht die Hoffnung.
- Gesunde Menschen beobachten und analysieren sich selbst und verbringen ausreichend Zeit mit Selbstreflexion.

Als Resümee leitet Kets de Vries (2002, S. 130) die folgenden vier Merkmale psychisch gesunder Führungskräfte ab:

- **Hoffnung**: Führen heißt zuallererst Hoffnung verbreiten. Wenn es nichts zu hoffen gibt, sind alle Ambitionen umsonst – und die Person an der Spitze hat verloren. Ohne Hoffnung gibt es kein Ziel, zu dem Leitende und Geleitete hinstreben könnten
- **Menschlichkeit**: Führungskräfte dürfen nie vergessen, dass sie Menschen sind. Ob sie diese Maxime beherzigen, zeigt sich meist an der Behandlung, die sie Menschen angedeihen lassen, von denen sie keine Vorteile zu erwarten haben
- **Demut**: Demut und Menschlichkeit sind eng verbunden, denn beide wurzeln in genauer Selbstwahrnehmung. Gute Führungskräfte wissen, dass sie sich keinen ihrer Siege allein auf die Fahnen schreiben können
- **Humor**: Gute Führer verlieren auch in brenzligen oder schrecklichen Situationen nicht ihren Sinn für Humor, und sie können über ihre eigenen Schwächen lachen. Humor ist ein hervorragendes Indiz für geistige Gesundheit und ein wertvolles Gut an jedem Arbeitsplatz

Diese – in Büchern zum Thema „Führung“ sicherlich ungewöhnlichen – Hinweise können sehr gut als Abschluss dienen: „Gehirngerechte Führung“ vermittelt Hoffnung, basiert auf Menschlichkeit, ist demütig und humorvoll – und ist deswegen langfristig erfolgreich.

23 Ausblick II: Neuroleadership für die Praxis

Rüdiger Reinhardt

In diesem Kapitel soll herausgearbeitet werden, in welchem Umfang ein Zusammenhang zwischen den dargestellten Prinzipien des Neuroleadership bzw. den Ergebnissen der Studien und konkreten führungsrelevanten Praktiken hergestellt werden kann. Kurz: Es soll die Frage beantwortet werden, ob es in der Praxis bereits so etwas wie Hinweise für die Relevanz einer „gehirngerechten Führung" gibt. Quellen hierfür sind einige Unternehmensfallstudien sowie die Fallstudiensammlung des Moonshot Projekts von Gary Hamel[64], in dem weltweit Managementpraktiken, also konkrete Erfahrungen gesammelt werden, die ein einziges Ziel haben, nämlich die Frage zu beantworten: „Was sollte ein Unternehmen tun, um fit für die Zukunft zu werden?". Zum Schluss wird anhand einer entsprechenden neurobiologischen Diskussion gezeigt, wie sich auch stabile, emotional stark aufgeladene Schemata verändern lassen. Möglicherweise können diese Erkenntnisse in den Bereich der praktischen Führungskräfteentwicklung – oder noch besser: in die Auswahl von Führungskräften – einfließen.

23.1 „Moonshots" von Gary Hamel

„Moonshots" sind für Hamel exzellente Praktiken, die die Wettbewerbs- und Zukunftsfähigkeit von Unternehmen erhöhen sollen. Auf seinem Internetauftritt findet sich eine ausführliche Darstellung entsprechender Praktiken. Aus Platzgründen erfolgt hier eine Fokussierung auf die entsprechenden Prinzipien sowie deren Bezüge zu ausgewählten Aspekten des Neuroleadership[65].

23.1.1 Prinzip I: Emotionen in Organisationen berücksichtigen

Hier geht es um Hinweise, dass die Zukunftsfähigkeit von Organisationen zwingendermaßen davon abhängt, Emotionen – und die im Zusammenhang stehenden Aspekte wie Kooperation und Sinn – im organisationalen Handeln angemessener als bislang zu berücksichtigen. Dazu gehören folgende Überlegungen:

- Die Optimierung des Shareholder Value ist kein angemessenes Ziel. Mit seiner Hilfe gelingt es nicht, Emotionen und Motivation freizusetzen. Die Macht einer Organisation

---

64 http://www.managementexchange.com/moonshots

65 Hinweis: Die Darstellung der sechs Prinzipien folgt hier den Überlegungen auf der Homepage und nicht den Begrifflichkeiten in dem Buch von Hamel (2013, S. 262ff.).

stellt keinen Selbstzweck dar – Organisationen müssen einen Beitrag zu übergeordneten, sozial relevanten Zielen leisten bzw. einen Beitrag dazu leisten, dass die Frage beantwortet werden kann: „Was macht das Leben lebenswert?"

- In einer Welt zunehmender gegenseitiger Abhängigkeit ist es nicht zielführend, Konflikte auf Basis der traditionellen, Eigeninteresse-fördernden Nullsummenspiel-Philosophie zu lösen. Vielmehr sind Organisationen, die ein Gemeinschaftsethos pflegen, wesentlich erfolgreicher.
- Die üblichen Geschäftsbegriffe wie „Effizienz", „Wettbewerbsvorteil", „Wert", „Überlegenheit" oder „Differenzierung" schaffen es nicht, Menschen zu begeistern. Es ist notwendig, Begriffe zu verwenden – und Praktiken einzuführen – die mit Authentizität, Liebe, Wertschätzung und Gerechtigkeit in Verbindung stehen.

23.1.2 Prinzip II: Fähigkeiten entfesseln

Die Wettbewerbsfähigkeit von Unternehmen setzt notwendigerweise voraus, Rahmenbedingungen für die Entfaltung der Fähigkeiten der Mitarbeiter zur Verfügung zu stellen: Eine „Zuckerbrot-und-Peitsche"-Kultur verhindert intrinsische Motivation und reduziert die Leistungsfähigkeit der Organisation. Hierzu gehören die folgenden Aspekte:

- Ängstliche Mitarbeiter sind weder produktiv noch innovativ. Traditionelle Kommando- und Kontrollsysteme müssen abgeschafft und Platz für Hochvertrauensorganisationen geschaffen werden.
- Traditionelle Kontrollsysteme stellen ein hohes Maß an Mitarbeit sicher – aber zu Lasten von Kreativität und Engagement. Intrinsische Motivation und Innovation werden durch Peer Reviews und weniger durch top-down-Überwachung gewährleistet.
- Wir wissen inzwischen sehr viel darüber, wie Innovation entsteht – haben es aber immer noch nicht geschafft, diese Voraussetzungen in den Unternehmen zu implementieren. „Kreativität" darf nicht nur Sache von Spezialisten sein – vielmehr muss die Kreativität jedes Einzelnen gefördert werden
- Fehlendes Engagement ist Merkmal vieler Arbeitsplätze. Es geht darum, Leidenschaft bei der Arbeit zu entfachen – Arbeit so zu strukturieren, dass Leidenschaft entstehen kann.
- Die Förderung von Vielfalt („diversity") ist eine zentrale Voraussetzung für Innovation und das langfristige Überleben von Unternehmen. Unterschiedlichkeit bei den Menschen wie auch den Meinungen muss gefördert werden.
- Menschen sind am produktivsten, wenn sie spielerisch arbeiten können. Enthusiasmus und Freude gehören zum Arbeiten. Notwendigerweise müssen Mitarbeiter ihre eigenen Interessen und Ideen stärker vertreten können.

23.1.3 Prinzip III: Den Wandel fördern

Die Zukunftsfähigkeit von Organisationen hängt von deren Fähigkeit ab, Veränderungsprozesse systematisch zu gestalten. Dabei ist es notwendig, die traditionellen, top-down getriebenen Pfade zu verlassen. Zudem wird erkannt, dass Objektivität kein Merkmal organisationaler Entscheidungen ist, sondern dass es vielmehr notwendig ist, die Expertise relevanter

Organisationsmitglieder einzubeziehen. Dies ist zudem eine wichtige Voraussetzung für die Initiierung von double loop- und deutero learning-Prozessen. Im Einzelnen gehören hierzu:

- In Zeiten zunehmender und immer schneller werdender Veränderungen wird es immer problematischer, die Veränderung von Organisationen in die Hände nur einiger Top-Manager zu legen. Das Delegieren von Verantwortung ist eine wichtige Voraussetzung für Commitment und proaktivem Wandel.
- Es gibt keinen besten, top-down getriebenen Weg der Veränderung. Wichtig ist die Einführung evolutionärer Prinzipien: Varietät (schaffen einer Vielzahl von Optionen), Selektion (Auswahl kostengünstiger Verfahren, um Annahmen zu testen) und Retention (wenn etwas funktioniert, sollte man dabei bleiben). Strategische Planung wird durch „strategisches Experimentieren“ ersetzt werden.
- Entscheidungen werden an der Unternehmensspitze getroffen und unterliegen starker politischer Einflüsse. Somit sind Unternehmen stärker der Vergangenheit ausgesetzt als sich an der Zukunft zu orientieren. Interner Wettbewerb um die besten Ideen und ihre Finanzierung erweitert die Optionen.
- Entscheidungen sind grundsätzlich nicht objektiv, vielmehr werden sie von eigenen Annahmen und von Selbstüberschätzung beeinflusst. Die Entscheider tun gut daran, die eigenen Top-Leute zur Entscheidungsfindung hinzuzuziehen.
- Unternehmen müssen in der Lage sein, innerhalb kürzester Zeit Fähigkeiten, Infrastrukturen und Ressourcen neu zu rekonfigurieren. Die starren Strukturen großer Organisationen verhindern Flexibilität und Groupthink. Daher ist es notwendig, kleinere, projektbasierte Strukturen aufzubauen.

23.1.4 Prinzip IV: Denk- und Wahrnehmungsfähigkeiten erweitern

Die folgenden Ausführungen haben direkten Bezug zu den oben in den Abschnitten 19.2 und 22.2.2 genannten Ausführungen zu den Themen „Schemata“ und „Förderung von Selbstreflexion“. Hinzukommt, Handlungen in der Organisation nicht mehr nur ausschließlich aus ökonomischen Gesichtspunkten, sondern vielmehr aus einer Stakeholder-Perspektive zu betrachten, innerhalb derer es mannigfaltige Bedürfnisse zu berücksichtigen und zu befriedigen gilt. Hierbei ist folgendes wichtig:

- Führungskräfteentwicklung basiert nach wie vor auf der Vermittlung rationaler Problemlöse- und Führungsmethoden. Innovative Elemente wie „Systemdenken“, „Förderung von Selbstreflexion“ oder „werteorientiertem Handeln“ fehlen nach wie vor. Hochschulen, Business Schools und die interne Führungskräfteentwicklung haben hier hohen Nachholbedarf.
- Traditionelle Managementmethoden basieren auf der eigenen Positionsmacht. Neue Ideen werden einerseits nicht nur innerhalb, sondern auch außerhalb der Organisation produziert. Des Weiteren werden diese auf Basis der Freiwilligkeit, und nicht des Zwangs mit anderen geteilt.
- Managementtheorie und -praxis darf sich nicht mehr nur auf ihre ökonomischen Wurzeln beschränken, sondern muss Prinzipien und Methoden aus Feldern der Biologie, Psychologie, Anthropologie oder Stadtplanung berücksichtigen.

23.1.5 Prinzip V: Macht dezentralisieren

Die folgenden Überlegungen verdeutlichen, dass der Einsatz von „egoistischer" Macht in vielen Fällen demotivierende Konsequenzen nach sich zieht. Macht und Einfluss entfalten dann ihre Wirkung, wenn sie nicht nur wenigen, sondern allen Organisationsmitgliedern zugute kommt. Dazu gehören der Zugang zu Informationen und die bewusste Berücksichtigung abweichender Meinungen:

- Macht und Einfluss hängen bislang von der hierarchischen Position ab, was oftmals zu Machtmissbrauch und Demotivierung führt. Status und Einfluss sollten in Zukunft wesentlich stärker von der Fachkompetenz der Betroffenen abhängen.
- Die Zeiten des omnipotenten Führers sind vorbei. Führungskräfte sind Architekten sozialen Wandels – sie entwickeln Rahmenbedingungen, die außergewöhnliche Leistungen ermöglichen. Führung bedeutet, die Geführten bei der Nutzung ihrer Potenziale zu fördern.
- Information wird bislang genutzt, um Mitarbeiter zu kontrollieren. Das Horten von Informationen ist jedoch unrentabel: Mitarbeiter benötigen einen barrierefreien Zugang zu einer Vielzahl von Informationen – inkl. zu Leistungsdaten.
- Erneuerungsfähigkeit und Motivation werden durch eine Vielzahl von Regeln und Richtlinien gebremst. Es ist daher notwendig, den Handlungsspielraum und die Autonomie der Mitarbeiter zu erweitern.
- Personen, die den Status Quo in Frage stellen, werden als unbequem erlebt und oftmals an den Rand gedrängt. Innovation und Flexibilität hängen allerdings von einem hohen Maß davon ab, kritische Stimmen einzufangen und für den eigenen Fortschritt zu nutzen.

23.1.6 Prinzip VI: Zielsysteme ausbalancieren

Soll Leistung nachhaltig entfaltet, Kooperation ausgebaut und die Zukunftsorientierung des Top-Managements gefördert werden, dann ist es einerseits notwendig, die internen Controllingsysteme in Richtung einer langfristigen Perspektive umzubauen. Andererseits impliziert dies, die Anreizsysteme für das Topmanagement an der langfristigen Leistungsfähigkeit und nicht an einem quartalsmäßigen Reporting auszurichten. Folgende Punkte sind hierbei wichtig:

- Traditionelle Controllingsysteme überbewerten Kurzfristigkeit im Vergleich zur Langfristigkeit und vernachlässigen externe Veränderungen. „Ganzheitliche" Messsysteme müssen hier Abhilfe schaffen.
- Vermeintliche Trade Offs zwischen Kurz- und Langfristigkeit, Wettbewerb und Zusammenarbeit oder Disziplin und Freiheit werden durch traditionelle Managementsysteme in Zement gemeißelt. Zukünftige Systeme müssen hier eine flexiblere Betrachtung erlauben.
- Anreizsysteme für Topmanager belohnen kurzfristiges Handeln. Es ist notwendig, Anreizsysteme zu schaffen, um eine langfristige Stakeholder-Orientierung sicherstellen zu können.

23.1.7 Zusammenfassung: Moonshots & Neuroleadership

In der folgenden Tabelle werden die Dimensionen aus den beiden Neuroleadership-Modellen sowie der später herausgearbeitete Aspekt der Schemata bzw. Überzeugungen den sechs Dimensionen der Moonshots von Hamel (2013) gegenübergestellt. Bei näherer Betrachtung werden folgende Aspekte deutlich: Die überwiegende Anzahl der Neuroleadership-Dimensionen lässt sich zumindest einer Dimension von Hamels Moonshots, also Aspekten der Zukunftsfähigkeit zuordnen. Damit ist ein erster Schritt dahingehend getan, Neuroleadership-Prinzipien auf die Ebene der Gesamtorganisation, also über die eher personenbezogene Leadershipperspektive hinausgehen, zu verorten. Ausnahmen hierzu sind die Dimensionen „Autonomy“, „Relatedness“ und „Überzeugungen bzw. Schemata“.

Tab. 23.1: Zusammenfassung: Merkmale organisationaler Zukunftsfähigkeit und gehirngerechter Führung

	Zukunftsfähigkeit/Langfristige Wettbewerbsfähigkeit					
	Emotionen	Fähigkeiten	Wandlungsfähigkeit	Denk- und Wahrnehmungsfähigkeit	Macht	Zielsysteme
(A) SCARF-Modell						
• **Status**					X	
• **Certainty**		X				
• **Autonomy**		X	X		X	X
• **Relatedness**		X		X	X	X
• **Fairness**	X					
(B) Konsistenztheorie						
• **Bindung**	X					
• **Kontrolle**						
• **Lust-Unlust-Balance**		X				
• **Selbstwert**		X				
• **Kongruenz (Konsistenz)**		X				
• **Annäherungs- vs. Vermeidungsmotivation**						
(C) Überzeugungen (Schemata, Denkgewohnheiten, Emotionen)	X	X	X	X	X	X

Das in obiger Tabelle sichtbar gewordene Muster ist meines Erachtens kein Zufall: In einer sich immer schneller wandelnden Welt sind Optionen in Richtung Erhöhung von „Certainty“ zwar emotional-motivational wünschenswert, doch in vielen Fällen nicht realisierbar. Allerdings wird mittels der „Neuro-Brille“ auch deutlich, dass der Verlust an Sicherheitserleben einer zwingenden Kompensation bedarf. Es ist wichtig zu erkennen, dass „Relatedness“, die Verbesserung der Beziehungsqualität, eine solche Kompensationsmöglichkeit darstellt: Das durch das Erleben von Unsicherheit aktivierte Bedrohungssystem wird durch das Erleben von Zugehörigkeit „heruntergeregelt", da hierdurch das Belohnungssystem aktiviert wird.

Allerdings wird durch obige Tabelle zudem deutlich, dass die Zukunftsfähigkeit von Organisationen von einer Erweiterung der Handlungsspielräume, einer Erhöhung der Autonomie der Organisationsmitglieder, abhängt. Dass das Erleben von Autonomie motivierend und somit unmittelbar leistungsrelevant ist, ist keine neue Erkenntnis, sondern seit spätestens Mitte der 1970er Jahre durch eine Vielzahl von arbeitspsychologischen Studien klar belegt.

Aus Sicht des Autors besteht einer der Hauptgründe, warum Führungskräfte sich mit der Erweiterung der Spielräume für ihre Mitarbeiter oftmals schwertun in vielen Fällen darin, dass dies als Machtverlust interpretiert wird. Für eine ausführliche Diskussion der Überzeugung „Einräumen von Autonomie für die Mitarbeiter = Machtverlust für mich als Führungskraft" kann in der vorliegenden Publikation aus Platzgründen kein weiterer Stellenwert eingeräumt werden. Allerdings kann diese weit verbreitete Überzeugung als eine der bedeutsamsten Barrieren bei der Implementierung von Veränderungsprozessen betrachtet werden.

Unabhängig davon führt dieser Gesichtspunkt zu einer weiteren wichtigen Erkenntnis aus der obigen Tabelle: Es wird deutlich, dass es eine hohe Übereinstimmung zwischen Hamels Überlegungen und denen des Neuroleadership gibt. Diese lautet: **Führungskräfte müssen umdenken lernen**! Aus diesem Grund ist es wichtig, sich noch einmal die bereits oben in Abschnitt 1.5 zitierte Überlegung von Hamel vor Augen zu führen: **„Die Führung Ihres Unternehmens liegt weitgehend in den Händen einer kleinen Gruppe lang verstorbener Theoretiker und Praktiker, die zu Beginn des 20. Jahrhunderts die Regeln und Konventionen des ‚modernen' Managements erfanden. Diese Vordenker sind die Poltergeister, die in der mittlerweile veralteten Maschinerie des Managements herumspuken"**.

Mit der „Neuroleadership-Brille" wird auch der Anspruch dieser Implikation deutlich: Lang gehegte Überzeugungen ändert man – weder als „Praktiker" noch als „Wissenschaftler" – „mal eben so". Dazu benötigt es auf **individueller Ebene** Einsicht, Wille zur Veränderung, die Bereitschaft, sich seinen eigenen Unsicherheiten zu stellen, Reflexionsbereitschaft und -fähigkeit sowie den Mut und die Entschlossenheit, neue Erkenntnisse systematisch und nachhaltig umzusetzen. Diese Merkmale stellen Tugenden dar, deren Entwicklung von vielen Unternehmenskulturen nicht notwendigerweise gefördert werden – und die zudem viele Menschen (nicht nur Führungskräfte) an die Grenze der Überforderung bringen werden: Dieser Anspruch an die Notwendigkeit eines Umdenkens setzt nämlich eine weitere Tugend voraus, die unseren üblichen Selbstwertvorstellungen widersprechen: Man muss nämlich damit beginnen in Erwägung zuziehen, dass man selbst Teil des Problems, oder sogar deren Ursache ist. Die Entdeckung, dass unsere Welt nur deshalb „so rund läuft", weil wir die Widersprüche unseres Erlebens und Handelns – kognitive Dissonanzen (Festinger, 2012) – oftmals nur durch unsere Betriebsamkeit und Hektik im Beruf und durch permanente Ablenkung in der Freizeit ertragen können, ist schmerzhaft: Das Bedrohungssystem wird aktiviert. Möglicherweise finden wir ja heraus, dass es einen Unterschied in Hinblick auf das Leistungsniveau macht, ob unsere Mitarbeiter etwas tun, weil wir sie dazu beauftragen bzw. sie dazu anweisen, oder ob sie das tatsächlich von sich heraus, also intrinsisch motiviert tun.

Generell führt dieses Erleben von Dissonanz dazu, dass entsprechende Aktivitäten, wie z.B. Interventionen, die die Selbstreflexion fördern, oftmals als „nicht praxisrelevant" etikettiert werden, da es – so die vordergründige Interpretation – „nicht schnell genug weiter geht".

Die dahinter liegenden Unsicherheiten oder gar Ängste können nicht wahrgenommen werden, sondern werden in psychischer Hinsicht „wegrationalisiert".

Für die **organisationale Ebene** bedeutet dies, wie von vielen anderen Autoren wie z.B. Peter Drucker, Reinhart Sprenger, Fredmund Malik oder Gary Hamel wie auch Praktiker wie Götz Werner, des Gründers der dm-Kette bereits schon seit langer Zeit angemahnt, u.a. die Entwicklung einer Vertrauenskultur, die Entwicklung eines zukunftsfähigen Controllingsystems, Verzicht auf Manipulation der Leistungsbereitschaft durch unangemessene Anreizsysteme und eine qualitativ hochwertigere Personalauswahl, was in der heutigen Zeit des Fach- und Führungskräftemangels eine hohes Maß an Arbeitgeberattraktivität voraussetzt. Wirft man einen tieferen Blick auf die in den obigen Tabellen enthaltenen Überlegungen, wird einmal mehr folgender Aspekt deutlich: Zukunftsfähige Organisationen setzen – genauso wie „gehirngerechte Führung" – einen besonders sorgsamen, und sicherlich im Vergleich zum heutigen „Standard" – deutlich andersartigen Umgang mit Macht und Einfluss voraus.

Die Notwendigkeit, sich mit neuartigen Aspekten des Wirtschaftens, Organisierens und Führens beschäftigen zu müssen, führt zur Frage, ob ein solcher „Paradigmenwechsel", ob die grundsätzliche Änderung tief verankerter Schemata grundsätzlich erwartet, also erlernt werden kann, oder ob wir vor der Situation stehen, dass es möglicherweise nur einige wenige „Ausnahmemanager" gibt, die aufgrund ihrer eigenen Erfahrungen, Werte und Überzeugungen die Voraussetzungen für Praktiken mitbringen, die als „gehirngerecht" bezeichnet werden können.

Die Antwort führt in zweierlei Richtungen, die in jedem Fall aber einen gemeinsamen Ausgangspunkt nehmen: Selbstreflexion ist kein Selbstzweck, sondern führt notwendigerweise dazu, Verantwortung für das eigene Handeln – und auch Nicht-Handeln – zu übernehmen. Damit soll nicht geleugnet werden, dass es eine Vielzahl von Einflüssen auf die eigenen Schemata, auf die eigenen Stärken und Schwächen gibt. Dennoch ist und bleibt es eine zentrale Voraussetzung für eine Veränderung der eigenen Schemata, hierfür die Verantwortung zu übernehmen: Es sind immer (!!!) die eigenen (!!!) Schemata – und somit die eigenen Entscheidungen (oder Unterlassungen), die uns handeln oder nicht handeln lassen. In dem Moment, wo wir anfangen und dabei stehen bleiben, „da draußen" nach Schuldigen zu suchen, ignorieren wir die „tatsächliche" Funktionsweise unseres Gehirns.

23.2 Unternehmenspraktiken und Neuroleadership

Die folgenden Hinweise entstammen Artikeln von bzw. mit Unternehmensgründern von drei Unternehmern, die sich aufgrund ihrer persönlichen Überzeugungen, von zum Teil recht schmerzhaften Lernerfahrungen und Visionen entschlossen haben, ihr Unternehmen „jenseits" des Mainstreams an Managementphilosophie zu führen. Diese Aussagen lassen sich nicht nur sehr gut den fünf Dimensionen des SCARF-Modells zuordnen, sondern entsprechen zudem dem obigen Diktum von Gary Hamel bez. des Veraltetseins herkömmlicher Managementpraktiken. Die Aussagen stammen von

- Interviews mit Ricardo Semler, dem früheren Eigentümer des Semco-Konzerns (Brasilien)[66]

[66] Quellen hierzu sind: http://www.christianruether.com/2011/03/ricardo-semler-und-semco-behandle-deine-mitarbeiter-wie-erwachsene/; http://www.brandeins.de/archiv/magazin/nachfolge/artikel/mach-es-zu-deinem-

- Interviews mit Joseph Kessels, Gründer und Inhaber der Unternehmensberatung Kessels & Smith (Niederlande)[67]
- Analysen von Aktouf & Chretien (1987, 1992) aufgrund von Projekten mit Cascades Inc., einem kanadischen Konzern in der Papierherstellung

Wichtig ist der Hinweis, dass diese Persönlichkeiten das Konzept des Neuroleadership nicht kannten bzw. nicht kennen und von daher nicht behauptet werden soll, dass diese Neuroleadership praktizieren. Vielmehr wird deutlich, dass dort etliche relevante Prinzipien bzw. Bezugspunkte von Neuroleadership sichtbar werden. Zudem können diese Praktiken den oben skizzierten Modellen des double loop- und deutero-learning zugeordnet werden (vgl. Abschnitt 22.2.2).

23.2.1 Status

In folgender Tabelle wird eine Übersicht über Praktiken bzw. Überlegungen gegeben, die sich mit dem Bedürfnis nach Statuserhöhung beschäftigen.

Tab. 23.2: Neuroleadership in der Praxis I: Status

Kessels & Smith	**Cascades**	**Semco**
Round Tables: Jeder kann an Meetings teilnehmen – auch an denjenigen, die sich mit finanzieller Planung beschäftigen	Titel und Positionsbezeichnungen sind vage und gelten als unwichtig. Man ist in der Regel „verantwortlich für …“ oder einfach, man „kümmert sich um …“ und wird durchaus von verschiedenen Leuten unterschiedlich benannt.	Semco hat 3000 Mitarbeiter, aber keine Personalabteilung. Wer stellt diese Leute ein? Wer überprüft die Leistung? Das machen die Angestellten alles selbst. Stellt ein Team fest, dass eine neue Person gebraucht wird, schreibt sie im Intranet der Firma ein entsprechendes Meeting aus. Das ist natürlich freiwillig: Alle können kommen, keiner muss.
Es gibt keine finanziellen Anreizsysteme: Motivation lässt sich nicht kaufen	Außerhalb der Bürostunden von Freitag bis Montag sind die Mitarbeiter ohne Aufsicht. Der Mitarbeiter, der die Gesamtverantwortung für die Anlage hat, ist „verantwortlich“ für diejenigen, die an der Anlage arbeiten, ohne dass er mit irgendeiner offiziellen Macht ausgerüstet ist.	Die einzigen Mitarbeiter, die regelmäßig formal bewertet werden, sind jene in Entscheidungs-Positionen – und zwar von allen anderen. Sollte einer dieser Manager wiederholt schlechte Bewertungen kriegen, geht er für gewöhnlich von selbst.

projekt.html; http://www.schneede.se/assets/files/Ricardo_Semler.pdf; http://www.sein.de/gesellschaft/neue-wirtschaft/2010/die-befreiung-der-arbeit-das-7-tage-wochenende.html sowie seine Bücher: Semler (1993, 2001, 2004)

67 Quellen hierzu sind: http://kessels-smit.de/files/2009_unternehmergesprach_Joseph_Kessels.pdf; http://www.brandeins.de/uploads/tx_b4/140_b1_05_08_learningcompany.pdf; http://www.kessels-smit.com/de/152; http://www.kessels-smit.com/de/165.

Tab. 23.2: Neuroleadership in der Praxis I: Status (Fortsetzung)

Kessels & Smith	Cascades	Semco
Ein Drittel der Aufgaben bestehen aus anspruchsvollen, neuartigen Tätigkeiten, die dazu beitragen den Expertenstatus – und damit die interne Nachfrage – zu erhöhen	Es wird praktisch niemand überwacht. Kooperation und Unterstützung sind die einzigen Dinge, die zählen. Jeder sollte seine eigenen Fehler erkennen und die notwendigen Anpassungen vornehmen. Wenn das nicht geschieht, so die Aussage der Vorgesetzten, dann „diskutieren wir es unmittelbar von Angesicht zu Angesicht". In der Regel lösen die Arbeiter die Probleme durch gemeinsame Diskussion untereinander.	

23.2.2 Certainty

Mittels folgender Tabelle werden einige Praktiken bzw. Überlegungen skizziert, die sich mit dem Bedürfnis nach Sicherheit beschäftigen.

Tab. 23.3. Neuroleadership in der Praxis II: Certainty

Kessels & Smith	Cascades	Semco
Ein Drittel der Aufgaben bestehen aus Routine-Tätigkeiten	Die Gehälter gehören zu den höchsten in der Branche, sie sind zum Teil doppelt so hoch wie in ähnlich gelagerten Fabriken anderer Hersteller in Montreal.	Memos dürfen nur eine Seite lang sein, es gibt keine Richtlinien mehr, sondern nur ein bebildertes Überlebenshandbuch. Fast alle Entscheidungen können auf den kleinen Dienstweg entweder allein oder im Team getroffen werden.
Bei Einstieg in die Firma gibt es einen „Standard-Arbeitsvertrag" für maximal drei Jahre. Danach wird gemeinsam gesprochen über a) den nächsten Entwicklungsschritt: „Entrepreneur" oder „Co-Owner" b) die zukünftige Gehaltsstruktur: Gehalt, Umsätze, Erträge werden fixiert und die hierfür erforderlichen Rahmenbedingungen präzisiert	Jeder hat das Recht, Fehler zu machen. Er wird ermutigt, „Dinge auszuprobieren", unabhängig von seiner Arbeit oder von der Hierarchieebene. Des Weiteren wird jeder ermutigt, seine Sichtweise bekannt zu machen und Vorschläge zu entwickeln. Es wird jedem zugehört.	

23.2.3 Autonomy

In folgender Tabelle wird eine Übersicht über Praktiken bzw. Überlegungen gegeben, die sich mit dem Autonomiebedürfnis beschäftigen.

Tab. 23.4: Neuroleadership in der Praxis III: Autonomy

Kessels & Smith	Cascades	Semco
Es gibt keine formalen Strukturen und keine Hierarchie. Es gibt keine Tätigkeitsbeschreibungen. Die Organisationsmitglieder legen ihr Gehalt selbst fest Das Wichtigste ist die Übernahme persönlicher Verantwortung	Es ist eine übliche und gestattete Praxis, die Wege in der Hierarchie sehr kurz zu halten. So kann ein Arbeiter durchaus ins Hauptquartier gehen und sein Problem direkt mit dem Präsidenten oder Vizepräsidenten besprechen.	Wir wollen nicht, dass irgendwer in etwas verwickelt wird, was ihn nicht interessiert, deshalb sind alle Meetings freiwillig. Das heißt die Meetings werden bekanntgegeben und wer interessiert ist, kann und wird vorbeikommen und soll in dem Moment den Raum wieder verlassen, wenn es anfängt, ihn zu langweilen.
Als „co-owner“ kann man max. zwei Prozent der Unternehmensanteile erwerben Jeder arbeitet mit den Kollegen und Klienten zusammen, die ihn interessieren Jeder hat das Recht und die Pflicht, Probleme anzusprechen Es gibt keine Anwesenheitspflicht – jeder kann frei wählen, wo er arbeitet Wenn neue Mitarbeiter eingestellt werden, dann führen 3–4 Kollegen das Einstellungsgespräch und entscheiden über die Einstellung	Stellenbeschreibungen als solche existieren nirgends. Man erklärt einfach das Wesentliche der Arbeit jeder Person. Aufgaben und Arbeiten sind nicht rigide geteilt. Jeder Mitarbeiter wird ermutigt, sich auch für andere Aufgaben zu qualifizieren und die Aufgaben von anderen zu übernehmen, wobei das in der Regel unter den Arbeitern selbst abgesprochen wird.	Es ist das Fehlen von formaler Struktur, die Art und Weise, wie wir Kontrolle abgeben, sodass die Arbeiter ihren Interessen und ihren Instinkten folgen können, wenn sie Projekte oder Arbeitsfelder auswählen. Wir insistieren darauf, dass die Arbeiter zuerst ihre persönlichen Herausforderungen und Zufriedenheit suchen, bevor sie versuchen, die Ziele des Unternehmens zu erfüllen. Es ist die Art und Weise, wie wir unsere Mitarbeiter ermutigen durch ihren Tag und die Woche umherzuschweifen, sodass sie sich in neue Ideen und Geschäftsfelder mäandrieren. Es wird deutlich in der Art und Weise, wie wir Demokratie und offene Kommunikation umarmen und zu Fragen und Dissens ermutigen.
Es fragt niemand um Erlaubnis – keiner hat die Befugnis, Ideen zu verbieten	Die organisatorischen Strategien erlauben es jedem Team, jeder Werkstatt, jeder Fabrik, als eine eigene, zusammenhängende Ganzheit zu leben. Jede Fabrik ist juristisch selbständig und stellt ein kleines Unternehmen dar, das einige Dienste der zentralen Holding nutzt, ansonsten aber völlig autonom im Hinblick auf das Management, die Umsätze, die Gewinne etc. ist.	Prinzipiell kann jeder Mitarbeiter alle Entscheidungen eigenständig fällen, die seinen Arbeitsplatz betreffen. Fühlt er sich nicht sicher, bespricht er das mit seinem Teamleiter. Ebenso entscheidet der Teamleiter alles, was sein Team betrifft eigenständig, nur bei Unsicherheit bespricht er das mit dem Leiter der Unternehmenseinheit. Offene Fragen werden bei der wöchentlichen Teamleiterbesprechung behandelt. Entscheidungen, die alle Unternehmenseinheiten betreffen, werden auf wöchentlichen Konferenzen getroffen, die einen Tag nach den Teamleiterbesprechungen stattfinden.

23.2.4 Relatedness

Mittels folgender Tabelle werden einige Praktiken bzw. Überlegungen skizziert, die sich mit dem Zugehörigkeitsbedürfnis beschäftigen.

Tab. 23.5: Neuroleadership in der Praxis IV: Relatedness

Kessels & Smith	**Cascades**	**Semco**
Aufgrund der freiwilligen Teamzugehörigkeit ist man bemüht, seine interne Attraktivität zu steigern – interne Attraktivität beruht somit auf Gegenseitigkeit	Es gibt keine Vertraulichkeit in Bezug auf Informationen, die die Mitarbeiter angehen. Außer einigen wenigen technischen Details sind alle Informationen über Produktion, Gewinn, Umsätze usw. für sie zugänglich. Die Mehrzahl dieser Informationen wird einmal monatlich in den Fabriken ausgehängt.	Tatsächlich regeln die Teams fast alles unter sich. Macht jemand keinen guten Job, so wird das im Team diskutiert, oder ein Meeting einberufen. Wer sich ein hohes Gehalt zuteilt, erhöht damit auch die Erwartungen des Teams und den Leistungsdruck.
Kommunikationsqualität spielt eine große Rolle, um Beziehungen aufbauen bzw. Störungen beseitigen zu können („Prozess ist wichtiger als der Inhalt“)	Das gesprochene Wort, der mündliche Austausch wird ermutigt und unterstützt: „Ein Arbeiter, der nicht redet, ist ein Arbeiter, der Probleme hat.“	Aber auch die Mitarbeiter haben mittlerweile ein anderes Verhältnis zur Arbeit: Wenn jemand einen Haufen Geld verdient, die ganze Woche eigentlich nur Golf spielt, aber trotzdem einen guten Job macht und seine Aufgaben erledigt – wen kümmert's dann? Was zählt, ist das Ergebnis.
Kernprinzip der „mutual attractiveness“ basiert auf gegenseitigem Interesse und Respekt – und nicht auf „von oben aufgezwungenen Arbeitsbeziehungen“	Eine echte Offenheit in jeder Beziehung erlaubt konkrete Nähe und Gemeinsamkeit, die von allen erfahren wird, nach der sich alle richten, die sich jedoch auch an alle richtet.	
Die Kollegen sorgen für ein optimales „Reinkommen“ in die Firma. Dieses „Coaching“ bleibt solange erhalten, wie der „Neue“ dies für zweckmäßig hält.		

23.2.5 Fairness

In folgender Tabelle wird eine Übersicht über Praktiken bzw. Überlegungen gegeben, die sich mit dem Bedürfnis nach Fairness beschäftigen.

Tab. 23.6: Neuroleadership in der Praxis V: Fairness

Kessels & Smith	Cascades	Semco
Jeder weiß, was jeder andere verdient	Die Türen sind prinzipiell offen für jedermann. Es ist eine generelle Anweisung, dass man es „wie die Pest" vermeiden soll, ein Gespräch mit irgendjemand anderem in der Firma zurückzuweisen. Bernard Lemaire, der Präsident, nennt als eine Leitlinie, dass es Grund genug sei, einem Mitarbeiter zuzuhören, wenn dieser es selbst als wichtig erachtet, was er zu sagen hat.	Behandele deine Mitarbeiter wie Erwachsene, dann verhalten sie sich auch so. Je mehr Freiheiten du ihnen gibst, desto produktiver, zufriedener und innovativer werden sie. Ein Unternehmen besteht aus erwachsenen gleichberechtigten Menschen, nicht aus Arbeitskräften. Jeder hat das Recht, sich frei zu entfalten und eine gesunde Balance zwischen Beruf und Privatleben zu finden
Jeder kann an allen Meetings teilnehmen	Jeder Mitarbeiter kann für persönliche Zwecke jedes Werkzeug, jede Einrichtung oder jedes Fahrzeug der Firma kostenlos benutzen, auch während der Wochenenden	Jeder Mensch hat bei Semco jederzeit die Möglichkeit, die Buchhaltung einzusehen. Semco bietet Kurse an, damit Menschen, die neu im Unternehmen sind, die buchhalterischen Vorgänge verstehen lernen, um mit den Zahlen auch etwas anfangen zu können. Alle Menschen, die für Semco arbeiten sollen jederzeit über die (finanzielle) Lage des Unternehmens bestens unterrichtet sein.
Diese Kollegen handeln ebenfalls das Gehalt aus und verantworten dies vor der übrigen Organisation	Alle Mitarbeiter können beim Bau eines eigenen Heims die Baumaterialien, die die Firma selbst herstellt, auf Anforderung hin kostenlos erhalten. Des Weiteren ist die Firma bereit, Aktienkäufe der Mitarbeiter für zwei Jahre ohne Zinsen vorzufinanzieren, und zwar bis zu einem Maximum pro Jahr von 20% des Gehaltes des Mitarbeiters. Diese Grenze wurde gesetzt, weil einige Mitarbeiter so viele Anteile kauften, dass sie in finanzielle Schwierigkeiten kamen.	Jeder hat eine Fülle von Instinkten, Interessen, Fertigkeiten, die zusammen die Talente formen. Einige nennen das „Berufung". Wie auch immer es genannt wird, dieses Reservoir kann tiefer sein und vielfältiger als es selbst dem \`Eigentümer´ bewusst ist. Der beste Weg um Job-Zufriedenheit über einen langen Zeitraum zu bewahren ist es dieses Reservoir auszuschöpfen oder der Berufung zu antworten. Letztendlich arbeitet keiner für Geld allein. [...] Ich möchte Leute im Unternehmen, die begeistert von ihrer Arbeit sind. Wenn sie nicht wissen, wie sie diese Leidenschaft anzapfen können, dann möchte ich helfen.

23.2.6 Reflexion von Schemata

Zum Abschluss dieses Abschnitts möchte ich nochmals Ricardo Semler zu Wort kommen lassen – und zwar mit einigen Erläuterungen, was die Essenz seines „Semco-Systems" ausmacht, nämlich das systematische Hinterfragen des Status Quo:

> „Wenn wir eine Kardinal-Strategie haben, die den Untergrund für alle diese Praktiken bildet, wird es diese sein: Frag nach dem „Warum?". Frag' es jederzeit und frag es immer drei Mal nacheinander. Das ist alles andere als natürlich. Die Menschen sind konditioniert, vor zu vielen Fragen zurückzuschrecken. Erstens ist es unanständig und gefährlich. Zweitens könnte es heißen, dass wir unwissend und dumm sind. Drittens hinterfragt es Gewissheiten. Vielleicht ist das, was wir meinen zu wissen, nicht korrekt oder wahr. Viertens hat das Management Angst vor Mitarbeitern, die ständig hinterfragen. Aber am meisten verlangt das Nachfragen, dass alle routinierten und festgefahrenen Antworten, die ursprünglich mal ein Resultat von etwas war, was ich kristallisiertes Denken nenne, diesen Bewusstseinszustand, in dem Ideen sich verfestigt haben in unflexible und nicht fragwürdige Konzepte, die nicht länger von irgendeinem Nutzen sind".[68]

Darüber hinaus vertritt Semler eine Position, die aus der ökonomischen Theorie stammt und deren Anwendung üblicherweise nur im Kontext des Erklärens (und des Steuerns) von Managerverhalten erfolgt. Eher ungewöhnlich ist es, den Aspekt des Eigennutzes aus einer konstruktiven Perspektive auf der Mitarbeiterebene zu diskutieren: „Angestellte brauchen Bestätigung, dass ihr Eigen-Interesse ihre erste Priorität hat, auf die sie achten sollen und die sie nicht ersetzen sollen durch Unternehmens-Interesse oder andere. Wir empfehlen das aus unserem eigenen Unternehmensinteresse heraus – ein Angestellter, der zuerst auf sich selbst schaut, wird motiviert sein etwas zu leisten"[69].

23.3 Und Neuroleadership funktioniert doch!

Wie kann es gelingen, (selbstreflexive) gehirngerechte Führung in den Führungsalltag zu überführen, wenn doch klar geworden ist, dass die Veränderung von Schemata einerseits so schwierig ist – und andererseits viele Organisationen hierfür nicht die angemessenen Voraussetzungen liefern. Wenn wir bei dem – oben deutlich herausgestellten – Prinzip der Selbstverantwortung verweilen, ist die Konsequenz doch die, „sich selbst an die eigene Nase zu packen" und selbst „anzufangen". Auch hier kann uns die moderne Neurowissenschaft weiterhelfen – was wir dazu beitragen müssen, ist (1) Praxis und (2) das Aufgeben unserer überdimensionierten Kontrollschemata: Wie müssen lernen, den Selbstorganisationsprinzipien unseres Gehirns zu vertrauen.

Worum geht es? Richard Davidson, einer der weltweit führenden Neurowissenschaftler, beschäftigt sich seit vielen Jahren mit der Frage, wie die Vorgänge im Gehirn unsere Emotionen und unser Verhalten beeinflussen. In seinem „Alterswerk" mit dem Titel „Warum wir fühlen, was wir fühlen" aus dem Jahre 2013 stellt er die Quintessenz seiner jahrzehntelangen Forschung zusammen – und ergänzt sie aus einem für uns wichtigen Blickwinkel: Er geht der Frage nach, wie wir unsere Emotionen – besser: unser „fest verdrahteten" emotionalen Muster bzw. Schemata – und somit unser Verhalten – verändern können. Davidson (2013) beschreibt sechs emotionale Stile, die spezifische, exakt lokalisierbare neuronale Netze zur Grundlage haben. Mittels dieser Stile wird beschrieben, wie Menschen auf ihre Umwelt rea-

68 Quelle: http://www.christianruether.com/2011/03/ricardo-semler-und-semco-behandle-deine-mitarbeiter-wie-erwachsene/

69 Quelle: http://www.christianruether.com/2011/03/ricardo-semler-und-semco-behandle-deine-mitarbeiter-wie-erwachsene/

gieren. Diese legen fest, ob jemand mitfühlend, positiv gestimmt, ängstlich oder schüchtern ist. Davidsons zentrale Erkenntnis ist: Aufgrund der Neuroplastizität unseres Gehirns (vgl. Abschnitt 4.3.2) können wir mit Achtsamkeitsübungen unsere emotionalen Muster nachhaltig ändern – und damit entscheidend unser Wohlbefinden, unsere Lebensqualität und unser Verhalten beeinflussen. Auch wenn Überlegungen zum Thema „Achtsamkeit" am Ende eines Leadership-Buches für einige der Leserinnen und Leser etwas überraschend oder gar ungewöhnlich sein mag, ist eine Skizze solcher Überlegungen schon fast zwingend: Einerseits ist die Begründung über neuronale Netzwerke anschlussfähig an die bislang vorgelegte Argumentation, andererseits basieren Achtsamkeitsprinzipien und -übungen auf der oben herausgearbeiteten Erkenntnis der Verantwortungsübernahme für die Veränderung der eigenen Schemata: **Nur Sie selbst können sich verändern – Selbstveränderung ist nicht delegierbar!**

23.3.1 Gehirn, emotionale Stile und Verhalten

Die emotionalen Stile: Übersicht

Die über einen Zeitraum von über 30 Jahren erfolgten neurowissenschaftlichen Forschungsarbeiten von Richard Davidson lassen sich wie folgt zusammenfassen: So wie jeder Mensch einen unverwechselbaren Fingerabdruck hat und über eine ganz eigene Physiognomie verfügt, ist auch unser emotionales Profil etwas Einzigartiges. Davidson (2013) spricht hier von dem **emotionalen Stil** eines Menschen. Dieser bezeichnet seine ganz persönliche Art und Weise, auf externe bzw. interne Reize zu reagieren. Davidson (2013) hat herausgearbeitet, dass dieser Stil von spezifischen, exakt identifizierbaren neuronalen Netzen gesteuert wird. Zudem kann er mittels objektiver Methoden ermittelt werden. Diese Individualität der emotionalen Stile zeigt sich darin, mit welcher Häufigkeit und Wahrscheinlichkeit bestimmte Emotionen, Launen und Veranlagungen in uns zum Ausdruck kommen. Aufgrund der Verankerung dieser emotionalen Stile in entsprechenden neuronalen Schaltkreisen stellen diese eine Art „neurobiologischen Blueprint" unserer Emotionen dar.

Richardsons System der emotionalen Stile umfasst sechs Dimensionen. Er betont ausdrücklich, dass er diese nicht als psychologische Persönlichkeitsmerkmale, wie z.B. die „Big Five" verstanden haben will. Er begründet dies pragmatisch dadurch, dass solche Persönlichkeitsmerkmale als stabil, also als nicht änderbar gelten, wohingegen die von ihm identifizierten emotionalen Stile zwar weithin stabil sind, aber dennoch einer prinzipiellen Änderbarkeit unterliegen. Diese sechs Dimensionen sind:

- **Resilienz**: Wie schnell oder langsam erholt man sich von belastenden Erlebnissen?
- **Grundeinstellung**: Wie lange kann sich jemand positive Emotionen erhalten?
- **Soziale Intuition**: Wie empfänglich ist jemand für die von seinen Mitmenschen ausgesandten sozialen Signale?
- **Selbstwahrnehmung**: Wie präzise erfasst jemand die eigenen körperlichen Empfindungen, in denen sich dessen emotionale Befindlichkeit äußert?
- **Kontextsensibilität**: Wie gut gelingt es jemandem, seine emotionalen Reaktionen an den jeweiligen sozialen Zusammenhang anzupassen?
- **Aufmerksamkeit**: Wie präzise und ausdauernd ist die Fokussierung einer Person auf das, was ihm wichtig ist?

Im Folgenden werden hier nun die einzelnen emotionalen Stile skizziert.

Dimension #1: Resilienz

Die Extrempunkte dieser Dimension lassen sich anhand der folgende Fragen darstellen: Wie lange dauert es üblicherweise, bis Sie sich von einer Auseinandersetzung mit Ihrem eigenen Chef erholen? Reagieren Sie auch bei Kleinigkeiten meistens gereizt? Brauchen Sie oftmals Stunden, um sich wieder zu beruhigen? Oder erholen Sie sich nach Streitereien sehr schnell? Sind Sie zuversichtlich, dass Ihre angespannte Stimmung bald wieder verfliegt? Eine schnelle Regeneration mein also ein hohes Maß an Resilienz. Allerdings bedeutet eine hohe Ausprägung an Resilienz nicht notwendigerweise ein hohes Maß an Leistungsbereitschaft oder gar -fähigkeit. Hochresiliente, also extrem belastbare Menschen gehen möglicherweise über Rückschläge und Probleme mit einem Achselzucken und der Einstellung „Don't worry, be happy" hinweg. Gering resiliente Personen lassen sich demgegenüber bei Problemen leicht verunsichern. Sie neigen ggf. dazu, sich wegen längst vergangener, und inzwischen unwichtig gewordener Anlässe aufzuregen und aufzureiben. Menschen unterscheiden sich somit in ihrem Regenerationsstil: Es dauert unterschiedlich lange, bis Menschen sich nach einer Anspannung wieder auf das Ausgangsniveau herunterregeln können. Aus neurophysiologischer Sicht geht es hier um die Vernetzung zwischen dem präfrontalen Cortex und der Amygdala – diese legen fest, wie schnell sich das Gehirn von verstörenden Ereignissen erholt (Davidson, 2013, S. 122).

Dimension #2: Grundeinstellung

Die Fähigkeit, sich die eigenen positiven Emotionen über einen längeren Zeitraum bewahren zu können steht im Mittelpunkt dieser Dimension. Beispiele hierfür sind Menschen, die in der Lage sind, schwierige Situationen „mit links" zu bewältigen – Menschen, die in der Lage sind, stets das Licht am Ende des Tunnels zu sehen. Ihr Gehirn ist quasi auf die Wahrnehmung des Positiven voreingestellt. Problematischerweise können solche Menschen Warnsignale und Gefahren im privaten oder im beruflichen Leben leicht übersehen. Wichtig ist hierbei nicht die Fähigkeit, positive Emotionen erleben zu können, sondern die Fähigkeit, dieses Erleben aufrechterhalten zu können. Am anderen Ende dieses Spektrums finden sich Menschen, die hierzu nicht in der Lage sind – oftmals Zyniker oder Pessimisten. Menschen verfügen also über unterschiedliche Fähigkeiten, das Erleben positiver Emotionen unterschiedlich lange aufrechterhalten zu können. Nach Davidson (2013, S. 141) stellen der präfrontale Cortex und der Nucleus Accubens als Teil des Striatums das neuronale Belohnungssystem dar. Dessen Aktivierung erzeugt Glücksgefühle und stellt die Basis für eine positive Grundeinstellung zum Leben dar. Geringe Aktivität im Striatum und damit geringe Aktivität im präfrontalen Cortex sind Merkmale einer negativen Grundeinstellung.

Dimension #3: Soziale Intuition

Jeder Mensch, der „blind" für die Bedürfnisse anderer Menschen ist, verfügt über eine Intuitionsschwäche: Er „quatscht Dritte voll", obwohl klar ist, dass sie kein Interesse an einem Gespräch oder es eilig haben. Demgegenüber stehen intuitionsstarke Personen, die über ein hohes Maß an Einfühlungsvermögen verfügen. Sie sind fähig, noch so geringe, nonverbale Signale aufzugreifen und die Bedürfnislage ihres Gegenübers genau einzuschätzen. Menschen unterscheiden sich somit in ihrem Ausmaß an Feinfühligkeit. Aus neurophysiologischer Sicht lässt sich zeigen, dass ein niedriges Aktivitätsniveau im Gyrus fusiformis und ein hohes in der Amygdala ausschlaggebend für einen intuitionsschwachen Typ sind. Ein umgekehrtes Muster – hohe Aktivität im Gyrus fusiformis und niedrige in der Amygdala stehen für Intuitionsstärke (Davidson, 2013, S. 125).

Dimension #4: Selbstwahrnehmung

Es gibt Menschen, die erst dann wissen, was in ihnen vorgeht, wenn ihnen dies ein Dritter auf den Kopf zusagt, wie z.B. „Warum bist du eigentlich so ärgerlich?" – und erst dann klar wird, dass der Betreffende wirklich ärgerlich ist. Es gibt also Menschen, die gegenüber den eigenen Emotionen „blind" sind. Das hat nichts mit Verleugnung zu tun – sie sind sich ihrer eigenen emotionalen Signale nicht bewusst. Auf der anderen Seite finden sich Menschen, die ihre Gedanken und Gefühle sehr genau kennen – sie haben ein feines Gespür für die Botschaften ihres eigenen Körpers. Hinzukommt, dass Selbstreflexionsfähigkeit an eine solche Selbstwahrnehmungsfähigkeit gekoppelt ist. Eine solch stark ausgeprägte Selbstwahrnehmungsfähigkeit kann sich aber auch behindernd in Bezug auf die eigene Handlungsfähigkeit auswirken wenn eine quasi ständige Selbstvergewisserung in emotionaler und kognitiver Hinsicht die Planung und das Ausführen von Handlungen beeinträchtigt. Menschen unterscheiden sich somit in ihrem Ausmaß an Selbstwahrnehmungsfähigkeit. Eine starke Affinität in der Insula führt zu einer hohen Selbstwahrnehmung, wohingegen eine niedrige insulare Aktivität mit Selbstblindheit einhergeht (Davidson, 2013, S. 134).

Dimension #5: Kontextsensibilität

Kontextsensibilität kann im weitesten Sinne als Taktgefühl bezeichnet werden: Menschen mir hoher Kontextsensibilität kennen die „ungeschriebenen Gesetze sozialer Interaktion" – Sie wissen, „was sich in bestimmten Situationen gehört". Kontextunsensible Menschen fallen bspw. dadurch auf, dass sie auf einer Beerdigung mit ihrem Smartphone herumspielen, oder beim Empfang ihres Chefs leger gekleidet sind. Kontextblinde Menschen sind verwundert, wenn man ihnen sagt, ihr Verhalten ist unangemessen. Kontextsensibilität hängt also eng mit sozialer Intuition zusammen. In neurophysiologischer Hinsicht lässt sich zeigen, dass eine hohe Aktivität im Hippocampus mit einem hohen Maß an sozialer Intuition, eine niedrige dagegen mit Kontextblindheit einhergeht (Davidson, 2013, S. 128).

Dimension #6: Aufmerksamkeit

Die letzte Dimension hat etwas mit der Fähigkeit zu tun, emotionale Ablenkungen ausblenden und konzentriert bei einer Sache bleiben zu können. Diese Fähigkeit wird insbesondere in Situationen bedeutsam, die emotional belastend sind, wie z.B. Arbeiten unter Zeitdruck. Menschen mit geringer Aufmerksamkeit benötigen vergleichsweise lange, um nach einer Ablenkung wieder zurück zur eigentlichen Tätigkeit zurückzukehren und dort den roten Faden wieder aufnehmen zu können. Sie lassen sich also nicht nur leicht ablenken, sondern finden auch nur schwer in den „alten Modus" zurück. Die neurophysiologische Diagnostik bei der Dimension „Aufmerksamkeit" beruht auf EEG-Studien: Menschen mit hoher Aufmerksamkeit weisen als Reaktion auf externe Reize eine starke Phasendeckung im präfrontalen Kortex und ein moderates P300-Signal auf. Bei aufmerksamkeitsschwachen Personen kommt es nicht zu einer Phasendeckung – und das P300-Signal fällt entweder sehr schwach oder sehr stark aus (Davidson, 2013, S. 148).

Zur Veränderbarkeit emotionaler Stile

Davidson (2013) weist darauf hin, dass oftmals die Stabilität eines emotionalen Stils als Hinweis für eine genetische Veranlagung aufgefasst wird. Diese Interpretation weist er zurück und verdeutlicht vielmehr in seiner Forschung, dass aufgrund der neuronalen Plastizität auch stabile neuronale Strukturen geändert werden können – und das bis ins hohe Alter. Mittels entsprechender Erfahrungen – also Lernprozessen – kann sich unser Gehirn in Hinblick auf Struktur und Funktion neu organisieren. Hiermit sind nicht nur Erfahrungen in Bezug auf äußere Reize, sondern auch in Bezug auf unsere Gedanken gemeint. Davidson (2013) weist nach, dass sich eine solche neuronale Umstrukturierung mittels mentaler Übungen – von der Meditation bis hin zum Achtsamkeitstraining – bewerkstelligen lässt. Unser Gehirn lässt sich so beeinflussen, dass wir für zwischenmenschliche Signale ebenso wie für unsere eigenen Emotionen sensibler werden und zu einer insgesamt positiveren Grundeinstellung gelangen.

Kurz: Mithilfe entsprechender Achtsamkeitsübungen lassen sich nicht nur die Aktivitätsmuster, sondern sogar die Strukturen unseres Gehirns dahingehend beeinflussen, dass wir einen emotionalen Stil entwickeln können, der für unsere Ziele und Bedürfnisse angemessener ist. Wichtig hierbei ist der Grundsatz, dass es nicht einen besten emotionalen Stil gibt, sondern dass die „Effektivität" eines emotionalen Stils von den Rahmenbedingungen – insbesondere den zu erledigenden Aufgaben – abhängt.

23.3.2 Achtsamkeit – ein Zugang zur Veränderung emotionaler Stile

Da Davidson aufgrund seiner über 30-jährigen Forschung die Effektivität von Achtsamkeitsübungen für die Veränderung der eigenen emotionalen Stile – und somit der damit verzahnten Schemata – überzeugend nachgewiesen hat, sollen hier die wesentlichen Aspekte skizziert werden (zur Übersicht vgl. Sauer, 2009).

Historische Entwicklung

Das Achtsamkeitskonzept (mindfulness) hat seine historischen Wurzeln im Buddhismus, aber auch in anderen philosophischen Traditionen. Bereits im 19. Jahrhundert wird dieses Konzept in der Philosophie aufgearbeitet und beeinflusste einige Denker wie Franz Brentano (1838–1917) sowie seinen Schüler Edmund Husserl (1859–1938) stark. Im Mittelpunkt stand eine „vorurteilslose" Annäherung an einen Gegenstand und damit einhergehend ein Außerachtlassen eines eigenen theoretischen Vorverständnisses. Mitte des 20. Jahrhunderts arbeitet Fromm (1960) Ähnlichkeiten zwischen buddhistischen und psychotherapeutischen Ansätzen aus: Beide stellen Wege dar bzw. Methoden bereit, Menschen von den Inhalten ihrer unbewussten Prozesse zu lösen. In der Gestalttherapie (Perls, 1947, 1969) wird Achtsamkeit (dort meist als awareness bezeichnet) explizit als zentraler Faktor aufgeführt.

Ende der 1990er Jahre wird eine Integration von Achtsamkeitsübungen in die Psychotherapie vorgenommen. Die bekannteste Vertreterin von solchen Ansätzen ist die **Mindfulness-based Stress Reduction** (MBRS), die von Jon Kabat-Zinn entwickelt wurde (Kabat-Zinn, 1991). Ein weiterer achtsamkeitsbasierter Therapieansatz ist die **Acceptance and Commitment Therapy** (ACT; Hayes, 2004). Das Achtsamkeitskonzept beginnt auch außerhalb der Psychotherapie Beachtung zu finden. Erste Ansätze für Achtsamkeit in Unternehmen (Walach et al, 2007; Williams, 2006; Flaxman & Bond, 2006), in der Pädagogik (Altner, 2006; Kaltwasser, 2008) oder in der Paarberatung (Carson et al., 2006; Rathus et al, 2006) zeichnen sich ab.

Die Entwicklung solcher Interventionen führte zu einem zunehmenden wissenschaftlichen Interesse an den neurowissenschaftlichen und psychologischen Mechanismen der Achtsamkeit. Es werden EEG- und fMRT-Studien Studien durchgeführt und psychometrischen Skalen entwickelt (z.B. Buchheld & Walach, 2000; Brown & Ryan, 2003). Mithilfe solcher Skalen konnte gezeigt werden, dass die gesundheitlich relevanten Effekte von achtsamkeitsbasierten Interventionen mit einer Erhöhung der Achtsamkeit einhergehen.

Was „ist“ Achtsamkeit?

Am leichtesten fällt der Zugang zu diesem Begriff vermutlich dadurch, wenn man zunächst beschreibt, was Achtsamkeit **nicht** ist – nämlich **keine Konzentration und kein aktives Handeln in der Außenwelt**:

- Achtsamkeit ist einerseits passiv: Es wird beobachtet, was passiert, aber nicht eingegriffen. Andererseits ist Achtsamkeit aktiv in dem Sinne, dass jeder Bewusstseinsinhalt genau registriert wird – nichts soll der Aufmerksamkeit entgehen.
- Achtsamkeit akzeptiert den Wunsch von Menschen nach Veränderung – sie sind mit einer gegebenen Situation nicht zufrieden, sie haben ein „Problem”, welches sie lösen möchten. Veränderung ist das genuine Anliegen der Übenden. Achtsamkeit „verspricht“ Linderung des Veränderungsdrucks und Verbesserung eines als unerwünscht geltenden Zustands (z.B. Stress). Achtsamkeit unternimmt „nichts”, um Veränderung herbei zu führen. Die Wahrnehmungen werden lediglich bewusst und reaktionsfrei betrachtet. Aber es wird kein Versuch unternommen, diese zu ändern.

Von Bedeutung ist hier die Differenzierung zwischen einem „objektiven“ Problem („mein Wagen ist kaputt“) und einem subjektiven, inneren Problem („ich fühle mich bedroht, ausgeschlossen, gestresst usw.). Es ist sinnvoll, die Ursachen eines objektiven Problems zu untersuchen („es fehlt Öl“). Problemlösen besteht im Kern darin, einen ungewünschten Zustand in einen gewünschten Zustand zu überführen (das Auto fährt wieder). Bei subjektiven (inneren) Problemen kann Problemlösen zu einer Zementierung des Problems führen: Es werden z.B. Unsicherheit oder Stress erzeugende Gedanken durch Wiederholung gestärkt. Wenn der ungewünschte Zustand nicht in einen gewünschten überführt werden kann, bleibt als Ausweg, die innere Erfahrung zu vermeiden: Die Angst erzeugenden Gedanken werden ausgeblendet. Hayes und Shenk (1994) zeigen, dass die Vermeidung innerer Erfahrungen die Ursache vieler psychopathologischer Symptome darstellt. Der Änderungswunsch bewirkt in bestimmten Fällen gerade die Nicht-Veränderung oder Aufrechterhaltung des Problems (Simon, 1993; von Schlippe & Schweitzer, 1996). Problemlösen kann daher bei inneren Problemen das Problem sein und nicht dessen Lösung (vgl. Watzlawick, Weakland & Fisch, 1992). Achtsamkeit besteht in einer genauen und offenen Wahrnehmung von aversiven inneren Erfahrungen. Dadurch wird „Veränderung durch Nicht-Veränderung” erreicht (vgl. Hart, 1991).

Definition von „Achtsamkeit“

Einer der vermutlich bedeutsamsten Autoren zum Thema Achtsamkeit, Kabat-Zinn, fasst sein Verständnis von Achtsamkeit anhand von drei Merkmalen zusammen: „On purpose“, „present moment“ und „non-judgmental“ (2003, S. 145). Für ihn ist Achtsamkeit eine gewollte Fokussierung der Aufmerksamkeit auf den aktuellen Moment, wobei nur wahrgenommen wird; eine Beurteilung aber bleibt außen vor. An anderer Stelle nennt Kabat-Zinn weitere Merkmale, um Achtsamkeit zu definieren: Nicht-Urteilen, Geduld, geistige Haltung eines Anfängers („beginner's mind"), Vertrauen, Aufgabe von Zielen, Akzeptanz und Loslassen (1990). Martin (1997) fasst Achtsamkeit als einen Zustand „psychologischer Freiheit" auf, die entsteht, wenn die Aufmerksamkeit ruhig und klar ist und sich nicht an irgendwelche Ansichten festhält. Bishop et al. (2005) definieren Achtsamkeit durch zwei Merkmale: Einerseits bezeichnet „self-regulation of attention" die Fähigkeit, sich momentaner Geisteszustände und -inhalte gegenüber bewusst zu sein. „Orientation to experience" lässt sich als Akzeptanz verstehen: Der sich in Achtsamkeit Übende ist „offen" gegenüber jeglicher Erfahrung, geplant oder nicht, unerwartet oder nicht, gewollt oder nicht.

Sauer (2007) fasst die bisherige Diskussion zum Achtsamkeitskonzept dahingehend zusammen, als dass er Achtsamkeit anhand der beiden Merkmale Präsenz und Gleichmut erklärt:

- **Präsenz** meint eine Fokussierung der Aufmerksamkeit auf das Hier-und-Jetzt (vgl. Kabat-Zinn, 2003), wobei eine solche Fokussierung sich nur auf die sensorische Wahrnehmung (Sehen, Hören, Fühlen, Schmecken, Riechen) bezieht, sondern auch auf den Prozess des Erzeugens innerer Bilder bzw. Erfahrungen. Präsenz vermeidet somit Selbstvergessenheit und Abschweifung.
- **Gleichmut** meint, Erfahrung weder als positiv noch als negativ zu klassifizieren. Gleichmut ist somit etwas anderes als Akzeptanz: Akzeptanz heißt gut, Gleichmut fällt dagegen kein Urteil.

Sauer (2007, S. 33ff.) kann achtsames Verhalten vor dem Hintergrund dieser beiden Elemente von drei anderen Verhaltensformen abgrenzen (vgl. die folgende Abbildung).

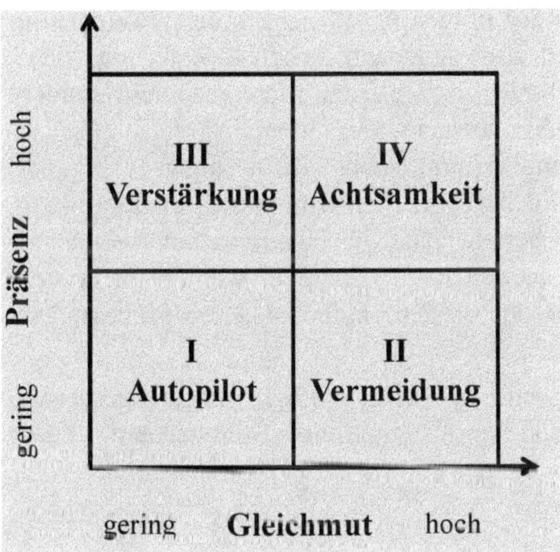

Abb. 23.1: Präsenz-Gleichmut-Matrix (Quelle: Sauer, 2009, S. 45)

Obige Abbildung kann wie folgt beschrieben werden:

- **„Fahren im Autopilotenmodus" (Feld I)** ist ein Verhalten, das sowohl geringe Präsenz und geringe Gleichmut aufweist oder als „mindless behavior" bezeichnen. Dieser Modus ist durch automatisierte und starre Verarbeitungs- und Reaktionsmuster und Gewohnheiten gekennzeichnet. Die Aufmerksamkeit liegt nicht auf den aktuellen Wahrnehmungen, sondern beschäftigt sich mit Vergangenheit oder Zukunft. Den eigenen Reaktionsmustern wird keine Beachtung geschenkt, sodass sich emotionale Spiralen aufschaukeln können, die mit dysfunktionalen Erlebensmustern im Zusammenhang stehen.

- **Vermeidung von unangenehmen Erlebnisinhalten (Feld II)** stellt ein aktives Verschieben des Aufmerksamkeitsfokus weg von aktuellen Wahrnehmungen (geringe Präsenz) bei gleichzeitiger emotionaler Ruhe (Gleichmut) dar. Ein solches Verhalten lässt sich auch als „Erfahrungsvermeidung“ bezeichnen.
- **Verstärkung von (unangenehmer) Emotionen (Feld III)** meint eine Aufmerksamkeitsfokussierung auf die aktuelle Wahrnehmung. Allerdings wird diesen Inhalten nicht mit Gleichmut begegnet, sondern die Emotionen und absichtsbezogenen Reaktionstendenzen werden bekräftigt – man steigert sich emotional in etwas rein. Dies kann bei aggressiv gefärbten Emotionen in ein unbeherrschtes Aus-sich-heraus-brechen münden („Explodieren“). Bei Sorge wird weiter katastrophiert, bei Angst sich die schlimmen Folgen innerlich bunt ausgemalt etc. Das handelnde Individuum mag sich davon emotionale Erleichterung oder praktische Problemlösung versprechen oder einfach unreflektiert dem Verhaltensdruck folgen.
- **Achtsames Verhalten (Feld IV)** setzt ja gerade keine Verschiebung der Aufmerksamkeit weg von der aktuellen Wahrnehmung voraus, sondern ein Verweilen in solchen Zuständen. Gleichzeitig liegt ein gleichmütiger Beobachtungsstand vor. Dadurch kommt es nicht zwingendermaßen zu einer Ausführung des Verhaltens, da der Verhaltensdruck nicht weiter gestärkt wird. Es wird auch nicht der Kontakt mit der Gegenwart abgebrochen. Die eigenen Emotionen werden beobachtet, nicht „frei laufen gelassen“. Insofern kann man von einer Art „kontrollierter Emotionalität” sprechen.

Diese Aufzählung macht in Zusammenhang mit den obigen Ausführungen der Wirkmächtigkeit unserer – unbewussten – Schemata deutlich, dass Achtsamkeit den Kontakt mit vorliegenden Bewusstseinsinhalten nicht abbricht. Dissonanzen werden nicht reduziert, sondern beobachtet – Verdrängungen werden zu vermeiden versucht. Der automatisierte, sich selbstverstärkende Kreislauf aus Wahrnehmung, Verhalten und (mehr oder weniger gelungener) Bedürfnisbefriedigung (vgl. Abschnitt 11.2) wird durchbrochen. Um es mit Epstein (1996, S. 108) auszudrücken: Wenn das Problem darin besteht, dass die Eigenschaften, die man als unzuträglich bestimmt hat, durch ihre Unterdrückung noch mächtiger werden, dann stellt Achtsamkeit einen Weg dar zu lernen, wie man aus diesem „automatisierten Prozess“ aussteigen kann.

Und somit sind wir bei den Forschungsergebnissen von Davidson (2013) angelangt, der gezeigt hat, das sich starke emotionale Muster – von ihm als emotionale Stile benannt – durch eine Achtsamkeitspraxis nachweislich verändern lassen.

23.3.3 Implikationen für ein Neuroleadership

Abschließend lässt sich fragen, welcher emotionale Stil mit der Effektivität von Führungskräften zusammenhängt. Diese Frage muss in zukünftigen Forschungsprojekten beantwortet werden. An dieser Stelle muss es genügen, auf das Self Assessment zu verweisen, das man auf Richard Davidsons Website – www.richardjdavidson.com/take-survey – absolvieren kann, um den eigenen emotionalen Stil kennenzulernen.

Erweitert man jedoch den Fokus auf den Gesamtzusammenhang der hier vorgetragenen Neuroleadershipdiskussion, so lassen sich folgende Schlussfolgerungen ziehen:

- Neuroleadership verfolgt den Anspruch, Führungskräften neurowissenschaftliches Know-how zur Verfügung zu stellen, um die eigene Führungseffektivität verbessern zu können. Die – neurowissenschaftlich begründeten – emotionalen Stile können einen entsprechenden Beitrag leisten.
- Dies umso mehr, als dass nachweisbar ist, dass sich die eigenen Stile prinzipiell verändern lassen. Sicherlich gehören Achtsamkeitsübungen nicht zum Standardrepertoire der betrieblichen Weiterbildung. Allerdings haben inzwischen Konzepte wie Resilienz oder auch das Psychologische Kapital mit seiner Resilienz- und Optimismuskomponente dort bereits Einzug gehalten. Die Beschäftigung mit den emotionalen Stilen in der Führungskräfteentwicklung und im Coaching könnte ein weiterer Schritt darstellen.
- Berücksichtigt man die Schwierigkeit, die eigenen Überzeugungen, Glaubenssätze – also die unbewussten Schemata – erkennen und verändern zu können, stellt sich die Frage, ob es aus Unternehmenssicht sinnvoller ist, auf entsprechende Merkmale bereits bei der Auswahl von Führungskräften (und Mitarbeitern) zu achten. Die folgenden Checklisten sollen erste Hinweise für eine Diagnose emotionaler Stile im betrieblichen Umfeld geben. Diese sind in Form eines Self Assessments formuliert, lassen sich aber durch Umformulierung für andere Zwecke anpassen.

Resilienz Wie schnell und wie vollständig erholen Sie sich von Fehlschlägen bzw. belastenden Ereignissen? Wie widerstandsfähig sind Sie? *Bitte beurteilen Sie die folgenden Aussagen anhand der beigefügten Skala:*		*nicht beurteilbar*	trifft überhaupt nicht zu	trifft eher nicht zu	unentschieden	trifft eher zu	trifft völlig zu
1.	Mich kann nichts so leicht aus der Bahn werfen.						
2.	Wenn ich mich in einem Teammeeting ärgere, ist mein Ärger schon kurz nach dem Meeting wieder verflogen.						
3.	Wenn ich vor größeren beruflichen Problemen stehe, habe ich trotzdem das Gefühl, alles gut im Griff zu haben.						
4.	Nach stressigen Situationen kann ich schnell wieder auf dem alten Leistungsniveau weitermachen.						
5.	Kollegen sagten mir schon einmal, dass man mir nur äußerst selten anmerkt, wenn ich unter Druck stehe.						

Grundeinstellung Wie lange hält bei Ihnen ein positives Gefühl bzw. die gute Laune nach einem positiven Erlebnis an? Bitte beurteilen Sie die folgenden Aussagen anhand der beigefügten Skala:	*nicht beurteilbar*	trifft überhaupt nicht zu	trifft eher nicht zu	unentschieden	trifft eher zu	trifft völlig zu
1. Mir sagt man nach, dass ich Freude und Zuversicht ausstrahle.						
2. Auch an besonders stressigen Tagen kann ich von einem „Programmpunkt" zum nächsten springen, ohne müde zu werden.						
3. Ich bin ein Optimist.						
4. Ich schaffe es, eine positive Stimmung aufrechtzuerhalten und diese in mein Team zu transportieren.						
5. Wenn ich mich über etwas freue, dann merken mir das meine Mitarbeiter an.						

Soziale Intuition Wie genau oder wie feinfühlig nehmen Sie nonverbale Signale anderer wahr? Bitte beurteilen Sie die folgenden Aussagen anhand der beigefügten Skala:	*nicht beurteilbar*	trifft überhaupt nicht zu	trifft eher nicht zu	unentschieden	trifft eher zu	trifft völlig zu
1. Ich erkenne sofort, wenn mein Mitarbeiter ein Problem hat.						
2. Im Büro oder an meinen Mitarbeitern fallen mir oft Kleinigkeiten auf (veränderte Büroeinrichtung, neue Frisur o.ä.)						
3. Wenn ich mich mit meinen Mitarbeitern unterhalte, kann ich recht schnell nonverbale Hinweise für ihre Befindlichkeiten erkennen.						
4. Ich kann die Gefühlslage meiner Mitarbeiter auch dann erkennen, wenn wir nur per Telefon kommunizieren.						
5. Wenn mein Mitarbeiter sich im Gespräch unwohl oder einer Aufgabe nicht gewachsen fühlt, reagiere ich darauf, ohne dass er mich darauf ansprechen muss.						

Selbstwahrnehmung Wie bewusst sind Ihnen Ihre körperlichen Signale, die Ihre Gefühle begleiten? Bitte beurteilen Sie die folgenden Aussagen anhand der beigefügten Skala:	*nicht beurteilbar*	trifft überhaupt nicht zu	trifft eher nicht zu	unentschieden	trifft eher zu	trifft völlig zu
1. Mir ist es wichtig, dass meine Mitarbeiter erkennen können, wie es mir gerade geht.						
2. Wenn ein Kollege mich fragt, warum ich einen Mitarbeiter herablassend oder überkritisch behandelt habe, kann ich oft genug diese Meinung teilen. (R)						
3. Ich versuche in Teammeetings meine Gefühle anzusprechen, anstatt meine Mitarbeiter meinen Emotionen direkt auszusetzen.						
4. Ich bin der Überzeugung, dass Leistung mehr zählt als Gesundheit.						
5. Ich stelle häufig fest, dass während der Arbeit mein Herz rast oder sich mein Puls erhöht und ich nicht weiß warum. (R)						

Kontextsensibilität Wie fähig sind Sie, Ihre Gefühle der Situation, in der Sie sich befinden, anzupassen? Bitte beurteilen Sie die folgenden Aussagen anhand der beigefügten Skala:	*nicht beurteilbar*	trifft überhaupt nicht zu	trifft eher nicht zu	unentschieden	trifft eher zu	trifft völlig zu
1. Es verzichte grundsätzlich darauf, einzelne Mitarbeiter in Anwesenheit anderer auf Fehler hinzuweisen.						
2. Mir ist von einem engen Vertrauten schon einmal gesagt worden, dass ich für jeden Anlass die richtigen Worte finde.						
3. Ich bin nicht der Typ, der häufiger in „Fettnäpfchen" tritt.						
4. Sobald ich mit meinen Mitarbeitern spreche, passe ich Kontext und Formulierung meinem jeweiligen Gegenüber an.						
5. Kollegen haben mir bestätigt, dass die Kommunikation mit meinen Mitarbeitern im Allgemeinen wertschätzend ist.						

Aufmerksamkeit Wie gut können Sie sich konzentrieren? Bitte beurteilen Sie die folgenden Aussagen anhand der beigefügten Skala:	*nicht beurteilbar*	trifft überhaupt nicht zu	trifft eher nicht zu	unentschieden	trifft eher zu	trifft völlig zu
1. Ich lasse mich nicht leicht ablenken, wenn ich wichtige Dinge zu erledigen habe.						
2. In Gesprächen mit meinen Mitarbeitern ist es mir stets wichtig, dass alle Details besprochen und alle Unsicherheiten ausgeschlossen werden.						
3. Es fällt mir leicht, zwischen Spaß und Ernst umzuschalten.						
4. Wenn ich mir vornehme, mich auf eine bestimmte Aufgabe zu konzentrieren, gelingt es mir in den meisten Fällen, mich an diesen Vorsatz zu halten.						
5. Man sagt mir eine hohe Konzentrationsfähigkeit nach.						

23.4 Gehirngerechte Führung???

In der vorliegenden Publikation habe ich versucht, die bislang vorliegende Engführung eines Neuroleadership auf einen Situativen Ansatz der Führungslehre, der zudem in Teilen einem biologischen Reduktionismus folgt, zu überwinden. Die Entscheidung darüber, ob bzw. wie gut mir dies gelungen ist, liegt bei den Leserinnen und Lesern.

Zum Schluss möchte ich die in der Einleitung vorgenommene Differenzierung zwischen Gehirn und Geist aufgreifen und anhand von einigen Überlegungen weiterführen – und dabei einige Überlegungen des US-amerikanischen Psychologen und Philosophen William James (1842–1910) voranstellen:

> „Der Mensch unterscheidet sich vom Tier hauptsächlich durch das Übermaß seiner subjektiven Neigungen; seine Überlegenheit über jene beruht einzig und allein auf der Menge und dem phantastischen, unnotwendigen Charakter seiner physischen, moralischen, ästhetischen und intellektuellen Wünsche. Wäre sein ganzes Leben nicht ein Streben nach Überflüssigem gewesen, hätte er sich nie so unbezwinglich im Notwendigen durchgesetzt. Und aus dieser Erkenntnis sollte er die Lehre ziehen, dass er seinen Wünschen vertrauen kann; dass, selbst wenn ihre Erfüllung in weite Ferne gerückt erscheint, die Unruhe, die sie hervorrufen, der beste Führer seines Lebens ist und ihn zu Aufgaben leiten wird, die weit über seine gegenwärtige Vorstellungskraft hinausgehen. **Beschneide seine Extravaganz, ernüchtere ihn, und du wirst ihn vernichten**" (James, 1896; Hervorhebung durch d.A.).

James (1896) nimmt hier aus einer evolutionstheoretischen Perspektive etwas vorweg, das die Psychologen und die Neurowissenschaftler erst viel später aufgegriffen und empirisch geprüft haben: Neugier und Freiheit (bzw. Autonomie) sind zentraler Bestandteil der biologischen – und somit auch neurobiologischen – Natur des Menschen. **Menschsein ist unauflöslich mit Neugier und Freiheit verbunden – und einem daraus resultierenden Drang zur Selbstveränderung und Weiterentwicklung.**

Wenn wir also unser evolutionstheoretisches Erbe zu akzeptieren bereit sind, dann eröffnet das zumindest einen ersten weiterführenden Eindruck dessen, woran eine „gehirngerechte Führung" notwendigerweise scheitern muss, nämlich an dem Zwang einer sich permanenten

Unterordnung unter Regeln, Prinzipien, Prozessen – und auch Verhaltensweisen von Vorgesetzten, die diesen Drang zur Selbstentwicklung zu sehr beschränken. Kurz: Wir sollten nachdenken, ob die Vielzahl von Studien, die es im Zusammenhang mit zurückgehender Bindung, mangelnder Identifikation, Leistungszurückhaltung usw. gibt (s. Abschnitt 1.2: Gallup-Studie usw.), nichts anderes sind als ein Zeichen dafür, dass unser Gehirn „stärker" ist als unsere – an falschen Prinzipien orientierte – (Unternehmens-)Kultur.

Dass es auch anders geht, zeigen die Fallstudienskizzen von Semco, Kessels & Smith und Cascades. Und dass immer mehr solcher Ideen umgesetzt werden, zeigt die wachsende Methodensammlung („Moonshots") auf der Homepage von Gary Hamel. Neuroleadership ist – konsequent zu Ende gedacht – keine Sammlung von Führungsmethoden, die nur darauf warten, aus einem Werkzeugschrank hervorgeholt und umgesetzt zu werden. Vielmehr stellt Neuroleadership zunächst die Frage an denjenigen, der diese Werkzeuge benutzen will: **Bist du bereit, dich selbst verändern zu lassen?** Und erst wenn diese Frage bejaht wird, kann der Weg zu einer gehirngerechten Führung beschritten werden.

24 Literaturverzeichnis

Abbott S. & Freeth, D. (2008): Social capital and health: starting to make sense of the role of generalized trust and reciprocity. J Health Psychol Vol. 13, (7) 874–883.

Abel, B. J. & Hayslip, B. (2001): Locus of control and retirement preparation. Journal Of Gerontology, 42 (2), 165–167.

Abele, A.E., Stief, M. & Krüsken, J. (2002). Persönliche Ziele von Mathematikern beim Berufseinstieg. Ein Vergleich offener und geschlossener Erhebungsmethoden. Zeitschrift für Pädagogische Psychologie, 16(3–4), 193–205.

Abraham, M., & Büschges, G. (2004). Einführung in die Organisationssoziologie. 3. Ausgabe. Wiesbaden

Adams, J.S. (1965): Inequity in Social Exchange. Berkowitz, L. (Hrsg.): Advances in Experimental Social Psychology, Vol. 2, New York.

Ahle, M. E. (2002): Elterliche Überzeugungen und Beurteilung des Fehlverhaltens gesunder und atopisch kranker Kinder. Dissertation FU Berlin Download vom 15.1.2013 http://www.diss.fu–berlin.de/diss/receive/FUDISS_ thesis_000000001169

Aiken, L. R. & Groth-Marnat, G. (2006): Psychological testing and assessment. Boston: Allyn and Bacon; Pearson.

Ainsworth, M. (1982): Attachment: Retrospect and prospect. In: the place of attachment in human behavior, Parkes, C., Stevenson Hinde, J., New York

Ainsworth, M., Blehar, S., Water, C., Wall, E. (1978): Patterns of attachment: A psychological study of the Strange Situation. Hillsdale

Ainsworth, M.D. (1989): Attachment beyond infancy. American Psychologist, 44, 709–716.

Ainsworth, M.D., Blehar, M., Water, E., Wall, S. (1989): Patterns of attachment: A psychological study of strange situations. Hillsdale.

Aktouf, O. (1992): Der Fall CASCADES: Die Hinterfragung der Führung und die Teilung der Macht. Zeitschrift für Organisationsentwicklung, 2, 44–57.

Aktouf, O./Chretien, M. (1987): Die Entfremdung abbauen: Wie eine Unternehmenskultur „erlebt" und nicht künstlich konstruiert wurde. Zeitschrift für Organisationsentwicklung, 2, 11–28.

Albrecht, S.: Burnout – Ein Leitfaden des ifa. Download (01.11.2012) http://www.arbeitsmedizin.ch/fileadmin/public/Dokumente/Burnout/Burnout_%20Broschuere_sa.pdf

Allport, G.W (1943): The ego in contemporary psychology. In: Psychological Review, 50, S. 451–478.

Altner, N. (2006). Achtsamkeit und Gesundheit. Auf dem Weg zu einer achtsamen Pädagogik. Immenhausen: Prolog.

Alvesson, M. & Spicer, A. (2011): Metaphors We Lead By. Understanding Leadership in the Real World. Abingdon, UK: Routledge

Anderson, C. (2012): Lernen von Cameron Anderson: Sozialer Status und Wohlbefinden. (Download vom 29.06.2012)http://www.wirtschaftspsychologie–aktuell.de/lernen/lernen–20120629–cameron–anderson–sozialer–status–und–wohlbefinden.html

Anthony, D.B./Holmes, J.G./Wood, J.V. (2007): Social acceptance and self–esteem: Tuning the sociometer to interpersonal value. In: Journal of Personality and Social Psychology, 92, S. 1024–1039.

Antonovsky, A. (1997): Salutogenese. Zur Entmystifizierung der Gesundheit. Deutsche Übersetzung von Alexa Franke. Tübingen.

Aretz, W. (2007): Subjektive Führungstheorien und die Umsetzung von Führungsgrundsätzen im Unternehmen: Eine Analyse bisheriger Forschungsansätze, Modellentwicklung und Ergebnisse einer empirischen Untersuchung. Köln: Kölner Wissenschaftsverlag.

Argyris, C. (1990): Overcoming Organizational Defenses, Boston.

Argyris, C. (2004): Defensive Routinen, in: Fatzer, Gerhard (Hrsg.): Organisationsentwicklung für die Zukunft. Ein Handbuch, Edition Humanistische Psychologie – EHP, 3. Auflage, Bergisch Gladbach, S. 179–226.

Argyris, C./Schön D. A. (2006): Die Lernende Organisation. Grundlagen, Methode, Praxis. Klett–Cotta, 3. Auflage, Stuttgart.

Argyris, C./Schön, D. A. (1974): Theory in Practice, San Francisco.

Argyris, C./Schön, D. A. (1978): Organizational Learning: A Theory of Action Perspective, Reading.

Arnold, M. (2002): Aspekte einer modernen Neurodidaktik. Emotionen und Kognitionen im Lernprozess. München: Ernst Vögel.

Arnold, W., Eysenck, H. J., Meili R. (2007): Herders Lexikon der Psychologie, 1. Auflage, Band 2, Tschechische Republik.

Arvey, R.D. & Murphy, K.R. (1998). Performance evaluation in work settings. Annual Review of Psychology, 49, 141–168.

Ashby, W.R. (1956): An introduction to Cybernetics. Wiley, New York.

Avey. B. J. & Luthans, F. (2011). Experimentally analyzing the impact of leader positivity on follower positivity and performance. The Leadership Quarterly, 22, 82–294.

Avolio, B. A. & Luthans, F. (2005): The High Impact Leader: Authentic, Resilient Leadership That Gets Results and Sustains Growth. McGraw-Hill.

Baecker, D. (2001): Drei Regeln für eine wirtschaftlich effiziente Unternehmenskultur: Einfachheit, Autonomie und kulturelle Führung. In Bertelsmann–Stiftung, N. Kluge & A. Schleiter (Hrsg.), Praxis Unternehmenskultur. Herausforderungen gemeinsam bewältigen (Band 1 – Erfolgsfaktor Unternehmenskultur, S. 57–80). Gütersloh: Verl. Bertelsmann–Stiftung.

Bailom, F., Matzler, K., Tschermernjak, D. (2006): Was erfolgreiche Unternehmen anders machen. Wien.

Baldauf, C. (1997): Metapher und Kognition. Grundlagen einer neuen Theorie der Alltagsmetaphern. Frankfurt a. M., Lang.

Baldwin, M.W./Sinclair, L. (1996): Self–Esteem and „If .. Then“-contingencies of interpersonal acceptance. In: Journal of Personality & Social Psychology, 71, S. 1130–1141.

Bandura, A. (1977): Social Learning Theory. Englewood Cliffs, NJ: Prentice Hall

Bandura, A. (1997): Self–Efficacy – The exercise of control. New York: Freeman and Co., 1997.

Bartholomew, K. (2012): Self Report Measures of Adult Attachment, (Download vom 05.09.2012) http://www.sfu.ca/psyc/faculty/bartholomew/selfreports.htm

Bartholomew, K., Horowitz, L. (1991): Attachment Styles Among Young Adults: A Test of a Four–Category Model. Journal of Personality and Social Psychology. 1991, 61, 2, 226–244.

Bartscher, T. (2004): Personaleinsatz. In: Gaugler, E./Oechsler, W./Weber, W. (Hrsg): Handwörterbuch des Personalwesens. 3. Auflage, Stuttgart: Schäffer Poeschel (Enzyklopädie der Betriebswirtschaftslehre, Bd. V), Sp. 1455–1469

Bateson, G. (1972): Steps to Ecology of Mind, Chandler Publishing, San Francisco.

Bauer, J. (2008): Prinzip Menschlichkeit – Warum wir von Natur aus kooperieren, 6. Auflage, Hoffmann und Campe Verlag.

Baumeister, R.F. (1999). Self-Concept and Identity. In: Derlega, V.J./Winstead, B.A./Jones, W.H. (Hrsg.): Personality. Contemporary Theory and Research. 2nd Edition. Chicago, IL. Nelson–Hall. S. 349–380.

Baumeister, R.F. (1999): The self in social psychology. Philadelphia, PA. Psychology Press.

Baumeister, R.F./Campbell, J.D./Krueger, J.I./Vohs, K.D. (2003): Does High Self–Esteem Cause Better Performance, Interpersonal Success, Happiness, or Healthier Lifestyles? In: Psychological Science in the public Interest, 4, 1, S. 1–44.

Baumeister, R.F./Smart, L./Boden, J.M. (1996): Relation of Threatened Egotism to Violence and Aggression: The Dark Side of High Self–Esteem. In: Psychological Review, 103, 1, S. 5–33.

Bear, M.F./Connors, B.W./Paradiso, M.A. (2009): Neurowissenschaften. Ein grundlegendes Lehrbuch für Biologie, Medizin und Psychologie. Hrsg.: Deutsche Ausgabe von Engel, A.K., Heidelberg.

Beinhocker, E. (2007): Die Entstehung des Wohlstands Wie Evolution die Wirtschaft antreibt, Landsberg am Lech.

Beinhocker, E. (2009): Die Entstehung des Wohlstands – Wie Evolution die Wirtschaft antreibt, Landsberg am Lech.

Benassi V.A., Sweeny P.D., Dufour C.L. (1988): Is there a relation between locus of control orientation and depression? J. Abnorm. Psychol. 97: 357–367

Bennett Jr., W., Lance, C.E. & Woehr, D.J. (2006). Introduction. In W. Bennett Jr., C.E. Lance & D.J. Woehr (Hrsg.), Performance Measurement: Current Perspectives and Future Challenges (S. 1–5). Mahwah, NJ: Lawrence Erlbaum Associates.

Benoit, D. Parker, K. (1994): Stability and transmision of attachment across three generations. Child Development, 65, 1444–1456

Berant, E., Mikuliner, M., Florian, V. (2001): The association of mother's attachment style and their psychological reactions to the diagnosis of infant's congenital heart disease. Journal of Social and Clinical Psychology, 20, 208–232

Bereiter, C. (1990), Aspects of an Educational Learning Theory. Review of Educational Research, 1990, S. 606 ff.

Bergman, M.E., Donovan, M.A., Drasgow, F., Overton, R.C. & Henning, J.B. (2008). Test of Motowidlo et al.'s (1997) theory of individual differences in task and contextual performance. Human Performance, 21, 227 - 253.

Bergmann. F. (2004): Neue Arbeit, Neue Kultur. Arbor, Freiamt.

Berking, M., Grosse Holtforth, M. & Jacobi, C. (2003). Reduction of incongruence in inpatient psychotherapy. Clinical Psychology and Psychotherapy, 10, 86 – 92.

Berthel, J., & Becker, F. G. (2008). Personalmanagement. Stuttgart.

Bies, R. J. (2005). Are procedural justice and interactional justice conceptually distinct? In J. Greenberg & J. Colquitt (Eds.), Handbook of organizational justice (pp. 85–112). Mahwah, NJ: Lawrence Erlbaum Associates.

Bies, R. J., & Moag, J. S. (1986). Interactional justice: Communication criteria of fairness. In R. J. Lewicki, B. H. Sheppard, & M. Bazerman (Eds.), Research on negotiation in organizations (pp. 43–55). Greenwich, CT: JAI Press.

Birbaumer, N. & Schmidt, R.F. (2003): Biologische Psychologie. 7. Auflage. Spektrum Akademischer Verlag, Heidelberg.

Bishop, S. R., Lau, M., Shapiro, S., Carlson, L., Anderson, N. C., Carmody, J., et al. (2004). Mindfulness: A proposed operational definition. Clinical Psychology: Science and Practice, 11, 230¬241.

Blascovich, J./Tomaka, J. (1991): Measures of self–esteem. In: Robinson, J./Shaver, P./Wrightsman, L. (Hrsg.): Measures of personality and social psychology attitudes. San Diego, CA. Academic Press. S. 115–160.

Böhler, M., Weber, A. & Winter, S. (2001): Mitarbeiter– und Kundenzufriedenheit – Zusammenhänge und gemeinsame Einflussfaktoren. Mannheimer Beiträge zur Wirtschafts– und Organisationspsychologie, 16 (1), 1–11.

Böker, H., Nikisch, G., Keßler, S., & Heidemann, C. (1996). Selbstwertgefühl und Objektbeziehungen von Patienten mit monopolarer und neurotischer Depression: Eine klinische Studie mit dem Gießen–Test. Psychother. Psychosom. med. Psychol. S.46.

Bommer, W. H., Johnson, L. J., Rich, G. A, Podsakoff, P. M. & Mackenzie, S. B. (1995). On the interchangeability of objective and subjective measures of employee performance: a meta–analysis. Personnel Psychology, 48, 587– 605.

Bösl, D. (2008). Lebensqualität von Patienten nach aneurysmatischer Subarachnidalblutung. Regensburg. S. 93ff. (Download: vom 27.02.2013) http://epub.uni–regensburg.de/10811/1/boesllebensqualitaet.pdf

Bosman, M. (2012): Developing Leadership to Shape the Future. Strategic Leadership Institute, Neuroleadership: Lead in a Way That Will Engage People`s Mind.

Bowlby, J. (1969): Attachment and loss, Vol. 1: Attachment. New York: Basic Books.

Bowlby, J. (1973). Attachment and loss, Vol. 2: Separation. New York: Basic Books.

Bowlby, J. (1976): Anxiety and Anger. London

Bowlby, J. (I980). Attachment and loss, Vol. 3: Loss, sadness and depression. New York: Basic Books

Bowling, N.A./Eschleman, K.J./Wang, Q./Kirkendall, C./Alarcon, G. (2010): A meta–analysis of the predictors and consequences of organization–based self–esteem. In: Journal of Occupational and Organizational Psychology, 83, S. 601–626.

Brandstätter, V. (Hg.) (2009): Handbuch der Allgemeinen Psychologie. Motivation und Emotion. Göttingen ; Bern, Wien, Paris, Oxford, Prag, Toronto, Cambridge, MA, Amsterdam, Kopenhagen, Stockholm: Hogrefe.

Brandstätter, V., Schüler, J., Puca, R.M., Lozo, L. (2013): Motivation und Emotion. Reihe: Springer–Lehrbuch

Braun, A.K. & Meier, M. (2004): Wie Gehirne laufen lernen. Zeitschrift für Pädagogik, 50, (2004) 4, S. 507–520

Braus, F. D. (2004): Einblicke ins Gehirn. Stuttgart/New York: Thieme.

Brockner, J. (1983): Low self–esteem and behavioral plasticity: Some implications. In: Wheeler, L./Shaver, P. (Hrsg.): Review of personality and social psychology, Vol. 4. Beverly Hills, CA. Sage. S. 237–271.

Brockner, J. (1988): Self–esteem at work: Theory, research, and practice. Lexington, MA.

Brown, J., Cooper, C. & Kirkcaldy, B. D. (1996): Occupational stress among senior police officers. British Journal of Psychology, 87, 31–41.

Brown, J.D./Collins, R.L./Schmidt, G.W. (1988): Self–esteem and direct versus indirect forms of self–enhancement. In: Journal of Personality and Social Psychology, 55, S. 445–453.

Brown, K.W. & Ryan, M.R. (2003). The Benefits of Being Present: Mindfulness and its Role in Psychological Well–Being. Journal of Personality and Social Psychology, 84, 4, 822–848.

Buchheld, N. & Walach, H. (2001). Achtsamkeit in Vipassana-Meditation und Psychotherapie. Forschungsstand und aktuelle Perspektiven. In W. Belschner, J. Galuska, H. Walach, & E. Zundel (Eds.), Perspektiven Transpersonaler Forschung. Jahresband 1 des DKTP (S. 65–86). Oldenburg: BIS–Verlag.

Bungard, W. & Schultz–Gambard, J. (1990): Überlegungen zum Verhalten von Börsenakteuren aus kontrolltheoretischer Sicht, in: Börse und Psychologie, hrsg. v. Maas, P./Weibler, J., Köln, S. 140 – 161.

Bungard, W. & Wiendieck G.(Hrsg.) (1986): Qualitätszirkel als Instrument zeitgemäßer Betriebsführung, Landsberg, Lech 1986.

Buss, D. (2004): Evolutionäre Psychologie, Pearson Studium.

Buss, D. M., & Duntley, J. D. (2006): The evolution of aggression. In M. Schaller, J. A. Simpson, & D. T. Kenrick (Eds.), Evolution and Social Psychology (pp. 263–286). New York: Psychology Press.

Cacioppo, J. T., & Patrick, B. (2008). Loneliness: human nature and the need for social connection. New York: W. W. Norton & Company.

Camerer, C. (2003): Behavioral studies of strategic thinking in games. Trends in Cognitive Sciences May 2003, 7(5): 225–231.

Camerer, E., Loewenstein, G., Prelec, D. (2005): Neuroeconomics – How Neuroscience Can Inform Economics. In: Journal of Economic Literature. 43 (März 2005). S. 9–64.

Cameron, K. (2008): Positive Leadership. Strategies for extraordinary performance. 1. Auflage. San Francisco: Berrett–Koehler Publishers, Inc.

Cameron, K., Dutton, J., Quinn, R. (2003): An introduction to positive organizational scholarship. Positive organizational scholarship. San Francisco: Berrett–Koehler.

Cameron, O.G. (2001): Interoception: The inside story – a model for psychosomatic processes. Psychosomatic Medicine, 63, 697–710

Carlson, N.R. (2004): Physiologische Psychologie. Pearson Studium.

Carson, J.W., Carson, K.M., Gil, K.M. & Baucom, D.H. (2006). Mindfulness–based relationship enhancement (MBRE) in couples. In R. Baer (Ed.), Mindfulness–bases Treatment Approaches. Clinician's Guide to Evidence Base and Applications (S.309–332). New York: Guilford.

Carver, C.S.; Sutton, S.K.; Scheier, M.F. (2000): Action, emotion, and personality: Emerging conceptual integration. Personality and Social Psychology Bulletin, 26, 741–751

Casriel, D. (1968): Die Wiederentdeckung des Gefühls. Gütersloh.

Chandola, T., Marmot, M. and Siegrist, J. (2007). Failed reciprocity in close social relationships and health: Findings from the Whitehall II study. Journal of Psychosomatic Research, 63 (4), 403–411.

Chinn, C. A., & Brewer, W. F. (1993). The role of anomalous data in knowledge acquisition: A theoretical framework and implications for science instruction. Review of Educational Research, 63, 1–49.

Cohen, J. (1992): A power primer. Psychological Bulletin, 112, 155–159.

Cohen-Charash, Y., & Spector, P. E. (2001). The role of justice in organizations: A meta–analysis. Organizational Behavior and Human Decision Processes, 86, 278–321.

Collani, G. v./Herzberg, P.Y. (2003): Eine revidierte Fassung der deutschsprachigen Skala zum Selbstwertgefühl von Rosenberg. In: Zeitschrift für Differentielle und Diagnostische Psychologie, 24, 1, S. 3–7.

Collings, N. (1996): Working models of attachment: Implications of explanation, emotion and behavior. Journal of Personality and Social Psychology, 71, 810–832

Collings, N., Guichard, A., Ford, M., Feeney, B. (2004): Working Models of Attachment. New Development and Emerging Themes. In: Attachment Theory (Rhodes and Simpson)

Colquitt J. A./Shaw, J. C. (2008): How Should Organizational Justice Be Measured? In: Greenberg, J./Colquitt J. A. Hrsg. Handbook of Organizational Justice. Psychology Press. New Jersey.

Colquitt, J. A. 2001. On the dimensionality of organizational justice: A construct validation of a measure. Journal of Applied Psychology, 86, 386–400.

Colquitt, J. A., Conlon, D. E., Wesson, M. J., Porter, C. O. L. H., & Ng, K. Y. 2001. Justice at the millennium: A meta–analytic review of 25 years of organizational justice research. Journal Of Applied Psychology, 86, 425–445.

Comelli, G. & von Rosenstiel, L. (2003): Führung durch Motivation. Mitarbeiter für Organisationsziele gewinnen. Franz Vahlen.

Conrad, W. & Michel, L. (1982): Testtheoretische Grundlagen psychometrischer Tests; in Groffmann, K.J., Michel, L.: Enzyklopädie der Psychologie, 1 Auflage, Göttingen.

Conway, J. M. & Huffcutt, A. I. (1997). Psychometric properties of multi–source performance ratings: A meta–analysis of subordinate, supervisor, peer, and self–ratings. Human Performance, 10, 331–360.

Conway, J.M. (1999): Distinguishing contextual performance from task performance for managerial jobs. Journal of Applied Psychology, 84.3–13

Coopersmith, S. (1967): The antecedents of self–esteem. San Francisco, CA. Freeman.

Copray, N. (2010): Fairness. Der Schlüssel zu Kooperation und Vertrauen. Gütersloher Verlagshaus. 1. Auflage. München.

Couper, M., Tourangue, R. & Kenyon, K. (2004): Picture This. Exploring visual Effects in Web Surveys, Public Opinion Quarterly, 68, 255 –266.

Craig, A. D. (2003). Pain mechanisms: Labeled lines versus convergence in central processing. Annual Review of Neuroscience, 26, 1–30.

Crandall, R. (1973): The measurement of self-esteem and related constructs. In: Robinson, J. P./Shaver, P. R. (Hrsg.): Measures of social psychological attitudes. Ann Arbor, MI. Institute for Social Research. S. 45–57.

Crandall, V. C., Katovsky, W., & Crandall, V. J. (1965). Children's belief in their own control of reinforcements in intellectual–academic achievement situation. Child Development, 36, 91–109.

Crocker, J. & Knight, K.M (2005): Contingencies of Self–Worth. In: Current Directions in Psychological Science, 14, 4, S. 200–203.

Crocker, J. & Luhtanen, R.K. (2003): Level of Self–Esteem and Contingencies of Self–Worth: Unique Effects on Academic, Social, and Financial Problems in College Students. In: Personality and Social Psychology Bulletin, 29, S. 701–712.

Crocker, J./Luhtanen, R.K./Cooper, M. L./Bouvrette, A. (2003): Contingencies of Self–Worth in College Students: Theory and Measurement. In: Journal of Personality and Social Psychology, 85, 5, S. 894–908.

Crocker, J./Park, L. E. (2004): The Costly Pursuit of Self–Esteem. In: Psychological Bulletin, 130, 3, S. 392–414.

Crocker, J./Sommers, S.R./Luhtanen, R.K. (2002): Hopes dashed and dreams fulfilled: Contingencies of self–worth and admissions to graduate school. In: Personality and Social Psychology Bulletin, 28, S. 1275–1286.

Crocker, J./Wolfe, C. T. (2001): Contingencies of self–worth. In: Psychological Review, 108, S. 593–623.

Cronbach, L., J. (1951): Coefficient alpha and the internal structure of tests; in Psychometrika 16.3, Journal 297–334, 1951

Csikszentmihalyi, M. (1990): Flow – The Psychology of Optimal Experience, 1. Auflage, New York, U.S.A. 1990

Csikszentmihalyi, M. (2010): Flow. Das Geheimnis des Glücks. 15. Aufl. Stuttgart: Klett–Cotta.

Dahrendorf, R. (2006). Homo Sociologicus. VS Verlag für Sozialwissenschaften, Auflage 16. Wiesbaden

Damasio, A. (2010): Descartes' Error. Emotion, Reason, and the Human Brain. New York.

Damasio, A. R. (2006): Der Spinoza–Effekt. Wie Gefühle unser Leben bestimmen. 3. Aufl. Berlin: List.

Damm, M. (2010): Praxis der Schemapädagogik. Schemaorientierte Therapien und ihr Potenzial für psychosoziale Arbeitsfelder. Stuttgart.

D'Andrade, R. (1995), The Development of Cognitive Anthropology. Cambridge-Mass..

Dann, H.D. (1983): Subjektive Theorien: Irrweg oder Forschungsprogramm? Zwischenbilanz eines kognitiven Konstrukts. In L. Montada et al. (Hrsg.), Kognition und Handeln (S. 77–92). Stuttgart: Klett–Cotta.

Davidovitz, R., Mikulincer, M., Shaver, Ph., Izak, R., Popper, M. (2007): Leaders as Attachment Figures: Leaders' Attachment Orientation Predict Leadership–Related Mental Representations and Followers' Performance and Mental Health, Journal of Personality and Social Psychology, 2007, Vol. 93, No. 4, 632–650

Davidson, R. (2013): Warum wir fühlen, wie wir fühlen: Wie die Gehirnstruktur unsere Emotionen bestimmt – und wie wir darauf Einfluss nehmen können. Arkana.

Davidson, R.J. (2003): Affective neuroscience and psychophysiology: toward a synthesis. Psychophysiology, 40, 655–665, 2003

Davidson, R.J. (2004a): Well–being and affective style: neural substrates and biobehavioural correlates. Philos Trans R Soc Lond B Biol Sci, 359 (1449), 1395–1411

Davidson, R.J. (2004b): What does the prefrontal cortex „do" in affect: Perspectives on frontal EEG asymmetry research. Biological Psychology, 67, 219–233

Davidson, R.J.; Irwin, W. (1999): The functional neuroanatomy of emotion and affective style. Trends in Cognitive Science, 3, 11–21

Davidson, R.J.; Jackson, D.C.; Kalin, N.H. (2000): Emotion, plasticity, context, and regulation: Perspectives from affective neuroscience. Psychological Bulletin, 126, 890–909, 2000

De Lange, A., Taris, T., Kompier, M., Houtman, I. & Bongers, P. (2003). The very best of the Millenium: Longitudinal Research and the Demand–Control–(Support) Model. Journal of Occupational Health Psychology, 28, 94–108.

DeCharms, R. (1968). Personal causation: The internal affective determinants of behavior. New York: Academic Press.

Deci, E. L. (1972): Intrinsic Motivation, Extrinsic Reinforcement, and Inequity. Journal of Personality and Social Psychology 22. S.119–120.

Deci, E. L., & Ryan, R. M. (1993): Die Selbstbestimmungstheorie der Motivation und ihre Bedeutung für die Pädagogik. Zeitschrift Für Pädagogik, 39, 223–238.

Deci, E. L., and Flaste, R. (1996): Why we do what we do – Understanding Self–Motivation, 2. Auflage, USA.

Deci, E. L., Ryan, R. M. (2002): Handbook of Self–Determination Research, 1. Auflage, Rochester.

Deci, E. L., Ryan, R. M. (2012): Self–Determination Theory; in Van Lange, P. A. M., Kruglanski, A. W., Higgins, E. T.: Handbook of Theories of Social Psychology: Collection, 1 & 2. Auflage, London.

Deci, E.L & Ryan, R.M. (1993): Die Selbstbestimmungstheorie der Motivation und ihre Bedeutung für die Pädagogik. In: Zeitschrift für Pädagogik 39, S. 223–228.

Deci, E.L. & Ryan, R.M. (2000): The „What" and „Why" of Goal Pursuits: Human Needs and the Self–Determination of Behavior. Journal of Research in Personality, 19, 109 –134

Deci, Ed L./Koestner Richard M./Ryan, Richard, M. (1999): A meta–analytic review of experiments examining the effects of extrinsic rewards on intrinsic motivation. Psychological Bulletin 125, S. 627–668.

DeLongis, A./Folkman, S./Lazarus, R.S. (1988): The impact of daily stress on health and mood: Psychological and social resources as mediators. In: Journal of Personality and Social Psychology, 54, S. 486–495.

Dette, H., Melas, V. B. & Pepelyshev, A. (2004). Optimal designs for estimating individual coefficients— A functional approach, Journal of Statistical Planning and Inference, 118, 201–219.

Deusinger, I. (1984): Die Frankfurter Selbstkonzept–Skalen. Göttingen. Hofgrefe.

Deutsche Gesellschaft für Personalführung (2004): Was Arbeitgeber attraktiv macht. (Download vom 18.11. 2013) http://static.dgfp.de/assets/publikationen/2004/04/was–arbeitgeber–attraktiv–macht–ergebnisse–einer–wunschprofilerhebung–bei–potenziellen–bewerbern–1395/arbeitgeber.pdf

Diamond, L., Hicks, A. (2004): Psychobiological Perspectives of Attachment. Implications for Health over the Lifespan. In: Adult Attachment, Rholes & Simpson

Diener, E./Diener, M. (1995): Cross–cultural correlates of life satisfaction and self–esteem. In: Journal of Personality and Social Psychology, 68, S. 653–663.

Dipboye, R.L. (1977): A critical review of Korman's self–consistency theory of work motivation and occupational choice. In: Organizational Behavior and Human Performance, 18, S. 108–126.

Domes, G., Heinrichs, M., Gläscher, J., Braus, D.F., Büchel, C., Herpertz, S.C. (2007): Oxytocin attenuates amygdala responses to emotional faces regardless of valence. Biol Psychiatry, 62, 1187–1190.

Donny, E.C., Bigelow, G.E., Walsh, S.L. (2006): Comparing the physiological and subjective effects of self–administered vs yoked cocaine in humans. Psychopharmacology (Berl). 2006 Jul;186(4):544–52. Epub 2006 Mar 21.

Dopfer, K. (2003): Die Rückkehr des verlorenen Menschen, in: Ernst Fehr, Gerhard Schwarz, Psychologische Grundlagen der Ökonomie, 3. Auflage, Zürich.

Ducki, A. (2000): Diagnose gesundheitsförderlicher Arbeit, Zürich.

Duncan, R. & Weiss, A. (1979): Organizational Learning: Implications for Organizational Design, in: Research in Organizational Behaviour, Band 1, herausgegeben von Stab, B. M., Greenwich, Conn., S. 75–123.

Dunckel, H./Volpert, W.: Aufgaben und kriterienbezogene Gestaltung von Arbeitsstrukturen. In H. Lucuak & W. Volpert (Hrsg.). Handbuch Arbeitswissenschaft. S. 791–795). 1997. Stuttgart

Dweck, C. (2009). On learning to become a member of one's culture. Frontiers of Neuroscience.

Echterhoff, M. (2011). Führung und Gesundheit: Welchen Einfluss nehmen Führungskräfte auf die gesundheitsförderlichen bzw. gesundheitsbelastenden Arbeitsbedingungen der Beschäftigten für sich selbst wahr. Bielefeld.

Edelman, G.M. (1987): Neural Darwinism. The theory of neutral group selection. New York: Basic Books.

Eisenberger, N. I. & Lieberman, M. D. (2004). Why rejection hurts: a common neural alarm system for physical and social pain. Trends in Cognitive Sciences, 8(7), 294300.

Eisenberger, N. I., Jarcho, J. M., Lieberman, M. D. & Naliboff, B. D. (2006). An experimental study of shared sensitivity to physical pain and social rejection. Pain, 126(1–3), 132–138.

Eisenberger, N. I., Lieberman, M. D. & Williams, K. D. (2003). Does rejection hurt? An fMRI study of social exclusion. Science, 302(5643), 290–292.

Eisenberger, N. I., Taylor, S. E., Gable, S. L., Hilmert, C. J. & Lieberman, M. D. (2007). Neural pathways link social support to attenuated neuroendocrine stress responses. Neuroimage, 35(4), 1601–1612.

Eisenberger, N. I., Taylor, S. E., Gable, S. L., Hilmert, C. J., & Lieberman, M. D. (2007). Neural pathways link social support to attenuated neuroendocrine stress response. NeuroImage, 35, 1601–1612.

Elbert T, Pantev C, Wienbruch C, Rockstroh B, Taub E. (1995) Increased cortical representation of the fingers of the left hand in string players. Science 13:305–307.

Elger, C. (2009): Neuroleadership – Erkenntnisse der Hirnforschung für die Führung von Mitarbeitern, 1. Auflage, Haufe Lexware GmbH & Co KG.

Elger, C. (2013): Neuroleadership – Erkenntnisse der Hirnforschung für die Führung von Mitarbeitern, 2. Auflage, Haufe Lexware GmbH & Co KG.

Elizabeth Carter, E., Pelphrey, K. (2008): Friend or foe? Brain systems involved in the perception of dynamic signals of menacing and friendly social approaches. Social Neuroscience 3:2, 151–163.

Elliot, A.J/Devine, P.G. (1994): On the motivational nature of cognitive dissonance: Dissonance as psychological discomfort. In: Journal of Personality and Social Psychology, 67, 3, S. 1282 1299.

Epstein, S. & Morling, B. (1995): Is the self motivated to do more than to enhance and/or verify itself? In M.H. Kernis (Ed.), Efficacy agency and self–esteem (pp. 9–29). New York: Plenum Press

Epstein, S. (1990): Cognitive–experiential self–theory. In: Pervin, L.A. (Hrsg.): Handbook of personality. Theory and research. New York, NY, Guilford. S. 165–192

Epstein, S. (1993): Implications of cognitive–experiential self–theory for personality and development psychology. In: Funder, D.C./Parke, R.D./Tomlinson–Keasey, C./Widaman, K. (Hrsg.): Studying lives through time: Personality and development. Washington, DC. American Psychological Association. S. 399–438.

Esch, T.: Die Neurobiologie des Glücks. Wie die Positive Psychologie die Medizin verändert. 2012. Stuttgart

Eslinger, P.J. & Damasio A.R. (1985). Severe disturbance of higher cognition after bilateral frontal lobe ablation: patient EVR. (I. Modern Medicine Publications, Hrsg.)

Esslinger, S. et. al.: Betriebliches Gesundheitsmanagement. Mit gesunden Mitarbeitern zu unternehmerischem Erfolg, 1. Auflage, Gabler–Verlag, 2010

Ewert, J.–P. (1998). Neurobiologie des Verhaltens. Stuttgart

Fairhurst, G. (2011): The Power of Framing: Creating the Language of Leadership. Jossey-Bass/A Wiley Imprint.

Faix, T. (2009): Die Welt verändern. Francke–Buchhandlung

Feeney, B.C. Collings N. L. (2004): Interpersonal Safe Haven and Secure Base Caregiving Processes in Adulthood. In: Adult Attachment, Rholes & Simpson

Feeney, J.A., Noller, P., Callan, V.J. (1994): Attachment style, communication and satisfaction in the early years of marriage. In K. Bartholomew & D. Perlman: Advances in personal relationships: Vol. 5, Attachment processes in adulthood. Pp. 269–308. London

Feldman, J.M. (1981). Beyond attribution theory: Cognitive processes in performance appraisal. Journal of Applied Psychology, 66, 127 - 148.

Felsch, A. (1999): Personalentwicklung und Organisationales Lernen. Mikropolitische Perspektiven zur theoretischen Grundlegung, Erich Schmidt Verlag, 2. Auflage, Hamburg.

Fengler, J. (2004). Feedback geben. Weinheim

Ferring, D./Fillip, S.–H. (1996): Messung des Selbstwertgefühls: Befunde zur Reliabilität, Validität und Stabilität der Rosenberg–Skala. In: Diagnostica, 42, S. 284–292.

Ferris, D.L., Lian, H./Brown, D.J., Pang, F.X. J., Keeping, L.M. (2010): Self–Esteem and job performance: The Moderating Role of Self–Esteem Contigencies. In: Personnel Psychology, 63, S. 561–593.

Ferris, D.L./Brown, D.J./Lian, H./Keeping, L.M. (2009): When Does Self–Esteem Relate to Deviant Behavior? The Role of Contingencies of Self–Worth. In: Journal of Applied Psychology, 94, 5, S. 1345–1353.

Ferris, G.R., Davidson, S.L. & Perrewé, P.L. (2005). Political Skill at Work. Impact on Work Effectiveness. Mountain View, CA (USA): Davies - Black Publishing.

Ferris, G.R., Witt, L.A. & Hochwarter, W.A. (2001). Interaction of social skill and general mental ability on job performance and salary. Journal of Applied Psychology, 86, 1075 - 1082.

Festinger, L (2012): Theorie der Kognitiven Dissonanz. Huber Verlag Bern. unveränderter Nachdruck der Ausgabe von 1978.

Festinger, L. (1957): A theory of cognitive dissonance. Evanston, IL. Row, Peterson and Company.

Fetchenhauer, D. (2006): Gut ist das Gegenteil von gut gemeint. Zur Psychologie von Wirtschafts- und Sozialreformen. Vortrag. Symposium Markforschung der Psychonomics AG, Köln (Germany).

Fiedler, P. (2001): Dissoziative Störungen und Konversion. Beltz, Weinheim (2., neu bearbeitete Auflage)

Filipp, S.–H./Frey, D. (1988): Das Selbst. In: Immelmann, K./Scherer, K. R./Vogel, C. & Schmoock, P. (Hrsg.): Psychobiologie. Grundlagen des Verhaltens. Stuttgart. Gustav Fischer Verlag. S. 415–454.

Fischer, H.: Resourceful Humans: URL: http://www.resourceful–humans.com (28.10.2012)

Flammer, A. (1990): Erfahrungen der eigenen Wirksamkeit. Einführung in die Psychologie der Kontrollmeinung. Bern. Huber.

Fleming, J.S./Courtney, B.E. (1984): The dimensionality of self–esteem: II. Hierarchical fact model for revised measurement scales. In: Journal of Personality and Social Psychology, 46, S. 404–421.

Fluck, A. C. (2009). Vorkommen von subklinischen Depressionen am Bildschirmarbeitsplatz: Eine arbeitsmedizinische Untersuchung. Frankfurt am Main.

Fohler, K. P. (2010): Die Bedeutung veränderter Bewusstseinszustände in der psychosozialen Beratung. Voraussetzungen und Strategien der Beratungsarbeit vor dem Hintergrund neuerer Entwicklungen in den Humanwissenschaften. Dissertation. Universität Kassel, Kassel.

Förster, J. & Strack, F. (1996): Influence of overt head movements on memory for valenced words: A case of conceptual–motor compatibility. Journal of Personality and Social Psychology, 71, 421–430.

Fox, C.: The Australian Financial Review: It´s all in the mind, (veröffentlicht am 09.11.2007), URL: http://www.resultscoaches.com/files/AFR_Article.pdf (27.01.2013)

Fraley, Ch, Brumbaugh, C.C (2004): A Dynamical Systems Approach to Conceptualizing and Studying Stability and Change in Attachment Security. In: Adult Attachment, Rholes & Simpson, New York

Fraley, Ch. (2010): A Brief Overview of Adult Attachment Theory and Research. http://internal.psychology.illinois.edu/~rcfraley/attachment.htm (11.12.2012)

Fraley, Ch., Shaver, Ph. (1997): Self–Report Measures of Adult Attachment. http://internal.psychology.illinois.edu/~rcfraley/measures/measures.html (13.09.2012)

Fraley, Ch., Waller, N., Brennan, K. (2000): An Item Response Theory Analysis of Self–Report Measures of Adult Attachment. Journal of Personality and Social Psychology, 2000, Vol. 78, No. 2, 350–365

Fraley, R.C., Waller, N.G. (1998): Adult attachment patterns: A test o the typological model. In J.A. Simpson & W.S. Rholes: Attachment theory and close relationships. New York

Frank, R.H., Gilovich, T., Regan, D.T. (1993): Does Studying Economics Inhibit Cooperation. Journal of Economic Perspectives, 7(2), S. 159–171.

Frank, R.H./Gilovich, T./Regan, D.T. (1993): Does Studying Economics Inhibit Cooperation. Journal of Economic Perspectives, 7(2), S. 159–171.

Franken, U. (2004): Emotionale Kompetenz. Eine Basis für Gesundheit und Gesundheitsförderung. Dissertation: Universität Bielefeld.

Franks, D. D./Marolla, J. (1976): Efficacious action and social approval as interacting dimensions of self–esteem: A tentative formulation through construct validation. In: Sociometry, 39, S. 466–482.

Fredrickson, B. (2011): Die Macht der guten Gefühle. Wie eine positive Haltung ihr Leben dauerhaft verändert. Frankfurt am Main [u.a.]: Campus–Verl.

Freud, S. (1932): The Einstein – Freud Correspondence (1931–1932). (Download vom 23.08.2013): http://www.public.asu.edu/~jmlynch/273/documents/FreudEinstein.pdf

Frey, A. & Balzer, L. (2005). Der Beurteilungsbogen smk: Ein Messverfahren für die Diagnose von sozialen und methodischen Fähigkeitskonzepten. In A. Frey, R.S. Jäger & U. Renold (Hrsg.), Kompetenzdiagnostik – Theorien und Methoden zur Erfassung und Bewertung von beruflichen Kompetenzen (S.31–56). Landau: Verlag Empirische Pädagogik.

Frey, B. S., Osterloh, M.: Managing Motivation – Wie Sie die neue Motivationsforschung für Ihr Unternehmen nutzen können, 2. Auflage, Wiesbaden 2002

Frey, D. & Irle, I. (Hrsg.)(1993): Theorien der Sozialpsychologie. Band 1: Kognitive Theorien (2., vollst. überarb. und erw. Aufl.). Bern: Huber.

Frey, D. (1987), Kognitive Theorien, in: Sozialpsychologie : ein Handbuch in Schlüsselbegriffen. München, Psychologie-Verlags-Union. S. 50–67.

Friedman, J. (1994): Cultural Identity and Global Process. London.

Fuchs, M. (2006). Sozialkapital, Vertrauen und Wissenstransfer in Unternehmen: Habilitationsschrift, Universität Graz, 2004. Wirtschaftswissenschaft. Wiesbaden: Dt. Univ.-Verl.

Fuhrmeister, M.–L./Wiesenhütter, F. (1973): Metamusik. Psychosomatik der Ausübung zeitgenössischer Musik. München. J. F. Lehmanns Verlag.

Furnham, A./Cheng, H. (2000): Lay theories of happiness. In Journal of Happiness Studies, 1, S. 227–246.

Gaechter, S. (2009) Vorwort des Gastherausgebers: Experimentelle Ökonomie: Neue Wege, neue Erkenntnisse? Perspektiven der Wirtschaftspolitik. 10, 1–13

Gaechter, S. 2009. Vorwort des Gastherausgebers: Experimentelle Ökonomie: Neue Wege, neue Erkenntnisse? Perspektiven der Wirtschaftspolitik. 10, 1–13

Gagné, M., Koestner, R. & Zuckerman, M. (2000). Facilitating acceptance of organizational change: The importance of self–determination. Journal of Applied Social Psychology, 30, 1843–1852

Gallup (2011): Engagement–Studie des Instituts Gallup Deutschland. Digitale Pressemappe: (Download: http://www.gallup.com/strategicconsulting/158177/pressemitteilung–zum–gallup–engagement–index–2011.aspx vom 21.02.2013)

Gallup GmbH (09.02.2011): Engagement Index Deutschland 2010. Berlin. Marco Nink. Online verfügbar unter http://eu.gallup.com/Berlin/146030/Praesentation–zum–Gallup–EEI–2010.aspx, zuletzt geprüft am 04.08.2011.

Ganster, D. C. and Fusilier, M. R. (1989): Control in the workplace, In: Cooper, C. L. and Robertson, I. T. (Eds.), International Review of Industrial and Organizational Psychology, pp. 235–280, Wiley, Chichester.

Gardner, W. L./Avolio, B. J./Luthans, F./May, D. R./Walumba, F.: Can't you see the real me? A Self–based model of authentic leader and follower development. The Leadership Quarterly. Volume 16. Issue 3. S. 343–372. 2005.

Gassen, H. G. (2008). Das Gehirn. Weinheim

Gassmann, O. & Friesike, S. (2012): 33 Erfolgsprinzipien der Innovation. Carl Hanser Verlag GmbH & Co. KG

Gebele, N. (2009). Arbeit und Gesundheit: Zur objektiven Erfassung von Tätigkeitsmerkmalen nach dem Job Demand–Control Modell, Marburg/Lahn, S.18. (Download: http://archiv.ub.uni–marburg.de/diss/z2010/0089/pdf/dng.pdf vom 21.09.2012)

Geisendorf, S. (2009): The irrational foundation of neoclassical economics. How a simplified Newtonism shaped the perception of the economy, in: Walter Otto Ötsch, Claus Thomasberger (Hrsg.), Der neoliberale Markt-Diskurs-Ursprünge, Geschichte, Wirkungen; Marburg 2009.

Geller, D. & Bamberger, P.A. (2009): The impact of help seeking on individual task performance: The moderating effect of help seekers' logics of action. Journal of Applied Psychology, Vol 97(2), Mar 2012, 487–497.

Georg, B.: Authentic leadership. Rediscovering the secrets to creating lasting value. 2003. San Francisco, CA.

George, D. & Mallery, P. (2012): IBM SPSS Statistics 19 Step by Step: A Simple Guide and Reference. 12th Edition. Needham Heights, MA. Pearson.

George, D./Mallery, P. (2012): IBM SPSS Statistics 19 Step by Step: A Simple Guide and Reference. 12th Edition. Needham Heights, MA. Pearson.

Gerrig, R. J., Zimbardo, P. G.: Psychologie, 16. Auflage, München 2004

Geyer, C. (Hrsg.) (2004). Hirnforschung und Willensfreiheit. Zur Deutung der neuesten Experimente, Frankfurt am Main.

Geyer, T. (2006). Kompromisslos Vertrauen (?) – Merkmal einer erfolgreichen Unternehmerkultur. In INQA (Hrsg.), Frühjahrstagung 2006 der Initiative Neue Qualität der Arbeit und der Bundesanstalt für Arbeitsschutz und Arbeitsmedizin. 29.05.2006. Dortmund (29.05.2006). [14.7.2009].

Gilbert, D. U. (2003): Vertrauen als Gegenstand der ökonomischen Theorie. In D. Ulrich Gilbert (Hrsg.), Vertrauen in strategischen Unternehmensnetzwerken (Neue Betriebswirtschaftliche Forschung, Bd. 320, S. 77–97). Wiesbaden: Dt. Univ.–Verl.

Glaessner, G.–J. (2002): Sicherheit und Freiheit, in : Aus Politik und Zeitgeschichte B 10–11.

Glimcher, P. W. (2009). Neuroeconomics: Decision Making and the Brain. Academic Press.

Gnefkow, T. (2008): Lerntransfer in der betrieblichen Weiterbildung. Determinanten für den Erfolg externer betrieblicher Weiterbildungen im Lern– und Funktionsfeld aus Teilnehmerperspektive. (Download vom 17.11.2013): http://d–nb.info/989349004/34

Goleman, D. (1996): Emotional Intelligence – Why it can matter more than IQ, 1. Auflage, London.

Goleman, D. (1998). Working with emotional intelligence. New York, NY (USA): Bantam.

Gordon, E. (2008): NeuroLeadership and Integrative Neuroscience: „its about VALIDATION stupid! „, in: NeuroLeadership Journal, Issue 1.

Grant, A.M./Campbell, E.M./Chen, G./Cottone, K./Lapedis, D./Lee, K. (2007): Impact and the art of motivation maintenance: The effects of contact with beneficiaries on persistence behavior. In: Organizational Behavior and Human Decision Processes, 103, S. 53–67.

Grau, R., Sanova, M. & Peiró, J.M. (2001). Moderating effects of self–efficiacy on occupational stress. Psychology in Spain, 5 (1), 63–74.

Grawe, K. (1998): Psychologische Therapie. Göttingen. Hofgrefe.

Grawe, K. (2000): Psychologische Therapie. 2. Auflage, Göttingen

Grawe, K. (2004): Neuropsychotherapie. Göttingen. Hofgrefe.

Gray, J. (1987). The psychology of fear and stess (2 Ausg.). Cambridge University Press. Cambridge

Gray, J.A. & McNaughton, N. (1996): The neuropsychology of anxiety. A reprise. In D.A. Hope (Ed.), Nebraska Symposion on Motivation: Perspectives on anxiety, panic, and fear (vol. 43, pp. 61–134) Lincoln: University of Nebraska Press.

Gray, J.A. (1982): The neuropsychology of anxiety. New York: Oxford University Press.

Grebner, S., Berlowitz, I., Alvarado, V., Cassina, M. (2010): Stressstudie 2010. Stress bei Schweizer Erwerbstätigen. Zusammenhänge zwischen Arbeitsbedingungen, Personenmerkmalen, Befinden und Gesundheit. Bern. Staatssekretariat für Wirtschaft.

Green, S. & Mitchell, T. (1979): Attributional processes of leaders in leader–member interactions. Organizational Behavior and Human Performance, 23, 429–458.

Greenhalgh, L. & Rosenblatt, Z. (1984). Job insecurity: toward conceptual clarity. Academy of Management Review, 9 (3), 438–448.

Greenhalgh, L. & Rosenblatt, Z. (2010). Evolution of research on job insecurity. International studies of management and organization, 40 (1), 6–19.

Greenier, K.D:/Kernis, M.H./Waschull, S.B: (1995): Not all high (or low) self–esteem people are the same. Theory and research on stability of self–esteem. In: Kernis, M.H. (Hrsg.): Efficacy, agency and self-esteem. New York, NY. Plenum Press. S. 51–71.

Greenwald, A.G./Bellcza, F.S./Banaji, M.R. (1988): Is self esteem a central ingredient to the self–concept? In: Personality and Social Psychology Bulletin, 14, S. 34–45.

Greenwald, A.G./Farnham, S.D. (2000): Using the Implicit Association Test to measure self–esteem and self–concept. In: Journal of Personality and Social Psychology, 79, S. 1022–1038.

Greenwald, A.G./McGhee, S.E./Schwartz, J.L.K. (1998): Measuring individual differences in implicit cognition: The Implicit Association Test. In: Journal of Personality and Social Psychology, 74, S. 1464–1480.

Greif, S. & Kluge, A. (2004). Lernen in Organisationen. In H. Schuler (Hrsg.), Enzyklopädie der Psychologie. Organisationspsychologie 1 – Grundlagen und Personalpsychologie (S. 751–825). Göttingen Hogrefe.

Griffin, D., Bartholomew, K (1994): The metaphysics of measurement: The case of adult attachment. Advances in Personal Relationships, 5, 17–52

Griffin, D., Bartholomew, K. (1994). Models of the self and other: Fundamental dimensions underlying measures of adult attachment. Journal of Personality and Social Psychology, Vol. 67, 430–445

Griffin, J. M., Greiner, B. A., Stansfeld, S. A. & Marmot, M. (2007). The Effect of Self–Reported and Observed Job Conditions on Depression and Anxiety Symptoms: A Comparison of Theoretical Models. Journal of Occupational Health Psychology 12, 334–349.

Groeben, N., Wahl, D., Schlee, J. & Scheele, B. (1988): Das Forschungsprogramm Subjektive Theorien. Eine Einführung in die Psychologie des reflexiven Subjekts. Tübingen: Franck.

Gropengiesser, H. (2004): Denkfiguren zum Lehr–Lernprozess. Metaphernanalyse nach der Theorie des erfahrungsbasierten Verstehens. In: Gropengiesser, H., Janßen–Bartels, A. & Sander, E. (Hrsg.): Lehren fürs Leben. Köln, Aulis Verlag Deubner, 8–24.

Grosse Holtforth, M., Grawe, K. (2000): Fragebogen zur Analyse Motivationaler Schemata (FAMOS). In: Zeitschrift für klinische Psychologie, 29, 3, S. 170–179.

Grosse Holtforth, M., Grawe, K. (2003): Der Inkongruenzfragebogen (INK) – ein Messinstrument zur Analyse motivationaler Inkongruenz. Zeitschrift für Klinische Psychologie und Psychotherapie, 32, 315–323

Grossmann, K. (1990): Entfremdung, Abhängigkeit und Anhänglichkeit im Lichte der Bindungstheorie. In: Praxis der Psychotherapie und Psychosomatik, Bd. 35, S. 231–238

Grote, G./Künzler, C.: Sicherheitskultur, Arbeitsorganisation und Technikeinsatz. 1996. Zürich

Gurin, P., Gurin, G., Lao, R. C. & Beattie, M. (1969). Internal–External Control in the Motivational Dynamics of Negro Youth. Journal of Social Issues, 25, 29–53.

Hacker , W., & Richter , P. (1984). Psychologische Bewertung der Arbeitsgestaltungsmaßnahmen– Ziele der Bewertungsmaßstabe, spezielle Arbeits- und Ingenieurpsychologie in Einzeldarstellung. Berlin.

Hacker, W. & Skell, W (1993). Lernen in der Arbeit. Berlin/Bonn.

Hacker, W./Richter, P.: Psychologische Bewertung von Arbeitsgestaltungsmaßnahmen – Ziele und Bewertungsmaßstäbe; spezielle Arbeits- und Ingenieurpsychologie in Einzeldarstellung. Berlin. 1984

Hackman, J. R., Oldham, G. R.: Job Diagnostic Survey; in Sichler, R.: Autonomie in der Arbeitswelt, 1. Auflage, Göttingen 2006

Häder, M. (2006): Empirische Sozialforschung: Eine Einführung. VS Verlag für Sozialwissenschaften.

Haidt, J. (2011): Die Glückshypothese. Was uns wirklich glücklich macht: die Quintessenz aus altem Wissen und moderner Glücksforschung. 3. Aufl. Kirchzarten bei Freiburg: VAK Verlag.

Hall, E.T. & Hall M.R., Understanding Cultural Differences. Germans, French and Americans. Maine 1989.

Hamel, G. (2013): Worauf es jetzt ankommt: Erfolgreich in Zeiten kompromisslosen Wandels, brutalen Wettbewerbs und unaufhaltsamer Innovation. Wiley–VCH Verlag GmbH & Co. KGaA.

Hanser, H. (2005): Lexikon der Neurowissenschaft, 3. Auflage, Band 2, Heidelberg.

Hardy, G., Barkham, M. (1994): The Relationship between Interpersonal Attachment Styles and Work Difficulties. Human Relations, Vol. 47, No. 3, S. 263–281

Harmon–Jones, E. & Mills, J. (1999): An Introduction to cognitive dissonance theory and an overview of current perspectives on the theory. In E. Harmon–Jones & J. Mills (Eds.), Cognitive dissonance: progress on a pivotal theory in social psychology (1st ed.) (pp. 3–21) Washington: APA.

Harris, M. M. & Schaubroeck, J. (1988). A metaanalysis of self– supervisor, self– peer, and peer– supervisor ratings. Personnel Psychology, 41(1), 43– 62

Hart, W. (1991). The art of living. Vipassana Meditation. Igatpuri: VPI.

Harter, J., Schmidt F.L., Killham, E.A., Agrawal, (2009): Q12 Meta–Analysis: The

Hartley, E., & Hartley, R. (1955). Die Grundlagen der Soziologie. Berlin:

Haubl, R. & Voss, G. (2011): Riskante Arbeitswelt im Spiegel der Supervision. Vandenhoeck & Ruprecht

Hausner, M. (2008).Förderung der kundenorientierten Sozialkompetenz als Ziel von ausbildenden Führungskräften, Grin-Verlag, Norderstedt.

Hautzinger, M. (1998): Depression. Reihe Fortschritte der Psychotherapie. Göttingen: Hogrefe Verlag.

Havranek, C. & Mauhart, J. (2008). Gehalt und Leistung managen. Wien.

Hawkins, J./Blakeslee, S.: On Intelligence. 2004. New York.

Hayakawa, S.I. (1973): Semantik: Sprache in Denken und Handeln. Darmstadt.

Hayes, S.C. & Shenk, C. (2004). Operationalizing Mindfulness without unnecessary Attachments. Clinical Psychology Science and Practice, 11, 249–254.

Hayes, S.C. (2004). Acceptance and Commitment therapy and the new behavior therapies: mindful–ness, acceptance, and relationship. In S.C. Hayes, V.M. Follette, & M.M. Linehan (Eds.). Mindfulness and Acceptance (S.1–29). New York: Guildford Press.

Hazan, C., Shaver, P. (1987): Romantic Love Conceptualized as an Attachment Process. Journal of Personality and Social Psychology, Vol 52(3), Mar 1987, 511–524

Hazan, C., Shaver, P. (1990): Love and Work: An Attachment–Theoretical Perspective. In: Journal of Personality and Social Psychology, Aug. 1990, Vol. 59, No. 2, S. 270 280. Online verfügbar unter http://www.psy.cmu.edu/~rakison/attachment2.htm. (30.09.2012)

Hebb, D.O. (1949). The Organization of Behavior. New York: Wiley & Sons.

Heckhausen, H. & Heckhausen, J. (2007): Motivation und Handeln, 3. Auflage, Springer: Heidelberg.

Heckhausen, J.; Heckhausen, H. (2010): Motivation und Handeln. Mit 45 Tabellen. 4., überarb. und erw. Berlin u.a: Springer (Springer–Lehrbuch).

Heidemeier, H. & Moser, K. (2009). Self–other agreement in job performance ratings: A meta–analytic test of a process model. Journal of Applied Psychology, 94, 353–370.

Heider, F. (1977): Psychologie der Interpersonalen Beziehungen. Stuttgart: Klett

Heim, C., Newport, D.J., Heit, S., Graham, J., Wilcox, M., Bonsall, R., et a. (2000). Pituitary–adrenal and automatic responses to stress in women after sexual and physical abuse in childhood. Journal of the American Medical Association, 284, 592–597.

Henrich, J. et al.: In Search of Homo Economicus: Behavioral Experiments in 15 Small–Scale Societies, American Economic Review, Papers and Proceedings, Vol. 91, pp. 73–78, 2001.

Henrich, J. et al. (2001): In Search of Homo Economicus: Behavioral Experiments in 15 Small–Scale Societies, American Economic Review, Papers and Proceedings, Vol. 91, pp. 73–78.

Hermann, N. (1996): The Whole Brain Business, 1. Auflage, New York.

Herrmann, D. & Felfe, J. (2009). Romance of Leadership und die Qualität von Managemententscheidungen. Zeitschrift für Arbeits- und Organisationspsychologie, 53, 163–176.

Hobfoll S. (1989): Conservation of resources: A new attempt at conceptualizing stress. American psychologist 44 (3), 513.

Hofstede, G. (1991): Cultures and Organizations. Software of the Mind. London.

Hogan, R., Curphy, G. J. & Hogan, J. (1994). What we know about leadership: Effectiveness and personality. American Psychologist, 49, 493–504.

Holland, D. & Quinn, N. (1987): Culture and Cognition. In: Holland, D. & Quinn, N. (eds), Cultural Models in Language and Thought. Cambridge–Mass.

Holmes, J. (1993): Attachment theory: a biological basis for psychotherapy? British Journal of Psychiatry, 163, 430–438

Honneth, A. (1992). Kampf um Anerkennung. Frankfurt am Main

Hormuth, S.E./Otto, S. (1996). Das Selbstkonzept: Konzeptualisierung und Messung. In Amelang, M. (Hrsg.), Temperaments– und Persönlichkeitsunterschiede. Enzyklopädie der Psychologie, Themenbereich C, Bd 3. Göttingen. Hogrefe. S. 257–300

Hornstein, E. v./Rosenstiel, L. v. (2000): Ziele vereinbaren – Leistung bewerten. 360 Grad Beurteilung, Feedback Führerschein, Personalentwicklung. München.

Horowitz, L.M., & Vitkus J. (1986): The interpersonal basis of psychiatric symptoms. Clinical Psychology Review, 1986, 6, 443–469.

Horowitz, L.M., Rosenberg, S.E., Bartholomew, K. (1993): Interpersonal Problems, Attachment Styles, and Outcome of Brief Dynamic Psychotherapy, Journal of Consulting and Clinical Psychology, Vol. 61, No. 4, 549–560.

Hoyos, C. Graf (1987): Verhalten in gefährlichen Arbeitssituationen. In: Kleinbeck & J. Rutenfranz (Hrsg.). Arbeitspsychologie. Enzyklopädie der Psychologie. Göttingen

Hradil, S. (1999): Landesarmutsbericht Schleswig–Holstein, Gutachten im Auftrag der Ministerin für Arbeit, Gesundheit und Soziales, Landtagsdrucksache 14/2276, Kiel.

Hülsheger, U.R. & Maier, G.W. (2008). Persönlichkeitseigenschaften, Intelligenz und Erfolg im Beruf: Eine Bestandsaufnahme internationaler und nationaler Befunde. Psychologische Rundschau, 59, 108–122

Hülshoff, T. (2005): Medizinische Grundlagen der Heilpädagogik. München.

Hunter, J. E. (1986). Cognitive ability, cognitive aptitudes, job knowledge, and job performance. Journal of Vocational Behavior, 29, 340–362.

Hunter, J.E. & Schmidt, J. L. (1996) Cumulative research knowledge and social policy formulation: The critical role of meta–analysis. Psychology, Public Policy, and Law, 2, 324–347.

Hutchinson, D., Lozano, A.M., Tasker , R.R. & Dostrovsky, J.O. (1999): http://acnp.unibo.it/cgi–ser/start/en/cnr/df–p.tcl?issn = 10976256&m040 = ACNP&m040 = TEMP&language = ENGLISH&libr = %7B%7DPain–related neurons in the human cingulate cortex, NAT NEUROSC, 2(5), 1999, pp. 403–405

Hüther, G. (2009): Wie gehirngerechte Führung funktioniert – Neurobiologie für Manager, in Manager Seminare, o. Jg. (Januar 2009), Ausgabe 130

Iacoboni, M. (2011): Woher wir wissen, was andere denken und fühlen. Das Geheimnis der Spiegelneuronen. 1. Auflage, Wilhelm Goldmann Verlag.

Iaffaoldano, M.T. & Muchinsky, P.M. (1985): Job satisfaction and job performance. A Meta–analysis. In: Psychological Bulletin. 97. S. 251–273

Ilardi, B. C., Leone, D., Kasser, T., & Ryan, R. M. (1993). Employee and supervisor ratings of motivation: Main effects and discrepancies associated with job satisfaction and adjustment in a factory setting. Journal of Applied Social Psychology, 23, 1789–1805.

Ilgen, D.R, Mitchell, T.R. & Fredrickson, J.W. (1981): Poor Performers: Supervisors' and Subordinates' Responses. Organizational Behavior and Human Performance 27, 386–410.

Ilgen, D.R. & Pulakos, E.D. (1999). Employee performance in today's organizations. In D.R. Ilgen & E.D. Pulakos (Hrsg.), The changing nature of performance: implications for staffing, motivation and development (S. 1–20). San Francisco, CA (USA): Jossey-Bass.

Institut für Arbeitsmarkt- und Berufsforschung (2012): Durchschnittliche Arbeitszeit und ihre Komponenten in Deutschland. Hg. v. Bundesagentur für Arbeit. Nürnberg. Online verfügbar unter doku.iab.de/grauepap/2012/tab–az11.pdf, zuletzt geprüft am 09.03.2013.

Interactional Justice: Communication criteria of fairness. In R.J. Lewicki, B.H. Sheppard/M.H. Bazerman (Hrsg.), Research on negotiations in organizations. Greenwich Press.

Jackson, B. and Parry, K. (2011): A very short, fairly interesting and reasonably cheap book about studying leadership. London: Sage.

James, W. (1890) The Will to Believe, and other essays in popular philosophy. Longmans, Green & Co., New York

James, W. (1890): The principles of psychology. New York, NY. Holt.

Jawahar, I.M., Meurs, J.A., Ferris, G.R. & Hochwarter, W.A. (2008). Self - Efficacy and political skill as comparative predictors of task and contextual performance: A two - study constructive replication. Human Performance, 21, 138–157.

Jenkins, J.G. (1946). Validity for what? Journal of Consulting Psychology, 10, 93–98.

Johanson, J. (2000). Intraorganizational influence. Management Communication Quarterly, 13, 393 - 425.

Jerusalem, M. & Mittag, W. (1999). Selbstwirksamkeit, Bezugsnormorientierung, Leistung und Wohlbefinden in der Schule. In M. Jerusalem & R. Pekrun (Hrsg.), Emotion, Motivation und Leistung (S. 223–245). Göttingen: Hogrefe.

Jerusalem, M. (1990). Persönliche Ressourcen, Vulnerabilität und Stresserleben. Göttingen: Hogrefe.

Joas, H. (2007). Lehrbuch der Soziologie. Frankfurt am Main

Johnson, M. (1992): The Body in the Mind. The Bodily Basis of Meaning, Imagination, and Reason. Chicago, London

Jones, E.E./Berglas, S.C. (1978): Control of attributions about the self through self handicapping strategies: The appeal of alcohol and the role of underachievement. In: Personality and Social Psychology Bulletin, 4, S. 200–206

Jöns, I. (2005). Feedbackinstrumente in Organisationen. (I. Jöns, & W. Bungard, Hrsg.) Wiesbaden.

Joplin, J.R., Nelson, D.L., Quick, J.C. (1999): Attachment behavior and health: Relationships at work and home. Journal of Organizational Behavior, 20, 783–796

Joyce, W., Nohria, N., Roberson, B. (2003): Wie erfolgreiche Unternehmen arbeiten. Stuttgart.

Judge, T. A. & Bono, J. E. (2003): Core self–evaluations: A review of the trait and its role in job satisfaction and job performance. European Journal of Personality, 17, S. 5–18.

Judge, T. A., Bono, J. E. (2001): Relationship of Core Self–Evaluations Trait – Self–Esteem, Generalized Self–Efficacy, Locus of Control, and Emotional Stability – With Job Satisfaction and job performance: A Meta–Analysis. In: Journal of Applied Psychology, 86, 1, S. 80–92.

Judge, T. A., Bono, J. E., & Locke, E. A. (2000): Personality and job satisfaction: The mediating role of job characteristics. Journal of Applied Psychology, 85, 237–249.

Judge, T. A./Colquitt, J.A. (2004):

Judge, T.A., Thoeresen, C.J., Bono, J.E. & Patton, G.K. (2001). The job satisfaction-job performance relationship. A qualitative and quantitative review. In: Psychological Bulletin. 127. S. 376–407.

Kabat-Zinn, J. (1982). An outpatient program in behavioral medicine for chronic pain patients based on the practice of mindfulness meditation: Theoretical considerations and preliminary results. General Hospital Psychiatry, 4, 33–47.

Kabat-Zinn, J. (1990). Full catastrophe living: Using the wisdom of your body and mind to face stress, pain and illness. New York: Delacorte.

Kabat-Zinn, J. (2003). Mindfulness–Based Intervention in Context: Past, Present, and Future. Clinical Psychology: Science and Practice, 10, 144–156.

Kabat-Zinn, J. (2004). Achtsamkeitsbasierte Interventionen im Kontext. In T. Heidenreich, & J. Michalak (Eds.), Achtsamkeit und Akzeptanz (S.103–140). Tübingen: DGVT.

Kahle, L.R. (1980). Stimulus Condition self–selection by males in the interaction of locus of control and skill–chance situations. Journal of Personality and Social Psychology, 38, 50—56. (1980)

Kahneman, D. (2011): Thinking, fast and slow, Allen Lane Paperback.

Kaltwasser, V. (2008). Achtsamkeit in der Schule. Weinheim: Beltz.

Kaluza, G. (2004). Stressbewältigung. Trainingsmanual zur psychologischen Gesundheitsförderung. Heidelberg: Springer.

Kandel, E., Schwartz, J.H., and Jessell, T.M. (2000). Principles of Neural Science, 4th Edition. New York: McGraw–Hill.

Karasek, R. A. (1979): Job demands, job decision latitude and mental strain: implications for job redesign. Administrative Science Quarterly, 24, 285–308.

Kasser, T., Ryan, R. M. (2002): Aspirations Index 1996; in Deci, E. L., Ryan R. M.: „Handbook of self–determination research", Rochester, New York 2002: URL: http://selfdeterminationtheory.org/questionnaires/10–questionnaires/52 (28.10.2012)

Kastin, K.S. (1995). Marktforschung mit einfachen Mitteln, München.

Kastner, M. (2004): Work Life Balance als Zukunftsthema. In: M. Kastner (Hrsg.): Die Zukunft der Work Life Balance – Wie lassen sich Beruf und Familie, Arbeit und Freizeit miteinander vereinbaren? Kröning: Assanger Verlag, 1–66

Kastner, M. (2005): Gesundheitsmanagement als Teil der Organisations- und Personalentwicklung. In: Tagungsbericht zum INQA–Personalforum am 11. November 2004 in Berlin (2005), 12–21

Kastner, M. (2006): Prävention in der Arbeitswelt. Schwerpunktheft Psychotherapeut.

Kastner, M. (2010). Leistungs- und Gesundheitsmanagement, Pabst Science Publisher, Lengerich.

Kauffeld, S., Grote, S. & Frieling, E. (2003). Das Kasseler–Kompetenz–Raster (KKS). In: Erpenbeck, John & Rosenstiel, Lutz von (Hrsg.), Handbuch Kompetenzmessung. Erkennen, verstehen und bewerten von Kompetenzen in der betrieblichen, pädagogischen und psychologischen Praxis (S.261–282). Stuttgart: Schäffer–Poeschel Verlag.

Kaufmann, F. X. (1970): Sicherheit als soziologisches und sozialpolitisches Problem. Stuttgart

Keddi, M. (2008): Auf der Suche nach der optimalen Mitarbeitermotivation. Münster. Waxmann Verlag.

Kensinger, E. & Corkin, S. (2007): Alzheimer disease. (Download 14.10.2013) https://www2.bc.edu/elizabeth–kensinger/Kensinger_Corkin_AD.pdf

Kernis, M.H. (2003): Toward a conceptualization of optimal self–esteem. In: Psychological Inquiry, 14, S. 1–26.

Kernis, M.H./Grannemann, B.D./Barclay, L.C. (1989): Stability and level of self–esteem as predictors of anger arousal and hostility. In: Journal of Personality and Social Psychology, 56, S. 1013–1022.

Kernis, M.H./Grannemann, B.D./Barclay, L.C. (1992): Stability of self–esteem: Assessment, correlates, and excuse making. In: Journal of Personality, 60, S. 621–644.

Kernis, M.H./Grannemann, B.D./Mathis, L.C. (1991): Stability of self–esteem as a moderator of the relationship between level of self–esteem and depression. In: Journal of Personality and Social Psychology, 61, S. 80–84.

Kernis, M.H./Waschull, S.B. (1995): The interactive Roles of stability and level of self–esteem: Research and theory. In: Advances of experimental psychology, 27, S. 93–141.

Kernis, M.H./Whisenhunt, C.R./Waschull, S.B./Greenier, K.D./Berry, A.J./Herlocker, C.E./Anderson, C.A. (1998): Multiple facets of self–esteem and their relations to depressive symptoms. In: Personality and Social Psychology Bulletin, 24, S. 657–668.

Kets de Vries ; M. (2002): Das Geheimnis erfolgreicher Manager. Financial Times Deutschland: Frankfurt.

Kets de Vries, Manfred F. R. (2001). The Leadership Mystique: a user's manual for the human enterprise. FT Press. S. 128ff.

Kets de Vries, Manfred F. R.; Miller, D. (1984). The Neurotic Organization: Diagnosing and Changing Counterproductive Styles of Management. Jossey–Bass Inc.

Kieser, A., & Walgenbach, P. (2003). Organisation. Berlin

Kirchler, E. & Walenta, C. (2010). Motivation. Wien: Facultas.

Kirkcaldy, B.D., Cooper, C.L., and Brown, J., Occupational stress among police officers. British Journal of Psychology, 1996, 87, 31–41.

Kirschbaum, C./Pruessner, J.D./Stone, A.A./Federenko, I./Gaab, J./Lintz, D./Schommer, N./Hellhammer, D.H: (1995): Persistent high cortisol responses to repeated psychological distress in a subpopulation of healthy men. In: Psychosomatic Medicine, 57, S. 469–474.

Klein, S. (2012): Die Glücksformel oder wie die guten Gefühle entstehen. Aktualisierte und erw. Neuausg. Frankfurt, M: S. Fischer.

Kluckhohn, F.R. & Strodtbeck, F.L., Variations in Value Orientations. Westport C. T. 1961.

Konrad. K. (2001): Mündliche und schriftliche Befragung. Ein Lehrbuch. 2., überarb. und erw. Aufl.: Landau: Empirische Pädagogik e.V.

Kopp, B. & Mandl, H. (2007). Kooperatives Lernen wofür? –Welche Potenziale besitzt kooperatives Lernen? Zeitschrift für Berufs– und Wirtschaftspädagogik, 21, 17–29.

Korman, A.K. (1970): Toward an hypothesis of work behavior. In: Journal of Applied Psychology, 54, S. 31–41.

Korman, A.K. (2001): Self–enhancement and self–protection: Toward a theory of work motivation. In: Erez, M./Kleinbeck, U./Thierry, H. (Hrsg.): Work motivation in the context of globalizing economy. Mahwah, NJ. Lawrence Erlbaum Associates, S. 121–130.

Korzybski, A. (1923): Science and Sanity: An Introduction to Non–Aristotelian Systems and General Semantics. (Download vom 24.06.2012) http://luizfernando.info/pbd/Science%20And%20Sanity%20–%20Alfred%20 Korzybski.pdf

Koschnik, W.J. (2007): Neuroökonomie und Neuromarketing. Eine Einführung in ein komplexes Thema. FOCUS–Jahrbuch 2007

Kotler, P. et al. (2007): Marketing–Management. Strategien für wertschaffendes Handeln. 12. aktual. Aufl., München: Pearson Studium.

Kovaleva, A. (2012). The IE–4: Construction and validation of a Short Scale for the Assessment of Locus of Control. Unveröffentlichte Dissertation, Universität Mannheim

Kovaleva, A., Beierlein, C., Kemper, C. J. & Rammstedt, B. (2010). Wie gut sind Kurzskalen für Kontrollüberzeugungen? [Abstract].In F. Petermann & U. Koglin (Hrsg.), 47. Kongress der Deutschen Gesellschaft für Psychologie. (S.248). Bremen: Pabst Science Publishers

Kramer, J. (2009). Metaanalytische Studien zu Intelligenz und Berufsleistung in Deutschland. Bonn. (Download: http://d–nb.info/994376855/34 vom 09.10.2012)

Krampen, G. (1981). IPC–Fragebogen zur Kontrollüberzeugung. Göttingen: Hogrefe.

Krampen, G. (1989). Diagnostik von Attributionen und Kontrollüberzeugungen: Theorien, Geschichte, Probleme. In G. Krampen (Hrsg.), Diagnostik von Attributionen und Kontrollüberzeugungen (S. 3–19). Göttingen: Hogrefe

Krampen, G. (1991): Fragebogen zu Kompetenz– und Kontrollüberzeugungen (FKK): Handanweisung. Göttingen: Verlag für Psychologie.

Kreiner, G. E., & Ashforth, B. E. (2004). Evidence toward an expanded model of organizational identification. Journal of Organizational Behavior, 25: 1–27.

Krohne, H.W. & Hock, M. (2007): Psychologische Diagnostik: Grundlagen und Anwendungsfelder. Kohlhammer.

Krohne, H.W. & Hock; M. (2007): Psychologische Diagnostik: Grundlagen und Anwendungsfelder. Kohlhammer.

Krollmann, H. (1972): Das Hessische Gesetz über die öffentliche Sicherheit und Ordnung, Stuttgart.

Kröner–Herwig, B. (2000): Rückenschmerz. Göttingen: Hogrefe.

Krüger, D. (2007): Die Conceptual Change–Theorie. In D. Krüger & H. Vogt [Hrsg.], Theorien in der biologiedidaktischen Forschung, 80–92. Springer, Heidelberg.

Kuhn, A. (1974). Arbeit und Arbeitsleistung, . (h. v. HWB, Hrsg.) Stuttgart:

Kuncel, N. R., Hezlett, S. A. & Ones, D. S. (2004). Academic performance, career potential, creativity, and job performance: Can one construct predict them all? Journal of Personality and Social Psychology, 86, 148–161.

Künzler, C. (2002): Kompetenzförderliche Sicherheitskultur. Ganzheitliche Gestaltung risikoreicher Arbeitssysteme. Zürich

Kurdek, L.A. (2002): On being insecure about the assessment of attachment styles. In: Journal of Social and Personal Relationships, Vol. 19(6): 811–834

Kurt Dopfer (2003): Die Rückkehr des verlorenen Menschen, in: Ernst Fehr, Gerhard Schwarz, Psychologische Grundlagen der Ökonomie, 3. Auflage, Zürich.

Lafferty, C./Alford, K. (2010): NeuroLeadership: Sustaining Reserarch Relevance into the 21st Century, in: SAM Advanced Management Journal, Summer 2010

Lakey, B., McCabe, K., Fisicaro, S., Drew, J., (1996): Environmental and personal determinants of support perceptions: Three generalizability studies. Journal of Personality and Social Psychology, 70, 1270–1280

Lakoff (1992): The contemporary theory of metapher. (Download vom 30.06.2013) http://terpconnect.umd.edu/~israel/lakoff–ConTheorMetaphor.pdf

Lakoff, G. & Johnson, M. (1980): Metaphors We Live By. Chicago, London

Lakoff, G. & Johnson, M. (1999): Philosophy in the Flesh. The Embodied Mind and Its Challenge to Western Thought. New York, Basic Books.

Lakoff, G. & Johnson, M. (2004): Leben in Metaphern. Heidelberg, Carl-Auer-Systeme Verlag.

Lakoff, G. & Wehling, E. E. (2008): Auf leisen Sohlen ins Gehirn. Heidelberg, Carl-Auer-Systeme Verlag.

Lakoff, G. (1987): Women, Fire and Dangerous Things. What Categories Reveal about the Mind. Chicago, London

Lakoff, G. (1990). The invariance hypothesis: is abstract reason based on image-schemas? Cognitive Linguistics 1/1, 39–74.

Lakoff, G. (1992): The Contemporary Theory of Metaphor. In: ORTONY, A. (Hrsg.): Metaphor and Thought. Cambridge, Cambridge University Press, 202–251.

Lakoff, G. (2006): Reframing: Words to Reclaim. http://www.huffingtonpost.com/george–lakoff/reframing–words–to–reclai_b_32389.html

Lane, R. & Nadel, L. (1999): Cognitive Neuroscience of Emotion. Oxford University Press.

Lang, R., Rybnikova, I. (2014): Aktuelle Führungstheorien und -konzepten. Wiesbaden: Springer & Gabler.

Layard, R. (2005): Die glückliche Gesellschaft. Frankfurt-New, York.

Lazarus, R.S., & Folkman, S. (1984): Stress, appraisal and coping. New York: Springer

LeDoux, J. E. (1996). The emotional brain: the mysterious underpinnings of emotional life. New York: Simon & Schuster.

LeDoux, J. E. (2002): Synaptic Self: How our brains become who we are, New York, NY. Penguin Group.

LeDoux, J. E. Griese F. (2004): Das Netz der Gefühle. Wie Emotionen entstehen. 3. Aufl., ungekürzte Ausg. München: Dt. Taschenbuch-Verl.

Lefcourt, H. M. (1973): The functions of the illusions of control and freedom. American Psychologist, 28, 417–425.

Leitl, M. & Sackmann, S. (2010): Unternehmenskultur als Erfolgsfaktor, Harvard Businessmanager, Jahrgang 2010, Heft 01

Leitner, K., Lüders, E., Greiner, B., Ducki, A., Niedermeier, R. & Volpert, W. (1993). Analyse psychischer Anforderungen und Belastungen in der Büroarbeit. Das RHIA/VERA–Büro–Verfahren. Göttingen: Hogrefe.

Leitner, K., Volpert, W., Greiner, B., Weber, W. G. & Hennes, K. (1987). Analyse psychischer Belastung in der Arbeit. Das RHIA–Verfahren. Handbuch und Manual. Köln: Verlag TÜV Rheinland.

Lenk, H. & Pilz, G. (1989): Das Prinzip der Fairness. Osnabrück.

Leonard, N.H./Beauvais, L.L. & Scholl, R. W. (1999): Work motivation: The incorporation of self-concept-based processes. In: Human relation, 52, S. 969–998.

Lepsinger, R., & Lucia, A. D. (2009). The Art and Science of 360 Degree

Levenson H. (1974): Multidimensional locus of control in prison inmates. Personality and Social Psychology, 1, 354–356

Levenson, H. (1972): Distinctions within the concept of internal–external control: Development of a new scale. Proceedings of the 80th Annual Convention of the APA, 80, 261–262.

Libet, B. (2004): Haben wir einen freien Willen? In: Christian Geyer (Hrsg.): Hirnforschung und Willensfreiheit. Zur Deutung der neuesten Experimente. Suhrkamp, S. 268ff.

Lieberman, A., Weston, D., Pawl, J. (1991): Preventing intervention and outcome with anxiously attached dyads. Child Development. 62, 199–209

Lieberman, M. D. (2006). Neural basis of situational context effects on social perception. Social Cognitive Affective Neuroscience, 1, 73–74.

Lieberman, M. D., & Eisenberger, N. I. (2009). Pains and pleasures of social life. Science, 323, 890–891.

Liebert, W.–A. (1992). Metaphernbereiche der deutschen Alltagssprache. Kognitive Linguistik und die Perspektiven einer kognitiven Lexikographie. Frankfurt: Lang.

Linden, R.C. & Mitchell, T.R. (1985): Reactions to feedback: The role of attributions. Academy of Management Journal, 28, 291–308.

Linley, P.A./Harrington, S./Garcea, N. (2010): Oxford Handbook of Positive Psychology and Work. New York.

Linnenbrink, E. A., & Pintrich, P. R. (2000). Multiple pathways to learning and achievement: The role of goal orientation in fostering adaptive motivation, affect, and cognition. In C. Sansone & J. M. Harackiewicz (Eds.), Intrinsic and extrinsic motivation: The search for optimal motivation and performance (pp. 195–227). San Diego: Academic Press.

Linton, R. (1936). The study of man. Appleton

Lipton, B. H. (2012): Intelligente Zellen. Wie Erfahrungen unsere Gene steuern. Burgrain.

Lowenthal, M. F. & Haven, C. (1968). Interaction and adaption: Intimacy as a critical variable. American Sociological Review, 33, 20–30.

Lukas, A. (2013): Abschied von der Top–Down–Kultur: Verantwortungsbewusst führen, besser miteinander umgehen. Gabler.

Luthans, F. (2002). Positive organizational behavior: Developing and managing psychological strengths. Academy of Management Executive, 16. 57–72.

Luthans, F. (2002): The need for and meaning of positive organizational behavior. In: Journal of Organizational Behavior, 26, S. 695–706.

Luthans, F./Youssef, C. M./Aviolio, B.J. (2007): Psychological Capital Oxford: University Press.

Ly M., Haynes M., Barter J., Weinberger D., Zink C. (2011). Subjective socioeconomic status predicts human ventral striatal responses to social status information. Curr. Biol. 21, 794–797

Lyubomirsky, S./Tkach, C./DiMatteo, M.R. (2006): What are the differences between happiness and self–esteem? In: Social Indicators Research, 78, S. 363–404.

Mael, F., & Ashforth, B. E. (1992): Alumni and their alma mater: A partial test of the reformulated model of organizational identification. Journal of Organizational Behavior, 13: 103–123.

Magai, C., Hunziker, J., Mesias, W., Culver, L. (2000): Adult attachment styles and emotional biases. Interpersonal Journal of Behavioral Development, 24, 301–309

Malik, F. (2006): Führen, Leisten, Leben. Wirksames Management für eine neue Zeit. Frankfurt.

Maltby, J. et al. (2011): Differentielle Psychologie, Persönlichkeit und Intelligenz. Pearson Studium.

Mandl, H. & Spada, H. (Hrsg.), Wissenspsychologie. München/Weinheim 1988.

March, J. G./Olsen, J. P. (1990): Die Unsicherheit der Vergangenheit: Organisatorisches Lernen unter Ungewissheit, in: March, J. G. (Hrsg.): Entscheidung und Organisation. Kritische und konstruktive Beiträge, Entwicklungen und Perspektiven, Gabler, Wiesbaden, S. 373–398.

Marcus, B. & Schuler, H. (2006). Leistungsbeurteilung. In H. Schuler (Hrsg.), Lehrbuch der Personalpsychologie, 2. Auflage (S. 433–469). Göttingen: Hogrefe.

Marion, R./Uhl–Bien, M. (2001): Leadership in complex organizations. In: The Leadership Quarterly. Volume 12. Seite 389 – 418. 2001.

Markus, H./Wurf, E. (1987): The dynamic self–concept: A social psychological perspective. In: Annual review of psychology, 38, S. 299–337.

Marmot, M. (2004): Status Syndrome – how your social standing directly affects your health and life expectancy. London: Bloomsbury & Henry Holt New York.

Marsh, H.W. (1993): Relations between global and specific domains of self: The importance of individual importance, certainty and ideals. In: Journal of Personality and Social Psychology, 65, S. 975–992.

Marsh, H.W. (2005): Big–fish–little–pond effect on academic self–concept. In: Zeitschrift für Pädagogische Psychologie, 19, 3, S. 119–129.

Marsh, H.W./Byrne, B.M./Shavelson, R.J. (1992). A multidimensional, hierarchical self–concept. In Brinthaupt, T.M./Lipka, R.P./Richard P. (Hrsg.): The self: Definitional and methodological issues. Albany, NY. State University of New York Press. S. 44–95.

Marsh, H.W./Walker, R./Debus, R. (1991): Subject–specific components of academic self–concept and self–efficacy. In: Contemporary Educational Psychology, 16, S. 331–345.

Martin, J.R. (1997). Mindfulness: A proposed common factor. Journal of Psychotherapy Integration, 7, 291–312.

Martin, T.N., Price, J.L. & Mueller, C.W. (1981). Job performance and turnover. Journal of Applied Psychology, 66, 116 - 119.

Maslow, A. (1954): Motivation and Personality. New York

Maslow, A. H. (1999). Motivation und Persönlichkeit; Deutsch von Paul Kruntorad . Reinbek

Maslow, A. H. (2012): Motivation und Persönlichkeit, 12. Auflage.

Maslow, A.H. (1977): Motivation und Persönlichkeit. Olten. Walter–Verlag AG.

Matis, H. (2007): Das Menschenbild der klassischen Nationalökonomie, in: Andrea Grisold, Luise Gubitzer, Reinhard Pirker (Hrsg.), Das Menschenbild in der Ökonomie – Eine verschwiegene Voraussetzung, Wien.

Mayerhofer, W., Meyer, M., & Steyrer, J. (2005). Macht? Erfolg? Reich? Glücklich? Einflussfaktoren auf Karrieren. Wien.

McNaughton, M., & Gray, J. A. (2000) The neuropsychology of anxiety. Oxford

McClelland, D. (1975): Human motivation. Cambridge

McClelland, D. C. (1980). Motive dispositions: The merits of operant and respondent measures. In L. Wheeler (Ed.), Review of personality and social psychology (Vol. 1, pp. 10–41). Beverly Hills, CA: Sage.

McClelland, D. C., Atkinson, J. W., Clark, R. W., & Lowell, E. L. (1953): The achievement motive. New. York: Appleton–Century–Crofts.

McDougall, W. (1932): The energies of men. London: Methuen

McGregor, D. (1960). The human side of enterprise. New York: McGraw–Hill

McGuire, W.J./McGuire, C.V. (1996): Enhancing self–esteem by directed–thinking tasks: Cognitive and affective positivity asymmetries. In: Journal of Personality and Social Psychology, 70, S. 1117–1125.

McManus, M.A., Kelly, M.L. (1999): Personality measures and biodata: Evidence regarding their incremental predictive value in the life insurance industry. Personnel Psychology, 52, 137–148

Meifert, M. (2003). Vertrauensmanagement in Unternehmen: Eine empirische Studie über Vertrauen zwischen Angestellten und ihren Führungskräften. München

Mersman, J.L. & Donaldson, S.I. (2000). Factors affecting the convergence of self - peer ratings on contextual and task performance. Human Performance, 13, 299 - 322.

Mertel, B. (2006). Arbeitszufriedenheit – Eine empirische Studie zu Diagnose, Erfassung und Modifikation in einem führenden Unternehmen des Automotives. Bamberg.

Merten, J. (2003): Einführung in die Emotionspsychologie. Stuttgart: Kohlhammer.

Mestel. R. (1994): Deutsche Übersetzung des RSQ. Unveröffentlicht. Grönenbach: Klinik für Psychosomatische Medizin.

Metalsky, G.I./Joiner, T.E./Hardin, T.S./Abramson, L.Y. (1993): Depressive reactions to failure in naturalistic setting: A test of the hopelessness and self-esteem theories of depression. In: Journal of Abnormal Psychology, 102, S. 101–109.

Metze, R.; Schroeckh, J. (2004): Identifikation, Loyalität und Kooperation. Theoretische Überlegungen und empirische Ergebnisse zur kulturellen Verankerung wirtschaftlicher Entscheidungsprozesse, Wiesbaden (VS Verlag für Sozialwissenschaften).

Meyer, J. P., & Allen, N. J. (1991): A three–component conceptualization of organizational commitment. Human Resource Management Review, 1: 61–89.

Meyer, J. P., & Allen, N. J. (1997): Commitment in the workplace. Thousand Oaks: Sage.

Mezulis, A.H./Abramson, L.Y./Hyde, J. S./Hankin, B. L. (2004): Is there a universal positivity bias in attributions? A meta–analytic review of individual, developmental, and cultural differences in the self–serving attributional bias. In: Psychological Bulletin, 130, 5, S. 711–747.

Mielke, R. (1979). Entwicklung einer deutschen Form des Fragebogens zur Erfassung interner vs. Externer Kontrolle von Levenson (IPC) (Bielefelder Arbeiten zur Sozialpsychologie Nr. 2). Bielefeld: Universität

Mikulincer, M., Shaver, P. (2007): Attachment in adulthood: Structure, dynamics, and change. New York.

Mitchell, T.R., Larson, and J.R. & Green, S.G. (1977): Leader behavior, situational moderators and group performance: An attributional analysis. Organizational behavior and human performance, 18, 254–268.

Mitchell, T. R. & Wood, R.E. (1980): Supervisor's response to subordinate poor performance. Organizational behavior and human performance, 25, 123–138.

Mitchell, T.R., Green, S.G. & Wood, R.E. (1981): An attributional model of leadership and poor performing subordinate: Development and Validation. Research in Organizational Behavior, 3, 197–234.

Mohr, G. (1986): Die Erfassung psychischer Befindensbeeinträchtigungen bei Industriearbeitern, Frankfurt am Main.

Morgan, G. (1986): Pictures of organizations. London: Sage. (Deutsche Übersetzung: Gareth Morgan (1997). Bilder der Organisation. Stuttgart: Klett–Cotta.)

Morgeson FP, Campion MA, Dipboye RL, Hollenbeck JR, Murphy K, Schmitt N. (2007). Reconsidering the use of personality tests in personnel selection contexts. Personnel Psychology, 60, 683–729.

Motowidlo, S. et al.: A theory of individual differences in task and contextual performance. Human Performance, 1997

Motowidlo, S. J. (2003). Job performance. In W. C. Borman, D. R. Ilgen, & R. J. Klimoski (Eds.), Handbook of psychology: Vol.12. Industrial and organizational psychology (pp. 39–53). Hoboken, NJ: John Wiley & Sons.

Motowidlo, S.J. & van Scotter, J.R. (1994). Evidence that task performance should be

Motowidlo, S.J., Borman, W.C. & Schmit, M.J. (1997). A theory of individual differences in task and contextual performance. Human Performance, 10, 71–83.

Mount, M.K./Barrick, M.R. (1995): The Big Five personality dimensions: Implications for research and practice in human resources management. In: Research in Personnel and Human Resources Management, 13, S. 153–200.

Mullen, B., Copper, C. (1994): The Relation between Group Cohesiveness and Performance: An Integration, Psychological Bulletin, 115, S. 210–227

Mullins, L.J. (2007): Management and organisational behaviour, 8. Aufl., Harlow.

Multon, K. D., Brown, S. D. & Lent, R. W. (1991). Relation of self–efficacy beliefs to academic outcomes: A meta–analytic investigation. Journal of Counseling Psychology, 18, 30–38.

Mummendey, H.D. (2006): Psychologie des ‚Selbst'. Theorien, Methoden und Ergebnisse der Selbstkonzeptforschung. Göttingen. Hofgrefe.

Murck, M. (1980): Soziologie der öffentlichen Sicherheit: Eine staatliche Aufgabe aus Sicht der Bürger, Frankfurt am Main, New York

Murdock, G.P. (1967): Ethnographic Atlas. Pittsburgh.

Murphy, K.R. (2008). Explaining the weak relationship between job performance and ratings of job performance. Industrial and Organizational Psychology, 1, 148 - 160.

Murray, H.A. (1938): Explorations in Personality. New York: Oxford University Press

Murrell, S.A./Meeks, S./Walker, J. (1991): Protective functions of health and self–esteem against depression in older adults facing illness or bereavement. In: Psychology and Aging, 6, S. 352–360.

Nerdinger, F., Blickle, G. & Schaper, N. (2011). Arbeits–und Organisationspsychologie, Springer Verlag, Berlin

Neuberger, O. (1990): Führen und führen lassen (1.Auflage). Enke

Neuberger, O. (2002): Führen und führen lassen (6.Auflage). Stuttgart: Lucius & Lucius.

Neumann, R. & Strack, F. (2000): Approach and avoidance: the influence of proprioceptive and extroproprioceptive cues on encoding of affective informations. Journal of Personality and Social Psychology, 79, 39–48.

Newman, L.S./Wadas, R.F. (1997): When stakes are higher: Self–Esteem Instability and Self–Handicapping. In: Journal of Social Behavior and Personality, 12, S. 217–233.

Ng, T. W. H., Sorensen, K. L., & Eby, L. T. (2006). Locus of control at work: A meta–analysis. Journal of Organizational Behavior, 27, 1057–1087.

Ng, T.W.H. & Feldman, D.C. (2008). The relationship of age to ten dimensions of job performance. Journal of Applied Psychology, 93, 392 - 423.

Nink, M. (2012): Engagement Index in Deutschland 2011. Hg. v. Gallup GmbH. Berlin. Online verfügbar unter http://www.gallup.com/strategicconsulting/158162/gallup–engagement–index.aspx, zuletzt geprüft am 03.03.2013.

Nirkko, O./Lauroma, H.J./Siltanen, P./Tuominen, H./Vanhala, K. (1982): Psychological risk factors related to coronary heart disease: Prospective studies among policemen in Helsinki. In: Acta Medica Scandinavica – Supplementum, 660, S. 137–146.

Nowicki, S. and Duke, M. (1974). A locus of control scale for college as well as non–college adults. Journal of Personality Assessment, 38, 136–137

Ochsner, K. N. & Feldman Barrett, L. (2001). A multiprocess perspective on the neuroscience of emotion. In T. J. Mayne and G. Bonnano (Eds.), Emotion: Current Issues and Future Directions (pp. 38–81). Guilford Press: New York .

Oesterreich, R. (1981): Handlungsregulation und Kontrolle. München: Urban & Schwarzenberg.

Organ, D.W. (1988): Organizational Citizenship behavior: The good soldier syndrome. Lexington, MA. Lexington Books.

Orr, J. (1996): Talking about machines, New York

Osnabrügge, G., Stahlberg, D. & Frey, D. (1993). Die Theorie der kognizierten Kontrolle. In D. Frey & M. Irle (Hrsg.). Theorien der Sozialpsychologie. Band III: Motivations– und Informationsverarbeitungstheorien. S. 127–172. Bern: Hans Huber

Ötsch, W.O. & Thomasberger, C. (2009)(Hrsg.): Der neoliberale Markt–Diskurs – Ursprünge, Geschichte, Wirkungen; Marburg.

Özbek–Potthoff, G. (2013): Implizite Führung im interkulturellen Kontext: Stand der Forschung, Erweiterung der Theorie und empirische Analyse (Neue Perspektiven der marktorientierten Unternehmensführung). Springer-Gabler.

Panksepp, J. (1998): Affective Neuroscience: the Foundations of Human and Animal Emotions. Oxford University Press.

Pantev, C., Roberts, L.E., Schulz, M., Engelien, A. & Ross, B. (2001) Timbre–specific enhancement of auditory cortical representations in musicians. Neuroreport, 12, 169–174

Parkes, C. M., Benjamin, B. & Fitzgerald, B. G. (1969). A broken heart: A statistical study of increased mortality among widows. British Medical Journal, 1, 740–743.

Parkes, K. R. (1982). Occupational stress among student nurses: A natural experiment. Journal of Applied Psychology, 6, 784–796.

Pavlov, I.P. (1927): Conditioned reflexes: an investigation of the physiological activity of the cerebral cortex. Mineloa, NY. Dover Publications.

Payne, R.; Cooper, C. L. (2001): Emotions at work. Theory, research, and applications for management. Chichester, West Sussex, England; New York: Wiley.

Pelham, B.W./Swann, W.B. (1989): From self–conceptions to self–worth: On the sources and structure of global self–esteem. Journal of Personality and Social Psychology, 57, S. 672–680.

Perls, F. (1969) Ego, Hunger, and Aggression: the Beginning of Gestalt Therapy. New York, NY: Random House (originally published in 1947)

Perls, F. (1998). Was ist Gestalttherapie? Wuppertal: Peter Hammer Verlag.

Pert, C. B. (2001): Moleküle der Gefühle. Körper, Geist und Emotionen. Reinbek bei Hamburg: Rowohlt–Taschenbuch–Verl.

Peters, T. (2012): E–Journal zum Personalmanagementkongress 2012, Ausgabe 1 (http://www.personalmanagementkongress.de/pmk–2012/files/2012/02/pmk_e–journal_1–2012.pdf vom 01.03.2013)

Peters, T./Waterman, R. H.: In Search of Excellence. 1982. New York.

Peters, T., & Ghadiri, A. (2011). Neuroleadership – Grundlagen, Konzepte, Beispiele Erkenntnisse der Neurowissenschaften für die Mitarbeiterführung. Wiesbaden

Petersen, L. E. (1999): Diskriminierung im sozialen Kontext. Unveröffentlichtes Manuskript am Institut für Psychologie, Universität Halle.

Phares, J. (1976): Locus of Control in Personality, General Learning Press

Pierce, J.L./Gardner, D.G. (2004): Self–esteem Within the Work and Organizational Context: A Review of the Organization–Based Self–Esteem Literature. In: Journal of Management, 30, 5, S. 591–622.

Pierce, J.L./Gardner, D.G./Cummings, L. L./Dunham, R. B. (1989): Organization–Based Self–Esteem: Construct Definition, Measurement and Validation. In: The Academy of Management Journal, 32, 3, S. 622–648.

Piferi, R. L. & Lawler, K. A. (2006). Social support and ambulatory blood pressure: An examination of both receiving and giving. International Journal of Psychophysiology, 62, 328–336.

Pinel, J. (2007): Biopsychologie. Pearson Studium.

Pink, D. H. (2009): Drive. Was Sie wirklich motiviert. Salzburg.

Ploetz von, K., & Engler, R. (2002): Arbeit für die Psychotherapie. Wie können die Störungen in der Arbeit ein Anliegen für die Psychotherapie werden? Wiesbaden

Ploetz, A. (1895): Die Tüchtigkeit unserer Rasse und der Schutz der Schwachen. Ein Versuch über Rassenhygiene und ihr Verhältnis zu den humanen Idealen, besonders zum Socialismus. Grundlinien einer Rassen-Hygiene, 1. Theil. Fischer, Berlin

Popper, M., Mayseless, O., Casterlnovo, O. (2000): Leadership Quarterly, 11(2), 267–289

Posner, G. J./Strike, K. A. (1992): A Revisionist Theory of Conceptual Change. In: Duschl, R. A./Hamilton, R. J. (Hrsg.): Philosophy of science, cognitive psychology and educational theory and practice. New York, S. 147–176

Posner, G. J./Strike, K. A./Hewson, P. W. u. a. (1982): Accommodation of a scientific conception: Toward a theory of conceptual change. In: Science Education, S. 211–227

Potreck–Rose, F. (2007): Selbstakzeptanz fördern. In Frank, R. (Hrsg.), Therapieziel Wohlbefinden. Ressourcen aktivieren in der Psychotherapie. Heidelberg. Springer. S. 179–188.

Powers, W.T. (1973): Behavior: The control of perception. Chicago, IL. Aldine.

Pruessner, J.C/Hellhammer, D.H./Kirschbaum, C. (1998): Low self–esteem, induced failure and the adrenocortical stress response. In: Personality and Individual Differences, 27, S. 477–489.

Pulakos, E.D., Arad, S., Donovan, M.A. & Plamondon, K.E. (2000). Adaptability in the workplace: development of a taxonomy of adaptive performance. J Appl Psychol. 2000 Aug; 85(4):612–24.

Pyszczynski, T./Greenberg, J./Goldenberg, J. (2003). Freedom versus fear: On the defense, growth, and expansion of the self. In Leary, M./Tangney, J. (Hrsg.), Handbook of self and identity. New York, NY. Guilford Press. S. 314343.

Pyszczynski, T./Greenberg, J./Goldenberg, J. (2003). Freedom versus fear: On the defense, growth, and expansion of the self. In Leary, M./Tangney, J. (Hrsg.), Handbook of self and identity. New York, NY. Guilford Press. S. 314–343.

Raithel, J. (2008/2006): Quantitative Forschung. Ein Praxiskurs. Wiesbaden: VS (2. Auflage).

Ralph, J.A./Mineka, S. (1998): Attributional style and self–esteem: The prediction of emotional distress following a midterm exam. In: Journal of Abnormal Psychology, 107, S. 203–215.

Rapoport, A. (1970): Philosophie für heute und morgen, Darmstadt.

Rapoport, A. (1972): Allgemeine Bedeutungslehre, Darmstadt.

Rasch, B. (2010): Quantitative Methoden. Einführung in die Statistik für Psychologen und Sozialwissenschaftler. 3., erw. Berlin: Springer.

Raskin, R./Hall, C.S. (1981): The Narcissistic Personality Inventory: Alternate form reliability and further evidence of construct validity. In: Journal of Personality Assessment, 45, S. 159–162.

Raskin, R/Hall, C.S. (1979): A narcissistic personality interview. In: Psychological Reports, 45, S. 590.

Rathus, J.H., Cavuoto, N. & Passarelli, V. (2006). Dialectical Behavior Therapy (DBT): A mindful–ness–based treatment for intimante partner violence. In R. Baer (Ed.), Mindfulness-based Treatment Approaches. Clinician's Guide to Evidence Base and Applications (S. 333–360). New York: Guilford.

Rauch, S. L., & Zald, D. H. (2006). The Orbitofrontal Cortex. Oxford University Press.

Ray, J. J. (1980). The comparative validity of Likert, projective, and forced–choice indices of achievement motivation. Journal of Social Psychology, 111, 63–72. Online abrufbar über: http://jonjayray.tripod.com/compnach.html [Stand: 25.03.2013].

Reason, J. (1997): Managing the risks of organizational accidents. Burlington.

Reimann, M./Weber, B. (2011): Neuroökonomie – Eine Bestandsaufnahme. In: Reimann, M./Weber, B. (Hrsg.). Neuroökonomie. Wiesbaden.

Reinhardt, R. (1995): Das Modell organisationaler Lernfähigkeit und die Gestaltung lernfähiger Organisationen, Lang, 2. Auflage, Frankfurt a. M.

Reinhardt, R. (2013): Psychological Capital: Psychische Ressourcen und Wettbewerbsfähigkeit. Windmühle Verlag.

Reis, H., (2001): Relationship experiences and emotional well–being. In C.D. Ryff & B.H. Singer, Emotion, social relationships and health, pp 57–85

Reis, H., Ryan, R. M., Sheldon, K. M.: Self–Determination Scale; in What makes for a good day? Competence and autonomy in the day and in the person 1996, Personality and Social Psychology Bulletin, 22, 1270–1279; URL: http://www.selfdeterminationtheory.org/questionnaires/10–questionnaires/54 (28.10.2012)

Renneberg, B. (2006): Gesundheitspsychologie. Heidelberg

Repetti, R., Taylor, S., Seeman, T., (2002): Risky families: Family social environments and the mental and physical health of offspring. Psychological Bulletin, 128, 330–366

Rheinberg, F. & Vollmeyer, R. (2011): Motivation; Grundriss der Psychologie, Band 6; Urban TB, Band 555.

Rheinberg, F. (2004). Motivation (5. Aufl.). Stuttgart: Kohlhammer.

Rheinberg, F. (2008): Motivation, 7. aktualisierte Auflage, Kohlhammer GmbH.

Rheinberg, F. (2010): Intrinsische Motivation und Flow–Erleben; in Heckhausen, H., Heckhausen J.: Motivation und Handeln, 4. Auflage, Heidelberg 2010

Rholes, W., Simpson, J., (2004): Adult attachment. Theory, research, and clinical implications. New York

Richards, D., Schat, A. (2010): Attachment at (Not to) Work: Applying Attachment Theory to Explain Individual Behavior in Organizations, Journal of Applied Psychology, 2001, Vol, 96, No. 1, 169–182

Richards, D., Schat, A. (2011): Attachment at (not to) work: Applying attachment theory to explain individual behavior in organizations. Journal of Applied Psychology, 96, 169–182

Richter, P. & Hacker, W. (1998): Belastung und Beanspruchung: Stress, Ermüdung und Burnout im Arbeitsleben. Heidelberg: Asanger.

Riecher–Rössler, A. & Alder, J. (2005). Frauengesundheit: ein Leitfaden für die ärztliche und psychotherapeutische Praxis (Elsevier, Urban & Fischer Verlag).

Riemeier, T. (2005): Biologie verstehen: Die Zelltheorie. Oldenburg, Didaktisches Zentrum Carl von Ossietzky Universität Oldenburg.

Ringleb, A. H., Rock, D. & Ancona, C. (2012): NeuroLeadership in 2011 and 2012. NeuroLeadership Journal, Volume 4.

Ringleb, A., & Rock, D. (2008). The emerging field of Neuroleadership.

Ringleb, A., & Rock, D. (2009). NeuroLeadership in 2009. NeuroLeadership JOURNAL. Issue Two

Ringlstetter, M. (Hg.) (2011): Positives Management. Zentrale Konzepte und Ideen des Positive Organizational Scholarship.

Rinke, R. & Schneewind, K.A. (1978): LOC–E und LOC–K: zwei Fragebogen zur Erfassung internaler vs. externaler Kontrollüberzeugungen bei Erwachsenen und Kindern, in: Band 26 von Arbeitsbericht aus dem EKB–Projekt an der Universität München, Arbeitsbericht aus dem EKB–Projekt an der Universität München

Rizolatti, G./Sinigaglia, C.: Empathie und Spiegelneurone. Die biologische Basis des Mitgefühls. 4. Auflage, Suhrkamp Verlag, 2012

Roberts, J.E./Gamble, S.A. (2001): Current mood–state and past depression as predictors of self–esteem and dysfunctional attitudes among adolescents. In: Personality and Individual Differences, 30, S. 1023–1037.

Roberts, J.E./Monroe, S.M. (1999): Vulnerable self–esteem and social processes in depression: Toward an interpersonal model of self–esteem regulation. In: Joiner, T./Coyne, J. (Hrsg.): The interactional nature of depression: Advances in interpersonal approaches. Washington, DC. American Psychological Association. S. 149–187.

Roberts, L.A./Dutton, J.E. (2009): Exploring Positive Identities and Organizations. New York.

Rock, D. & Cox, C. (2012): SCARF in 2012: updating the social neuroscience of collaborating with others". NeuroLeadership Journal. Issue 4.

Rock, D. & Ringleb, A.H. (2009). NeuroLeadership in 2009. NeuroLeadership Journal. Issue 1.

Rock, D. (2007): Quiet Leadership – Six Steps to Transforming Performance at Work, 1. Auflage, New York.

Rock, D. (2008) SCARF: a brain–based model for collaborating with and influencing others. NeuroLeadership JOURNAL. Issue One

Rock, D. (2008): SCARF: A brain–based model for collaborating with and influencing others. In: NeuroLeadership Journal, Issue 1.

Rock, D. (2009). Managing with the Brain in Mind. strategy + business.

Rock, D. (2009): Managing with the brain in mind. In: Strategy+Business, Issue 56, Autumn.

Rock, D. (2011). Brain at Work. Intelligenter arbeiten, mehr erreichen. Aus dem Englischen von Nicole Hölksen. Frankfurt am Main

Rock, D. (2011): Brain at work. Intelligenter arbeiten, mehr erreichen. Campus Verlag.

Rock, D., & Page, L. Coaching with the brain in the mind. Foundations for Practice. Hoboken

Rock, D., & Schwarz, J. (2006). The Neuroscience of Leadership. strategy + business. Issue 43

Rock, D., Schwartz, J. M.: Strategy+Business: The neuroscience of Leadership, URL: http://www.strategy–business.com/article/06207?gko = 6da0a (02.02.2013)

Rock, D./Schwartz, J. (2006): The Neuroscience of Leadership. In: Strategy + business, 43, S. 1–10.

Rock, D.: Live Mint & The Wall Street Journal: The Science of Decision Making

Rock, D.: Strategy+Business: Managing with the Brain in Mind, URL: http://www.strategy–business.com/article/09306?gko = 5df7f (16.09.2012)

Roediger, E. (2009): Was ist Schematherapie? Eine Einführung in Grundlagen, Modell und Anwendung. Junfermann.

Roese, N.J./Olson, J.M. (1993): Self–esteem and counterfactual thinking. In: Journal of Personality & Social Psychology, 65, 199–206.

Rogers, C.R. (1951): Client-centered therapy. Boston, MA. Houghton Mifflin.

Rogers, C.R. (1983). Freedom to Learn: A View of What Education Might Become. (2nd Ed.), Columbus, OH: Charles E. Merrill

Rosenberg, M. (1965): Society and the adolescent self–image. Princeton, NJ. Princeton University Press.

Rosenstiel, L. v. (2000): Grundlagen der Organisationspsychologie. 4. Auflage. Schäffer– Poeschel: Stuttgart.

Rosenstiel, L. v. (1988): Motivationsmanagement. In: Hofmann, M/Rosenstiel, L. v. (Hrsg.). Funktionale Managementlehre. 1988. Berlin.

Rosenstiel, L. v./Regnet, E./Domsch, M.E.: Führung von Mitarbeitern. Handbuch für erfolgreiches Personalmanagement. Berlin. 2009.

Rosenzweig, P. (2008): Der Halo–Effekt: Wie Manager sich täuschen lassen, 1. Auflage, Offenbach.

Rost–Schaude, E., 1982: Untersuchungen zu einer deutschen Form des IEC–Fragebogens von Rotter. S. 156–177 in: Mielke, R., (Hrsg.), Interne/externe Kontrollübererzeugung: theoretische und empirische Arbeiten zum Locus of control–Konstrukt, Bern: Hans Huber

Roth, G. (2003). Aus Sicht des Gehirns. Frankfurt: Suhrkamp Verlag.

Roth, G. (2003). Warum sind Lehren und Lernen so schwierig? Bremen. (Download vom 12.03.2013) http://www.uni–regensburg.de/Fakultaeten/phil_Fak_II/Grundschul_Paedagogik/content/Warum%20sind%20Lehren%20und%20Lernen%20so%20schwierig%20%28Gerhard%20Roth%29.pdf

Rothermund, K.; Eder, A. B. (2011): Allgemeine Psychologie. Motivation und Emotion. Wiesbaden: VS Verlag für Sozialwissenschaften.

Rothstein, H. R. (1990). Interrater reliability of job performance ratings: Growth to asymptote level with increasing opportunity to observe. Journal of Applied Psychology, 75, 322–327.

Rotter, J. B. (1954). Social learning and clinical psychology. Prentice–Hall psychology series. New York: Prentice–Hall.

Rotter, J. B. (1966). Generalized Expectations for Internal versus External Control of Reinforcement. Psychological Monographs, 80, 1–28.

Rotter, J. B. (1975). Some Problems and Misconceptions Related to the Construct of Internal versus External Control of Reinforcement. Journal of Consulting and Clinical Psychology, 43, 56–67

Ruhne, Renate 2003: ‚Sicherheit' ist nicht die Abwesenheit von ‚Unsicherheit' – Die soziale Konstruktion geschlechtsspezifischer (Un)Sicherheiten im öffentlichen Raum. In: Gestring, Norbert/Glasauer, Herbert/Hannemann, Christine/Petrowsky, Werner/Pohlan, Jörg (Hg.): Jahrbuch StadtRegion 2002: Die sichere Stadt. Opladen: 55–73.

Ryan, R. M. & Deci, E. L. (2000) Intrinsic and extrinsic motivations: classic definitions and new directions. Contemporary Educational Psychology, 25, 54–67.

Ryan, R. M. (2012): The Oxford Handbook of Human Motivation, 1. Auflage, Oxford.

Ryan, R. M., & Deci, E. L. (2000): The darker and brighter sides of human existence: Basic psychological needs as a unifying concept. Psychological Inquiry, 11, 319–338.

Ryan, R. M., & Deci, E. L. (2008). Self–determination theory and the role of basic psychological needs in personality and the organization of behavior. In O. P. John, R. W. Robbins, & L. A. Pervin (Eds.), Handbook of personality: Theory and research (pp. 654–678). New York: The Guilford Press.

Ryan, R. M., Deci, E. L., & Grolnick, W. S. (1995). Autonomy, relatedness, and the self: Their relation to development and psychopathology. In D. Cicchetti & D. J. Cohen (Eds.), Developmental psychopathology (Vol. 1). Theory and methods, pp. 618–655). New York: Wiley

Ryff, C. (1995): Psychological well–being in adult–life. Current Directions in Psychological Science, 4, 99–104

Sachs, M. (2007): (Hrsg.): Grundgesetz, Kommentar. 3. Auflage, München 2003, ISBN 3–406–49233–9. Auch zu finden in der 4. Auflage 2007, Artikel 20, Rn 122 ff.

Sachser, N. (2004): Neugier, Spiel und Lernen: Verhaltensbiologische Anmerkungen zur Kindheit. Zeitschrift für Pädagogik 50 (2004) 4, S. 475–486

Sackmann, S. A. (2008). Mensch und Ökonomie: Wie sich Unternehmen das Innovationspotenzial dieses Wertespagats erschließen. Wiesbaden

Sadri, G. & Robertson, I. T. (1993). Self–efficacy and work–related behaviour: a review and meta–analysis. Applied Psychology: An International Review, 42(2), 139–152.

Sailer, M. (2006): Vertrauen in Organisationen.– München [u.a.] : Hampp.

Salomone, P. R. (1974): The vocational choice process of non professional workers. Studies in Vocational Choice and Career Planning, Monograph Syracuse: Syracuse University

Salt, B.: KPMG – Jenseits der Babyboomer: Der Aufstieg der Generation Y, URL: http://www.kpmg.de (03.10.2012)

Samson, G. E., Graue, M. E., Weinstein, T. & Walberg, H. J. (1984). Academic and occupational performance: a quantitative synthesis. American Educational Research Journal, 21, 311–321.

Sanders, V. M., Kin, N. & Pongratz, G. (2007). Psychosocial Effects on Humoral Immunity: Neural and Neuroendocrine Mechanisms. In J. T. Cacioppo, L. G. Tassinary & G. G. Bernston (Eds.), Handbook of Psychophysiology (3 ed., pp. 367–389). Cambridge: Cambridge University Press.

Sanfey, A.G. (2007). Decision Neuroscience: new directions in studies of judgment and decision–making. Current Directions in Psychological Science, 16, 151–155.

Sanfey, A.G., Rilling, J.K., Aronson J.A., Nystrom L.E., Cohen, J.D. (2003) The neural basis of economic decision making in the Ultimatum Game. Science, 300, 1755–1758.

Sarason, B.R., Pierce, G.R., and Sarason, I. G. (1990) Social support: The sense of acceptance and the role of relationships. In: Sarason, B.R., Sarason, I.G., and Pierce, G.R. (Eds.): Social Support: An Interactional View, 97–128. New York: Wiley.

Satow, L. & Schwarzer, R. (2000): Selbstwirksamkeitserwartung, Besorgtheit und Schulleistung: Eine Längsschnittuntersuchung in der Sekundarstufe I. In: Empirische Pädagogik 14, S. 131–150

Sauer, S. (2009): Wirkfaktoren von Achtsamkeit: Wirkt Achtsamkeit durch Verringerung der affektiven Reaktivität? Dissertation Universität Koblenz–Landau

Schank, R.C. & Abelson, R.P. (1977): Scripts, Plans, Goals and Understanding. An Inquiry into Human Knowledge Structures. Hillsdale .

Schauf, B. & Selay, B.C. (2011): Low Performance: Führungsmaßnahmen und Handlungsempfehlungen zur optimalen Potentialausschöpfung von leistungsschwachen Mitarbeitern. Reiner Hampp Verlag.

Schein, E. (2003): Organisationskultur. The Ed Schein Corporate Culture Survival Guide. Deutsche Ausgabe. Bergisch Gladbach

Scherf–Braune, S. (2000): Organisationales Lernen. Ein systemtheoretisches Modell und seine Umsetzung, Deutscher Universitätsverlag, Wiesbaden.

Schiebler, F., & Kopf, H. (2007). Anatomie 10. Auflage. Darmstadt

Schiepeck, G. (2003). Neurobiologie der Psychotherapie. Stuttgart

Schmalt, H.-D. & Sokolowski, K. (2000). Zum gegenwärtigen Stand der Motivdiagnostik. Diagnostica, 46, 115–123.

Schmidt, F. L., Ones, D. S. & Hunter, J. E. (1992). Personell Selection, In: Annual Review of Psychology, Vol. 43, 627–670

Schmidt, F.L. & Hunter, J.E. (1998). The validity and utility of selection methods in personnel psychology: Practical and theoretical implications of 85 years of research findings. Psychological Bulletin, 124, 262 - 274.

Schmidt, F.L., Hunter, J.E. & Outerbridge, A.N. (1986). Impact of job experience and ability on job knowledge, work sample performance, and supervisory ratings of job performance. Journal of Applied Psychology, 71, 432 - 439.

Schmidt, F.L., Hunter, J.E., Outerbridge, A.N. & Goff, S. (1988). Joint relation of experience and ability with job performance: Test of three hypotheses. Journal of Applied Psychology, 73, 46 - 57.

Schmidt, K.–H. & Kleinbeck, U. (2004). Leistung und Leistungsförderung. In:

Schmidt, R., Lang, F., & Thews, G. (2005). Physiologie des Menschen mit Pathophysiologie. Heidelberg

Schmidt, S., Strauss, B. (1996): Die Bindungstheorie und ihre Relevanz für die Psychotherapie. Teil 1: Grundlagen und Methoden der Bindungsforschung. In: Psychotherapeut, 41, 1996, S. 139–150

Schmitt, N., Cortina, J.M., Ingerick, M.J. & Wiechmann, D. (2003). Personnel selection and employee performance. In I.B. Weiner (Series Ed.), W.C. Borman, D.R. Ilgen & R.J. Klimoski (Eds.), Handbook of Psychology – Volume 12: Industrial and Organizational Psychology (77–105). Hoboken, NJ: John Wiley & Sons.

Schmitt, N./Cortina, J.M./Ingerick, M.J./Wiechmann, D. (2003). Personnel selection and employee performance. In: Weiner. I.B./Borman, W.C./Ilgen, D.R./Klimoski, R.J. (Hrsg.): Handbook of Psychology – Volume 12: Industrial and Organizational Psychology. Hoboken, NJ. John Wiley & Sons. S. 77–105.

Schmitz, G. S. (2001). Kann Selbstwirksamkeitserwartung vor Burnout schützen? Eine Längsschnittstudie in zehn Bundesländern. Psychologie in Erziehung und Unterricht, 48(1), 49–67

Schneider, C. (2012). Frauenspezifische Aspekte affektiver Störungen:

Schneider, C.: Gesundheitsförderung am Arbeitsplatz. Nebenwirkung Gesundheit. 1 Auflage, Verlag Hans–Hunger, 2011

Schoenemann, T.J. (1981): Reports of the Sources of Self–Knowledge. In: Journal of Personality, 49, S. 284–294.

Scholz, C. (1994). Personalmanagement. München

Scholz, C. (2007). Ökonomische Humankapitalbewertung – Eine betriebswirtschaftliche Annäherung an das Konstrukt Humankapital. Betriebswirtschaftliche Forschung und Praxis, 1(59)

Schön, D. (1983): The Reflective Practitioner. New York.

Schuler, H. (1995). Organisationspsychologie. Bern

Schuler, H. (2001): Lehrbuch der Personalpsychologie. 2. Auflage, Hogrefe.

Schuler, H. (2004): Lehrbuch Organisationspsychologie, Bern: Huber.

Schuler, H. (2004a): Organisationspsychologie – Grundlagen und Personalpsychologie, Enzyklopädie der Psychologie (D, III, Bd. 3). Göttingen u.a.

Schuler, H. (2004b): Organisationspsychologie – Gruppe und Organisation, Enzyklopädie der Psychologie (D, III, Bd. 4). Göttingen u.a.

Schuler, H./Marcus, B. (2006): Biografieorientierte Verfahren der Personalauswahl. In H. Schuler (Hrsg.), Lehrbuch der Personalpsychologie, 2. überarbeitete und erweiterte Auflage, Hogrefe.

Schulz von Thun, F./Ruppel, J./Stratmann, R. (2001): Miteinander reden. Kommunikationspsychologie für Führungskräfte. Reinbek.

Schulz. (2000). Multiple reward signals in the brain, 199–207. Nature Reviews Neuroscience 1

Schumann, S. (2006). Repräsentative Umfrage ,4 Ausgabe. München.

Schütz, A. (2003): Psychologie des Selbstwertgefühls. Von Selbstakzeptanz bis Arroganz. 2., aktualisierte Auflage. Stuttgart. Kohlhammer.

Schütz, A. (2005): Je selbstsicherer, desto besser? Licht und Schatten positiver Selbstbewertung. Weinheim. Basel. Beltz Verlag.

Schütz, A./Marcus, B./Sellin, I. (2004): Die Messung von Narzissmus als Persönlichkeitskonstrukt. In: Diagnostica, 50, 4, S. 202–218.

Schütz, A./Tice, D.M. (1997): Associative and competitive patterns of indirect self–enhancement. In: European Journal of Social Psychology, 27, S. 257–273.

Schwab, F. (2004): Emotionen am Arbeitsplatz – Theorie, Forschung und Anwendung. Universität des Saarlandes. Online verfügbar unter http://www.uni–saarland.de/media/fak5/orga/PDFs/materialien/reader_coaching_emotionen_am_arbeitsplatz.pdf, zuletzt geprüft am 13.10.2012.

Schwalbe, M. L./Staples, C. L. (1991): Gender differences in sources of self–esteem. In: Social Psychology Quarterly, 54, S. 158–168.

Schwarzer, R. (1997): Gesundheitspsychologie. Ein Lehrbuch. 2. Aufl. Göttingen

Schwarzer, R., & Leppin, A. (1989). Social support and health: A meta–analysis. Psychology & Health: An International Journal, 3, 1–15

Schweizer, K. (2014): Neuroleadership: Eine Validierungsstudie – Analyse der Fremd– und Selbsteinschätzung des Führungskräfteverhaltens in einem mittelständischen Unternehmen. Master–Thesis SRH FernHochschule Riedlingen.

Schweizer, K. (2013): Eine empirische Analyse: Die Bedeutung der SCARF–Dimensionen für die berufsbezogene Leistung am Beispiel eines mittelständischen Unternehmens.

Schyns, B. & Meindl, J.R. (Hrsg.) (2005): Implicit Leadership Theories: Essays and Explorations. Information Age Pub Inc.

Seligman, M. (1999) Kinder brauchen Optimismus, Hamburg: Rowohlt.

Seligman, M. E. P. (1975): Helplessness. On Depression, Development and Death. San Francisco: Freeman and Comp

Seligman, M. E. P. (1983): Erlernte Hilflosigkeit, München: Urban & Schwarzenberg

Seligman, M. E. P. (2012): Flourish – Wie Menschen aufblühen. München: Kösel.

Seligman, M.E.P./Csikszentmihalyi, M. (2000): Positive Psychology: An introduction. American Psychologist, 55(1): S. 5–14.

Sellin, I. (2003): Varianten der Selbstwertschätzung und Hilfesuche. Dissertation. Philosophische Fakultät der TU Chemnitz.

Semler, R. (1993): Das Semco System: Management ohne Manager. Das neue revolutionäre Führungsmodell. Heyne.

Semler, R. (2001): Maverick! The Success Story Behind the World's Most Unusual Workplace Random House Business

Semler, R. (2004): The Seven–Day Weekend: A Better Way to Work in the 21st Century. Random House Business.

Semmer, N. & Udris, I. (1995): Bedeutung und Wirkung von Arbeit: In: Schuler, H. (Hrsg.), Lehrbuch für Organisationspsychologie, Bern.

Senge, P. (1990): The Fifth Discipline: the Art and Practice of the Learning Organization, Doubleday, New York.

Senge, P. (1996): Die fünfte Disziplin, Klett–Cotta, 3. Auflage, Stuttgart.

Shaver, P., Hazan, C. (1993): Adult romantic attachment: Theory and

Shaver, Ph., Mikulincer M. (2004): What Do Self–Report Attachment Measures Assess? In: Adult Attachment – Rholes, Simpson

Sheldon, K.M., Ryan, R. & Reis, H.T. (1996): What makes for a good day? Competence and autonomy in the day and in the person. In: Personality and Social Psychology Bulletin 22, 1270– 1279.

Shirom, A., Toker, S., Alkaly, Y., Jacobson, O. & Balicer, R. (2011): Work–based predictors of mortality: A 20–year follow–up of healthy employees ... Health Psychology, 2011; 30 (3): 268

Shors, T.J. et al. (2001): Neurogenesis in the adult is involved in the formation of trace memories. Nature. 2001; 410:372–6.

Siefer, W.: Hirnforschung. Die Zellen des Anstoßes. In: Zeit online, 17.12.2010

Siegrist, J: Soziale Krisen und Gesundheit. Eine Theorie der Gesundheitsförderung am Beispiel von Herz–Kreislaufrisiken im Erwerbsleben. Hogrefe, 1996

Simon, F.B. (1993).: Unterschiede, die Unterschiede machen. Klinische Epistemologie: Grundlagen einer systemischen Psychiatrie und Psychosomatik. Frankfurt am Main: Springer.

Simon, H. (2007): Hidden Champions des 21. Jahrhunderts. Frankfurt.

Simon, W. (2004): GABALs großer Methodenkoffer. Grundlagen der Kommunikation. Offenbach.

Simon, W. (2006): GABALs großer Methodenkoffer. Führung und Zusammenarbeit. Offenbach.

Simpson, J.A. (1998): Attachment theory and close relationships. New York

Simpson, J.A., Rholes, W.S., Nelligan, J.S. (1992): Support seeking and support giving within couples in an anxiety–provoking situation: The role of attachment styles. Journal of Personality and Social Psychology. 62. 434–446

Simpson, J.A., Rholes, W.S., Phillips, D. (1996): Conflict in close relationships: An attachment perspective. Journal of Personality and Social Psychology, 71, 899–914

Singer T, Seymour B, O'Doherty J, Stephan K, Dolan R, Frith C.D. (2006): Empathic neural responses are modulated by the perceived fairness of others. Nature. 2006;439:466–469

Singer, W. (2002): Der Beobachter im Gehirn: Essays zur Hirnforschung. Frankfurt

Six, B. & Eckes, A. (1991): Der Zusammenhang von Arbeitszufriedenheit und Arbeitsleistung – Resultate einer metanalytischen Studie. In: L. Fischer (Hrsg.) (1991): Arbeitszufriedenheit. Verlag für Angewandte Psychologie. Stuttgart. S. 21–45.

Skinner, E. A. (1996): A guide to constructs of control. Journal of Personality and Social Psychology, 71, 549–570.

Smith, E.M., Ford, J.K. & Kozlowski, S.W.J. (1997). Building adaptive expertise: Implications for training design strategies. In M.A. Quinones & A. Ehrenstein (Hrsg.), Training for a rapidly changing workplace: Applications of psychological research (S. 89 - 118). Washington, DC (USA): American Psychological Association

Sokolowski, K. (2002). Emotion. In J. Müsseler & W. Prinz (Hrsg.), Allgemeine Psychologie (S.336–384). Heidelberg: Spektrum

Spector, P. E. (1982): Behavior in organizations as a function of employee locus of control. Psychological Bulletin, 91, 482–497.

Sperling, B. (1994): Attachment in adults. Clinical and developmental perspectives. New York

Spitzer, M. (2002): Lernen. Gehirnforschung und die Schule des Lebens. Weinheim.

Spitzer, M. (2012): Digitale Demenz. Wie wir uns und unsere Kinder um den Verstand bringen. Droemer, München

Spitzer, M./Bertram, W.: Braintertainment. Expedition in die Welt von Geist und Gehirn. 2008. Frankfurt/Main,

Spreitzer, G. M./Sonenshein, S. (2004): Toward the Construct Definition of Positive Deviance. In: American Behavioral Scientist, 47, 6, S. 828–847.

Sprenger, R. (1995): Mythos Motivation – Wege aus einer Sackgasse. Campus Verlag. Frankfurt am Main.

Staehle, W. (1999): Management: Eine verhaltenswissenschaftliche Perspektive, 8. Auflage, Vahlen.

Stark, H./Bischof, A./Wagner, T./Scheich, H. (2000): Stages of avoidance strategy formation in gerbils are correlated with dopaminergic transmission activity. In: European Journal of Pharmacology 405, S. 263–275.

Statistisches Bundesamt (2009): Bevölkerung Deutschlands bis 2060. 12. Koordinierte Bevölkerungsvorausberechnung. Statistisches Bundesamt. Wiesbaden.

Stauss, K. (2006): Bonding-Psychotherapie. Grundlagen und Methoden. München

Stauss, K. (2011): Bonding Psychotherapie: Grundlagen und Methoden. Kösel: Stuttgart.

Staw, B. M.; Cummings, L. L.; Sutton, R. I. (1979): Research in organizational behavior. An annual series of analytical essays and critical review. Greenwich, Conn: JAI Press.

Steffanowski, A., Oppl, M., Meyerberg, J., Schmidt, J., Wittmann, W.W. & Nübling, R (2001): Psychometrische Überprüfung einer deutschsprachigen Version des Relationship Scales Questionaire (RSQ). In: Bassler, M., Störungsspezifische Therapieansätze – Konzepte und Ergebnisse. Gießen

Steffens, M.C. (2004): Is the Implicit Association Test Immune to Faking? In: Experimental Psychology, 51, 3, S. 165–179.

Stemmler, G. (2002): Persönlichkeit und Emotion: Bausteine einer biobehavioralen Theorie. In M. Myrtek (Ed.), Die Person im biologischen und sozialen Kontext (pp. 115–141). Hogrefe, 2002

Stern, E. et al. (2005): Lehr–Lern–Forschung und Neurowissenschaften : Erwartungen, Befunde, Forschungsperspektiven. ; Deutschland. Bundesministerium für Bildung und Forschung.

Steyrer, J. (2002): Theorien der Führung. In: Kasper, Helmut, Mayrhofer, Wolfgang (Hrsg.): Personalmanagement, Führung, Organisation. Wirtschaftsverlag Carl Ueberreuter, Wien, S. 157–212

Stirn, H. (1980). Arbeitswissenschaften. Opladen

Strauss, B. & Schmidt, S. (1997): Die Bindungstheorie und ihre Relevanz für die Psychotherapie. Teil 2. In: Psychotherapeut, 42, 1–16

Strauss, B., Kächele, H., Buchheim, A. (2002): Klinische Bindungsforschung. Stuttgart

Tabibnia, G., & Lieberman, M. D. (2007). Fairness and cooperation are rewarding: evidence from social cognitive neuroscience. Annals of the New York Academy of Sciences, 1118, 90–101.

Tausch, R. & Tausch, A.–M. (1960): Erziehungspsychologie: Begegnung von Person zu Person. Göttingen.

Taylor, S. E./Brown, J. (1988): Illusion and well–being: Some social psychological contributions to a theory of mental health. In: Psychological Bulletin, 103, S. 193–210.

Tett, R. P. & Christiansen, N. D. (2008). Personality Assessment in Organizations. In G. J. Boyle, G. Matthews & D. H. Saklofske (Eds.), Personality Theory and Assessment. Los Angeles: Sage.

Thews, G., Mutschler, E., Vaupel, P., & Schaible, H.-G. (2007). Thews: Anatomie, Physiologie und Pathophysiologie des Menschen; 6. Ausgabe. Stuttgart

Thibaut, J., & Walker, L. (1975). Procedural justice: A psychological analysis. Hillsdale, NJ: Erlbaum.

Thomas, W.I. & Thomas, D.S. (1928): The Child in America: Behavior Problems and Programs. Knopf.

Thompson, M., Ellis, R. & Wildavsky, A. (1990): Cultural Theory. Boulder, San Francisco & Oxford.

Thompson, S. C. (1981): A complex answer to a simple question: Will it hurt less if I can control it? Psychological Bulletin, 90, 89–101.

Tice, D.M. (1993): Social motivations of people with low self–esteem. In: Baumeister, R.F. (Hrsg.): Self–esteem: The puzzle of low self–regard. New York, NY. Plenum Press. S. 37–53.

Tönnies, S., Plöhn, S. & Krippendorf, U. (1996). Skalen zur psychischen Gesundheit – Testmanual. Heidelberg: Asanger.

Tortora, G., & Derrickson, B. (2006). Anatomie und Physiologie. Weinheim

Trzesniweski, K.H./Donnellan, M.B./Robins, R.W. (2003): Stability of Self–Esteem Across the Life Span. In: Journal of Personality and Social Psychology, 84, S. 205–220.

Türk, K. (1989): Neuere Entwicklungen in der Organisationsforschung, Ein Trend–Report, Stuttgart.

Ulich, E. (1994): Arbeitspsychologie, Stuttgart.

Ulich, E. (2004): Gestaltung von Arbeitstätigkeiten. Bern.

Ulrich, D; Zenger, J. & Smallwood, N. (2000) Building Your Leadership Brand, Leader to Leader, 40–46.

Utman, C. H. (1997). Performance effects of motivational state: A metaanalysis. Personality and Social Psychology Review, 1, 170–182.

van der Doef, M., & Maes, S. (1999). The job demand-control(-support) model and psychological wellbeing: a review of 20 years of empirical research. Work and Stress, 13, 87–114.

Van der Meer, E. (1996): Gesetzmäßigkeiten und Steuerungsmöglichkeiten des Wissenserwerbs. In: Weinert, F.E. (Hrsg.), Psychologie des Lernens und der Instruktion; Encyklopädie der Psychologie Bd. 4, S. 209 ff. München.

van Dick, R. (2004): Commitment und Identifikation mit Organisationen. Göttingen, Bern, Toronto, Seattle

van Dyne, L., Cummings, L.L. & Parks, J.M. (1995). Extrarole behaviors: In pursuit of construct and definitional clarity (a bridge over muddied water). Research in Organizational Behavior, 17, 215 - 285.

Van Knippenberg, D. (2000). Work motivation and performance: A social identity perspective. Applied Psychology: An International Review, 49: 357–371.

Van Scooter, J.R., & Motowidlo, S.J. (1996). Interpersonal Facilitation and Job Dedication as Separate Facets of Contextual Performance. Journal of Applied Psychology , 81 (5): 525–531.

van Scotter, J.R. & Motowidlo, S.J. (1996). Interpersonal facilitation and job dedication as separate facets of contextual performance. Journal of Applied Psychology, 81, 525–531

Van Scotter, J.R., Motowidlo, S.J. (1996): Interpersonal facilitation and job dedication as separate facets of contextual performance. Journal of Applied Psychology, 81, 525–531

Van Vugt, M., & Ahuja, A. (2010). Selected: Why some people lead, why others follow, and why it matters. The Evolutionary Science of Leadership. London: Profile Books/New York: Harper.

Viswesvaran, C. & Ones, D. S. (2000). Perspectives on models of job performance.

Viswesvaran, C., Ones, D. S. & Schmidt, F. L. (1996). Comparative analysis of the reliability of job performance ratings. Journal of Applied Psychology, 81, 557–574.

Volpert, W., Oesterreich, R., Gablenz–Kolakovic, S., Krogoll, T. & Resch, M. (1983). Verfahren zur Ermittlung von Regulationserfordernissen in der Arbeitstätigkeit (VERA). Analyse von Planungs– und Denkprozessen in der industriellen Produktion. Köln: Verlag TÜV Rheinland.

von Schlippe, A. & Schweitzer, J.: (1996). Lehrbuch der systemischen Therapie und Beratung, Göttingen: Vandenhoeck & Ruprecht.

Wagner, U., Gais, S., Haider, H., Verleger, R., & Born, J. (2004). Sleep inspires insight. Nature, 427, 352–355

Wahren, H. K. (1996): Das lernende Unternehmen: Theorie und Praxis des organisationalen Lernens, de Gruyter, Berlin/New York.

Walach, H., Nord, E., Zier, C., Dietz–Waschowski, B., Kersig, S. & Schüpbach, H. (2007). Mindful–ness–Based Stress Reduction as a Method for Personnel Development: A Pilot Evaluation. Inter–national Journal of Stress Management, 14, 2, 188–198.

Waldenström, K., Ahlberg, G., Bergman, P., Forsell, Y., Stoetzer, U., Waldenström, M. & Lungberg, I. (2008). Externally assessed psychosocial work characteristics and diagnoses of anxiety and depression. Occupational and Environmental Medicine, 65, 90–96.

Wang, Q., Bowling, N. A., & Eschleman, K. J. (2010): A meta–analytic examination of work locus of control. Journal of Applied Psychology, 95, 761–768.

Watzlawick, P. (2011): Man kann nicht nicht kommunizieren. Bern.

Watzlawick, P., Weakland, J.H. & Fish, R. (1974). Change; Principles of Problem Formation and Problem Resolution. New York: WW Norton & Company.

Weber, A. (2007): Psychosoziale Gesundheit im Beruf. Mensch, Arbeitswelt, Gesellschaft. Stuttgart

Wegner, D. M., & Pennebaker, J. W. (Eds.) (1993). Handbook of mental control. Englewood Cliffs, NJ: Prentice–Hall.

Wegner, D.M. & Pennebaker, J.W. (Eds.) (1993): Handbook of Mental Control. Englewood Cliffs, NJ: Prentice Hall

Weiner, B., Frieze, I., Kukla, A., Reed, L., Rest, S. & Rosenbaum, R. (1971): Perceiving the causes of success and failure. New York: General Learning Press.

Weinert, A. (1998). Organisationspsychologie: Ein Lehrbuch (4., vollst. überarb. Aufl.). Weinheim: Psychologie Verlags Union.

Weinert, A. (2004). Organisations- und Personalpsychologie. 5. vollständig überarbeitete Auflage. Weinheim, Basel: Beltz–Verlag.

Weinert, A. B. (1992): Lehrbuch der Organisationspsychologie. Menschliches Verhalten in Organisationen, 3. Aufl, Weinheim.

Weisbach, C.-R./Sonne-Neubacher, P. (2008): Professionelle Gesprächsführung. Ein praxisnahes Lese- und Übungsbuch. München

Wesche, J./Muck, P. (2010): Warum Menschen bei der Arbeit mehr tun, als sie müssten: Einflussfaktoren freiwilligen Arbeitsengagements. In: In–Mind, Ausgabe 3/2010

Westen, D. (2012): Das politische Gehirn. Frankfurt.

Westen, D. Kilts, C. Blagov, P. Harenski, K. & Hamann, S. (2006). The neural basis of motivated reasoning: An fMRI study of emotional constraints on political judgment during the U.S. Presidential election of 2004. Journal of Cognitive Neuroscience, 18, 1947–1958.

Whisman, M.A./Kwon, P. (1993): Life stress and dysphoria: The role of self–esteem and hopelessness. In: Journal of Personality and Social Psychology, 65, S. 1054–1060.

White, R. P. (1959): Motivation reconsidered: the concept of competence, Psychological Review, 66, 297–333

Wiegand, M. (1996): Prozesse organisationalen Lernens, Gabler, Wiesbaden.

Wierzbicka, A. (1994): „Cultural Scripts“: A Semantic Approach to Cultural Analysis and Cross–Cultural Communication. Pragmatics and Language Learning Monograph Series, Volume 5/1994.

Wilkinson, R. & Pickett, K. (2010): Gleichheit ist Glück – Warum gerechte Gesellschaften für Alle besser sind, Frankfurt.

Williams, K. (2006). Mindfulness–based Stress Reduction (MBSR) in a worksite wellness program. In R. Baer (Ed.), Mindfulness–bases Treatment Approaches. Clinician's Guide to Evidence Base and Applications (S.361–376). New York: Guilford.

Wiswede, G. (1991): Einführung in die Wirtschaftspsycholo0gie, München: E. Reinhardt.

Wittchen, H–U., Jacobi, F. & Hoyer, J. (1998). Die Epidemiologie psychischer

Woehr, D.J. & Miller, M.J. (1997). Distributional ratings of performance: More evidence for a new rating format. Journal of Management, 23, 705 - 720.

Wood, G. & Nink, M. (2004): Engagement Index 2004. Studie zur Messung der emotionalen Bindung von Mitarbeitern. Institut Gallup Deutschland (Ed.). Potsdam

Wunderer, R. (2006): Führung und Zusammenarbeit: Eine unternehmerische Führungslehre. München.

Young, J. (2008): Schematherapie. Ein praxisorientiertes Handbuch. Weishaar.

Zapf, D. & Semmer, N. K. (2004). Stress und Gesundheit in Organisationen. In H. Schuler (Hrsg.), Enzyklopädie der Psychologie, Themenbereich D, Serie III, Band 3 Organisationspsychologie (2. Aufl.; S. 1007–1112). Göttingen: Hogrefe.

Zimbardo Ph. & Gerrig R. (2008): Psychologie. München

Zink, C.F., Tong, Y., Chen, Q., Bassett, D.S., Stein, J.L. & Meyer–Lindenberg, A. (2008): Know Your Place: Neural Processing of Stable and Unstable Social Hierarchy in Humans. Neuron 58: 273–83.

Zuckerman, M. (1979): Attribution of success and failure revisited, or: The motivational bias is alive and well in attribution theory. In: Journal of Personality, 47, S. 245–287.

25 Anhang I: Fragebogen

Rüdiger Reinhardt

25.1 SCARF–Modell

25.1.1 Status

Bitte beurteilen Sie die folgenden Aussagen anhand der beigefügten Skala:	*nicht beurteilbar*	trifft überhaupt nicht zu	trifft eher nicht zu	unentschieden	trifft eher zu	trifft völlig zu
Leistung wird von meinem Vorgesetzten anerkannt.	☐					
Ich erhalte angemessen Lob und Anerkennung von meinem Vorgesetzten.	☐					
Mein Vorgesetzter äußert Kritik nur persönlich, nicht in Gegenwart anderer.	☐					
Mein Vorgesetzter gibt mir die Möglichkeit, bei Feedbackgesprächen meine Leistung selbständig einzuschätzen.	☐					
Mein Vorgesetzter unterstützt mich bei der beruflichen Weiterentwicklung.	☐					
Mein Vorgesetzter behandelt mich höflich und mit Respekt.	☐					
Meine Organisation schafft Bedingungen, unter denen Menschen gute Leistungen erbringen können.	☐					
In meiner Organisation werden die Arbeitnehmer nach ihren Fähigkeiten eingesetzt.	☐					
Durch meine Tätigkeit wird meine persönliche Weiterentwicklung unterstützt.	☐					
Meine Arbeit wird von meinen Kollegen respektiert und anerkannt.	☐					

25.1.2 Sicherheit/Vorhersagbarkeit

Bitte beurteilen Sie die folgenden Aussagen anhand der beigefügten Skala:	*nicht beurteilbar*	trifft überhaupt nicht zu	trifft eher nicht zu	unentschieden	trifft eher zu	trifft völlig zu
Mein Vorgesetzter ist in der Lage, seine Erwartungen hinsichtlich meines Aufgabenfeldes konkret zu formulieren.	□					
Mein Vorgesetzter setzt die Werte und Normen meiner Organisation glaubwürdig um.	□					
Bei der Umsetzung von Veränderungsprozessen steht mir mein Vorgesetzter stets unterstützend zur Seite.	□					
Mein Vorgesetzter gibt mir das Gefühl, dass mein Arbeitsplatz innerhalb meines Unternehmens sicher ist.	□					
Mein Vorgesetzter informiert mich rechtzeitig und umfassend.	□					
Meine Organisation kommuniziert anstehende Veränderung offen und transparent für alle Mitarbeiter.	□					
Die wesentlichen Geschäftsprozesse in meiner Organisation sind für mich nachvollziehbar.	□					
Ich weiß nicht, wie ich meine Ziele erreichen kann. (R)[70]	□					
Die definierten Ziele geben mir Sicherheit und Orientierung bei meiner Arbeit.	□					
Zielvereinbarungsgespräche helfen mir bei der Erreichung meiner Ziele.	□					

[70] (R) = „Reverse Item“, d.h., dass das Item aufgrund seiner negativen Ausprägung bei der Analyse „umgepolt“ wird

25.1.3 Autonomie

Bitte beurteilen Sie die folgenden Aussagen anhand der beigefügten Skala:	*nicht beurteilbar*	trifft überhaupt nicht zu	trifft eher nicht zu	unentschieden	trifft eher zu	trifft völlig zu
Mein Vorgesetzter lässt mich meine Arbeitsweise selbst bestimmen.	☐					
Mein Vorgesetzter lässt mich die Prioritäten meiner Aufgaben selbst setzen.	☐					
Mein Vorgesetzter ermöglicht mir flexible Arbeitszeiten, innerhalb seines Entscheidungsrahmens (z.B.: Auf-/Abbau von Überstunden, Sabbatical, Verteilung der Pausenzeiten od. der vertraglich geregelten Arbeitsstunden).	☐					
In meiner Organisation werden die Unternehmensziele nicht mitgeteilt, sodass individuelle Ziele nicht daran ausgerichtet werden können. (R)	☐					
In meiner Organisationen wird Wert darauf gelegt, dass ich meine Rolle individuell an die (wechselnden) Bedarfe des Unternehmens anpassen kann.	☐					
Innerhalb meines Arbeitskontextes kann ich selbst entscheiden was und wie ich etwas tue, statt durch Vorgaben unter Druck gesetzt zu werden.	☐					
In meiner Organisation verhindert die Kultur eine gesunde Work-Life-Balance. (R)	☐					
In meiner Organisation herrscht eine offene Feedback-Kultur, sodass ich jederzeit Vorschläge anregen kann.	☐					
Im Rahmen meiner Rolle, habe ich das Gefühl, dass ich jederzeit frei wählen kann, was ich tue.	☐					
Für die Ausübung meiner Arbeitstätigkeit ist ein hohes Maß an Eigenverantwortung nötig.	☐					

25.1.4 Zugehörigkeit

Bitte beurteilen Sie die folgenden Aussagen anhand der beigefügten Skala:	*nicht beurteilbar*	trifft überhaupt nicht zu	trifft eher nicht zu	unentschieden	trifft eher zu	trifft völlig zu
Ich kann meinem Vorgesetzten vertrauen.	□					
Wenn andere schlecht über meinen Vorgesetzten reden, verteidige ich ihn.	□					
Ich möchte so lange wie möglich für meinen Vorgesetzten arbeiten.	□					
Mein Vorgesetzter fördert die Zusammenarbeit im Team.	□					
Mein Vorgesetzter fördert das „Wir-Gefühl" in der Abteilung.	□					
Ich fühle mich meinem Team zugehörig.	□					
Ich empfinde es als persönliches Kompliment, wenn jemand meinen Arbeitgeber lobt.	□					
Wenn ich die Möglichkeit hätte, würde ich lieber mit einem anderen Team zusammenarbeiten. (R)	□					
Ich fühle mich mit meiner Organisation emotional verbunden.	□					
Es ist schwierig, während meiner Tätigkeit soziale Beziehungen zu Kollegen aufzubauen oder zu pflegen. (R)	□					

25.1.5 Fairness

Bitte beurteilen Sie die folgenden Aussagen anhand der beigefügten Skala:	*nicht beurteilbar*	trifft überhaupt nicht zu	trifft eher nicht zu	unentschieden	trifft eher zu	trifft völlig zu
Die Kommunikation meines Vorgesetzten ist auf meine persönlichen Bedürfnisse zugeschnitten.	□					
In Krisenzeiten ist mein Vorgesetzter bereit, für sich selbst auf Boni und Sonderzahlungen zu verzichten.	□					
Meinem Vorgesetzten gelingt es nicht, ein Arbeitsumfeld frei von Einschüchterungen, Anfeindungen, Erniedrigungen, Entwürdigungen oder Beleidigungen zu schaffen. (R)	□					
Mein Vorgesetzter ermöglicht seinen Mitarbeitern in gleichem Umfang den Zugang zu beruflicher Weiterbildung. (unabhängig von Alter, Geschlecht, Behinderung o.ä.).	□					
Mein Vorgesetzter fördert ehrliches und transparentes Verhalten innerhalb seiner Abteilung.	□					
In meinem Unternehmen kann ich meine persönliche Sichtweise und Argumente in Entscheidungsprozessen einbringen.	□					
In meinem Unternehmen ist es mir möglich, gegen getroffene Entscheidungen (z.B. Beförderung, Entlassung) Widerspruch einzulegen.	□					
Die Lohnstrukturen meines Unternehmens sind für mich nachvollziehbar.	□					
Die Entlohnung meiner Arbeit spiegelt den Aufwand wider, den ich in die Arbeit investiert habe.	□					
Die Verteilung von Arbeitsaufgaben ist für alle Teammitglieder nachvollziehbar.	□					

25.2 Konsistenztheorie

25.2.1 Bedürfnis nach Bindung

Bitte beurteilen Sie die folgenden Aussagen anhand der beigefügten Skala:	*nicht beurteilbar*	trifft überhaupt nicht zu	trifft eher nicht zu	unentschieden	trifft eher zu	trifft völlig zu
Ich mache mir Sorgen über das Ausgeschlossen-sein. (R)	□					
Ich fühle mich wohl dabei, wenn ich mich auf andere verlassen kann.	□					
Ich fürchte mich davor, dass andere mich nicht akzeptieren können. (R)	□					
Ich kann nahe Beziehungen aufrechterhalten ohne meine persönliche Autonomie einzuschränken.	□					
Ich finde es schwierig, von anderen abhängig zu sein.	□					
Ich fürchte mich davor, verletzt zu werden, wenn ich mir erlaube, anderen zu nahe zu kommen.	□					
Ich finde es schwierig, anderen zu vertrauen.	□					
Ich fühle mich unwohl dabei, anderen nahe zu sein.	□					
Ich fühle mich auch ohne enge Beziehungen wohl. (R)	□					
Ich möchte anderen gefühlsmäßig nahe sein.	□					
Ich mache mir Sorgen darüber, dass andere mich nicht so sehr schätzen wie ich sie.	□					
Ich finde dass sich andere gegen so viel Nähe sträuben, wie ich sie mir wünschen würde.	□					
Es ist mir sehr wichtig, mich unabhängig zu fühlen.	□					
Es ist mir sehr wichtig, dass ich mich selbständig fühle.	□					
Ich ziehe es vor, wenn andere Menschen nicht von mir abhängig sind.	□					
Ich ziehe es vor, nicht von anderen abhängig zu sein.	□					

25.2.2 Bedürfnis nach Kontrolle

Bitte beurteilen Sie die folgenden Aussagen anhand der beigefügten Skala:	*nicht beurteilbar*	trifft überhaupt nicht zu	trifft eher nicht zu	unentschieden	trifft eher zu	trifft völlig zu
Ich habe mein Leben selbst in der Hand.	□					
Wenn ich mich anstrenge, werde ich auch Erfolg haben.	□					
Egal ob privat oder im Beruf: Mein Leben wird zum großen Teil von anderen bestimmt.	□					
Meine Pläne werden oft vom Schicksal durchkreuzt.	□					

25.2.3 Bedürfnis nach Selbstwerterhöhung/-schutz

Bitte beurteilen Sie die folgenden Aussagen anhand der beigefügten Skala:	*nicht beurteilbar*	trifft überhaupt nicht zu	trifft eher nicht zu	unentschieden	trifft eher zu	trifft völlig zu
Alles in allem bin ich mit mir selbst zufrieden.	□					
Hin und wieder denke ich, dass ich gar nichts tauge. (R)	□					
Ich besitze eine Reihe guter Eigenschaften.	□					
Ich kann vieles genauso gut wie die meisten anderen Menschen auch.	□					
Ich fürchte, es gibt nicht viel, worauf ich stolz sein kann. (R)	□					
Ich fühle mich von Zeit zu Zeit richtig nutzlos. (R)	□					
Ich halte mich für einen wertvollen Menschen, jedenfalls bin ich nicht weniger wertvoll als andere auch.	□					
Ich wünschte, ich könnte vor mir selbst mehr Achtung haben. (R)	□					
Alles in allem neige ich dazu, mich für einen Versager zu halten. (R)	□					
Ich habe eine positive Einstellung zu mir selbst gefunden.	□					
Bei der Arbeit gut zu sein, gibt mir ein Gefühl von Selbstachtung.	□					
Meine Arbeitsleistung hat Einfluss auf mein Selbstbewusstsein.	□					
Wenn ich weiß, dass ich bei der Arbeit gute Leistung erbringe, fühle ich mich besser.	□					
Ich fühle mich unwohl, wenn meine Arbeitsleistung nachlässt.	□					
Meine Meinung über mich selbst hängt nicht von meiner Leistung am Arbeitsplatz ab. (R)	□					

25.2.4 Bedürfnis nach einer guten Lust-Unlust-Balance

Bitte beurteilen Sie die folgenden Aussagen anhand der beigefügten Skala:	*nicht beurteilbar*	trifft überhaupt nicht zu	trifft eher nicht zu	unentschieden	trifft eher zu	trifft völlig zu
Beunruhigung (R)	□					
Verachtung (R)	□					
Hoffnung	□					
Traurigkeit (R)	□					
Freude	□					
Neid (R)	□					
Heiterkeit	□					
Angst (R)	□					
Vergnügen	□					
Dankbarkeit	□					
Zorn (R)	□					
Interesse	□					
Ärger (R)	□					
Stolz	□					
Schuld (R)	□					

25.3 Bedürfnis nach Konsistenz

Bitte beurteilen Sie die folgenden Aussagen anhand der beigefügten Skala:	*nicht beurteilbar*	trifft überhaupt nicht zu	trifft eher nicht zu	unentschieden	trifft eher zu	trifft völlig zu
… bringe ich Leistung.	□					
… kann ich nicht selbst bestimmen. (R)	□					
… bin ich unabhängig.	□					
… genüge ich nicht. (R)	□					
… glaube ich an mich selbst.	□					
… werde ich kritisiert. (R)	□					
… kann ich andere beeindrucken.	□					
… fühle ich mich machtlos. (R)	□					
… werde ich geachtet und respektiert.	□					
… blamiere ich mich. (R)	□					
… habe ich viele Kontakte.	□					
… habe ich mich selber unter Kontrolle.	□					
… behandle ich andere aggressiv. (R)	□					
… verfolge ich breite Interessen.	□					
… nehme ich einen Sinn in meinem Leben wahr.	□					
… muss ich Schwächen von mir zeigen. (R)	□					
… werde ich nicht anerkannt. (R)	□					

25.4 Teil C: Ergebnisse

25.4.1 Berufsbezogene Leistung

Bitte beurteilen Sie die folgenden Aussagen anhand der beigefügten Skala:	*nicht beurteilbar*	trifft überhaupt nicht zu	trifft eher nicht zu	unentschieden	trifft eher zu	trifft völlig zu
Meine Arbeitsvorgaben erfülle ich mit hohem Engagement und fachlichem Know-how.	□					
Meine Arbeit ist auch unter hohem Zeitdruck und damit verbundenem Stress hochwertig.	□					
Die Arbeitsbeziehungen mit meinen Kollegen gestalte ich so, dass sie Belastungen standhalten.	□					
Ich bearbeite meine Aufgaben sehr zügig.	□					
Ich überprüfe meine Arbeitsergebnisse sorgfältig.	□					
Ich halte meine Fristen ein, um Teamarbeit voranzutreiben.	□					
Bei hohem Arbeitsaufkommen und bei Bedarf arbeite ich freiwillig länger, um meinem Arbeitspensum gerecht zu werden.	□					
Ich verbessere Arbeitsabläufe und -prozesse selbstständig.	□					
Wenn ich wollte, könnte ich in meinem Beruf mehr leisten als dies zurzeit der Fall ist. (R)	□					
Wenn ich meine beruflichen Leistungen rückblickend betrachte, habe ich den Eindruck, dass ich mich dabei deutlich verbessert habe.	□					
Ich habe den Eindruck, dass meine beruflichen Leistungen den stellentypischen Anforderungen meiner Position voll gerecht werden.	□					
Ich denke oft darüber nach, wie ich meine beruflichen Aufgaben noch besser erfüllen kann.	□					
Ich bemühe mich, meine beruflichen Aufgaben besonders gut zu erfüllen.	□					
Im Vergleich zu Mitarbeitern in ähnlichen Positionen sind meine Leistungen nicht besser. (R)	□					

25.4.2 Gesundheit

Bitte beurteilen Sie die folgenden Aussagen anhand der beigefügten Skala:	*nicht beurteilbar*	trifft überhaupt nicht zu	trifft eher nicht zu	unentschieden	trifft eher zu	trifft völlig zu
Mein allgemeiner Gesundheitszustand ist gut.	□					
Durch meine körperliche Gesundheit wurde ich in den vergangenen vier Wochen in meinen normalen Kontakten zu Familienangehörigen, Freunden, Nachbarn oder zum Bekanntenkreis beeinträchtigt. (R)	□					
Ich fühle mich ziemlich fit und vital.	□					
In den vergangenen 4 Wochen war ich oft erschöpft. (R)	□					
Ich bin oft nervös und schlecht gelaunt. (R)	□					
An manchen Tagen habe ich das Gefühl, dass ich Bäume ausreißen könnte.	□					
Bei meinen beruflichen Aufgaben fühle ich mich ständig überlastet. (R)	□					
Ich bin voller Energie und Zuversicht.	□					
Ich habe manchmal Probleme, tagsüber wach zu bleiben. (R)	□					
Ich freue mich auf jeden neuen Tag.	□					
Ich fühle mich fast immer aufnahmefähig und hellwach.	□					
Ich mache mir sehr viele Gedanken über meine beruflichen Aufgaben, sodass ich manchmal nur schlecht schlafen kann. (R)	□					
Ich habe wiederholt ohne berechtigten Grund Beklemmungsgefühle. (R)	□					
Ich habe oft das Gefühl, als ob mir alles über den Kopf wachsen würde. (R)	□					
Ich fühle mich oft nervös und unausgeglichen. (R)	□					

25.5 Teil D: Demographische Angaben

In welchem Studiengang sind Sie eingeschrieben?
☐ Bachelor
☐ Master

Geschlecht
☐ weiblich
☐ männlich

Altersgruppe
☐ Unter 25 Jahre
☐ 26–30 Jahre
☐ 31–35 Jahre
☐ 36–40 Jahre
☐ 41–45 Jahre
☐ 46–50 Jahre
☐ 51 Jahre und älter

Welches ist Ihr höchster Bildungsabschluss?
☐ Mittlere Reife
☐ Abitur/Fachhochschulreife
☐ Abgeschlossene Meisterausbildung/Technikerausbildung
☐ Berufsakademie/Fachhochschulabschluss
☐ Universitätsabschluss
☐ Promotion
☐ Sonstiges

Wie viele Jahre sind Sie bereits berufstätig?
☐ bis zu 5
☐ bis zu 10
☐ bis zu 15
☐ bis zu 20
☐ mehr als 20

Welche Art der Erwerbstätigkeit trifft auf Sie zu?
☐ arbeitsuchend/Mutterschutz/Elternzeit
☐ befristet
☐ unbefristet
☐ selbstständig/freiberuflich

Auf welcher Hierarchieebene arbeiten Sie?
☐ Vorstand/Geschäftsführung
☐ Zweite Führungsebene
☐ Dritte Führungsebene
☐ Vierte Führungsebene
☐ Keine Führungsverantwortung

Wie lange arbeiten Sie für Ihren jetzigen direkten Vorgesetzten?
☐ weniger als 1 Jahr
☐ 1–2 Jahre
☐ 2–3 Jahre
☐ 4–5 Jahre
☐ Mehr als 5 Jahre
☐ Ich habe keinen Vorgesetzten

Wie viele Mitarbeiter hat Ihr Unternehmen?
☐ bis einschließlich 9 Mitarbeiter
☐ zwischen 10 und 49 Mitarbeiter
☐ zwischen 50 und 249 Mitarbeiter
☐ 250 bis 999 Mitarbeiter
☐ 1000 bis 4999 Mitarbeiter
☐ 5000 bis 9999 Mitarbeiter
☐ 10.000 Mitarbeiter und mehr

Wie viele Stunden sind Sie vertraglich verpflichtet, pro Woche zu arbeiten?
☐ Weniger als 20
☐ 21–29
☐ 30–35
☐ 36–40
☐ Mehr als 40

Wie viele Stunden arbeiten Sie durchschnittlich über Ihre vertraglich vereinbarte wöchentliche Arbeitszeit hinaus?
☐ Bis zu 5
☐ Bis zu 10
☐ Mehr als 10

26 Anhang II: Details zur Fragebogenstudie

Rüdiger Reinhardt

Aus Verständlichkeitsgründen wurde im Hauptteil des vorliegenden Buches Wert darauf gelegt, dass dort die zentralen bzw. umsetzungsbezogenen Ergebnisse dargestellt werden. Für diejenigen unter Ihnen, die ein stärkeres Interesse an den methodischen Details und den Ergebnissen besitzen, soll an dieser Stelle die relevanten Informationen zur Verfügung gestellt werden.

26.1 Vertiefung I: Operationalisierung der Variablen

26.1.1 Berufsbezogene Leistung

Die Variable „Berufsbezogene Leistung" setzt sich aus 14 Items zusammen und fasst verschiedene in Theorie und Praxis erprobte Skalen zusammen. Sie besteht aus verschiedenen Unterskalen, die im Rahmen dieser Arbeit aber als Gesamtskala betrachtet wurden. Dazu zählen aufgabenbezogene Leistung, umfeldbezogene Leistung, kontextbezogenes Verhalten (Borman & Motowidlo, 1997), adaptive Leistung (Schmitt et al., 2003) sowie allgemeine berufsbezogene Leistung (Keddi, 2008).

26.1.2 Gesundheit

Die Skala zur Gesundheit orientiert sich analog zur berufsbezogenen Leistungsskala an verschiedenen etablierten Skalen. Die Skala umfasst die beiden Kategorien physische und psychische Gesundheit, so z.B. den COPSOQ-Fragebogen (Copenhagen Psychosocial Questionnaire; vgl. Nübling, Stößling, Hasselhorn, Michaelis, & Hofman, 2005) und Indizes zur Erfassung psychischer Belastungen (EuPD Research, 2010). Des Weiteren wurde auf eine Schweizer Studie zum Thema Stress bei Arbeitnehmern (Grebner et al., 2010) sowie eine Studie der Universität Regensburg zurückgegriffen (Bösl, 2008). Die Items zum Bereich physische Gesundheit basieren auf den Ergebnissen von Keddi (2008). Im Rahmen dieser Arbeit werden beide Kategorien zu einer Skala zusammengefasst, die insgesamt aus 15 Items besteht.

26.1.3 Messung der SCARF-Dimensionen

Wie oben bereits angemerkt, mussten für die Erfassung der fünf SCARF-Dimensionen eigene Skalen entwickelt werden. Ausgangspunkt hierfür waren die in der Literatur identifizierten Einflussfaktoren, die einen Einfluss auf das neuronale Belohnungs- bzw. Bedrohungssystem haben können (vgl. hierzu Kapitel 5). In folgender Tabelle wird eine entsprechende Übersicht gegeben – der besseren Verständlichkeit halber wurde eine Zuordnung zu den drei Perspektiven „Vorgesetzter/Klima“, „Rahmenbedingungen/Unternehmen“ und „Tätigkeit/Aufgabe“ vorgenommen. Zusammenfassend hat dieses Vorgehen dazu geführt, dass für jede der fünf Dimensionen 10 Items in die Auswertung eingeflossen sind[71].

Tab. 26.1: Inhaltliche Schwerpunkte der Indikatoren für die Messung der fünf SCARF-Dimensionen

	Vorgesetzter/Klima	**Rahmenbedingungen/Unternehmen**	**Tätigkeit/Aufgabe**
Status	Anerkennung der Leistung Spenden von Lob & Anerkennung Kritik nur unter vier Augen Feedbackgespräch Unterstützung bei beruflicher Weiterentwicklung kollegialer Umgang (Höflichkeit, Respekt)	Leistungsförderliche Rahmenbedingungen Bekanntheit von Entwicklungsmöglichkeiten	Berücksichtigung von Fähigkeiten bei Aufgabenzuweisung Persönlichkeitsförderlichkeit der Tätigkeit Stärkenorientierung der Tätigkeit
Certainty	Informationsverhalten des Vorgesetzten/eigener Informationsgrad bez. • Normen/Werte • Langfristige Ziele • Geschäftsprozesse • Wege zur Zielerreichung • anstehende Veränderungen	Unterstützung bei Veränderungsprozessen Veränderungen werden transparent kommuniziert	Sicherheit durch klare Ziele Ziele als Orientierungsrahmen Erwartungen bez. Aufgaben Glaubwürdigkeit bei der Umsetzung von Normen und Werten Zielvereinbarungsgespräche

71 Der ursprüngliche Fragebogen enthielt eine höhere Anzahl von Items. Aufgrund einer Reliabilitätsanalyse wurden einige Items von der weiteren Auswertung ausgeschlossen. Der Fragebogen in Anhang I enthält nur mehr die Items, die in die Gesamtauswertung eingeflossen sind.

Tab. 26.1: Inhaltliche Schwerpunkte der Indikatoren für die Messung der fünf SCARF-Dimensionen (Fortsetzung)

Autonomy	Autonomie bei • Wahl der Arbeitsweise/-methodik • Prioritäten bez. Aufgabenabarbeitung • Aufgabenauswahl und -weise Zeitautonomie: flexible Arbeitszeiten Autonomie: Feedback-Kultur verbreitert Handlungsspielräume	Unternehmensziele als Bezugsrahmen für autonome Entscheidungen Überlastungsschutz: Work-Life-Balance Rollenflexibilität als Anforderung an MA	Aufgaben mit hohem Maß an Eigenverantwortung/Handlungsspielräumen
Relatedness	Vorgesetzter fördert • Vertrauen • Identifikation • Loyalität Förderung von Teamarbeit Förderung des „Wir-Gefühls“	Identifikation mit der Firma Tätigkeit & Unterstützung sozialer Beziehungen Teamzugehörigkeit Organisationszugehörigkeit	Aufgaben, die im Team erledigt werden müssen
Fairness	Bedürfnisgerechte Kommunikation Vorbild Fairness/Gleichbehandlung Ehrlichkeit und Transparenz	Transparente Strukturen Transparenz bez. Lohnstrukturen Entlohnungsgerechtigkeit	Persönlichkeitsförderliches Arbeitsumfeld Transparenz bei der Verteilung von Arbeitsaufgaben

26.1.4 Messung der Dimensionen der Konsistenztheorie

Für die Erfassung dieser Dimensionen konnte jeweils auf ein schon vorhandenes Messverfahren zurückgegriffen werden, das entsprechend skizziert wird.

Messung des Bindungsstils

Bartholomew und Horowitz schlagen ein Modell zur Bindungsdiagnostik vor, welches auf der Idee von Bowlby beruht, dass Individuen frühere Bindungserfahrungen in Form eines „inneren Arbeitsmodells“ verinnerlichen: Das Selbstbild (Model of Self) sowie das Bild des Anderen (Model of Others); beide können entweder positiv oder negativ sein (vgl. Bartholomew & Horowitz, 1991, S. 226ff). Unter dem positiven Selbstbild versteht Bartholomew, zu welchem Grad das Individuum ein positives oder negatives Gefühl des Selbstwertes internalisiert hat und eine entsprechende Resonanz von Beziehungspartnern erwartet. Das Bild des Anderen beinhaltet das Ausmaß, zu welchem das Individuum von Beziehungspartnern erwartet verfügbar und unterstützend sein kann. Daraus resultieren vier Bindungsstile:

- Sicher: entspricht dem positiven Selbstbild und positiven Bild des Anderen
- Abweisend: entspricht dem positiven Selbstbild und negativen Bild des Anderen
- Anklammernd: entspricht dem negativen Selbstbild und positiven Bild des Anderen

- Ängstlich-vermeidend: Entspricht dem negativen Selbstbild und negativen Bild des Anderen

In der vorliegenden Untersuchung wurde mit dem RSQ (Relationship Scales Questionnaires) von Griffin und Bartholomew (1994) gearbeitet. Der RSQ dient der Erfassung des Bindungsstils oder -musters in Bezug auf Beziehungen im Allgemeinen. Der RSQ ist eines der am meisten genutzten Selbstbewertungsinstrumente für Bindungsstile (vgl. Kurdek, 2002, S. 812) und wurde bereits im Arbeitskontext verwendet (z.B. Popper et. al., 2000).

Die Originalversion[72] enthält 30 Items, wovon 16 Items von Bartholomew entwickelt wurden und die restlichen Items dem Adult Attachment Scale von Collings und Read (1990), sowie dem Fragebogen von Hazan und Shaver (vgl. Hazan & Shaver, 1987) entnommen worden sind. Die Auswertung erlaubt eine Klassifikation des Bindungsstils in das vierkategoriale Modell nach Bartholomew und Horowitz (Bild vom Selbst/Bild vom Anderen). Als deutsche Übersetzung wurde die Version von Mestel (vgl. Steffanowski, 2000, S. 6) verwendet.

Von den insgesamt 30 Items des Original-RSQ-Fragebogens wurden 16 ausgewählt. Sie beinhalten die vier Dimensionen *sicher* (z.B. „Ich fühle mich wohl dabei, wenn ich mich auf andere verlassen kann"), *ängstlich-vermeidend* (z.B. „Ich fühle mich unwohl dabei, anderen nahe zu sein"), *anklammernd* (z.B. „Ich mache mir Sorgen darüber, dass andere mich nicht so sehr schätzen wie ich sie") und *abweisend* (z.B. „Es ist mir sehr wichtig mich unabhängig zu fühlen") und verweisen auf Beziehungen im Allgemeinen.

12 Items aus dem Original-RSQ wurden nicht verwendet, sie entstammen ursprünglich dem Adult Attachment Scale AAS, welcher sich auf die drei Dimensionen von Hazan & Shaver bezieht (secure, avoidant, anxious-ambivalent), den Fokus auf Partnerbeziehungen legt und im Arbeitskontext nicht abgefragt werden kann.

Messung von Kontrollüberzeugungen

Bislang wurden verschiedene Ansätze zur Messung von Kontrollüberzeugung entwickelt. So postuliert Rotter (1966) ein unidimensionales Kontinuum. Der ROT-IE enthält 23 Items, die aus zwei alternativ formulierten Aussagen bestehen. Er unterscheidet zwischen internaler und externaler Kontrollüberzeugung. Der Fragebogen wurde mehrfach ins Deutsche übersetzt sowie in viele andere Sprachen (vgl. Rost-Schaude, 1982). Dieser und der von Nowicki und Duke entwickelte ANS-IE, welcher ebenfalls zur eindimensionalen Erfassung geeignet ist, hat einen hohen Bekanntheitsgrad erreicht. Rinke und Schneewind (1978) haben die deutsche Normierung (LOC) vorgelegt. Allerdings liegt bei beiden Fragebögen die interne Konsistenz bei einem mittleren Wert von 0,70 und ist damit nicht sonderlich hoch. Die Kurzfassung des ROT-IE von Salomone (1974) umfasst 15 Items und wird SAIES genannt, dieser hat diesbezüglich wesentlich günstigere Werte. Levenson (1972, 1974) unterscheidet drei Dimensionen und entwickelte entsprechende Skalen „internal", „powerful others" und „chance".

Auf dieser Grundlage arbeitet Krampen (1981) den IPC heraus, welcher internale Kontrollüberzeugung sowie zwei verschiedene Aspekte der externalen Kontrollüberzeugung abbildet. Ab 1989 arbeitet Krampen an einer Spezifizierung bei der Messung der Kontrollüberzeu-

72 Der RSQ ist in Bezug auf Durchführung und Auswertung standardisiert. Die Reliabilität der englischsprachigen Skalen liegt im Bereich 0,50 für die Skala *sicher* und 0,73 für die Skala *abweisend* (vgl. Kurdek, 2002, S. 814).

gung. Krampen (1991) modifiziert endlich seinen Ansatz von drei auf vier Dimensionen. Dabei schlägt er ein handlungstheoretisches Modell der Persönlichkeit vor, in dem die internale Kontrolle in zwei Dimensionen unterteilt wird: (1) Selbstkonzept eigener Fähigkeiten und (2) Internalität.

Allerdings konnten faktoranalytische Untersuchungen keine Belege für eines der Modelle erbringen (vgl. Ahle, 2002; Gurin, Gurin, Lao & Beattie 1969; Mielke, 1979; Skinner, 1996). Aus dieser Erkenntnis heraus und auf Basis der postulierten Annahmen von Rotter (1966) bez. der Externalität und Internalität entwickelten Jakoby & Jacob (1999) ein zweidimensionales Konstrukt. Darin fließt auch die Erkenntnis von Levenson (1972), dass Kontrollüberzeugung ein mehrdimensionales Konstrukt sei, ein. Dieses Konzept wurde im KMKB (Kurzskalen zur Messung von Kontrollüberzeugung in Bevölkerungsumfragen) umgesetzt und zeigt sich als evident gut replizierbar (vgl. Kovaleva, Beierlein, Kemper & Rammstedt, 2010). Somit konnte der zweidimensionale Ansatz empirisch belegt werden.

Dieser Ansatz diente als Vorlage für das von Kovaleva (2012) entwickelte IE-4 Erhebungsinstrument. Die Skala besteht aus zwei Subskalen (internale und externale Kontrollüberzeugung) mit jeweils 2 Items. Die vier Items sind 5-fach Likert skaliert von „trifft gar nicht zu“ (1) bis „trifft voll und ganz zu“ (5). Die Itemselektion erfolgte empirie- und theoriegeleitet in einem zweistufigen Verfahren. Die 20 Ursprungitems wurden kognitiven Pretests unterzogen. Dies garantierte die Verständlichkeit für die Zielgruppe. Aus einer faktoranalytischen Untersuchung sowie einer inhaltlich-theoretischen Kontrolle wurden dann die finalen vier Items ausgewählt (vgl. Kovaleva, 2012). Die Reliabilitätswerte der Skalen liegen bei McDonalds ω für internale Kontrollüberzeugung (IKÜ): 0,70 bis 0,71 und externaler Kontrollüberzeugung (EKÜ) bei ω: 0,63–0,73. Dabei sind die Schätzwerte analog zu Cronbachs Alpha zu interpretieren. Die Test-Retest-Reliabilität liegt bei r = 0,56 für IKÜ und r = 0,64 für EKÜ. Die Reliabilitätskoeffizienten liegen nach Aiken & Groth-Marnat (2006) für Gruppenuntersuchungen im hinreichenden Bereich, allerdings unterscheiden sich die Subskalen deutlich in Hinblick auf die Homogenität, denn der Omega-Koeffizient ist für EKÜ niedriger.

Messung von Positiven und Negativen Emotionen

„Sämtliche Verfahren, mit denen Gefühle gemessen werden, enthalten ein gewisses Maß an Irrtümern und Abweichungen“, so Fredrickson (2011, S. 175) zum Thema „Erfassung von Emotionen. Generell lassen sich Emotionen anhand physiologischer Daten wie Herzfrequenz, Schlagvolumenindex, Hautwiderstand, Hautleitfähigkeit, systolischem und diastolischem Blutdruck und Stirn- und Fingertemperatur messen. Eine andere Möglichkeit ist die Messung der Hirnaktivität anhand von bildgebenden Verfahren wie EEG, PET und fMRT. Auch durch Verhaltensbeobachtungen wie zum Beispiel FACS (= Facial Action Coding System) oder die Beobachtung der Gestik lassen sich Emotionen erfassen. Diese Methoden sind jedoch zeitaufwändig und teuer, weshalb man vor allem bei der Messung von Emotionen am Arbeitsplatz in den meisten Fällen auf Fragebögen zurückgreift. Der Einsatz von Fragebögen birgt zwar Störfaktoren wie Antworten nach der sozialen Erwünschtheit oder, dass die emotionale Arbeit die weitere Beantwortung der Fragen beeinflusst. Die Vorteile gegenüber den anderen Methoden liegen aber in der Anwendbarkeit und in den geringeren finanziellen Mitteln, die benötigt werden (Schwab, 2004, S. 34).

In der Regel wird für die Befragung eine Auflistung der verschiedenen Emotionen erstellt, in der die befragte Person je nach Zielsetzung einmalig oder über einen längeren Zeitraum mehrmals angibt, welche Emotionen er an seinem Arbeitsplatz hat. Es ergibt sich jedoch ein

Messwertproblem: Einmalige Messungen sind nicht repräsentativ, sie unterliegen Verzerrungen bspw. durch momentane Gefühle. Eine Lösung dafür ist das häufige Messen über einen längeren Zeitraum – desto mehr Messungen man zusammenzählt, umso verlässlicher wird die Schätzung (Fredrickson, 2011, S. 176). Allerdings kann die Messung durch die Zeitspanne, über die eine Emotion erfasst wird, beeinflusst werden. Misst man nur einmal am Tag, besteht die Gefahr, dass der Augenblick am Tag, der am intensivsten gefühlt wurde, am stärksten in die Betrachtung einfließt und alle anderen Emotionen überstrahlt werden oder die Befindlichkeit im Moment der Befragung wird am stärksten berücksichtigt (= Peak-End-Rule) (Fredrickson, 2011, S. 179).

In der vorliegenden Studie wird ebenfalls eine Auflistung der aufgeführten Emotionen genutzt, die jedoch nur einmalig abgefragt werden. Durch die Eingangsfrage „Wenn ich meine üblichen Erfahrungen an meinem Arbeitsplatz beschreibe, dann fühle ich häufig…" wird die befragte Person aufgefordert, zum einen an normale und nicht außergewöhnliche Erfahrungen zu denken und zum anderen, nicht einmalige Emotionen aufzuführen, sondern Emotionen, die häufiger vorkommen. Insgesamt wurde nach sechs positiven und sieben negativen Emotionen gefragt, nämlich einerseits nach positiven Emotionen wie Hoffnung, Freude (Heiterkeit, Vergnügen), Dankbarkeit, Interesse und Stolz und andererseits nach negativen Emotionen wie Angst/Beunruhigung, Ärger, Zorn, Traurigkeit, Schuld, Neid und Verachtung.

Bedürfnis nach Selbstwerterhöhung und Selbstwertschutz

Es gibt zahlreiche Skalen zur Erhebung von Selbstwert. In einer Untersuchung bewerten Blascovich und Tomaka (1991) nur wenige als empirisch valide, darunter das in diesem Umfeld weit verbreitete ‚global self-esteem measure' (GSE) von Rosenberg (1965). Die Rosenberg-Skala umfasst zehn Fragen, auf die Probanden üblicherweise in einer 4-stufigen Likert-Skala von „strongly disagree" bis „strongly agree" antworten. Rosenberg (1965) gibt die interne Konsistenz in Untersuchungen unter College-Studenten mit Werten zwischen 0,85 und 0,88 an. Eine deutsche Übersetzung der Skala haben Ferring und Filipp (1996) vorgenommen, die von Collani und Herzberg (2003) in einem Item überarbeitet wurde. In ihrer revidierten Fassung liegt Cronbachs Alpha in den jeweiligen Stichproben bei 0,84 bzw. 0,85. Die einzelnen Items haben eine ausreichend hohe Trennschärfe, mit Werten zwischen r_{it} von 0,41– 0,67.

Auch alle Sub-Kategorien von Selbstwert wie bspw. OBSE sowie Konstrukte im Bereich der Selbstwertkontingenzen wie bspw. IPSE werden über Selbsteinschätzungsfragebogen erhoben. Für letzteren haben Ferris et al. (2010) auf Basis der Arbeit von Crocker et al. (2003) einen 5-Items umfassenden Fragebogen entwickelt, der bei ihnen über eine 7-stufige Likert-Skala von „strongly disagree" bis „strongly agree" abgefragt wird. In der Untersuchung von Ferris et al. (2010) liegt Cronbachs Alpha bei 0,73 bzw. 0,78. IPSE korreliert in ihren Studien nur schwach mit OBSE ($r = 0,48$, $p < 0,01$) sowie GSE ($r = 0,21$, $p < 0,01$ bei IPSE-Erhebung über Peer-Ratings, $r = -0,03$, $p > 0,10$ bei IPSE-Erhebung über Selbsteinschätzung), was die diskriminante Validität des Konstruktes auch empirisch bestätigt.

Generell wird der Einsatz von Selbsteinschätzungsfragebögen in der Selbstwertforschung kritisiert (Baumeister et al., 2003; Schütz, 2003; Anthony, Holmes & Wood, 2007), da die Bewertung durch Selbsttäuschungs- und Selbstdarstellungstendenzen verzerrt wird. So stellen sich Probanden oft zu positiv dar, da sie z.B. aus Gründen sozialer Erwünschtheit Zweifel über die eigene Person nicht zugeben wollen (Schütz, 2003, 2005). Als eine Möglichkeit, diese Probleme zu umgehen, werden IATs (Implizite Assoziationstests) gesehen. Sie wurden zuerst von Greenwald, McGhee und Schwartz (1998) entwickelt und anschließend von Greenwald und Farnham (2000) auf die Erfassung selbstbewertender Einstellungen (Selbstwert und Selbstkonzept) übertragen. IATs liegt die Annahme zugrunde, dass es Menschen leichter fällt, auf assoziationskongruente Aussagen zu antworten als auf assoziationsinkongruente. Für die Selbstwertforschung heißt das, dass geprüft wird, wie leicht es einem Probanden fällt, positiv bzw. negativ gefärbte Begriffe mit der eigenen Person zu assoziieren. Ergebnisse einer Studie von Steffens (2004) zeigen, dass gerade bei der Erhebung von persönlichen Eigenschaften falsche oder geschwindelte Angaben durch IATs leichter aufgedeckt werden als bei Nutzung von Selbsteinschätzungsfragebögen. Nach Schütz (2003, S. 227) kann die implizite Selbstwertschätzung daher als „automatische, überlernte und nicht-bewusste Bewertung der eigenen Person [verstanden werden], die spontane Reaktionen auf selbstrelevante Stimuli beeinflusst" und somit den Vorteil hat, relativ frei von den zuvor angesprochenen Verzerrungen zu sein. Im Einzelnen wurden folgende Skalen eingesetzt:

- **General Self Esteem (GSE):** Die ursprüngliche Skala von Rosenberg (Rosenberg, 1965) umfasste zehn Items. In der vorliegenden Arbeit wurde auf die deutsche Übersetzung der Skala von Ferring und Filipp (1996) sowie deren Ergänzung bzw. Überarbeitung von Collani und Herzberg (2003) zurückgegriffen. In der deutschen Übersetzung ergeben sich für GSE 10 Items.
- **Importance of Performance to Self Esteem (IPSE):** Für IPSE wurde auf die von Ferris et al. (2009; 2010) herausgearbeiteten Items zurückgegriffen, welche wiederum auf der Arbeit von Crocker et al. (2003) zur akademischen Leistung von amerikanischen College Studenten basieren. Im Gegensatz zu GSE liegt für diese Items noch keine deutsche Übersetzung vor, weshalb vor Studienbeginn eine eigene Übersetzung angefertigt wurde. Ergebnis dieser Vorgehensweise sind 5 Items.

Inkongruenz

Im Rahmen der Konsistenztheorie sind zwei verschiedene Instrumente von Bedeutung. Zum einen der Fragebogen zur Analyse Motivationaler Schemata (FAMOS; Grosse Holtforth & Grawe, 2000, 2002) sowie der Inkongruenzfragebogen (INK; Grosse Holtforth & Grawe, 2003).

Der FAMOS misst die Intensität motivationaler Ziele, d.h., er erfasst die Wichtigkeit von Annäherungszielen (AZ) und die Aversität von Vermeidungszielen (VZ). Die Items des FAMOS stammen aus psychotherapeutischen Fallkonzeptionen und wurden von Grosse Holtforth & Grawe (2000, 2002) zu reliablen und validen Skalen weiterentwickelt. Der FAMOS umfasst 94 Items (57 AZ und 37 VZ), die auf einer fünfstufigen Likert-Skala von „überhaupt nicht wichtig" bis „außerordentlich wichtig" bzw. „überhaupt nicht schlimm" bis „außerordentlich schlimm" eingeschätzt werden. Anschließend werden drei zusammenfassende Skalen gebildet: Der Mittelwert der Annäherungsskalen, der Mittelwert der Vermeidungszielskalen und das Verhältnis zwischen Vermeidungs- zu den Annäherungszielen (Grosse Holtforth & Grawe, 2000, 2002). Der Fragebogen ist im guten bis befriedigendem Bereich valide und reliabel. Die interne Konsistenz der einzelnen Skalen liegt in klinischen Studien zwischen $\alpha = 0{,}63$ und $\alpha = 0{,}90$. Die Test-Retest-Reliabilitäten liegen zwischen $r = 0{,}68$ und $r = 0{,}89$ (Grosse Holtforth & Grawe, 2000, 2002).

Beim INK (Grosse Holtforth & Grawe, 2003) wurden alle Items des FAMOS in eine Inkongruenzfrage umformuliert. Der INK operationalisiert Inkongruenz bei Annäherungszielen als

Bewertung der Umsetzung der entsprechenden Transaktion, d.h., er erfasst durch Items wie „in letzter Zeit bringe ich Leistung“ die Einschätzung des Probanden über dessen Zufriedenheit mit der Realisierung seiner Ziele. Gemessen wird mit einer Likert-Skala von „viel zu wenig“ (1) bis „völlig ausreichend“ (5). Bei den Vermeidungszielen wird der Grad des Zutreffens erfasst, d.h., der Proband gibt durch Items wie „werde ich kritisiert“ eine Einschätzung über die Höhe des Eintreffens des jeweiligen Vermeidungszieles ab. Als Skala kommt hier eine Likert-Skala von „trifft überhaupt nicht zu (1) bis „trifft sehr stark zu“ (5) zum Einsatz.

Die Items werden in 3er bis 5er Blöcken zu 9 Vermeidungs- und 14 Annäherungszielskalen zusammengefasst. Diese Skalen werden analog zum FAMOS zu drei übergeordneten Skalen zusammengefasst: Summe Vermeidungsinkongruenz, Summe Annäherungskongruenz sowie Gesamtinkongruenz, sodass sich neben einzelnen Skalenwerten auch Aussagen über das Ausmaß der Inkongruenz bezüglich der gesamten Annäherungs- und Vermeidungsziele treffen lassen.

Der INK ist ein hinreichend reliables und valides Instrument zur Erfassung des Grads der Zielerreichung. Die interne Konsistenz liegt bei einzelnen Skalen zwischen $\alpha = 0{,}44$ und $\alpha = 0{,}93$, wobei nur wenige Werte unter $\alpha = 0{,}60$ liegen. Die Test-Retest-Reliabilität beträgt für die zusammenfassenden Skalen zwischen $r = 0{,}76$ und $r = 0{,}81$.

Als Ergänzung wurde aus dem bestehenden INK eine Kurzfassung, der sog. K-INK konstruiert, mit dem die Inkongruenz bez. Annäherungs- und Vermeidungszielen sowie das absolute Kongruenzniveau ökonomisch erhoben werden kann. Um die inhaltliche Bandbreite des INK zu gewährleisten, wurde je ein Item aus den 23 Sub-Skalen des INK entnommen. Hauptauswahlkriterium war die Höhe der Trennschärfe. Die Kurzskalen (AZ & VZ sowie gesamte Inkongruenz) korrelieren sehr hoch mit den Langskalen ($r = 0{,}92 - 0{,}98$; Grosse Holtforth & Grawe, 2003).

Inkongruenz wird in dieser Studie über den sog. K-INK gemessen. Der K-INK ist eine Kurzversion des INK und setzt sich aus dessen trennschärfsten Items zusammen (Grosse Holtforth & Grawe, 2003). Genau wie der INK umfasst der K-INK einzelne Skalen für Annäherungs- und Vermeidungsziele, die zusammengefasst die Inkongruenz erfassen. Die einzelnen Skalen wurden um Items bereinigt, die sich nicht auf das organisationale Umfeld übertragen lassen[73] und setzen sich aus 9 Items für die Annäherungsziele (AZ) und 8 Items für Vermeidungsziele (VZ) zusammen.

Das Kongruenzniveau wurde anhand des Quotienten „Annäherungsmotivation/Vermeidungsmotivation“ gebildet. Hieraus ergaben sich vier Personengruppen, die sich vier Klassen des Kongruenzniveaus zuordnen ließen: sehr niedrige Kongruenz (1. Quartil), niedrige Kongruenz (2. Quartil), hohe Kongruenz (3. Quartil) und sehr hohe Kongruenz (4. Quartil).

[73] Im Vergleich zum K-INK wurden somit die AZ-Items „gönne ich mir selbst etwas“, „lebe ich eine intime Beziehung“, „werde ich von anderen umsorgt“, „setze ich mich für Schwächere ein“ und „führe ich ein abwechslungsreiches Leben“ sowie das VZ-Item „fühle ich mich von anderen verlassen“ ausgelassen, da sie sich nur schwer auf den organisationalen Kontext beziehen lassen.

26.2 Vertiefung II: Ergebnisse

26.2.1 Reliabilitätsanalyse: Beschreibung der Skalen

Die Reliabilitätsanalyse bzw. Itemanalyse beschäftigt sich mit der Frage, ob die einzelnen Indikatoren (Items) zu einer Skala zusammengestellt werden können, d.h., ein einziges Merkmal messen. Innerhalb dieses Prozesses werden unbrauchbare Items aussortiert und die übrigen zu einer Gesamtskala zusammengestellt. Die Standardmethode zur Berechnung der Reliabilität aus den nach SPSS angebotenen Methoden stellt Cronbachs Alpha dar, dass als das gängigste Reliabilitätskriterium betrachtet wird, wenn Daten von nur einem Messzeitpunkt vorliegen. In der Literatur werden Skalenwerte der Reliabilität

- von < 0,6 als fragwürdig
- ab 0,7 als zufriedenstellend,
- ab 0,8 als gut und
- ab 0,9 als exzellent

eingestuft (Raithel, 2008, S.115).

Abhängige Variablen: Leistung und Gesundheit
Die folgende Tabelle zeigt, dass die interne Konsistenz für die Skala „Berufsbezogene Leistung“ als „gut“ bzw. für Gesundheit sogar als „sehr gut „ bezeichnet werden kann.

Tab. 26.2: Reliabilitätswerte der beiden Skalen zur Messung der berufsbezogenen Leistung bzw. Gesundheit

Skala	Anzahl Items	Cronbachs Alpha
Berufsbezogene Leistung	14	0,80
Gesundheit	15	0,90

Unabhängige Variablen: SCARF-Modell
Im Rahmen des SCARF-Modells wurden aufgrund der Itemanalyse einige Items entfernt. Am Ende dieses Prozesses standen je 10 Items zur Messung jeder der fünf einzelnen Dimensionen zur Verfügung. Die folgende Tabelle zeigt, dass die interne Konsistenz als „gut“ bezeichnet werden kann.

Tab. 26.3: Reliabilitätswerte der fünf SCARF-Skalen

Skala	Anzahl Items	Cronbachs Alpha
Status	10	0,88
Sicherheit	10	0,87
Autonomie	10	0,81
Zugehörigkeit	10	0,88
Fairness	10	0,86

Intervenierende Variablen: Konsistenztheorie

Im Rahmen der Konsistenztheorie wurde auf eine Reihe bereits vorhandener Messinstrumente und somit Items zurückgegriffen (vgl. Abschnitt 26.1.4).

(1) Bindungsstile

Tab. 26.4: Reliabilitätswerte der vier Skalen zur Messung des Bindungsstils

Skala	Anzahl Items	Cronbachs Alpha
Sicher	4	0,48
Ängstlich	4	0,72
Anklammernd	4	0,52
Abweisend	4	0,67

Die obige Tabelle verdeutlicht, dass die Reliabilitäten der einzelnen Skalen – von der Skala „Ängstlicher Bindungsstil“ abgesehen – eher niedrig ausfallen. Allerdings stimmt dieser Befund mit der vorhandenen Literatur überein:

- Griffin und Bartholomew (1994) führen aus, dass die Reliabilitäten der vier englischsprachigen Skalen im Bereich zwischen r = 0,41 für sicher und r = 0,70 für abweisend liegen. Diese Resultate liegen unseren ziemlich nahe (Sicher: r = 0,48, Ängstl.-vermeidend: r = 0,72, Anklammernd: r = 0,52, Abweisend: r = 0,67).
- Popper et. al. (vgl. 2000, S. 277) haben ihre Untersuchung trotz eines niedrigen Cronbachs Alpha zwischen r = 0,56 (sicher) und r = 0,78 (ängstlich-vermeidend) weitergeführt.
- Auch Steffanowski hat in seiner Reliabilitätsanalyse der deutschen Version des RSQ keine befriedigenden Resultate zur internen Konsistenz erhalten (zwischen r = 0,41 und r = 0,70; vgl. Steffanowski, 2001, S.7).

Die internen Konsistenzen der vorliegenden Studie sind mit anderen durchgeführten Studien somit vergleichbar, wenn auch noch verbesserungsfähig.

(2) Kontrollüberzeugungen

Tab. 26.5: Reliabilitätswerte der beiden Skalen zur Messung der Kontrollüberzeugungen

Skala	Anzahl Items	Cronbachs Alpha
Internal	2	0,67
External	2	0,55

Obige Tabelle verdeutlicht eher geringe Reliabilitäten bei den beiden Skalen „interne Kontrollüberzeugung“ bzw. „externale Kontrollüberzeugung“. Zudem ist ein Vergleich mit den Daten der Standardisierungsstichprobe nicht möglich, das dort die interne Konsistenz mit dem Koeffizienten McDonalds ω gemessen wurde und das eingesetzte Statistikprogramm SPSS 21 eine solche Kalkulation nicht vorsieht. Aus der Literatur ist zumindest bekannt, dass in vielen Fällen Cronbachs Alpha geringer ausfällt als McDonalds ω (vgl. Krohne & Hock, 2007, S. 97).

(3) Lust-Unlust-Balance

Die Konsistenzanalyse zeigt auch hier gute Werte (vgl. folgende Tabelle).

Tab. 26.6: Reliabilitätswerte der beiden Skalen zur Messung positiver und negativer Emotionen

Skala	Anzahl Items	Cronbachs Alpha
Positive Emotionen	7	0,84
Negative Emotionen	8	0,88

(4) Selbstwert

Folgende Tabelle zeigt, dass die interne Konsistenz bei beiden Selbstwertskalen als „gut" (für GSE) bzw. als „zufriedenstellend" (für IPSE) bezeichnet werden kann.

Tab. 26.7: Reliabilitätswerte der beiden Skalen zur Messung von IPSE bzw. GSE

Skala	Anzahl Items	Cronbachs Alpha
IPSE	5	0,76
GSE	10	0,89

(5) Motivationale Schemata

Die Tabelle unten zeigt, dass die interne Konsistenz bei beiden Skalen als „zufriedenstellend" bezeichnet werden kann.

Tab. 26.8: Reliabilitätswerte der beiden Skalen zur Messung der Annäherungs- bzw. Vermeidungsmotivation

Skala	Anzahl Items	Cronbachs Alpha
Annäherungsmotivation	9	0,78
Vermeidungsmotivation	8	0,73

26.2.2 Deskriptive Analyse: Abhängige Variablen

In folgender Tabelle werden die Mittelwerte und Standardabweichungen der beiden abhängigen Variablen „Berufsbezogene Leistung" und „Gesundheit" dargestellt. Dabei wird deutlich, dass die Variable „Berufsbezogene Leistung" einen etwas höheren Mittelwert – bei gleichzeitig geringerer Streuung – als die Variable „Gesundheit" aufweist.

Tab. 26.9: Mittelwerte und Standardabweichungen der beiden abhängigen Variablen

	Mittelwert	Standardabweichung
Berufsbezogene Leistung	3,96	0,46
Gesundheit	3,70	0,69

Die Zusammenhangsanalyse zwischen den beiden abhängigen Variablen „Berufsbezogene Leistung" und „Gesundheit" ergibt einen signifikanten (Pearsonschen) Korrelationskoeffizient in Höhe von $r = 0{,}26$ ($p < 0{,}01$). Dieser Befund wird weitestgehend mit der Literatur geteilt: So kommen Binnewies und Sonnentag (2006) nach einer Sichtung zu dem Themenkomplex „Arbeitsbedingungen, Gesundheit und Arbeitsleistung" zu folgender Gesamteinschätzung: „Zusammenfassend kann man nach Betrachtung der empirischen Ergebnisse sagen, dass sich für den Zusammenhang zwischen Arbeitsstressoren und Arbeitsleistung keine einheitliche Aussage machen lässt. Insgesamt sprechen die Ergebnisse eher für einen negativen Zusammenhang" (Binnewies & Sonnentag, 2006, S. 59).

26.2.3 Deskriptive Analyse: SCARF-Modell

Mittelwerte & Standardabweichungen

In folgender Tabelle werden die Mittelwerte und Standardabweichungen der fünf Dimensionen des SCARF-Modells gezeigt. Dabei wird deutlich, dass die Dimension „Fairness" den geringsten Mittelwert und die Dimension „Autonomie" den höchsten Mittelwert aufweist. Das bedeutet, dass die befragten Personen Fairness am wenigsten stark erleben. Dies soll daher etwas genauer betrachtet werden.

Geht man bei der Skala „Fairness" in die Detailanalyse und differenziert nach den hier verwendeten vier Fairness-Dimensionen nach Colquitt (2001), so wird deutlich, dass die Befragten die distributive Fairness am geringsten empfinden ($M = 2{,}75$) – in aufsteigender Richtung gefolgt von interpersoneller Fairness ($M = 3{,}03$), informationeller Fairness ($M = 3{,}12$) und prozeduraler Fairness ($M = 3{,}47$). Dies lässt sich dahingehend interpretieren, dass die Befragten die in der Subskala „Distributive Fairness" enthaltenen Aspekte „Entlohnungsgerechtigkeit" und „Chancengleichheit" in ihren Betreiben eher als gering ausgeprägt erleben; prozedurale Fairness, als Mitbestimmungsmöglichkeiten demgegenüber eher als hoch.

Tab. 26.10: Mittelwerte und Standardabweichungen der Dimensionen des SCARF-Modells

Skala	Mittelwert	Standardabweichung
Status	3,55	0,83
Certainty	3,49	0,76
Autonomy	3,62	0,70
Relatedness	3,46	0,82
Fairness	3,08	0,84

Korrelationen

Mit der Tabelle unten werden die Korrelationen zwischen den fünf Dimensionen des SCARF-Modells dargestellt. Dabei wird deutlich, dass die Dimensionen nicht unabhängig sind: Die Korrelationen sind allesamt als hoch bis sehr hoch einzuschätzen – sie schwanken zwischen r = 0,61 und r = 0,79 (p < 0,01). Damit werden die Annahmen von Rock (2008) bestätigt, die einen Zusammenhang zwischen den fünf SCARF-Dimensionen postulieren.

Tab. 26.11: Korrelationen zwischen den Dimensionen des SCARF-Modells

	Status	Certainty	Autonomy	Relatedness	Fairness
Status	1	0,75**	0,63**	0,75**	0,76**
Certainty		1	0,63**	0,72**	0,79**
Autonomy			1	0,61**	0,70**
Relatedness				1	0,77**
Fairness					1

**. Die Korrelation ist auf dem Niveau von 0,01 (2–seitig) signifikant.

26.2.4 Deskriptive Analyse: Konsistenztheorie

Mittelwerte & Standardabweichungen

In folgender Tabelle werden die Mittelwerte und Standardabweichungen der Dimensionen der Konsistenztheorie dargestellt. Hier fallen pro Dimension folgende Aspekte auf:

- Beim Bindungsstil erreichen der abweisende und der sichere Bindungsstil die höchsten Werte.
- Bei den Kontrollüberzeugungen wird deutlich, dass die beiden internalen Attributionsstile deutlich höhere Werte aufweisen als die beiden externalen Stile.
- Positive Emotionen erreichen weit höhere Werte als negative Emotionen.
- Die beiden Mittelwerte für den Selbstwert erreichen recht ähnliche Ausprägungen.
- Die Mittelwerte bei Annäherungsmotivation sind weit höher als die der Vermeidungsmotivation.

Die in der untenstehenden Tabelle dargestellten Ergebnisse überraschen auf den ersten Blick nicht: Dass sich Berufstätige weniger anhand eines ängstlichen bzw. anklammernden Bindungsstils, weniger mit selbstwertdienlichen externalen Kontrollüberzeugungen, durch das Erleben negativer Emotionen oder durch ein hohes Maß an Vermeidungsmotivation beschreiben, passt im Allgemeinen zu dem Selbstbild eines Berufstätigen.

Tab. 26.12: Mittelwerte und Standardabweichungen der Dimensionen der Konsistenztheorie

Skala		**Mittelwert**	**Standardabweichung**
Bindung	sicher	3,83	0,64
	ängstlich	2,68	0,79
	anklammernd	2,76	0,64
	abweisend	4,00	0,59
Kontrolle	internal-stabil	4,33	0,69
	internal-variabel	4,44	0,70
	external-stabil	2,02	0,83
	external-variabel	2,45	1,05
Lust-Unlust-Balance	Positive Emotion	3,60	0,69
	Negative Emotion	1,75	0,77
Selbstwert	IPSE	3,87	0,64
	GSE	4,00	0,49
Konsistenz	Annäherungsmotivation	3,87	0,52
Kongruenz	Vermeidungsmotivation	1,76	0,58

Korrelationen

(1) Bindungsstile

In folgender Tabelle werden die Korrelationen zwischen den Bindungsstilen dargestellt. Dabei wird deutlich, dass die Dimensionen nicht unabhängig sind:

- Der sichere Bindungsstil korreliert negativ mit dem ängstlichen bzw. anklammernden Bindungsstil.
- Der ängstliche Bindungsstil korreliert leicht mit dem anklammernden Bindungsstil.
- Der ängstliche Bindungsstil korreliert leicht mit dem abweisenden Bindungsstil.

Die Ergebnisse stimmen im Wesentlichen mit den vorliegenden Befunden überein: Ein sicherer Bindungsstil schließt ängstliches bzw. anklammernde Bindungsverhalten aus. Die anderen Korrelationen sind aufgrund ihrer geringen Höhe praktisch vernachlässigbar.

Tab. 26.13: Korrelationen zwischen den Bindungsstilen

	sicher	**ängstlich**	**anklammernd**	**abweisend**
sicher	1	– 0,45**	– 0,32**	0,04
ängstlich		1	0,17**	0,24**
anklammernd			1	– 0,08
abweisend				1

**. Die Korrelation ist auf dem Niveau von 0,01 (2–seitig) signifikant.

(2) Kontrollüberzeugungen

In folgender Tabelle werden die Korrelationen zwischen den Skalen der Kontrollüberzeugungen dargestellt. Dabei wird deutlich, dass die Dimensionen nicht unabhängig sind:

- Die beiden internalen Stile korrelieren hoch miteinander, ebenso die beiden externalen Stile.
- Die beiden internalen Stile korrelieren negativ mit den beiden externalen Stilen.

Auch diese Ergebnisse sind theoriekonform: Die beiden internalen Stile korrelieren in signifikantem Umfang untereinander genauso wie die jeweils beiden externalen Stile.

Tab. 26.14: Korrelationen zwischen den Skalen der Kontrollüberzeugungen

	internal-stabil	**internal-variabel**	**external-stabil**	**external-variabel**
internal-stabil	1	0,51**	– 0,34**	– 0,22**
internal-variabel		1	– 0,27**	– 0,22**
external-stabil			1	0,39**
external-variabel				1

**. Die Korrelation ist auf dem Niveau von 0,01 (2-seitig) signifikant.

(3) Lust-Unlust-Balance

Die Zusammenhangsanalyse zwischen den Positiven und den Negativen Emotionen ergeben einen signifikant-negativen Korrelationskoeffizienten in Höhe von r = – 0,36 (p < 0,01). Damit stehen beide Skalen in einem negativen Zusammenhang. Auch dies überrascht nicht, schließt das häufige Erleben positiver Emotionen notwendigerweise ein häufiges Erleben von negativen Emotionen aus.

(4) Selbstwerterhöhung und Selbstwertschutz

Die Zusammenhangsanalyse zwischen den beiden Skalen für die Messungen des Selbstwertes – IPSE und GSE – ergibt keinen signifikanten (Pearsonschen) Korrelationskoeffizienten in Höhe von r = 0,02. Damit sind die beiden Skalen unabhängig voneinander. Inhaltlich bedeutet dies, dass der generelle, situationsunabhängige Selbstwert (general self esteem, GSE) nicht in einem Zusammenhang mit der Einschätzung steht, wie bedeutend die Leistung am Arbeitsplatz für den eigenen Selbstwert ist.

(5) Motivationale Schemata

Die Zusammenhangsanalyse zwischen der Annäherungs- und Vermeidungsmotivation ergibt einen signifikant-negativen Korrelationskoeffizienten in Höhe von r = – 0,54 (p < 0,01). Damit stehen beide Skalen in einem negativen Zusammenhang. Dies ist wiederum zwingendermaßen erwartbar: Annäherungs- und Vermeidungsmotivation stehen in einem Widerspruch. In Kapitel 1 wurde bereits gezeigt, dass solche Schemata einen sehr stabilen Charakter aufweisen. Kurz: Ich kann die eigenen Handlungen entweder zielorientiert und handlungsüberwachend strukturieren (Annäherungsmotivation) – oder aber vermeidend, d.h., ich versuche systematisch potenziellen Bedürfnisverletzungen aus dem Weg zu gehen, was das eigene Verhalten deutlich ineffizienter macht – und auch notwendigerweise keine oder gar negative Auswirkungen auf die Leistung haben sollte.

26.2.5 Hypothesenprüfung: SCARF-Modell

Oben wurde deutlich, dass die beiden abhängigen Variablen Leistung und Gesundheit signifikant mit $r = 0,26$ ($p < 0,01$) korrelieren, d.h., diese beiden Variablen sind nicht unabhängig voneinander. Daher empfiehlt es sich aus statistischer Sicht, das Auswertungsverfahren dementsprechend anzupassen. Im Folgenden werden daher die Analysen auf Basis der Methode des „Allgemeinen Linearen Modells" (SPSS 21) – unter gleichzeitiger Berücksichtigung beider abhängiger Variablen – eingesetzt. Auf getrennte Regressionsanalysen, die eine Unabhängigkeit beider abhängiger Variablen suggerieren, wurde verzichtet.

In folgender Tabelle werden die Ergebnisse der gemeinsamen Analyse auf Basis der Dimensionen des SCARF-Modells dargestellt. Dabei werden folgende Zusammenhänge deutlich:

- Die Variable Leistung wird von den Dimensionen „Relatedness", „Autonomy" und „Fairness" – in absteigender Rangfolge – beeinflusst.
- Die Variable Gesundheit wird von der Dimension „ Certainty" beeinflusst.
- Die Variable Leistung wird zu 22% (korr. $R^2 = 0,22$) und die Variable Gesundheit zu 8,2% (korr. $R^2 = 0,082$) von den SCARF-Dimensionen beeinflusst.

Aus Gestaltungssicht bleiben zwei bedeutsame Perspektiven übrig: Die Leistung lässt sich am besten durch das Zugehörigkeitsgefühl und die Gesundheit am ehesten durch die Befriedigung des Sicherheitsbedürfnisses beeinflussen. Wie oben soll an dieser Stelle nochmals etwas ausführlicher auf den – nicht erwarteten – negativen Zusammenhang zwischen Fairness und Leistung eingegangen werden. Einerseits lässt sich vermuten, dass gerade das Erleben von einem – im Vergleich zu den anderen vier SCARF-Dimensionen – eher geringen Umfang an Fairness sich leistungsmindernd auswirken kann. Dies wird andererseits von den Ergebnissen einer weiteren, ergänzenden Analyse gestützt: Lediglich die Subskala „Prozedurale Fariness", bei der die höchsten Mittelwerte vorliegen, ist in der Lage, berufsbezogene Leistung vorherzusagen ($ß = 0,28$, $p < 0,0001$).

Tab. 26.15: Gemeinsame Analyse der Variablen Leistung und Gesundheit auf Basis des SCARF-Modells

		Leistung		**Gesundheit**	
		ß	**part. η^2**	**ß**	**part. η^2**
Bindung	**Status**	0,082	0,005	– 0,105	0,004
	Certainty	0,056	0,003	0,241*	0,022
	Autonomy	0,151*	0,016	0,109	0,024
	Relatedness	0,214**	0,045	0,075	0,003
	Fairness	– 0,173*	0,025	– 0,020	0,000
Varianzaufklärung		**korr. R^2 = 0,22**		**korr. R^2 = 0,082**	

* < 0,05 ** < 0,01 *** < 0,001

Obige Tabelle verdeutlicht, dass die SCARF-Dimensionen auf die beiden abhängigen Variablen Leistung und Gesundheit einen eher schwachen bis gar keinen Einfluss haben. Dies wird einerseits an der geringen Varianzaufklärung (22% bzw. 8,2%), und andererseits durch die geringen ß-Gewichte der Parameterschätzung deutlich. Betrachtet man die **praktische Relevanz** dieser Ergebnisse, so lassen sich zwei bedeutsame Erkenntnisse ableiten:

- **Gesundheit**: Die SCARF-Dimensionen leisten einen nur unzureichenden Beitrag zur Erklärung der Variablen „Gesundheit" – daher wird dieser Teil der Analyse nicht weiterverfolgt.
- **Leistung**: Bezieht man die Interpretation von Cohen (1992)[74] zur Analyse von Effektstärken mit ein, so lohnt es sich, insbesondere die Dimension „Relatedness" – mit einem part. $\eta^2 = 0{,}045$ weiter zu berücksichtigen.

In Abschnitt 17.3.2 wurden bereits die Implikationen dieses Befunds herausgearbeitet.

26.2.6 Hypothesenprüfung: Konsistenztheorie

In folgender Tabelle werden die Ergebnisse der gemeinsamen Analyse auf Basis der Dimensionen der Konsistenztheorie dargestellt. Dabei werden folgende Zusammenhänge deutlich:

- Die Variable Leistung wird von der Dimension „Annäherungsmotivation", sowie von dem sicheren und dem ängstlichen Bindungsstil – in absteigender Rangfolge – beeinflusst.
- Die Variable Gesundheit wird stark positiv von dem allgemeinen Selbstwertgefühl (GSE) und negativ von der Vermeidungsmotivation und dem Erleben negativer Emotionen – in absteigender Rangfolge – beeinflusst.
- Die Variable Leistung wird zu 39,3% (korr. $R^2 = 0{,}393$) und die Variable Gesundheit zu 53,3% (korr. $R^2 = 0{,}533$) von den Dimensionen der Konsistenztheorie beeinflusst.

[74] Cohen (1992) nimmt folgende Einteilung der Effektstärke **part.** η^2 vor:

- schwacher Effekt: $\eta^2 = 0.01$
- mittlerer Effekt: $\eta^2 = 0.06$
- starker Effekt: $\eta^2 = 0.14$

Tab. 26.16: Gemeinsame Analysen der Dimensionen der Konsistenztheorie und den beiden abhängigen Variablen „Leistung“ bzw. „Gesundheit“

		Leistung		**Gesundheit**	
		Beta	**part. η²**	**Beta**	**part. η²**
Bindung	sicher	0,146*	0,049	− 0,016	0,000
	ängstlich	0,123**	0,089	− 0,058	0,007
	anklammernd	0,045	0,010	− 0,125	0,024
	abweisend	− 0,039	0,005	− 0,114	0,013
Kontrolle	internal–stabil	0,058	0,007	0,018	0,000
	internal–variabel	0,027	0,002	− 0,016	0,000
	external–stabil	− 0,003	0,000	0,005	0,000
	external–variabel	0,005	0,000	− 0,061	0,008
Lust-Unlust-Balance	Positive Emotion	− 0,026	0,002	− 0,042	0,001
	Negative Emotion	− 0,085	0,014	− 0,507***	0,142
Selbstwert	IPSE	0,099	0,037	− 0,008	0,000
	GSE	− 0,055	0,004	0,646***	0,142
Konsistenz	Annäherungsmotivation	0,409***	0,145	0,288	0,026
	Vermeidungsmotivation	− 0,029	0,001	− 0,316*	0,047
Varianzaufklärung		**korr. R^2 = 0,393**		**korr. R^2 = 0,533**	

Obige Tabelle verdeutlicht, dass die Kontrollüberzeugung auf die beiden abhängigen Variablen Leistung und Gesundheit gar keinen Einfluss hat. Aus Gestaltungssicht bleiben folgende bedeutsame Perspektiven übrig:

- **Leistung**: Bezieht man die Interpretation von Cohen (1992) zur Analyse von Effektstärken mit ein, so lohnt es sich, hier folgende Einflussgrößen zu berücksichtigen:
  - Bindungsstil: Hier spielt der sichere (part. η^2 = 0,049) und der ängstliche Bindungsstil (part. η^2 = 0,089) eine praktische Rolle.
  - Motivationale Schemata: Hier spielt die Variable „Annäherungsmotivation“ eine extrem wichtige Rolle (part. η^2 = 0,145)
- **Gesundheit**: Hier gilt es, folgende Einflussgrößen zu berücksichtigen:
  - Motivationale Schemata: Hier spielt die Variable „Annäherungsmotivation“ eine geringe (part. η^2 = 0,026) und die Variable „Vermeidungsmotivation“ eine etwas stärkere Rolle (part. η^2 = 0,047) – wenn auch mit umgekehrten Vorzeichen.
  - Selbstwert: Hier spielt die Variable „Genereller Selbstwert“ (GSE) eine sehr starke Rolle (part. η^2 = 0,142).

- Lust-Unlust-Balance: Hier spielt die Variable „negative Emotionen“ eine sehr starke Rolle (part. $\eta^2 = 0{,}142$) – wenn auch mit umgekehrten Vorzeichen.

In Abschnitt 17.3.3 wurden bereits die Implikationen dieses Befunds herausgearbeitet.

26.2.7 Hypothesenprüfung: SCARF & Konsistenztheorie

In folgender Tabelle werden die Ergebnisse der gemeinsamen Analysen auf Basis des SCARF-Modells und der den Dimensionen der Konsistenztheorie dargestellt. Dabei werden folgende Zusammenhänge deutlich:

- Die Variable Leistung wird von der Dimension „Annäherungsmotivation“, sowie von dem sicheren und dem ängstlichen Bindungsstil – in absteigender Rangfolge – beeinflusst.
- Die Variable Gesundheit wird stark positiv von dem allgemeinen Selbstwertgefühl (GSE) und negativ von der Vermeidungsmotivation und dem Erleben negativer Emotionen – in absteigender Rangfolge – beeinflusst.
- Die Variable Leistung wird zu 38,26% (korr. $R^2 = 0{,}382$) und die Variable Gesundheit sogar zu 63,5% (korr. $R^2 = 0{,}635$) von Dimensionen des SCARF-Modells und der Konsistenztheorie beeinflusst.

Tab. 26.17: Gemeinsame Analysen der Dimensionen des SCARF-Modells und denen der Konsistenztheorie und den beiden abhängigen Variablen „Leistung“ bzw. „Gesundheit“

		Leistung		**Gesundheit**	
		Beta	**part. η^2**	**Beta**	**part. η^2**
Bindung	sicher	0,278*	0,138	,157	,027
	ängstlich	0,140	0,094	,083	,019
	anklammernd	– 0,021	0,001	– 0,054	0,005
	abweisend	– 0,029	0,003	– 0,085	0,013
Kontrolle	internal–stabil	0,162	0,034	– 0,232	0,044
	internal–variabel	– 0,057	0,006	– 0,030	0,001
	external–stabil	– 0,053	0,013	– 0,193	0,083
	external–variabel	0,090	0,037	– 0,034	0,003
Lust Unlust-Balance	Positive Emotion	– 0,089	0,010	– 0,248	0,040
	Negative Emotion	0,160	0,030	– 0,119	0,009
Selbstwert	IPSE	0,125	0,061	– 0,004	0,000
	GSE	– 0,156	0,020	0,719*	0,188

Tab. 26.17: Gemeinsame Analysen der Dimensionen des SCARF-Modells und denen der Konsistenztheorie und den beiden abhängigen Variablen „Leistung“ bzw. „Gesundheit“ (Fortsetzung)

		Leistung		Gesundheit	
		Beta	**part. η^2**	**Beta**	**part. η^2**
Konsistenz	Annäherungsmotivation	0,537**	0,209	0,407	0,076
	Vermeidungsmotivation	– 0,044	0,003	0,066	0,004
UVs = SCARF	Status	0,032	0,001	0,122	0,008
	Certainty	– 0,041	0,002	– 0,136	0,014
	Autonomy	– 0,101	0,021	– 0,376	0,138
	Relatedness	– 0,117	0,014	0,136	0,010
	Fairness	0,238	0,048	0,290	0,039
Varianzaufklärung		**korr. R^2 = 0,382**		**korr. R^2 = 0,635**	

Aus obiger Tabelle lassen sich folgende bedeutsame Gestaltungshinweise für die Praxis ableiten:

- **Leistung**: Bezieht man die Interpretation von Cohen (1992) zur Analyse von Effektstärken mit ein, so lohnt es sich, hier folgende Einflussgrößen zu berücksichtigen:
  - Bindungsstil: Hier spielt der sichere Bindungsstil (part. η^2 = 0,138) eine praktische Rolle.
  - Motivationale Schemata: Hier spielt die Variable „Annäherungsmotivation“ eine extrem wichtige Rolle (part. η^2 = 0,209)
- **Gesundheit**: Hier gilt es, folgende Einflussgrößen zu berücksichtigen:
  - Selbstwert: Hier spielt die Variable „Genereller Selbstwert“ (GSE) eine sehr starke Rolle (part. η^2 = 0,188). Der Variable „Annäherungsmotivation“ kommt ebenfalls eine starke Rolle zu. Da der Regressionskoeffizient allerdings kein Signifikanzniveau erreicht hat, kann diese Variable in der weiteren Diskussion nicht berücksichtigt werden.
  - SCARF-Modell: Hier könnte die Dimension „Autonomy“ (part. η^2 = 0,138) – wenn auch mit umgekehrten Vorzeichen – eine praktische Rolle spielen. Da der Regressionskoeffizient allerdings kein Signifikanzniveau erreicht hat0, kann diese Variable in der weiteren Diskussion ebenfalls nicht berücksichtigt werden.

In Abschnitt 17.3.3 wurden bereits die Implikationen dieses Befundes herausgearbeitet.

www.ingramcontent.com/pod-product-compliance
Lightning Source LLC
LaVergne TN
LVHW080746300926
849162LV00008BA/1764